Das Lehrlingswesen der preußisch-hessischen Staatseisenbahnverwaltung

unter Berücksichtigung der Lehrlingsverhältnisse in Handwerks- und Fabrikbetrieben

Ein Handbuch von

Dr.-Ing. **Bruno Schwarze**
Regierungsbaumeister

Mit 56 Abbildungen

Springer-Verlag Berlin Heidelberg GmbH
1918

ISBN 978-3-662-38867-9 ISBN 978-3-662-39793-0 (eBook)
DOI 10.1007/978-3-662-39793-0

Softcover reprint of the hardcover 1st edition 1918

Vorwort.

Die Angelegenheiten des gewerblichen Nachwuchses in Deutschland sind mit der ungeahnten Entwicklung unserer Industrie mehr und mehr ein Sondergebiet geworden, das nicht nur den Gewerbetreibenden, sondern auch den Schulmann, Jugendpfleger und Arzt berührt und an dem weder der sich mit Jugendkunde beschäftigende Psychologe noch der eine kraftvolle Mittelstandspolitik treibende Staatsmann oder Volksvertreter achtlos vorübergehen kann.

Bei dieser Bedeutung und Vielseitigkeit des Lehrlingswesens ist es den in der Staatseisenbahnverwaltung auf diesem Gebiet tätigen Beamten nicht leicht, sich hier über Ziele, Wege und die außerhalb des eigenen Wirkungskreises erprobten und bewährten Neuerungen so ausreichend zu unterrichten, daß jederzeit ein verständnisvolles Mitarbeiten möglich ist. Erschwert wird dies noch durch die unvermeidlichen Versetzungen leitender oder ausführender Beamten.

Dem Eisenbahnlehrlingswesen erwachsen über diese Verhältnisse hinaus in der Zukunft neue und bedeutende Aufgaben. Zu ihrer Lösung werden unter der Nachwirkung des Krieges nicht nur bestehende Einrichtungen zu vervollkommnen, sondern hier und da auch neue Wege zu beschreiten sein. Gilt es doch auch hier, bei den vielen Verlusten an geschulten Arbeitskräften das, was der Zahl nach fehlt, so weit als möglich auszugleichen durch hochwertige Leistungen. Vorbedingung hierfür ist dann mehr noch als bisher eine von den besten Hilfsmitteln unterstützte besonders sorgfältige praktische und theoretische Ausbildung der angehenden Handwerker. Hierzu zwingen auch die höheren Anforderungen, die die Zukunft in entsprechender Steigerung an die aus den Eisenbahnhandwerkern hervorgehenden Beamten stellt.

Das Lehrlingswesen der Staatseisenbahnverwaltung wird von den mancherlei zum Teil schon früher entstandenen, zum Teil durch den Krieg erst hervorgerufenen Strömungen auf dem Gebiete der Heranbildung eines im weitesten Sinne tüchtigen gewerblichen Nachwuchses nicht unberührt bleiben. Das unter Führung des Königlichen Landesgewerbeamtes zu hoher Vollkommenheit ausgestaltete Fortbildungsschulwesen, die Anregungen von Kerschensteiner, die Forschungen von Binet, Simon, Münsterberg, Stern und anderen auf dem Gebiete psychologischer Jugendkunde und

*

psychotechnischer Berufsberatung machen schon jetzt ihren Einfluß auch auf das Lehrlingswesen geltend. Sie werden in Zukunft voraussichtlich in noch höherem Maße zur Geltung kommen. Es ist infolge des Krieges ein Eingreifen der Gesetzgebung nicht unwahrscheinlich geworden; schon hat das preußische Abgeordnetenhaus in die Maßnahmen zur Stützung des gewerblichen Mittelstandes ergänzende Bestimmungen über das Lehrlingswesen einbezogen, maßgebende Stellen bereiten eine pflichtmäßige Beteiligung der gesamten schulentlassenen männlichen Jugend an körperlichen Übungen vor und für kleinere Fabrikbetriebe wird zur Herabminderung der Kosten eine Lehrlingsausbildung auf genossenschaftlicher Grundlage erwogen.

Vieles und Bedeutendes steht also zur Erörterung. Diese Sachlage und Entwicklung gerade in der letzten Zeit veranlaßte den Verfasser, die vorliegende, schon vor Jahren begonnene Arbeit ungeachtet vieler Schwierigkeiten noch im Kriege wieder aufzunehmen. Es ist der Versuch gemacht worden, eine Darstellung des Lehrlingswesens der preußisch-hessischen Staatseisenbahnverwaltung zu geben, dabei Angaben über bewährte Einrichtungen zu sammeln, sie zu sichten, durch Eigenes zu ergänzen und die Vorzüge und Nachteile der in den einzelnen Fällen angewandten Verfahren zu besprechen. Soweit hierbei neue Vorschläge gemacht sind, sind sie fast sämtlich bei dem mir unterstellt gewesenen Königlichen Eisenbahn-Werkstättenamt Guben zuvor erprobt worden.

Das Eisenbahnlehrlingswesen kann aber nicht losgelöst von den entsprechenden Verhältnissen in der Industrie und im Handwerk betrachtet werden. Es ist daher auf diese ebenfalls eingegangen, jedoch nur soweit, als es entweder zum Verständnis der Entwicklung, als Beispiel oder als Anregung zweckmäßig erschien. Nur nach diesen Gesichtspunkten ist die Auswahl vorgenommen, und dies erklärt es auch, daß manche Punkte ungleich ausführlich behandelt sind. Es braucht daher kaum besonders erwähnt zu werden, daß die Darstellung der Verhältnisse außerhalb der Eisenbahnverwaltung keineswegs lückenlos sein oder Fachleuten auf ihren Sondergebieten Neues bringen soll. Wohl aber war daneben bei der Arbeit die Absicht und der stille Wunsch vorhanden, auch über den engeren Kreis der Eisenbahnverwaltung hinaus Kunde davon zu geben, mit wieviel Sorgfalt, Mühe und Kosten nun schon seit über vierzig Jahren in den Eisenbahnwerkstätten an der Heranbildung eines tüchtigen Handwerkernachwuchses gearbeitet wird. Dies ist noch wenig bekannt. Nicht allgemein bekannt ist auch, daß in diesem ausgedehntesten Lehrlingsbetriebe aller Großunternehmungen schon seit langer Zeit jährlich Tausende von Lehrlingen ausgebildet werden. So betrug bei Kriegsausbruch allein die Zahl der in den Werkstätten der preußisch-hessischen Staatseisenbahnverwaltung beschäftigten Lehrlinge über 3500.

Einer Anregung von Herrn Ober- und Geheimen Baurat Falke folgend, habe ich nachträglich noch in einem Anhang die handwerksmäßige Ausbildung von Frauen berücksichtigt, jedoch nur soweit, als es mir für Eisenbahnwerkstätten erforderlich schien. Es besteht insofern ein enger Zusammenhang mit dem Lehrlingswesen, als sich die hier gesammelten Erfahrungen und geschaffenen Einrichtungen zum Teil ohne weiteres für die Frauenausbildung nutzbar machen lassen. Der Mangel an gelernten Facharbeitern zwingt schon jetzt und voraussichtlich noch lange nach dem Kriege zu einer ausgedehnten Verwendung von Frauen. Mit diesem für die Volkskraft und Volksvermehrung zwar nicht erwünschten, doch leider unvermeidlichen Zustand muß man rechnen und wenigstens darauf Bedacht nehmen, daß dann mit diesen weiblichen Hilfskräften so gute Leistungen wie nur möglich erzielt werden. Daß hier durch ein planmäßiges Vorgehen eine bedeutende Wertsteigerung der Arbeit möglich ist, hat die Erfahrung schon gezeigt. Die handwerksmäßige Ausbildung von Frauen wird sich nach Ziel und Umfang der Lehrlingsausbildung allerdings nur asymptotisch nähern. Es handelt sich nur um die Anlernung für meist eng begrenzte Arbeiten, da eine so vielseitige Verwendung wie bei den männlichen Handwerkern nicht in Frage kommt.

Sollte die vorliegende Arbeit auch nur in dem einen oder anderen Falle eine Anregung geben oder Verbesserungen ermöglichen, so würde sich der Verfasser für die aufgewandte Mühe voll entschädigt fühlen. Dienen wir doch mit dem Ausbau des Lehrlingswesens nicht nur der Versorgung unserer Werkstätten mit Handwerkern, sondern der Aufwärtsentwicklung unseres ganzen Volkes, indem wir dazu beitragen, die uns anvertraute deutsche Jugend, unseres Volkes Hoffnung und wertvollsten Besitz, außer zu geschickter Berufsarbeit auch zu starkem, tüchtigen Menschentum zu erziehen und unseren Nachwuchs geistig und körperlich fähig zu machen zur Mitarbeit an den großen Aufgaben, die die Zukunft unserem Vaterlande stellt. In diesem Sinne aufgefaßt, kann daneben für die zur Mitwirkung auf dem Gebiete des Lehrlingswesens Berufenen ihre Arbeit zu einem Quell hoher innerer Befriedigung werden.

Für die Genehmigung zur Benutzung dienstlicher Unterlagen sage ich Sr. Exzellenz dem Herrn Minister der öffentlichen Arbeiten in Berlin ehrerbietigen Dank.

Zu großem Dank bin ich auch dem Königlichen Landesgewerbeamt und der Zentralstelle für Volkswohlfahrt in Berlin verpflichtet, sowie dem Verein deutscher Maschinenbauanstalten, dem Verein deutscher Ingenieure, verschiedenen Handwerkskammern, Innungen und großen Firmen. Von den letzteren nenne ich besonders die A.-G. Friedr. Krupp in Essen, die A.-G. Ludw. Loewe & Co. in Berlin, die Allgemeine Elektrizitätsgesellschaft in Berlin und die A.-G. Siemens & Halske in Berlin-Siemensstadt. — Dankbar gedenke ich der Förderung meiner Arbeit durch den Herrn Referenten im Landesgewerbeamt Geh. Regierungsrat Dr. Kühne, sowie durch Herrn Ober- und Geh. Baurat Falke, Mitglied der Königlichen Eisenbahndirektion Berlin. Mit Angaben aus der Großindustrie hat mich Herr Geh. Baurat

Fr. Martiny, Vorsitzender des Direktoriums der Linke-Hofmann-Werke in Breslau, freundlichst unterstützt und für verschiedene wertvolle Mitteilungen und Literaturangaben zu Teil VIII aus dem Gebiete der Jugendpflege und der sozialen Praxis danke ich auch an dieser Stelle Fräulein Elisabeth Kieschke in Grunewald. Durch das Entgegenkommen von Herrn Oberbürgermeister Dr. Glücksmann standen mir die Magistratsbücherei und die Unterlagen über die Lehrlingsverhältnisse und Fortbildungsschule der Stadt Guben weitgehend zur Verfügung.

Anregung gab dem Verfasser auch seine Tätigkeit als Mitglied des Werkstättenausschusses des deutschen Staatsbahnwagenverbandes und der preußisch-hessischen Staatseisenbahnverwaltung, sowie als Mitglied des Deutschen Ausschusses für technisches Schulwesen, ferner die Zugehörigkeit zu verschiedenen fachlichen und sozialen Vereinigungen. Hier sind besonders die Deutsche Zentrale für Jugendfürsorge und der Verein Deutscher Maschinen-Ingenieure mit ihren Veröffentlichungen zu nennen.

Bei der Durchsicht der Druckabzüge und dem Vergleichen der Zahlentafeln hat der Königliche Eisenbahn-Obersekretär Herr Engelmann in Guben sachkundige Hilfe geleistet.

Berlin, den 12. Mai 1918.

Dr.-Ing. Schwarze.

Inhaltsverzeichnis.

Teil VII.

Die Gesellenprüfung.

Teil VIII.

Lohn- und Wohlfahrtswesen.

Teil IX.

Bauliche und Maschinen-Anlagen.

Anhang.

Die handwerksmäßige Ausbildung von Frauen.

Abkürzungen.

a) im Satz.

a. a. O. = am angeführten Ort.
Abs. = Absatz.
Anm. = Anmerkung.
Eisenbahnverwaltung (ohne Zusatz) = preußisch-hessische Staatseisenbahnverwaltung.
Erl. (ohne Zusatz) = Erlaß des Ministers der öffentlichen Arbeiten.
EVBl. = Eisenbahn-Verordnungsblatt, herausgegeben im Königlich Preußischen Ministerium der öffentlichen Arbeiten.
FO. = Finanz-Ordnung der preußischen Staatseisenbahnverwaltung.
GO. = Gewerbeordnung für das Deutsche Reich (RGBl. 1900 S. 781).
HMBl. = Handelsministerialblatt.
LV. = Vorschriften für die Annahme, Ausbildung und Prüfung von Handwerkslehrlingen vom 12. Januar 1903 — EVBl. S. 7—22 (abgekürzt: Lehrlingsvorschriften). Eine Zahl hinter LV. bedeutet die Ziffer des Absatzes.
HMErl. = Handelsministerial-Erlaß.
OVG. = Oberverwaltungsgericht.
RG. = Reichsgericht.
RGBl. = Reichsgesetzblatt.
RVO. = Reichsversicherungsordnung (RGBl. 1911 S. 509—838).
S. = Seite.
Staatseisenbahnverwaltung (ohne Zusatz) = preußisch-hessische Staatseisenbahnverwaltung.
Verwaltung (ohne Zusatz) = preußisch-hessische Staatseisenbahnverwaltung.
Ziff. = Ziffer.

Die römischen Zahlen hinter Buchbenennungen bedeuten die Nummer eines Bandes, die deutschen Zahlen die Seitenzahlen.

Römische und deutsche Zahlen hinter Erlassen sind die Geschäftsnummern.

Die bei den Sammelschriften (RGBl., EVBl. usw.) angegebene Seitenzahl bezieht sich, wenn nicht eine besondere Jahreszahl beigefügt ist, stets auf den Jahrgang, mit dem das Gesetz usw. bezeichnet wird.

b) in den Abbildungen.

Bm = Bohrmaschine.
Bsch = Blechscheere.
Db = Drehbank.
Gebl = Gebläse.
Hk = Heizkörper.
Hm = Hobelmaschine.
Ks = Kleiderschrank.
Rp = Richtplatte.
Sf = Schmiedefeuer.
Sst = Schleifstein.

Teil I.

Allgemeines.

§ 1. Allgemeine geschichtliche Entwicklung.

Die Geschichte des Lehrlingswesens ist eng mit der Geschichte des Handwerks überhaupt verbunden, insbesondere mit seinen Bestrebungen auf Zusammenschluß in Zünfte, Gilden oder ähnlichen Genossenschaften. Bei den alten Römern wurde die Entstehung von Zünften, collegia, in die Zeit von Numa Pompilius (715—672) zurückverlegt, dem die Sage als dem zweiten König von Rom die Ordnung bürgerlicher und religiöser Einrichtungen zuschreibt. Bald darauf, 645 v. Chr., werden jedenfalls bereits Handwerker genannt[1]). Sehr früh gab es schon Zünfte der Goldschmiede, Färber, Töpfer, Holzarbeiter, Erzschmiede, Gerber und anderer Handwerker. Anfangs erfreuten sich diese Berufe nur geringer Achtung[2]).

Die Zünfte betätigten sich später auch politisch und wurden von den jeweiligen Machthabern oft mißtrauisch beobachtet. Cäsar und Augustus hoben eine Anzahl Zünfte überhaupt auf, doch stieg ihre Zahl unter Theodosius II. (408—450) wieder bis auf dreißig. Mit dem Verfall des römischen Reiches gerieten auch die Zünfte in Verfall.

In Deutschland widmeten sich in frühster Zeit die Freien nur dem Kriegsdienst. Landwirtschaftliche und gewerbliche Arbeiten wurden von den Leibeigenen und den Freigelassenen ausgeführt. In den Gesetzen der Alemannen und Burgunder werden im Jahre 590 Handwerker und zwar Schmiede, Schneider und Schuster erwähnt; immer waren sie aber nur Hörige, Knechte,

1) Mascher: Das deutsche Gewerbewesen von der frühesten Zeit bis au die Gegenwart nach Geschichte, Recht, Nationalökonomie und Statistik. — S. 21, 22 und 33.

2) Auch Shakespeare läßt im Julius Cäsar (I, 1) die Tribunen Flavius und Marullus mit den unter dem Volk herumstehenden Handwerkern, einem Zimmermann und einem Schuhflicker, nicht gerade achtungsvoll sprechen. Trotzdem sie als römische Bürger bezeichnet werden, sind die Tribunen doch zu ihnen recht freigebig mit Ausdrücken wie idle creatures, thou naugthy knave, thou saucy fellow, you blocks, you stones, you worse than senseless.

und wurden daher auch als Schmiedeknecht, Schuhknecht usw. bezeichnet. Geschickte Handwerker erlangten trotzdem schon Ansehen, unterlagen selbst öffentlichen Prüfungen, bevor sie als Meister anerkannt wurden und schlossen sich zu diesem Zwecke bereits im achten Jahrhundert in Regensburg zu einem Verband zusammen. Später wurde handwerksmäßige Tätigkeit auch von den Mönchen und dann nicht selten künstlerisch vervollkommnet ausgeübt.

In einer Verordnung Karls des Großen werden 779 eidliche Verschwörungen gewerblicher Vereine oder Verbrüderungen, auch Gilden, Innungen, Einungen genannt, bei strengen Strafen verboten. In Ravenna wird 943 eine Fischergilde erwähnt.

Die anfangs hörigen Handwerker wurden mit der zunehmenden Bedeutung der Städte allmählich unabhängiger, leisteten zunächst aber noch an weltliche oder geistliche Machthaber gewisse Dienste oder Abgaben und wurden, manchmal auch auf Grund kaiserlicher, besonders den Städten verliehener Rechte schließlich ganz selbstständig. Aus dem Jahre 1106 stammt eine Urkunde der Stadt Worms über Zunftverhältnisse. Das zwölfte Jahrhundert brachte eine Erstarkung des Bürgertums in den Städten und ein Aufblühen des Handwerks. Damit wuchsen auch die Rechte der Zunftangehörigen. Eines des wichtigsten war, die nicht zur Zunft gehörigen Handwerker vom Betriebe derselben auszuschließen.[1]) Es wurden auch die Aufnahmebedingungen strenger und von bestimmten Bedingungen abhängig gemacht. So schreibt die Gewerbeordnung in Danzig für die Schlosser als Meisterstück vor: ein schließendes Schloß mit Klinke und Riegel und mit neuen Reifen, ferner ein Schloß zum Kontorspinde mit zwei Klinken und acht Reifen und drei geregelte „Salzmoste" mit sechs Reifen.

Altenrath[2]) führt die ersten Gliederungen im Handwerk bis auf das dreizehnte Jahrhundert zurück. Anfangs traten auch verheiratete ältere Männer bei geschickten Meistern noch eine Zeitlang in Dienst und übten dann das Handwerk selbständig aus. In Baseler Urkunden von 1248 und 1271 werden Handwerksknechte, in dem Augsburger Stadtrecht von 1276 Lehrlinge erwähnt, und gegen 1400 wird von den Zünften höchstwahrscheinlich schon überwiegend ein Befähigungsnachweis in Form eines Meisterstückes verlangt. Schanz nimmt an, daß ein solches in der zweiten Hälfte des vierzehnten Jahrhunderts nicht nur vereinzelt üblich ist, sondern bereits vorherrscht und bezieht sich zum Beweise auf die ausführliche Prüfung der Schneidergesellen in Mainz im Jahre 1391, ferner auf die Vorschrift eines Meisterstücks bei den Danziger Schmieden im Jahre 1387 und bei den Schneidern dort zwölf Jahre später. Er tritt damit der Ansicht von Schönberg

[1]) Urkunden darüber Basel 1260, in Magdeburg 1157, in Salzwedel 1323. Mascher, a. a. O. S. 155 u. ff.

[2]) „Das Lehrlingswesen im Handwerk und in der Industrie", Abschnitt: Das Lehrlingswesen in der Blütezeit des Zunftwesens. Schriften der Zentralstelle für Volkswohlfahrt. Heft 7, S. 4 und 5.

entgegen, nach der ein Meisterstück frühstens erst um 1370 in der Rolle der Scodere zu Lübeck bestimmt erwähnt werde und daß diese sowie die Lübecker Zunft der Buntmaker mit ihrer Rolle vom Jahre 1386 auch die einzigen seien, von denen aus dem vierzehnten Jahrhundert mit Sicherheit gesagt werden könne, daß bei ihnen das Meisterstück verlangt wurde[1]).

Ganz gleich nun, ob ein Befähigungsnachweis einige Jahrzehnte früher oder später allgemein eingeführt ist, das Auftauchen einer solchen Vorschrift zeigt jedenfalls, welcher Wert auf tüchtige Leistungen gelegt wurde. Diese erfordern aber eine voraufgegangene gründliche Unterweisung. Ein geordnetes Lehrlingswesen und die Einrichtung von Meisterprüfungen mit Meisterstücken stehen etwas in dem Verhältnis von Ursache und Wirkung. Es muß sich daher auch das Lehrlingswesen im vierzehnten Jahrhundert und vielleicht sogar etwas früher entwickelt und vervollkommnet haben.

In dem Maße, wie der deutsche Handwerkerstand in der Folge dann an Selbstbewußtsein, Bedeutung und Ansehen gewann, wuchs auch die Zahl derer, die in ihn einzutreten begehrten. Es war entsprechend dem Angebot und der Nachfrage möglich, eine strengere Auswahl zu treffen. Manche Zünfte konnten daher die Aufnahme als Lehrling an die Erfüllung verschiedener Vorbedingungen, wie eheliche Geburt, Zahlung einer Summe u. dgl. knüpfen. Aufnahme und Eintragung in das Zunftbuch erfolgten in der Regel in einer öffentlichen feierlichen Handlung vor den versammelten Zunftgenossen oder ihren Vorstehern als Zeichen dafür, daß das Lehrlingswesen als Frage des Handwerkernachwuchses nicht nur den einzelnen Meister, sondern die ganze Zunft angehe.

Als dann später das Handwerk wieder von seiner Höhe herabsank, zeigte sich dies auch im Lehrlingswesen. Gemäßigte Vorschriften, die zunächst nur die verständige Auswahl eines tüchtigen Nachwuchses bezweckten, wurden übertrieben verschärft und oft sprachen weniger Fähigkeit und Können als andere Gesichtspunkte mit. Es bildeten sich, wie Altenrath darlegt, allerlei Mißstände heraus, neben der Erhöhung der Aufnahmegebühren üppige, von den Lehrlingen zu veranstaltende Gastereien, Verlängerung der Lehrzeit auf sieben bis acht Jahre, um aus den längeren Diensten der Lehrlinge und Gesellen ausgedehnten Nutzen zu ziehen, sowie andere die Entwicklung hemmende Maßnahmen. Die gründliche Ausbildung stand nicht mehr so ausschließlich im Vordergrund, die Lehrlinge wurden oft zu sehr ausgenutzt und zudem nicht nur mit eigentlicher Handwerksarbeit. In Nürnberg waren die Lehrjungen ausdrücklich verpflichtet, Tragkörbe zu tragen, Schleifen und kleine Wagen zu ziehen, stehend zu essen und blinden Gehorsam zu leisten.

Die Lage zu der Zeit des Niederganges des Handwerks wird wie folgt

---

[1]) Schanz: Zur Geschichte der deutschen Gesellenverbände, S. 13. — Schönberg: Zur wirtschaftlichen Bedeutung des deutschen Zunftwesens im Mittelalter. Jahrbücher für Nationalökonomie und Statistik von Bruno Hildebrand. 9. Bd., S. 57.

geschildert: Nicht durch Lieferung guter Waren, sondern durch Betrug suchten jetzt die Zünfte ihr Fortkommen zu sichern, und die Zunfteinrichtungen dienten ihnen hierbei zum Deckmantel. Die Zunftehre, auf welche früher so hohes Gewicht gelegt wurde, war somit schon zu Anfang des sechzehnten Jahrhunderts vollständig verschwunden. An Sparen konnten und wollten die verarmten, sittlich und moralisch heruntergekommenen Zünftler nicht denken. Der Sorge für die Ihrigen entschlugen sich dieselben, indem sie auch nach dieser Richtung hin das Zunftwesen auszubeuten wußten. Hiergegen wurden auf verschiedenen Reichstagen, so 1551, 1552, 1560 und 1580 wohl Bestimmungen erlassen, sie hatten aber wenig Wirkung. Der dreißigjährige Krieg mit seinen verheerenden Folgen, mit der Verarmung des Bürgerstandes und der Auflösung von Ordnung und Recht warf dann auch wirtschaftlich das Handwerk darnieder. An die Stelle früherer Selbstverwaltung traten nach diesem Kriege zumeist hier wie auch an anderen Stellen die Anordnungen der Regierungen und Fürsten. Die einzelnen Landesregierungen stellten Zunftordnungen auf, so Hessen 1693 und 1730. Durch einen Reichsbeschluß vom Jahre 1731 wurde die sog. Reichszunftordnung erlassen mit Bestimmungen gegen eine Anzahl Mißbräuche im Handwerk. — Friedrich Wilhelm I. ließ 1732—1735 in Preußen die Innungsvorschriften der Reichszunftordnung anpassen, hob die alten Vorrechte und Vorschriften auf und erteilte neue Generalprivilegien für alle zünftigen Gewerbe. — In dieser Zeit hatten im allgemeinen die Lehrburschen zunächst eine Probezeit von zwei bis vier Wochen durchzumachen, wurden, nachdem Meister und Lehrlinge von dem Vorsteher des Handwerks auf die beiderseitigen Pflichten hingewiesen waren, in das Lehrburschenbuch eingetragen und hatten dann drei bis vier Jahre zu lernen[1]).

In Preußen wurden die Generalprivilegien 1794 im Allgemeinen Landrecht weiter gesetzlich geregelt. Es wurden die Vorbedingungen für die Aufnahme als Lehrling festgesetzt, u. a. eheliche Geburt und ausreichende Schulkenntnisse. Die Lehrzeit dauerte drei und bei schwierigen Gewerben bis zu vier Jahren. Die einschränkenden Bestimmungen über die Zahl der zu haltenden Gesellen und Lehrlinge wurden aufgehoben. Gewerksassessoren, die von den Magistraten bestellt wurden, hatten verschiedene Aufsichtsrechte über die Zünfte und waren zuständig, einen Lehrling zu prüfen, bevor er freigesprochen werden durfte.

Die schlechte wirtschaftliche Lage zu Anfang des 19. Jahrhunderts zeigte sich auch im Handwerkerstande. Von den zum Teil mühsam um den Lebensunterhalt ringenden Meistern wurden die Lehrlinge vielfach zu Handlangerarbeiten und häuslichen Hilfsdiensten gebraucht und infolgedessen im Handwerk ungenügend ausgebildet. Den Lehrlingen selbst fehlte der Antrieb,

---

[1]) S. hierzu wie auch zu dem Vorhergehenden Mascher, a. a. O. S. 275—288 S. 330, 337, S. 397—407 viertes Kapitel: Das Gewerberecht im achtzehnten Jahrhundert; achtes Kapitel: Soziales und geselliges Leben des Gewerbestandes.

Tüchtiges zu lernen, da sie der Zunftzwang später doch vor unbequemen Mitbewerbern schützte.

In Frankreich beseitigte die große Revolution neben so manchen anderen einschränkenden Bestimmungen auch die über das Zunftwesen und führte statt dessen die Gewerbefreiheit ein. Verschiedene Nachbarländer folgten dem Beispiel. Auch in Preußen glaubte die Gesetzgebung von Stein und Hardenberg damit eine Abhilfe gegen die vorerwähnten unbefriedigenden Zustände im Handwerk zu schaffen, und so wurde hier mit den Edikten vom 2. November 1810 und vom 7. September 1811 ebenfalls Gewerbefreiheit zugelassen und der Zunftzwang aufgehoben. Es genügte jetzt die Lösung eines Gewerbescheines für die Eröffnung eines Gewerbebetriebes, und jede das Gewerbe selbständig betreibende Person konnte beliebig Gesellen und Lehrlinge annehmen. Die letzteren erhielten bei ihrem Ausscheiden nur ein Zeugnis über Verhalten und Leistung. Die alten Zunftgebräuche wurzelten jedoch so tief im Volke, daß sie nicht mit einemmal verschwanden, sondern freiwillig noch weiter geübt wurden. Schon vor Erlaß des Gesetzes vom November 1810 hatte man, wie Roehl in seinen Beiträgen zur preußischen Handwerkerpolitik[1]) hervorhebt, wiederholt darüber geklagt, Unzünftige bekämen keine Lehrlinge. Weder Gesellen noch Lehrlinge von Meistern außerhalb der Handwerkszunft hatten Aussicht, später wieder bei Zunftmeistern Beschäftigung zu finden. Darum wurde selbst ohne gesetzliche Vorschriften auch weiterhin von vielen Handwerkern Wert auf die Zurücklegung der Lehrlings- und Gesellenzeit, auf Wanderschaft und Meisterstück gelegt. — Eine geordnete Aufsicht insbesondere über das Lehrlingswesen fand aber nicht mehr statt, sodaß eine der nachteiligen Folgen Untüchtigkeit bei vielen Meistern, Gesellen und Lehrlingen war.

Die großen Veränderungen im preußischen Staat nach dem Wiener Kongreß gegenüber den Verhältnissen, unter denen die Gewerbegesetze 1810 und 1811 entstanden waren, insbesondere auch abweichende Vorschriften in neu hinzugekommenen Gebieten und nicht zum wenigsten die unbefriedigenden Zustände im Handwerk erforderten eine Änderung und einheitliche Regelung. Noch fühlbarer wurden die Mißstände durch die ungünstige wirtschaftliche Lage nach den langen Kriegsjahren. Wie vorher in der Gewerbefreiheit sah man nun vielfach wieder das Heil in der Rückkehr zu einem größeren Zwang. Ein Teilergebnis war schließlich die Gewerbeordnung vom 17. Januar 1845. Sie hob zwar die Gewerbefreiheit nicht auf und verneinte grundsätzlich den Innungszwang, doch wurde die Eingliederung der Gewerbetreibenden in Innungen als freie Genossenschaften zur Förderung des Gewerbebetriebes als erwünscht bezeichnet. Auch auf das Lehrlingswesen erstreckten sich die Vorschriften. Personen von unwürdigem oder ehrlosem Lebens-

[1]) Schmoller, Band 17, Heft 4, S. 163 der staats- und sozialwissenschaftlichen Forschungen.

wandel oder solche, die sich gegenüber ihren Lehrlingen arger Pflichtversäumnis schuldig gemacht hatten, durften fortan keine Lehrlinge mehr halten.

Dieses Gesetz stellt einen Vorläufer der heutigen Gewerbeordnung dar. Ebenfalls bereits im siebenten Abschnitt (Titel), §§ 125—161 waren die Verhältnisse der Gewerbegehilfen, Gesellen, Fabrikarbeiter und Lehrlinge geordnet, vielfach im Anschluß an das Allgemeine Landrecht. Befugt, Lehrlinge zu halten, war nur, wer einen Gewerbebetrieb selbständig ausübte und nicht von der Teilnahme an der Bildung einer Innung ausgeschlossen war. Im übrigen war die Festsetzung des Verhältnisses der Gesellen, Gehilfen und Lehrlinge zu ihrem Arbeitgeber der freien Übereinkunft überlassen. Sie mußten ihm Achtung erweisen und seinen Anordnungen bei der Arbeit und den häuslichen Einrichtungen nachkommen, waren jedoch zu häuslichen Arbeiten nicht verpflichtet. Die Gründe für sofortige Entlassung oder Arbeitsniederlegung waren fast dieselben wie jetzt. Die Lehrlinge von Innungsmitgliedern wurden vor der Innung, die übrigen Lehrlinge vor der Stadt- oder Gemeindebehörde unter Zuziehung von zwei unbescholtenen Zeugen aufgenommen. Die vereinbarten Bedingungen, insbesondere über Lehrzeit und Lehrgeld, wurden schriftlich festgelegt. Der Lehrling konnte nach Ablauf der Zeit ein Lehrzeugnis fordern und um Zulassung zur Gesellenprüfung nachsuchen. Zuständig waren hierfür wieder dieselben Stellen wie bei der Aufnahme. Außer den Barauslagen für Stempel usw. wurden keinerlei Gebühren für die Prüfungen erhoben[1]). In der Folge, zuerst 1849, wurden zu diesem Gesetz verschiedene einschränkende Bestimmungen erlassen. So wurden an die Zurücklegung einer ordnungsmäßigen Lehrzeit, die in der Regel drei Jahre dauerte, gewisse Vorrechte geknüpft, wie das der Zulassung zur Meisterprüfung.

Nachdem dann der Norddeutsche Bund gegründet und die Gewerbegesetzgebung auf ihn übergegangen war, wurde auf den Grundlagen des preußischen Gesetzes die Gewerbeordnung vom 21. Juni 1869 als Bundesgesetz erlassen und bald darauf als deutsches Reichsgesetz übernommen.

Der Betrieb eines Gewerbes war hiernach jedermann gestattet, soweit nicht durch dieses Gesetz Ausnahmen oder Beschränkungen vorgeschrieben oder zugelassen waren. Jeder im Besitze der staatsbürgerlichen Rechte befindliche Gewerbetreibende konnte in beliebiger Zahl Lehrlinge halten. Die Lehrbedingungen blieben der freien Vereinbarung überlassen. — „Diese Regelung erwies sich aber in ihren Wirkungen als recht nachteilig. Alle schützenden Garantien, die das Lehrlingswesen bis dahin umgeben hatten, wurden hinweggeräumt. Verletzte einer der Beteiligten die durch den Lehrvertrag oder kraft der allgemeinen, für das Verhältnis geltenden Grundsätze die ihm obliegenden Pflichten, so mußte deren Innehaltung auf dem Wege der Klage erzwungen werden. Da nicht einmal der Abschluß eines

---

[1]) Roehl: Handwerkerpolitik, a. a. O. S. 259—262.

besonderen Lehrvertrages, geschweige denn eines schriftlichen, vom Gesetz verlangt wurde, sondern jeder als Lehrling betrachtet wurde, der bei einem Lehrherrn zur Erlernung eines Gewerbes in Arbeit trat, so waren auch die Pflichten im einzelnen äußerst dehnbar. — Die Unzulänglichkeit der gesetzlichen Regelung des Lehrlingswesens und die Ausschaltung aller Mittel, die ihm bisher innern Halt und Erfolg zu sichern bestimmt waren, führten denn auch bald die unerfreulichsten Erscheinungen herbei. Die Pflichtvergessenheit sowohl auf seiten der Meister wie auf seiten der Lehrlinge griff immer mehr um sich, und die Klagen über die Unhaltbarkeit der Zustände nahmen zu.“ (Altenrath, a. a. O. S. 35 u. 36.)

Die allseitigen Klagen über die mangelhafte Ausbildung der Lehrlinge veranlaßten im Jahre 1875 umfangreiche Erhebungen des Bundesrates über die Verhältnisse der Lehrlinge, Gesellen und Fabrikarbeiter. Die Folge war das Gesetz vom 17. Juli 1878 betr. die Abänderung der Gewerbeordnung. Hierdurch wurde der Titel VII, der neben andern gewerblichen Arbeitern auch die Lehrlinge betrifft, vollständig umgestaltet. Zur Sicherung des Lehrverhältnisses wurden strengere Bestimmungen getroffen, Arbeiter unter 21 Jahren mußten im Besitze eines Arbeitsbuches sein, für Lehrlinge wurde eine gesetzliche Probezeit vorgeschrieben und die Gemeinden oder weiteren Kommunalverbände erhielten die Berechtigung, u. a. auch für Lehrlinge durch statutarische Bestimmung die Pflicht zum Besuch einer Fortbildungsschule einzuführen. — Nicht geändert aber war die privatrechtliche Eigenschaft des Lehrverhältnisses, und damit blieb neben anderen Nachteilen auch die Gefahr der Lehrlingsausnutzung oder der unzweckmäßigen Ausbildung auf Grund unverständiger Lehrvereinbarungen. Durch das Gesetz vom 18. Juli 1881[1]) wurde dann auf die Innungen als Hilfs- und erste Aufsichtsstellen zurückgegriffen, ohne daß sie als freie Innungen gegenüber den nicht zur Innung gehörenden Meistern genügend Einfluß besaßen.

Solange es jedoch noch in das Belieben des Einzelnen gestellt blieb, ob er sich einer Innung anschließen wollte oder nicht, war auch keine wesentliche Besserung zu erwarten. Wie wenig sich die Handwerker aus freien Stücken an dem Innungswesen beteiligten, zeigen deutlich einige Zahlen über den Stand in den Jahren 1893/96[2]). (Vgl. Tafel 1, S. 8.)

Man sieht hieraus, wie überaus gering das Handwerk noch in Innungen vereinigt war, in Preußen mit 30,7 v. H. noch nicht einmal zu einem Drittel, in ganz Deutschland nur zu einem Viertel und in Baden gar nur mit 2,1 v. H. Da ist es denn auch nicht verwunderlich, wenn ein durchgreifender Einfluß

---

[1]) RGBl. S. 233 Abänderung und Ergänzung des Titels VI (Innungen). Neue Bestimmungen über Innungsausschüsse und Innungsverbände. Session 1881 Entwurf Drucksache Nr. 49 Komm.-Ber. Drucks. Nr. 128. Sten.-Ber. Bd. I S. 522ff., Bd. II S. 1120ff. und 1559ff. — Aufgehoben durch Novelle vom 26. Juli 1897 (Hoffmann, S. 5).

[2]) Jauch: Das gewerbliche Lehrlingswesen in Deutschland, S. 10 (nach Schmollers Jb.f.Gef. XXII. Jahrgang 1898, Heft 2 S. 354 u. f.).

Tafel 1: Zahlenverhältnisse der deutschen Innungen, Innungsmitglieder und selbständigen Handwerksmeister in den Jahren 1893/96.

Anzahl	In Deutschland 1893/96	In Preußen 1896	In d. anderen Bundesstaaten 1893	In Baden 1893
Selbständige Handwerker (H) .	1323373	734456	588817	45030
Innungsmitglieder (J)	331364	224956	106408	940
J : H auf 100 berechnet . . .	25 v. H.	30,7 v. H.	18,1 v. H.	2,1 v. H.
Innungen	10881	7940	2941	30
Mitglieder in 1 Innung im Durchschnitt	30	28	36	31

auf das gesamte Lehrlingswesen von den Innungen nicht ausgehen konnte. Hier setzte darum die Gesetzgebung den Hebel an, indem sie die Zwangsinnungen vorsah. Es geschah dies durch die Novelle vom 26. Juli 1897[1]), mit der die Gewerbeordnung im wesentlichen die heute noch maßgebende Ausgestaltung erfuhr. Bei den weiteren zufolge Novelle vom 30. Juni 1900 bewirkten Änderungen der Gewerbeordnung — Einfügen zahlreicher neuen und Abändern von über 20 bestehenden Paragraphen — wurde das Lehrlingswesen nicht berührt[2]), ebenso auch nicht durch die weiteren Novellen zur Gewerbeordnung vom 14. Oktober 1905 (RGBl. S. 759), vom 7. Januar 1907 (RGBl. S. 3), vom 29. Juni 1908 (RGBl. S. 473), vom 28. Dezember 1908 (RGBl. S. 667), vom 2. Juni 1910 (RGBl. S. 860), vom 19. Juli 1911 (RGBl. S. 839), vom 27. Dezember 1911 (RGBl. 1912 S. 139). Nur in der Novelle vom 30. Mai 1908 (RGBl. S. 356) wurden noch einige für uns hier jedoch nicht grundlegende Abänderungen der §§ 126b, 129, 129a, 131 und 131c vorgenommen (Fortsetzung der Lehre beim Tode des Meisters usw.).

Nach der zur Zeit geltenden Fassung gliedert sich die Gewerbeordnung in den Teilen, die für uns hier in Betracht kommen, nunmehr wie folgt:

Titel VI.

Innungen, Innungsausschüsse, Handwerkskammer, Innungsverbände.

I. Innungen. a) Allgemeine Vorschriften §§ 81—99.
b) Zwangsinnungen §§ 100—100u.
II. Innungsausschüsse §§ 101—102.
III. Handwerkskammern §§ 103—104n.

[1]) RGBl. S. 663. — Organisation des Handwerks, Regelung des Lehrlingswesens, Meistertitel — Abänderung des Titels VI (Innungen von Gewerbetreibenden), VII Abschnitt III (Lehrlingsverhältnisse) und X (Strafbestimmungen) — Session 1895/97 Entwurf Drucks. Nr. 713, Komm.-Ber. Drucks. Nr. 819. Sten.-Ber. S. 5365ff., 5942ff. und 6153ff. — (Hoffmann, S. 8).

[2]) Jedoch wurde der Reichskanzler ermächtigt, den Text der GO. neu zu redigieren, s. Bek. v. 26. Juli 1900 (RGBl. S. 871) — Session 1898/1900 Ent-

Titel VII.

Gewerbliche Arbeiter (Gesellen, Gehilfen, Lehrlinge, Betriebsbeamte, Werkmeister, Techniker, Fabrikarbeiter).

I. Allgemeine Verhältnisse §§ 105—120f.
II. Verhältnisse der Gesellen und Gehilfen §§ 121—125.
III. Lehrlingsverhältnisse.
A. Allgemeine Bestimmungen §§ 126—128.
B. Besondere Bestimmungen für Handwerker §§ 129—132a.

Im einzelnen betreffen nach dem Hauptinhalt

Abschnitt A. Allgemeine Bestimmungen.

§ 126. Befugnis zum Halten oder zur Anleitung von Lehrlingen.
§ 126a. } Lehrvertrag.
§ 126b. }
§ 127. Pflichten des Lehrherrn.
§ 127a. Pflichten des Lehrlings.
§ 127b. Probezeit.
§ 127c. Lehrzeugnis.
§ 127d. Verlassen der Lehre.
§ 127e. Übergang zu einem anderen Beruf.
§ 127f. Entschädigung bei früherer Beendigung der Lehrzeit.
§ 127g. Entschädigung beim Verlassen der Lehre.
§ 128. Anzahl der Lehrlinge.

Abschnitt B. Besondere Bestimmungen für Handwerker.

§ 129. Befugnis zur Anleitung von Handwerkslehrlingen.
§ 129a. Lehrlinge bei mehreren Gewerbezweigen des Lehrherrn.
§ 129b. Lehrvertrag und Innung.
§ 130. Begrenzung der Anzahl der Handwerkslehrlinge.
§ 130a. Dauer der Lehrzeit.
§ 131. Gesellenprüfung.
§ 131a. Prüfungsausschüsse.
§ 131b. Prüfungsvorschriften.
§ 131c. Prüfungszeugnis.
§ 132. Aufschiebung der Beschlüsse des Prüfungsausschusses.

Die Vertretung des Handwerkerstandes erfolgt auf Grund der Gewerbeordnung jetzt durch Innungen und Handwerkskammern. Die Innungen werden in der Regel für jede Stadt oder größeren Ort mit näherer Umgebung entweder durch freien Zusammenschluß der Handwerksgenossen oder auf Antrag Beteiligter nach Zustimmung der Mehrheit der in Frage kommenden Gewerbetreibenden auf Anordnung der höheren Verwaltungsbehörden gebildet. Besteht an einem Orte keine freie Innung und wird auch

---

wurf Drucks. Nr. 165, Komm.-Ber. Drucks. Nr. 393. Sten.-Ber. S. 1851 bis 1909, 2947 bis 3137, 3234 bis 3244 (**Hoffmann**, S. 8).

von den beteiligten Gewerbetreibenden kein entsprechender Antrag auf Errichtung einer Zwangsinnung gestellt, so bleiben die Handwerker außerhalb eines Innungsverbandes.

Für einen größeren Bezirk, in Preußen in der Regel für einen Regierungsbezirk, sind den Innungen die Handwerkskammern übergeordnet. Sie werden von den Innungen und von Handwerksvereinen gewählt, und es liegt ihnen besonders ob, die nähere Regelung des Lehrlingswesens, die Durchführung der für das Lehrlingswesen geltenden Bestimmungen zu überwachen, die Bildung von Prüfungsausschüssen zur Abnahme der Gesellenprüfung, die Bildung von Ausschüssen zur Entscheidung über Beanstandungen von Beschlüssen der Prüfungsausschüsse, die Unterstützung der Staats- und Gemeindebehörden in der Förderung des Handwerks und die Behandlung von Wünschen und Anträgen, die die Verhältnisse des Handwerkes berühren. Am 31. Oktober 1907 waren 71 Handwerks- bzw. Gewerbekammern in Deutschland vorhanden.

Einen Anhalt zur Beurteilung der Innungsverhältnisse gibt die folgende auf Angaben von Altenrath und Jauch beruhende Übersicht.

Tafel 2: Zahl der Innungen und der Mitglieder 1896—1907.

Art der Innungen	Jahr	Innungen	Mitglieder	Mitgl. für je 1 Innung im Mittel
Freie Innung	1896	10881	331400	30
	1904	8124	266200	33
	1907	8548	289500	34
Zwangsinnung	1896	0	0	0
	1904	3164	218500	70
	1907	3447	223200	65
Insgesamt	1896	10881	331400	30
	1904	11288	484700	43
	1907	11955	512700	43

Wir sehen aus dem Vergleich von Tafel 1 und 2, daß die Zahl der Innungsmitglieder infolge des Gesetzes von 1897 sehr gestiegen ist, von rund 331400 auf 512700 im Jahre 1907, also um rund 55 v. H. Vielen Meistern, die sonst für sich geblieben, also einer gemeinsamen Arbeit an der Fortentwicklung des Handwerks im allgemeinen und damit auch des Lehrlingswesens im besonderen entzogen wären, ist nun die Möglichkeit der Mitwirkung durch die Innungen gegeben. Das bedeutet sicherlich einen Fortschritt, indes ist die Zahl der in Innungen vereinigten gegenüber den alleinstehenden Meistern doch immer noch nicht groß. Selbst wenn man annähme, daß die Zahl der selbständigen Handwerker im Jahre 1907 noch ebenso, wie in Tafel 1 angegeben, nur 1323373 betragen hätte — die Zahlen für 1907 stehen uns nicht zur Verfügung —, so machten dagegen die 512700 Innungsmitglieder immer nur erst 39 v. H. hiervon aus. In

Wirklichkeit ist der Hundertsatz wegen der natürlich inzwischen auch gestiegenen Zahl der selbständigen Meister noch kleiner.

Es möge in Tafel 3 noch eine Übersicht folgen, die ein Bild davon gibt, um wieviel Lehrlinge es sich bei den Innungsmeistern etwa handelt.

Tafel 3: Die Zahlenverhältnisse der Gesellen und Lehrlinge bei den 484700 Innungsmeistern Ende 1904.

Art der Innung	Anzahl der Meister	Anzahl der bei Innungsmitgliedern beschäftigten				Von je 100 Innungsmitgl. beschäftigten			
		Gesellen	Lehrlinge	auf 1 Mitglied		nur Ges.	Ges. und Lehrlinge	nur Lehrl.	weder Ges. noch Lehrlinge
				Gesellen	Lehrlinge				
Freie J.	266200	402482	171044	1,51	0,64	21	25	14	40
Zwangs-J.	218500	289082	93309	1,32	0,43	30	20	10	40
Insgesamt	484700	691564	264353	1,43	0,55	25	23	12	40

Erstaunlich groß ist hiernach mit 40 v. H. die Zahl derjenigen Meister, die ganz ohne Gesellen und Lehrlinge arbeiten. Dem entspricht denn auch die verhältnismäßig geringe Anzahl der Lehrlinge im Verhältnis zu den Meistern. Auf je 100 derselben kommen im Mittel nur 55 Lehrlinge.

Schließlich sei noch das Ergebnis der gewerblichen Betriebszählung vom 12. Juni 1907 angeführt. Hiernach zählte man in Deutschland[1])

in Gewerbeabteilung	A (Gärtnerei, Tierzucht Fischerei) .	10967 Lehrlinge
" "	B (Industrie einschl. Bergbau u. Baugewerbe)	689668 "
" "	C (Handel und Verkehr)	108651 "
	zusammen	809286 Lehrlinge

Es sind mehrfach Versuche gemacht, zur Heranbildung tüchtiger Handwerker besondere Lehrlingswerkstätten für Privathandwerker einzurichten, und zwar in Baden bereits seit 1888, dann in Württemberg („Grundbestimmungen der Zentralstelle für Gewerbe und Handel für die Württembergischen Lehrlingswerkstätten vom 5. März 1898"), in Hessen 1899, in Bayern 1908 und in Preußen im Regierungsbezirk Cassel einige Jahre vorher[2]). Die Erfolge sind zwar zum Teil befriedigend, aber doch nicht so gewesen, daß sie zu einer Einführung in größerem Umfange Anlaß gegeben haben.

Überblickt man nun die Entwicklung des Lehrlingswesens in den letzten

---

[1]) Jauch: a. a. O. S. 1.
[2]) Altenrath: a. a. O. S. 144—156.

100 bis 150 Jahren, so sieht man, daß auf den strengen Zunftzwang fast unbeschränkte Freiheit folgte, daß aber von da an zwar eine noch durch mancherlei Schwankungen unterbrochene, im ganzen jedoch allmählich größer werdende Rückkehr zu dem früheren Verfahren eingehender Regelung und Überwachung des Lehrlingswesens festzustellen ist. Die verschiedenen Novellen zur Gewerbeordnung zeigen dies. Die gesetzliche Entwicklung dürfte hier aber noch nicht abgeschlossen sein, da noch wichtige Fragen der Lösung harren. Insbesondere gilt es, die ständig zunehmende Heranbildung von Lehrlingen in Fabriken weiter zu regeln und unter anderem durch Schaffung geeigneter Prüfungsmöglichkeiten zu vervollkommnen.

§ 2. Das Lehrlingswesen in gewerblichen Großbetrieben.

Neben der Ausbildung von Lehrlingen bei selbständigen Handwerksmeistern hat in den letzten Jahrzehnten die Ausbildung in Großbetrieben ständig an Umfang und Bedeutung zugenommen. Es zeigte sich, daß die Lehrlinge ersterer Art den gesteigerten Anforderungen des Großbetriebes, besonders im Maschinenbau und in der übrigen Metallbearbeitung, vielfach nicht mehr entsprachen. Ein Schlosser, der etwa in einem kleinen Ort oder auf dem Dorfe gelernt und hier nur einfache Arbeiten an Türschlössern, Hausgeräten u. dgl. ausgeführt hat, ist nicht imstande, Gasmotoren oder Dampfmaschinen zusammenzubauen und einzuregeln. Die Anforderungen an Geschicklichkeit und auch theoretischem Wissen hier und dort sind dazu viel zu verschieden.

Wenn man nun schon in Handwerkskreisen über Mangel an tüchtigem Nachwuchs klagte, so machte sich dies in höherem Maße noch in den gewerblichen Großbetrieben fühlbar. In den Berichten der Gewerbeaufsichtsbeamten wird mehrfach hierüber geklagt und bemerkt, daß sich die Fabriken gezwungen sahen, immer mehr zur Arbeitsteilung und zur Beschaffung von Sondermaschinen zu schreiten [1]). Der ungeahnte Aufschwung der Elektrotechnik, der Automobil-, Luftverkehr- und anderer Betriebe und der dadurch entstehenden vielen neuen Großbetriebe zogen eine gewaltige Zahl handwerksmäßig vorgebildeter Kräfte an sich, ohne doch in gleichem Umfang selbst für Nachwuchs hierin zu sorgen. Weder nach Zahl noch nach Fertigkeiten genügten die zur Verfügung stehenden Kräfte und wiederholt haben sich daher die führenden Kreise mit Abhilfemaßnahmen beschäftigt. Besonders eindringlich weist v. Rieppel hierauf hin [2]). Durch die Hochschulen und die technischen Mittelschulen würde zwar in bester

---

[1]) 1896 (S. 148ff.), 1898, 1908 (Königreich Württemberg S. 33ff.) — Altenrath, a. a. O. S. 168.

[2]) Bericht des Generaldirektors Geh. Baurat Dr. v. Rieppel, Nürnberg, im deutschen Ausschuß für technisches Schulwesen. Band III S. 62ff. der Veröffentlichungen dieses Ausschusses.

Weise für die Heranbildung der Stabsoffiziere, der Truppenoffiziere und der Unteroffiziere der Industrie gesorgt, doch sei es betrüblich zu erkennen, wie wenig bis jetzt für die Heranbildung der Truppenmannschaften der Industrie geschehen sei. Man überlasse es dieser in der Hauptsache selbst, sich die nötige Handfertigkeit anzueignen, und nicht selten finde man einen Fleischer, Bäcker oder Schuster an einer Metallbearbeitungsmaschine; ja selbst Monteure gingen nicht selten aus anderen Berufen hervor. Eine nicht geringe Zahl von Monteuren für Eisenbauten haben im Handwerk als Zimmerleute und Schreiner die volle Lehre durchgemacht. Welche Summe von bester Volkskraft werde durch diesen Umweg vergeudet![1]) — Der Grund dafür, daß man sich bisher der Heranbildung der Industrietruppen so wenig angenommen, daß man diesem wichtigen Gebiet der Volkswirtschaft und des Volkswohles so wenig Beachtung geschenkt habe, liegt nach Ansicht von v. Rieppel wohl darin, daß bei uns die Arbeitslöhne bis vor etwa ums Jahr 1900, insbesondere solange wir gezwungen waren, statt Waren Menschen auszuführen, niedrig waren und dadurch eine besondere Sparsamkeit mit der menschlichen Arbeitskraft also nicht unbedingt erforderlich war.

Wir haben bereits gesehen, daß die nach 1869 einsetzende Zeit der unbeschränkten Gewerbefreiheit ohnehin schon einer gründlichen Ausbildung der Handwerkslehrlinge wenig günstig war, so daß in Verbindung mit dem Aufschwung und dem Bedarf der Industrie für diese ein erhöhter Anlaß vorlag, sich die erforderlichen Arbeitskräfte selbst heranzuziehen. So wurden hier denn schulentlassene Knaben mit den Jahren in steigender Anzahl als Fabriklehrlinge eingestellt.

Damit ist neben der Meisterlehre eine zweite wichtige und starke Quelle geschaffen, aus der das deutsche Gewerbe mit handwerksmäßig vorgebildeten Kräften versorgt wird und die in mancher Hinsicht ihre uralte Schwesterquelle an Bedeutung für das gewerbliche Leben erreicht hat oder gar schon übertrifft.

Werke, denen an einer besonders guten Ausbildung gelegen war, schufen besondere Lehrlingswerkstätten, in denen die Lehrlinge ein bis zwei Jahre unter Leitung eines tüchtigen Lehrmeisters praktisch unterwiesen wurden, und zwar planmäßiger und gründlicher, als es die Hast des Betriebes in den allgemeinen Abteilungen erlaubt. Daneben wurden vielfach in eigenen Werkschulen besondere Unterrichtsstunden zur Vermittlung theoretischer

---

[1]) Ganz entsprechende Verhältnisse findet man auch, wenn man sich in einer Eisenbahnwerkstätte unter den dauernd als sog. ungelernte Arbeiter oder als Werkhelfer beschäftigten Hilfskräften umsieht. So manche von ihnen haben in irgend einem bei der Eisenbahnverwaltung nicht vertretenen Handwerk zwar eine ordnungsmäßige Lehrzeit durchgemacht, sind dann aber später doch einfache Handarbeiter geworden. Man findet da ehemalige Bäcker, Barbiere, Hutmacher, Kellner, Schuhmacher u. dgl. Auch hier liegt große Vergeudung von Zeit und Kraft unseres Volkes vor, eine Vergeudung, die wir uns nach dem Kriege auf die Dauer nicht mehr gestatten können.

Kenntnisse eingeführt. Eine Anzahl deutscher Großbetriebe hat hierin vortreffliche Einrichtungen für die Lehrlingsausbildung geschaffen. Beliebig herausgegriffen seien hier nur die Allgemeine Elektrizitätsgesellschaft (Abteilung Apparatefabrik), Siemens & Halske (Wernerwerk), Ludwig Loewe & Co., A.-G., Berlin, Friedrich Krupp, A.-G., Essen-Ruhr, die Maschinenfabrik Augsburg-Nürnberg, die Firma Gebr. Sulzer in Ludwigshafen a./R., die Dinglersche Maschinenfabrik A.-G. Zweibrücken u. a. m.

Es kann an dieser Stelle nicht unsere Aufgabe sein, das umfangreiche Gebiet der Fabriklehre allgemein zu erörtern. Auf manche Einzelheiten einzugehen, wird sich durch Heranziehung von Vergleichen bei Besprechung des Eisenbahnlehrlingswesens noch öfter Gelegenheit bieten. Wir müssen uns hier darauf beschränken, auf die ausgezeichneten Arbeiten hinzuweisen, die insbesondere der Verein deutscher Ingenieure, der aus ihm hervorgegangene Deutsche Ausschuß für das technische Schulwesen und der Verein deutscher Maschinenbauanstalten unter tatkräftiger Mitwirkung des preußischen Landesgewerbeamtes und der Zentralstelle für Volkswohlfahrt in Berlin auf diesem Gebiet geleistet haben und noch leisten. Diese Arbeiten gelten neben einer gründlichen praktischen Ausbildung besonders der Ergänzung derselben durch Werk-, Fach- oder Fortbildungsschulen. Aus der reichen Literatur über das Fabriklehrlingswesen sei hier nur auf die Veröffentlichungen des Deutschen Ausschusses für das technische Schulwesen, auf die im Quellenverzeichnis näher angegebenen Schriften der vorgenannten Körperschaften sowie auch auf den Abschnitt C „Die Fabriklehre" in dem bereits mehrfach erwähnten Buch von Jauch aufmerksam gemacht.

Nach Kühne[1]) war im März 1911 schätzungsweise die Anzahl der Fabriklehrlinge der Metallindustrie in einigen größeren Städten folgende. Die Anzahl der Meisterlehrlinge der entsprechenden Fachrichtung ist zum Vergleich in Klammern beigefügt. Berlin 4000 (2600), Danzig 437 (527), Magdeburg 998 (750), Frankfurt a. M. 698 (466), Duisburg 796 (361), München 815 (1975).

Nur kurz gestreift möge hier noch die Beziehung zur Gewerbeordnung werden. Daß der jetzige Zustand noch nicht befriedigt und daß vielfach eine Ergänzung des Gesetzes angestrebt wird, ist schon angedeutet worden. Eingehend hat diese Frage vom Rechtsstandpunkt aus Neukamp untersucht und empfohlen, nach GO. § 132a einen Abschnitt C: „Besondere Bestimmungen für Fabriken" einzuschalten mit § 132b und c, wonach auch bei jeder Handels- und Gewerbekammer ein Prüfungsausschuß für die Abnahme der Gesellen- und Meisterprüfung zu bilden ist. Auf die Prüfungen sollen GO. § 131b, 131c, 132, 132a bzw. § 133 Abs. 3 bis 10 entsprechende Anwendung finden

[1]) „Die gewerbliche Fortbildungsschule mit besonderer Berücksichtigung des Metallgewerbes und der Industrie der Maschinen und Apparate." — S. Band III der Abhandlungen und Berichte über technisches Schulwesen S. 27.

mit der Maßgabe, daß die dort der Handwerkskammer beigelegten Befugnisse der Handels- oder Gewerbekammer zustehen sollen.[1])

Der Krieg hat manche aussichtsvolle Arbeit gerade auf dem Gebiete des Fabriklehrlingswesens unterbrochen, es ist jedoch bei der in fachlicher, wirtschaftlicher und selbst sittlicher Beziehung nicht hoch genug einzuschätzenden Bedeutung dieser Angelegenheit für unsere Industrie, ja für unser ganzes Volk zu hoffen und zu erwarten, daß nach dem Kriege das Begonnene fortgesetzt und weiter ausgebaut wird.

§ 3. Die Entwicklung des Lehrlingswesens bei der Staatseisenbahnverwaltung.

Ähnliche Gründe wie die Großindustrie haben schon in den siebziger Jahren des vorigen Jahrhunderts die preußische Staatseisenbahnverwaltung veranlaßt, sich die Ausbildung eigner Lehrlinge angelegen sein zu lassen. Grundlegend war hier der Erlaß vom 21. Dezember 1878 des damaligen Ministers für Handel, Gewerbe und öffentliche Arbeiten.

Der Erlaß hat folgenden Wortlaut:[2])

Berlin, den 21. Dezember 1878.

Aus den infolge Erlasses vom 19. Februar d. J. — II. 23733 — erstatteten Berichten habe ich ersehen, daß Bestrebungen, junge Leute in den großen Eisenbahn-Werkstätten zu Handwerkern auszubilden, bisher nur in geringem Umfange stattgefunden und nur in verhältnismäßig wenigen Fällen günstige Resultate gegeben haben. Es wird geklagt, daß die Lehrlinge zum Teil schon während der Lehrzeit die Arbeit verlassen haben und schließlich nur ein kleiner Teil der ausgebildeten Leute in den Werkstätten verblieben sei. Es wird darauf aufmerksam gemacht, daß die eigentümlichen Verhältnisse in den Reparatur-Werkstätten nur zu einseitiger und mangelhafter Ausbildung der Lehrlinge führen können, daß weder die Werkmeister noch die Vorarbeiter imstande wären, die erforderliche stete Aufsicht auszuüben; daß bei der Unerfahrenheit der Lehrlinge und der Gefährlichkeit des Werkstätten-Betriebes dieselben Gefahren und Beschädigungen ausgesetzt seien, für welche die Verwaltungen zu haften hätten, und es wird darauf hingewiesen, daß der unbeaufsichtigte Verkehr mit den Arbeitern vielfach einen ungünstigen Einfluß auf die Sitten der Lehrlinge ausübe. Endlich wird erwähnt, daß ein Bedürfnis zur Ausbildung von Lehrlingen an den meisten Orten nicht vorliege, da ein ausreichender Zufluß bereits ausgebildeter Gesellen vorhanden sei, — daß, soweit dies nicht zutreffe, die bisherigen Einrichtungen zwar beizubehalten resp. zu erweitern und zu verbessern seien, daß es jedoch immerhin mit nicht zu verkennenden Schwierigkeiten verbunden sein würde, die ausgebildeten Leute an die Werkstätten zu fesseln, da dieselben sowohl im Interesse ihrer weiteren Ausbildung, als ihrer

---

[1]) Bericht von Reichsgerichtsrat Dr. Neukamp, Leipzig, über die rechtliche Regelung der Verhältnisse der Fabriklehrlinge und ihre wirtschaftliche Bedeutung. S. Schriftennachweis.

[2]) Die damals übliche Schreibweise der einzelnen Worte ist beibehalten worden.

Wanderlust folgend, doch andere Orte aufsuchen würden. Von mehreren Verwaltungen wird darauf hingewiesen, daß es zweckmäßiger sei, die in den Werkstätten beschäftigten Arbeiter in besonderen event. zu gründenden Schulen fortzubilden, als sich mit der Ausbildung von Lehrlingen selbst zu befassen, welche vielmehr den Handwerksmeistern und kleinen Fabriken zu überlassen sei.

Während sich hiernach die meisten Direktionen gegen die vermehrte Aufnahme von Lehrlingen aussprechen, berichtet die Königliche Eisenbahn-Direktion zu Wiesbaden über die günstigen Erfolge des Verfahrens, wonach zur Zeit mehr als 25 pCt. ihrer Werkstätten-Arbeiter in diesen Werkstätten selbst ausgebildete Leute seien. Die bei der Bergisch-Märkischen Eisenbahn erzielten guten Erfolge sind bekannt.

Die Aufnahme-Bedingungen für die Lehrlinge sind verschieden; zum Teil sind Lehr-Verträge gar nicht abgeschlossen; auch ist eine Verpflichtung zum Schulbesuch nicht überall auferlegt; die Lehrzeit beträgt meist 3 oder 4 Jahre; während derselben wird ein Tagegeld gewährt, welches mit 40, 50, 60 bis 80 Pf. beginnt und von Jahr zu Jahr steigt. Im allgemeinen geht die Absicht der Verwaltungen hiernach dahin, eine Ausbildung von Lehrlingen nur insoweit zu bewirken, als sich an einzelnen Orten ein Mangel an ausgebildeten Arbeitern fühlbar macht.

Ich kann diesen Standpunkt nicht als richtig anerkennen, muß die Ausbildung von tüchtigen Handwerkern vielmehr als eine Aufgabe betrachten, welche die Eisenbahnverwaltung, vor allem die Staatseisenbahn-Verwaltung, welche die ausgebildeten Kräfte in erheblichem Umfange in Anspruch nimmt, zu fördern sich mit angelegen sein lassen soll.

Der Umstand, daß zur Zeit ausreichender Zufluß an Arbeitern vorhanden ist, wird hierbei um so weniger in Betracht kommen können, als schon vielfach über die geringe Befähigung derselben, insbesondere zur Verwendung als Lokomotiv-Beamte, geklagt ist, und es gerade Sache der Eisenbahn-Verwaltung sein würde, die geistige und moralische Erziehung der Lehrlinge zu fördern und mit der praktischen Ausbildung derselben in Einklang zu bringen.

Wenn ich auch keineswegs die großen Schwierigkeiten verkenne, welche durch die eigentümlichen Verhältnisse der Eisenbahn-Werkstätten entstehen, so bin ich doch überzeugt, daß dieselben durch geeignete Einrichtungen zu bewältigen sind, insbesondere wenn die systematische Erziehung von Handwerks-Lehrlingen als eine Aufgabe betrachtet wird, die aus allgemeinen Rücksichten und nicht lediglich als durch den Nutzen der einzelnen Werkstätten diktiert durchgeführt werden muß. Die hierfür aufzuwendenden Kosten und Mühen werden schließlich auch den Eisenbahn-Werkstätten und den Verwaltungen überhaupt zum Vorteil gereichen.

Es läßt sich annehmen, daß die ausgebildeten Lehrlinge — selbst wenn sie ihre Lehr-Werkstätte verlassen — später wiederum Arbeit in Eisenbahn-Werkstätten suchen werden und gewiß das Material zu tüchtigen Lokomotivführern, Wagenmeistern usw. abgeben werden. Aus diesen Gesichtspunkten muß ich daher die allgemeine Ausbildung von Handwerks-Lehrlingen in den großen Eisenbahn-Werkstätten im allseitigen Interesse als ersprießlich und nutzbringend ansehen.

Zur Erzielung der hierbei notwendigen Gleichmäßigkeit ist der beiliegende Entwurf der bei der Ausbildung der Lehrlinge zu beachtenden Grundsätze aufgestellt, der in Übereinstimmung mit der Ansicht der meisten Verwaltungen davon ausgeht, daß die Beschäftigung der Lehrlinge innerhalb der Arbeitsräume der großen Werkstätten weder für die fachliche noch für die moralische Erziehung derselben wünschenswert und vorteilhaft ist. Es ist daher angenommen worden, daß die eigentliche handwerksmäßige Vorbildung der Lehrlinge in besonderen, von den großen Werkstätten abgegrenzten Lehrwerkstätten, welche wie die Werkstätten der Handwerksmeister einzurichten sind, zu erfolgen haben würde, in denen die Lehrlinge der steten Aufsicht und Anleitung eines zuverlässigen Lehrmeisters unterliegen. Bei dieser Vereinigung mit den großen Werkstätten kann es den Lehrwerkstätten an ausreichender zweckentsprechender Arbeit nicht fehlen.

Erst nachdem die Lehrlinge hier mit den eigentlichen Manipulationen des Handwerks vollkommen vertraut geworden sind, wird ihre Überweisung an die verschiedenen Werkstatts-Abteilungen erfolgen können. Die Lehrlinge sind voraussichtlich alsdann körperlich, geistig und fachlich bereits so weit vorgeschritten, daß die vorangeführten Umstände einen schädlichen Einfluß auf ihre weitere Erziehung nicht mehr ausüben dürften. Bei der weiteren Verfolgung dieser Angelegenheit ist zunächst die Einrichtung von Lehrwerkstätten für das Schlosserhandwerk bei allen großen Hauptwerkstätten ins Auge zu fassen; zu erwägen bleibt jedoch, ob in großen Wagenwerkstätten auch auf die Ausbildung von Tischlern Bedacht zu nehmen sein möchte.

Die Königliche Direktion wolle hiernach den beiliegenden Entwurf in seinen einzelnen Punkten prüfen und etwaige Modifikationen vorschlagen resp. praktische Bedenken begründen. Für die Vorbereitung der Einrichtung der Lehrwerkstätten bei den großen Hauptwerkstätten ist zu ermitteln, welche Kosten durch bauliche Einrichtungen, Beschaffung von Lehrmitteln, Werkzeug-Maschinen und Werkzeugen, soweit letztere nicht aus den Beständen entnommen werden können, entstehen werden, es ist eine spezielle Instruktion für die Lehrmeister und die Lehrlinge, ein Lehrplan für den Schulunterricht und ein Schema für den Lehrvertrag, unter Berücksichtigung der §§ 105 bis 120a und 126 bis 133 der Gewerbe-Ordnung (Reichsgesetz vom 17. Juli 1878) auszuarbeiten und unter Vorlage derselben spätestens nach 6 Wochen zu berichten, in welcher Weise die einmal aufzuwendenden Kosten zu decken und wie groß die voraussichtliche Vermehrung der laufenden Ausgaben sein würde. Da die Verrechnung der Löhne, Materialien usw. auf Werkstätten-Konto, resp. auf die in den Lehrwerkstätten herzustellenden Arbeiten erfolgen muß und daher nicht besonders zur Erscheinung gelangt, so können hierbei nur hauptsächlich die Ausgaben für den Schulunterricht in Frage kommen.

Der Minister für Handel, Gewerbe und öffentliche Arbeiten.
gez. Maybach.

An die
Kgl. Direktion der Niederschlesischen-Eisenbahnen.

II 15.886 IV 16.759.

Grundzüge
über die Art der Ausbildung von Handwerks-Lehrlingen in den Werkstätten der Staats- und unter Staats-Verwaltung stehenden Privat-Eisenbahnen.

1. Die Königliche Eisenbahn-Direktion wird es sich angelegen sein lassen, in ihren großen Reparatur-Werkstätten Lehrlinge für die hauptsächlichsten Handwerks-Branchen des Eisenbahn-Werkstättenwesens auszubilden.

2. Die Lehrlinge werden nicht lediglich zu Arbeitern in den betreffenden Werkstätten erzogen, sondern möglichst vollkommen und vielseitig innerhalb ihres Handwerks ausgebildet werden.

3. Bei der Einstellung der Lehrlinge — in der Regel nicht mehr als 8 bis 10 jährlich in einer großen Werkstätte — sollen die Söhne der niederen Eisenbahn-Beamten und der dauernd beschäftigten Arbeiter vorzugsweise berücksichtigt werden.

4. Mit den Vätern resp. Vormündern der Lehrlinge sind schriftliche Lehr-Verträge nach beiliegendem Schema abzuschließen. Die Lehrlinge sollen bei der Aufnahme nicht unter 14 und nicht über 16 Jahre alt sein; nur ausnahmsweise sollen auch Lehrlinge bis zum Alter von 18 Jahren zur Aufnahme gelangen. Dieselben müssen die Elementarschule vollständig absolviert haben, konfirmiert sein und sich über ihren befriedigenden Gesundheitszustand durch ein ärztliches Attest ausweisen.

Während der Lehrzeit haben sich die Lehrlinge in der Wohnung ihrer Eltern aufzuhalten oder Unterkommen in geachteten Familien zu suchen. Die Eisenbahnverwaltung hat das Recht und die Pflicht, sich hiervon Überzeugung zu verschaffen.

Die Eltern resp. Vormünder übernehmen die Verpflichtung, die Lehrlinge während der Lehrzeit angemessen zu unterhalten.

5. Die Verwaltung übernimmt nicht die Verpflichtung, die Lehrlinge nach vollendeter Lehrzeit in den betreffenden Werkstätten weiter zu beschäftigen. Dieselben sollen jedoch unter sonst gleichen Umständen und soweit sie sich während ihrer Lehrzeit tadellos geführt haben, von sämtlichen Reparatur-Werkstätten der Staats- und unter Staats-Verwaltung stehenden Privatbahnen vorzugsweise beschäftigt werden. Ebenso sollen dieselben jedoch, falls die Auflösung des Lehr-Verhältnisses durch persönliches grobes Verschulden der Lehrlinge, insbesondere durch eigenmächtiges Verlassen der Lehre herbeigeführt ist, von sämtlichen genannten Werkstätten ausgeschlossen sein.

6. Die Lehrlinge erhalten bei ihrer Einstellung ein nach den örtlichen Verhältnissen zu bemessendes Taschengeld bis zu höchstens 80 Pfennigen, welches halbjährlich nach Maßgabe ihrer durch besondere Prüfungen festzustellenden Leistungen angemessen zu erhöhen ist, jedoch nicht den Betrag des niedrigsten Lohnsatzes der in dem betreffenden Handwerk beschäftigten Arbeiter erreichen darf.

Von diesem Tagelohn wird der zehnte Teil einbehalten und dem Lehrling nach Beendigung der Lehrzeit als Spargroschen überwiesen. Der Betrag wird in der Regel in einem auf den Namen des Lehrlings lautenden Sparkassenbuch angelegt und dient zunächst als Kaution für alle Verluste, welche der Verwaltung durch grobes Verschulden der Lehrlinge entstehen. In allen Fällen, in denen die Entlassung des Lehrlings durch persönliches grobes Verschulden desselben herbeigeführt wird, verfällt der Betrag zugunsten der Werkstätten-Arbeiter-Krankenkasse.

7. Die Lehrlinge treten der Werkstätten-Arbeiter-Krankenkasse nach Maßgabe der Bestimmungen des darüber bestehenden Statuts bei.

8. Die Beschäftigung der Lehrlinge soll 10 Stunden dauern, und zwar in der Regel während der gewöhnlichen Arbeitszeit der andern Werkstätten-Arbeiter, soweit nicht die Bestimmungen der Gewerbeordnung (§ 136 und 139, al. 2) eine Änderung bedingen.

Überstunden, Sonntags- und Nachtarbeit sind unstatthaft. Außer der praktischen Beschäftigung findet ein Schulunterricht, in der Regel zweimal wöchentlich und Sonntags statt. Ungerechtfertigte Schulversäumnis hat den Verlust des Tagegeldes oder eines Teils desselben zur Folge. Abgesehen hiervon sollen Geldstrafen während der ersten Jahre nur unter besonderen Umständen verhängt werden.

9. Die Lehrzeit beträgt 4 Jahre. Die erste Hälfte dieser Zeit soll dazu verwendet werden, den Lehrlingen die Manipulationen ihres Handwerks beizubringen; während der letzten Jahre sollen die Lehrlinge in den einzelnen Werkstatts-Abteilungen mit den verschiedenen vorkommenden Arbeiten beschäftigt werden.

10. Die Ausbildung der Lehrlinge (Schlosser, Schmiede, Dreher) während der ersten Jahre soll in kleinen, besonders einzurichtenden Lehrwerkstätten erfolgen, welche mit Inventarien und Werkzeugen so vollständig auszurüsten sind, daß alle bezüglichen Arbeiten selbständig daselbst ausgeführt werden können.

Die etwa erforderlichen Werkzeugmaschinen sollen zur Verhütung von Unglücksfällen zum Hand- resp. Fußbetriebe eingerichtet sein. In diesen Lehrwerkstätten sollen die Lehrlinge unter steter Anleitung und Aufsicht alle zur möglichst vollkommenen Ausbildung erforderlichen Manipulationen, die Behandlungsweise der verschiedenen Materialien, die Kenntnis der Werkzeuge usw. erlangen; dieselben sollen befähigt werden, die einfachen Werkzeuge selbst zu fertigen und zu reparieren, einfache Arbeitsstücke sauber und kunstgerecht anzufertigen. Diese Kenntnis soll durch Herstellung eines Probestückes nachgewiesen werden.

Demnächst — jedoch nicht vor zurückgelegtem 16. Lebensjahre — sind die Lehrlinge nacheinander den verschiedenen Werkstattsabteilungen zu überweisen und mit den verschiedenen vorkommenden Arbeiten, sowie an verschiedenartigen Werkzeug-Maschinen zu beschäftigen, wobei die praktische Weiterbildung der Lehrlinge, unter Berücksichtigung ihrer Neigungen, stets im Auge zu behalten ist.

Dieselben sind hierbei möglichst zuverlässigen Arbeitern beizugeben, sorgsam anzuleiten und zu beaufsichtigen. Für Lehrlinge solcher Handwerke, für welche Lehrwerkstätten nicht eingerichtet sind, werden besondere Bestimmungen zu treffen sein.

11. Der Schulunterricht soll dem praktischen Fortschreiten der Lehrlinge angepaßt sein. Dieselben sollen während der Lehrzeit nicht mit Dingen beschäftigt werden, welche außerhalb des Bereichs des Handwerks liegen; die Fortbildung strebsamer junger Leute nach Beendigung der Lehrzeit muß vorbehalten bleiben. Es wird daher beim Unterricht weniger auf Vielseitigkeit als auf Gründlichkeit der Kenntnisse hinzuwirken sein. In technischer Beziehung soll Hand in Hand mit der praktischen Beschäftigung die Erklärung der Werkzeuge und der Eigenschaften der Materialien, auch die Beschreibung und Erklärung einfacher Arbeits- und Werkzeugmaschinen gegeben werden. Die Lehrlinge sollen dahin gebracht werden, einfache Gegenstände auf dem Papier oder der Tafel bildlich darzustellen, Zeichnungen von Maschinenteilen usw. zu verstehen, nach denselben die für die Anfertigung erforderlichen Schablonen zu konstruieren, sowie die zur Ausführung notwendigen Materialien anzugeben.

12. Die Lehrwerkstätte steht unter Leitung eines tüchtigen Handwerksmeisters; derselbe muß nicht nur in seinem Fach vollkommen durchgebildet und erfahren sein, sondern auch durch Solidität, Bildung und Charakter vorzugsweise befähigt sein, seinen verantwortungsvollen Wirkungskreis auszufüllen.

Dem Lehrmeister liegt die Pflicht ob, die ihm überwiesenen Lehrlinge in allen Manipulationen des Handwerks zu unterweisen, die Tätigkeit derselben stetig zu überwachen, sie an Fleiß zu gewöhnen und zur Sparsamkeit in der Material-Verwendung anzuhalten. Die Lehrlinge dürfen nur im Interesse der Verwaltung beschäftigt werden.

13. Der Lehrmeister steht im Verhältnis eines Vorarbeiters und kann nach Bewährung zum Werkmeister ernannt werden. Derselbe ist direkt dem Werkstätten-Vorsteher untergeordnet, welchem unter der allgemeinen Leitung des Werkstattsmaschinenmeisters die obere Aufsicht über die Lehrwerkstätte obliegt.

Je nach Bedürfnis können auch einige erprobte Gesellen in der Lehrwerkstätte beschäftigt werden.

14. Die Arbeiten — soweit angänglich Neuarbeiten, Magazin-Vorratsstücke usw. — sind dem Lehrmeister direkt vom Werkstätten-Vorsteher zu überweisen; dieselben sollen dem Zweck angepaßt und möglichst so beschaffen sein, daß sie in der Lehrwerkstätte allein ohne Zuhilfenahme anderer Werkstatts-Abteilungen fertiggestellt werden können. Die Führung der Bücher, der Empfang und die Verrechnung der Materialien und Werkzeuge erfolgt durch den Lehrmeister nach den geltenden Bestimmungen. Alle Arbeiten in den Lehrwerkstätten dürfen nur in Lohn ausgeführt werden.

Dem Lehrmeister und den Lehrgesellen ist die Annahme von Geschenken seitens der Lehrlinge oder deren Angehörigen unbedingt verboten.

15. Der Schulunterricht ist unentgeltlich und soll nach bestimmtem Lehrplan durch geeignete Lehrer oder Beamte erteilt werden.

16. Das Verhältnis der Lehrlinge zur Verwaltung wird durch den Lehrvertrag geregelt und unterliegt im übrigen den gesetzlichen Bestimmungen über das Lehrlingswesen.

Nach Beendigung der Lehrzeit und befriedigender Ausführung einer Probearbeit erhalten die Lehrlinge kostenfrei ein Zeugnis.

Lehr-Vertrag.

Zwischen der Königlichen Eisenbahn-Direktion zu ....
...............vertreten durch den Königlichen ....
zu ....einerseits und dem ....
zu ....für seinen..................................
andererseits ist nachstehender Lehrvertrag auf Grund der nachgehefteten allgemeinen Bedingungen für die Aufnahme und Ausbildung von Handwerkslehrlingen, welche einen integrierenden Teil des Vertrages bilden, abgeschlossen worden.

§ 1.

Der.....................gibt seinen genannten........................
....................der Verwaltung der ....Eisenbahn für den Zeitraum von......Jahren vom.....ten ....ab in die Lehre, um in deren Werkstätten zu ....das ....Handwerk zu erlernen. Hiervon gelten die ersten 8 Wochen als Probezeit, während welcher dieser Vertrag von beiden Teilen jederzeit durch einseitigen Rücktritt aufgelöst werden kann.

§ 2.

Soweit nicht hierin besondere Abmachungen getroffen sind, regelt sich das gegenseitige Vertrags-Verhältnis nach den Bestimmungen des Titels VII der Gewerbeordnung. Die hiernach dem Lehrherrn zustehenden Rechte werden von dem jedesmaligen Vorstande der Werkstätte wahrgenommen.

§ 3.

Die Eisenbahnverwaltung wird den ....
in allen zum Handwerk gehörigen Arbeiten unterweisen lassen und bemüht sein, denselben zu einem tüchtigen Gesellen auszubilden; sie wird demselben außerdem Gelegenheit geben, zum Zweck seiner weiteren Fortbildung an einem Schulunterricht teilzunehmen.

§ 4.

Die Eisenbahnverwaltung gewährt dem .... zur Bestreitung des notwendigsten Lebensunterhaltes einen anfänglichen Tagelohn von ...., welchen dieselbe entsprechend den Leistungen von Zeit zu Zeit angemessen erhöhen wird, sodaß der Tagelohn bei Beendigung der Lehrzeit bis zu .... betragen kann.

Von diesem Tagelohn wird der 10. Teil einbehalten und dem .... oder dessen Erben erst nach Beendigung des Lehr-Verhältnisses als Spargroschen überwiesen werden. Sofern der Schulunterricht in die Arbeitszeit fällt, soll eine Verkürzung des Tagelohnes nicht eintreten.

§ 5.

Der .... ist verpflichtet, der Werkstätten-Krankenkasse nach Maßgabe des bestehenden Statuts beizutreten.

§ 6.

In gleicher Weise, wie zur genauesten Einhaltung der Werkstätten-Ordnung ist der .... auch zum regelmäßigen Besuch des Schulunterrichts in der von der Werkstätten-Verwaltung vorgeschriebenen Weise verpflichtet.

Wiederholte ungerechtferitgte Schulversäumnisse, ungebührliches Betragen, Trägheit oder ungenügende Fortschritte berechtigen die Eisenbahn-Verwaltung zur Aufhebung des Lehr-Verhältnisses.

§ 7.

Der nach § 4 einzubehaltende Betrag dient als Kaution für alle Schäden, welche der Verwaltung durch die Schuld des .... entstehen. Der Betrag verfällt zugunsten der Werkstatts-Arbeiter-Krankenkasse in allen Fällen, in denen die Entlassung des........................ durch persönliches grobes Verschulden desselben herbeigeführt wird.

§ 8.

Der..........................verspricht, seinen .... zu einem ordentlichen und gesitteten Lebenswandel anzuhalten und ihn unausgesetzt zur pünktlichen Einhaltung seiner eingegangenen Verpflichtungen zu ermahnen. Derselbe verpflichtet sich, den................ während der ganzen Dauer des Lehrverhältnisses angemessen zu unterhalten und ihm Unterkunft in seiner Familie zu gewähren oder solche ihm in einer soliden Familie mit Zustimmung der Werkstätten-Verwaltung zu verschaffen.

§ 9.

Falls der .... nach Beendigung der festgesetzten Lehrzeit, sei es infolge ungenügenden Lernens, sei es infolge längerer Versäumnis durch anhaltende Krankheiten oder aus anderen, von dem Willen des Lehrlings unabhängigen Gründen noch nicht die genügende Reife erlangt hat, so kann die Lehrzeit dementsprechend, jedoch nicht über die Dauer von 6 Monaten hinaus, verlängert werden.

............, den ...ten .... 19...

Königliche Eisenbahn-Direktion Berlin.

Allgemeine Bedingungen
für die Aufnahme und Ausbildung von Handwerkslehrlingen.

In den Werkstätten der Königlichen Eisenbahn-Direktion werden Lehrlinge zur Erlernung eines Handwerks unter nachstehenden Bedingungen aufgenommen:

1. Der Lehrling muß älter als 14 und jünger als 16 Jahre sein; nur ausnahmsweise können auch Lehrlinge im Alter bis zu 18 Jahren aufgenommen werden. Der Lehrling muß konfirmiert sein, die Elementarschule vollständig absolviert haben und vollkommen gesund und zur Ausübung des betreffenden Handwerks geeignet sein.

2. Auf Grund der hierfür vorzulegenden Zeugnisse wird von der Eisenbahn-Verwaltung mit dem Vater resp. Vormund des Lehrlings ein schriftlicher Lehrvertrag auf die Dauer von 4 Jahren abgeschlossen.

3. Falls der Lehrling bereits in einem Lehrverhältnis gestanden hat, wird derselbe nur aufgenommen, wenn dieses Verhältnis in gütlicher und vorschriftsmäßiger Form] gelöst ist. Alsdann kann auch die 4jährige Lehrzeit angemessen verkürzt werden.

4. Neben der praktischen Lehre ist der Lehrling verpflichtet, an dem von der Werkstätten-Verwaltung eingerichteten oder vorgeschriebenen Schulunterricht teilzunehmen.

5. Nach Abschließung des Lehrvertrages und vor Einstellung des Lehrlings in die Werkstätte hat derselbe ein polizeiliches Arbeitsbuch beizubringen.

6. Während der Lehrzeit steht der Lehrling unter der väterlichen Zucht des Vorstandes der Werkstätte; seinen Vorgesetzten und Lehrern ist derselbe zur unbedingten Folgsamkeit verpflichtet. Bei groben Verstößen gegen die Disziplin, bei Nachlässigkeit, Versäumnis usw. kann der Lehrling auch in Geldstrafe genommen werden; insbesondere soll ungerechtfertigte Schulversäumnis stets den Verlust des Tagegeldes oder eines Teils desselben zur Folge haben.

7. Die tägliche Beschäftigung des Lehrlings in der Werkstätte dauert 10 Stunden unter Ausschluß von Sonntags- und Nachtarbeit.

8. Der Lehrling hat sich eines anständigen, gesitteten Lebenswandels zu befleißigen und soll jederzeit bestrebt sein, sich die Liebe und Achtung seiner Vorgesetzten zu erwerben und mit seinen Mitlehrlingen in gutem, kameradschaftlichen Verhältnis zu leben. Der Lehrling soll die vorgeschriebenen Arbeits- und Schulstunden pünktlich einhalten, die ihm aufgetragenen Arbeiten und Verrichtungen stets willig und mit Eifer ausführen und bemüht sein, sich in seinem Handwerk möglichst zu vervollkommnen und den Vorteil der Verwaltung wahrzunehmen. Sowohl zur Arbeit als zur Schule muß der Lehrling in entsprechender reinlicher Kleidung erscheinen.

9. Nach Ablauf einer achtwöchentlichen Probezeit, während welcher die Lösung des Lehrverhältnisses jederzeit durch einseitigen Rücktritt statthaft ist, kann solche nur durch Übereinkunft erfolgen, falls nicht durch den Eintritt einer im Titel VII der Gewerbeordnung vorgesehenen Eventualität die Berechtigung für die Auflösung des Lehrverhältnisses vorliegt.

10. In allen Fällen, in denen die Auflösung des Lehrverhältnisses durch persönliches grobes Verschulden des Lehrlings herbeigeführt wird, insbesondere, wenn er die Lehre eigenmächtig verläßt, ist eine fernere Beschäftigung desselben in irgend einer Werkstätte der Preußischen Staats- und unter Staatsverwaltung stehenden Privat-Eisenbahnen ausgeschlossen.

11. Nach Beendigung des Lehrverhältnisses, worüber dem Lehrling nach zuvoriger befriedigender Ausführung einer Probearbeit ein Zeugnis kosten- und stempelfrei ausgefertigt wird, übernimmt die Werkstätten-Verwaltung keine Verpflichtung für die Weiterbeschäftigung desselben. Sofern der Lehrling jedoch während der Lehrzeit sich als tüchtiger, ordentlicher, dienstwilliger und zuverlässiger Mensch erwiesen hat, wird derselbe nach Übereinkunft der Königlichen Eisenbahn-Direktionen bei erforderlichen Einstellungen in deren Werkstätten unter sonst gleichen Verhältnissen vorzugsweise berücksichtigt werden.

Will man die Bedeutung dieses Erlasses recht würdigen, so muß man berücksichtigen, daß damals noch nicht wie heute so vielseitige Erfahrungen weder bei der eigenen Eisenbahnverwaltung noch bei Großbetrieben vorlagen. Es galt in mancher Beziehung etwas vollständig Neues zu schaffen, die hergebrachten Bahnen der Einzelausbildung durch Meister oder nebenbei im Betriebe zu verlassen und eine planmäßige Ausbildung in besonderen Lehrlingswerkstätten herbeizuführen. Der Weg ist bereits damals klar vorgezeichnet, das Verfahren hat im Laufe vieler Jahre die Feuerprobe der Praxis bestanden, ist vielfach nachgeahmt worden und wird noch heute als Vorbild benutzt. Schon 1888 bekannte Garbe in seinem Buche über das Lehrlingswesen: „Für den Schreiber dieser Zeilen, welcher die außerordentlichen Erfolge der Lehrlingsausbildung in den Werkstätten der preußischen Staatseisenbahnverwaltung seit nahezu 10 Jahren sich entwickeln sieht und der das Glück hat, ein wenig im Sinne jener hochherzigen Bestrebungen mitwirken zu dürfen, besteht seit 6 Jahren kein Zweifel darüber, daß die hier gegebenen Beispiele, die Unterrichtsmethode und die gemachten Erfahrungen aller Art in weiten Schichten des Fabrikbetriebes nur kopiert beziehentlich sinngemäß benutzt zu werden brauchen, um zu ähnlichen Erfolgen zu führen."

Manches Jahrzehnt ist vergangen, seit Garbe diese Worte schrieb, doch auch heute noch treffen sie zu, ja mehr noch als ehedem infolge der vervollkommneten Durchbildung und Ausgestaltung des Lehrlingswesens. Es wird hier seit langen Jahren ein bedeutendes Stück gewerblicher und sozialer Arbeit geleistet, die in der Öffentlichkeit und selbst in Fachkreisen nicht überall genügend bekannt geworden ist.

Die weit vorausschauenden Maßnahmen in den siebenziger Jahren auf dem Gebiet des Lehrlingswesens sind um so höher zu bewerten, wenn man berücksichtigt, welchen geringen Umfang damals gegen heute das Staatsbahnnetz noch hatte. War doch am 15. September 1850 überhaupt erst als erste preußische Staatsbahnstrecke die Teilstrecke der Königlichen Saarbrücker Eisenbahn von der pfälzischen Grenze bis Grube Heinitz, 1,5 Meilen lang, eröffnet worden. Das Anwachsen bis zu dem Jahre der grundlegenden Regelung des Lehrlingswesens war dann nur langsam erfolgt, wie aus Nachstehendem hervorgeht. Am Ende des Rechnungsjahres 1853 umfaßte das Staatsbahnnetz 1292 km, zehn Jahre später dann 3160 km. Nach abermals zehn Jahren, Ende 1878, also zur Zeit der beginnenden grundlegenden Regelung des Lehrlingswesens, war das Staatsbahnnetz auf 5255 km und Ende des folgenden Jahres auf 6049 km angewachsen. Damals zählte man erst 200 staatliche Eisenbahnlehrlinge.

Die weitere Entwicklung geht aus der Tafel 4 hervor. Vorweggeschickt möge noch werden, daß Röll für 1879 die Eröffnung von Lehrlingswerkstätten bei den Eisenbahnhauptwerkstätten Limburg und Fulda verzeichnet und 1887 in Halle a. d. S.[1])

[1]) Enzyklopädie Bd. 3 S. 1298.

Tafel 4.
Übersicht über die in den Eisenbahnwerkstätten von 1879—1914 beschäftigten Lehrlinge, Handwerker und Arbeiter.

1	2	3	4	5	6	7
Haushaltsjahr	Am Schlusse des Haushaltsjahres waren beschäftigt		Anzahl der im Durchschnitt des Haushaltsjahres beschäftigten Werkstätten-Handwerker u. Arbeiter	Anzahl Lehrlinge auf je 1000 Handwerker u. Arbeiter	Bahnlänge am Ende des erstgenannten Jahres in km	Erweiterung des Bahnnetzes durch Verstaatlichung größerer Eisenbahnen über 350 km im erstgenannten Jahre
	Lehrlinge	davon im 4. Jahre				
1879/80	200	—	—	—	6049	Berlin-Stettiner Eis. 962 km Magdeburg-Halberstädter Eis. 1026 km Köln-Mindener Eis. 1108 km
1880/81	1010	154	—	—	11245	Rheinische Eis. 1295 km Bergisch-Märkische Eis. 1336 km Thüringische Eis. 504 km
1881/82	588	84	—	—	11398	
1882/83	1150	237	—	—	14035	Berlin-Anhaltische Eis. 430 km
1883/84	1310	297	32844	39,9	15431	
1884/85	1462	277	33586	43,5	19487	Oberschlesische Eis. 1455 km Breslau-Schweidnitz-Freiburger Eis. 600 km Berlin-Hamburger Eis. 435 km Braunschweigische Eis. 356 km
1885/86	1545	349	33504	46,1	21027	
1886/87	1591	397	33802	47,1	21388	
1887/88	1621	432	34398	47,1	22614	
1888/89	1695	406	35896	47,2	23072	
1889/90	1745	355	36945	47,2	23843	
1890/91	1939	404	39481	49,1	24818	
1891/92	2112	485	41939	50,4	25120	
1892/93	2195	520	39019	56,3	25509	
1893/94	2236	536	38542	58,0	25991	
1894/95	2274	569	39549	57,5	26415	
1895/96	2313	578	—	—	27366	
1896/97	2221	546	—	—	27830	
1897/98	2214	514	—	—	29341	Vereinigung mit den Großherzoglich Hessischen Staatseisenbahnen u. gemeinsame Erwerbung der Hessischen Ludwigsbahn 693 km
1898/99	2318	576	—	—	29960	
1899	2370	451	45828	51,7	30348	
1900	2492	587	47416	52,5	30831	
1901	2533	625	48120	52,6	31460	
1902	2519	640	48083	52,4	32152	
1903	2443	586	50586	48,3	33447	
1904	2439	623	53947	45,2	34073	
1905	2446	614	56996	42,9	34750	
1906	2544	552	62382	40,8	35343	
1907	2780	617	68726	40,5	35747	
1908	2955	681	69808	42,3	36374	
1909	3089	685	69282	44,6	37162	
1910	3220	777	71633	45,0	37757	
1911	3307	777	72773	45,4	38314	
1912	3441	811	74310	46,3	38984	
1913	3514	813	79590	44,2	39328	
1914	3589	729	74882	47,9	39774	

Bem.: Die Angaben der Spalten 1—4 beruhen auf amtlichen Unterlagen aus dem Ministerium der öffentlichen Arbeiten; die Spalten 5—7 sind den Jahresberichten über die Ergebnisse des Betriebes entnommen.

Die Zusammenstellung ist in mehrfacher Beziehung lehrreich. Man sieht, daß, von den Schwankungen der ersten drei Jahre abgesehen, eine ziemlich gleichmäßige Zunahme an Lehrlingen stattfindet. Deutlicher wird es, wenn wir die Angaben der Spalten 2 und 4 bildlich untereinander auftragen, wie dies an späterer Stelle (Abb. 1 in § 6, S. 39) geschehen ist. Die Linie der Werkstättenhandwerker und -arbeiter verläuft wesentlich anders. Die Beziehungen beider Linien zueinander wird an späterer Stelle bei Erörterung der Anzahl der Lehrlinge zu den Lohnbediensteten noch besprochen werden. Die Vergrößerung des Bahnnetzes übt auf die Entwicklung des Lehrlingswesens nicht immer den gleichen Einfluß aus, insbesondere macht sich die Verstaatlichung so vieler bedeutender Eisenbahngesellschaften in den Jahren 1880 bis 1885 nicht im gleichen Maße durch eine entsprechende gleichzeitige Erhöhung der Lehrlingszahl bemerkbar. Dies liegt daran, daß die verschiedenen Privatgesellschaften nicht überall in demselben Umfange für die Heranbildung des Handwerkernachwuchses gesorgt hatten. Sobald diese großen Gesellschaftsbahnen erst mit den übrigen Staatsbahnen mehr verschmolzen waren, erfolgte auch die Vergrößerung des Bahnnetzes und die Zunahme der Lehrlinge in annähernd gleichem Verhältnis.

Doch wir haben mit den bis 1914 gebrachten Zahlen bereits vorgegriffen. Für die Entwicklung des Lehrlingswesens ist das Jahr 1903 von großer Bedeutung, denn unter dem 12. Januar erging ein das Lehrlingswesen neu ordnender Erlaß mit den Vorschriften für die Annahme, Ausbildung und Prüfung von Handwerkslehrlingen bei der Staatseisenbahnverwaltung. Im wesentlichen sind die Grundzüge von 1878 beibehalten, nur Einzelheiten sind den inzwischen mannigfach geänderten Verhältnissen angepaßt. Unter 44 Ziffern werden hier, aufbauend auf den seit dem ersten Erlaß gemachten Erfahrungen, eingehende Bestimmungen für das gesamte Lehrlingswesen und für die Gesellenprüfung getroffen.

Die Ausbildung von Lehrlingen erfolgte im Jahre 1914 in 65 Hauptwerkstätten und in den beiden Nebenwerkstätten Glückstadt und St. Wendel[1]). Die näheren Angaben gehen aus folgender Übersicht hervor. Für die Spalten 5 und 6 ist der Stand vom Juni 1914, also unmittelbar vor Kriegsausbruch zugrunde gelegt. Die Angaben zu den Spalten 2—4 und 7—9 sind den Geschäftlichen Nachrichten (Ausgabe 1914) für den Bereich der vereinigten preußischen und hessischen Staatseisenbahnen Teil II S. 230—266 entnommen.

---

[1]) Während des Krieges sind noch weitere Haupt- und Nebenwerkstätten und auch größere Betriebswerkstätten zur Ausbildung von Lehrlingen herangezogen, doch dürfte es sich bei manchen dieser Werkstätten nur um eine vorübergehende Maßnahme handeln.

Tafel 5.

Die Haupt- und Nebenwerkstätten der preußisch-hessischen Staatseisenbahnverwaltung mit Angabe der Lehrwerkstätten und der Anzahl der Handwerker, Arbeiter und Lehrlinge.

1	2	3	4	5	6	7	8	9	10	11
Nr. der Lehrwerkstätten	Der Hauptwerkstätte (H) oder Nebenwerkstätte (N)		Eisenbahn-Direktionsbezirk	Anzahl der Lehrlinge		Werkstätte f. Lokomotiven (Lok.), Wagen (Wag.), Weichen (Weich.)	Anzahl der Lohnbediensteten		Anzahl Lehrl. auf je 100 Lohnbedienstete	
	Art	Name		im einz.	zus.		im einz.	zus.	im einz.	zus.
1	H	Harburg	Altona	20		Lok., Wag.	679		2,9	
2	H	Neumünster	"	48		Lok., Wag.	1052		4,6	
3	H	Wittenberge	"	59		Lok., Wag.	1066		5,5	
01	N	Glückstadt	"	15		Lok., Wag.	252		6,0	
—	N	Ohlsdorf	"	—		Wag.	212		—	
					142			3261		4,4
4	H	Berlin 1, Markgrafendamm	Berlin	76		Lok., Wag.	1303		5,8	
5	H	Berlin 2, Revalerstraße	"	98		Lok., Wag.	1827		5,4	
6	H	Berlin-Grunew.	"	66		Lok., Wag.	1212		5,4	
7	H	Potsdam	"	47		Lok., Wag.	927		5,1	
8	H	Berlin-Tempelh.	"	94		Lok., Wag.	1754		5,4	
—	N	Lehrter Bahnh.	"	—		Lok., Wag.	225		—	
					381			7248		5,3
9	H	Breslau 1	Breslau	96		Lok., Wag. Weich.	1967		4,9	
10	H	" 2	"	52		Lok., Wag.	839		6,2	
11	H	" 3	"			Wag.	416			
12	H	" 4	"	46		Lok., Wag.	756		6,1	
13	H	Lauban	"	—		Lok., Wag.	595		—	
14	H	Oels	"	—		Lok.	[1]) 211		—	
					194			4784		4,1
15	H	Bromberg	Bromberg	80		Lok., Wag. Weich.	1337		6,0	
16	H	Schneidemühl 1	"	68		Lok.	871		7,8	
17	H	" 2	"	—		Wag.	229		—	
					148			2437		6,0
18	H	Cassel	Cassel	83		Lok., Wag.	1340		6,2	
19	H	Göttingen	"	53		Lok., Wag.	531		10,0	
20	H	Paderborn a	"	67		Lok. Weich.	626		10,7	
21	H	" b	"	—		Wag.	520		—	
—	N	Eschwege	"	—		Lok., Wag.	215		—	
					203			3232		6,3
22	H	Cöln-Nippes	Cöln	61		Lok., Wag. Weich.	2091		2,9	
23	H	Crefeld-Oppum	"	52		Lok., Wag.	1349		3,9	
					113			3440		3,3
		zu übertragen		1181	1181		24402	24402		

[1]) Die seinerzeit noch im Bau begriffene Werkstätte Oels ist inzwischen vergrößert und hat 1918 bereits über 1000 Arbeiter und eine Lehrlingswerkstätte.

1	2	3	4	5	6	7	8	9	10	11
Nr. der Lehrwerkstätten	Der Hauptwerkstätte (H) oder Nebenwerkstätte (N)		Eisenbahn-Direktionsbezirk	Anzahl der Lehrlinge		Werkstätte f. Lokomotiven (Lok.), Wagen (Wag.) Weiche (Weich.)	Anzahl der Lohnbediensteten		Anzahl Lehrl. auf je 100 Lohnbedienstete	
	Art	Name		im einz.	zus.		im einz.	zus.	im einz.	zus.
		Übertrag		1181	1181		24 402	24 402		
24	H	Danzig	Danzig	—		Lok., Wag.	655		—	
—	N	Dirschau	"	—		Lok., Wag.	205		—	
—	N	Marienburg	"	—		Lok., Wag.	116		—	
—	N	Stolp	"	—		Lok., Wag.	192		—	
								1168		
25	H	Arnsberg	Elberfeld	39		Lok., Wag.	601		6,5	
26	H	Langenberg	"	28		Lok., Wag.	358		7,8	
27	H	Opladen	"	103		Lok., Wag.	2054		5,0	
28	H	Siegen	"	35		Lok., Wag.	517		6,8	
					205			3530		5,8
29	H	Erfurt	Erfurt	41		Lok.	611		6,8	
30	H	Gotha	"	38		Wag. Weich.	800		4,5	
31	H	Jena	"	37		Lok., Wag.	570		6,5	
32	H	Meiningen	"	27		Lok., Wag.	490		5,5	
					143			2471		5,8
33	H	Dortmund 1	Essen (Ruhr)	—		Lok.	903		—	
34	H	" 2	"	103		Wag.	664		15,5	
35	H	Oberhausen	"	25		Wag.	478		5,2	
36	H	Recklinghausen	"	—		Wag.	472		—	
37	H	Mülheim (Ruhr)-Speldorf	"	48		Lok.	364		13,2	
38	H	Wedau	"	—		Wag.	268		—	
39	H	Witten	"	117		Lok., Wag. Weich.	1807		6,5	
—	N	Dortmund	"	—		Lok., Wag.	150		—	
					293			5106		5,7
40	H	Betzdorf	Frankfurt (M.)	44		Lok., Wag.	434		10,1	
41	H	Frankfurt (M.) 1	"	38		Lok.	443		8,6	
42	H	" " 2	"	52		Wag.	999		5,2	
43	H	Fulda	"	32		Lok., Wag.	544		5,9	
44	H	Limburg (Lahn)	"	53		Lok., Wag. Weich.	891		5,9	
—	H	Gießen[1]	"	—		Lok., Wag.	163		—	
					219			3474		6,3
45	H	Cottbus	Halle	36		Lok., Wag.	880		4,1	
46	H	Delitzsch	"	35		Wag.	642		5,5	
47	H	Halle	"	44		Lok.	691		6,4	
48	H	Hoyerswerda	"	24		Lok., Wag.	358		6,7	
					139			2571		5,4
		zu übertragen		2180	2180		42 722	42 722		

[1] Hinzugekommen ist bis März 1918 im Bezirk Frankfurt (M.) die Hauptwerkstätte Nied (für Lok.).

1	2	3	4	5	6	7	8	9	10	11
Nr. der Lehrwerkstätten	Der Hauptwerkstätte (H) oder Nebenwerkstätte (N)		Eisenbahn-Direktionsbezirk	Anzahl der Lehrlinge		Werkstätte f. Lokomotiven (Lok.), Wagen (Wag.), Weichen (Weich.)	Anzahl der Lohnbediensteten		Anzahl Lehrl. auf je 100 Lohnbedienstete	
	Art	Name		im einz.	zus.		im einz.	zus.	im einz.	zus.
		Übertrag		2180	2180		42722	42722		
49	H	Bremen[1]	Hannover	48		Lok., Wag.	598		8,1	
50	H	Leinhausen	„	114		Lok., Wag. Weich.	2922		3,9	
51	H	Stendal	„	83		Lok., Wag	1150		7,2	
—	N	Minden	„	—		Lok., Wag.	248		—	
					245			4918		5,0
52	H	Gleiwitz 1	Kattowitz	—		Wag.	1513		—	
53	H	„ 2	„	51		Lok.	1228		4,2	
54	H	Oppeln	„	—		Wag.	718		—	
55	H	Ratibor	„	30		Lok., Wag.	562		5,3	
—	N	Roßberg	„	—		Lok., Wag.	181		—	
					81			4202		1,9
56	H	Königsberg	Königsberg	73		Lok., Wag. Weich.	1467		5,0	
57	H	Osterode	„	39		Lok., Wag.	524		7,4	
					112			1991		5,6
58	H	Braunschweig	Magdeburg	38		Lok., Wag.	529		7,2	
59	H	Halberstadt	„	42		Lok., Wag.	657		6,4	
60	H	Magdb.-Buckau	„	81		Lok.	929		8,7	
61	H	Magdb.-Salbke	„	33		Wag. Weich.	771		4,3	
					194			2886		6,7
62	H	Darmstadt 1	Mainz	60		Wag.	794		7,6	
63	H	„ 2	„	52		Lok.	750		6,9	
64	H	Mainz	„	32		Lok.	425		7,5	
					144			1969		7,3
65	H	Lingen (Ems)	Münster (W.)	60		Lok., Wag.	1118		5,4	
66	H	Osnabrück	„	42		Lok., Wag.	752		5,6	
					102			1870		5,5
67	H	Frankfurt (Oder)	Posen	60		Lok., Wag.	946		6,4	
68	H	Guben	„	36		Lok., Wag. Weich.	640		5,6	
69	H	Posen	„	58		Lok., Wag.	1014		5,7	
—	N	Glogau	„	—		Lok., Wag.	358		—	
					154			2958		5,2
				3212	3212		63516	63516		

[1]) Im Bezirk Hannover ist an Stelle von Bremen die Hauptwerkstätte Sebaldsbrück ebenfalls (für Lok. u. Wag.) getreten.

1	2	3	4	5	6	7	8	9	10	11
Nr. der Lehrwerkstätten	Der Hauptwerkstätte (H) oder Nebenwerkstätte (N)		Eisenbahn-Direktionsbezirk	Anzahl der Lehrlinge		Werkstätte f. Lokomotiven (Lok.), Wagen (Wag.), Weichen (Weich.)	Anzahl der Lohnbediensteten		Anzahl Lehrl. auf je 100 Lohnbedienstete	
	Art	Name		im einz.	zus.		im einz.	zus.	im einz.	zus.
		Übertrag		3212	3212		63516	63516		
70	H	Conz	Saarbrücken	39		Wag. Weich.	587		6,6	
71	H	Trier	„	37		Lok.	500		7,4	
72	H	Saarbrücken	„	59		Lok., Wag.	712		8,3	
73	H	„ Burbach	„	46		Wag.	806		5,7	
02	N	St. Wendel	„	22		Lok., Wag.	284		7,8	
					203			2889		7,0
74	H	Eberswalde	Stettin	51		Lok., Wag.	941		5,4	
75	H	Greifswald	„	33		Lok., Wag.	581		5,7	
76	H	Stargard (Pom.)	„	45		Lok., Wag.	875		5,1	
					129			2397		5,4
		Zusammen . . .		3544	3544		68802	68802		

Es entfallen hiernach auf jede der 67 Lehrwerkstätten im Gesamtdurchschnitt 53 Lehrlinge und bei Nichtberücksichtigung der beiden Nebenwerkstätten auf jede der 65 ausbildenden Hauptwerkstätten 54 Lehrlinge[1]).

Es sind vorhanden:

bis 20	Lehrlinge in	2	Werkstätten	= 3	v. H.
21— 40	„ „	22	„	= 33	„ „
41— 60	„ „	26	„	= 39	„ „
61— 80	„ „	7	„	= 10	„ „
81—100	„ „	6	„	= 9	„ „
100—117	„ „	4	„	= 6	„ „
		67		100	

Man sieht hieraus, daß die sehr kleinen Lehrlingswerkstätten nur Ausnahmen, die sehr großen Werkstätten ebenfalls nur wenig vertreten sind. Mittlere Lehrlingszahlen überwiegen bei weitem. Hervorgehoben soll noch werden, daß infolge des Krieges vielfach die Zahlen erheblich erhöht worden sind. Es handelt sich dabei indes mehr oder weniger um vorübergehende Maßnahmen, sodaß trotzdem die Angaben für die Zeit vor dem Kriege brauchbare Unterlagen für die Beurteilung darstellen.

In den Spalten 10 und 11 von Tafel 5 ist angegeben, wieviel Lehrlinge in den einzelnen Werkstätten und Bezirken auf je 100 Lohnbedienstete

---

[1]) Im Mittel aller 76 Hauptwerkstätten würden auf jede 46,6 Lehrlinge entfallen.

der Haupt- und Nebenwerkstätten in den einzelnen Direktionsbezirken entfallen. Es sind da Unterschiede von 1,9 bis 7,3 vorhanden; allerdings richtet sich die Anzahl der Lehrlinge nicht nach der Zahl der Lohnbediensteten, sondern nach der für die Schlosser und Dreher[1]).

§ 4. Allgemeine Gliederung des Werkstättenwesens der preußisch-hessischen Staatseisenbahnverwaltung.

Die für das Lehrlingswesen maßgebenden Stellen ergeben sich aus der Stellung der Werkstätten im Verwaltungskörper des Staates. Die Eisenbahnwerkstätten unterstehen letzten Endes dem Minister der öffentlichen Arbeiten und zwar im besonderen der Eisenbahnabteilung des Ministeriums. Unter diesem stehen, abgesehen von dem Königlichen Eisenbahnzentralamt in Berlin, 21 Königliche Eisenbahndirektionen, und zwar in Altona, Berlin, Breslau, Bromberg, Cassel, Cöln, Danzig, Elberfeld, Erfurt, Essen (Ruhr), Frankfurt (Main), Halle (Saale), Hannover, Kattowitz, Königsberg (Pr.), Magdeburg, Mainz, Münster (Westf.), Posen, Saarbrücken und Stettin.

Den Direktionen nachgeordnet sind die Betriebs-, Maschinen-, Werkstätten- und Verkehrsämter, denen die Leitung und Überwachung des örtlichen Dienstes obliegt. Für das Lehrlingswesen kommen nur die Werkstättenämter und einzelne Maschinenämter in Betracht. An der Spitze steht als Amtsvorstand ein höherer maschinentechnischer Beamter. Unabhängig von der jeweiligen Stellung, nur nach dem persönlichen Dienstalter, ist es ein Regierungsbaumeister, Regierungs- und Baurat oder ein Geheimer Baurat[2]).

Dem Vorstand des Werkstättenamtes unterstehen neben dem Betriebsingenieur und den Bürobeamten für technische und Verwaltungsangelegenheiten eine Anzahl Werkmeister und in denjenigen Werkstätten, die zugleich Lehrlinge ausbilden, auch noch ein Lehrmeister. Dieser ist in der Regel ein Werkmeister oder Werkführer. Ihm obliegt die Ausbildung der Lehrlinge

---

[1]) Hierfür standen ausreichende Angaben nicht zur Verfügung. Als Anhalt möge dienen, daß sich in einer mittelgroßen Hauptwerkstätte (Guben) unter 640 Lohnbediensteten im Mittel 240 Schlosser und 25 Dreher befinden, also 37,5 bez. 3,9 v. H. der Belegschaft.

[2]) Zwei Werkstättenämter, denen kleinere Hauptwerkstätten unterstanden, sind in den letzten Jahren in Werkstätten-Nebenämter verwandelt worden. Sie sind alsdann einem aus dem mittleren Beamtenstande hervorgegangenen Vorstand, einem Eisenbahn-Ingenieur oder ehemaligen Eisenbahn-Betriebsingenieur, unterstellt worden. An dem Verhältnis dieser beiden Ämter zu den über- oder nachgeordneten Stellen ist damit aber nichts geändert worden.

Nicht zu verwechseln mit diesen Werkstätten-Nebenämtern sind die einigen Maschinenämtern unterstehenden Nebenwerkstätten, die zwar auch schon größere Ausbesserungen an Betriebsmitteln vornehmen können, jedoch nicht in so großem Umfange infolge geringerer Ausstattung, kleinerer Arbeiterzahl oder wegen des Fehlens der einen oder anderen Werkstattabteilung. Die örtliche Leitung hat hier dann mehrfach ein Betriebsingenieur.

in der Lehrlingswerkstätte, wie dies in Teil V näher ausgeführt ist. — Im Durchschnitt entfallen auf je hundert Arbeiter ein Werkmeister und drei Werkführer. Die Lehrlingswerkstätte ist vielfach einer der vorhandenen Werkmeistereien zugeteilt, bildet aber bei einer größeren Lehrlingszahl wohl auch eine selbständige unmittelbar unter dem Amtsvorstand stehende Abteilung. Die Angliederung an eine Werkstättenabteilung, etwa an die Lokomotiv- oder die Wagenschlosserei, hat den Vorteil, daß sich dabei für den Werkmeister mehr Gelegenheit und Anregung bietet, die Lehrlingswerkstätte mit wechselnden und für eine gründliche vielseitige Ausbildung besonders geeigneten Arbeiten zu versorgen.

Zuständig für die Angelegenheiten des Lehrlings sind demnach zur Zeit der Reihe nach: der Lehrmeister und bei den nicht eine selbständige Abteilung bildenden Lehrlingswerkstätten auch der betreffende Werkmeister[1]), ferner der Amtsvorstand, die Eisenbahndirektion, der Minister der öffentlichen Arbeiten. — Näheres hierzu mit Angaben über die Zusammensetzung der Eisenbahnbehörden findet sich in den Vorschriften für die Verwaltung der vereinigten preußischen und hessischen Staatseisenbahnen, insbesondere in Teil I, der unter Ziffer 9 die Verwaltungsordnung nebst den zu ihrer Einführung und bei ihrer Anwendung ergangenen allgemeinen und besonderen Anweisungen und Verfügungen enthält.

§ 5. Gültigkeit und Anwendung der Gewerbeordnung im Lehrlingswesen der Staatseisenbahnverwaltung.

Das Lehrlingswesen im allgemeinen wird durch die Gewerbeordnung für das Deutsche Reich geregelt und zwar unter Tit. VII, gewerbliche Arbeiter, Abschn. III: Die Lehrlingsverhältnisse. Nach GO. § 6 findet das Gesetz auf den Gewerbebetrieb der Eisenbahnunternehmungen keine Anwendung. Es ist nicht immer unbestritten gewesen, ob hierzu auch die Eisenbahnwerkstätten zu rechnen sind. Nach der jetzt herrschenden Auffassung in der Rechtsprechung und Verwaltung bilden indes die Eisenbahnwerkstätten wesentliche Bestandteile der Eisenbahnunternehmungen und fallen daher ebenfalls nicht unter die Gewerbeordnung.

Bei der großen Bedeutung dieser Frage für das Lehrlingswesen sei auf einige bemerkenswerte Stellen der einschlägigen Literatur kurz eingegangen.

Fritsch nimmt hierzu wie folgt Stellung[2]):

„Was im Sinne des § 6 unter Betrieb der Eisenbahnunternehmungen zu verstehen ist, darüber haben lange unter den Rechtsgelehrten Zweifel geherrscht. Die Eisenbahnverwaltungen führen nämlich in eigenen Fabriken

---

[1]) Bei Nebenwerkstätten und Betriebswerkstätten der Vorsteher derselben.

[2]) Fritsch: Das Eisenbahnrecht. Kap. XXVI Band I Seite 449 des Werkes: „Das Deutsche Eisenbahnwesen der Gegenwart". Mit einer Einführung vom Wirkl. Geh. Oberregierungsrat Ministerialdirektor Hoff.

gewisse Arbeiten aus, die an sich auch von der Privatindustrie besorgt werden könnten. Die Hauptrolle spielt hierbei die Instandsetzung der Fahrzeuge in den Eisenbahnwerkstätten, deren es in Deutschland eine große Anzahl mit einem Arbeiterstande von etwa 100000 Köpfen gibt. Weil diese Werkstätten dem Transportgeschäft nicht unmittelbar dienen, hat eine Reihe von Auslegern der Gewerbeordnung sie als „Nebenbetriebe" in Gegensatz zu dem eigentlichen Fahrbetriebe gebracht und die Ansicht vertreten, daß sich die gewerberechtliche Ausnahmestellung der Eisenbahn auf den Fahrbetrieb beschränke, daß aber die Nebenbetriebe der Gewerbeordnung untergeordnet seien. Dieser Auffassung steht entgegen, daß die Verwaltungen den Werkstättenbetrieb nicht sowohl aus wirtschaftlichen Gründen wie vielmehr aus betriebstechnischen Erwägungen in eigene Hand genommen haben. Denn die Untersuchung und Instandsetzung der Fahrzeuge muß den Bedürfnissen des Transportbetriebs aufs engste angepaßt sein, und die Verwaltungen würden nicht die notwendige Freiheit in der Verfügung über den Fuhrpark besitzen, wenn sie nicht das ausschließliche Kommando in den Reparaturwerkstätten führten. Der Werkstättenbetrieb ist deswegen ein wesentlicher Bestandteil des Eisenbahnbetriebs in seiner Gesamtheit. Anders läge die Sache vielleicht, wenn in den Werkstätten der Eisenbahnen auch neue Fahrzeuge hergestellt würden, was aber bei uns nicht geschieht. In der Wissenschaft und — unter Führung des Reichsgerichts — in der Rechtsprechung ist denn auch die erwähnte, im Wortlaute des Gesetzes sicherlich nicht begründete Unterscheidung mehr und mehr aufgegeben worden."

Eingehend hat diese Frage sodann Oesterlen behandelt[1]).

Er führt aus, daß gewisse Betriebe im § 6 ausgenommen seien, weil sich einzelne Bestimmungen der GO. wegen der Besonderheit der in § 6 erwähnten Betriebe nicht zur Anwendung auf diese eignen und daß hierfür Sondergesetze in Aussicht genommen und zum Teil schon erlassen seien (Seemannsordnung und das Gesetz, betreffend das Auswanderungswesen). Dagegen scheine eine reichsgesetzliche Regelung des Gewerbebetriebes der Eisenbahnen vorläufig nicht geplant zu sein. Nach dem Wortlaut von GO. § 6, daß das Gesetz keine Anwendung auf den Gewerbebetrieb der Eisenbahnunternehmungen finde, könne es keinem Zweifel unterliegen, daß die Anwendung des ganzen Gesetzes, nicht nur einzelner Teile desselben, ausgeschlossen sein sollte. Trotzdem habe es nicht an Versuchen gefehlt, einzelne Vorschriften, insbesondere den Titel VII, auf die Eisenbahnunternehmungen anzuwenden mit der Begründung, daß die Vorschrift des § 6 nur deshalb erlassen worden sei, weil sich einzelne Bestimmungen des Gesetzes für die daselbst aufgeführten Unternehmungen nicht eigneten und deshalb kein Grund vorliege, auch diejenigen Vorschriften, bei welchen diese Voraussetzung nicht

[1]) „Beitrag zur Auslegung des § 6 der Gewerbeordnung." Von Ministerialrat Dr. jur. Oesterlen in Stuttgart. Zeitung des Vereins Deutscher Eisenbahn-Verwaltungen 1901. Nr. 31 S. 485—489.

zuträfen, auszuschließen[1]). Gegen diese Ansicht spreche außer dem Wortlaut des § 6 die Gegenüberstellung der beiden Sätze dieser Bestimmung, denn während im zweiten Satze einzelne Gewerbe aufgeführt werden, auf welche die Gewerbeordnung in beschränktem Umfange Anwendung finde, sind im ersten Satze die Betriebe zusammengestellt, welche diesem Gesetz vollständig entzogen werden sollen. Aber auch Zweckmäßigkeitsgründe ständen einer teilweisen Anwendung der GO. entgegen. Denn da es an einer gesetzlichen Vorschrift darüber fehlte, welche Bestimmungen der GO. sich für die Eisenbahnunternehmungen eignen und welche nicht, so müßten notwendig Zweifel und Unzuträglichkeiten entstehen, wenn dieser Gesichtspunkt für die Anwendbarkeit der einzelnen Gesetzesvorschriften maßgebend wäre. Es läge nahe, vorläufig die Anwendung der ganzen Gewerbeordnung auszuschließen und die Entscheidung der Frage, ob und welche ihrer Vorschriften der GO. auch auf diese Gewerbe Anwendung finden könnten, den zuvor bereits erwähnten Sondergesetzen vorzubehalten. Insolange ein solches Gesetz für den Gewerbebetrieb der Eisenbahnen nicht ergangen sei, könnten aber einzelne Vorschriften der GO. auf die Eisenbahnen nur Anwendung finden, soweit dies durch ausdrückliche reichsgesetzliche Bestimmung zugelassen wird[2]).

Oesterlen führt sodann aus, daß durch § 6 nicht etwa, wie es zuweilen angenommen werde, nur der Betriebsdienst, sondern sämtliche Dienstzweige, die zum Gewerbebetrieb der Eisenbahn gehören, der Anwendung der GO. entzogen seien[3]). Er weist darauf hin, daß sich die Zugehörigkeit der Neben-

---

[1]) Hierzu bei Oesterlen Anm.:

Vgl. die Aufsätze Jahrg. 1894 S. 785, Jahrg. 1896 S. 27 d. Ztg., ferner Schenkel Band II S. 159 u. 258. Schenkel geht davon aus, daß § 6 der GO. nur für den Eisenbahnunternehmer, nicht auch für dessen Angestellte gelte, und folgert hieraus die Anwendbarkeit des Titels VII der GO. für das Eisenbahnpersonal, soweit demselben nicht Beamteneigenschaft zukommt. Hierbei wird jedoch nicht beachtet, daß Titel VII nicht ausschließlich die Verhältnisse der Arbeiter, sondern die gegenseitigen Beziehungen zwischen Arbeitgebern und Arbeitern regelt, und deshalb die Anwendung dieser Vorschriften auf die Arbeiter auch deren Geltung für den Unternehmer zur Folge haben würde.

[2]) Hierzu bei Oesterlen Anm.:

Eine solche Vorschrift ist enthalten im Art. 125 des Einführungsgesetzes zum BGB., welcher bestimmt, daß durch Landesgesetz die Vorschrift des § 26 der GO. auf Eisenbahnunternehmungen erstreckt werden kann. Von diesem Vorbehalt wurde in folgenden Ausführungsgesetzen Gebrauch gemacht: Bayern Art. 72, Württemberg Art. 218, Hessen Art. 93, Sachsen-Weimar § 118 (Oesterlen).

[3]) Also auch der innere Dienst. An einen Unternehmer vergebene Neubauten fallen unter dessen Gewerbebetrieb. Wird der Neubau von der Eisenbahnverwaltung ausgeführt, so ist nach Oesterlen (a. a. O. S. 486) die Anwendung der GO. deshalb ausgeschlossen, weil überhaupt kein selbständiger Gewerbebetrieb vorliegt. „Eine Ausnahme besteht übrigens bezüglich der die Sonntagsruhe betreffenden Vorschriften, insofern nach § 105b der GO. die Bestimmung ‚für Bauten aller Art‘, somit auch für die im allgemeinen nicht unter die GO. fallenden Bauunternehmungen gelten.“ Bahnunterhaltungsarbeiten gehören zu dem Gewerbebetrieb der Eisenbahn.

betriebe zu dem Eisenbahnunternehmen auch darin zeigt, daß die im Rechtsverkehr nicht als selbständige Rechtssubjekte erscheinen, sondern Verträge mit Arbeitern, Lieferanten usw. nur im Namen der betreffenden Eisenbahnverwaltung abschließen können, soweit ihnen überhaupt eine Vertretungsbefugnis zukomme. Ein Unterschied zwischen Haupt- und Betriebswerkstätte sei ebenfalls unzulässig, da beide nur dem Zwecke des Gewerbebetriebes der Eisenbahn dienen und deshalb einem Bestandteil derselben dienten.

Er fährt dann fort:

„Diese Auffassung steht durchaus im Einklang mit der Rechtsprechung des Reichsgerichts, welches wiederholt anerkannt hat, daß für Nebenbetriebe ohne Rücksicht auf deren Umfang und die Art des Betriebes der gewerbliche Charakter des Hauptbetriebes maßgebend ist und auch schon ausgesprochen hat, daß die gesamte, mit einem Eisenbahnunternehmen verbundene Tätigkeit nur einen Gewerbebetrieb bildet. Von besonderer Wichtigkeit ist eine Entscheidung des Reichsgerichts vom 30. Dezember 1882[1]), in welcher folgendes bemerkt wird:

„Wenn die Eisenbahnverwaltung eine Maschinenwerkstatt lediglich für die Förderung ihrer Eisenbahnunternehmung eingerichtet hat und betreibt, so läßt sich kaum sagen, daß sie in der Maschinenwerkstatt ein von ihrem Eisenbahnunternehmen getrenntes besonderes Gewerbe betreibt; die Wortfassung des § 6 der GO. schließt aber die Anwendung der GO. von dem Gewerbebetriebe der Eisenbahnunternehmungen aus, ohne zwischen Haupt- und Hilfsgewerbe zu unterscheiden[2])."

Weiter zeigt Oe. dann, daß die Frage, ob es sich um einen fabrikmäßigen Betrieb handelt, hier gleichgültig ist und fährt dann fort:

„Ebensowenig wie die Fabrikmäßigkeit der Nebenbetriebe kann für die Geltung der GO. die Tatsache verwertet werden, daß die Eisenbahnverwaltungen selbst die Unterstellung ihrer Hilfsbetriebe unter die GO. anerkannt haben. Denn wenn die Verwaltungen davon ausgehen, daß in ihren Nebenbetrieben die Arbeitervorschriften zu beachten sind, so folgt hieraus noch keineswegs, daß sie damit eine gesetzliche Verpflichtung zur Befolgung dieser Vorschriften anerkennen wollten. Es ist vielmehr sehr wohl denkbar, daß die Verwaltungen, um ihre Arbeiter nicht ungünstiger zu stellen als die Arbeiter in anderen Betrieben, aus freien Stücken die Beachtung dieser

---

[1]) Entscheidung des RG. in Zivilsachen VIII S. 149.

[2]) „Von einer ausdrücklichen Entscheidung der Frage sah das Reichsgericht ab, weil sie im konkreten Falle unerheblich war; ein Zweifel über die Anschauung des Reichsgerichts ist aber ausgeschlossen, und es ist deshalb nicht zutreffend, wenn Schicker a. a. O. S. 17 sagt, das Reichsgericht habe in dieser Entscheidung die Frage für zweifelhaft erklärt. Ganz unrichtig ist die Behauptung in dem mehrerwähnten Aufsatze S. 28 Jahrg. 1896 d. Ztg., es sei durch reichsgesetzliche Entscheidungen wiederholt anerkannt worden, daß die Nebenbetriebe der Eisenbahnen in vollem Umfange unter das Gewerberecht fallen."

Vorschriften anordneten[1]). Wenn aber ja eine Verwaltung von der unzutreffenden Ansicht ausgegangen sein sollte, daß diese Vorschriften auf ihre Hilfsbetriebe kraft Gesetzes Anwendung finden, so wäre ein solcher Irrtum für die Frage, ob wirklich eine gesetzliche Verpflichtung dieser Art besteht, völlig unerheblich.

Wenn hiernach die GO. einschließlich des Titels VII auf die Hilfsbetriebe der Eisenbahn ebensowenig Anwendung findet, wie auf den eigentlichen Eisenbahnbetrieb, so folgt hieraus, daß die Verwaltung, falls sie freiwillig in ihren Nebenbetrieben die Arbeiterschutzvorschriften befolgen, berechtigt sind, die Grenzen zu bestimmen, innerhalb deren diese Vorschriften zur Anwendung zu kommen haben. Dieser Rechtszustand muß als durchaus zweckmäßig bezeichnet werden. Denn die Verwaltungen werden aus Fürsorge für ihr Personal und um sich einen tüchtigen Stamm von Arbeitern zu erhalten, auch ohne gesetzlichen Zwang alle Vorschriften zur Anwendung bringen, welche mit den Besonderheiten des Eisenbahnunternehmens vereinbart sind. Anderseits sind aber die Verwaltungen in der Lage, Einmischungen der Gewerbepolizeibehörden und der Gemeinden in den Betrieb ihrer Hilfsanstalten zurückzuweisen."

Von den Folgerungen des genannten Verfassers seien als hier für uns wesentlich die nachstehenden angeführt.

„Da die Anwendung des § 139b auf die Hilfsanstalten der Eisenbahnen ausgeschlossen ist, so steht den Gewerbepolizeibehörden ein Aufsichtsrecht über diese Betriebe nicht zu, auch wenn bei Staatsbahnen von der im § 155 Abs. 3 den staatlichen Betrieben eingeräumten Befugnis, die Funktionen der Gewerbepolizeibehörden den höheren Dienstbehörden des betr. Verwaltungszweiges zu übertragen, kein Gebrauch gemacht worden ist. Ebensowenig sind die Gewerbeinspektoren zur Ausübung eines Aufsichtsrechts über diese Betriebe befugt, deren Funktionen auf Grund des Vorbehalts in § 155 auf die höheren Eisenbahnbehörden überhaupt nicht übertragen werden könnten, da sich diese Vorschrift nur auf die Gewerbepolizeibehörden, nicht auch auf die Aufsichtsbeamten bezieht."

„Die Vorstände und Beamten der Hilfsbetriebe der Eisenbahn können wegen Zuwiderhandlungen gegen die Schutzvorschriften der GO., soweit im Verwaltungswege die Befolgung derselben angeordnet ist, nur im Diszi-

[1]) „Von welcher Ansicht die einzelnen Verwaltungen ausgegangen sind, ist den Verfügungen nicht mit Bestimmtheit zu entnehmen. Vgl. Preuß. Ministerialerlaß vom 25. Mai 1892 (Minist.-ABl. f. d. gesamte innere Verwaltung S. 230) bzw. ME. vom 29. Oktober 1892 (ABl. d. Staatsminist. des Innern S. 517) sowie die Verfügung des k. Minist. des k. Hauses und des Außeren vom 12. April 1892 (Gesetz- und Verordnungsblatt S. 105), sächs. Ausführungsverordnung vom 28. März 1892 (Gesetz- und Verordnungsblatt S. 30 und 393), Vollzugsverfügung des württemb. Minist. des Innern vom 26. März 1892 § 62 (Regierungsblatt S. 59), dazu Verfügung des Minist. der auswärtigen Angelegenheiten vom 24. März 1892 Amtsblatt der württ. Verkehrsanstalten S. 153)."

plinarwege, dagegen nicht gerichtlich auf Grund der Strafbestimmungen in §§ 146 und 146a der GO. bestraft werden[1])."

Zum Schluß wird noch dargelegt, daß die Gewerbegerichte für Streitigkeiten zwischen Arbeitgeber und Arbeitern beim Betriebe von Hilfsanstalten der Eisenbahnen nicht zuständig sind.

Hoffmann sagt in seinem Kommentar zur Gewerbeordnung, daß die Frage bestritten ist, ob GO. Titel VII auf die den Zwecken des Eisenbahnbetriebes dienenden Werkstätten und ähnliche Anlagen Anwendung findet. Nach der neueren Rechtsprechung sei dies nicht der Fall[2]). v. Brauchitsch[3]) äußert sich in gleichem Sinne. v. Landmann (Rohmer)[4]) führt ebenfalls aus, daß es (i. J. 1896) zweifelhaft ist, was alles zu dem Gewerbebetriebe der Eisenbahnunternehmungen gehörig anzusehen ist. An sich gehört zum Betrieb der Eisenbahn nicht bloß die Annahme der Beförderung von Personen, Gütern und Depeschen, sondern auch die Anschaffung und Unterhaltung des beweglichen Betriebsmaterials und endlich auch die Bauverwaltung des Grundeigentums, d. i. die bauliche Unterhaltung der Bahnanlagen und die Herstellung von Neubauten. Es wird dann auf die Entscheidung des Reichsgerichts vom 30. Dezember 1882 verwiesen.

Auch der Minister der öffentlichen Arbeiten hat sich gelegentlich der Haushaltsberatung im Preußischen Abgeordnetenhause erst noch 1916 wie folgt ausgesprochen[5]):

„Es ist bekannt, ich unterlasse aber nicht, es zu wiederholen, daß die Gewerbeordnung für die Eisenbahnen keine Geltung hat. Die Eisenbahnverwaltung kann mit Befriedigung darauf hinweisen, daß sie die Bestimmungen der Gewerbeordnung, soweit es sich um den Arbeiterschutz handelt, in ihren Einrichtungen übertrifft. Aber die Eisenbahnarbeiter unterliegen nicht der Gewerbeordnung und daher ist jede Bezugnahme auf die Gewerbeordnung unzutreffend."

Mehrere Erlasse behandeln ebenfalls diese Frage, so vom 1. Mai 1905 IV D 5736 EVBl. S. 162. Hier heißt es:

„Durch neuere Urteile der Oberlandesgerichte ist mehrfach entschieden worden, daß die Vorschrift des § 6 der Gewerbeordnung, wonach dies Gesetz

---

[1]) Entsch. der RG. in Zivilsachen Band II S. 386 (Oesterlen).

[2]) Hoffmann weist hier auf HM Erl. v. 18. Februar 1905 (HMBl. S. 44), HMErl. v. 1. Mai 1905 (HMBl. S. 91) vom 12 August 1907 (HMBl. S. 326), HMErl. v. 31. Mai 1907 (III 2069 HM.: „Eisenbahnwerkstätten sollen nicht genehmigt werden") und auf die noch weitergehende Auslegung des Begriffes Eisenbahnunternehmung durch das Kammergericht (Entscheidung vom 26. März 1903. Deutsche Juristenzeitung S. 299.)

[3]) M. v. Brauchitsch:
„Preußische Verwaltungsgesetze", fünfter Band, bearbeitet von Dr. F. Hoffmann, Geh. Ober-Regierungsrat, Vortragender Rat im Ministerium für Handel und Gewerbe S. 23.

[4]) Gewerbeordnung für das Deutsche Reich Bd. 1 S. 76 und 77.

[5]) Stenogr. Bericht der Verhandlungen des Hauses der Abgeordneten. 22. Legisl. III. Session 1916 S. 1646.

auf den Gewerbebetrieb der Eisenbahnunternehmungen keine Anwendung findet, auch auf die den Zwecken dieser Unternehmungen dienenden Nebenbetriebe zu beziehen ist. Der Herr Handelsminister hat infolgedessen durch Erlaß vom 18. Februar d. J. — IIIa 196 — (Minist.-Blatt der Handels- und Gewerbeverwaltung S. 44) darauf hingewiesen, daß die Gewerbeaufsichtsbeamten in den Reparaturwerkstätten der Eisenbahnen, unbeschadet der für die Betriebe der Staats- und Reichsverwaltungen getroffenen besonderen Anordnungen, Aufsichtsbefugnisse nicht in Anspruch zu nehmen haben."

Und zum Schluß: „In bezug auf die Handhabung des Arbeitsbetriebes einschließlich der Unfallverhütung werden die für die Staatseisenbahnverwaltung getroffenen Anordnungen sowie die Bestimmungen des Titels VII der Gewerbeordnnug im allgemeinen zum Anhalt dienen."

Weiter liegt folgender Erlaß des Handelsministers vom 12. August 1907 J.-Nr. III 6923 (EVBl. S. 401) vor:

„Nachdem in mehreren Urteilen von Oberlandesgerichten dahin erkannt worden ist, daß Werkstätten, die lediglich dem Zwecke und der Förderung eines Eisenbahnunternehmens dienen, als dessen wesentliche Bestandteile gemäß § 6 der Gewerbeordnung den gesamten Vorschriften der Gewerbeordnung nicht unterworfen seien, ordne ich im Einverständnis mit dem Herrn Minister der öffentlichen Arbeiten in Ergänzung des Erlasses vom 18. Februar 1905 (HMBl. S. 44) und in Abänderung der Erlasse vom 25. Mai und 15. Juni 1892 — **B** 4305 und 5377 — hierdurch an, daß sich die Gewerbeaufsichtsbeamten in den staatlichen wie in den nichtstaatlichen Eisenbahnwerkstätten jeder Tätigkeit enthalten und diese Werkstätten auch in den Jahresberichten und den dazugehörigen statistischen Nachweisungen nicht mehr berücksichtigen."

Es haben also, und das ist für uns hier wichtig, sämtliche Bestimmungen der Gewerbeordnung über das Lehrlingswesen für die Staatseisenbahnverwaltung keine rechtliche Gültigkeit. Dieses ist vielmehr im Verwaltungswege geordnet, doch werden hierbei im allgemeinen die Vorschriften dieses Gesetzes inhaltlich angewandt. In Bezug auf die für die Wohlfahrt und Sicherheit der Bediensteten getroffenen Maßnahmen geht die Staatseisenbahnverwaltung über das nach der Gewerbeordnung Erforderliche hinaus. Dies gilt auch im Lehrlingswesen. Eisenbahnseitig sind hierfür zwar besondere Vorschriften herausgegeben, doch entsprechen sie in der angegebenen Richtung durchgehends dem Gesetz. An verschiedenen Stellen ist sogar unmittelbar darauf verwiesen, z. B. in LV. 15, 17[1]) und namentlich im Lehrvertrag § 2, wo gesagt ist, daß sich das gegenseitige Vertragsverhältnis nach den Bestimmungen der Gewerbeordnung für das Deutsche Reich regele,

[1]) LV. 15, 17 d. h. Ziffer 15 und 17 der Lehrlingsvorschriften von 1903. Abkürzungen).

ferner in § 8 und in der Prüfungsordnung § 9[1]). Auch wo nicht ausdrücklich auf die GO. hingewiesen ist, ist mehrfach doch derselbe Wortlaut wie dort gewählt, z. B. in § 4, 5 und 8 der Prüfungsordnung.

§ 6. Anzahl und Verbleib der Lehrlinge.

Die Anzahl der Lehrlinge ist durch LV. 2 und 3 geregelt. Hiernach ist die Anzahl auf das durch den eigenen dauernden Bedarf der Staatseisenbahnverwaltung bedingte Maß zu beschränken und durfte bis zum Kriege in einem Direktionsbezirke zwölf vom Hundert der in den Haupt- und Nebenwerkstätten beschäftigten Schlosser und Dreher nicht übersteigen[2]). Die Anzahl der Lehrlinge in den einzelnen Werkstätten bestimmt die Eisenbahndirektion.

Es ist also bei der erstmaligen Festsetzung zunächst die Anzahl der Lehrlinge nicht für jede Hauptwerkstätte, sondern für jeden Direktionsbezirk zu ermitteln, entsprechend der Zahl der Dreher und Schlosser in den Haupt- und Nebenwerkstätten. Diese Zahlen sind in ruhigen Jahren wenig schwankend, sofern nicht ausnahmsweise Betriebserweiterungen oder Neubauten eingetreten sind. Nicht mitgerechnet werden die in den Betriebswerkstätten, in den Telegraphenwerkstätten und die bei den Bahnmeistereien beschäftigten Handwerker. Nachdem so die Gesamtzahl der Lehrlinge für den Bezirk festgesetzt ist, hat die Verteilung auf die einzelnen Werkstätten zu erfolgen. Es kann nicht jede derselben berücksichtigt werden, da man sonst für einige von ihnen auf so geringe Zahlen käme, daß hierfür eine besondere Lehrlingswerkstätte ganz unwirtschaftlich wäre. Die Lehrlingsvorschriften sehen in Ziffer 3 eine Mindestzahl von fünf Lehrlingen für den Jahrgang, also von zehn Lehrlingen in einer Lehrlingswerkstätte vor.

Wie diese Festsetzungen auf die Lehrlingszahlen für das ganze Staatsbahnnetz gewirkt haben, tritt besonders klar in Erscheinung, wenn man unter Zugrundelegung der Angaben von Tafel 4, S. 24, den jährlichen Bestand bis zu dem Kriege bildlich darstellt. (S. Abb. 1.) Wir sehen, daß die Schaulinie für die Gesamtzahl der Lohnbediensteten und die für die Anzahl der Lehrlinge keineswegs parallel verlaufen. Die Angaben über die Trennung der Lohnbediensteten nach Fachrichtungen stehen uns nur für eines der Jahre, für 1913, zur Verfügung.

---

[1]) Diese Hinweise erwecken in der Praxis leicht den Anschein, als ob die Gewerbeordnung doch für die Eisenbahnverwaltung Gültigkeit hätte. Es ist auch den einfachen Leuten, mit denen zumeist der Lehrvertrag geschlossen wird, kaum möglich, genau zu beurteilen, inwieweit und welche Bestimmungen des Gesetzes durch besondere Abmachungen des Lehrvertrages (§ 2) außer Kraft gesetzt sind und welche etwa daneben für die Regelung des gegenseitigen Lehrverhältnisses noch maßgebend sind. Zur Vermeidung von Zweifeln empfiehlt es sich, gar nicht auf die Gewerbeordnung zu verweisen, sondern die in Betracht kommenden Bestimmungen der GO. als selbständige Bestimmungen mit in den Lehrvertrag aufzunehmen. — Ähnlich verfahren bereits verschiedene große Werke.

[2]) Im Kriege ist die Zahl bis auf 20 v. H. und mehr gestiegen.

Es waren im Jahre 1913 vorhanden:

Schlosser und Dreher	32215	oder	41 v. H.
Sonstige Handwerker	16277	„	20 v. H.
Arbeiter einschl. Werkhelfer[1])	31098	„	39 v. H.
Zusammen	79590		100

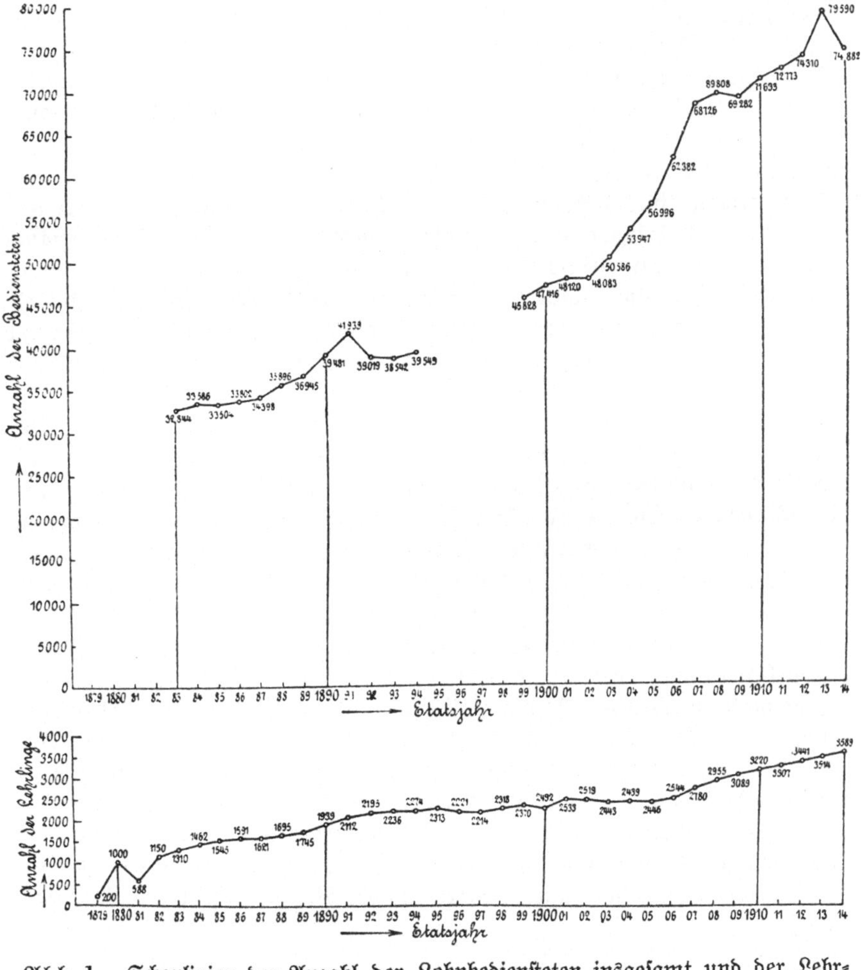

Abb. 1. Schaulinien der Anzahl der Lohnbediensteten insgesamt und der Lehrlinge im besonderen in den Werkstätten der preußischen bzw. preußisch-hessischen Staatseisenbahnverwaltung vom Jahre 1879/1883 bis 1914.

[1]) Mit Werkhelfer — früher handwerksmäßig ausgebildete Arbeiter — werden bei der preußisch-hessischen Staatseisenbahnverwaltung diejenigen Werkstättenbediensteten bezeichnet, die zuvor ungediente Arbeiter gewesen, dann aber in der Bedienung einer einfacheren Werkzeugmaschine eine Zeitlang unterwiesen sind.

Man darf wohl annehmen, daß dieses Verhältnis, also rund ebensoviel Schlosser und Dreher wie Arbeiter und halb soviel sonstige Handwerker, sich auch in den übrigen Jahren nicht so sehr verschiebt und daß die Linie für die Schlosser und Dreher annähernd parallel der Linie für die Gesamtarbeiterschaft ist. Wir können daher ohne zu großen Fehler letztere Linie auch als Anhalt für die Veränderungen im Bestande der Schlosser und Dreher ansehen, selbst wenn man berücksichtigt, daß durch die vermehrte Ausbildung ungelernter Arbeiter zu einfachen handwerksmäßigen Beschäftigungen der Anteil der Schlosser und Dreher an der Gesamtzahl der Lohnbediensteten etwa im Laufe des letzten Jahrzehnts etwas geringer geworden sein wird.

Während des Krieges ist die Verhältniszahl 12 v. H. erheblich erhöht worden. Wie aus dem Verlauf der Schaulinien hervorgeht, läßt sich die Beibehaltung eines höheren Satzes als 12 v. H. auch für die Friedenszeit nicht nur rechtfertigen, sondern erscheint sogar erforderlich. Dies bestätigt auch folgendes Einzelbeispiel aus der Praxis.

In der Hauptwerkstätte Guben wurden bis vor dem Kriege im Jahresdurchschnitt rund 640 Arbeiter beschäftigt, hierunter waren 240 Schlosser und 25 Dreher[1]). In gewöhnlichen Zeiten waren jährlich alsdann rund 40 Schlosserstellen und 2 Dreherstellen neu zu besetzen infolge Abganges durch Tod, Pensionierung, Übertritt in Beamtenstellen und in den Privatdienst. Von diesen 42 Stellen konnten im allgemeinen höchstens 9 Stellen, 22 v. H., also wenig mehr als ein Fünftel durch ehemalige Lehrlinge besetzt werden. Für die übrigen 33 Stellen, also 78 v. H., ist die Verwaltung auf Schlosser und Dreher aus fremden Betrieben angewiesen.

Aber selbst diese 22 v. H. kommen nicht einmal dauernd als Handwerker für die Werkstätten in Frage, da nach den weiter folgenden Angaben nur 80 v. H. der Lehrlinge im Eisenbahndienst verbleiben und von den Zurückgebliebenen noch viele in das Beamtenverhältnis übertreten. Dauernd Handwerker bleiben nur 34 v. H., also nur ein Drittel der ausgebildeten Lehrlinge. Demnach können, um wieder auf das obige Beispiel zurückzugreifen, je 100 freie Schlosser- und Dreherstellen dauernd nur mit der überaus geringen Zahl von 7 ehemaligen Eisenbahnlehrlingen besetzt werden.

Das ist schon der Fall in einer Hauptwerkstätte, die eigene Lehrlingsausbildung hat; in Haupt- und Nebenwerkstätten ohne solche ist es sogar nur Zufall, wenn nicht der ganze Bedarf aus der Privatindustrie gedeckt werden muß.

Oft geschieht dies erst im Alter zwischen 30 und 40 Jahren. — Es ist das lebhafte Streben der meisten Arbeiter, einmal „an die Maschine" zu kommen. Sie können dann meist immer in geschlossenen Räumen arbeiten und verdienen mehr. Beträgt der stündliche Verdienst des ungelernten Arbeiters in einer Werkstätte etwa 0,84 M., so verdient der Werkhelfer schon 0,88 M. und der Handwerker 0,96 M.

[1]) Auch hier in der einzelnen Werkstätte ist demnach das Verhältnis der Schlosser und Dreher (265) zur ganzen Belegschaft (640) ebenfalls 41 v. H., also genau dasselbe, wie es sich für den ganzen Staatsbahnbereich im Jahre 1913 findet.

Dies ist vielfach weder leicht noch angenehm. Tüchtige Handwerker werden in Privatwerken, namentlich im Westen, zu Anfang meist höher bezahlt als in Eisenbahnwerkstätten. Es besteht daher die Gefahr, daß gerade die weniger tüchtigen Kräfte, die in der Privatindustrie kein gutes Fortkommen finden, zu den Eisenbahnwerkstätten abströmen und aus Mangel an Hilfskräften dann auch genommen werden müssen. Bei einer so hohen Ersatzzahl an fremden und vielfach nicht guten Kräften wird sich dies mit der Zeit dann auch nachteilig in der Leistungsfähigkeit solcher Handwerker und schließlich des ganzen Werkstättendienstes bemerkbar machen.

Das Zahlenbeispiel war einem mehr östlich gelegenen Werkstättenbetrieb entnommen. Im Westen, wo vielfach durch die höheren Löhne der Privatindustrie der Anreiz zum Ausscheiden noch größer ist, oder in Hauptwerkstätten ohne eigene Lehrlingsausbildung ist die Zahl vielleicht noch geringer. Man wird daher unbedenklich dauernd viel höher in der Anzahl der Lehrlinge gehen können und kann dies um so eher, als das Angebot an Lehrlingen im Gegensatz zu den Handwerkern sehr groß ist[1]), vgl. S. 73.

Mit einer verstärkten Lehrlingsausbildung kommt man auch den Wünschen der Großbetriebe entgegen, die wiederholt die Ansicht ausgesprochen haben, daß sie bei der starken Abgabe von Handwerkern an die Eisenbahnwerkstätten für diese ein gut Teil der Lasten der Ausbildung mit tragen müssen, ohne einen Nutzen davon zu haben. Dieselbe Klage wird übrigens auch gegenüber dem Großbetriebe selbst und zwar von den Handwerkern erhoben[2]). Da der Umfang des Lehrlingswesens der Eisenbahnverwaltung immerhin durch die vorerwähnten Fragen nicht unwesentlich beeinflußt wird, muß hierauf kurz eingegangen werden.

Nach der Gewerbezählung vom 12. Juni 1907[3]) betrug die Anzahl gelernter Arbeiter von der Gesamtzahl aller beschäftigten Arbeiter

im Gewerbe der Maschinen und Apparate	75,0 v. H.
davon im reinen Maschinengewerbe	62,0 „ „
„ elektrotechnischen Gewerbe	40,5 „ „
„ Bergbau	56,4 „ „
„ Webstoffgewerbe	46,0 „ „
„ Eisengewerbe	28,4 „ „
„ chemischen Gewerbe	6,8 „ „

---

[1]) Es ist daher auch erwünscht, wenn man wie schon während der Kriegszeit auch dauernd die in den Eisenbahnwerkstätten vorhandenen günstigen Gelegenheiten zur Ausbildung von Lehrlingen voll ausnutzt und mindestens sämtliche Hauptwerkstätten, vielleicht auch noch in einer Anzahl größerer Nebenwerkstätten, dauernd mit dazu heranzieht.

[2]) Bericht der Hauptversammlung des Vereins deutscher Maschinenbauanstalten a. a. O. S. 25 u. ff.

[3]) Lippart: „Die Ausbildung des Lehrlings in der Werkstätte". Bericht auf der Hauptversammlung des Vereins deutscher Maschinenbauanstalten. a. a. O. S. 25 u. ff.

Das Maschinengewerbe steht hierbei an zweiter Stelle; es erfordert eine sehr große Zahl gelernter Arbeitskräfte. Nach Neukamp (a. a. O. S. 24) waren in der Klasse VI der Industrieabteilung (Maschinen, Instrumente, Apparate), der auch die Maschinenbauanstalten augehören, in den Betrieben, die mehr als 11 Personen beschäftigen, insgesamt 823425 Gehilfen und Arbeiter vorhanden, von denen 67726 Personen als gewerbliche Lehrlinge tätig waren. Da nach den vorstehenden Angaben 75 v. H. der Hilfskräfte gelernte Kräfte waren, also 617569, machen hiervon die 67726 rund 11 v. H. aus. Ein etwas höherer Verhältnissatz ergibt sich, wenn man die Zahlen von Neukamp (a. a. O. S. 24 Anm. 1) zugrunde legt. Hiernach beschäftigten die dem Verein deutscher Maschinenbau-Anstalten angehörenden Firmen am 1. Juni 1911 im Maschinenbau und den verwandten Gewerben a) 21187 Beamte, b) 18748 Hilfsarbeiter und jugendliche Arbeiter, c) 88342 gelernte Arbeiter und d) 12208 Lehrlinge. Hier betragen die Lehrlinge nicht ganz 14 v. H. der gelernten Kräfte.

Wenn die Eisenbahnverwaltung das Verhältnis bei den Schlossern und Drehern auf 12 v. H. bemessen hat, so ist sie also mit dem Umfang der Lehrlingsausbildung nicht nur hinter dem allgemeinen Durchschnitt der gewerblichen Großbetriebe in Deutschland nicht zurückgeblieben, sondern hat ihn noch übertroffen. Selbst im Vergleich zu den im Verein deutscher Maschinenbauanstalten vereinigten ersten und führenden Firmen auf dem Gebiete des Maschinenbaus ist der Satz von 12 v. H. noch günstig, wenn man bedenkt, daß die 13,8 v. H. auch genügen sollen für den Ersatz in Fabriken, die überwiegend neue und zum Teil schwierige Genauigkeitsarbeit herstellen, während es sich in den Eisenbahnwerkstätten meist nur um Ausbesserungen handelt.

Einer der Gründe, warum man hier nicht noch stärker ausgebildet hat, war auch, daß lange Jahre im Handwerk mit mehr Lehrlingen gearbeitet wurde, als später dort ihr Fortkommen finden konnten. Die staatlichen Werkstätten mußten auf diesen Überschuß Rücksicht nehmen[1]). — Diese Verhältnisse haben sich indes im letzten Jahrzehnt geändert. Einmal ist der Bedarf an Handwerkern nicht nur bei der Eisenbahnverwaltung, sondern auch in den Großbetrieben sehr gestiegen. Gegenüber den früheren Zeiten fehlt es jetzt oft genug an tüchtigen Handwerkern; sodann ist aber nicht zu verkennen, daß sich auch dasselbe Bedürfnis nach hochwertigen Handwerkskräften wie in privaten Großbetrieben zeigt. Mit der Vervollkommnung der Lokomotiven, mit den vielseitigen, oft verwickelten Einrichtungen an Überhitzern, Steuerungen und Bremsen sind die Anforderungen an die besonderen Fachkenntnisse eines Eisenbahnschlossers derartig gestiegen, daß hierfür in vielen Fällen die Lehre bei einem kleinen Handwerksmeister

[1]) S. auch die Ausführungen von Ministerialdirektor Exz. Wichert zu dem Vortrag des Verf. über die Ausbildung von Lehrlingen bei der Staatseisenbahnverwaltung, Glasers Annalen 1918, Bd. 83

nicht mehr die genügende Ausbildung geben kann. Träte regelmäßig eine größere Zahl solcher jungen Gesellen in die Eisenbahnwerkstätte ein, so wird die Leistungsfähigkeit der Werkstätte dadurch schließlich herabgedrückt werden[1]).

Die Privatindustrie hat schon in den letzten Jahren und schon vor dem Kriege auf eine starke Vermehrung der eigenen Lehrlingsausbildung Bedacht genommen. Frölich[2]) faßt schon 1911 das Ergebnis einer Rundfrage dahin zusammen, daß die deutsche Maschinenindustrie der Ausbildung ihrer Lehrlinge seit langem und neuerdings in steigendem Maße ihr Augenmerk zuwendet.

Im Deutschen Ausschuß für technisches Schulwesen[3]) hat v. Rieppel 1911 sogar den Leitsatz aufgestellt, daß die Maschinenindustrie unter der Voraussetzung einer vierjährigen Lehrzeit einen Stamm von Lehrlingen zu halten habe bei Schlossern und Drehern je 20 v. H. der beschäftigten Schlosser und

---

[1]) Neukamp (a. a. O. S. 24) führt zu der Frage der Lehrlingsausbildung im Handwerk oder im Großbetrieb folgende scharfe Äußerung einer bedeutenden Maschinenbauanstalt an: „Die für uns in Betracht kommende Ausbildung von Lehrlingen kann niemals von einem Handwerksmeister erfolgen, denn unsere ausgebildeten Lehrlinge in der Dreherei, Schlosserei, Eisengießerei können überhaupt nur bei uns oder bei den unserer Branche angehörigen Fabriken angelernt werden. Auch diejenigen jungen Leute, die ursprünglich bei einem Handwerksmeister gelernt haben, müssen ihre Ausbildung erst im Fabrikbetrieb erfahren."

[2]) Frölich: Die praktische Ausbildung des industriellen Lehrlings in der Maschinenindustrie. S. Abhandlungen und Berichte über technisches Schulwesen Band III S. 13. — Ferner Glasers Annalen Bd. 83 (Vortrag des Verf.).

[3]) Der Deutsche Ausschuß für technisches Schulwesen ist auf Anregung des Vereins Deutscher Ingenieure gebildet worden. In Band I, S. 1 u. ff. der Veröffentlichungen des Ausschusses heißt es: „Die vom Herrn Minister für Handel und Gewerbe am 5. November 1907 erlassenen neuen Vorschriften betreffend ‚Zweckbestimmung und Aufnahmebedingungen für mittlere und niedere Fachschulen der Maschinenindustrie und verwandter Gewerbe' und die von ihm in Aussicht genommene Ausdehnung der Unterrichtsdauer für die höheren Maschinenbauschulen von 4 auf 5 Semester veranlaßten im vergangenen Jahre den Vorstand des Vereins, sich von neuem mit dem technischen Schulwesen, und zwar zunächst mit den mittleren Fachschulen für die Metallindustrie zu befassen." — Der Verein berief hierzu eine Anzahl maßgebender Herren aus der Industrie und dem technischen Schulwesen, die im Dezember 1908 unter Vorsitz des Kurators des Vereins Deutscher Ingenieure zu der ersten Sitzung des Deutschen Ausschusses für technisches Schulwesen zusammentraten. Es nahmen auch teil Vertreter des preußischen Ministeriums für Handel und Gewerbe, des bayrischen Ministeriums des Innern, für Kirchen und Schulangelegenheiten, des sächsischen Ministeriums des Innern, der Verwaltung des Gewerbeschulwesens in Hamburg und der Behörde für das Technikum Bremen. Auch in der Folge haben an den Beratungen Vertreter von Ministerien und besonders des preußischen Landesgewerbeamts teilgenommen. Der Ausschuß ist ferner durch die Berufung von Persönlichkeiten, die auf dem einen oder andern Gebiet als führend oder besonders sachkundig bekannt sind, noch weiter verstärkt worden. Die Ergebnisse der Beratungen, die sich in erster Linie auch eingehend mit dem Lehrlingswesen in der Großindustrie befassen, dienen mit als Grundlage für wichtige amtliche Entschließungen. Dies dürfte in Zukunft in noch erhöhtem Maße der Fall sein. — Die Arbeiten des Ausschusses sind niedergelegt in seinen Abhandlungen und Berichten. Band II behandelt ebenfalls das technische Mittelschulwesen. 1912 erschien Band III: Arbeiten auf dem Gebiete des technischen niederen Schulwesens. — Band III S. 65.

Dreher und bei Formern, Gießern, Schmieden, Modell- und Möbelschreinern 12 bis 14 v. H. der beschäftigten genannten Handwerker[1]).

Die Eisenbahnverwaltung ist im Kriege von anfangs 12 v. H. auf 15, dann auf 20 und mehr gegangen. Wie berechtigt dies ist, geht auch aus der Überlegung hervor, daß je mehr Lehrlinge die Privatfabriken ausbilden, dies, natürlich bis zu einer gewissen Grenze, auch die Eisenbahnwerkstätten tun müssen, wenn sie nicht ins Hintertreffen geraten wollen. Sie können sich aus allen den verschiedenen Gründen in Zukunft weniger als vorher mit den Kräften begnügen, die aus dem Kleinhandwerk kommen oder die von der Großindustrie übrig gelassen sind. Die nicht selten besser zahlende Großindustrie hat hier zudem auch schon oft vorher ihre Auslese getroffen, so daß dann nur minderleistungsfähige Kräfte für den Eisenbahndienst übrig bleiben. Bis zu welchem genauen Satz in dem Verhältnis der Lehrlinge zu den Schlossern und Drehern es sich empfiehlt, später dauernd zu gehen, kann erst unter Berücksichtigung der künftigen wirtschaftlichen Lage entschieden werden[2]).

Tafel 6.

Verbleib der bis 1906 Gesellen gewordenen ehemaligen Lehrlinge der Hauptwerkstätte Guben, auf je 100 ausgebildete Lehrlinge berechnet.

Beschäftigung im Jahre 1916	Anzahl im einzelnen	Anzahl insgesamt
A. Im Eisenbahndienst verblieben als		
a) Handwerker (Werkstättenschlosser)	34 v. H.	34 v. H.
b) Beamte.		
1. Magazinaufseher	3 „	
2. Werkführer	5 „	
3. Wagenmeister	2 „	
4. Werkstätten-Werkmeister	5 „	46 „
5. Betriebs-Werkmeister	6 „	
6. Lokomotivführer und Heizer	25 „	
Mithin im Eisenbahndienst verblieben		80 v. H.
B. Aus dem Eisenbahndienst ausgeschiedene ehemalige Lehrlinge		
a) jetzt Privattechniker	7 v. H.	
b) „ Marinebeamte	2 „	
c) „ staatliche oder städtische Beamte	3 „	20 „
d) „ sonstige Beamte und Handwerker	3 „	
e) „ verstorben	5 „	
zus.		100 v. H.

[1]) Der Ausschuß hat sich später auf geringere Zahlen geeinigt und zwar hält er eine Lehrlingszahl von 10 bis 12,5 v. H. der Facharbeiter für genügend.

[2]) Lange Zeit werden sich auf dem Gebiete des Lehrlingswesens auch die Nachwirkungen des Krieges bemerkbar machen. So geht aus einem vom Landes-

Es wurde bereits erwähnt, daß nur etwa 80 v. H. der ehemaligen Lehrlinge im Eisenbahndienst und nur 34 v. H. von ihnen Werkstättenhandwerker bleiben. Diese Zahlen beziehen sich zwar zunächst nur auf die Verhältnisse beim Werkstättenamt Guben, doch dürften sie in ähnlichem Umfange auch für die meisten anderen Werkstätten zutreffen. In den Industriegebieten wird vermutlich die Zahl der im Werkstättendienst verbleibenden ehemaligen Lehrlinge noch geringer als in Guben sein, wo durch das Fehlen großer industrieller Werke der Anreiz zum Ausscheiden nicht so groß wie andererseits sein dürfte. Es wurde vorstehendes (Tafel 6) ermittelt.

Im allgemeinen kann mau die für Guben gefundenen Zahlen, nach denen 80 v. H. der ausgebildeten Lehrlinge im Eisenbahndienst verblieben sind, als recht günstig bezeichnen, denn die auf die Ausbildung verwandten Kosten und Bemühungen sind zu einem sehr erheblichen Teil zwar nicht derselben Werkstätte, aber doch der Eisenbahnverwaltung wieder zugute gekommen. Vergleichszahlen aus Privatbetrieben liegen wenig vor; nur in einem Falle hat eine große Firma festgestellt, daß sich von ihren im Laufe von 19 Jahren ausgebildeten Lehrlingen nur noch 43,2 v. H. im Werk befanden. Eine andere Firma gibt diesen Satz zu etwa 50 v. H. an [1]).

gewerbeamt erstatteten Bericht hervor, daß allein im Handwerkskammerbezirk Berlin die Zahl der Lehrlinge von 45000 vor dem Kriege im März 1917 bis auf 7800 gesunken war. In einem Aufsatz von M. Wilhelm in der Werkstattstechnik 1917 S. 181 wird mitgeteilt, daß im Kammerbezirk Posen 1913 noch 3390 Lehrlinge aufgenommen wurden gegen nur 1124 im Jahre 1916. Nach der von der deutschen Handwerks- und Gewerbekammer aufgestellten Statistik sind in 53 Kammerbezirken 218599 selbständige Handwerker eingezogen gewesen. Von diesen mußten 126513 oder 57,9 v. H. ihre Betriebe schließen.

[1]) Free: Die Werkschulen der deutschen Industrie. a. a. O. S. 179.

Teil II.

Dienstliche Bestimmungen der preußisch-hessischen Staatseisenbahnverwaltung über das Lehrlingswesen.

§ 1. Erlaß des Ministers der öffentlichen Arbeiten vom 12. Januar 1903, IV. B 2. 728.

Berlin, den 12. Januar 1903.

Zu den nachstehend abgedruckten Vorschriften für die Annahme, Ausbildung und Prüfung von Handwerkslehrlingen bei der Staatseisenbahnverwaltung bemerke ich folgendes:

1. Die Vorschriften gelten ohne Einschränkung nur für Lehrlinge des Schlosser- und Dreherhandwerks. Den Königlichen Eisenbahndirektionen bleibt überlassen, nach Befinden auch Lehrlinge der anderen, in Eisenbahnwerkstätten hauptsächlich vertretenen Handwerkszweige in mäßigem Umfange zur Ausbildung zuzulassen. Hierbei dürfen jedoch nur Söhne von Arbeitern oder Beamten der Eisenbahnverwaltung berücksichtigt werden. In solchen Fällen ist vor der Annahme der Lehrlinge ihren gesetzlichen Vertretern zu eröffnen, daß nach beendigter Lehrzeit die Gesellenprüfung für das Handwerk bei der Eisenbahnverwaltung nicht abgenommen werden kann. Die Lehrlinge erhalten von dem zuständigen Amtsvorstande nur ein *Lehrzeugnis* und sind verpflichtet, sich auf eigene Kosten der Prüfung bei einem *öffentlichen* Prüfungsausschusse zu unterziehen. (§§ 127c und 131c der Gewerbeordnung.) Lehnt ein Prüfungsausschuß die Vornahme der Prüfung ab, so ist an mich zu berichten.
2. Die Vorschriften für die Annahme, Ausbildung und Prüfung von Handwerkslehrlingen sind bei allen für die Ausbildung von Lehrlingen bestimmten Werkstätten der Preußisch-Hessischen Eisenbahngemeinschaft zu beachten. Dagegen ist die Befugnis, nach vollendetem vierundzwanzigsten Lebensjahre in Handwerksbetrieben Lehrlinge anzuleiten (Ziffer 38 der Vorschriften und § 129 Abs. 4 sowie § 129a Abs. 3 der Gewerbeordnung), einstweilen auf Schlosser- und Drehergesellen beschränkt, die ein Lehr- und Prüfungszeugnis nach dem beigedruckten Muster an einer auf *preußischem* Gebiet belegenen Staats-Eisenbahnwerkstätte erlangt haben. Die Aus-

dehnung dieser Berechtigung auf die Zeugnisse der in anderen Bundesstaaten belegenen Eisenbahnwerkstätten ist von der demnächstigen Entschließung der zuständigen Landes-Zentralbehörde abhängig. Bei der Ausfertigung der Lehr- und Prüfungszeugnisse ist dies zu beachten.

Im übrigen sollen nach dem Erlasse vom 11. Mai 1901 (EVBl. S. 180) bei der Annahme von Werkstättenhandwerkern, soweit sie nicht als Lehrlinge in Werkstätten der Staatseisenbahnverwaltung ausgebildet sind und deshalb anderen Bewerbern vorgehen, unter sonst gleichen Verhältnissen die Bewerber bevorzugt werden, die in ihrem Handwerk die Gesellenprüfung vor einem hierfür zuständigen Prüfungsausschusse abgelegt haben. Ich nehme Veranlassung, auf diese Vorschrift erneut hinzuweisen.

Der Minister der öffentlichen Arbeiten.
Budde.

An
die Königlichen Eisenbahndirektionen.
IV. B. 2. 728.

§ 2. Vorschriften für die Annahme, Ausbildung und Prüfung von Handwerkslehrlingen bei der Staatseisenbahnverwaltung.

1. In den Haupt- und geeigneten Nebenwerkstätten der Staatseisenbahnverwaltung können Lehrlinge im Schlosser- oder im Schlosser- und Dreherhandwerk ausgebildet werden. Die Lehrlinge sind nicht lediglich zu Arbeitern der bezeichneten Werkstätten zu erziehen, sondern möglichst vielseitig in ihrem Handwerk auszubilden.

Annahme.

Anzahl der Lehrlinge.

2. Die Anzahl der Lehrlinge ist auf das durch den eigenen dauernden Bedarf der Staatseisenbahnverwaltung bedingte Maß zu beschränken. Sie darf in einem Direktionsbezirke zwölf vom Hundert der in den Haupt- und Nebenwerkstätten beschäftigten Schlosser und Dreher nicht übersteigen.

3. Lehrlingswerkstätten (Ziffer 19) für weniger als fünf Lehrlinge eines Jahrganges sollen nicht eingerichtet werden. Wieviel Lehrlinge in jeder einzelnen Werkstätte auszubilden sind, bestimmt die Königliche Eisenbahndirektion.

Körperliche Tauglichkeit.

4. Der Bewerber hat durch ein ärztliches Zeugnis den Nachweis eines guten Gesundheitszustandes zu erbringen; namentlich muß er für das von ihm erwählte Handwerk körperlich tauglich sein.

Schulbildung.

5. Der Lehrling soll durch Schulzeugnisse nachweisen, daß er mindestens die Kenntnisse besitzt, die in der ersten Klasse einer Volksschule erworben

werden. Während der Probezeit (§ 1 des Lehrvertrages) soll der Amtsvorstand sich von den Schulkenntnissen Überzeugung verschaffen.

Lebensalter.

6. Der Lehrling muß bei der Annahme das vierzehnte Lebensjahr vollendet und darf das sechzehnte Lebensjahr nicht überschritten haben.

Sonstige Bedingungen für die Annahme.

7. Der Bewerber muß unbescholten und eingesegnet sein. Hat er bereits in einem Lehrverhältnis gestanden, so muß die vorschriftsmäßige Lösung dieses Verhältnisses nachgewiesen werden.

8. Söhne von Bediensteten der Staatseisenbahnverwaltung sind vor anderen Bewerbern zu berücksichtigen.

Aufzeichnung der Bewerber und Reihenfolge der Einberufung.

9. Über die Bewerber, die alle Bedingungen für die Annahme erfüllt haben, wird für jede Haupt- und Nebenwerkstätte eine Bewerberliste geführt. Soweit der voraussichtliche Bedarf durch Söhne von Bediensteten der Staatseisenbahnverwaltung gedeckt ist, sind Aufzeichnungen anderer Bewerber zu unterlassen. Die Aufnahme in die Liste beginnt sechs Monate vor dem Einstellungstermin und wird zwei Monate vor diesem geschlossen. Für die Reihenfolge der Einberufung ist die Eintragung in die Bewerberliste maßgebend.

Einstellungstermin.

10. Die Einstellung von Lehrlingen erfolgt in der Regel nur zum Ostertermin jedes Jahres, in besonderen Ausnahmefällen nach dem Ermessen der Eisenbahnverwaltung auch am 1. Oktober.

Lehrvertrag.

11. Mit dem gesetzlichen Vertreter des Lehrlings ist ein Vertrag nach dem anliegenden Muster in zwei Ausfertigungen abzuschließen.

12. Die Lehrlinge müssen bei ihren Eltern oder bei einer anderen achtbaren Familie wohnen. Die Eisenbahnverwaltung hat das Recht und die Pflicht, sich hiervon zu überzeugen. Der gesetzliche Vertreter ist verpflichtet, den Lehrling während der Lehrzeit angemessen zu unterhalten.

Heranziehung zur Arbeiter-Kranken- und Pensionskasse.

13. Der Lehrling ist verpflichtet, bei seinem Eintritt der Betriebskrankenkasse und nach Vollendung des sechzehnten Lebensjahres auch der Pensionskasse für die Arbeiter der Preußisch-Hessischen Eisenbahngemeinschaft beizutreten.

Bemessung des Arbeitslohnes.

14. Die Lehrlinge erhalten von ihrer Einstellung ab einen nach den örtlichen Verhältnissen und ihren Leistungen zu bemessenden Tagelohn. Die Lohnsätze werden durch die Lohnordnung der Eisenbahndirektion bestimmt. Gegen Stücklohn dürfen Lehrlinge grundsätzlich nicht beschäftigt werden.

Spargroschen.

15. Von dem Arbeitsverdienst des Lehrlings wird monatlich der zehnte Teil — unter Abrundung auf volle Mark — als Spargroschen einbehalten. Der einbehaltene Betrag wird in einem auf den Namen des Lehrlings lautenden Sparkassenbuch verzinslich angelegt und dient als Haftgeld für alle Schäden, die der Staatseisenbahnverwaltung durch grobes Verschulden des Lehrlings entstehen. Als Sicherheit gegen Vertragsbruch gilt er nur in der nach § 119a der Gewerbeordnung zulässigen Höhe.

16. Nach Ablauf der Lehrzeit erfolgt ohne Rücksicht auf den Ausfall der Prüfung (Ziffern 37 und 39) die Auszahlung des Spargroschens, nötigenfalls nach Abzug des einzubehaltenden Betrages für Schadenersatz, an den gesetzlichen Vertreter des Lehrlings.

Ausbildung.

Lehrzeit.

17. Die Lehrzeit beträgt vier Jahre. Eine Verlängerung über diese Zeit hinaus ist unzulässig (§ 130a der Gewerbeordnung). Hat der Lehrling schon vorher in einem Lehrverhältnis gestanden, so kann die Lehrzeit nach Befinden der Eisenbahndirektion angemessen abgekürzt werden.

Handwerkszweige, in denen Lehrlinge ausgebildet werden.

18. Die Lehrlinge werden im Schlosser- oder im Schlosser- und Dreherhandwerk ausgebildet.

Praktische Ausbildung.

19. Die praktische Ausbildung des Lehrlings erfolgt während der ersten beiden Lehrjahre in einer besonderen Lehrlingswerkstätte, während der beiden letzten Lehrjahre in den verschiedenen Werkstattsabteilungen nach dem anliegenden Ausbildungsplane für Schlosser, der für die Ausbildung in der Dreherei sinngemäß anzuwenden ist. Nähere Bestimmungen sind von dem Amtsvorstande zu treffen. Bei der praktischen Ausbildung in der Lehrlingswerkstätte ist zu beachten, daß die Lehrlinge möglichst im Eisenbahnbetriebe verwendbare Gegenstände bearbeiten. Nach Ablauf des zweiten Lehrjahres ist vor dem Verlassen der Lehrlingswerkstätte von dem Lehrling unter Aufsicht des Lehrmeisters ein Probestück zu fertigen. Erweist sich hierbei die von dem Lehrling bisher erlangte Handfertigkeit als ungenügend, so kann eine Verlängerung der Ausbildung in der Lehrlingswerkstätte angeordnet werden.

20. Die Ausbildung während des dritten und vierten Lehrjahres kann, soweit die Beschäftigung der Lehrlinge in den Lokomotiv- und Wagenwerkstätten in Frage kommt, so eingerichtet werden, daß die Lehrlinge nicht den gewöhnlichen Arbeitskolonnen zugeteilt werden, sondern in besonderen Gruppen unter Leitung eines erfahrenen Lehrgesellen arbeiten. Die Stärke dieser Gruppen ist so zu bemessen, daß die Betriebsmittel ebenso schnell fertig werden, wie durch ältere Arbeiter in schwächeren Gruppen. Den Lehrlingsgruppen sind Betriebsmittel zur Ausführung aller daran vorzunehmenden

Arbeiten zu überweisen. Schwere Arbeiten, für welche die Kräfte der Lehrlinge noch nicht ausreichen, werden im Stücklohn von älteren Arbeitern ausgeführt, ohne daß diese der Lehrlingsgruppe zugeteilt werden.

21. Die mit der Leitung solcher Lehrlingsgruppen betrauten Lehrgesellen sollen im Tagelohn so gestellt werden, daß sie gegenüber ihrem Verdienst im Stücklohn einen Ausfall nicht erleiden. Die Festsetzung ihres Lohnes erfolgt durch die Lohnordnung. Die Grenzen, innerhalb deren auf Vorschlag des zuständigen Amtes[1]) besondere Lohnzulagen bewilligt werden können, bestimmt die Eisenbahndirektion.

Leitung der praktischen Ausbildung.

22. Die Ausbildung in der Lehrlingswerkstätte erfolgt unter Oberleitung des Amtsvorstandes[1]) durch einen geeigneten Lehrmeister in Beamtenstellung, dem je nach der Anzahl der Lehrlinge Lehrgesellen beigegeben sind. Bei Werkstätten, die mehreren Vorständen unterstellt sind, bestimmt die Eisenbahndirektion, welchem Vorstande die Oberleitung zufallen soll. In der Regel wird für fünfzehn Lehrlinge ein Lehrmeister allein, für mehr als fünfzehn ein Lehrmeister und ein Lehrgeselle genügen. Der Lehrmeister ist nach dem Amtsvorstande der unmittelbare Vorgesetzte jedes Lehrlings und hat ihn während der ganzen Dauer der Lehrzeit innerhalb und außerhalb der Werkstätte zu überwachen. Hinsichtlich seiner besonderen Ausbildung in den Einzelfächern hat der Lehrling den Anweisungen des Lehrgesellen oder Vorarbeiters (Kolonnenführers) Folge zu leisten und untersteht neben dem Lehrmeister dem zuständigen Werkführer und Werkmeister.

Theoretischer Unterricht.

23. Der Lehrling erhält während der ganzen Dauer der Lehrzeit theoretischen Unterricht, der den praktischen Fortschritten des Lehrlings angepaßt sein soll.

24. An allen Orten, in denen eine vom Staate oder von der Gemeindebehörde als Fortbildungsschule anerkannte Unterrichtsanstalt vorhanden ist, muß diese von den Lehrlingen besucht werden. Neben dem Besuch der Fortbildungsschule sollen die Lehrlinge in den Werkstätten selbst in einzelnen Gegenständen Unterricht erhalten, namentlich in Materialienkunde, Anfertigung von Skizzen nach Maßangabe und von Zeichnungen nach Aufnahme.

25. An Orten ohne Fortbildungsschule oder solchen mit einschränkenden Aufnahmebedingungen erhalten die Lehrlinge vollständigen Unterricht in der Werkstätte. In diesem Falle ist der Unterricht dem Lehrplane der Fortbildungsschulen anzupassen.

An Lehrgegenständen sollen vorwiegend in Betracht gezogen werden: Rechnen, Deutsch, Buchführung, Mathematik, Zeichnen, Materialienkunde.

---

[1]) In dem Wortlaut des Erlasses heißt es für „Amt" noch „Inspektion" und für „Amtsvorstand" „Inspektionsvorstand". Entsprechend der durch Erl. vom 26. November 1910 (EVBl. 1910 S. 309) erfolgten amtlichen Änderung haben wir überall die frühere durch die jetzt geltende Bezeichnung ersetzt.

26. Die Unterrichtsstunden in der Werkstätte sind, soweit angängig, in die planmäßige Arbeitszeit des Lehrlings zu legen. Wird es erforderlich, auch Sonntags Unterricht stattfinden zu lassen, dann muß die Zeit dafür so gewählt werden, daß die Lehrlinge dadurch nicht gehindert sind, den Hauptgottesdienst zu besuchen.

27. Fallen die Unterrichtsstunden der Fortbildungsschule in die Arbeitszeit der Lehrlinge, so ist ihnen entsprechend freie Zeit zu geben, finden sie erst nach Schluß der Arbeit statt, so sind die Lehrlinge angemessen früher aus der Arbeit zu entlassen, in beiden Fällen ohne Lohnausfall. Der Unterricht in der Werkstätte ist durch geeignete technische und nichttechnische Beamte zu erteilen. Ausnahmsweise können dafür auch andere Lehrkräfte herangezogen werden, was indessen auf das dringendst notwendige Maß zu beschränken ist. Soweit der Unterricht durch Beauftragte der Eisenbahnverwaltung erteilt wird, ist vorwiegend die Ausbildung für das Schlosserhandwerk zur Grundlage zu nehmen und die Ausbildung in der Dreherei als Nebenfach zu behandeln.

28. Den mit der Unterrichtserteilung beauftragten Eisenbahnbeamten können nach Maßgabe ihrer Inanspruchnahme und der erzielten Erfolge Belohnungen gewährt werden.

29. Die für die Heranziehung besonderer Lehrkräfte etwa erforderlichen Mittel sind durch den Etat zu beantragen (FO. II § 35 ^{24c}).

30. Die für den Unterricht in den Werkstätten erforderlichen Lehrmittel (Vorlagen, Modelle, Demonstrationsapparate) werden von der Eisenbahnverwaltung gestellt; dagegen müssen die Lehrlinge sich die für ihren Unterricht benötigten Bücher, Zeichenmaterialien und Reißzeuge selbst beschaffen.

Dauer der täglichen Arbeitszeit.

31. Die tägliche Beschäftigung der Lehrlinge in der Werkstätte dauert neun[1]) Stunden neben einer einstündigen Mittagspause unter Ausschluß von Sonntags- und Nachtarbeit, sowie von Überstunden. Lehrlinge unter sechzehn Jahren sollen vor- und nachmittags je eine halbstündige Arbeitspause erhalten. Die Arbeitspausen haben die Lehrlinge unter Aufsicht zu verbringen.

Prüfung.

Prüfung nach beendigter Lehrzeit.

32. Nach beendigter Lehrzeit hat sich der Lehrling einer Gesellenprüfung nach Maßgabe der Gesellenprüfungsordnung für die in den Haupt- und Nebenwerkstätten der Staatseisenbahnverwaltung beschäftigten Handwerkslehrlinge zu unterwerfen. Die Prüfung besteht in einem praktischen und einem theoretischen Teil.

33. In dem praktischen Teil hat der Lehrling den Nachweis zu erbringen, daß er die in seinem Handwerke gebräuchlichen Handfertigkeiten mit ge-

---

[1]) Früher zehn Stunden; s. Anmerkung zu Ziffer 7 der Allgemeinen Bedingungen, S. 59.

nügender Sicherheit auszuüben vermag. Zu dem Zwecke hat er vor dem Prüfungsausschusse eine Arbeitsprobe auszuführen, die in teilweiser Bearbeitung eines Arbeitsstückes bestehen kann.

34. Die Arbeitsprobe ist am Prüfungstage selbst auszuführen. Durch die Arbeitsprobe soll sich der Prüfungsausschuß in der ihm am Prüfungstage zur Verfügung stehenden Zeit ausreichend davon überzeugen, ob der Lehrling sich die in seinem Handwerk gebräuchlichen Handgriffe und Fertigkeiten zu eigen gemacht hat. Als geeignete Arbeitsstücke sind beispielsweise anzusehen:

1. eine Beißzange,
2. eine Drahtzange,
3. ein Spitzzirkel,
4. ein Winkel,
5. Lehre für Radreifen usw.,
6. Scharnierbänder,
7. Schlüssel für vorhandenes Kunstschloß fertigen,
8. ein Riegelschloß,
9. ein Vorhängeschloß,
10. ein Feilkloben,
11. ein Zahlenstempel,
12. Schraubenschneidekluppe oder Backen,
13. Kulissenstein einpassen,
14. Stangenlager einpassen,
15. Größeren Hahn einschleifen.

35. Durch den theoretischen Teil der Prüfung soll der Nachweis erbracht werden, daß der Lehrling über den Wert, die Beschaffung, Aufbewahrung, Verwendung und Behandlung der in seinem Handwerke zur Verarbeitung kommenden Rohstoffe und Fabrikate, über die Merkmale ihrer guten und schlechten Beschaffenheit, sowie der Werkzeuge und Arbeitsmaschinen genügend unterrichtet ist.

36. Die theoretische Prüfung zerfällt in einen schriftlichen und mündlichen Teil. In dem schriftlichen Teil hat der Lehrling einen kurzen mit einer Rechenaufgabe verbundenen Aufsatz zu fertigen und durch eine Zeichenprobe (Handskizze) darzutun, daß er einen einfachen Gegenstand zeichnerisch darzustellen vermag. Die mündliche Prüfung wird in der Regel mit einer Besprechung der Arbeitsprobe beginnen und sich auf Fragen über die vorerwähnten Gegenstände erstrecken.

Lehr- und Prüfungszeugnis.

37. Nach dem Bestehen der Prüfung wird dem Lehrling ein Lehr- und Prüfungszeugnis übergeben. Das Zeugnis ist nach dem beiliegenden Muster auszufertigen und von dem Vorsitzenden des Prüfungsausschusses unter Beidrückung des Dienstsiegels des Amtes zu vollziehen. Das Prädikat der Prüfung ist in dem Zeugnis anzugeben, wenn die Prüfung **gut** bestanden ist. Von der Eintragung des Prädikats **genügend** ist abzusehen.

38. Das Lehr- und Prüfungszeugnis verleiht infolge Entscheidung der zuständigen Landes-Zentralbehörde dem Gesellen, sobald er das vier-

undzwanzigste Lebensjahr vollendet hat, die Befugnis, in Handwerksbetrieben Lehrlinge des Schlossergewerbes und derjenigen Gewerbe, welche nach Bestimmung der zuständigen Handwerkskammer als dem Schlossergewerbe verwandt anzusehen sind, anzuleiten (§§ 129 Abs. 4 und 129a Abs. 3 der Gewerbeordnung).

Nichtbestehen und Wiederholung der Prüfung.

39. Lehrlinge, welche die Gesellenprüfung nicht bestehen, erhalten nur ein von dem Amtsvorstande auszufertigendes Lehrzeugnis (§ 127c der Gewerbeordnung). Sie dürfen die Prüfung höchstens zweimal wiederholen. Nach welcher Zeit die Prüfung das erste Mal zu wiederholen ist, wird in dem einzelnen Falle durch den Prüfungsausschuß bestimmt. Die zweite Wiederholung muß spätestens sechs Monate nach Beendigung der Lehrzeit erfolgen. Lehrlinge, welche die Gesellenprüfung erstmalig nicht bestehen, werden bis zu deren Wiederholung als Arbeiter in der Werkstätte weiter beschäftigt. Bestehen sie sodann die Prüfung, so ist ihnen gegen Wiedereinziehung des Lehrzeugnisses ein Lehr- und Prüfungszeugnis (Ziffern 37 und 38) zu erteilen. Wird die Prüfung auch bei der zweiten Wiederholung nicht bestanden, dann erfolgt Entlassung.

Prüfungsausschuß.

40. Der Prüfungsausschuß besteht für die Prüfung von Schlosserlehrlingen aus drei Mitgliedern, und zwar:

1. dem Amtsvorstande oder dessen Vertreter,
2. dem Lehrmeister,
3. dem Werkmeister.

Zu der Prüfung von Lehrlingen des Schlosser- und Dreherhandwerks ist als drittes Mitglied ein Werkmeister dieser Fachrichtung zu bestimmen. Die Mitglieder des Prüfungsausschusses und ihre Vertreter werden ohne Zeitbeschränkung durch die Eisenbahndirektion bestellt.

Belohnungen für gut bestandene Prüfung.

41. Lehrlingen, welche die Gesellenprüfung gut bestanden, auch sonst sich während der Lehrzeit durch gute Führung und tüchtige Leistungen ausgezeichnet haben, kann eine Belohnung in der Form von Büchern fachwissenschaftlichen Inhalts oder eines anderen nützlichen Gegenstandes bis zum Preise von fünfundzwanzig Mark zuerkannt werden (FO. II § 35 [24c]). Außerdem kann bei hervorragenden Leistungen die Verleihung der Allerhöchsten Orts gestifteten Lehrlingsmedaille bei dem Minister der öffentlichen Arbeiten beantragt werden, und zwar der Medaille in Kupfer, in ganz besonderen Ausnahmefällen auch der Medaille in Silber.

42. Auch sollen frühere Lehrlinge, die sich durch gute Führung, tüchtige Leistungen und gute Prüfung auszeichnen und die in den Prüfungsvorschriften für das Werkstättenaufsichtspersonal vorgesehene Fachbildung erworben haben, bei der Besetzung derartiger Stellen unter sonst gleichen Verhältnissen vorzugsweise berücksichtigt werden.

Weitere Verwendung der Lehrlinge nach beendigter Lehrzeit.

43. Die Eisenbahnverwaltung übernimmt keine Verpflichtung für die Weiterbeschäftigung der Lehrlinge nach beendigter Lehrzeit, doch sollen sachmäßig ausgebildete ehemalige Lehrlinge der Eisenbahnwerkstätten bei der Besetzung der Handwerkerstellen in solchen Werkstätten in erster Reihe berücksichtigt werden. Demgemäß sind sie in der Werkstätte, in der die Ausbildung erfolgte, auf ihren Wunsch weiter zu beschäftigen, sofern dort Arbeitsgelegenheit vorhanden ist. Ihre unfreiwillige Entlassung aus der Beschäftigung lediglich zu dem Zwecke, damit sie sich in ihrem Fache vervollkommnen, ist nicht zulässig, doch sollen sie nicht gehindert werden, zur weiteren Ausbildung nach eigenem Ermessen andere Arbeitsstellen aufzusuchen. Die etwa hierzu erbetene Überweisung in andere Eisenbahnwerkstätten ist tunlichst zu erleichtern.

Übergangsbestimmungen.

44. Inwieweit die jetzt vorhandenen Schlosser- und Dreherlehrlinge mit Rücksicht auf ihre Ausbildung nach den neueren Vorschriften zu behandeln sind, unterliegt der Entscheidung der Eisenbahndirektion.

Berlin, den 12. Januar 1903.

Der Minister der öffentlichen Arbeiten.
Budde.

§ 3. Ausbildungsplan für die Schlosserlehrlinge in den Werkstätten der Staatseisenbahnverwaltung.

Erstes Lehrjahr.

(Arbeitsstelle: Von den übrigen Werkstättenräumen abgesonderte Lehrlingswerkstätte.)

Erstes Halbjahr.

Kennenlernen der Kaltbearbeitung der Metalle und der erforderlichen Werkzeuge.

Befeilen kleiner Arbeitsstücke, z. B. Würfel, Sechskant, Lineal, Winkel für 90° und 120°, Hämmer, Rundstücke, Spitze, Ring, Knopf usw., Schleifen, Schmirgeln und Löten. Abhauen und Bemeißeln von Stab- und Formeisen und Eisenblech, Biegen derselben, Bördeln, Falzen von Blech. Fertigstellung einfach gestalteter Teile nach Musterstück z. B. einfacher Lehren; Einpassen von Schraubenmuttern in Schlüssel und umgekehrt, von Riegeln, Schloßteilen, Schlüsseln, Scharnieren, Türbändern, Beschlagteilen und ähnlichen Gegenständen.

Zweites Halbjahr.

Bearbeiten von Winkeln, Klammern, Schellen usw. nach Maßangabe, Bohren und Versenken. Gewindeschneiden in Eisen und Messing mit Bohrer und Kluppe; Kaltnieten, besonders von Eisenblechsachen aller Art; Anzeichnen, vollständiges Bearbeiten und Zusammenpassen kleinerer Arbeitsstücke, z. B. Schlösser aller Arten, Taster, Zirkel, Zangen und Bearbeiten des Ersatzes beschädigter Teile an Geräten aller Art. Polieren.

Zweites Lehrjahr.

(Arbeitsstelle: wie im ersten Jahre.)

Drittes Halbjahr.

Kennenlernen des Bearbeitens von Eisen und Stahl im Schmiedefeuer und der dabei gebräuchlichen Werkzeuge. Zu solchen Arbeiten sind zu rechnen: Biegen, Strecken, Stauchen, Absetzen und Schweißen von Eisenstücken. Schmieden der Rohrstücke für die von Lehrlingen des ersten Lehrjahres zu bearbeitenden Gegenstände.

Abschmieden von einfachen Stahlwerkzeugen, z. B. Körnern, Durchschlägen, Meißeln, Bohrern und dergleichen, Fertigarbeiten und nachheriges Härten derselben.

Viertes Halbjahr.

Arbeiten an den in der Lehrlingswerkstätte befindlichen Werkzeugmaschinen[1]). Drehen von Bolzen, Scheiben, Ringen, Griffen usw. in Holz, Eisen und Messing. Schneiden von scharf- und flachgängigen Gewinden an Schrauben und kleinen Spindeln; Bohren und Behobeln kleinerer Werkstücke. Schmieden, Bearbeiten und Zusammensetzen größerer mehrteiliger Gegenstände und schwierigerer Werkzeuge, sowie Zahlen- und Buchstabenstempel.

Warmnieten von starken Blechen (einfache Überlappung, Laschennietung, Ecken verschiedener Art usw.).

Vollständiges Bearbeiten und Zusammenpassen eines Kunstschlosses oder gleichartiger Arbeitsstücke.

Drittes und Viertes Lehrjahr.

(Arbeitsstelle: In der Hauptwerkstätte selbst.)

Zuteilung an geeignete Handwerker der einzelnen Abteilung für folgende Arbeit:

a) in der Werkzeugschlosserei,
b) in der Kupferschmiede nebst Weißgießerei (Lager usw. ausgießen),
c) in der Gelbgießerei,
d) in der mechanischen Werkstätte an den verschiedenen Werkzeugmaschinen,
e) in der allgemeinen Schlosserei bei der Ausbesserung und Anfertigung von Bahngeräten und mechanischen Anlagen,
f) in der Schmiede,

---

[1]) Ursprünglich hieß es: Werkzeugmaschinen ohne mechanischen Antrieb. Diese Einschränkung ist später durch Erlaß VI. D. 18144 vom 4. Dezember 1905 aufgehoben.

g) als Schlosser in der Lokomotivwerkstätte, sowohl zur Anfertigung und Ausbesserung einzelner Teile als auch Zusammensetzung der ganzen Betriebsmittel.

Die Zeitdauer für jede einzelne Abteilung bestimmt die Eisenbahndirektion. Die Reihenfolge der Beschäftigung bleibt dem Vorstande des Amtes überlassen.

Die Ausbildung während des dritten und vierten Lehrjahres kann, soweit die Beschäftigung der Lehrlinge in den Lokomotiv- und Wagenwerkstätten in Frage kommt, so eingerichtet werden, daß die Lehrlinge nicht den gewöhnlichen Arbeitskolonnen zugeteilt werden, sondern in besonderen Gruppen unter Leitung eines erfahrenen Lehrgesellen arbeiten. Die Stärke dieser Gruppen ist so zu bemessen, daß die Betriebsmittel ebenso schnell fertig werden, wie durch ältere Arbeiter in schwächeren Gruppen. Den Lehrlingsgruppen sind Betriebsmittel zur Ausführung aller daran vorzunehmenden Arbeiten zu überweisen. Schwere Arbeiten, für welche die Kräfte der Lehrlinge noch nicht ausreichen, werden im Stücklohn von älteren Arbeitern ausgeführt, ohne daß diese der Lehrlingsgruppe zugeteilt werden.

§ 4. Vordruck für den Lehrvertrag.

Eisenbahndirektionsbezirk............

Stempelfrei nach § 126 b der Gewerbeordnung für das Deutsche Reich.

Lehrvertrag.

Zwischen dem Vorstande des Königlichen Eisenbahn-..........Amtes zu....................einerseits und Herrn (Frau).................. als Vater (Mutter, Vormund) des minderjährigen.................... andererseits ist nachstehender Lehrvertrag auf Grund der beigedruckten allgemeinen Bedingungen für die Annahme und Ausbildung von Handwerkslehrlingen, welche einen Teil dieses Vertrages bilden, abgeschlossen worden.

§ 1.

Der Vorstand des Königlichen Eisenbahn-..........Amtes in....... nimmt den am...ten........ 18.... zu...............Kreis........ geborenen.......................... für die Eisenbahnwerkstätte in ....als Lehrling zur Erlernung des Schlosserhandwerks (des Schlosser- und Dreherhandwerks) an.

Die Lehrzeit beträgt vier Jahre; sie beginnt am .... ten......... 19.. und endigt am .... ten .... 19.....

Die ersten drei Monate der Lehrzeit, also die Zeit bis zum ....ten..... 19...., gelten als Probezeit. Während dieser Probezeit kann das Lehrverhältnis jederzeit durch einseitigen Rücktritt ohne Entschädigungsanspruch aufgelöst werden.

Erfolgt vor Ablauf des letzten Tages der Probezeit von keiner Seite ein Rücktritt, so ist dieser Lehrvertrag rechtsverbindlich.

§ 2.

Soweit nicht hierin besondere Abmachungen getroffen sind, regelt sich das gegenseitige Vertragsverhältnis nach den Bestimmungen der Gewerbeordnung für das Deutsche Reich. Die hiernach dem Lehrherrn zustehenden Rechte werden von dem jedesmaligen Vorstande des zuständigen Amtes wahrgenommen.

§ 3.

Das Amt wird den Lehrling in allen zum Handwerk gehörenden Arbeiten unterweisen lassen und bemüht sein, ihn zu einem tüchtigen Gesellen auszubilden.

§ 4.

Das Amt gewährt dem Lehrlinge zur Bestreitung des notwendigsten Lebensunterhaltes einen anfänglichen Stundenlohn[1]) von ...., den sie nach ihrem Ermessen entsprechend den Leistungen von Zeit zu Zeit erhöhen wird, so daß der Stundenlohn bei Beendigung der Lehrzeit bis zu .... betragen kann.

Von dem Arbeitsverdienst wird der zehnte Teil (unter Abrundung auf volle Mark) einbehalten, in einem auf den Namen des Lehrlings lautenden Sparkassenbuch verzinslich angelegt und erst nach Beendigung des Lehrverhältnisses als Spargroschen an den gesetzlichen Vertreter des Lehrlings ausgezahlt.

§ 5.

Der Lehrling ist verpflichtet, an dem von der Eisenbahnverwaltung eingerichteten oder vorgeschriebenen Schulunterricht teilzunehmen.

Sofern der Schulunterricht in die Arbeitszeit fällt, soll eine Verkürzung des Tagelohnes nicht eintreten.

§ 6.

Der Lehrling ist verpflichtet, alsbald nach der Einstellung der Betriebskrankenkasse unter den Bestimmungen der darüber bestehenden Satzungen, ferner nach Vollendung des sechzehnten Lebensjahres der Pensionskasse für die Arbeiter der Preußisch-Hessischen Eisenbahngemeinschaft beizutreten.

§ 7.

Der Lehrling ist zur genauen Einhaltung der Arbeitsordnung[2]) verpflichtet.

§ 8.

Der nach § 4 einzubehaltende Betrag dient als Haftgeld für alle Schäden, die der Eisenbahnverwaltung durch grobes Verschulden des Lehrlings entstehen. Als Sicherheit gegen Vertragsbruch gilt er nur in der nach § 119a der Gewerbeordnung zulässigen Höhe.

---

[1]) In dem Wortlaut des Erlasses heißt es noch Tagelohn. Später ist statt dessen eine Berechnung nach Stundenlohn eingeführt (s. Teil VIII § 1).

[2]) An die Stelle der Arbeitsordnung ist seit dem 1. Januar 1916 die Arbeiter-Dienstordnung getreten; s. Teil IV § 4 S. 104.

§ 9.

Herr/Frau .... verspricht seinen/ihren ....
zu einem ordentlichen und gesitteten Lebenswandel anzuhalten und ihn unausgesetzt zur pünktlichen Einhaltung seiner eingegangenen Verpflichtungen zu ermahnen.

Er/Sie verpflichtet sich, den Lehrling während der ganzen Dauer des Lehrverhältnisses angemessen zu unterhalten und ihm Unterkunft in seiner/ihrer Familie zu gewähren oder solche ihm in einer anderen rechtschaffenen Familie mit Zustimmung des Amtsvorstandes zu verschaffen.

§ 10.

Dieser Vertrag ist in zwei Exemplaren ausgefertigt; davon ist jedem der vertragschließenden Teile ein Stück ausgehändigt worden.

......................., den ....ten..................

Der Vorstand des Königlichen Eisenbahn-..........Amtes.

....

Der Vater (die Mutter, der Vormund) ....

Der Lehrling.

....

Allgemeine Bedingungen für die Annahme und Ausbildung von Handwerkslehrlingen.

In geeigneten Werkstätten der Königlich Preußischen und Großherzoglich Hessischen Staatseisenbahnverwaltung werden Lehrlinge zur Erlernung eines Handwerks unter nachstehenden Bedingungen angenommen:

1. Der Lehrling muß das vierzehnte Lebensjahr vollendet und darf das sechzehnte Lebensjahr nicht überschritten haben, muß eingesegnet, vollkommen gesund und zur Ausübung des erwählten Handwerks tauglich sein. Er soll durch Schulzeugnisse nachweisen, daß er mindestens die Kenntnisse besitzt, die in der ersten Klasse einer Volksschule erworben werden.
2. Von dem Vorstande des zuständigen Werkstätten- oder Maschinenamtes wird mit dem gesetzlichen Vertreter des Lehrlings ein schriftlicher Lehrvertrag auf die Dauer von vier Jahren abgeschlossen.
3. Hat der Lehrling bereits in einem Lehrverhältnis gestanden, so wird er nur angenommen, wenn dieses Verhältnis in vorschriftsmäßiger Form gelöst ist. Alsdann kann die vierjährige Lehrzeit nach Befinden der Königlichen Eisenbahndirektion angemessen abgekürzt werden.
4. Der Lehrling ist verpflichtet, neben der praktischen Lehre an dem von der Eisenbahnverwaltung eingerichteten oder vorgeschriebenen

Schulunterricht teilzunehmen. Soweit der Unterricht durch Beauftragte der Staatseisenbahnverwaltung erteilt wird, geschieht dies ohne Entgelt. Die Kosten für den Besuch anderer Unterrichtsanstalten hat der Lehrling zu tragen; auch hat der Lehrling die für seinen Unterricht benötigten Bücher, Zeichenmaterialien, Reißzeuge usw. selbst zu beschaffen.

5. Nach Abschluß des Lehrvertrages und vor Einstellung des Lehrlings in die Werkstätte ist von ihm ein polizeiliches Arbeitsbuch beizubringen.

6. Während der Lehrzeit steht der Lehrling unter der väterlichen Zucht des Amtsvorstandes; seinen Vorgesetzten und Lehrern ist er zur unbedingten Folgsamkeit verpflichtet. Bei groben Verstößen gegen die Ordnung, bei Nachlässigkeit, Versäumnis usw. kann der Lehrling auch in Geldstrafe genommen werden, insbesondere wird ungerechtfertigte Schulversäumnis stets den Verlust des Tagelohns oder eines Teiles zur Folge haben.

7. Die tägliche Beschäftigung des Lehrlings in der Werkstätte dauert neun Stunden unter Ausschluß von Sonntags- und Nachtarbeit sowie von Überstunden[1]). Lehrlinge unter sechzehn Jahren sollen neben einer einstündigen Mittagspause vor- und nachmittags je eine halbstündige Arbeitspause erhalten. Die Arbeitspausen verbringen die Lehrlinge unter Aufsicht.

8. Der Lehrling hat sich eines anständigen, gesitteten Lebenswandels zu befleißigen und soll jederzeit bestrebt sein, sich die Liebe und Achtung seiner Vorgesetzten zu erwerben und mit seinen Mitlehrlingen in gutem, kameradschaftlichem Verhältnis zu leben. Der Lehrling soll die vorgeschriebenen Arbeits- und Schulstunden pünktlich einhalten, die ihm aufgetragenen Arbeiten und Verrichtungen stets willig und mit Eifer ausführen und bemüht sein, sich in seinem Handwerk möglichst zu vervollkommnen und den Vorteil der Verwaltung wahrzunehmen. Sowohl zur Arbeit als zur Schule muß der Lehrling in entsprechender reinlicher Kleidnug erscheinen.

9. Nach Ablauf einer dreimonatigen Probezeit, während welcher die Lösung des Lehrverhältnisses jederzeit durch einseitigen Rücktritt statthaft ist, kann das Lehrverhältnis nur durch Übereinkunft gelöst werden, abgesehen von den in den §§ 127b und e der Gewerbeordnung bezeichneten Fällen, die zur Auflösung des Lehrverhältnisses berechtigen.

10. In allen Fällen, in denen die Auflösung des Lehrverhältnisses durch persönliches grobes Verschulden des Lehrlings herbeigeführt wird, insbesondere, wenn er die Lehre eigenmächtig verläßt, ist seine fernere Beschäftigung in irgendeiner Werkstätte der Preußischen Staats- oder Großherzoglich Hessischen Eisenbahnverwaltung ausgeschlossen.

---

[1]) Früher hieß es „zehn Stunden". Seitdem aber durch Erl. IV. B. 8. 784 vom 27. Dez. 1905 die Arbeitszeit in den Eisenbahn-Haupt- und Nebenwerkstätten allgemein von zehn auf neun Stunden herabgesetzt ist, gilt dies selbstverständlich auch für die Lehrlinge.

11. Nach Ablauf der Lehrzeit hat der Lehrling die vorgeschriebene Gesellenprüfung abzulegen, worüber ihm ein Zeugnis kosten- und stempelfrei ausgefertigt wird. Die Eisenbahnverwaltung übernimmt keine Verpflichtung zu einer Weiterbeschäftigung. Sofern der Lehrling jedoch während der Lehrzeit sich als tüchtig, ordentlich, dienstwillig und zuverlässig erwiesen hat, wird er bei erforderlichen Einstellungen in Eisenbahnwerkstätten unter sonst gleichen Verhältnissen in erster Reihe berücksichtigt werden.

12. Frühere Lehrlinge von Eisenbahnwerkstätten, die sich durch gute Führung, tüchtige Leistungen und gute Prüfung ausgezeichnet und die in den Prüfungsvorschriften für das Werkstättenaufsichtspersonal vorgeschriebene Fachbildung erworben haben, sollen bei der Besetzung derartiger Stellen unter sonst gleichen Verhältnissen vorzugsweise berücksichtigt werden.

§ 5. Gesellenprüfungsordnung für die in den Haupt- und Nebenwerkstätten der Staatseisenbahnverwaltung beschäftigten Handwerkslehrlinge.

§ 1.

Jeder in den Haupt- und Nebenwerkstätten der Staatseisenbahnverwaltung beschäftigte Schlosserlehrling, mit Einschluß der in der Dreherei besonders auszubildenden Lehrlinge dieses Handwerks, hat sich nach beendigter Lehrzeit einer Gesellenprüfung zu unterwerfen. Die Prüfung besteht in einem praktischen und theoretischen Teil. Der Lehrling wird zur Prüfung von Amtswegen vorgeladen.

Zuständig für die Prüfung der Lehrlinge ist der Prüfungsausschuß.

Die Prüfung ist so einzurichten, daß sie für jeden Prüfling an einem Tage erledigt wird. Ist die Zahl der Prüflinge so groß, daß ihre Prüfung mehrere Tage in Anspruch nimmt, so sind die Prüflinge zu den verschiedenen Prüfungstagen in der Weise vorzuladen, daß keiner von ihnen mehr als einen Tag zur Ablegung der Prüfung aufzuwenden genötigt ist.

Vor der Prüfung sind von dem Lehrlinge beizubringen:

1. ein kurzer eigenhändig geschriebener Lebenslauf,
2. wenn der Lehrling zum Besuche einer Fortbildungs- oder Fachschule verpflichtet war, das Zeugnis über den Schulbesuch.

§ 2.

Der Prüfungsausschuß für die Prüfung von Schlosserlehrlingen besteht aus drei Mitgliedern, und zwar:

1. dem Amtsvorstande oder dessen Vertreter, als Vorsitzendem,
2. dem Lehrmeister, } als Mitgliedern.
3. einem Werkmeister, }

Zu der Prüfung von Lehrlingen des Schlosser- und Dreherhandwerks ist als drittes Mitglied ein Werkmeister dieser Fachrichtung zu bestimmen.

Die Mitglieder des Prüfungsausschusses und ihre Vertreter werden ohne Zeitbeschränkung durch die Königliche Eisenbahndirektion bestellt.

Die Prüfungstermine werden von dem Vorsitzenden des Prüfungsausschusses anberaumt.

Der Vorsitzende hat die Mitglieder des Prüfungsausschusses und die Prüflinge zum Prüfungstermine zu laden und gleichzeitig über Ort und Zeit der Arbeitsprobe Bestimmung zu treffen.

Nahe Verwandte oder der Vormund eines Prüflings sind von der Mitwirkung bei der Prüfung ausgeschlossen.

§ 3.

Die praktische Prüfung besteht aus einer Arbeitsprobe.

§ 4.

Die Arbeitsprobe soll den Nachweis erbringen, daß der Prüfling die in seinem Handwerke gebräuchlichen Handfertigkeiten mit genügender Sicherheit auszuüben vermag. Zu dem Zwecke hat er eine Arbeitsprobe auszuführen, welche in teilweiser Bearbeitung eines Arbeitsstückes bestehen kann; beispielsweise:

1. eine Beißzange,
2. eine Drahtzange,
3. ein Spitzzirkel,
4. ein Winkel,
5. Lehre für Radreifen usw.,
6. Scharnierbänder,
7. Schlüssel für vorhandenes Kunstschloß fertigen,
8. ein Riegelschloß,
9. ein Vorhängeschloß,
10. ein Feilkloben,
11. ein Zahlenstempel,
12. Schraubenschneidekluppe oder Backen,
13. Kulissenstein einpassen,
14. Stangenlager einpassen,
15. Größeren Hahn einschleifen.

Die Arbeitsprobe ist am Prüfungstage selbst abzulegen.

§ 5.

Durch den theoretischen Teil der Prüfung soll der Nachweis erbracht werden, daß der Prüfling über den Wert, die Beschaffung, Aufbewahrung, Verwendung und Behandlung der in seinem Gewerbe zur Verarbeitung gelangenden Rohstoffe und Fabrikate, über die Merkmale ihrer guten und schlechten Beschaffenheit, sowie der Werkzeuge und Arbeitsmaschinen genügend unterrichtet ist.

Die theoretische Prüfung zerfällt in einen schriftlichen (§ 6) und einen mündlichen Teil.

Die mündliche Prüfung beginnt in der Regel mit einer Besprechung der Arbeitsprobe und wird sich beispielsweise auf folgende Fragen erstrecken:

1. Welche Rohstoffe verbraucht der Schlosser,
2. Welche Metalle kommen hauptsächlich im Maschinenbau zur Verwendung,
3. Aus welchen Metallen besteht Rotguß, Messing und Bronze,
4. Aus welchen Metallen besteht Weißguß,
5. Die Eigenschaften des Schmiedeeisens und wie muß gutes Schmiedeeisen beschaffen sein,
6. Die verschiedenen Sorten Gußeisen und wie muß gutes Gußeisen zu bestimmten Zwecken beschaffen sein,
7. Die Eigenschaften der Stahlsorten für bestimmte Zwecke,
8. Was ist bei der Bearbeitung von Schmiedeeisen, Flußeisen und Stahl im Feuer zu beachten,
9. Wie unterscheiden sich die Bruchflächen von Stahl, Schmiede- und Flußeisen,
10. Welche Werkzeuge gibt es hauptsächlich zur Bearbeitung der Metallgegenstände,
11. Desgleichen zur Bearbeitung von Holz,
12. Welche Werkzeuge werden in den Handwerkszweigen, in denen der Prüfling ausgebildet ist, gebraucht.

§ 6.

Die Prüfung ist ferner darauf zu erstrecken, ob der Prüfling sich einige Fertigkeit im Zeichnen (Handskizze) und die nötigsten für die Buch- und Rechnungsführung, sowie die sonstige Geschäftsführung grundlegenden allgemeinen Kenntnisse angeeignet hat. Die Prüfung in den letzteren erfolgt teils mündlich, teils schriftlich und umfaßt namentlich folgende Gegenstände: Lesen, gewerblichen Aufsatz (z. B. Geschäftsempfehlungen, Arbeits- oder Preisangebote, Quittungen, Arbeitsbescheinigungen), Rechnen (Bekanntschaft mit Maß, Gewicht und Geld und den gewöhnlichen Rechnungsarten), das Wissenswerte aus der Arbeiterversicherung und einfache Buchführung.

§ 7.

Nach Beendigung der Prüfung, über deren gesamten Verlauf eine schriftliche Verhandlung aufzunehmen ist, beschließt der Prüfungsausschuß mit Stimmenmehrheit, ob die Prüfung genügend oder gut bestanden ist.

Das Ergebnis der Prüfung ist den Geprüften am Schlusse des Prüfungstermins durch den Vorsitzenden bekanntzugeben.

Ist die Prüfung nicht bestanden, dann darf sie höchstens zweimal wiederholt werden.

Nach welcher Zeit die Prüfung das erstemal zu wiederholen ist, wird in dem einzelnen Falle durch den Prüfungsausschuß bestimmt. Die zweite Wiederholung muß spätestens sechs Monate nach Beendigung der Lehrzeit erfolgen.

§ 8.

Der Vorsitzende ist berechtigt, Beschlüsse des Prüfungsausschusses mit aufschiebender Wirkung zu beanstanden. Macht er von diesem Rechte Gebrauch, so hat er die Bekanntgabe des Prüfungsergebnisses an den Prüfling zunächst auszusetzen und binnen kürzester Frist unter Vorlegung der Prüfungsverhandlungen und Angabe der Gründe, aus denen die Beanstandung erfolgt, die Entscheidung der Königlichen Eisenbahndirektion zu beantragen. Diese entscheidet endgültig.

§ 9.

Das endgültige Ergebnis der bestandenen Prüfung ist unter genauer Bezeichnung des Berufszweiges, in dem die Prüfung erfolgt ist, in das Lehr- und Prüfungszeugnis der Lehrlinge einzutragen.

Das Prädikat der Prüfung ist in dem Zeugnis anzugeben, wenn die Prüfung gut bestanden ist. Von der Eintragung des Prädikats genügend ist abzusehen.

Ist die Prüfung nicht bestanden, so ist in der Prüfungsniederschrift auch der Zeitraum einzutragen und dem Prüfling bekanntzugeben, wann die Prüfung wiederholt werden soll.

Wird die Prüfung erst bei der Wiederholung bestanden, so ist gegen Wiedereinziehung des beim Ablauf der Lehrzeit erteilten Lehrzeugnisses (§ 127c der Gewerbeordnung) ein Lehr- und Prüfungszeugnis auszufertigen.

Prüfungsgebühren werden nicht erhoben. Das Zeugnis ist kosten- und stempelfrei.

§ 10.

Die laufenden Geschäfte des Prüfungsausschusses erledigt der Vorsitzende.

Das Lehr- und Prüfungszeugnis ist von dem Vorsitzenden des Prüfungsausschusses unter Beidrückung des Dienstsiegels des Amtes zu vollziehen.

Berlin, den 12. Januar 1903.

Der Minister der öffentlichen Arbeiten.

Budde.

§ 6. Vordruck für das Lehr- und Prüfungszeugnis.

Stempelfrei nach § 131c der Gewerbeordnung für das Deutsche Reich.

Bezirk der Königlichen Eisenbahndirektion in ....

Lehr- und Prüfungszeugnis.

Der Schlosserlehrling ....
geboren am ....ten............1......zu.............................
Kreis........................Regierungsbezirk......................
hat in der Staatseisenbahn-..........-Werkstätte zu.................
vom....ten...........1...... bis zum....ten.............19......
das Schlosserhandwerk erlernt und am ....ten..............19.... die Gesellenprüfung .... bestanden. (Er ist insbesondere in der Dreherei ausgebildet.)

Seine Führung war......................

Dieses Zeugnis verleiht dem genannten Gesellen, sobald er das vierundzwanzigste Lebensjahr vollendet haben wird, die Befugnis, in Handwerksbetrieben Lehrlinge des Schlossergewerbes und derjenigen Gewerbe, welche nach Bestimmung der zuständigen Handwerkskammer als dem Schlossergewerbe verwandt anzusehen sind, anzuleiten. (§§ 129 Abs. 4, 129 a Abs. 3 der Reichs-Gewerbeordnung. Bekanntmachung des Preußischen Ministers für Handel und Gewerbe vom 19. Dezember 1902. Ministerialblatt der Handels- und Gewerbeverwaltung S. 433[1]).

......................, den....ten.............19.....

Der Vorsitzende des Prüfungsausschusses.

Name.................

(Stempel). (Amtsbezeichnung).

---

[1]) Der Erlaß lautet.

Der Minister für Handel und Gewerbe.
J.-Nr. IIIa 10582.

Berlin W 66, den 19. Dezember 1902.
Leipziger Straße 2.

Auf Grund des § 129 Abs. 4 der Reichsgewerbeordnung habe ich den Prüfungszeugnissen der bei den Haupt- und Nebenwerkstätten der Königlichen Eisenbahnverwaltung innerhalb Preußens für das Schlossergewerbe bestellten Prüfungsausschüsse die Wirkung beigelegt, daß diese Zeugnisse ihre Inhaber nach Vollendung des 24. Lebensjahres zur Anleitung von Lehrlingen in Handwerksbetrieben des Schlossergewerbes berechtigen.

Ich ersuche Sie, den Handwerkskammern hiervon Kenntnis zu geben.

Im Auftrage Neuhaus.

An die Aufsichtsbehörden der Handwerkskammern.

Teil III.

Die Annahme der Lehrlinge.

§ 1. Vorbedingungen für die Annahme als Lehrling.

Die Gewerbeordnung enthält keine Bestimmungen darüber, welche Anforderungen etwa an die einzustellenden Lehrlinge zu stellen sind. Es besteht hierin vollkommene Freiheit und es ist daher sowohl den Handwerkern wie den Großbetrieben unbenommen, ihrerseits solche Bestimmungen zu treffen. Bei der Eisenbahnverwaltung ist dies in den Lehrlingsvorschriften unter Ziffer 4 bis 8 geschehen, und zwar in Bezug auf

a) körperliche Tauglichkeit,
b) Schulkenntnisse,
c) Lebensalter,
d) Unbescholtenheit,
e) Einsegnung,
f) vorschriftsmäßige Lösung eines etwaigen früheren Lehrverhältnisses.

Die einzelnen Punkte sollen jetzt erörtert werden.

a) Körperliche Tauglichkeit. Nach LV. 4 (S. 47) hat der Bewerber durch ein ärztliches Zeugnis den Nachweis eines guten Gesundheitszustandes zu erbringen; namentlich muß er für das von ihm erwählte Handwerk körperlich tauglich sein.

In den dem Lehrvertrag beigedruckten und einen Teil desselben bildenden „Allgemeinen Bedingungen für die Annahme und Ausbildung von Handwerkslehrlingen" ist noch schärfer gesagt: „Der Lehrling muß vollkommen gesund und zur Ausübung des erwählten Handwerks tauglich sein."

Es ist nicht ausdrücklich vorgeschrieben, daß das Zeugnis von einem Bahn- oder anderen beamteten Arzt ausgestellt sein muß. Für den Bewerber ist es jedoch vorteilhaft, wenn er sich gleich an einen Bahnarzt wendet. Dieser ist genau über die von der Eisenbahnverwaltung gestellten Anforderungen unterrichtet, und der Lehrling setzt sich nicht der Enttäuschung aus, daß die später doch und zwar unmittelbar vor der Einstellung stattfindende bahnärztliche Untersuchung ungünstig ausfällt. Da der erste Nachweis über den Gesundheitszustand von dem Bewerber beizubringen ist, hat dieser auch die Kosten hierfür zu zahlen. Es gehen in der Regel vielfach mehr Gesuche ein, als offene Stellen vorhanden sind. Um den zahlreichen Bewerbern, die nicht berücksichtigt werden können, Kosten zu ersparen, empfiehlt es sich, erst alle übrigen Vorbedingungen der Bewerber zu prüfen und nur den für die Annahme Vorgesehenen die Beibringung des ärztlichen Zeugnisses aufzugeben. Zweckmäßig ist es, dabei dann gleich die Untersuchung durch einen Bahnarzt und Verwendung des amtlichen Vordruckes für das Ergebnis anheimzugeben. Vielfach wird dies übrigens auch als selbstverständlich angesehen und ohne weiteres oder auf Grund einer Verfügung der Eisenbahndirektion verlangt. Dem Bewerber wird von dem Bahnarzt meist eine geringere Gebühr als von einem Privatarzt berechnet; in verschiedenen uns bekannten Fällen waren es nur 2 M. gegen sonst 5 M.

b) **Schulbildung.** Nach LV. 5 (S. 47) soll der Lehrling durch Schulzeugnisse nachweisen, daß er mindestens die Kenntnisse besitzt, die in der ersten Klasse einer Volksschule erworben werden.

Gesetzliche Vorschriften über die Schulvorkenntnisse der Lehrlinge enthält die Gewerbeordnung nicht. Für die Privatbetriebe besteht also in dieser Hinsicht keinerlei Beschränkung. Eine unerwünschte Folge ist, daß jemand, der wegen zu geringer Schulbildung als Lehrling bei der Eisenbahnverwaltung abgewiesen wurde, doch später dort auf dem Umweg über die Privatlehre als Geselle Annahme finden kann. Bei dem großen Bedarf der Verwaltung wird ihm dies bei einiger Ausdauer schließlich in der einen oder anderen Eisenbahnwerkstätte gelingen. Er steht dann im Lohnsatz und in der Art der Beschäftigung dem früheren Eisenbahnlehrling vollkommen gleich, der genötigt war, auf seine Schulbildung ungleich größere Anstrengungen und Fleiß zu verwenden. Hierin liegt eine Ungerechtigkeit, und es ist daher nicht als unbillig anzusehen, wenn bei der Auswahl von Bewerbern um eine offene Handwerkerstelle bei gleichwertigen Handwerks- und Militärzeugnissen die Schulvorbildung mehr als bisher für die Entscheidung herangezogen wird. Erwünscht ist dies auch insofern, als die Verwaltung dadurch in die Lage versetzt wird, sich ihre künftigen Fahrdienst- und Werkstättenbeamten aus einem möglichst großen Kreise aussuchen zu können. Daß im übrigen diese Ausführungen über die Schulkenntnisse der Eisenbahnhandwerker nur allgemein gelten können und daß man im einzelnen einen geschickten und tüchtigen Mann auch ohne Erfüllung dieser Bedingung gern einstellen wird, braucht nicht noch ausdrücklich betont zu werden.

Nach LV. 5 soll sich der Amtsvorstand während der Probezeit, also während der ersten drei Monate, von den Schulkenntnissen Überzeugung verschaffen. Dies kann etwa in der Weise geschehen, daß die Lehrlinge einen kurzen Aufsatz — einen Brief, Beschreibung des Einsegnungstages, eines Ausfluges oder dergl. — niederschreiben und einige schriftliche und mündliche Rechenaufgaben lösen. Sollte das Ergebnis vollkommen ungenügend sein, so hat die Verwaltung die Möglichkeit, den Lehrling wieder zu entlassen. Dies bedeutet dann freilich eine große Härte. Es ist daher zu empfehlen, daß schon vor der Einstellung eine solche Prüfung auf die Schulkenntnisse in der in Teil III § 4 (S. 83) ausgeführten Weise vorgenommen wird und zwar am besten, ehe noch die endgültige Auswahl getroffen ist.

In manchen Privatbetrieben bestehen ähnliche Einrichtungen. So heißt es in dem Buche von Lilienthal[1]) über das Lehrlingswesen bei der A. G. Ludw. Loewe & Co., Berlin:

„Voraussetzung für die Annahme ist der erfolgreiche Besuch der ersten Klasse einer Gemeindeschule oder der ensprechenden Klasse einer höheren Lehranstalt. Erfahrungsgemäß bewirbt sich stets eine erheblich größere Zahl von jungen Leuten um die Lehrstellen, als eingestellt werden können. Infolgedessen werden zum Einstellungstermine etwa 30 Bewerber vornotiert; diese haben sich einer ärztlichen Untersuchung durch unseren Vertrauensarzt und einer Prüfung durch den Leiter unseres Lehrlingswesens zu unterziehen. Etwa 25 von den 30 Bewerbern werden eingestellt. Untersuchung und Prüfung finden bereits etwa 4 Wochen vor der Einstellung statt, damit die Zurückgewiesenen Gelegenheit haben, sich eine andere Lehrstelle zu suchen. Vornotierungen werden frühestens 6 Monate vor der Einstellung vorgenommen."

c) Lebensalter. Nach LV. 6 (S. 48) muß der Lehrling bei der Annahme das vierzehnte Lebensjahr vollendet und darf das sechzehnte nicht überschritten haben.

Es ist also ein Mindest- und ein Höchstalter festgesetzt. Das erstere muß bei der Annahme erreicht sein. Als solches ist, entsprechend auch dem Brauch in Privatbetrieben, der Einstellungstag, also der erste Tag der Lehrzeit zu verstehen, nicht der Tag, an dem die Entscheidung über das Gesuch getroffen und dem Bewerber die Annahme mitgeteilt wird[2]).

Gesetzlich ist über das Mindestalter weder in der Gewerbeordnung noch sonst unmittelbar etwas bestimmt; mittelbar ergibt sich die untere Grenze indes aus der allgemeinen Schulpflicht. Sie erreicht in der Regel mit dem 14. Jahre ihr Ende, doch ist der genaue Zeitpunkt in den einzelnen Gegenden manchmal etwas verschieden festgelegt. So führt z. B. die Königliche Regierung in Frankfurt a. d. Oder in einer Polizeiverordnung vom 1. Februar 1867 (Amtsbl. S. 47ff.) eine Verordnung über den Schulbesuch vom 24. März 1853 an, worin es unter § 5 heißt:

„Die Entlassung erfolgt in der Regel nach geschehener Einsegnung, und bei Kindern nicht evangelischen Glaubens zu Ostern oder Michaelis nach zurückgelegtem 14. Jahre."

In der Rundverfügung derselben Regierung vom 18. Oktober 1866 II 882 heißt es in Absatz 2:

„Als Schluß der Schulzeit ist in evangelischen Schulen der Regel nach nicht das vollendete 14. Lebensjahr, sondern die Konfirmation des Kindes anzusehen."

---

[1]) „Fabrikorganisation, Fabrikbuchführung und Selbstkostenberechnung der Firma Ludw. Loewe & Co., A. G.", S. 226. Verlag von Julius Springer in Berlin.

[2]) Zur Vermeidung von Mißverständnissen könnte das Wort „Annahme" durch „Beginn der Lehrzeit" ersetzt werden.

Weiter ist hier gesagt, daß Fälle vorkommen können, bei denen eine gänzliche Entbindung vom Schulbesuch wünschenswert und gerechtfertigt erscheint. Dabei ist es möglich, daß an dem Lebensalter von 14 Jahren noch einige Monate fehlen. Eine frühere Ausschulung darf jedoch nur dann erfolgen, wenn sowohl die sittliche Tüchtigkeit des zu entlassenden Kindes als auch dessen Schulreife festgestellt sind[1]).

Die Einsegnung findet in den meisten Gegenden zu Ostern statt. Es werden hierzu auch diejenigen Knaben noch mit zugelassen, die, obwohl noch nicht voll 14 Jahre alt, dies noch bis zum 30. Juni desselben Jahres werden. Nach vorstehenden Verordnungen können die Betreffenden dann schon zu Ostern aus der Schule entlassen werden.

Der Lehrlingseinstellungstag liegt meist im April; beim Werkstättenamt Guben ist es der 25. April. Die Gründe für die Wahl dieses Tages sind an späterer Stelle — Seite 101 — erörtert worden. Da die Lehrlingsvorschriften die Vollendung des 14. Jahres fordern, dürfen bislang in dem vorgenannten Falle diejenigen Bewerber nicht eingestellt werden, die, obwohl schon eingesegnet und schulentlassen, erst zwischen dem 24. April und 30. Juni dies Lebensalter erreichen, auch wenn sie sonst gut geeignet sind. Hierin liegt für den davon Betroffenen eine Härte, da ihm diese Tatsache infolge der Nebenumstände leicht die Möglichkeit abschneidet, überhaupt in der Eisenbahnwerkstätte Lehrling zu werden. Er müßte bis zu der nächsten dann für ihn in Frage kommenden Einstellung, im allgemeinen noch ein volles Jahr, warten und, da er für diese Zeit keine andere Lehrstelle findet, irgendwo als Arbeitsbursche Beschäftigung suchen.

Dies bedeutet einen Zeitverlust gegenüber den mit ihm eingesegneten Schul- und Altersgenossen. Es ist aber auch weder für die Eisenbahnverwaltung erwünscht noch für den künftigen Lehrling vorteilhaft, wenn zwischen die Schulzeit und die sorgfältig geregelte Lehrlingsausbildung eine sich der Überwachung entziehende freie Beschäftigung als Arbeitsbursche in einer Fabrik oder einem Geschäft eingeschoben wird. Freilich wird es hierzu selten kommen, denn diese Nebenumstände verhindern es meist, daß der Betreffende seine Lehrzeit bei der Staatseisenbahnverwaltung durchmacht. Er wird vielmehr bei einem Privatmeister eintreten.

Etwas günstiger ist es in denjenigen Werkstätten, bei denen auch im Herbst Lehrlinge eingestellt werden. Sofern nicht die Schule noch ein halbes Jahr länger besucht werden kann, ist aber auch hier eine Beschäftigung als Arbeitsbursche nicht zu umgehen.

Die Firma Krupp in Essen hat nun zwar eine solche Beschäftigung allgemein eingeführt, aber im eigenen Betriebe. Dann fallen natürlich die besprochenen Nachteile fort; das Werk ist sogar in der Lage, die Bewerber

---

[1]) Vgl. § 46 Titel 12 Teil II des Allgemeinen Landrechts. § 5 der Verordnung vom 24. März 1853. — Schumann: Verordnungen über das Volksschulwesen im Regierungsbezirk Frankfurt a. d. Oder. S. 22.

vor dem Lehrbeginn zu erproben und etwas vorzubilden[1]) (s. auch S. 93). Die Vorschrift, nach der in dem genannten Falle verfahren wird, lautet:

„Die Lehrlinge, vor allem die Werkstattlehrlinge, werden nicht direkt in die Werkstätten eingestellt. Vielmehr werden die aus der Volksschule kommenden Knaben zunächst als jugendliche Arbeiter — vorwiegend Laufburschen — beschäftigt. Aus diesen werden alsdann die Lehrlinge nach Bedürfnis der Werkstattabteilungen, nach Neigung und Eignung im Laufe des ersten Beschäftigungsjahres ausgewählt"[2]).

Dies Verfahren ist aber ohne Härte nur in einem sehr großen Betriebe durchführbar, der die Möglichkeit gewährt, die einmal angenommenen, dann aber nicht zur Lehrlingsausbildung zugelassenen Knaben in anderen befriedigenden Stellungen unterzubringen.

Abgesehen von solchen Ausnahmen werden also sonst geeignete, schulentlassene und eingesegnete Bewerber, deren Geburtstag zwischen dem Einstellungstage und dem 30. Juni liegt, gegenüber den fast gleichaltrigen bisherigen Schulgenossen benachteiligt sein, und zwar zumeist recht erheblich. Es ist nicht anzunehmen, daß der geringe Altersunterschied von einigen bis höchstens zehn Wochen die Eignung für den künftigen Beruf vermindert. Es könnte daher u. E. die Beschränkung betreffs des Mindestalters unbedenklich dahin erweitert oder ausgelegt werden, daß von den noch nicht vierzehnjährigen Bewerbern auch die noch zugelassen werden, die bereits eingesegnet

---

[1]) Auch die amerikanischen Eisenbahnverwaltungen haben ein ähnliches Verfahren. Sie nehmen auf Grund gesetzlicher Bestimmungen oder freiwillig vielfach keine Lehrlinge unter 16 Jahren an. Gelegentlich der Besichtigung der Lehrlingseinrichtungen der Santa-Fe-Bahn in Topeka (Kansas) wurde mir gesagt, die Knaben wären vorher noch zu schwach, um für ihre Bezahlung der Verwaltung schon genügende Gegenleistung geben zu können. Die Jungen unter 16 Jahren werden als sog. Office boys verwandt, zu Botengängen, an der Schreibmaschine oder für sonstige kleinere Dienste. Es ist gewiß vorteilhaft, daß auf diese Weise der künftige Werkstättenarbeiter einige Kenntnisse von Büroarbeiten und von der Organisation seiner eigenen Verwaltung erhält.

[2]) Die Gründe für und gegen dies Verfahren sind im Verein deutscher Maschinenbau-Anstalten im Anschluß an Vorträge von Neukamp und Lippart über das Lehrlingswesen lebhaft erörtert worden. S. Niederschrift der Hauptversammlung des genannten Vereins vom 29. März 1912, S. 49 und 50. Von Direktor Lippart, Nürnberg, wurde hierbei gegen ein solches Verfahren eingewandt, daß die Burschen dann leicht nicht mehr zur berufsmäßigen Ausbildung zurückkehrten, während Generaldirektor Neuhaus, Tegel bei Berlin, ausführte:

„Aus demselben Gesichtspunkte, den Herr Kommerzienrat Laeis anführte, wird es auch bei uns so gemacht, und dabei vertreten wir den Standpunkt, daß es für die Jungen, die nachher in das rauhe Handwerk übertreten, sehr gut ist, wenn sie sich einmal eine Zeitlang unter gebildeten Leuten bewegen. Die Jungen werden in dem Verwaltungsgebäude als Laufjungen beschäftigt, und ich kann versichern, daß selbst den größten Rauhbeinen, die Berlin hervorbringt, wenn sie ein paar Wochen als Laufburschen bei uns tätig sind, von den Leuten, mit denen sie zu tun haben, Sauberkeit und anständiges Benehmen beigebracht worden ist. Zuerst fliegt die Tür auf, daß man mindestens glaubt, der Kaiser kommt herein, nach ein paar Wochen aber sind sie so bescheiden geworden, daß sie das Gelernte als wertvolle Zugabe in ihren Beruf mit hineinnehmen."

nnd schulentlassen sind, also spätestens am 30. Juni desselben Jahres 14 Jahre alt werden[1]).

Ein Hindernis hierfür könnte noch in den gesetzlichen Bestimmungen über die Beschäftigung von Kindern gefunden werden, denn als solche gelten Lehrlinge bis zum vollendeten vierzehnten Lebensjahre. Nach GO. § 135, 2. Abs. darf die Beschäftigung von Kindern unter 14 Jahren die Dauer von sechs Stunden täglich nicht überschreiten. In der Regel wird es sich aber nur um einige Wochen handeln, die einem Lehrling hieran noch fehlen. Bis dahin kann man, wie es auch in Privatbetrieben geschieht, die Arbeitszeit morgens oder nachmittags entsprechend später beginnen oder schließen lassen. Eine nennenswerte Störung des Betriebes bringt dies in der kurzen Zeit und bei den wenigen Fällen nicht mit sich (vgl. hierzu auch S. 119).

Was nun die obere Altersgrenze betrifft, so sind auch hierüber in der Gewerbeordnung keine gesetzlichen Bestimmungen getroffen. Dem Lehrherrn steht es daher frei, auch ältere Lehrlinge noch anzunehmen. Wenn es auch Regel ist, daß die Knaben gleich nach beendigter Schulzeit in die Lehre treten, so kommen doch auch Ausnahmen vor. So hatte z. B. in einem uns bekannten Falle ein junger Mann erst einen anderen Beruf ergriffen und ist dann Anfang der Zwanzig noch Lehrling bei einem Uhrmacher geworden.

Die Lehrlingsvorschriften setzen als Höchstalter das 16. Lebensjahr fest. Dies ist noch ein für den Beginn der Ausbildung günstiges Alter, bei dem zugleich zu große Altersunterschiede in der Lehrlingswerkstätte vermieden werden. Anderseits läßt diese Höchstgrenze wieder einen in mehrfacher Beziehung zweckmäßigen Spielraum, so für den Fall, daß jemand „umsattelt", d. h. erst nachträglich nach Versuch in einer anderen Beschäftigung sich für ein Handwerk in den Eisenbahnwerkstätten entscheidet. Ferner ist die Möglichkeit gegeben, daß, wie es vereinzelt vorkommt, ein die höhere Schule besuchender Knabe diese nicht schon mit der Quarta, sondern erst zwei Jahre später zu verlassen braucht und sich etwa für die Werkmeisterlaufbahn später eine bessere Schulbildung erwerben kann. Schließlich wird durch das festgesetzte Höchstalter begrenzt, bis zu welcher Zeit jemand, der etwa in einem Privatbetriebe seine Lehrzeit begonnen und dann unterbrochen hat, diese in der Eisenbahnwerkstätte noch fortsetzen darf. Es können auf die Privatlehre hiernach höchstens zwei Jahre entfallen, so daß auch dann noch die gleiche Zeit für die Lehrzeit bei der Eisenbahnverwaltung verbleibt. Mit Rücksicht auf die hier später abzulegende Gesellenprüfung ist eine solche Zeit mindestens erforderlich, da es sich um das Einarbeiten in eine zumeist andersartige Tätigkeit, um das Kennenlernen der besonderen Arbeiten an den Betriebsmitteln und schließlich auch um das Einfügen in den Unterrichtsgang der Lehrlingsschule handelt.

Aus allem geht hervor, daß eine Begrenzung des Höchstalters auf 16 Jahre

---

[1]) Im Kriege ist bereits wiederholt so verfahren worden.

als zweckmäßig anzusehen ist. Andere staatliche und private Betriebe haben vielfach in ihre Lehrlingsbestimmungen die gleiche Altersgrenze aufgenommen[1]).

d) Unbescholtenheit. Größere Werke, in denen eine Lehrstelle zu erhalten eine Vergünstigung darstellt und die darum meist unter zahlreichen Bewerbern wählen können, werden sich nur die besten Kräfte aussuchen, sodaß Vorbestrafte hier keine Aussicht haben anzukommen. Auch der ehrbare Handwerksmeister nimmt solche nicht gern an, es sei denn aus Nächstenliebe, wenn etwa Fürsorgezöglinge oder jugendliche Vorbestrafte zu einem Meister gegeben werden sollen, von dessen Charakter und persönlichem Einfluß eine besonders günstige erzieherische Einwirkung auf einen jungen gefährdeten Menschen erhofft wird. Erfordernis ist hierbei aber die Aufnahme in die Familie des Lehrherrn, sodaß schon aus diesem Grunde eine staatliche Eisenbahnwerkstätte hierbei nicht in Frage kommt. Für solche Ausnahmefälle ist auch ein Erziehungserfolg bei dem Privatlehrherrn mit nur einem oder wenigen Lehrlingen wahrscheinlicher als in einer Eisenbahnwerkstätte mit den vielen Lehrlingen. Da schließlich an einen staatlichen Betrieb betreffs Zuverlässigkeit und Unbescholtenheit der Bediensteten besonders hohe Anforderungen gestellt werden müssen und da ferner aus den Kreisen der Eisenbahnhandwerker die Fahrdienst- und Werkstättenaufsichtsbeamten hervorgehen, so sind auch dies Gründe dafür, hier jugendliche Vorbestrafte im allgemeinen nicht als Lehrlinge zuzulassen. Es würde indes nichts dagegen einzuwenden sein, wenn unter besonderen Umständen trotzdem einmal eine Ausnahme gemacht wird.

e) Einsegnung. Der Bewerber muß nach LV. 7 eingesegnet sein. Die evangelische Konfirmation oder Einsegnung und die katholische erste Kommunion sind in diesem Sinne gleichbedeutend. Bei Angehörigen anderer staatlich zugelassenen Religionsgemeinschaften wäre die der Erstkommunion oder Einsegnung entsprechende Handlung zu setzen. Diese Auslegung der Vorbedingungen wird zuzulassen sein, da es nicht beabsichtigt gewesen sein dürfte, hier eine Beschränkung hinsichtlich der Religionszugehörigkeit zu geben. Praktisch kommen allerdings andere als evangelische oder katholische Bewerber kaum in Frage. Unter den sämtlichen Lehrlingen in preußischen Eisenbahnwerkstätten wird kaum ein einziger dem israelitischen Glauben angehören.

Ist der Bewerber Atheist oder Dissident und als solcher nicht eingesegnet, so kann die Einstellung bisher auf Grund der Einsegnungsvorschrift ohne ministerielle Genehmigung nicht erfolgen.

Verschiedene große Privatbetriebe haben, wie eine Durchsicht ihrer Annahmebedingungen zeigt, eine solche Vorschrift nicht besonders aufge-

---

[1]) Sie ermöglicht im übrigen auch gerade noch eine Beendigung der Lehrzeit vor Erreichung des wehrpflichtigen Alters.

nommen. Auch bei den Handwerksmeistern ist sie nicht ausdrücklich ausgesprochen. Eine Handwerkskammer bestätigte dies auf eine Anfrage des Verfassers; es werde indes als selbstverständlich betrachtet, daß die Lehrlinge eingesegnet sein müßten. Ob diese Anschauung auch von den der Kirche gleichgültig oder gar mißgünstig gegenüberstehenden Meistern, besonders in den Großstädten, noch überall geteilt wird, erscheint nicht sicher.

f) Nachweis der vorschriftsmäßigen Lösung eines früheren Lehrverhältnisses. Ein solcher Nachweis wird bei einer durch gegenseitiges Übereinkommen gelösten früheren Lehre in einer Bescheinigung des Lehrherrn zu bestehen haben.

Ist die Lösung dagegen einseitig durch den Lehrling infolge Schuld des Lehrherrn erfolgt (GO. § 124 Ziff. 3 bis 5, § 127b Abs. 3), so wäre der etwa über die Angelegenheit vorhandene Schriftwechsel oder eine durch Zeugen bestätigte, in Zweifelsfällen auch amtlich beglaubigte Schilderung des Sachverhalts vorzulegen.

Ist der frühere Lehrvertrag infolge des Todes des Lehrherrn aufgehoben worden (GO. § 127b letzter Absatz), so kann dies durch eine nötigenfalls amtlich zu beglaubigende schriftliche Mitteilung der Witwe oder anderer Angehöriger des Lehrherrn oder durch Vorlage einer standesamtlichen oder polizeilichen Bescheinigung erfolgen.

Der Nachweis der ordnungsmäßigen Lösung des früheren Lehrverhältnisses kann nicht beigebracht werden, sobald der Lehrling durch sein Verschulden (GO. §§ 123 und 127b Abs. 2) vor Beendigung der verabredeten Lehrzeit entlassen worden ist. Die Einstellung solcher Bewerber wird durch die Lehrlingsvorschriften mit Recht grundsätzlich ausgeschlossen.

Es bleibt auch zu prüfen, ob trotz ordnungsmäßiger Entlassung nicht der in GO. § 127e angegebene Grund (Übergang zu einem anderen Beruf) angeführt wurde, ohne daß ein solcher Übergang tatsächlich stattgefunden hat. In diesem Falle ist die Eisenbahnverwaltung nach GO. § 127e Absatz 2 nicht befugt, vor Ablauf von neun Monaten ohne Zustimmung des früheren Lehrherrn den Lehrling in demselben Beruf zu beschäftigen.

Da die Lehrstellen in den Eisenbahnwerkstätten sehr begehrt zu sein pflegen, wird durch die Forderung des genannten Nachweises auch verhindert, daß ein Privatlehrling seine Lehre widerrechtlich verläßt, wenn sich ihm etwa die Aussicht eröffnet, Eisenbahnlehrling werden zu können.

Neben einem Schutz der Eisenbahnverwaltung gegen die Aufnahme ungeeigneter Bewerber kommt daher die Vorschrift noch mittelbar dem Einzellehrherrn zugute. Sichert sie ihn, der auf dem Gebiete der Lehrlingsgewinnung besonders in kleineren Städten oft den Wettbewerb der Eisenbahnverwaltung empfindlich spürt, doch dagegen, daß ihm die Lehrlinge leichtfertig aus der Lehre laufen, um in die Eisenbahnwerkstätte einzutreten.

§ 2. Der Bewerberkreis.

Über den Lehrlingsersatz geben die Bewerberlisten bei den Werkstättenämtern Auskunft.

Hieraus lassen sich Schlüsse ziehen einmal darauf, in welchem Maße die Eisenbahnlehrstellen begehrt sind, und zweitens, welche Kreise für die Lehrlingsauswahl in der Hauptsache zur Verfügung stehen.

Der Zudrang ist, um diese Tatsache gleich vorweg zu nehmen, außerordentlich groß und würde mit Sicherheit noch um ein Vielfaches größer sein, wenn nicht schon bekannt wäre, daß Söhne von Nichteisenbahnern in der Regel überhaupt nicht berücksichtigt werden können. So unterlassen von diesen die meisten eine doch vergebliche schriftliche Bewerbung, nachdem sie sich manchmal auch noch mündlich vorher über die Aussichtslosigkeit unterrichtet haben. Beim Werkstättenamt Guben ist in einem zehnjährigen Zeitraum von 1905 bis 1914 keine einzige schriftliche Bewerbung von Nichteisenbahnerseite erfolgt.

Betreffs der erfolgten Bewerbungen sind die bei dem genannten Amt vorliegenden Zahlen und Verhältnisse zugrunde gelegt, und zwar für einen zehnjährigen Zeitraum. Wenn man hierbei auch schon brauchbare Durchschnittswerte erhalten dürfte, so ist doch nicht außer acht zu lassen, daß in anderen Gegenden und bei anderen Bevölkerungs- und namentlich Gewerbeverhältnissen auch recht abweichende Zahlen vorkommen mögen. Vorausgeschickt sei noch, daß jährlich in dem betrachteten Zeitraum 9 Lehrlinge eingestellt wurden und daß sich die an die Zahlenergebnisse geknüpften Erörterungen nur auf die Verhältnisse in Friedenszeiten beziehen.

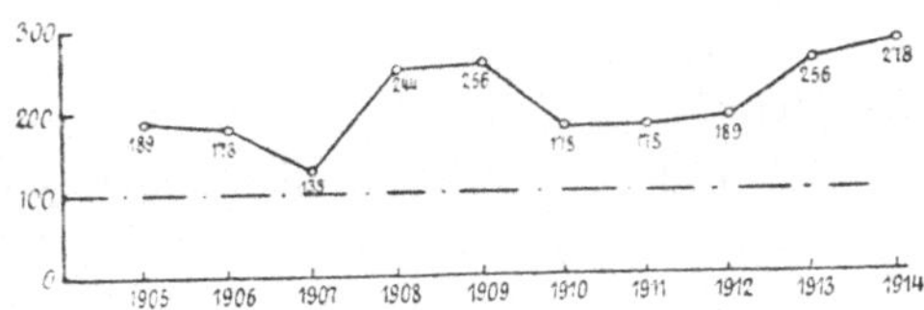

Abb. 2. Schaulinie des wechselnden Andranges zu den Eisenbahnlehrlingsstellen. — Anzahl der Bewerbungen auf je 100 verfügbare Stellen beim Werkstättenamt Guben vom Jahre 1905—1914.

Aus den Einzelzahlen von 1905 bis 1914 sind die Mittelwerte für ein Jahr berechnet und zur leichteren Übersicht als Teile v. H. umgerechnet. Die Zahlen sind in Abb. 2 als Längen aufgetragen und ergeben die nebenstehende Schaulinie. Im Mittel kommen hiernach auf je 100 verfügbare Lehrlingsstellen in jedem Jahr 208 Bewerber. Im einzelnen wird diese Zahl erheblich unter- oder überschritten. So liegen im Jahre 1907 nur 133 v. H. Bewerbungen, im Jahre 1913 indes 256 und 1914 sogar 278 Bewerbungen v. H. vor. Das sind im letzteren Falle fast dreimal mehr Bewerbungen, als Stellen verfügbar sind. Von 1905 bis 1907 nehmen die Zahlen ab, schwanken dann einige Jahre und steigen von 1910 an wieder bis zu dem genannten Höchstwert von 278.

Es spielen da nun gewiß Zufälligkeiten mit. Daneben ist aber auch die Wirtschaftslage der örtlichen Industrie und des Handwerks von Einfluß auf den größeren oder geringeren Lehrlingsandrang bei der staatlichen Eisenbahnwerkstätte. Die vorliegenden Angaben sind nicht umfangreich genug, um daraus schon bestimmte Schlüsse in dieser Hinsicht zu ziehen. Für den Herbst 1914 mit der Bewerberhöchstzahl von 278 v. H. läßt sich eine solche Wechselwirkung indes feststellen, da infolge des Krieges die Privatbetriebe in Guben eingeschränkt waren und weniger als sonst oder gar keine Lehrlinge annahmen.

Lehrreich ist es, zu untersuchen, aus welchen Bevölkerungsschichten die Bewerber in der Hauptsache stammen. Da ist zunächst zu bemerken, daß in dem untersuchten Zeitabschnitt Söhne von Nichteisenbahnern überhaupt nicht darunter waren. Es bleiben also nur die Eisenbahner selbst. — Welche Kreise dieser Bediensteten sind es nun, die die Bewerber stellen? Zu einer leichteren Unterscheidung wollen wir vier Gruppen bilden. Es umfasse Gruppe 1 die Arbeiter einschl. Werkhelfer (handwerksmäßig ausgebildete Arbeiter), Gruppe 2 die Handwerker, Gruppe 3 die unteren und Gruppe 4 die mittleren Beamten. Die Zahlen sind zunächst wieder als durchschnittlich für 1 Jahr ermittelt und dann als Teile v. H. umgerechnet. Dabei zeigt sich, daß der Anteil der vier Gruppen recht verschieden ist.

Unter den Vätern von 100 Bewerbern sind

27 Arbeiter,
38 Handwerker,
27 untere Beamte,
8 mittlere Beamte.

Die Zahl für die mittleren Beamten würde noch geringer sein, wenn nicht die Lokomotivführer dazu rechneten, die ihre Söhne vielfach gern wieder einem Beruf zuführen, für den die Erlernung des Schlosserhandwerks Vorbedingung ist. Bei den unteren Beamten kommen erfahrungsgemäß besonders Werkführer und Betriebsbeamte in Frage. Die Anzahl 27 v. H. hält sich mit der der ungelernten Arbeiter die Wage. Die hohe Zahl der letzteren darf wohl als Ausdruck und Beweis des Vorwärtsstrebens und einer durchschnittlich nicht ungünstigen wirtschaftlichen Lage angesehen werden; Kreise, die sofort auf den Mitverdienst des schulentlassenen Sohnes angewiesen sind, pflegen ihre Söhne kein Handwerk erlernen zu lassen[1]).

---

[1]) Auf diese schon bei einer früheren Gelegenheit (Zeitung des Vereins deutscher Eisenbahnverwaltungen 1916 S. 643) mitgeteilten Zahlen des Verf. bezieht sich Haase in seinem Aufsatz: Die Lohnordnung der preußisch-hessischen Staatseisenbahnen vom volkswirtschaftlichen Standpunkt (Archiv für Eisenbahnwesen 1917 S. 229). Haase führt die oben zahlenmäßig gefundene Tatsache, daß so viele Eisen-

Ein gutes Zeichen von Berufsfreudigkeit der Eisenbahnhandwerker endlich ist es, daß unter den Bewerbern gerade ihre Söhne weitaus am zahlreichsten vertreten sind. Wenn die Väter ihre Söhne wieder derselben Laufbahn zuführen, so kann man daraus schließen, daß sie von ihr befriedigt sind. Die Söhne anderseits, von Jugend auf durch die Tätigkeit des Vaters mit so manchen Einzelheiten des künftigen Berufes vertraut und während der Lehrzeit und später unterstützt durch die väterlichen Erfahrungen und sein sachverständiges Urteil, bieten dadurch im allgemeinen größere Gewähr als ohne diese Voraussetzungen. Der Eisenbahnverwaltung kann derartiges nur erwünscht sein; nichts trägt so sehr dazu bei, einen Stamm tüchtiger Hilfskräfte zu schaffen, als wenn sich der Beruf des Vaters auf den Sohn forterbt und beide dann wohl gar in demselben örtlichen Betriebe beschäftigt sind. Es wird so die Entstehung einer Art von Überlieferung begünstigt. Sie führt dazu, daß, insbesondere bei den Hauptwerkstätten, sich ein mehr persönliches Verhältnis des Einzelnen zum Ganzen herausbildet, daß er sich mit einem gewissen Stolz als Glied gerade dieser Werkstätte fühlt. Er ist mit ihrem Werden und Wachsen vertraut, ihre Geschichte ist vielfach mit seinen eigenen persönlichen Erlebnissen und Beziehungen verflochten. Er freut sich, wenn vom Vater und Großvater etwa der in ihr herrschende gute Geist gerühmt oder auch, was mit einem Anflug von Überhebung nicht ungern geschieht, auf die gründliche und bessere Arbeitsausführung gegenüber den Nachbarwerkstätten hingewiesen wird. Dann fühlt er die Verpflichtung in sich, sich der Zugehörigkeit zu einem solchen Ganzen würdig zu erweisen. Fast jede etwas ältere Hauptwerkstätte hat eine solche Überlieferung. Ihre Erhaltung und Pflege verdienen alle Aufmerksamkeit.

Eines der Mittel hierzu ist sicherlich diese Einstellung der Söhne von Angehörigen derselben Werkstätte als Lehrlinge. In welchem Umfange dies auch von den Bediensteten erstrebt wird, zeigen die für das Werkstättenamt Guben ermittelten Angaben. Aus den Einzelzahlen für die Zeit von 1905 bis 1914 ist wieder wie vorher der Durchschnitt genommen und als Teil von 100 umgerechnet worden. Hierbei ist kein Unterschied gemacht, ob der Vater etwa bereits verstorben war. Es ergibt sich folgendes. Die Väter waren schon in der gleichen Hauptwerkstätte tätig, bei der sich auch der Sohn beworben hat, in Gruppe 1 (Arbeiter) bei 84 v. H. der Bewerber dieser Gruppe, in Gruppe 2 (Handwerker) bei 97 v. H. der Bewerber dieser Gruppe, in Gruppe 3 (untere Beamte) bei 26 v. H. der Bewerber dieser

---

bahnarbeiter ihren Kindern eine mit nicht unerheblichen Kosten verbundene Handwerksausbildung zuteil werden lassen können, mit auf die günstige Wirkung der Lohnstaffel zurück. Da die Sätze mit den Jahren steigen, stehen dem Eisenbahnarbeiter zur Zeit des Heranwachsens der Kinder verhältnismäßig mehr Mittel zur Verfügung als dem Privatarbeiter. Dieser habe vielleicht in seinen jungen Jahren mehr verdient, sei dann aber vielfach dabei stehen geblieben und habe davon auch nichts in jener Zeit für die Kinderausbildung übergespart.

Gruppe, in Gruppe 4 (mittlere Beamte) bei 20 v. H. der Bewerber dieser Gruppe. Auch hier überwiegen die Handwerker wieder bedeutend.

Zuletzt endlich möge auch noch untersucht werden, wieviele der Bewerber bereits vaterlos und aus diesem Grunde etwa besonders zu berücksichtigen waren. Die wieder wie zuvor ermittelten Durchschnittszahlen sind hier:

in Gruppe 1 (Arbeiter)	16	v. H.	der	Bewerber	dieser	Gruppe
„ „ 2 (Handwerker)	14	„	„	„	„	„
„ „ 3 (untere Beamte) . .	12	„	„	„	„	„
„ „ 4 (mittlere Beamte) . .	27	„	„	„	„	„

Auffallend ist die große Zahl in Gruppe 4. Hieraus dürfte zu schließen sein, daß, wenn sich Söhne aus den Kreisen mittlerer Beamten beworben haben, offenbar ein Fehlen des Vaters und Ernährers der Familie stark bei dem Entschluß mitgesprochen hat.

§ 3. Aufstellung der Bewerberliste.

Nach LV. 9 (S. 48) ist über die Bewerber, die alle Bedingungen für die Annahme erfüllt haben, für jede Haupt- und Nebenwerkstätte eine Bewerberliste zu führen. Sobald der voraussichtliche Bedarf durch Söhne von Bediensteten der Staatseisenbahnverwaltung gedeckt ist, sind andere Bewerber nicht mehr aufzuzeichnen. Die Aufnahme in die Liste soll sechs Monate vor dem Einstellungstage beginnen. Zwei Monate vor diesem Tage soll die Liste geschlossen werden. Für die Reihenfolge der Einberufung ist die Eintragung in die Bewerberliste maßgebend.

Die hier vorgesehene Bewerberliste wird, wie dies einzelne Direktionen auch noch besonders angeordnet haben, zweckmäßig in Buchform und gleich für eine Anzahl Jahre ausreichend angelegt. Es empfiehlt sich, in die Liste die wichtigsten Angaben über den Lehrling kurz mit aufzunehmen. Nachstehend ist ein Beispiel gegeben (vgl. Tafel 7).

Die Liste wird zuweilen noch etwas kürzer gehalten. Es genügen zur Not die acht Spalten 2—4, 6, 11—14. Vorzuziehen ist aber die ausführlichere Form, da man sonst doch darauf angewiesen ist, sich manche Angaben erst aus den Bewerbungsschreiben heraussuchen zu müssen, und diese sind unübersichtlich und oft auch unvollständig.

Aufzunehmen in die Liste sind nach den Vorschriften nur diejenigen Bewerber, bei denen alle Bedingungen für die Annahme auch wirklich erfüllt sind. Letzteres pflegt bei der Mehrzahl der Bewerber der Fall zu sein. Die Bedingungen sind offenbar in den Eisenbahnerkreisen mit der Zeit schon allgemein bekannt geworden.

Die Einberufung soll nach LV. 9 in der Reihenfolge geschehen, in der die Bewerber in die Liste eingetragen sind. Es muß also, da der Reihenfolge eine entscheidende Bedeutung beigelegt ist, die Auswahl bereits vorher

Tafel 7.

Beispiel für eine Bewerberliste.

1	2	3	4	5	6	7	8	9	10	11	12	13	14
	Des Lehrlings				Des Vaters		Bei Halb- oder Ganzwaisen des gesetzlichen Vertreters		Des Vaters oder des gesetzlichen Vertreters Wohnung				
Nr.	Name	Vorname	Geburtstag	Schulzeugnis	Stand	Todesjahr	Name	Stand	Ort	Straße	Eingang der Meldung	Tag der Einberufung	Bemerkungen
						Einstellungstag: 25. April 1917							
1	Eyth	Werner	4. 10. 02	sehr gut	Vorschlosser	—	—	—	Guben	Markt 16	5. 10	20. 11	Vater b. Masch.-Amt Guben
2	Bolck	Hermann	10. 10. 02	„	Dreher	—	—	—	Gr.-Breesen	—	5. 10	„	„ „ Werkst.-Amt Guben
3	Arlt	Albert	11. 9. 02	„	Schmied	—	—	—	Wellmitz	—	8. 10	„	Lehrling am 18. Januar 1917 verstorben
4	Bruns	Ewald	12. 5. 02	„	Werkführer	—	—	—	Guben	Wilkestr. 40	23. 10	„	Vater b. d. Bahnmeisterei Guben verunglückt
5	Lippert	Gerhard	10. 5. 02	genügend	Tischler	1908	Zeller	Kaufmann	Guben	Langestr. 1	10. 10	„	Vater beim Werkst.-Amt Guben
6	Imme	Elias	6. 4. 03	sehr gut	Arbeiter	—	—	—	Neuzelle	Schloßstr. 17	20. 10	„	„ „ „ „
7	Zahn	Martin	17. 8. 02	gut	Schaffner	—	—	—	Guben	Jentschpl. 3	21. 10	„	„ „ „ „
8	Aschen	Bruno	31. 7. 02	„	Pförtner	—	—	—	Guben	Wilkestr. 4	12. 10	„	„ „ „ „

usw.

erfolgt sein. Diese ist unter der großen Anzahl oft nicht leicht und erfordert mancherlei Erwägungen. Es ist nötig, hierauf näher einzugehen, da die Beobachtungen zeigen, daß manche Beamte hierbei leicht wesentliche Gesichtspunkte außer acht lassen.

In der ersten Zeit nach Einführung der neuen Lehrlingsvorschriften wurde die Bestimmung in Ziffer 9 an verschiedenen Orten so ausgelegt, daß die Eintragung in die Bewerberliste und demnach auch die Einberufung in der Reihenfolge des Eingangs der Bewerbungsschreiben zu erfolgen habe, vorausgesetzt natürlich, daß alle Bedingungen für die Annahme erfüllt waren. Dies hatte aber bei dem üblichen großen Ansturm auf die Lehrlingsstellen unerwartete Folgen, indem sich nämlich die Bewerber in der Anbringung ihrer Gesuche gegenseitig zu überbieten suchten. So stellten sie sich an dem Tage der Eröffnung der Liste in einem Falle schon mehrere Stunden vor Dienstanfang, in einem anderen Falle gar schon von Mitternacht an vor der Tür des Verwaltungsgebäudes auf, um nur ja noch einen die Einberufung sichernden Platz in der Bewerberliste zu erhalten. Dieser Zustand, bei dem nicht Würdigkeit und Verdienst, sondern Zufall und rohe Kraft den Ausschlag gaben, war natürlich unhaltbar und wurde bald abgeändert. Diese Beispiele zeigen nebenbei auch, daß es bei so eiliger Anbringung der Gesuche einer viermonatigen Offenhaltung der Bewerberliste nicht bedarf.

Aus dem Vorhergehenden ergibt sich, daß die Eintragung nur nach voraufgegangener eingehender Prüfung und Auswahl erfolgen kann. Ist dies geschehen, dann werden die Bewerber in der Reihenfolge der Eignung in die Liste eingetragen, zunächst nur so viele, als Stellen zu besetzen sind, und dann genügen noch etwa drei bis vier Eintragungen als Ersatz für unvorhergesehene Abgänge[1]). Entsprechend LV. 9 (S. 48) werden hierauf die Anwärter in der angegebenen Reihenfolge einberufen.

Bei den Einstellungen zu Ostern, z. B. wie in Guben am 25. April, sind die Bewerbungen sechs Monate vorher, also zum 25. Oktober einzureichen. Wie wir an den vorgenannten Beispielen sehen, ist das Bemühen um pünktliche Anbringung der Gesuche überaus groß. Daß nach dem 25. Oktober noch solche eingehen, ist, wenigstens in Guben, ein sehr seltener Fall, und wenn es geschieht, dann rühren sie sicher von Nichteisenbahnern her, die mit dem Brauch unbekannt sind und ohnehin auch sonst kaum Aussicht auf Berücksichtigung gehabt hätten. Man kann also schon etwa am 28. Oktober die Annahmefrist für die Gesuche als beendigt erklären und aus den bis dahin eingegangenen Gesuchen die Wahl der Anwärter für die zu besetzenden Stellen vornehmen[2]). Die Entscheidung wird, wie wir noch sehen werden,

[1]) Für statistische Zwecke wäre es allerdings erwünscht, wenn sämtliche Bewerbungen aufgezeichnet würden, selbst diejenigen, die wegen unerfüllter Bedingungen gleich anfangs abgewiesen worden sind.

[2]) Nach LV. 9 könnte ein verspäteter Bewerber verlangen, noch bis zum 25. Februar mit zur Wahl zugelassen zu werden. Zur Vermeidung von Unzuträg-

im allgemeinen frühstens Mitte November getroffen werden können. Die nicht berücksichtigten Bewerber müssen sich dann schleunigst nach einer anderen Lehrstelle umsehen. Mehrfach ist in Guben darüber geklagt worden, daß dann die besten Stellen schon besetzt wären. Wenn dies auch von den örtlichen Verhältnissen abhängt — in industriereicheren Gegenden wird es vielleicht weniger der Fall sein —, so würden auch kaum Bedenken dagegen zu erheben sein, die Einreichung der Gesuche schon einen Monat früher erfolgen zu lassen, so daß die Entscheidungen den Bewerbern dann schon Mitte Oktober bekanntgegeben werden könnten.

§ 4. Die Auswahl der Anwärter.

a) Gesichtspunkte für die Auswahl.

Die eingegangenen Gesuche sind zuerst daraufhin zu prüfen, ob die vorgeschriebenen Bedingungen erfüllt sind. Bewerber, bei denen dies nicht der Fall ist, scheidet man aus. Meist sind es solche, die nur bis zur zweiten oder dritten Klasse einer Volksschule oder nur bis zur Sexta oder Quinta einer höheren Schule gelangt sind oder die das vorgeschriebene Alter noch nicht besitzen. Die übrigen Bewerber stellt man dann in einem Verzeichnis zusammen, zweckmäßig gleich mit Vermerken über das Schulzeugnis, über den Stand des Vaters, über die wirtschaftliche Lage der Eltern sowie über sonstige für die Entscheidung zu berücksichtigende Tatsachen.

Es wäre nun sicherlich von Nutzen, wenn unter den Bewerbern stets nur die tüchtigsten gewählt werden könnten. Dies läßt sich leider nicht ganz durchführen. Die Einstellung eines Knaben als Eisenbahnlehrling bringt seinen Angehörigen mancherlei Erleichterungen und gewinnt dadurch unbeabsichtigt die Bedeutung einer wirtschaftlichen Unterstützung.

Die einer solchen Bedürftigen suchen dann zumeist nur aus diesem Grunde die Annahme des Knaben als Lehrling zu erreichen. Es werden auch dieselben Ursachen wie bei sonstigen Unterstützungsgesuchen geltend gemacht und sind wohl auch meist vorhanden: zahlreiche Familie, besonderer Notstand durch Krankheit in der Familie und Tod des Vaters oder gar von Vater und Mutter. Kommt etwa bei dem Sohn einer kinderreichen Witwe noch hinzu, daß der Vater früher bei Ausübung seines Berufes im Eisenbahndienst verunglückt ist, vielleicht als Rangierer oder Bremser, so wird man zugeben müssen, daß es dem Gefühl der Billigkeit entspricht und im Sinne des von der Eisenbahnverwaltung stets geübten Wohlwollens ist, wenn ein solcher Knabe vorzugsweise berücksichtigt wird, auch wenn den Fähigkeiten nach noch etwas Tüchtigere vorhanden wären.

---

lichkeiten dürfte sich m. E. eine etwas andere Fassung der Bestimmungen in LV. 9 über die Bewerberlisten über den Zeitpunkt empfehlen, bis zu welchem Gesuche nur angenommen zu werden brauchen.

Groß ist in der Regel die Zahl derjenigen, die Berücksichtigung wegen Bedürftigkeit erbitten, und die doppelte Zahl der verfügbaren Stellen würde oft nicht ausreichen, alle Gesuche zu berücksichtigen. So sehr das Gefühl und der persönliche Wunsch helfen zu können, auch oft mitsprechen mögen, so muß anderseits doch gewarnt werden, hierin zu weit zu gehen.

Wo wirkliche Not herrscht, mögen Unterstützungen in anderer Form gewährt werden, aber nicht durch Einstellung eines etwa nur mäßig oder gar nicht geeigneten Knaben als Lehrling. Die sehr bedenkliche Folge würde überdies sein, daß selbst den tüchtigsten Bewerbern, wenn sie nicht gerade aus einer kinderreichen oder des Ernährers beraubten Familie stammten, einfach die Möglichkeit genommen werden könnte, eine Eisenbahnlehrstelle zu erhalten. Abgesehen von dieser Ungerechtigkeit könnte der Lehrlingsdurchschnitt dann auch bald bedenklich unter die Mittelmäßigkeit sinken. Dies wird noch dadurch verschärft, daß im Mittel — Ausnahmen kommen selbstverständlich vor — ohnehin Kinder aus wirtschaftlich nicht ungünstig gestellten Kreisen ihre gleichaltrigen Kameraden aus den ärmeren Kreisen an geistiger Entwicklung übertreffen. Zu denken geben in dieser Hinsicht die von Hartnacke angeführten Zahlen[1]). Von zwei Volksschulgattungen in Bremen mit ganz gleicher Lehrverfassung, gleich ausgebildeten Lehrkräften, gleichen durchschnittlichen Klassenbesetzungen, kurz ganz gleichen äußeren Bedingungen war bei den Schulen der Gattung A das übliche Schulgeld, bei den Schulen der Gattung B dagegen nichts zu zahlen, es wurden hier sogar auch die Lehrmittel unentgeltlich geliefert. Das Schulergebnis war nun folgendes:

Volksschule	Die Schule haben verlassen nach Ablauf der Schulpflicht	Von den Abgegangenen haben das Schulziel							
		erreicht (1. Kl.)		nicht erreicht und sind abgegangen					
				aus der 2. Kl.		aus der 3. Kl.		aus tieferen Klassen	
	Anzahl Knaben	im ganzen	v. H.	im ganzen	v. H.	im ganzen	v. H.	im ganzen	v. H.
A. (entgeltlich)	675	536	79,4	105	15,5	27	4,0	7	1,1
B. (unentgeltlich)	1041	599	57,5	216	20,8	96	9,2	130	12,5

Mithin erreichten von den Knaben der entgeltlichen Schulen 79 v. H. das Schulziel, von den ärmeren Knaben der unentgeltlichen Schulen dagegen nicht einmal 58 v. H.

Stern hat bei seinen Untersuchungen Ähnliches gefunden. Es „ergab sich im Durchschnitt ein deutlicher Intelligenzrückstand der Kinder aus einfachen gegenüber denen aus gehobenen Schichten"[2]). — Das ist keine Herabsetzung einzelner Kreise, sondern es sind nur festgestellte Tatsachen.

[1]) „Das Problem der Auslese der Tüchtigen", S. 11.
[2]) „Die Jugendkunde als Kulturforderung", S. 41.

Nun bleiben aber die Lehrlinge fast sämtlich später im Eisenbahndienst, so daß schließlich auch die Gewinnung eines Stammes tüchtiger, befähigter Arbeiter dadurch erschwert wird. Diesen zu bilden, sind aber die eigenen Lehrlinge ihrer gründlichen, sorgfältigen praktischen und theoretischen Ausbildung nach sonst in erster Linie geeignet. Sodann darf man nicht vergessen, daß man ebenfalls aus diesen Gründen in den Eisenbahnlehrlingen vielfach schon den Nachwuchs an künftigen Fahrdienst- und Werkstättenaufsichtsbeamten einstellt. Grund genug also, mit größter Sorgfalt zu verfahren. Schließlich besteht aber für den Knaben selbst noch die Gefahr, daß ihn seine Angehörigen ohne Rücksicht auf Wunsch und Eignung dem Schlosserhandwerk zuführen, und zwar nur darum, weil hierfür bei der Eisenbahnverwaltung zufällig günstige und unter Berufung auf Bedürftigkeit vielleicht nicht schwer zu erreichende Lehrstellen vorhanden sind. Daß diese Gefahr wirklich stark vorhanden ist, haben mir verständige Arbeiter selbst bestätigt.

Man möge sich auch nicht dadurch beirren lassen, daß gerade angemaßte Ansprüche auf eine Lehrstelle oft mit erstaunlicher Hartnäckigkeit verfochten werden, zunächst durch Schreiben an das Amt, dann an die Eisenbahndirektion und hierauf oder auch gleich sofort an den Minister. Meist wird darüber Beschwerde geführt, daß der Sohn eines angeblich in günstigeren Verhältnissen lebenden Mitarbeiters angenommen sei, der eigene Sohn aber nicht. Hier hilft nur unbeugsames Festhalten an der einmal nach sorgfältiger Erwägung getroffenen Entscheidung.

Ein weitsichtiger Betriebsleiter wird bei der Besetzung offener Stellen noch einen anderen Gesichtspunkt berücksichtigen, auf dessen Bedeutung in einem anderen Zusammenhange bereits hingewiesen wurde. Das ist die Heranbildung eines guten Überlieferungsgeistes unter der Arbeiterschaft und die Pflege und Stärkung des Zusammengehörigkeitsgefühls. Eines der Mittel hierzu ist, daß unter sonst gleichwertigen Bewerbern vorzugsweise diejenigen berücksichtigt werden, von denen nahe Angehörige schon in der betreffenden Werkstätte beschäftigt sind. Handelt es sich um Bedienstete, die sich in langen Jahren als treu und tüchtig bewährt haben, so wird man auch in der Regel gute Erfahrungen dabei machen. Die älteren Angehörigen übernehmen gegenüber der Verwaltung eine gewisse Bürgschaft und fühlen sich verpflichtet, mit über Führung und Leistung eines jungen Sohnes, Neffen oder Mündels zu wachen. Umgekehrt wird bei dem Lehrling die Rücksichtnahme auf Angehörige, die in demselben Betriebe ihr Brot finden, oft selbst unbewußt mitsprechen und ein Hinreißen zu groben Ungehörigkeiten und dienstlichen Verfehlungen nicht so leicht aufkommen lassen. Stehen ihm doch neben dienstlicher Bestrafung meist auch noch unangenehme Ermahnungen und Vorwürfe dieser Angehörigen in Aussicht.

So kann durch solche persönlichen Beziehungen zu bewährten Bediensteten einem jungen, noch unfertigen Menschen ein starker moralischer

Halt gegeben werden. Hierin liegt für die Eisenbahnverwaltung anderseits schon von vornherein eine gewisse Bürgschaft, größer als sie manches farblose Zeugnis bietet.

Ein Weiteres kommt noch hinzu. Ein solcher Bewerber ist, wenn schon der Vater und gar Großvater in demselben Betriebe beschäftigt gewesen sind, der Werkstätte und ihren kleinen Schicksalen nicht mehr ganz fremd; mancherlei Ereignisse im Leben des Vorfahren sind verknüpft mit der Arbeitsstätte, mit den Räumlichkeiten, Einrichtungen und Personen dort. Von Kindheit an ist er in dem Gedankenkreis des künftigen Berufes aufgewachsen, hat sich über mancherlei daraus schon unterrichten und die eine oder andere Fertigkeit dafür wohl schon aneignen können.

Bei einem solchen Knaben wird das Einarbeiten und die Erreichung größerer Fertigkeit dann im allgemeinen rascher und sicherer gewährleistet erscheinen als bei jemandem, dem diese Voraussetzungen fehlen, gleiche Veranlagung natürlich angenommen.

Nicht mit Unrecht führte man ja die Blüte mancher englischer Industriezweige mit auf den Umstand zurück, daß infolge des dort verbreiteten Eintretens des Sohnes in den Beruf des Vaters ein Stamm erfahrener, erprobter Leute vorhanden war, die auf den väterlichen Berufserfahrungen weiterbauen konnten.

Es ist also nicht eine bloße Gefühlssache, sondern wohlverstandener Nutzen, wenn schon bei der Lehrlingseinstellung die Bewerber, die Eisenbahnerblut in sich haben, in erster Linie berücksichtigt werden. Nun melden sich aber, wie wir gesehen haben, ohnehin schon fast nur Bewerber aus diesen Kreisen. Hier empfiehlt es sich dann aus den dargelegten Gründen, bei sonst gleichwertigen Bewerbern Söhne von Bediensteten der eigenen Werkstätte zu bevorzugen[1]).

Stärker noch als bei Handwerkern und Arbeitern ist dies Eisenbahnerblut in der Regel bei den Beamten vertreten. Sie sind infolge ihrer Tätigkeit und der besonderen Rechte und Pflichten noch enger mit der Eisenbahnverwaltung verknüpft und verwachsen. Kommt hierzu noch eine langjährige erprobte Tätigkeit bei der betreffenden Hauptwerkstätte, so wird man zugeben müssen, daß Söhne solcher Herkunft in erster Linie Berücksichtigung bei der Lehrlingseinstellung verdienen. Zum mindesten muß aber dafür Sorge getragen werden, daß ihnen durch zu starkes Überwiegen anderer Gesichtspunkte, wie z. B. von Unterstützungsabsichten, die Möglichkeit eine Lehrlingsstelle zu erhalten, praktisch nicht abgeschnitten wird.

---

[1]) Es soll nicht verschwiegen werden, daß einige Amtsvorstände glauben, gerade mit Söhnen von Nichteisenbahnern besonders gute Erfahrungen gemacht zu haben, angeblich, weil solche Lehrlinge noch eifriger und weniger anspruchsvoll seien. — Wo dies zutrifft, zeigt es nur, daß schon die Väter dieser aus Eisenbahnkreisen stammenden Lehrlinge sicher nicht zu den tüchtigsten Bediensteten gehört haben und daß auch bei der Auswahl nicht sorgfältig genug verfahren ist.

Jeden der verschiedenen Gesichtspunkte nur allein oder überwiegend gelten zu lassen, würde also eine Ungerechtigkeit bedeuten und dem Nutzen der Verwaltung keineswegs entsprechen. Es gilt vielmehr einen Ausgleich zu schaffen.

Dies kann etwa in der Form geschehen, daß man einen Teil der Stellen für die Bewerber mit den besten Schulzeugnissen, einen Teil für Söhne von Beamten oder von bewährten anderen Bediensteten und schließlich einige Stellen, aber auch nicht mehr, für überwiegend Unterstützungszwecke frei hält. In jeder Gruppe sind sodann immer die Würdigsten und Geeignetsten auszuwählen. Es kann so natürlich vorkommen, daß Beamtensöhne mit vielleicht nur noch zwei Geschwistern einberufen werden, während der Sohn eines Handarbeiters mit etwa sieben Kindern abgewiesen werden muß. Dies führt erfahrungsgemäß leicht zu einer Beschwerde, wie bereits ausgeführt ist, man wird aber solchen Ansprüchen gegenüber aus den zuvor erörterten Gründen fest bleiben müssen.

Hat man nun die Anwärter vorläufig ausgewählt, dann empfiehlt es sich, doch zuvor erst noch sämtliche Bewerber, auch die voraussichtlich abzuweisenden, zu einer schulfreien Stunde nach dem Amt zu bestellen und hier eine einfache formlose Prüfung über die Schulkenntnisse vorzunehmen. Man läßt etwa erst einige Zeilen in deutscher und lateinischer Schrift nach Diktat schreiben, vielleicht auch einen kurzen Aufsatz anfertigen, z. B. Beschreibung des Schulzimmers, eines Ferientages oder dergl., läßt einige Rechenaufgaben lösen und sucht durch mündliche Fragen von der Begabung und dem Wissen der Knaben ein Bild zu bekommen. Dabei wird vielleicht manchmal die Reihenfolge für die Einberufung noch etwas geändert werden. Gerade der persönliche Eindruck ist ja ungemein wertvoll. Aus diesem Grunde wird sich auch der Amtsvorstand möglichst persönlich an der Prüfung beteiligen. Nach dem Gesamtergebnis stellt man dann die endgültige Liste der einzuberufenden Knaben auf.

b) Die Auswahl auf Grund psychotechnischer Prüfverfahren[1]).

Bei der Ermittlung der Eignung für einige Berufe hat man sich auf Grund psychologischer Forschungen von Binet, Simon, Münsterberg, Stern, Piorkowski, Moede und anderen hier und dort nicht mehr darauf beschränkt, das Vorhandensein gewisser sorgfältig ausgewählter Eigenschaften nur auf Grund persönlicher Wahrnehmung und des Urteils von Vorgesetzten festzustellen. Die Schulzeugnisse, auf die man bisher oft allein angewiesen ist, geben in mancher Hinsicht nur ungenügende Auskunft,

[1]) Der Ausdruck „Psychotechnik“ für die Anwendung der wissenschaftlichen Psychologie auf die Praxis seelischer Menschenbehandlung und -beeinflussung ist von Stern in einem Aufsatz über „Angewandte Psychologie“ (Beitr zur Psychol. d. Aussage, I. 1903) eingeführt und durch Münsterbergs Buch „Psychotechnik“ (1914) allgemein angewandt worden. (Stern: „Jugendkunde“ S. 9).

namentlich nicht über die feineren Unterschiede äußerlich nicht so sehr verschiedener Bewerber[1]). Man hat vielmehr versucht, daneben noch andere Unterlagen zu gewinnen, die jede persönliche Beeinflussung ausschalten. Da bereits vereinzelt der Anfang damit gemacht ist, solche Verfahren auch im Eisenbahnwesen zu verwenden, so können wir hier nicht daran vorübergehen. Allerdings kommen zunächst nur diejenigen Bediensteten in Frage, die unmittelbar mit dem Betriebe zu tun haben, also Beamte, wie Lokomotivführer, Heizer, Stellwerkswärter, Fahrdienstleiter, bei denen eine rasche Auffassung, gute Beobachtungsfähigkeit und einige andere geistigen Eigenschaften von größtem Wert sind. Der Nachwuchs des Lokomotivpersonals geht nun fast ausschließlich aus den Eisenbahnwerkstätten hervor, insbesondere zeigen die ehemaligen Eisenbahnlehrlinge große Neigung, sich dem Lokomotivfahrdienst zu widmen. Das Bestreben kann in Anbetracht ihrer gründlichen praktischen und theoretischen Vorbildung und der von der Eisenbahnverwaltung darauf verwandten großen Mühe und vielen Kosten nur unterstützt werden. Je größer die zur Verfügung stehende Auswahl geeigneter Personen ist, desto sorgfältiger wird man wählen können und desto bessere Kräfte kann man im allgemeinen dann dem betreffenden Beamtenkörper zuführen. Für die Eisenbahnverwaltung ist es daher günstig, wenn diejenigen Eigenschaften, die eine grundsätzliche Eignung für den Lokomotivfahrdienst bedingen, auch bei einer größeren Anzahl der Lehrlinge vorhanden sind. Geistige Veranlagung, wie sie hier in Frage kommt, muß angeboren sein und kann nicht nachher noch erworben werden. Sobald man sich also überhaupt entschließt, bei denjenigen Stellen, die später von ehemaligen Eisenbahnlehrlingen besetzt werden, Prüfungen psychologischer Art einzuführen, liegt es nahe, schon bei der Einstellung der Lehrlinge hierauf Rücksicht zu nehmen. Zum mindesten wird man unter sonst gleichen Bewerbern solche bevorzugen, bei denen eine spätere Verwendung im Lokomotivdienst durch das Vorhandensein bestimmter geistiger Eigenschaften möglich ist[2]).

Welcher Art diese bei verschiedenen Berufen sein müssen, ist schon seit geraumer Zeit Gegenstand psychologischer Forschung gewesen. Es sind ferner Verfahren ausgearbeitet worden, um diese Eigenschaften in ihrer Stärke zahlenmäßig und vergleichsfähig festzustellen. Stern[3]) sagt über die nach wissenschaftlichen Gesichtspunkten vorzunehmenden Versuche:

---

[1]) Nach Piorkowski (a. a. O. S. 216) ist es wegen des Versagens der Zensurenstatistik nur mit experimentellen psychotechnischen Prüfungen möglich, aus einer großen Anzahl begabter Schüler wieder die relativ begabtesten auszuwählen.

[2]) Sehr zweckmäßig erscheint das von dem Leiter des Lehrlingswesens eines großen Werkes angewandte Verfahren, die Bewerber auch auf technisches Verständnis zu prüfen. Er stellt einen Knaben vor eine einfache Maschine oder Vorrichtung und läßt sich nach einiger Zeit das Wahrgenommene beschreiben. Schon die Art, in der dies geschieht, wird zu manchen Schlüssen und Unterscheidungen Anlaß geben, namentlich in Bezug auf technisches Verständnis und Auffassungsgabe.

[3]) „Die Jugendkunde als Kulturforderung" S. 54.

Die experimentelle Psychologie arbeitet seit einiger Zeit daran, Aufgaben und Anforderungen zusammenzustellen, die je eine bestimmte Einzelfähigkeit, möglichst frei von anderen eingreifenden Bedingungen, treffen sollen. Gänzlich gelingt diese Isolierung ja niemals, aber immerhin können wir ihr mit Hilfe eigens dafür ausgeprobter Fragestellungen doch ganz anders nahekommen als mit den üblichen pädagogischen Prüfungen, an deren Ausfall neben den zu prüfenden Fähigkeiten Gedächtnis, Schulwissen, Alter, häusliche Hilfe und andere Faktoren in unentwirrbarem Knäuel beteiligt sind. Da ist man jetzt dabei, Aufmerksamkeitstests zu erproben, die eine inhaltlich ganz leichte Aufgabe stellen (z. B. das Bemerken bestimmter Buchstaben in einem gedruckten Text oder das Erkennen kurz exponierter Bilder, sodaß der Ausfall der Leistung lediglich von dem Anspannungsgrad und der Ausdauer der Aufmerksamkeit abhängig ist; Intelligenztests, welche das Individuum vor neuartige Denkaufgaben stellen, die nicht mit der vorhandenen Schulweisheit, sondern lediglich durch einen Akt des Verstehens, der Kombination oder der Kritik, der denkenden Vergleichung usw. zu lösen sind; Gedächtnistests, welche die Erinnerungsfähigkeit oder die Lernfähigkeit auf einem bestimmten Stoffgebiet exakt prüfen usw.

Eine solche seelische Stichprobe — so kann man den aus der amerikanischen Psychologie eingeführten Ausdruck „Test" am besten übersetzen[1]) — hat aber dann den weiteren Vorzug der Eichung: die Aufgabe kann in ganz bestimmter Weise dosiert werden; die Leistung eines Individuums kann verglichen werden mit dem Normalwert, der für Individuen seines Alters, seines Geschlechts, seiner sozialen Schichtung durch Massenprüfung ausgeprobt ist; und seine Fähigkeitsstärke kann so einer Graduierung unterworfen, seine Befähigungsart einem Typus eingeordnet werden.

Wie Münsterberg ausführt, besitzt die experimentelle Psychologie eine Fülle von Hilfsmitteln, um die persönlichen Verschiedenheiten in vielen Richtungen mit Meßmethoden zu verfolgen. „Die persönliche Ermüdbarkeit, Erschöpfbarkeit und Erholarbeit, die Disposition zum Lernen und Einüben, die Fähigkeit, von der Wiederholung Nutzen zu ziehen, und die Neigung zum Vergessen, die Tendenz zum Nachahmen, der persönliche Arbeitsrhythmus, die Sorgsamkeit der Arbeit, die Geschicklichkeit, die Beharrlichkeit, die Beeinflussungsmöglichkeit, alles dieses läßt sich mit verhältnismäßig einfachen Testexperimenten feststellen.[2])

---

[1]) An anderer Stelle spricht sich Stern über den Begriff Test wie folgt aus: Alle psychologischen Experimente zerfallen ihren Aufgaben nach in Forschungsexperimente und Prüfungsexperimente. Die letzteren, deren Ziel darin besteht, in einem gegebenen Falle die individuell-psychologische Beschaffenheit einer Persönlichkeit oder einer einzelnen psychischen Eigenschaft an ihr festzustellen, werden jetzt allgemein als „Tests" bezeichnet. Zu den Tests gehören freilich nicht nur Experimente in dem engeren Sinne einer instrumentellen Untersuchung, sondern auch einfache apparatlose Verfahrungsweisen: Fragen, Aufgaben, Vorlegen von Bildern usw. — sofern sie nur nach systematischen, wissenschaftlich geregelten Gesichtspunkten angewandt und in ihren Ergebnissen registriert werden. („Die Jugendkunde als Kulturforderung" S. 10).

[2]) „Grundzüge der Psychotechnik", S. 403. — An anderer Stelle weist der genannte Verfasser darauf hin, wie sehr auch den wirtschaftlichen Zwecken eines industriellen Unternehmens gedient werden könnte, wenn einige entsprechend vorbereitete Psychologen angestellt würden, um die psychophysischen Bedingungen der besonderen Arbeitstechniken zu prüfen, in entsprechender Weise, wie schon jetzt bei manchen industriellen Werken eine große Zahl wissenschaftlich ausgebildeter Chemiker

Mit den Versuchen über die Berufseignung berühren sich nahe die Untersuchungen über die Befähigung von Kindern, sei es, wie s. Zt. von Binet und Simon in Paris zur Aussonderung geistig Zurückgebliebener oder neuerdings von Moede und Piorkowski in Berlin zur Auswahl Hochbegabter für entsprechende Schulen[1]).

Auf die Bedeutung der genauen Kenntnis der Individualität für die Berufswahl weist u. a. Münsterberg hin. Er macht bereits Vorschläge, wie die „Vocation Bureaux", die es in Amerika gibt, psychologische Tests anstellen könnten. Und Hauptmann Meyer sieht in der Intelligenzprüfung eine Methode, welche das Rekrutenaushebungsgeschäft begleiten sollte, um ungeeignete Elemente auszuschalten[2]).

Es würde zu weit führen, hier auf die Einzelheiten der Prüfverfahren einzugehen. Eine Vorstellung hiervon möge hier nur die Aufzählung einiger Versuche geben. Die Prüfung der Aufmerksamkeit kann dadurch erfolgen, daß in einem Text in möglichst kurzer Zeit bestimmte Buchstaben zu durchstreichen sind, vielleicht alle a, e oder n (Bourdonsche Probe). Die Anzahl der Fehler bildet dann einen Maßstab für die Aufmerksamkeit. Die Ergänzungsfähigkeit auf optischem Gebiet läßt sich durch Kärtchen prüfen, die der Reihe nach ein Bild erst ganz andeutungsweise, dann immer vollkommener zeigen. Die Karte, bei der das Bild von der Versuchsperson bereits erkannt wird, bildet hier den Maßstab. Bei der Masselonschen Kombinationsprobe ist aus drei gegebenen Worten ein sinnvoller Satz zu bilden. Bei anderen Versuchen sind in etwa drei Minuten 60 Worte zu finden, oder es sind Textlücken in Erzählungen zu ergänzen, vorher gezeigte Bilder aus der Erinnerung zu beschreiben, drei oder fünf Gewichte zu ordnen, abstrakte Begriffe wie Rache, Glück, Hoffnung zu erläutern usw.[3]) — Moede und Piorkowski prüften die Konzentrationsfähigkeit, indem sie fortlaufend im Kopfe multiplizieren und dabei gleichzeitig eine Geschichte vorlesen ließen und nach Beendigung derselben die möglichst genaue Wiedergabe verlangten. Die Begriffsfähigkeit wurde von ihnen mittels einfacher geometrischer Figuren geprüft, deren gemeinsamen Merkmale anzugeben waren. Auf das technische Gebiet greifen zwei andere Versuche über. Bei dem einen ist an der Hand eines Querschnittmodells anzugeben, was geschieht, wenn in ein Gefäß mit Schwimmer-

---

und Physiker dauernd mit experimentellen Untersuchungen zum Nutzen der Fabrik beschäftigt werden. — Bei der Eisenbahnverwaltung liegen für psychotechnische Untersuchungen die Verhältnisse insofern besonders günstig, als die in einer der Werkstätten ausgeführten Untersuchungen bei der einheitlichen Verwaltung und der weitgehenden Gleichartigkeit der Einrichtungen und Arbeiten für einen sehr großen Bereich nutzbar gemacht werden können. Auch bei den häufigen Wünschen Unfallverletzter und wirklich oder angeblich durch ein Leiden behinderter Bediensteten würden derartige Untersuchungen von Wert sein.

[1]) Moede, Piorkowski, Wolff: „Die Berliner Begabtenschule, ihre Organisation und die experimentellen Methoden der Schülerauswahl".

[2]) Stern, a.a.O. S. 2.

[3]) Stern, a.a.O. S. 12, S. 37 u. f.

ventil Flüssigkeit eintritt. Bei dem zweiten Versuch wurde ein zwischen zwei wagerechten Zahnstangen bewegliches Zahnrad mit 10 großen Zähnen gezeigt. Es mußten die Weglänge und die Geschwindigkeit für verschiedene Bewegungsmöglichkeiten angegeben werden, je nachdem einer der drei Teile oder zwei von ihnen feststanden und die anderen sich bewegten[1]).

Den Fahrdienst endlich berühren Versuche, die Stern ausgeführt hat[2]), und zwar prüfte er:

1. Intelligenz, insbesondere im Sinne einer schnellen und richtigen Auffassung für neuartige Anforderungen und im Sinne einer angemessenen Selbstkritik der eigenen Leistungen. Zu ihrer Prüfung diente das Verhalten der Versuchsperson vor dem Hauptversuch (bei der Instruktion) und nach dem Hauptversuch (bei der Selbstkritik).

2. Aufmerksamkeit und Reaktion, und zwar: a) Die Fähigkeit, längere Zeit hindurch einer Kette fortwährend wechselnder Eindrücke ohne Nachlassen der Aufmerksamkeit zu folgen und auf bestimmte Glieder der Kette, deren Auftauchen unregelmäßig erfolgt, möglichst schnell zu reagieren; im einzelnen konnte hier die Richtigkeit und Schnelligkeit der Reaktion sowie der Zeitablauf der Aufmerksamkeit (ihre Stetigkeit, Sprunghaftigkeit, Ermüdbarkeit) bestimmt werden. b) Die Fähigkeit, bei außergewöhnlichen Reizen, welche jene Kette unterbrachen (sogenannten „Gefahrreizen"), eine andersartige Reaktion schnell und sicher zu vollziehen. c) Die Fähigkeit, auf mehrere Anforderungen (Normal- und Gefahrreize) gleichzeit zu reagieren[3]).

Diese Angaben dürften genügen, um über das Wesen der Intelligenzprüfung einige Aufschlüsse zu geben. Wo bei einer Eisenbahnverwaltung bereits Einrichtungen hierfür bestehen, würden dort auch die einschlägigen Prüfungen der Lehrlinge vorzunehmen sein; von ungeübten Kräften ist die Ausführung nicht möglich.

Bei der sächsischen Staatseisenbahnverwaltung sind im Herbst 1917 Prüfungseinrichtungen geschaffen, die im wesentlichen auf psychologischen

---

[1]) Moede, Piorkowski, Wolff, a.a.O. S. 131, 139, 160 u. f.

[2]) „Über eine psychologische Eignungsprüfung für Straßenbahnfahrerinnen" — Zeitschrift für angewandte Psychologie 1917, Band 13, Heft 1 und 2, S. 91—104.

[3]) Die Prüfeinrichtung bestand in einem langen, mit beliebigen Buchstaben versehenen Papierstreifen, der $6^1/_2$ Minuten lang so vor einem Spalt mit gleichmäßiger Geschwindigkeit vorbeigeführt wurde, daß immer nur je ein Buchstabe gleichzeitig sichtbar war. Die Versuchsperson hatte beim Erscheinen der Buchstaben s, a und g die Wahrnehmung durch Druck auf einen Telegraphentaster anzuzeigen. Außerdem wurde „Gefahrreize" eingefügt, rote Buchstaben, bei deren Erscheinen mit der linken Hand ein Hebel umzulegen war. Betraf der rote Buchstabe ein s, a und g, so waren rechts der Taster und links der Hebel gleichzeitig zu betätigen. Die Schnelligkeit der Ausführung wurde ebenfalls gemessen. — Eine von den Versuchspersonen arbeitete fast fehlerfrei, eine andere, die wegen ihres biederen vertrauenerweckenden Wesens sonst die erste Aussicht gehabt hatte, angenommen zu werden, erwies sich als ganz unfähig.

Grundlagen beruhen und die der Untersuchung von Anwärtern für Lokomotivführer- und Fahrdienstleiterstellen dienen[1]).

Es werden folgende Grundeigenschaften geprüft: Rasches und richtiges Erfassen von äußeren Vorgängen, Entschlußfähigkeit, Ruhe, Festigkeit des Nervensystems, Ausdauer und Willensstärke bei körperlicher Inanspruchnahme, ausdauernde Aufmerksamkeit, Gedächtnis für räumliche Verhältnisse und außerdem für Wahrnehmungen, auf die erst nach weiteren ebenfalls im Gedächtnis zu behaltenden Vorgängen eine Betätigung zu erfolgen hat, und Befähigung zur Abschätzung des Verlaufs von Bewegungsvorgängen. „Außerdem werden gewisse physiologische Merkmale körperlicher Eignung, z. B. Blutdruck und Atmungsverlauf, untersucht. Die Versuchseinrichtungen lehnen sich im wesentlichen an erprobte Verfahren der experimentellen Psychologie an, sind aber im übrigen in selbständiger Weise und unter besonderer Berücksichtigung der Verhältnisse des Eisenbahndienstes ausgebildet worden."

Ein kleines Laboratorium für Prüfung der individuellen Eignung für einzelne Berufe besitzt auch die Zentralstelle für Volkswohlfahrt in Berlin[2]).

§ 5. Die Beantwortung der Gesuche.

Nachdem aus den vorliegenden Gesuchen die Anwärter für die Lehrlingsstellen ausgewählt sind, ist sofort die Einberufung in die Wege zu leiten. Die Anwärter haben nun eine standesamtliche Geburtsurkunde und ein Gesundheitszeugnis beizubringen. Dies schon von sämtlichen Bewerbern bei der ersten Meldung zu verlangen, ist möglichst zu unterlassen, um den Abgewiesenen die Kosten der Beibringung dieser Bescheinigungen zu ersparen.

Die Väter oder gesetzlichen Vertreter der für die Einstellung in Aussicht genommenen Bewerber werden nunmehr schriftlich aufgefordert, die Bescheinigungen vorzulegen. Als Beispiel diene der nachstehende Wortlaut:

Vorstand
des
Königlichen Eisenbahn-Werkstättenamtes
Guben, den ....

Zum Gesuch vom ....

Sie wollen innerhalb acht Tagen eine standesamtliche Geburtsurkunde und ein ärztliches Zeugnis über den Gesundheitszustand Ihres Sohnes vorlegen. Die Kosten hierfür haben Sie selbst zu tragen.

Da unmittelbar vor einer Einstellung als Lehrling auf Kosten der Verwaltung eine bahnärztliche Untersuchung zu erfolgen hat, empfiehlt es sich zur Vermeidung von Weiterungen, auch das Gesundheitszeugnis jetzt bereits durch einen Bahnarzt an der Hand des anliegenden Vordruckes ausstellen zu lassen.

---

[1]) Zentralblatt der Bauverwaltung 17. November 1917, Nr. 93, S. 563—564.

[2]) S. auch Teil VIII, S. 439, sowie Bericht über die Tätigkeit der Zentralstelle während des Jahres vom 1. April 1915 bis dahin 1916, S. 11.

Der Name des zuständigen Bahnarztes ist in dem Vordruck angegeben. Sofern die Bescheinigungen nicht bis zum ...... d. M. vorgelegt sind, wird angenommen, daß Sie auf die Einstellung Ihres Sohnes verzichten, und es wird seine Streichung von der Anwärterliste veranlaßt.

(Unterschrift.)

An den ....

Deckt sich die Geburtsurkunde mit den bereits gemachten Angaben und lautet das ärztliche Zeugnis günstig, so kann nunmehr die Einberufung erfolgen, wenn nicht, so sind die nach der Liste nächsten Bewerber zur Untersuchung aufzufordern. Sobald dies erledigt ist und die Knaben gesundheitlich geeignet befunden sind, ist es zweckmäßig, sofort die abzuweisenden Bewerber zu benachrichtigen, damit sie sich nach einer anderen Lehrstelle umsehen können. Aus diesem Grunde sind auch die für die Einreichung des ärztlichen Zeugnisses gegebenen acht Tage Frist als Höchstgrenze anzusehen, die nicht überschritten werden darf.

Alsdann sind die angenommenen Bewerber einzuberufen. Wenn es auch nach dem eingereichten vorläufigen Schulzeugnis und nach der Vorprüfung bereits wahrscheinlich sein wird, daß der Knabe die geforderten Kenntnisse am Ende des Schuljahres auch erreicht hat, so kann doch auch der Fall eintreten, daß er das Schulziel nicht erreicht. Die Einberufung muß also mit einem Vorbehalt hierzu geschehen, etwa wie folgt:

Zum Gesuch vom ....

Ihr Sohn wird vorbehaltlich der späteren Beibringung der nachgenannten Bescheinigungen:

1. Schulzeugnis, daß er mindestens die Kenntnisse besitzt, die in der ersten Klasse einer Volksschule erworben werden,

2. Einsegnungsschein

gemäß dem noch abzuschließenden Lehrvertrag als Schlosserlehrling[1]) der Königlichen Eisenbahn-Hauptwerkstätte angenommen.

Die Lehrzeit beginnt am 25. April n. Js. morgens 6 Uhr.

Der Lehrvertrag wird einige Tage vorher abgeschlossen werden. Sie erhalten noch besondere Aufforderung, sich hierzu mit Ihrem Sohne hier einzufinden; dabei sind die obengenannten Bescheinigungen vorzulegen und ist ein Arbeitsbuch mitzubringen.

Es empfiehlt sich nicht, für den erst etwa fünf Monate später erfolgenden Abschluß des Lehrvertrages schon jetzt Tag und Stunde anzuberaumen, da die Erfahrung gezeigt hat, daß der Tag bis dahin oft wieder vergessen wird. — Bei einer Einstellung am 25. April bestimmt man etwa den 24. April für den Vertragsabschluß und fordert einige Tage vorher hierzu durch ein Schreiben etwa folgenden Inhalts auf:

Ihr Sohn hat am 23. April d. J. vormittags 8 Uhr zur ärztlichen Untersuchung im Verwaltungsgebäude des Königlichen Werkstättenamtes zu erscheinen. Ferner werden Sie ersucht, sich am 24. d. M. zusammen mit Ihrem

[1]) Wenn ein anderer Handwerkszweig in Frage kommt, ist das Wort Schlosserlehrling durch die entsprechende andere Bezeichnung zu ersetzen.

Sohne hier zum Abschluß des Lehrvertrages einzufinden und das Schulabgangszeugnis Ihres Sohnes, den Einsegnungsschein und ein von der Polizeiverwaltung ausgestelltes Arbeitsbuch für minderjährige Arbeiter mitzubringen.

Betreffs des letzteren ist folgendes zu bemerken. In GO. § 107 ist vorgeschrieben, daß minderjährige Personen, soweit reichsgesetzlich nicht ein anderes zugelassen ist, als Arbeiter nur beschäftigt werden dürfen, wenn sie mit einem Arbeitsbuche versehen sind. Bei der Annahme solcher Arbeiter hat der Arbeitgeber ein Arbeitsbuch einzufordern. Nach GO. § 108 wird das Arbeitsbuch dem Arbeiter durch die Polizeibehörde desjenigen Ortes kosten- und stempelfrei ausgestellt, in dem er zuletzt seinen dauernden Aufenthalt gehabt hat. In GO. § 110 ist weiter bestimmt, daß das Arbeitsbuch enthalten muß den Namen des Arbeiters, Ort, Jahr und Tag seiner Geburt, Namen und letzten Wohnort seines gesetzlichen Vertreters und die Unterschrift des Arbeiters. Die Ausstellung erfolgt unter dem Siegel und der Unterschrift der Behörde. Sie hat über die von ihr ausgestellten Arbeitsbücher ein Verzeichnis zu führen. Die Einrichtung der Arbeitsbücher wird durch den Reichskanzler bestimmt. GO. § 111 lautet:

„Bei dem Eintritte des Arbeiters in das Arbeitsverhältnis hat der Arbeitgeber an der dafür bestimmten Stelle des Arbeitsbuchs die Zeit des Eintritts und die Art der Beschäftigung, am Ende des Arbeitsverhältnisses die Zeit des Austritts und, wenn die Beschäftigung Änderungen erfahren hat, die Art der letzten Beschäftigung des Arbeiters einzutragen.

Die Eintragungen sind mit Tinte zu bewirken und von dem Arbeitgeber oder dem dazu bevollmächtigten Betriebsleiter zu unterzeichnen.

Die Eintragungen dürfen nicht mit einem Merkmale versehen sein, welches den Inhaber des Arbeitsbuches günstig oder nachteilig zu kennzeichnen bezweckt.

Die Eintragung eines Urteils über die Führung oder die Leistungen des Arbeiters und sonstige durch dieses Gesetz nicht vorgesehene Eintragungen oder Vermerke in oder an dem Arbeitsbuche sind unzulässig."

Bei dem Arbeitsbuch lautet der Vordruck für Seite 1 wie folgt.

Arbeitsbuch
für

Name..

geboren am

Datum..

zu

Ort..

Name des gesetzlichen Vertreters

....

wohnhaft zu

Ort.............................. Straße..............................

und für Seite 2

Unterschrift des Inhabers

Name ....

Eingetragen

in das Verzeichnis des Jahres 19... unter Nr.......

Guben, den......................... 19....

Die Polizeiverwaltung.
J. A.
Siegel. Unterschrift
Polizei-Sekretär.

Nachdem dann auf den Seiten 3, 4 und 5 GO. § 107—114, 146 und 150 abgedruckt sind, folgt der Vordruck für die Eintragungen, und zwar wie nachstehend:

Eintragungen der Arbeitgeber

bei dem Eintritt i. das Arbeitsverhältnis	bei dem Austritt aus d. Arbeitsverhältn.
Eintritt am	Austritt am ....
Beschäftigung[1])	Letzte Beschätigung[1]) ....
....	....
Unterschrift	Unterschrift ....
Gewerbe	Gewerbe ....
Wohnort	Wohnort ....
(des Arbeitgebers)	(des Arbeitgebers)

[1]) Anzugeben, ob der Inhaber z. Zt. Geselle, Gehilfe, Lehrling, Betriebsbeamter, Werkmeister, Techniker oder Fabrikarbeiter ist, sowie die Art seiner Beschäftigung, falls diese aus ersterer Angabe nicht von selbst hervorgeht.

Nun findet, wie wir früher gesehen haben, die Gewerbeordnung auf das Eisenbahnlehrlingswesen keine Anordnung. Es besteht daher auch keine rechtliche Verpflichtung für die Eisenbahnverwaltung, die Eintragungen zu bewirken und die Bücher aufzubewahren. Gleichwohl hat man sich in Guben und wohl auch anderwärts dieser geringen Mühe unterzogen. Dafür spricht, daß der junge Geselle, wenn er nach Ablauf der Lehrzeit etwa auf die Wanderschaft geht und an anderer Stelle Arbeit sucht, hierzu ein Arbeitsbuch mit Ausweis über die frühere Beschäftigung nötig hat. Nun könnte er freilich den Nichtbesitz eines solchen Buches mit der Befreiung der Eisenbahnverwaltung von der Gewerbeordnung begründen. Sicherlich würden dem jungen Gesellen dann aber oftmals Schwierigkeiten entstehen. Da er sich bei dem Austritt aus der Eisenbahnwerkstätte doch ein Arbeitsbuch beschaffen muß, kann er es somit auch schon bei Beginn der Lehrzeit tun.

Aus dem Vorstehenden ergibt sich übrigens noch, daß weder die Polizeiverwaltung noch der Gewerbeaufsichtsbeamte berechtigt sind, etwa bei einem Werkstättenamt nachzuprüfen, ob für die dort beschäftigten Lehrlinge und minderjährigen Arbeiter auch Arbeitsbücher vorhanden und wie die Eintragungen gemacht sind.

Teil IV.

Die Lehrvertrags-Bestimmungen.

§ 1. Die Dauer der Lehrzeit.

Nach LV. 17 S. 49 beträgt die Lehrzeit für die Eisenbahnlehrlinge vier Jahre. Eine Verlängerung über diese Zeit hinaus ist nicht zulässig.

Die Eisenbahnverwaltung schließt sich hiermit den Bestimmungen der Gewerbeordnung an, auf die in LV. 17 auch ausdrücklich hingewiesen wird. GO. § 130a, der in Frage kommt, lautet:

„Die Lehrzeit soll in der Regel drei Jahre dauern, sie darf den Zeitraum von vier Jahren nicht übersteigen.

Von der Handwerkskammer kann mit Genehmigung der höheren Verwaltungsbehörde die Dauer der Lehrzeit für die einzelnen Gewerbe oder Gewerbszweige nach Anhörung der beteiligten Innungen und der in § 103a Absatz 3 Ziffer 2 bezeichneten Vereinigungen festgesetzt werden[1]).

Die Handwerkskammer ist befugt, Lehrlinge in Einzelfällen von der Innehaltung der festgesetzten Lehrzeit zu entbinden."

Im Gesetz ist eine Höchstgrenze für die Lehrzeit vorgesehen, da, wie es in den Motiven zu GO. § 130a heißt, dem Bestreben, die Arbeitskraft des bereits genügend ausgebildeten Lehrlings möglichst lange auszunutzen, nicht Vorschub geleistet werden darf[2]). Für die Mindestdauer besteht eine gesetzliche Vorschrift nicht; die Zeit von drei Jahren ist nur als Regel aufgestellt, sofern nicht etwas anderes festgesetzt wird. Zur Aneignung der von dem Gesellen eines Handwerksmeisters zu verlangenden Fertigkeiten wird eine Zeit von drei bis dreieinhalb Jahren im allgemeinen als ausreichend angesehen. Bei den Kleinhandwerkern ist der Lehrling stets in derselben Werkstatt und meist sogar an demselben Arbeitsplatz beschäftigt, andere Abteilungen sind nicht vorhanden. An der einen Arbeitsstelle findet er aber in dieser Zeit ausreichend Gelegenheit, die dort vorkommenden, in der Art meist auch nicht so sehr verschiedenen Arbeiten kennen zu lernen und sich die genügenden Fertigkeiten in der Ausführung anzueignen.

---

[1]) Die in GO. § 103a Absatz 2 Ziffer 2 genannten Vereinigungen sind diejenigen Gewerbevereine und sonstigen Vereinigungen, die die Förderung der gewerblichen Interessen des Handwerks verfolgen, mindestens zur Hälfte ihrer Mitglieder aus Handwerkern bestehen und im Bezirke der Handwerkskammer ihren Sitz haben.

[2]) v. Landmann-Rohmer III, 251.

Die Handwerkskammern haben für ihre Bezirke zum Teil die Dauer der Lehrzeit einheitlich festgesetzt und dann wohl auch gleich im Lehrvertrag durch eine Anmerkung darauf hingewiesen. So findet sich in dem Vertragsvordruck der Handwerkskammer zu Posen der Vermerk: „Die Mindestdauer der Lehrzeit beträgt laut Beschluß der Vollversammlung der Handwerkskammer vom 26. März 1910 für sämtliche Lehrlinge mit Ausnahme der unter b und c genannten (d. i. Schneiderinnen, Friseurinnen, Putzmacherinnen) dreieinhalb Jahre.“ Bis zu diesem Zeitpunkt waren nur drei Jahre vorgeschrieben. In dem entsprechenden Vordruck bei anderen Handwerkskammern z. B. zu Berlin, Frankfurt a. O. und Schwerin fehlt ein solcher Vermerk.

Bei der Eisenbahnverwaltung liegen die Ausbildungsverhältnisse insofern wesentlich anders, als es sich hier im Gegensatz zum Kleinhandwerk um eine sehr vielseitige Tätigkeit handelt, die schon durch die ganz verschiedenen Abteilungen für Lokomotiven, Wagen, Bauschlosserei, Weichenbau, Werkzeugschlosserei usw. bedingt ist. Die spätere Verwendungsfähigkeit eines Handwerkers in der Eisenbahnwerkstätte beeinträchtigt es, wenn er etwa nur im Weichenbau oder nur in der Wagenabteilung beschäftigt gewesen ist, zumal die Eisenbahnlehrlinge in erster Linie auch den Nachwuchs für den Werkstättenaufsichtsdienst und für die Lokomotivbeamten darstellen sollen. Eine Beschäftigung wenigstens für einige Zeit in den wichtigsten Abteilungen ist daher sehr erwünscht, erfordert aber auch eine längere Lehrzeit als bei einem kleinen Meister. Vier Jahre sind daher schon erforderlich. Es hat diese Ausbildung aber umsoweniger Bedenken, als der Lehrling im letzten Jahre schon verhältnismäßig gut bezahlt wird, höher als es wohl in der Regel bei Handwerksmeistern der Fall ist. — Auch die Staatseisenbahnverwaltungen von Bayern, Württemberg, Sachsen, Oldenburg und die Reichseisenbahnen schreiben eine vierjährige Lehrzeit vor.

Ähnliche Gründe wie in den Eisenbahnwerkstätten kommen auch bei anderen Großbetrieben in Frage. Diese haben deshalb vielfach die Lehrzeit ebenfalls auf vier Jahre ausgedehnt, so die Königliche Gewehrfabrik in Spandau, die Maschinenfabrik Augsburg-Nürnberg AG., Werk Nürnberg, Siemens & Halske, AG., Wernerwerk, Berlin-Siemensstadt und andere. Die Firma Ludw. Loewe & Co., AG., Berlin, verlangt für Maschinenbauer, Werkzeugschlosser, Dreher, Former und Modelltischler vier Jahre, während für die einfachere Tätigkeit der Hobler, Fräser und Kernmacher nur drei Jahre gefordert werden[1]).

Bei der Firma Krupp in Essen dauert die Lehrzeit zwar im allgemeinen nur drei Jahre, doch werden hier die Lehrlinge in der Regel schon eine Zeit-

---

[1]) Arbeiter der letzteren drei Arten gelten bei der Eisenbahnverwaltung nicht als Handwerker, werden vielmehr aus den Reihen der ungelernten Bediensteten genommen und nur einige Wochen oder Monate an der betreffenden Werkzeugmaschine zum Werkhelfer ausgebildet.

lang vorher als Lauf- oder Bürojungen beschäftigt und können sich hierbei mancherlei Kenntnisse aneignen, wie S. 69 schon erwähnt ist.

Es bleibt noch zu erörtern, ob etwa Zeitversäumnisse während der Lehrzeit auf die Dauer anzurechnen sind. Die Gewerbeordnung sagt hierüber nichts. Der Wortlaut in § 130a: „sie darf den Zeitraum von vier Jahren nicht übersteigen" läßt es zweifelhaft, ob damit eine Anzahl abzuleistender, sich auch über eine längere Zeit verteilende Lehrtage oder ein Zeitabschnitt gemeint ist, mit dessen Ablauf die Lehrzeit spätestens ihr Ende finden muß. Der Wortlaut spricht mehr für die letztere Auffassung. Einzuwenden ist jedoch, daß nach den bereits erwähnten Motiven zu dieser Gesetzesbestimmung hierdurch dem Bestreben, die Arbeitskraft des bereits genügend ausgebildeten Lehrlings möglichst lange auszunutzen, nicht Vorschub geleistet werden soll. Wenn der Lehrling etwa durch Krankheit die Lehrzeit vorübergehend hat unterbrechen müssen, so ist er eben dadurch unter Umständen nach Ablauf der vier Jahre noch nicht genügend ausgebildet, und es ist dann das noch nicht erreicht, was das Gesetz bezwecken will. Auch läßt das Fehlen einer Grenze, bis zu der Unterbrechungen auf die Lehrzeit angerechnet werden können, immerhin den Schluß zu, daß eine solche Anrechnung überhaupt nicht beabsichtigt gewesen ist, da doch die festgesetzte Lehrzeit in ihrem ganzen Umfange als für die Ausbildung auch als wirklich erforderlich angesehen werden muß. Jedenfalls könnte nicht jede beliebig lange Arbeitsverhinderung, etwa über sechs oder gar zwölf Monate noch erlaubt werden, weil dies der Zweck der Lehre überhaupt in Frage stellt.

Man sieht, es lassen sich für und gegen die beiden genannten Auffassungen Gründe anführen. Die Eisenbahnverwaltung rechnet kleinere Unterbrechungen nicht an; es wird auch kein Unterschied gemacht, ob es sich um unverschuldete oder selbst verschuldete Versäumnisse handelt. Ausdrücklich heißt es in LV. 17, daß eine Verlängerung über die vier Jahre hinaus unzulässig ist.

Bei dem im allgemeinen guten Gesundheitszustande so junger Menschen, die vor ihrem Eintritt daraufhin noch besonders untersucht sind, handelt es sich zumeist nur um Versäumnisse von wenigen Tagen. An derartige vielfach, aber auch fast allein vorkommende Fälle ist offenbar in den Lehrlingsvorschriften nur gedacht, nicht aber an Verhinderungen von längerer Dauer, etwa über ein halbes oder ganzes Jahr. Einen solchen weniger ausgebildeten Lehrling dann trotzdem noch mit den übrigen gleichstufigen Lehrlingen zur Gesellenprüfung zuzulassen, erscheint nicht angängig; anderenfalls ist aber die Verlängerung der Lehrzeit ausdrücklich untersagt.

Nun ist in dem Lehrvertrage — Punkt 9 der dem Vertrage beigefügten Allgemeinen Bedingungen — ausdrücklich bestimmt, daß eine Auflösung des Vertrages auf Grund von GO. § 127 b stattfinden kann und an dieser Stelle der Gewerbeordnung sind wieder die in § 123 genannten Fälle als die Entlassung begründend aufgeführt. Unter Punkt 8 heißt es hier, daß Gesellen und Gehilfen vor Ablauf der vertragsmäßigen Zeit und ohne Aufkündigung entlassen werden können, „wenn sie zur Fortsetzung der Arbeit unfähig oder mit einer abschreckenden Krankheit behaftet sind". Es ist nicht erforderlich, daß der Arbeiter dauernd oder vollständig zur Fortsetzung der Arbeit unfähig geworden ist, es genügt auch eine voraussichtlich vorübergehende Unfähigkeit[1]). Somit hat die Eisenbahnverwaltung das Recht, einen Lehrling zu entlassen, der so lange behindert ist, daß er nach Ansicht der Eisenbahnverwaltung innerhalb der vier Jahre das gesteckte Lehrziel nicht erreichen wird. Ist die Behinderung beseitigt, so steht nichts im Wege, den Lehrling unter Anrechnung der früheren Lehrzeit aufs neue einzustellen und ihm die an der Lehrzeit noch fehlenden Monate noch nachholen zu lassen. Er kommt dann also um die Anzahl der versäumten Monate später zur Gesellenprüfung. Praktisch kommt dies Verfahren, wie man sieht, doch auf eine Verlängerung der Lehrzeit hinaus.

Von der, wenn auch nur vorübergehenden Entlassung wird indes nur dann Gebrauch zu machen sein, wenn die Zeitversäumnisse so groß gewesen sind, daß dadurch eine gründliche Erlernung des Handwerks unmöglich gemacht ist. Eine genaue Grenze läßt sich hier schwer angeben, sie hängt mit von dem Eifer und der Veranlagung des Lehrlings ab. Der eine oder andere wird vielleicht imstande sein, durch verdoppelte Anstrengungen auch noch die in sechs bis neun Monaten versäumte praktische und theoretische Ausbildung nachzuholen. Bei einer allerdings wohl nur seltenen Behinderung von mehr als zwölf Monaten müßte dagegen wohl stets die vorläufige Entlassung eintreten, weil ohne Verlängerung der Lehrzeit die wirkliche Ausbildung sonst die in GO. § 130a als Regel angegebene Zeit von drei Jahren unterschreiten würde.

Wie stellen sich nun andere Betriebe zu der Frage?

Eine der Königlichen Gewehrfabriken hat trotz vorgeschriebener vierjähriger Lehrzeit in § 1 des Lehrvertrages die Bestimmung: „Durch eigene Schuld des Lehrlings versäumte Arbeitstage werden bei der Berechnung der Dauer der Lehrzeit nicht mitgezählt." Es kommt hier also eine andere Auffassung als bei der Eisenbahnverwaltung zum Ausdruck. Der Vorteil ist, daß bei großen Versäumnissen die Verlängerung der Lehrzeit leicht möglich ist. Ein großer Nachteil scheint uns aber andrerseits darin zu liegen, daß nun infolge verschieden langer Behinderung auch die Lehrzeiten der Lehrlinge zu ganz verschiedenen Zeiten endigen. Es sind umständliche Nachrechnungen und Buchungen nötig, weiter kann das Prüfungsverfahren nicht mit einemmal für sämtliche Lehrlinge erledigt werden, sondern muß öfter stattfinden und vor allem würde die Neueinstellung von Lehrlingen unregelmäßig erfolgen müssen, wenigstens sofern sie, wie bei der Eisenbahnverwaltung, jedesmal erst dann erfolgt, wenn durch Auslernen des ältesten Jahrganges wieder Platz geworden ist.

Von den Handwerkskammern haben z. B. die zu Frankfurt a. d. Oder und zu Posen ähnliche Bestimmungen. In dem einen Lehrvertrag heißt es: „Der Lehrherr kann verlangen, daß die Lehrzeit um etwaige Krankheitsversäumnis,

---

[1]) v. Landmann-Rohmer a.a.O. III, S. 213.

welche ununterbrochen über vier Wochen dauert, verlängert wird." In dem anderen Lehrvertrag ist vorgeschrieben: „Sofern der Lehrling wegen Krankheit mehr als ...... Wochen versäumt, hat er diesen Zeitraum übersteigende Zeit vorbehaltlich der Bestimmung des § 130a Abs. 1 GO. nachzulernen." Da in den Handwerksbetrieben die Lehrzeit meist nur drei bis dreieinhalb Jahr dauert, wird selbst durch solches Nachlernen die Höchstzeit von vier Jahren selten überschritten werden. Der auch hierbei auftretende Nachteil, daß bei unregelmäßigem Auslernen der Lehrlinge das Einstellen der Nachfolger nicht immer zu dem gleichen Jahreszeitpunkt, sondern verschieden später erfolgt, macht sich im Handwerkskleinbetriebe mit nur wenigen Lehrlingen nicht entfernt so störend bemerkbar wie in dem festgefügten Verwaltungskörper eines Großbetriebes. Um noch einige Beispiele aus der Praxis anzuführen, sei erwähnt, daß eines unserer bedeutendsten westlichen Werke bei nur dreijähriger Lehrzeit nicht die Verpflichtung zum Nachholen versäumter Lehrzeit besonders ausgesprochen hat, während dies wieder bei einer großen Berliner Werkzeugmaschinenfabrik trotz vierjähriger Lehrzeit der Fall ist.

Die Linke-Hofmann-Werke in Breslau schreiben für Schlosser eine vierjährige Lehrzeit vor. Hiervon gelten die ersten drei Monate als Probezeit. Nach dem Lehrvertrag ist die Firma berechtigt, mit Rücksicht auf die Ausbildung des Lehrlings eine Verlängerung der vereinbarten Lehrzeit bis höchstens zu der Anzahl der versäumten Arbeitstage zu verlangen, wenn der Lehrling während der Lehrzeit infolge Krankheit, Beurlaubung aus Anlaß von Betriebsstörungen, Streiks, Unfall oder aus sonstigen bei ihm liegenden Gründen insgesamt mehr als 60 Arbeitstage von der Arbeit fern bleibt.

Nach unseren Erfahrungen empfiehlt sich für die Eisenbahnverwaltung die Beibehaltung des jetzigen Zustandes, der sich bewährt hat und immer mit der strengsten Auslegung von GO. § 130a in Einklang steht, sofern man überhaupt die Gewerbeordnung hierbei heranziehen will.

§ 2. Handwerkszweige für die Lehrlingsausbildung.

Gesetzliche Bestimmungen, denen sich die Eisenbahnverwaltung etwa anschließen könnte oder müßte, sind in der Gewerbeordnung über die für Lehrlingsausbildung in Betracht kommenden Handwerkszweige nicht enthalten. Grundsätzlich können Lehrlinge in allen Handwerkszweigen ausgebildet werden. Für die Eisenbahnverwaltung kommen indes schon an und für sich nur bestimmte Facheinrichtungen in Betracht, die sodann in den Lehrlingsvorschriften noch weiter eingeschränkt sind. In dem Begleiterlaß hierzu ist bestimmt, daß es den Eisenbahndirektionen überlassen bleibt, außer Lehrlingen für das Schlosser- und Dreherhandwerk auch Lehrlinge der anderen, in Eisenbahnwerkstätten hauptsächlich vertretenen Handwerkszweigen in mäßigem Umfange zur Ausbildung zuzulassen. Hierbei dürfen jedoch nur Söhne von Arbeitern und

Beamten der Eisenbahnverwaltung berücksichtigt werden. In solchen Fällen ist vor der Annahme der Lehrlinge ihren gesetzlichen Vertretern zu eröffnen, daß nach beendigter Lehrzeit die Gesellenprüfung für das Handwerk bei der Eisenbahnverwaltung nicht abgenommen werden kann. Die Lehrlinge erhalten von dem zuständigen Amtsvorstande nur ein Lehrzeugnis und sind verpflichtet, sich auf eigene Kosten der Prüfung bei einem öffentlichen Prüfungsausschuß zu unterziehen. (GO. §§ 127c und 131c.)

Als Beispiel dafür, welche Handwerksarten in den Werkstättenbetrieben der Eisenbahnverwaltung vertreten sind, mögen hier einige Zahlenangaben über die Zusammensetzung der Arbeiterschaft einer größeren Hauptwerkstätte und zwar der in Guben dienen. Sie umfaßt eine Lokomotiv-, eine Personenwagen- und eine Güterwagenabteilung sowie eine große Weichenwerkstätte mit rund 100 Köpfen[1]).

Vorhanden sind als Friedensbestand im Mittel 640 Köpfe Belegschaft und außer dem Amtsvorstand noch 46 Beamte[2]).

---

[1]) Durchschnittliche Jahresleistung: Ausgang an Lokomotiven 230, an Personenwagen 900, an Post- und Gepäckwagen 100, an Güterwagen 7500, bei 27 bedeckten Lokomotivständen, 4 Kesselständen, 36 bedeckten Wagenständen. In der Weichenabteilung werden im Mittel gefertigt 600 neue Zungenvorrichtungen Form 6 und Form 8, 1000 neue einfache und doppelte Schienenherzstücke Form 6 und 8, 2500 neue Fahrschienen mit verschiedenen Radlenkern, 800 neue Weichenböcke 6000 besondere Unterlagsplatten, 7000 neue Weichenschwellen usw. Ferner an Umarbeitungen und Instandsetzungen altbrauchbarer Teile 1000 Zungenvorrichtungen, 1500 Schienenherzstücke, 700 Fahrschienen mit Radlenkern, 80 Prellböcke, 3000 Übergangslaschen, 600 einzelne Backenschienen, 800 Zungenschienen, 500 Flügelschienen usw.

[2]) Der Beamtenkörper setzt sich wie folgt zusammen:
a) 1 höherer Beamter (Amtsvorstand)
b) für technische Angelegenheiten:,
   1 Betriebsingenieur,
   1 technischer Eisenbahnsekretär,
   1 technischer Bürogehilfe;
c) für allgemeine Verwaltungs- und Wohlfahrtsangelegenheiten (einschließl. Krankenkasse usw):
   1 Eisenbahn-Obersekretär,
   1 Oberbahnassistent;
d) für Rechnungs- und Lohnangelegenheiten:
   1 Eisenbahn-Obersekretär,
   1 Betriebssekretär,
   2 Oberbahnassistenten;
e) Für das Werkstätten-Hauptlager:
   1 Oberlagervorsteher,
   1 Materialienverwalter,
   2 Lageraufseher;
f) für das Oberbaulager:
   1 Lagervorsteher,
   1 Lageraufseher;
g) für den Werkstättenaufsichtsdienst:
   7 Werkmeister,
   18 Werkführer;
h) für sonstige Zwecke:
   1 Maschinenwärter,
   1 Bürodiener (und 1 Hilfsbürodiener im Arbeiterverhältnis),
   3 Bahnhofswärter (1 Pförtner und 2 Nachtwachbeamte).

Die Belegschaft setzt sich wie folgt zusammen:

a) 382 Handwerker.

Das Verhältnis ihrer Anzahl im einzelnen zur Gesamtzahl 382 der Handwerker ist in Teilen v. H. beigefügt.

					Übertrag 357		93,5 v. H.
1.	240	Schlosser . . .	62,8 v. H.	7.	12	Lackierer	3,1 „
2.	46	Schmiede . . .	12,0 „	8.	4	Sattler	1,1 „
3.	25	Dreher	6,5 „	9.	3	Klempner . . .	0,8 „
4.	16	Kesselschmiede .	4,2 „	10.	2	Kupferschmiede .	0,5 „
5.	15	Stellmacher .	4,1 „	11.	2	Gelbgießer . . .	0,5 „
6.	15	Tischler . . .	3,9 „	12.	2	Maurer	0,5 „
	357		93,5 v. H.		382		100,0 v. H.

b) 116 Werkhelfer (handwerksmäßig ausgebildete Arbeiter),

c) 99 Arbeiter,

d) 43 sonstige Bedienstete, und zwar

36 Lehrlinge,
4 Hilfslageraufseher im Arbeiterverhältnis,
2 Zöglinge[1]),
1 Maschinenbaubeflissener[2]).

Hiernach sind in der genannten Hauptwerkstätte 12 Handwerkszweige vertreten, am meisten die Schlosser mit 62,8 v. H. In großem Abstande folgen dann erst Schmiede, Dreher und Holzarbeiter. Von den 7 Werkmeistern ist nur einer und von den 18 Werkführern sind nur 5 nicht aus dem Schlosserhandwerk hervorgegangen. Berücksichtigt man ferner, daß auch im Lokomotivdienst die Führer und Heizer sowie die Handwerker in den vielen Betriebswerkstätten zum größten Teil gelernte Schlosser sind, so erhöht sich dadurch die Zahl der bei der Eisenbahnverwaltung benötigten Schlosser so sehr gegenüber allen anderen Handwerkern, daß die Heranbildung ausreichenden Nachwuchses zunächst in diesem Zweig erforderlich ist. Die Anzahl der sonst noch verwendeten Handwerker ist dem gegenüber so gering, daß man, von einigen Ausnahmen abgesehen, bis zum Kriege fast immer damit rechnen konnte, den Bedarf aus den im Kleinhandwerk oder in anderen Großbetrieben ausgebildeten Kräften zu decken. Übernahm die Eisenbahnverwaltung auch noch die Ausbildung von Lehrlingen in anderen und bei ihr so wenig vertretenen Handwerkszweigen, so erfolgte dies nicht wegen eines Zwanges, sondern überwiegend aus Entgegenkommen. Mit Recht wurde es dann aber auch auf die Söhne von Bediensteten der eigenen Verwaltung beschränkt und selbst hier nur in mäßigem Umfange zugelassen.

---

[1]) Anwärter für den mittleren technischen Eisenbahndienst als technischer Eisenbahnsekretär und Betriebsingenieur.

[2]) Anwärter für die höhere maschinentechnische Laufbahn.

Bevor wir auf weitere Einzelheiten eingehen, sei eine Übersicht gegeben, in welchem Umfange in den einzelnen Bezirken hiervon Gebrauch gemacht ist.

Tafel 8.

Verteilung der Lehrlinge auf die verschiedenen Handwerkszweige in den einzelnen Direktionsbezirken nach dem Stande vor dem Kriege.

Laufende Nr.	Eisenbahn-direktions-bezirk	Anzahl der Lehrlinge insgesamt	Haupthandwerker			Sonstige Handwerker								In Teilen von 100 der Haupthandwerke
			Schlosser	Schlosser und Dreher	Zusammen	Schmiede	Kesselschmiede	Mechaniker, Kupferschmiede	Tischler	Lackierer	Sattler	Former	Zusammen	
1	Altona	142	142	—	142	—	—	—	—	—	—	—	—	0
2	Berlin	381	373	—	373	—	2	—	—	—	4	2	8	—
3	Breslau . . .	194	193	1	193	—	—	—	—	—	—	—	0	0
4	Bromberg . .	148	148	—	148	—	—	—	—	—	—	—	0	0
5	Cassel	204	202	2	204	—	—	—	—	—	—	—	0	0
6	Cöln	113	103	8	111	—	2	—	—	—	—	—	2	—
7	Danzig . . .	—	—	—	—	—	—	—	—	—	—	—	—	—
8	Elberfeld . . .	205	186	7	193	—	11	1	—	—	—	—	12	—
9	Erfurt	143	137	—	137	—	—	—	—	6	—	—	6	—
10	Essen	293	250	9	259	5	22	—	3	2	2	—	34	—
11	Frankfurt a. M.	219	219	—	219	—	—	—	—	—	—	—	0	0
12	Halle	139	136	1	137	—	—	—	—	2	—	—	2	—
13	Hannover . .	243	226	7	233	—	4	3	—	3	—	—	10[1])	—
14	Kattowitz . . .	81	81	—	81	—	—	—	—	—	—	—	—	—
15	Königsberg . .	112	112	—	112	—	—	—	—	—	—	—	—	—
16	Magdeburg . .	194	160	2	162	1	31	—	—	—	—	—	32	—
17	Mainz	144	132	—	132	—	—	—	2	10	—	—	12	—
18	Münster . . .	102	96	6	102	—	—	—	—	—	—	—	—	—
19	Posen	134	120	14	134	—	—	—	—	—	—	—	—	—
20	Saarbrücken .	203	192	4	196	—	5	—	2	—	—	—	7	—
21	Stettin . . .	129	129	—	129	—	—	—	—	—	—	—	—	—
	Zus. . . .	3523	3337	61	3397	6	77	4	7	23	6	2	125	—
	In Teilen von 100	100	94,8	1,71	96,42	0,17	2,18	0,12	0,19	0,65	0,17	0,06	3,55	—

[1]) Künftig fortfallend.

Hiernach ist die Zahl der Lehrlinge in anderen Handwerken als Schlosserei und Dreherei mit zusammen nur 125 oder 3,55 v. H. sehr gering gegenüber einer Gesamtzahl von 3523 Lehrlingen. Daß so viele Kesselschmiedelehrlinge darunter sind, erklärt sich dadurch, daß solche mit Lokomotivarbeiten vertrauten Handwerker nur in den verhältnismäßig wenigen Lokomotivfabriken ausgebildet und da auch gut bezahlt werden. Aus der Privatpraxis ist der Zugang an Kesselschmieden daher nur gering, und tüchtige Leute dieses Handwerks sind sehr gesucht. Es ist erwünscht, daß in Eisenbahnwerkstätten mit größeren Kesselschmieden Lehrlinge hierfür herangebildet werden und zwar mehr noch als bisher. Nächst den Kesselschmieden sind noch die Lackierer mit 23 Lehrlingen oder 0,65 v. H. vertreten. Auch hier liegt der Grund darin, daß das Angebot von solchen auf Lackieren von Eisenbahnbetriebsmitteln eingearbeiteten Handwerkern nicht immer zur Deckung des Bedarfs ausreicht. Dies gilt ebenfalls von den Drehern und besonders an Orten ohne größere Maschinenfabriken. Tüchtige Dreher kommen fast nur aus Großbetrieben, sind sehr begehrt und werden hoch bezahlt.

Sonstige Handwerker, Schmiede, Tischler, Sattler, Former, Kupferschmiede und dergl. sind vereinzelt vorhanden, entsprechend besonderem örtlichen Bedarf in einigen Hauptwerkstätten oder in Gewährung der Gesuche von Eisenbahnbediensteten, ihre Söhne in dem einen oder anderen Handwerk zur Ausbildung in einer Eisenbahnwerkstatt zuzulassen. Diese Zahlen sind daher namentlich des letzten Grundes wegen als von Jahr zu Jahr recht veränderlich anzusehen und berechtigen nicht ohne weiteres zu allgemeinen Schlußfolgerungen.

Auffallend ist die geringe Anzahl von Schmiedelehrlingen. Der Nachwuchs kann zwar ausreichend aus dem Privatbetrieb gedeckt werden, doch bestehen andererseits beim Schmiedehandwerk etwa dieselben engen Beziehungen zum Schlosserhandwerk wie bei Drehern und Kupferschmieden. Die gut eingerichteten Schmieden der Eisenbahnwerkstätten mit ihren vielseitigen Arbeiten und mannigfachen Arbeitsmaschinen bieten wohl Gelegenheit zu einer vielseitigen und gründlichen Ausbildung. Unter den Handwerkern der als Beispiel angeführten Hauptwerkstätte Guben stehen die Schmiede der Zahl nach mit 12 v. H. an zweiter Stelle, während die Dreher mit 6,5 v. H. fast nur halb so stark vertreten sind. Hiernach würden für die Ausbildung von Schmieden ebenfalls Gründe angeführt werden können. Weiter bietet es aber selbst bei genügender anderweiter Deckung des Bedarfs an Schmieden Vorteile, auch von ihnen Leute zu haben, die durch ihre Lehrzeit in einer Eisenbahnwerkstätte mit den hier vorkommenden Arbeiten und den besonderen Verhältnissen bei der Eisenbahnverwaltung von Jugend auf vertraut und in diesem Sinne erzogen sind. Abgesehen von dem Werkstättenaufsichtsdienst kommen die Schmiede auch für den Nachwuchs im Lokomotivführerdienst in Betracht. Als Vorbedingung für die Ablegung der Lokomotivführerprüfung ist vorgeschrieben, daß der Dienstanfänger das Schlosser-, Schmiede- oder Kupferschmiedehandwerk erlernt haben muß[1]).

Es erscheint nicht ausgeschlossen, daß der Rückgang in der Lehrlingsausbildung bei den Handwerksmeistern infolge des Krieges die Eisenbahnverwaltung veranlassen könnte, in dem einen oder anderen Handwerkszweig die Ausbildung künftig in größerem Umfange als bisher vorzunehmen, doch wird sich dies erst später übersehen lassen.

Über die praktische Ausbildung in den verschiedenen Handwerkszweigen und über die Gesellenprüfung ist in Teil V und VII das Nähere gesagt.

---

[1]) Erl. vom 25. März 1911 IV B. 2. 186 § 34 Prüfung zum Lokomotivführer. EVBl. 1912, S. 139.

§ 3. Die Einstellung.

Nach den Lehrlingsvorschriften sollen die Lehrlinge in der Regel nur zum Ostertermin jedes Jahres, in besonderen Ausnahmefällen nach dem Ermessen der Eisenbahndirektion auch am 1. Oktober eingestellt werden.

Die Einsegnung findet fast allgemein nur zu Ostern statt, ebenso die Beendigung der Schulzeit. Es ist, wie bereits in dem Abschnitt über die Altersgrenze näher ausgeführt, durchaus erwünscht, daß der Knabe dann möglichst bald wieder in eine geregelte Tätigkeit kommt; das Gegenteil kann für seine sittliche und Berufsausbildung unter Umständen nachteilig werden und den Eltern dazu noch unnötige Kosten verursachen. Mit Recht ist daher die Herbsteinstellung auf besondere Ausnahmefälle beschränkt, die wohl aber nur selten vorliegen dürften. Ein erst im Herbst in die Lehre tretender Knabe versäumt auch in der Lehrlingsschule das Sommerhalbjahr, in dem die Grundbegriffe der Maschinenlehre und des Projektionszeichnens besprochen werden. Es fehlt ihm die Grundlage, dem weiteren Unterricht mit Nutzen folgen zu können, sodaß schon aus diesem Grunde, wenn nicht besondere Umstände vorliegen, und nicht Doppellehrgänge im theoretischen Unterricht stattfinden, einem Lehrbeginn im Herbst zu widerraten ist.

Bei der Wahl des Tages nach Ostern, an dem die Einstellung stattfindet, ist folgendes zu berücksichtigen: Nach beendigter Lehrzeit wird der bisherige Lehrling genau 4 Jahre nach dem Einstelltag zum erstenmal als Geselle beschäftigt und wird dann in der Regel einer Gruppe zugeteilt, an deren Verdienst er nun teilnimmt. Das Abrechnungsverfahren wird vereinfacht, wenn dieser Tag gerade mit dem Beginn eines Löhnungszeitraumes zusammenfällt. Dies tritt ein, wenn schon die Einstellung der Lehrlinge an dem gleichen Monatstage erfolgt. Da dies andererseits am besten auch möglichst bald nach Ostern geschieht, so ergibt sich hiermit der alsdann nächste Beginn eines Löhnungszeitraumes, nämlich der 25. April, als zweckmäßigster Einstelltag[1]). Das Festhalten des stets gleichen Tages in den verschiedenen Jahren ist im übrigen auch für den Geschäftsgang wegen der Fristenwiederkehr beim Bearbeiten der Geschäftssachen und wegen des Unterrichts in der Lehrlingsschule zweckmäßig.

Der Einstellung haben die ärztliche Untersuchung, die Nachprüfung der noch außenstehenden Belege — Schulentlassungszeugnis und Einsegnungsschein — sowie der Abschluß des Lehrvertrages vorauszugehen. Hierzu wird in der ersten Hälfte des April durch ein am besten bis auf Tag- und Stundenangabe gleich umgedrucktes Schreiben aufgefordert, wie in Teil III S. 89 näher angegeben ist.

Die ärztliche Untersuchung findet etwa zwei Tage vor Dienstantritt,

---

[1]) Nach der Lohnordnung für die Arbeiter aller Dienstzweige (gültig vom 1. April 1914) § 16, Abs. 10 umfaßt ein Löhnungszeitraum einen vollen Monat, vom 25. des einen bis zum 24. des anderen Monats. Nur zu Ende des Rechnungsjahres schließt der Löhnungszeitraum erst am 31. März statt am 24.

also am 23. April statt. Sofern der Knabe nicht inzwischen mehrere Erkrankungen und Unfallverletzungen gehabt hat, deckt sich das Ergebnis fast immer mit der ersten Untersuchung.

Zweckmäßig am folgenden Tage, am 24. April vormittags, haben dann die Lehrlinge mit ihren gesetzlichen Vertretern zu einer festgesetzten Stunde im Verwaltungsgebäude zu erscheinen. Der die Lehrlingsangelegenheiten bearbeitende Beamte hat inzwischen schon die Lehrverträge bis auf die Unterschrift ausgefertigt. Wenn dann die Bescheinigungen über die Schulkenntnisse und über die Einsegnung vorschriftsmäßig befunden sind und die Beteiligten von dem Inhalt der Verträge Kenntnis genommen haben, werden diese von dem Vater oder dessen gesetzlichen Stellvertreter der Mutter, oder dem Vormund, sowie dem Lehrling einerseits und dem Amtsvorstande andrerseits unterschrieben und damit abgeschlossen.

Der Beginn der Lehrzeit bedeutet für einen jungen Menschen einen neuen wichtigen Lebensabschnitt. Die Aufnahme erfolgte in der Zeit der Blüte des Handwerks und der Gilden und Zünfte in oft sehr feierlicher Weise vor den versammelten Handwerksgenossen (s. S. 3). Es erscheint daher nicht unangebracht, wenn der Vorgang auch bei der Eisenbahnverwaltung eindrucksvoll für die jungen Menschen gestaltet wird. Dabei haben die künftigen unmittelbaren Vorgesetzten des Lehrlings, insbesondere der Lehrmeister, der Abteilungswerkmeister und der mit dem Gesellenprüfungsausschuß angehörende Werkmeister zugegen zu sein. Ob etwa außerdem auch Vertreter der Gesellen bei der Aufnahme von Schlosserlehrlingen, vielleicht aus jeder Schlosserwerkmeisterei ein älterer angesehener Handwerker, zur Beteiligung zuzuziehen sind, kann nach den besonderen örtlichen Verhältnissen dem Ermessen des Amtsvorstandes überlassen bleiben. Der Amtsvorstand wird in einer Ansprache mit einigen Worten auf die Bedeutung des Tages hinweisen, die Lehrlinge zu treuer Pflichterfüllung ermahnen und die Angehörigen auffordern, die Eisenbahnverwaltung zu unterstützen bei der Erziehung der Lehrlinge, nicht nur zu brauchbaren Handwerkern, sondern vor allem auch zu tüchtigen charakterfesten Menschen. Wie sonst Schule und Haus, müssen hier Eisenbahnverwaltung und Haus Hand in Hand nach dem gleichen Ziel arbeiten. — Der die Lehrlingsangelegenheiten bearbeitende Beamte ruft nach dem Verzeichnis die Lehrlinge der Reihenfolge nach auf. Sie haben alsdann einzeln vorzutreten und erst dem Amtsvorstand und hierauf dem Lehrmeister die Hand zu reichen. Nachdem dann der Amtsvorstand die neuen Lehrlinge der Obhut des Lehrmeisters übergeben hat, schließt der Aufnahmevorgang.

Gestattet es die Örtlichkeit, so werden es die Angehörigen, besonders wenn es Witwen oder nicht in derselben Hauptwerkstätte beschäftigte Bedienstete sind, dankbar empfinden, wenn ihnen Gelegenheit gegeben wird, im Anschluß an den Vertragsabschluß unter Führung des Lehrmeisters die zumeist helle, freundliche Lehrlingswerkstätte, die Wasch- und Ankleideräume und das Schulzimmer zu besichtigen und sich durch eigenen Augenschein davon zu überzeugen, wie gut für die Ausbildung des Sohnes oder Mündels gesorgt ist. Von dieser Erlaubnis wird in der Regel sehr dankbar Gebrauch gemacht und eine gewisse freudige Überraschung und Befriedigung sind unverkennbar, wenn die Angehörigen die umfangreichen Einrichtungen der Eisenbahnverwaltung für diese Zwecke sehen.

Andern Tags früh hat dann der Lehrling, mit Arbeitskleidung versehen, die Lehrzeit in der Lehrlingswerkstätte zu beginnen.

§ 4. Allgemeine Pflichten und Rechte des Lehrlings.

Es seien als hierher gehörig diejenigen Rechte und Pflichten behandelt, die der Lehrling mit den übrigen Arbeitern der Werkstätte teilt. Er nimmt zwar in mancher Beziehung eine Ausnahmestellung ein, fällt aber mit unter den Begriff „Arbeiter" [1]). Alle der Gewerbeordnung unterstehenden Betriebe sind auf Grund von GO. § 134a verpflichtet, innerhalb 4 Wochen nach Eröffnung des Betriebes eine Arbeitsordnung zu erlassen. Für die einzelnen Abteilungen des Betriebes oder für die einzelnen Gruppen der Arbeiter können besondere Arbeitsordnungen erlassen werden. Nach GO. § 134b muß die Arbeitsordnung Bestimmungen enthalten

1. über Anfang und Ende der regelmäßigen täglichen Arbeitszeit sowie der für die erwachsenen Arbeiter vorgesehenen Pausen;
2. über Zeit und Art der Abrechnung und Lohnzahlung mit der Maßgabe, daß die regelmäßige Lohnzahlung nicht am Sonntage stattfinden darf. Ausnahmen können von der unteren Verwaltungsbehörde zugelassen werden;
3. sofern es nicht bei den gesetzlichen Bestimmungen bewenden soll, über die Frist der zulässigen Aufkündigung sowie über die Gründe, aus welchen die Entlassung und der Austritt aus der Arbeit ohne Aufkündigung erfolgen darf;
4. sofern Strafen vorgesehen werden, über die Art und Höhe derselben, über die Art ihrer Festsetzung und, wenn sie in Geld bestehen, über deren Einziehung und über den Zweck, für welchen sie verwendet werden sollen;
5. sofern die Verwirkung von Lohnbeträgen nach Maßgabe der Bestimmung des § 134 Absatz 1 durch Arbeitsordnung oder Arbeitsvertrag ausbedungen wird, über die Verwendung der verwirkten Beträge.

Die Eisenbahnverwaltung hat für ihre Werkstättenbetriebe entsprechende

---

[1]) s. Motive zur Gewerbeordnungsnovelle von 1878 (Reichstagsverh. Bd. III, S. 510): „Den übrigen Gruppen der jüngeren Arbeiter, insbesondere den Lehrlingen, stehen die jugendlichen Fabrikarbeiter nicht ausschließend gegenüber. Ein Lehrling unter 16 Jahren, der in einer Fabrik beschäftigt ist, gehört, wie übrigens die Rechtsprechung bereits auf Grund des bestehenden Gesetzes angenommen hat, „zu den jugendlichen Arbeitern, obwohl er Lehrling ist". (v. Landmann-Rohmer a.a.O. II 262.

Vorschriften erlassen. Vom 1. April 1895 bis Ende 1915 waren es die „Gemeinsamen Bestimmungen für die Arbeiter aller Dienstzweige der preußisch-hessischen Staatseisenbahnverwaltung" und die Arbeitsordnungen. Die letzteren waren von bestimmten Eisenbahndirektionen für die Werkstätten des eigenen und oft auch mehrerer Nachbarbezirke aufgestellt und wichen daher in den verschiedenen Gruppen des Staatsbahnnetzes im einzelnen voneinander etwas ab. Es waren darin Vorschriften über die Annahme und Entlassung der Arbeiter, über Urlaub und Krankheit, Ordnungsstrafen und zum Teil auch über Lehrwerkstätten enthalten[1]). Seit dem 1. Januar 1916 ist indes an die Stelle der gemeinsamen Bestimmungen und der einzelnen Arbeitsordnungen eine einheitliche, für den ganzen Staatsbahnbereich gültige **Arbeiter-Dienstordnung** getreten. Sie enthält manche Bestimmungen der früheren Arbeitsordnung, und da § 7 des Lehrvertrages ausdrücklich bestimmt: „Der Lehrling ist zur genauesten Einhaltung der Arbeitsordnung verpflichtet", so muß auch auf die neuen Vorschriften hier eingegangan werden.

Sie haben folgenden Wortlaut:

Arbeiter-Dienstordnung.

§ 1.

Geltungsbereich.

Die „Arbeiter-Dienstordnung" gilt für die im unmittelbaren Dienst der Staatseisenbahnverwaltung im Arbeiterverhältnis nicht lediglich vorübergehend beschäftigten männlichen und weiblichen Personen (einschließlich der Hilfsunterbeamten), denen sie gegen Empfangsbescheinigung ausgehändigt ist.

§ 2.

Annahmebedingungen.

(1) Die anzunehmenden Arbeiter müssen

a) die für ihre Arbeit erforderliche Gesundheit, körperliche Rüstigkeit und Gewandtheit, insbesondere hinlängliches Seh- und Hörvermögen besitzen,

b) die für ihre Beschäftigung notwendigen Schulkenntnisse haben und in ihrem Fach hinreichend vorgebildet sein,

c) sich achtbar und unbescholten geführt und von ordnungsfeindlichen Bestrebungen ferngehalten haben,

d) aus ihrem letzten Dienstverhältnis ohne Verletzung vertraglicher Verpflichtungen geschieden sein und den Grund des Ausscheidens glaubhaft machen.

(2) Der Arbeiter hat hierfür auf Erfordern der annehmenden Stelle schriftliche Zeugnisse beizubringen, jedenfalls aber ein auf Kosten der Verwaltung von einem Bahnarzt ausgestelltes Gesundheitszeugnis, ein polizeiliches Führungszeug-

[1]) Es lautete z. B. für die Bezirke Breslau, Kattowitz, Posen der § 13: „Lehrwerkstätten. 1. Für Lehrlinge, welche in Werkstätten ausgebildet bzw. beschäftigt werden, sind die mit ihren Vätern oder Vormündern abgeschlossenen Lehrverträge maßgebend, einschließlich der denselben zugrunde liegenden Aufnahmebedingungen, soweit deren Bestimmungen von dieser Arbeitsordnung etwa abweichen. 2. Bei den Lehrlingen steht außerdem nach den Bestimmungen der Gewerbeordnung dem Werkstättenvorstande bzw. dessen Vertreter das Recht der väterlichen Zucht zu."

nis, seine Militärpapiere und ein Zeugnis über das Lebensalter, wenn dieses nicht aus den Militärzeugnissen oder anderen Papieren hervorgeht. Minderjährige Personen, die für Werkstätten oder andere fabrikartige Nebenbetriebe angenommen werden wollen, müssen Arbeitsbücher besitzen.

§ 3

Verhalten in und außer Dienst.

(1) Der Arbeiter hat sich mit den seinen Dienstkreis betreffenden Dienstvorschriften vertraut zu machen, die ihm bezeichnet werden.

(2) Er hat die Anordnungen der Verwaltung zu befolgen und seinen Vorgesetzten sowie den ihm besonders bezeichneten Bediensteten zu gehorchen. Wird ein Arbeiter in einer anderen als seiner ständigen Dienststelle beschäftigt, so hat er auch den Anordnungen der Aufsichtspersonen der anderen Dienststelle nachzukommen.

(3) Er hat sich gegen seine Vorgesetzten dienstwillig und achtungsvoll, gegen seine Mitarbeiter friedfertig und hilfreich, gegen das Publikum höflich und gefällig zu benehmen.

(4) Er hat den Nutzen der Verwaltung nach Kräften zu fördern, insbesondere sich zu bemühen, Betriebsgefahren, Brandschäden und sonstige Nachteile abzuwenden. Beschädigungen an den der Verwaltung gehörigen oder anvertrauten Gegenständen hat er alsbald anzuzeigen.

(5) Auch außerhalb des Dienstes hat der Arbeiter sich achtbar und ehrenhaft zu führen und von der Teilnahme an ordnungsfeindlichen Bestrebungen, Vereinen und Versammlungen fernzuhalten. Vereinen oder Verbänden, die die Arbeitseinstellung als zulässiges Kampfmittel erachten oder unterstützen, darf er nicht angehören.

(6) Im Bahnbereiche gefundene Gegenstände hat er alsbald dem Dienstvorsteher abzuliefern. Durch Verheimlichung eines Fundes macht er sich strafbar.

§ 4.

Trinkgelder.

Der Arbeiter darf für die ihm obliegenden Arbeiten Geschenke (Trinkgelder) nicht annehmen. Gepäckträger dürfen für die Ausführung ihrer Dienstverrichtungen nur die tarifmäßigen Vergütungen fordern, freiwillig dargebotene Geschenke (Trinkgelder) dürfen sie annehmen.

§ 5.

Nebenbeschäftigungen.

(1) Der Arbeiter darf ohne schriftliche Erlaubnis des vorgesetzten Amts- oder Bauabteilungsvorstandes oder, wenn er einem solchen nicht unterstellt ist, der Eisenbahndirektion weder eine Gast- oder Schankwirtschaft noch ein Handwerk gewerbsmäßig für sich betreiben oder durch seine Ehefrau oder andere Angehörige betreiben lassen.

(2) Gegen seinen Willen braucht der Arbeiter Privatarbeiten für Beamte der Verwaltung, insbesondere auch für seine Vorgesetzten, nicht zu verrichten.

§ 6.

Gesuche und Beschwerden.

(1) Gesuche und Beschwerden, auch in Kassenangelegenheiten, hat der Arbeiter auf dem Dienstwege, d. h. durch Vermittlung des nächsten Vorgesetzten (Vorsteher des Bahnhofs oder der Güterabfertigung, Materialienverwalter, Bahnmeister, Werkmeister usw.) anzubringen. Gesuche und Beschwerden können jedoch auch bei einem dem Dienstvorsteher unterstellten Aufsichtsbeamten (Rottenführer,

Lademeister usw.) angebracht werden, der sie unverzüglich an den Dienstvorsteher weitergibt.

(2) Unmittelbar bei dem nächst höheren Vorgesetzten darf er eine Beschwerde nur dann anbringen, wenn durch sie dem nächsten Dienstvorgesetzten ein gegen seine Person gerichteter Vorwurf einer Pflichtverletzung gemacht wird.

(3) In den Angelegenheiten, für deren Behandlung der Arbeiterausschuß zuständig ist, kann sich der Arbeiter auch an diesen wenden.

§ 7.

Arbeiterausschüsse.

(1) Auf Anordnung der Eisenbahndirektion werden nach den für den Staatseisenbahnbereich erlassenen Vorschriften Arbeiterausschüsse gebildet, deren Mitglieder von den Arbeitern aus ihrer Mitte gewählt werden. Die Einrichtung der Arbeiterausschüsse erstreckt sich nicht auf die Hilfsbeamten des unteren Dienstes.

(2) Der Arbeiterausschuß hat die Aufgabe:

a) Anträge, Wünsche und Beschwerden, die von seinen Mitgliedern vorgebracht werden und die Arbeiter der durch ihn vertretenen Dienststellen oder einzelne Gruppen berühren, bei dem Vorstande des vorgesetzten Amtes durch ihren Dienstvorsteher vorzubringen und sich in Zusammenkünften mit ihm darüber gutachtlich zu äußern;

b) über sonstige, das Arbeitsverhältnis betreffende Fragen, insbesondere über allgemeine Lohnfragen, Einrichtungen zur Verhütungen von Unfällen und andere Einrichtungen, die zum Wohle der Arbeiter und ihrer Angehörigen getroffen sind oder getroffen werden sollen, auf Anfordern ein Gutachten abzugeben;

c) Streitigkeiten der Arbeiter untereinander zu schlichten, soweit er von beiden Teilen angerufen wird.

(3) Die näheren Bestimmungen über die Zusammensetzung und die Verhandlungen der Ausschüsse trifft die Verwaltung.

§ 8.

Sammlungen.

(1) Dem Arbeiter ist vorboten, seinen Vorgesetzten Geschenke zu machen. Ausnahmsweise sind Sammlungen zu Ehrengeschenken für Vorgesetzte mit Zustimmung der Eisenbahndirektion zulässig.

(2) Sammlungen zu Geschenken oder Ehrengeschenken für Mitarbeiter bedürfen der Zustimmung des vorgesetzten Amts- oder Bauabteilungsvorstandes, oder wenn der Arbeiter einem solchen nicht unterstellt ist, der Eisenbahndirektion.

§ 9.

Dienstregelung.

(1) Der Arbeiter hat sich bei Beginn und bei Beendigung des Dienstes an der vorgeschriebenen Stelle zu melden. Er hat die ihm übertragenen Arbeiten, auch solche, für die er nicht ausdrücklich angenommen ist oder die außerhalb des Dienstortes zu verrichten sind, ordnungsmäßig auszuführen. Er darf während der Arbeitszeit ohne Erlaubnis weder die Arbeitsstelle verlassen noch Räume betreten, in denen er Arbeiten nicht zu verrichten hat.

(2) Anfang und Ende der regelmäßigen Arbeitszeit und der Pausen werden unter Berücksichtigung der Art der Arbeiten festgesetzt und den Arbeitern bekannt gegeben. Bei außerordentlichem Bedürfnis ist jeder Arbeiter verpflichtet, auch über die festgesetzte Arbeitszeit hinaus, sowie zu ungewöhnlicher Zeit zu arbeiten.

(3) Kann der Arbeiter infolge Erkrankung nicht zum Dienst erscheinen, so hat

er es sobald als möglich dem Dienstvorsteher zu melden oder melden zu lassen. Aus anderer Ursache darf er dem Dienst nur fernbleiben, wenn er Urlaub erhalten hat.

(4) Andere als die ihm von einem Vorgesetzten aufgetragenen Arbeiten darf der Arbeiter während der Arbeitszeit ohne dessen Einwilligung nicht vornehmen. Ohne Einwilligung sind auch gemeinschaftliche Besprechungen, ferner das Vorlesen, das Ausbieten, der Verkauf oder die sonstige Verbreitung von Drucksachen und Schriftstücken während der Arbeitszeit in den Arbeitsräumen, Höfen oder auf anderen Plätzen der Verwaltung verboten.

(5) Der Empfang von Besuchen auf der Arbeitsstelle mit Ausnahme der Personen, die das Essen bringen, ist verboten.

§ 10.
Dienstkleider und Dienstabzeichen.

(1) Die Arbeiter sind zum Tragen einer Dienstkleidung nicht berechtigt, soweit nicht für die Hilfsunterbeamten und Schrankenwärter etwas anderes bestimmt ist; doch dürfen sie eine Dienstmütze mit dem vorgeschriebenen Dienstabzeichen ohne Krone tragen.

(2) Die Verwaltung behält sich vor, für einzelne Arbeiterklassen wie Gepäckträger, Arbeiter auf Güterböden, Rangierarbeiter, oder für gewisse Dienstverrichtungen das Tragen von Dienstabzeichen vorzuschreiben. Gepäckträger haben nach Bestimmung der Verwaltung eine aus eigenen Mitteln beschaffte Oberkleidung zu tragen.

(3) Die als Bahnpolizeibeamte tätigen Arbeiter haben das ihnen als Ausweis übergebene Kennzeichen zu tragen.

§ 11.
Schutzkleider, Geräte, Werkzeuge, Materialien, Dienstvorschriften.

Der Arbeiter hat für die ihm gegen Empfangsbescheinigung übergebenen Gegenstände, wie Schutzkleider, Geräte, Werkzeuge, Materialien oder Dienstvorschriften aufzukommen, er hat sie schonend und vorschriftsmäßig zu behandeln und nach Beendigung der Arbeit an dem dazu bestimmten Ort aufzubewahren, ihren Verlust alsbald zu melden. Er darf sie nicht zu außerdienstlichen Zwecken verwenden oder an Dritte verleihen. Seinen Mitarbeitern zum Allgemeingebrauch überwiesene Gegenstände darf er für seine Arbeit nicht benutzen. Nicht verwendetes Material und unbrauchbar gewordene Geräte, Werkzeuge und Dienstvorschriften hat er zurückzugeben.

§ 12.
Beitritt zu Hilfskassen.

Der Arbeiter ist verpflichtet, den von der Eisenbahnverwaltung errichteten oder noch zu errichtenden Kranken-, Pensions- und sonstigen Hilfskassen beizutreten, soweit deren Satzungen es vorschreiben.

§ 13.
Anzeigen von Körperverletzungen.

Der Arbeiter, der beim Eisenbahnbetrieb oder bei seiner Arbeit Verletzungen oder sonstige Schäden erlitten hat oder erlitten zu haben glaubt, hat es sofort dem Dienstvorsteher oder dessen Vertreter zu melden und Beweise anzugeben.

§ 14.
Löhnung.

Der Arbeiter wird, soweit nichts anderes mit ihm vereinbart ist, nach der jeweilig für die Arbeiter aller Dienstzweige geltenden Lohnordnung gelöhnt. Bei der Annahme werden ihm Art und Höhe seines Lohnes sowie Zeit und Form der Zahlung mitgeteilt.

§ 15.
Belohnungen.

Außer den in der Lohnordnung aufgeführten Fällen können dem Arbeiter für besondere verdienstliche Handlungen, insbesondere für die Entdeckung betriebsgefährlicher Schäden an den Gleisen und Fahrzeugen, für die Ermittlung und Anzeige von Dieben an Eisenbahnfrachtgütern oder Materialien und dergl. außerordentliche Belohnungen gewährt werden.

§ 16.
Urlaub.

Die Arbeiter erhalten, soweit dienstliche Gründe nicht entgegenstehen, zur Erledigung dringender persönlicher Angelegenheiten sowie auch zur Erholung Urlaub nach den über die Dauer des Urlaubs, die Fortzahlung des Lohnes sowie die Gewährung freier Eisenbahnfahrt jeweilig getroffenen Vorschriften.

§ 17.
Ersatzpflicht

(1) Der Arbeiter hat für den Schaden aufzukommen, den er durch sein Verschulden der Eisenbahnverwaltung an den von ihm benutzten Werkzeugen und an sonstigen Gegenständen oder in anderer Weise, z. B. durch mangelhafte Arbeit, Arbeitseinstellung usw. verursacht.

(2) Hat ein Arbeiter rechtswidrig die Arbeit verlassen und dadurch das Arbeitsverhältnis aufgelöst, so kann ihm an Stelle des Schadensersatzes der rückständige Lohn bis zum Betrage des durchschnittlichen Wochenlohns, höchstens jedoch bis zum Betrag des sechsfachen Ortslohnes, zugunsten der Abteilung B der Pensionskasse für die Arbeiter der preußisch-hessischen Eisenbahngemeinschaft einbehalten werden.

§ 18.
Strafen.

(1) Verletzt ein Arbeiter seine Pflichten aus dem Arbeitsverhältnis, so wird er verwarnt.

(2) Bleibt die Verwarnung erfolglos oder handelt es sich um eine erheblichere Pflichtverletzung, so kann ihm eine Geldstrafe auferlegt werden, deren Betrag zugunsten der Eisenbahnkrankenkasse bei der nächsten Lohnzahlung einbehalten wird. Der Dienstvorsteher kann eine Geldstrafe bis zu einer Mark, die höhere vorgesetzte Stelle bis zu 5 Mark verhängen.

(3) Wenn hiernach dem Arbeiter eine Geldstrafe auferlegt wird, so ist ihm dies mitzuteilen.

(4) Vor Verhängung einer Geldstrafe ist dem Arbeiter durch schriftliche Vernehmung Gelegenheit zur Rechtfertigung zu geben. Nötigenfalls ist der Tatbestand auch durch Vernehmung von Zeugen oder durch andere Beweismittel schriftlich festzustellen.

(5) Gegen die Bestrafung steht dem Arbeiter das Recht der Beschwerde zu, über welche die nächst höhere Stelle entscheidet.

§ 19.
Lohnabzüge.

(1) Lohnabzüge sind nur bei schuldhafter Arbeitsversäumnis und in den in § 17 Ziffer 2 und § 18 Ziffer 2 genannten Fällen zulässig.

(2) Außerdem können durch Absetzung vom Lohn eingezogen werden:

a) die satzungsmäßigen Beiträge zu den Pensions-, Kranken- und sonstigen Hilfkassen der Eisenbahnverwaltung;

b) Arzneikosten und andere Kosten für Familienangehörige, soweit sie der Krankenkasse zu erstatten sind;
c) die von der Krankenkasse verhängten Geldstrafen;
d) gepfändete Lohnbeträge;
e) Kleiderkassenbeiträge.

(3) Andere Absetzungen sind nur mit Zustimmung des Arbeiters zulässig.

§ 20.

Kündigung und Erlöschen des Dienstverhältnisses, Befugnis zu seiner Auflösung durch die Verwaltung, Beschwerde dagegen.

(1) Das Dienstverhältnis kann von beiden Teilen während der ersten vier Wochen jederzeit sofort, nach dieser Zeit unter Einhaltung einer Kündigungsfrist von 14 Tagen aufgelöst werden.

(2) Andere Kündigungsfristen können vereinbart werden. Geschieht dies, so müssen sie für beide Teile gleich sein.

(3) Das Dienstverhältnis erlischt ohne Kündigung mit dem Tage der Zustellung des Bescheides, durch den für den Arbeiter eine Invaliden- oder Unfallrente festgesetzt wird, sofern die Verwaltung sich nicht ausdrücklich mit der Fortsetzung des Dienstverhältnisses einverstanden erklärt.

(4) Zur Kündigung und Entlassung ist sowohl die Dienststelle, der der Arbeiter untersteht, als auch das vorgesetzte Amt oder die vorgesetzte Bauabteilung, bei Hilfsunterbeamten aber nur das Amt oder die Bauabteilung befugt. Gegenüber Arbeitern, die mindestens zehn Jahre ununterbrochen im Dienste der Verwaltung stehen, kann die Kündigung oder Entlassung nur durch das vorgesetzte Amt oder die vorgesetzte Bauabteilung, und zwar auch nur nach Genehmigung durch die Eisenbahndirektion, ausgesprochen werden. Untersteht der Arbeiter nicht einem Amte oder einer Bauabteilung, so ist nur die Eisenbahndirektion dazu befugt.

(5) Gegenüber Arbeitern, die Mitglieder eines Arbeiterausschusses sind, und gegenüber ihren Ersatzmännern ist zur Kündigung oder zur Entlassung nur die Eisenbahndirektion befugt.

(6) Gegen die Kündigung oder Entlassung steht dem Arbeiter das Recht der Beschwerde zu.

§ 21.

Sofortige Entlassung.

(1) Ohne Kündigungsfrist kann der Arbeiter aus folgenden Gründen[1]) entlassen werden:

a) wenn er bei Abschluß des Arbeitsvertrages die annehmende Stelle durch Vorlegung falscher oder verfälschter Arbeitsbücher oder Zeugnisse hintergangen oder sie über das Bestehen eines anderen ihn gleichzeitig verpflichtenden Arbeitsverhältnisses in einen Irrtum versetzt hat;
b) wenn er sich eines Diebstahls, einer Entwendung, einer Unterschlagung oder eines Betruges schuldig gemacht hat, oder einen liederlichen Lebenswandel führt;
c) wenn er die Arbeit unbefugt verlassen hat oder sich beharrlich weigert, seinen Verpflichtungen aus dem Arbeitsvertrage nachzukommen;
d) wenn er trotz Verwarnung mit Feuer oder Licht unvorsichtig umgeht;
e) wenn er sich Tätlichkeiten oder grobe Beleidigungen gegen seine Vorgesetzten, deren Vertreter oder deren Familienangehörige zuschulden kommen läßt;

---

[1]) Die Bestimmungen in den §§ 21, 22 und 24 über sofortige Entlassung, über sofortigen Austritt und über Abschiedszeugnisse stimmen mit den in den §§ 123, 124 und 113 der Gewerbeordnung getroffenen Bestimmungen überein.

f) wenn er sich einer vorsätzlichen und rechtswidrigen Sachbeschädigung zum Nachteil der Verwaltung oder eines Mitarbeiters schuldig macht.

(2) Die sofortige Entlassung ist nicht mehr zulässig, wenn die Verfehlung den zur Entlassung des Arbeiters befugten Vorgesetzten länger als eine Woche bekannt ist.

(3) Vor der Entlassung ist dem Arbeiter durch schriftliche Vernehmung Gelegenheit zur Rechtfertigung zu geben. Nötigenfalls ist der Tatbestand auch durch Vernehmung von Zeugen oder durch andere Beweismittel schriftlich festzustellen.

(4) Stellt sich die Beschwerde über die sofortige Entlassung als begründet heraus, so wird dem Arbeiter bis zum Ablauf der Kündigungsfrist der ihm nach der Lohnordnung zustehende Lohn nachgezahlt, soweit er während dieser Zeit nicht anderweitig Lohn verdient hat.

§ 22

Sofortiger Austritt.

(1) Ohne Kündigungsfrist kann der Arbeiter aus folgenden Gründen[1]) die Arbeit verlassen:

a) wenn er zur Fortsetzung der Arbeit unfähig wird;

b) wenn ein Vorgesetzter oder sein Vertreter sich Tätlichkeiten oder grobe Beleidigungen gegen ihn oder seine Familienangehörigen zuschulden kommen läßt;

c) wenn ein Vorgesetzter, sein Vertreter oder deren Familienangehörige ihn oder seine Familienangehörigen zu Handlungen verleiten oder zu verleiten versuchen oder mit seinen Familienangehörigen Handlungen begehen, die wider die Gesetze oder die guten Sitten verstoßen;

d) wenn ihm der schuldige Lohn nicht in der bedungenen Weise ausgezahlt, wenn bei Stücklohn nicht für ausreichende Beschäftigung gesorgt wird oder wenn der Vorgesetzte ihn widerrechtlich übervorteilt;

e) wenn bei Fortsetzung der Arbeit sein Leben oder seine Gesundheit einer erweislichen Gefahr ausgesetzt sein würde, die bei Eingehung des Arbeitsvertrages nicht zu erkennen war.

(2) In den Fällen unter b ist der Austritt aus der Arbeit nicht mehr zulässig, wenn die Verfehlung dem Arbeiter länger als eine Woche bekannt ist.

§ 23.

Rückgabe der dienstlichen Gegenstände.

Beim Abgang hat der Arbeiter sämtliche ihm gelieferten Gegenstände wie Dienstanweisungen, Dienstvorschriften, Geräte, Werkzeuge, Schutzkleider, Materialien usw. an seinen Vorgesetzten abzuliefern.

§ 24.

Abschiedszeugnisse[1]).

(1) Beim Abgang können die Arbeiter (unbeschadet der Eintragungen in die Arbeitsbücher der in den Werkstätten und sonstigen fabrikartigen Nebenbetrieben beschäftigten minderjährigen Arbeiter) ein Zeugnis über die Art und Dauer ihrer Beschäftigung fordern (Beschäftigungszeugnis).

(2) Auf Verlangen ist dieses Zeugnis auch auf Führung und Leistungen auszudehnen (Führungszeugnis).

(3) Ist der Arbeiter minderjährig, so kann sein gesetzlicher Vertreter die Ausstellung des Zeugnisses fordern und verlangen, daß es nicht an den Minderjährigen,

---

[1]) Siehe Anmerkung 1 S. 109.

sondern an ihn selbst ausgehändigt wird. Mit Genehmigung der Gemeindebehörde des Ortes, an dem der Arbeiter sich dauernd zuletzt aufgehalten hat, kann das Zeugnis auch gegen den Willen des gesetzlichen Vertreters unmittelbar dem Arbeiter ausgehändigt werden.

§ 25.

Schlußbestimmungen.

Die Arbeiter-Dienstordnung tritt am 1. Januar 1916 in Kraft. Änderungen bleiben vorbehalten.

Berlin, den 12. Dezember 1915.

Der Minister der öffentlichen Arbeiten.

Wortlaut der Annahmeverhandlung.

Dem.............................. wurde am .... die „Arbeiter-Dienstordnung" ausgehändigt.

Am.......................[1]) erklärte er, daß er die Arbeiter-Dienstordnung durchgelesen habe und sie als Grundlage seines Arbeitsvertrages anerkenne.

Zur Ergänzung sind zum Teil noch Ordnungsvorschriften erlassen, und zwar wieder von bestimmten Eisenbahndirektionen für den eigenen und oft auch einige Nachbarbezirke. Eine dieser in den Werkstätten in Tafelform aushängenden Bestimmungen lautet:

Ordnungsvorschriften für die Arbeiter der Werkstätten.

Gültig vom 1. August 1917.

1. Vorgesetzte.

Die Vorgesetzten der Werkstätten- und Magazinarbeiter sind: die Hilfswerkführer, die Werkführer, die Werkmeister, die Hilfsmagazinaufseher, die Magazinaufseher, die Materialienverwalter, die Eisenbahn-Betriebsingenieure und die Vorstände der vorgesetzten Werkstätten- oder Maschinenämter und deren Vertreter. Die weiteren Vorgesetzten sind der Präsident und die Mitglieder der Königlichen Eisenbahndirektionen. Auch haben die Arbeiter den Anordnungen der Gruppenführer, denen sie zugeteilt sind, bei Ausführung der diesen übertragenen Arbeiten Folge zu leisten.

2. Betreten und Verlassen der Werkstätte.

(1) Jeder Arbeiter erhält eine Kontrollmarke, die er beim Betreten der Werkstätte oder Arbeitsstelle persönlich aus dem Markenkasten zu nehmen und beim Verlassen wieder ordnungsmäßig aufzuhängen hat. Annahme oder Abgabe der Kontrollmarke durch oder für einen andern ist verboten.

(2) Die Werkstätte darf nur durch die dafür bestimmte Tür betreten oder verlassen werden.

3. Arbeitszeit.

(1) Die Arbeitszeit dauert:

vormittags: von 6 bis 8 Uhr,
von 8^{20} bis 11^{50} Uhr,
nachmittags: von 1^{30} bis 5 Uhr.

---

[1]) Der Zeitraum zwischen Aushändigung und Erklärung soll mindestens 24 Stunden betragen.

(2) Anfang und Ende der Arbeitszeit werden nach Bestimmung des Amtsvorstandes durch den Ton der Werkstättenglocke oder einer Dampfpfeife oder in sonstiger geeigneter Weise bezeichnet. Die Arbeit ist pünktlich mit dem gegebenen Zeichen zu beginnen und bis zum Schlußzeichen fortzusetzen.

(3) Der Werkstättenarbeiter ist verpflichtet, auf Anordnungen der Vorgesetzten außerhalb der gewöhnlichen Arbeitszeit und in dringenden Fällen auch zur Nachtzeit zu arbeiten.

4. Materialien.

(1) Die zur Arbeit nötigen Materialien hat der Arbeiter von dem Hilfswerkführer oder Werkführer anzufordern. Das eigenmächtige Betreten der Magazine ist verboten.

(2) Die nach Beendigung der Arbeit erübrigten Materialien und Abfälle sind an den nächsten Vorgesetzten abzuliefern, nud zwar die wertvolleren Abfälle von Kupfer, Messing, Rotguß, Zinn, Blei, Stahl und Zink an jedem Abend. — Unterläßt der Arbeiter dies, so hat er für abhanden kommende Materialien und Abfälle vollen Ersatz zu leisten.

(3) Entdeckt ein Arbeiter Fehler oder Mängel an den Materialien, oder eignen sich diese nicht für die anzufertigende Arbeit, so hat er dies sofort dem nächsten Vorgesetzten anzuzeigen.

5. Werkzeug.

(1) Der Arbeiter erhält ein Verzeichnis der ihm übergebenen, mit einer Ordnungsnummer versehenen Werkzeuge und Gerätschaften und ist für deren Bestand verantwortlich.

(2) Er hat die Werkzeuge ordnungsmäßig zu benutzen, sich jeder mutwilligen Beschädigung zu enthalten und dieselben nach Schluß der Arbeit in dem ihm zu diesem Zwecke überwiesenen verschließbaren Kasten oder Schrank ordnungsmäßig aufzubewahren.

(3) Unbrauchbar gewordene Werkzeuge sind dem nächsten Vorgesetzten zu übergeben, welcher den Ersatz veranlaßt. Durch ordnungswidrigen Gebrauch beschädigte oder durch die Schuld des Arbeiters verloren gegangene Werkzeuge sind vom Schuldigen zu ersetzen.

(4) Das Entleihen oder Verleihen von Werkzeug oder die eigenmächtige Benutzung fremden Werkzeuges ist verboten.

6. Fertige Arbeitsstücke.

(1) Alle Arbeitsstücke müssen vor der Verwendung oder der Ablieferung an das Magazin dem nächsten Vorgesetzten und, soweit vorher bestimmt, auch dem Werkmeister zur Prüfung vorgelegt werden.

(2) Geht ein Stück bei der Verarbeitung durch mehrere Hände und bemerkt der nachfolgende Arbeiter daran ein Versehen oder eine Nachlässigkeit seitens eines vorhergehenden Arbeiters, so muß er dies sofort bei der Übernahme dem Werkführer oder Werkmeister zur Feststellung anzeigen, widrigenfalls der Fehler ihm zur Last fällt.

7. Strafen.

(1) Für Verletzung seiner Pflichten, Nachlässigkeit bei Bedienung von Maschinen und Ausführung von Arbeiten, Verstöße gegen die Arbeiterdienstordnung, sowie die sonst für ihn gültigen Vorschriften und Gesetze und für Verletzung der Ordnung und guten Sitten können Strafen gegen den Arbeiter festgesetzt werden.

(2) Strafbar ist insbesondere auch:

a) Achtungswidriges Verhalten gegen Vorgesetzte;

b) Beleidigungen, Tätlichkeiten und eigenmächtige Selbsthilfe gegen andere Arbeiter;

c) Unbefugtes Öffnen von Kästen, Schränken und Verschlüssen;
d) Genuß von geistigen Getränken, soweit nicht Ausnahmen vom vorgesetzten Amt zugelassen sind;
e) Verunreinigung des Hofraumes, der Gebäude und Abtritte; Beschreiben und Bemalen der Wände und Türen; Tabakrauchen in denjenigen Räumen der Werkstätte, in denen es nicht ausdrücklich gestattet ist.

Königliche Eisenbahndirektion.

Sowohl die Arbeiter-Dienstordnung als auch die Ordnungsvorschriften finden auf die Lehrlinge nur begrenzt Anwendung. Einmal ist der größte Teil auch der allgemeinen Rechte und Pflichten des Lehrlings bereits durch den Lehrvertrag und die ihm beigefügten allgemeinen Bedingungen für die Annahme und Ausbildung von Handwerkslehrlingen anderweit geregelt und sodann kommen auch manche anderen Vorschriften wie über Arbeiterausschüsse für ihn kaum in Betracht. Ein unbedingtes Erfordernis, auch den Lehrlingen bei der Einstellung schon einen Abdruck der Arbeiter-Dienstordnung auszuhändigen, liegt daher u. E. nicht vor, ja in einzelnen Fällen kann der Unterschied mancher Bestimmungen hier und im Lehrvertrag, so über Urlaub, Vorgesetzte, Kündigung und Erlöschen des Dienstverhältnisses, auf den Lehrling verwirrend wirken, indem er nicht recht recht weiß, welche der beiden Bestimmungen jeweils gilt. Dies wird noch dadurch erhöht, daß er die Arbeiter-Dienstordnung zu seinem persönlichen Gebrauch an der Arbeitsstelle jederzeit zur Hand hat, der Lehrvertrag aber in der Regel von dem Vater oder sonstigen gesetzlichen Vertreter in Verwahrung genommen ist. Immerhin enthält die Dienstordnung auch manches, was schon für den Lehrling gut zu wissen ist. Man wird die Aushändigung, wo sie besteht, daher auch beibehalten können, jedoch dabei zweckmäßig darauf aufmerksam machen, daß in Zweifelsfällen die Bestimmungen des Lehrvertrages in bezug auf Gültigkeit den Vorrang haben.

Die Ordnungsvorschriften sind hingegen in ihrem ganzen Umfange auch für die Lehrlinge gültig, abgesehen von der kürzeren Arbeitszeit in der Lehrlingswerkstätte. Es empfiehlt sich, in der Lehrlingswerkstätte einen Abdruck der Ordnungsvorschriften auszuhängen und hier die für die Lehrlinge gültigen Arbeitszeiten einzutragen.

§ 5. **Besondere Pflichten des Lehrlings.**

Das Verhältnis des Lehrlings zur Eisenbahnverwaltung ist im Vergleich zu den übrigen Lohnbediensteten dadurch ein grundsätzlich anderes, daß er der väterlichen Zucht des Amtsvorstandes unterworfen und durch besonderen Vertrag auf vier Jahre gebunden ist.

Die einen Teil des Lehrvertrages bildenden Allgemeinen Bestimmungen setzen in Absatz 6 das besondere Verhältnis zum Amtsvorstand fest. Seinen Vorgesetzten und Lehrern ist der Lehrling zur unbedingten Folgsamkeit verpflichtet. Bei groben Verstößen gegen die Ordnung, bei Nachlässigkeit, Versäumnis usw. kann er auch in Geldstrafe genommen werden, insbesondere wird ungerechtfertigte Schulversäumnis stets den Verlust des Lohnes oder eines Teiles zur Folge haben. Nach Absatz 8 hat sich der Lehrling eines anständigen, gesitteten Lebenswandels zu befleißigen und soll jederzeit bestrebt sein, sich die Liebe und Achtung seiner Vorgesetzten zu erwerben und mit seinen Mitlehrlingen in gutem kameradschaftlichen Verhältnis zu leben. Der Lehrling soll die vorgeschriebenen Arbeits- und Schulstunden pünktlich einhalten, die ihm aufgetragenen Arbeiten und Verrichtungen stets willig und mit Eifer ausführen und bemüht sein, sich in seinem Handwerk möglichst zu vervollkommnen und den Vorteil der Verwaltung wahrzunehmen. Sowohl zur Arbeit als zur Schule muß der Lehrling in entsprechender reinlicher Kleidung erscheinen.

Diese Bestimmungen decken sich grundsätzlich mit dem ersten Absatz von GO. § 127a[1]), gehen jedoch mehr auf die Pflichten im einzelnen ein und sprechen die Zulässigkeit von Geldstrafen aus.

Da der Lehrling der väterlichen Zucht des Lehrherrn unterworfen ist, hat dieser das Recht der körperlichen Züchtigung. v. Landmann-Rohmer[2]) führt hierzu aus den Motiven von 1878 zu dem Gesetz aus:

„Dabei versteht es sich von selbst, daß die Befugnisse, welche das Recht der väterlichen Zucht verleiht, sich naturgemäß mit dem Alter der Lehrlinge ändern. Es würde ein Mißbrauch sein, wenn ein Lehrherr dem älteren Lehrling gegenüber dieselbe Disziplinargewalt ausüben wollte, wie gegenüber dem Knaben. Gegen einen derartigen Mißbrauch ist durch die folgende Bestimmung des Entwurfes der erforderliche Schutz gegeben.“ Weiter heißt es: „Es ist zu beachten, daß nur dem Lehrherrn zusteht, den Lehrling zu züchtigen, nicht etwa auch dem mit der Anleitung des Lehrlings gemäß GO. § 127 Abs. 1 betrauten Vertreter.“

Dies ist auch für die Eisenbahnwerkstätten zu beachten. Der Amtsvorstand wird aber einen Lehrling, dessen körperliche Züchtigung aus erzieherischen Gründen geboten erscheint, nicht persönlich in dieser Weise strafen. Dann ist aber niemand anders, auch nicht der Lehrmeister im Gegensatz zu der vielfach verbreiteten Ansicht, hierzu sonst berechtigt.

Ohne im übrigen zu der Frage der Zulässigkeit oder Zweckmäßigkeit körperlicher Züchtigung bei Lehrlingen Stellung nehmen zu wollen, muß, sofern dies Recht überhaupt aufgestellt wird, praktisch auch eine Verwirklichung möglich sein. Dies läßt sich erreichen, wenn mit Berücksichtigung der besonderen Verhältnisse in staatlichen Werkstätten die Lehrlingsvorschriften dahin erweitert werden, daß der Lehrling nicht nur der väterlichen Zucht des Amts-

---

[1]) GO. § 127a: Der Lehrling ist der väterlichen Zucht des Lehrherrn unterworfen und dem Lehrherrn sowie demjenigen, welcher an Stelle des Lehrherrn die Ausbildung zu leiten hat, zur Folgsamkeit und Treue, zu Fleiß und anständigem Betragen verpflichtet. Übermäßige und unanständige Züchtigungen sowie jede die Gesundheit des Lehrlings gefährdende Behandlung sind verboten.

[2]) a.a.O. III, S. 224.

vorstandes, sondern auch derjenigen Person unterworfen ist, die in besonderen Fällen oder allgemein von dem Amtsvorstand hierzu ermächtigt wird. Eine ähnliche Bestimmung findet sich übrigens bereits in dem Lehrvertrage einer staatlichen Gewehrfabrik. Es heißt da: „Die dem Lehrherrn gesetzlich zustehenden Rechte und Pflichten hat derjenige Meister wahrzunehmen, in dessen Werkstatt der Lehrling ausgebildet wird.“ Auch in dem Lehrvertrag des Vereins deutscher Maschinenbauanstalten und des Gesamtverbandes deutscher Industrieller wird besonders vereinbart, daß das der Firma zustehende Erziehungsrecht auf die mit der Ausbildung des Lehrlings ausdrücklich betrauten Personen übertragen wird.

Im Gesetz wird der Lehrling zu Folgsamkeit und Treue gegenüber dem Lehrherrn oder dessen Vertreter in der Lehrlingsausbildung verpflichtet. Bei der Eisenbahnverwaltung kommen statt dessen nach den Lehrlingsvorschriften die Vorgesetzten in Betracht; außerdem werden noch die Lehrer einbegriffen. Der Lehrling wird ferner besonders darauf hingewiesen, daß er den Vorteil der Verwaltung wahrzunehmen und sowohl zur Arbeit als zur Schule in entsprechend reinlicher Kleidung zu erscheinen hat.

Zum Vergleich mögen hier die Bestimmungen anderer Lehrverträge herangezogen werden. In Lehrvertragsvordrucken mehrerer Handwerkskammern findet sich übereinstimmend folgendes:

„Der Lehrling verpflichtet sich, alle Obliegenheiten, welche ihm der Vertrag und das Lehrverhältnis überhaupt auferlegen, zu erfüllen, sowie allen berechtigten Anforderungen, die der Lehrmeister oder sein Vertreter an ihn stellen, nachzukommen. Der Lehrling unterwirft sich auch den Bestimmungen der für den Betrieb des Lehrmeisters geltenden Werkstatts- (Arbeits-) Ordnung, soweit nicht durch diesen Lehrvertrag oder durch besondere Abmachungen etwas anderes vereinbart wird.

Der Lehrling ist der väterlichen Zucht des Lehrmeisters unterworfen und dem Lehrmeister, sowie demjenigen, welcher an Stelle des Lehrmeisters die Ausbildung zu leiten hat, zur Folgsamkeit und Treue, zu Fleiß und anständigem Betragen verpflichtet.

Der Lehrling hat die ihm anvertrauten Arbeiten mit allem Fleiße auszuführen und immer mit der größten Vorsicht und Gewissenhaftigkeit auf Feuer und Licht zu achten; er darf die Geschäftsgeheimnisse des Lehrmeisters ohne dessen Genehmigung außerhalb des Betriebes stehenden Personen nicht verraten.

Der Lehrling darf das ihm anvertraute Material und Gerät des Lehrmeisters nur zu den ihm aufgetragenen Arbeiten verwenden und muß mit demselben sorgsam umgehen.“

In manchen Lehrverträgen finden sich Bestimmungen über den Besuch von Schankwirtschaften, von Versammlungen und bestimmten Vergnügungsveranstaltungen. So heißt es z. B. in dem Lehrvertrag einer Königlichen Gewehrfabrik:

„Der Lehrling darf ohne Erlaubnis des Direktors keinem Verein und keiner Gesellschaft beitreten, noch deren Versammlungen oder Vergnügen besuchen. Der Besuch von politischen Versammlungen ist ganz untersagt. Der Besuch öffentlicher Tanzbelustigungen ist den Lehrlingen unter 17 Jahren überhaupt verboten, über 17 Jahren nur in Begleitung der Eltern, des Vormundes oder der Familie, in welcher der Lehrling untergebracht ist, gestattet. Der Besuch von Schanklokalen ist Lehrlingen unter 17 Jahren nur in Begleitung vorgenannter Personen gestattet."

In dem Lehrvertrag der Handwerkskammer zu Frankfurt a. d. Oder ist in § 9 gesagt:

„Dem Lehrling ist vor Vollendung des 16. Lebensjahres der Besuch von Schank- und anderen öffentlichen Lokalen nur in Begleitung erwachsener Angehöriger oder des Lehrherrn gestattet.

Vereinen irgendwelcher Art darf der Lehrling ohne Genehmigung des Lehrherrn nicht beitreten. Zuwiderhandlung berechtigt den Lehrherrn zur sofortigen Auflösung des Lehrverhältnisses und zur Forderung der in § 17 vorgesehenen Entschädigung."

In dem Lehrvertrag der Handwerkskammer Posen heißt es in § 9:

„Vereinen irgendwelcher Art darf der Lehrling ohne Genehmigung des Lehrmeisters nicht beitreten, desgleichen Versammlungen ohne Genehmigung des Lehrmeisters nicht besuchen. Politische Versammlungen und Versammlungen zu Streikzwecken darf der Lehrling überhaupt nicht besuchen. Zuwiderhandlungen berechtigen den Lehrmeister zur sofortigen Aufhebung des Lehrverhältnisses und zur Forderung der in § 17 vorgesehenen Entschädigung."

Nicht vorhanden sind entsprechende Bestimmungen u. A. in den Lehrverträgen der Handwerkskammer zu Schwerin, der oldenburgischen, mecklenburgischen, württembergischen Staatsbahnen, der Reichseisenbahnen, sowie bei einer Anzahl großer Privatwerke.

Auch in dem Lehrvertrag der preußischen-hessischen Staatseisenbahnverwaltung fehlen derartige Verbote. Vereinzelt waren sie früher in der einen oder anderen Werkstätten-Arbeitsordnung zum Ausdruck gebracht und wohl häufig von dem Amtsvorstand für die ihm unterstellten Lehrlinge noch besonders schriftlich oder mündlich gegeben.

In welcher Form diese Verbote nun auch gegeben sein mögen, als bestehend sind sie in den Eisenbahnwerkstätten wohl allgemein anzusehen und dementsprechend befolgt worden[1]). Es wird ja auch kaum ein Zweifel darüber bestehen, daß Lehrlinge nicht in politische Versammlungen gehören und daß die Gelegenheit zum Alkoholgenuß für Jugendliche nach Möglichkeit einzuschränken ist. Wünschenswert ist es, hierin gleichmäßig vorzugehen, neben den Lehrlingen auch die Eltern und Vormünder auf das Bestehen und die Wichtigkeit dieser Verbote hinzuweisen und sie auch ihrerseits für ihre Söhne und Mündel darauf zu verpflichten. Zu dem Zweck erscheint eine entsprechende Bestimmung im Lehrvertrag nicht überflüssig, etwa dahingehend, daß den Lehrlingen während der ganzen Lehrzeit oder auch nur während eines Teiles derselben ohne Begleitung der Eltern oder des Vormundes der

1) So nahmen in der einen Werkstätte gelegentlich der Lehrmeister oder ein anderer Aufsichtsbeamter mit Erfolg auf den am meisten besuchten Tanzböden dahingehende Nachprüfungen vor.

Besuch öffentlicher Tanzbelustigungen oder Schankwirtschaften, sowie die Teilnahme an politischen Versammlungen und Vereinen verboten ist und daß die Lehrlinge ohne Genehmigung des vorgesetzten Amtes nicht Vereinen oder Gesellschaften irgendwelcher Art angehören dürfen.

Es ist zweckmäßiger, als Frist die ersten drei Lehrjahre, anstatt, wie in einem Handwerkskammervordruck, das 16. oder 17. Lebensjahr zu setzen. Die Überwachung wird sonst erschwert, da ein Aufsichtsbeamter beim Antreffen eines Lehrlings wohl in der Regel weiß, in welchem Lehrjahre sich dieser befindet, aber nicht, auf welchen Tag zufällig der Geburtstag fällt. Es schließt auch eine gewisse Ungerechtigkeit in sich und verleitet zu Übertretungen, wenn ein Lehrling, der eben diese Altersgrenze überschritten hat, nun die Berechtigung erhält und sein Mitlehrling des gleichen Jahrganges noch nicht, nur weil der Geburtstag etwa einige Wochen später fällt. Nach vollen Lebensjahren gerechnet, sind wesentliche Altersunterschiede in dem gleichen Jahrgang selten vorhanden. Daß ausnahmsweise auch einmal ein älterer Lehrling noch mit unter das Verbot fallen könnte, dürfte gegenüber den Vorteilen der einfacheren Fassung nicht in Betracht kommen.

In dem S. 128 bis 135 wiedergegebenen und besprochenen Entwurf des Vereins deutscher Maschinenbauanstalten und des Gesamtverbandes deutscher Metallindustrieller ist bestimmt, daß der Lehrling zum Beitritt zu Vereinigungen irgendwelcher Art die Erlaubnis seiner Firma einzuholen hat. Die Firma behält sich das Recht vor, den Beitritt zu Vereinigungen und die Beteiligung an Veranstaltungen derselben zu verbieten und den Lehrling im Falle der Zuwiderhandlung zu entlassen[1]). Wirtshäuser und öffentliche Vergnügungslokale darf der Lehrling nur mit ausdrücklicher Genehmigung seines gesetzlichen Vertreters und in Begleitung Erwachsener besuchen. — Zu der letzteren Bestimmung wird von den Entwurfsaufstellern erläuternd ausgeführt, die Durchführung einer Vorschrift, daß der Lehrling Wirtshäuser und Vergnügungslokale nur in Begleitung älterer Verwandten oder seines Vormundes besuchen dürfe, könne in manchen Fällen zu Schwierigkeiten führen. „Da eine zu strenge Vorschrift ihren Zweck selten erreicht und schließlich in erster Linie der gesetzliche Vertreter für das Betragen des Lehrlings außerhalb des Werkes verantwortlich ist, erschien es angebracht, den Wirtschaftsbesuch in erster Linie von einer ausdrücklichen Erlaubnis des gesetzlichen Vertreters abhängig zu machen.

[1]) „Ein Urteil der Zivilkammer I des Königlichen Landgerichtes zu Stuttgart vom 31. Januar 1913, Aktenzeichen X 1c, hat ausdrücklich ausgesprochen, daß eine Vereinbarung, wonach der Lehrling ohne Genehmigung des Lehrherrn Vereinen irgendwelcher Art nicht beitreten oder deren Versammlungen oder sonstige Veranstaltungen nicht besuchen darf, weder im Widerspruch mit dem gesetzlichen Gehorsamsbegriffe stehe, noch gegen die guten Sitten verstoße; — vielmehr sei sie lediglich eine Präzisierung der gesetzlichen Gehorsamspflicht des Lehrlings, und dem Lehrherrn stehe bei wiederholter Weigerung des Lehrlings, seiner Gehorsamspflicht nachzukommen, sowohl nach § 127b Abs. 2 GO. das Recht zu, den Lehrvertrag zu kündigen, als auch nach § 628 BGB. das Recht zu auf Schadenersatz. (S. 11 der dem Vertrag beigefügten „Bemerkungen". — Vgl. S. 128.)

Eine entsprechende Bestimmung ist in § 4 des Lehrvertrages aufgenommen. Vielfach wird das Verbot des Wirtshausbesuches auf Lehrlinge unter 16 Jahren beschränkt. In der erörterten abgeschwächten Form dürfte es jedoch auf die ganze Lehrzeit ausgedehnt werden können."

§ 6. Tägliche Arbeitszeit und Pausen.

Es gelten nach LV. 7 für die Lehrlinge ebenfalls die Arbeits- und Ruhezeiten, die für die übrigen Bediensteten der gesamten Werkstätte allgemein festgesetzt sind, jedoch unter Ausschluß von Sonntags- und Nachtarbeit sowie von Überstunden. Lehrlinge unter sechzehn Jahren erhalten vor- und nachmittags je eine halbstündige Arbeitspause. Im allgemeinen erstreckt sich dies hiernach auf die Dauer der Beschäftigung in der Lehrlingswerkstätte. Es wird nichts dagegen einzuwenden sein, wenn der eine oder der andere Lehrling, der schon vor Verlassen dieser Werkstätte sechzehn Jahre alt geworden ist, der Einheitlichkeit wegen der Vergünstigung trotzdem noch so lange mit teilhaftig bleibt, als dies bei der Mehrzahl seiner Kameraden des gleichen Jahrganges der Fall ist. Es würde sonst auch die Ruhe während der Pause durch das Weiterarbeiten einzelner Lehrlinge gestört und die Werkzeugmaschinen sowie der Ventilator für das Schmiedegebläse könnten oft nicht stillgesetzt werden. Auch müßte sonst eine getrennte Überwachung, einmal der arbeitenden und ferner der die Pause genießenden Lehrlinge stattfinden.

Die regelmäßige Arbeitszeit in den als Ausbildungswerkstätten in Betracht kommenden Haupt- und Nebenwerkstätten beträgt für die Arbeiter 9 Stunden. Hiervon entfallen auf den Vormittag etwa 5 und auf den Nachmittag etwa 4 Stunden. Die Frühstückspause dauert 15 bis 20 Minuten, die Mittagspause 1½ bis 1¾ Stunden. Eine Vesperpause von etwa ¼ Stunde wird selten gemacht. Morgens beginnt die Arbeit je nach der Gegend und manchmal auch nach der Jahreszeit zwischen 6 und 7 Uhr. Die Zeiten im einzelnen sind z. B.

I. für erwachsene Arbeiter und für Lehrlinge über 16 Jahren

	Arbeitszeit	Pausen
a) im ersten Arbeitsabschnitt von 6^{00} bis 8^{00}	2 Std. — Min.	
b) Frühstückspause von 8^{00} bis 8^{20}		— Std. 20 Min.
c) im zweiten Arbeitsabschnitt von 8^{20} bis 11^{50}	3 „ 30 „	
d) Mittagspause von 11^{50} bis 1^{30}		1 „ 40 „
e) im dritten Arbeitsabschnitt von 1^{30} bis 5^{00}	3 „ 30 „	
zus.	9 Std. — Min.	2 Std. — Min.
	Arbeitszeit	und Pausen.

II. für Lehrlinge unter 16 Jahren:

	Arbeitszeit	Pausen
a) im ersten Arbeitsabschnitt von 6^{00} bis 8^{00}	2 Std. — Min.	
b) Frühstückspause von 8^{00} bis 8^{30} . . .		— Std. 30 Min.
c) im zweiten Arbeitsabschnitt von 8^{30} bis 11^{50}	3 „ 20 „	
d) Mittagspause von 11^{50} bis 1^{30} . . .		1 „ 40 „
e) im dritten Arbeitsabschnitt von 1^{30} bis 3^{00}	1 „ 30 „	
f) Vesperpause von 3^{00} bis 3^{30}		— „ 30 „
g) im vierten Arbeitsabschnitt von 3^{30} bis 5^{00}	1 „ 30 „	
zus.	8 Std. 20 Min. Arbeitszeit	2 Std. 40 Min. Pausen.

Bei den Lehrlingen unter 16 Jahren bleibt somit die tägliche Arbeitszeit noch um 40 Minuten unter der im Lehrvertrag (Allg. Bed. Abs. 7) angegebenen Zeit. Würde ausnahmsweise ein Lehrling schon vor Vollendung des vierzehnten Lebensjahres eingestellt sein (s. S. 70), so ist seine Arbeitszeit in Anlehnung an GO. § 135 auf täglich sechs Stunden zu beschränken. Dies kann so geschehen, daß er in den wenigen Wochen, um die es sich bis zu dem Geburtstag nur handeln kann, morgens etwa erst um 8½ Uhr und mittags erst um 1 Uhr 50 Minuten kommt. Vormittags arbeitet er dann 3 Stunden 20 Minuten und nachmittags 2 Stunden 40 Minuten.

Die tägliche Arbeitsdauer von Jugendlichen[1]) ist für die der Gewerbeordnung unterliegenden Betriebe gesetzlich geregelt. Die Bestimmungen lauten:

GO. § 135:

„Kinder unter dreizehn Jahren dürfen nicht beschäftigt werden. Kinder über dreizehn Jahre dürfen nur beschäftigt werden, wenn sie nicht mehr zum Besuche der Volksschule verpflichtet sind.

Die Beschäftigung von Kindern unter vierzehn Jahren darf die Dauer von sechs Stunden täglich nicht überschreiten.

Junge Leute zwischen vierzehn und sechzehn Jahren dürfen nicht länger als zehn Stunden täglich beschäftigt werden."

GO. § 136:

„Die Arbeitsstunden der jugendlichen Arbeiter (§ 135) dürfen nicht vor sechs Uhr morgens beginnen und nicht über acht Uhr abends dauern. Zwischen den Arbeitsstunden müssen an jedem Arbeitstage regelmäßige Pausen gewährt werden. Für jugendliche Arbeiter, welche nur sechs Stunden täglich beschäftigt werden, muß die Pause mindestens eine halbe Stunde betragen. Den übrigen jugendlichen Arbeitern muß mindestens mittags eine einstündige, sowie vormittags und nachmittags je eine halbstündige Pause gewährt werden. Eine Vor- und

[1]) Die Gewerbeordnung bezeichnet als Kinder die Personen bis zu 14 Jahren, als junge Leute die Personen von 14 bis 16 Jahren und beide Gruppen zusammen als jugendliche Arbeiter.

Nachmittagspause braucht nicht gewährt zu werden, sofern jugendliche Arbeiter täglich nicht länger als acht Stunden beschäftigt werden und die Dauer ihrer durch eine Pause nicht unterbrochenen Arbeitszeit am Vor- und Nachmittage je vier Stunden nicht übersteigt.

Während der Pausen darf den jugendlichen Arbeitern eine Beschäftigung im Betrieb überhaupt nicht und der Aufenthalt in den Arbeitsräumen nur dann gestattet werden, wenn in denselben diejenigen Teile des Betriebs, in welchen jugendliche Arbeiter beschäftigt sind, für die Zeit der Pausen völlig eingestellt werden oder wenn der Aufenthalt im Freien nicht tunlich und andere geeignete Aufenthaltsräume ohne unverhältnismäßige Schwierigkeiten nicht beschafft werden können.

Nach Beendigung der täglichen Arbeitszeit ist den jugendlichen Arbeitern eine ununterbrochene Ruhezeit von mindestens elf Stunden zu gewähren.

An Sonn- und Festtagen sowie während der von dem ordentlichen Seelsorger für den Katechumenen- und Konfirmanden-, Beicht- und Kommunionunterricht bestimmten Stunden dürfen jugendliche Arbeiter nicht beschäftigt werden."

Man sieht, daß hier die Vorschriften der Eisenbahnverwaltung durchaus der Gewerbeordnung entsprechen, ja sie zugunsten des Lehrlings noch übertreffen.

In dem Lehrvertrag (Allg. Bed. Abs. 7) ist angegeben, daß die Lehrlinge die Arbeitspausen unter Aufsicht zu verbringen haben. Dies kann etwa in der Weise geschehen, daß sich die Lehrlinge während der Zeit auf dem Werkstättenhof oder besser noch auf einem besonders hierfür bestimmten Spielplatz aufhalten und hier etwa in derselben Weise zwanglos von dem Lehrmeister oder dem Lehrgesellen beaufsichtigt werden wie die Schüler in den Pausen auf dem Schulhof von einem Lehrer. Nur bei sehr schlechtem Wetter wird ein Verweilen in der Lehrlingswerkstätte zu erlauben sein. Dann muß der Betrieb hier jedoch vollständig ruhen. Die Beaufsichtigung durch das Werkstättenamt erstreckt sich im allgemeinen nicht auf die Zeit der Mittagspause. Fast alle Lehrlinge gehen mittags zum Essen nach Hause. Bleibt indes etwa ein in einem Nachbardorfe wohnender Lehrling mittags in dem gemeinsamen Speisesaal der Werkstätte, so wird der Lehrmeister den Lehrling in die Obhut eines älteren zuverlässigen Arbeiters geben, der auch mittags dort bleibt. Dieser hat dafür zu sorgen, daß sein Schutzbefohlener einen geeigneten Platz erhält, wo er nicht durch schlechte Beispiele oder Reden Schaden leidet und daß er die freie Zeit auch zweckentsprechend zubringt. Eine gelegentliche Nachprüfung durch den Amtsvorstand ist zu empfehlen.

§ 7. Allgemeine Rechte und Pflichten der Eisenbahnverwaltung gegenüber dem Lehrling.

In § 3 des Lehrvertrages verpflichtet sich das Werkstättenamt, den Lehrling in allen zum Handwerk gehörigen Arbeiten unterweisen zu lassen und ihn zu einem tüchtigen Gesellen auszubilden. In § 2 ist bestimmt, daß sich das gegenseitige Vertragsverhältnis nach den Bestimmungen der Gewerbeordnung regelt, soweit in dem Lehrvertrage nicht besondere Abmachungen getroffen sind. Die hiernach dem Lehrherrn zustehenden Rechte werden von dem jedesmaligen Vorstand des zuständigen Amtes wahrgenommen.

Es kommen im wesentlichen diejenigen Rechte und Pflichten in Frage, die die Gewerbeordnung dem Lehrherrn zuweist. Hier ist zunächst § 127 zu beachten:

„Der Lehrherr ist verpflichtet, den Lehrling in den bei seinem Betriebe vorkommenden Arbeiten des Gewerbes dem Zwecke der Ausbildung entsprechend zu unterweisen, ihn zum Besuche der Fortbildungs- oder Fachschule anzuhalten und den Schulbesuch zu überwachen. Er muß entweder selbst oder durch einen geeigneten, ausdrücklich dazu bestimmten Vertreter die Ausbildung des Lehrlings leiten, den Lehrling zur Arbeitsamkeit und zu guten Sitten anhalten und vor Ausschweifungen bewahren, er hat ihn gegen Mißhandlungen seitens der Arbeits- und Hausgenossen zu schützen und dafür Sorge zu tragen, daß dem Lehrlinge nicht Arbeitsverrichtungen zugewiesen werden, welche seinen körperlichen Kräften nicht angemessen sind.

Er darf dem Lehrlinge die zu seiner Ausbildung und zum Besuche des Gottesdienstes an Sonn- und Festtagen erforderliche Zeit und Gelegenheit nicht entziehen. Zu häuslichen Dienstleistungen dürfen Lehrlinge, welche im Hause des Lehrherrn weder Kost noch Wohnung erhalten, nicht herangezogen werden.

Sodann GO. § 120c:

„Gewerbeunternehmer, welche Arbeiter unter achtzehn Jahren beschäftigen, sind verpflichtet, bei der Einrichtung der Betriebsstätte und bei der Regelung des Betriebes diejenigen besonderen Rücksichten auf Gesundheit und Sittlichkeit zu nehmen, welche durch das Alter dieser Arbeiter geboten sind."

Diesen Forderungen ist bei der Eisenbahnverwaltung sehr weitgehend entsprochen. — Von den Vorschriften der Gewerbeordnung scheiden im übrigen sinngemäß diejenigen aus, die durch die behördliche Eigenschaft der Eisenbahnverwaltung entweder ohne weiteres befolgt oder nicht anwendbar sind. In Betracht kommen § 126, 126a, 129, 129a, 129b und 130 mit den Bestimmungen über die Befugnis zum Halten oder zur Anleitung von Lehrlingen, über Lehrvertrag und Innung und zulässige Lehrlingsanzahl.

Nicht für Lehrlinge allein, aber für diese ebenfalls mit gelten in dem der Gewerbeordnung unterstehenden Betrieben die allgemeinen Bestimmungen in § 120a:

„Die Gewerbeunternehmer sind verpflichtet, die Arbeitsräume, Betriebsvorrichtungen, Maschinen und Gerätschaften so einzurichten und zu unterhalten und den Betrieb so zu regeln, daß die Arbeiter gegen Gefahren für Leben und Gesundheit soweit geschützt sind, wie es die Natur des Betriebes gestattet.

Insbesondere ist für genügendes Licht, ausreichenden Luftraum und Luftwechsel, Beseitigung des bei dem Betrieb entstehenden Staubes, der dabei entwickelten Dünste und Gase sowie der dabei entstehenden Abfälle Sorge zu tragen.

Ebenso sind diejenigen Vorrichtungen herzustellen, welche zum Schutze der Arbeiter gegen gefährliche Berührung mit Maschinen oder Maschinenteilen oder gegen andere in der Natur der Betriebsstätte oder des Betriebes liegende Gefahren, namentlich auch gegen die Gefahren, welche aus Fabrikbränden erwachsen können, erforderlich sind.

Endlich sind diejenigen Vorschriften über die Ordnung des Betriebes und das Verhalten der Arbeiter zu erlassen, welche zur Sicherung eines gefahrlosen Betriebes erforderlich sind."

Ferner § 120b:

„Die Gewerbeunternehmer sind verpflichtet, diejenigen Einrichtungen zu treffen und zu unterhalten und diejenigen Vorschriften über das Verhalten der Arbeiter im Betriebe zu erlassen, welche erforderlich sind, um die Aufrechterhaltung der guten Sitten und des Anstandes zu sichern.

Insbesondere muß, soweit es die Natur des Betriebes zuläßt, bei der Arbeit die Trennung der Geschlechter durchgeführt werden, sofern nicht die Aufrechterhaltung der guten Sitten und des Anstandes durch die Einrichtung des Betriebes ohnehin gesichert ist

In Anlagen, deren Betrieb es mit sich bringt, daß die Arbeiter sich umkleiden und nach der Arbeit sich reinigen, müssen ausreichende, nach Geschlechtern getrennte Ankleide- und Waschräume vorhanden sein.

Die Bedürfnisanstalten müssen so eingerichtet sein, daß sie für die Zahl der Arbeiter ausreichen, daß den Anforderungen der Gesundheitspflege entsprochen wird und daß ihre Benutzung ohne Verletzung von Sitte und Anstand erfolgen kann."

Auch diese Forderungen sind bei der Eisenbahnverwaltung zum Teil noch erheblich über die Mindestforderungen hinaus erfüllt.

Schließlich mögen noch zum Vergleich aus einigen anderen Lehrverträgen diejenigen Stellen angeführt werden, die von den Rechten und Pflichten des Lehrherrn handeln. In den Vertragsvordrucken verschiedener Handwerkskammern heißt es mit fast wörtlicher Übereinstimmung:

„Der Lehrherr verpflichtet sich, den Lehrling durch eine dem Zwecke der Ausbildung entsprechende Anleitung durch Beschäftigung mit allen in seinem Betriebe vorkommenden Arbeiten und auch mit den anderen allgemein gebräuchlichen Handgriffen des zu erlernenden Handwerks zu einem tüchtigen Gesellen (Gehilfen) heranzubilden, ihn zur Arbeitsamkeit und zu guten Sitten anzuhalten und nach Kräften vor Lastern und Ausschweifungen zu bewahren. Die Anleitung muß durch den Lehrmeister selbst oder einen geeigneten, ausdrücklich dazu bestimmten Vertreter erfolgen. Derjenige, welcher den Lehrling anleitet, muß den Anforderungen der §§ 126, 126a, 129 der Gewerbeordnung entsprechen (§§ 1, 2 der Vorschriften zur Regelung des Lehrlingswesens).

In dem Lehrvertrage einer Königlichen Gewehrfabrik lautet die entsprechende Stelle:

Der Direktor verpflichtet sich, den Lehrling in allen im Betriebe des Instituts vorkommenden Arbeiten des von ihm gewählten Gewerbes gründlich unterweisen zu lassen. Die Ausbildung wird nach einem bestimmten Ausbildungsplane in den verschiedenen Werkstätten in der zur Erreichung des Zwecks gebotenen Reihenfolge und Ausdehnung vorgenommen. Zu außerhalb des Bereichs der Ausbildung liegenden Arbeiten und Dienstleistungen soll der Lehrling nicht herangezogen werden. Seitens des Direktors wird dem Lehrlinge die zum regelmäßigen Besuch von Fortbildungsschulen erforderliche Zeit gewährt. Sofern Fortbildungsunterricht an Sonn-

und Festtagen stattfindet, ist dafür Sorge zu tragen, daß der Lehrling einem Gottesdienste beiwohnen kann. Die in der Fortbildungsschule gefertigten Arbeiten und Zeichnungen sowie die Zeugnisse sind dem Meister vorzulegen, welcher dieselben dem Direktor zur Kenntnisnahme vorlegt. Die besondere Aufsicht über die fachliche Ausbildung des Lehrlings und sein Betragen während der Arbeitszeit fällt dem Lehrpersonal zu. Es hat die Lehrlinge zur Aufmerksamkeit und zu guten Sitten anzuhalten und vor Ausschweifungen zu bewahren. Auch die Aufführung des Lehrlings außerhalb der Arbeitszeit wird überwacht. Die dem Lehrherrn gesetzlich zustehenden Rechte und Pflichten hat derjenige Meister wahrzunehmen, in dessen Werkstatt der Lehrling ausgebildet wird. Das zu den Arbeiten erforderliche Handwerkszeug wird dem Lehrling von der Behörde geliefert. Bei verschuldetem Verluste, sowie bei mutwilliger oder durch Nachlässigkeit herbeigeführter Beschädigung des Handwerkszeuges ist der Lehrling und, falls das Sparguthaben nicht ausreicht, auch dessen Vater (oder Vormund) zum Schadenersatz heranzuziehen.

Von den deutschen Staatsbahnen legt eine derselben den vorerwähnten Wortlaut der Handwerkskammern zugrunde. Bei den anderen Verwaltungen stimmt dagegen die entsprechende Vorschrift fast wörtlich mit dem preußischen Wortlaut überein.

§ 8. Pflichten des gesetzlichen Vertreters des Lehrlings gegenüber der Eisenbahnverwaltung.

In dem Lehrvertrage werden auch dem gesetzlichen Vertreter des Lehrlings Pflichten auferlegt. Der Vertreter, in der Regel ist es der Vater oder die Mutter, verspricht in § 9, den Sohn zu einem ordentlichen und gesitteten Lebenswandel anzuhalten und ihn unausgesetzt zur pünktlichen Einhaltung seiner eingegangenen Verpflichtungen zu ermahnen. Er verpflichtet sich, den Lehrling während der ganzen Dauer des Lehrverhältnisses angemessen zu unterhalten und ihm Unterkunft in seiner Familie zu gewähren oder solche ihm in einer anderen rechtschaffenen Familie mit Zustimmung des Amtsvorstandes zu verschaffen. — In LB. 12 wird gefordert, daß die Lehrlinge bei den Eltern oder bei einer achtbaren anderen Familie wohnen müssen. Die Eisenbahnverwaltung hat das Recht und die Pflicht, sich hiervon zu überzeugen. Es wird sodann auch hier dem gesetzlichen Vertreter die Pflicht auferlegt, den Lehrling während der Lehrzeit angemessen zu unterhalten.

Der Unterkunft in einer Familie dürfte das Wohnen in einem Lehrlingsheim (s. VIII, S. 434 u. 442) gleich zu achten sein, besonders wenn es sich um ein staatliches Wohlfahrtsunternehmen handelt oder wenn das Heim von einer Religionsgesellschaft geleitet wird. In solchen Fällen nimmt der Amtsvorstand zweckmäßig gelegentlich mit dem Hausvater des Heims persönlich Fühlung und überzeugt sich von der Unterbringung des Lehrlings.

Es kommen bei den Pflichten des gesetzlichen Vertreters vier Punkte in Betracht, nämlich: Lebenswandel, Ermahnung wegen Einhaltung der Verpflichtungen, Gewährung des Lebensunterhaltes und Unterkunft. — Die beiden ersten Punkte sind selbstverständlich, doch erscheint die Erwähnung im Vertrage nicht überflüssig, um den gesetzlichen Vertreter eindringlich auf seine Pflicht in dieser Hinsicht aufmerksam zu machen und um ihn bei andauerndem oder gar böswilligem Handeln dagegen nötigenfalls auf Grund des Vertrages belangen zu können.

In der Gewerbeordnung sind derartige Verpflichtungen nicht besonders ausgesprochen, dagegen finden sie sich in den Verträgen der Handwerkskammern in folgendem fast überall gleichen Wortlaut:

„Der gesetzliche Vertreter (Vater, Mutter, Vormund) übernimmt die Verpflichtung, den Lehrling anzuhalten, daß er während der Lehrzeit allen Fleiß auf Erlernung des Gewerbes verwendet, dabei dem Geschäftsinteresse des Lehrmeisters diene, diesem und seinem Stellvertreter mit Gehorsam und Achtung begegne und sich ihnen sowie den Geschäftskunden gegenüber stets eines anständigen und bescheidenen Verhaltens befleißige. Auch verpflichtet sich der Vater (die Mutter, der Vormund), den Lehrling zum regelmäßigen und pünktlichen Besuch der Fortbildungsschule (Fachschule) anzuhalten."

In dem Lehrvertrag einer Königlichen Gewehrfabrik heißt es:

„Der Vater (oder Vormund) verpflichtet sich, den Lehrling zu einem ordentlichen und gesitteten Lebenswandel anzuhalten und ihn, falls erforderlich, zum pünktlichen Innehalten der eingegangenen Verpflichtungen zu ermahnen."

Die Mehrzahl der deutschen Staatseisenbahnverwaltungen haben fast wörtlich dieselbe Fassung wie in den preußisch-hessischen Lehrverträgen. In den uns vorliegenden Lehrverträgen mehrerer der größten industriellen Werke finden sich entsprechende Bestimmungen nicht.

In manchen Handwerkszweigen kommt es vor, daß die Lehrlinge Kost und Wohnung im Hause des Lehrherrn erhalten, in der Regel ist dies aber nur in kleineren Betrieben der Fall. Bei der Eisenbahnverwaltung ist es wie bei anderen großen industriellen Werken weder Brauch noch angängig. Indes ist eine klare Vereinbarung darüber immerhin erforderlich; dies geschieht in dem zuvor wiedergegebenen § 9 des Lehrvertrages. Die Eisenbahnverwaltung behält sich hierbei für den Fall, daß der Lehrling nicht im Elternhause oder der Familie des Vormundes Unterkunft erhält, noch die Zustimmung vor zur Wahl einer anderweiten Unterbringung, wobei ausdrücklich verlangt ist, daß es sich um eine rechtschaffene Familie handeln muß. Diese Forderung wird in der Hauptsache zum Besten des Lehrlings gestellt. In der Praxis ist der Fall indes selten; in vielen Jahren ist es bei einer Hauptwerkstätte nicht ein einziges Mal vorgekommen, daß ein Lehrling nicht auch zu Hause gewohnt hätte.

Auch die preußischen deutschen Staatseisenbahnverwaltungen haben fast alle entsprechende Bestimmungen, ebenso auch andere staatliche Betriebe. In dem Lehrvertrag einer Königlichen Gewehrfabrik heißt es z. B.:

„Der Vater (oder Vormund) verpflichtet sich, den Lehrling während der ganzen Dauer der Lehrzeit angemessen zu unterhalten und ihm Unterkunft in seiner Familie zu gewähren oder ihm solche in einer anderen geeigneten Familie mit Zustimmung des Direktors zu verschaffen. Stellt sich später heraus, daß die Unterkunft wegen mangelnder Beaufsichtigung oder aus sonstigen Gründen als ungeeignet angesehen werden muß, so kann die Unterbringung in einer geeigneteren Familie seitens des Direktors gefordert werden."

In dem Lehrvertrage der Handwerkskammern und der großen industriellen Werke haben wir einen Vorbehalt der Zustimmung zu der Unterkunft des Lehrlings nicht gefunden.

Bei der Prüfung der Unterkunft, ganz gleich, ob sie im elterlichen Hause oder in einer anderen Familie stattfindet, ist auch die Entfernung der Wohnung von der Arbeitsstätte in Betracht zu ziehen. Bei etwa beabsichtigter Unterbringung in einer Familie ist von dem Amt die Genehmigung zu versagen, sobald zu erwarten ist, daß der Lehrling durch die Zurücklegung sehr weiter Wege ungebührlich überanstrengt und ihm dadurch die Ruhezeit unzuläss'g verkürzt wird. Wohnen die Eltern etwa in einem entfernten Dorf der Umgegend — zuweilen haben die jungen Menschen des Morgens und des Abends Wege bis zu 2 Stunden zurückzulegen —, dann wird man fordern müssen, daß der Lehrling in größerer Nähe bei einer Familie untergebracht wird. Auch Lehrlingsheime können in Frage kommen. In Teil VIII S. 436 und S. 442 ist über diese Näheres gesagt.

§ 9. Der Lehrvertrag.

Im Laufe des vergangenen Jahrhunderts haben die Bestimmungen über den Lehrvertrag im Handwerk mehrfach grundsätzliche Veränderungen erfahren. Sie hängen eng mit der jeweils herrschenden Stellungnahme zu einer größeren oder geringeren Gewerbefreiheit zusammen und sind geradezu kennzeichnend dafür. Zur Zeit der unbeschränkten Gewerbefreiheit war der Abschluß des Lehrvertrages in das Belieben der Parteien gestellt. Nicht nur, daß er häufig überhaupt nicht abgeschlossen wurde, geschah dies in den übrigen Fällen dann auch so verschiedenartig und oft unzweckmäßig, daß eine gedeihliche Entwicklung des Lehrlingswesens dabei nicht stattfinden konnte. Der Lehrvertrag ist die feste Grundlage der ganzen Lehrlingsausbildung. In dem Maße, in dem die Erkenntnis dieses Satzes in den letzten Jahrzehnten durchgedrungen ist, sind auch die gesetzlichen Bestimmungen über den Lehrvertrag eingehender geworden.

GO. § 126b schreibt vor:

„Der Lehrvertrag ist binnen vier Wochen nach Beginn der Lehre schriftlich abzuschließen. Derselbe muß enthalten:

1. die Bezeichnung des Gewerbes oder des Zweiges der gewerblichen Tätigkeit, in welchem die Ausbildung erfolgen soll;
2. die Angabe der Dauer der Lehrzeit;
3. die Angabe der gegenseitigen Leistungen;
4. die gesetzlichen und sonstigen Voraussetzungen, unter welchen die einseitige Auflösung des Vertrages zulässig ist.

Der Lehrvertrag ist von den Gewerbetreibenden oder seinem Stellvertreter, dem Lehrling und dem gesetzlichen Stellvertreter des Lehrlings zu unterschreiben und in einem Exemplare dem gesetzlichen Vertreter des Lehrlings auszuhändigen. Der Lehrherr ist verpflichtet, der Ortspolizeibehörde auf Erfordern den Lehrvertrag einzureichen.

Auf Lehrlinge in staatlich anerkannten Lehrwerkstätten finden diese Bestimmungen keine Anwendung. Das gleiche gilt für Lehrverhältnisse zwischen Eltern und Kindern, falls der Handwerkskammer das Bestehen des Lehrverhältnisses, der Tag seines Beginns, das Gewerbe oder der Zweig der gewerblichen Tätigkeit, in welchem die Ausbildung erfolgen soll, und die Dauer der Lehrzeit schriftlich angezeigt wird.

Der Lehrvertrag ist kosten- und stempelfrei."

Dieser Paragraph ist erst durch die Handwerkernovelle von 1897 eingefügt worden, nachdem zuvor nur bestimmt war, daß die schriftlich abgeschlossenen Lehrverträge kosten- und stempelfrei zu sein hätten. Es werden jetzt also diejenigen Punkte genannt, über die der Lehrvertrag mindestens Festsetzungen enthalten muß. v. Landmann-Rohmer[1]) bemerkt hierzu:

„Die Novelle von 1878 hatte sich darauf beschränkt, den schriftlichen Abschluß der Lehrverträge zu begünstigen, indem sie gewisse Rechtswirkungen von der Voraussetzung des schriftlichen Vertragsabschlusses abhängig machte. Die Novelle von 1897 geht einen Schritt weiter und schreibt für jeden Lehrvertrag die schriftliche Form unter gleichzeitiger Aufstellung von Normativbestimmungen für den Inhalt der Urkunde vor. Allein sie geht nicht so weit, die Beobachtung der schriftlichen Form für eine Bedingung der Rechtsgültigkeit des Vertrags zu erklären, sondern sie bedroht nur den Lehrherrn, der den Lehrvertrag nicht ordnungsmäßig abschließt, im § 150 Ziff. 4a mit Strafe und knüpft an die Vernachlässigung der Form, wie die Novelle von 1878, gewisse Rechtsnachteile (Ausschluß der zwangsweisen Zurückführung des Lehrlings, § 127d, und der beiderseitigen Entschädigungsansprüche bei vorzeitiger Lösung des Lehrverhältnisses, § 127f)."

Er weist darauf hin, daß die Ziffern 1 bis 4 das Mindeste bezeichnen, was der Lehrvertrag enthalten muß, wenn er, wie die Motive zu dem Gesetz bemerken, als ordnungsmäßig abgeschlossen angesehen werden soll. Fehlt eine dieser Angaben, so hat dies zur Folge, daß der Vertrag nicht als schriftlicher Lehrvertrag im Sinne des Gesetzes anerkannt wird, „daß also an seinen Abschluß diejenigen Rechtswirkungen sich nicht knüpfen, deren Voraussetzung der Abschluß eines schriftlichen Lehrvertrages ist (§§ 127d, 127f)."

An die Bestimmung, daß der Vertrag auch von dem Lehrling unterschrieben sein muß, knüpft Hoffmann[2]) die Erläuterung, daß die Mitunterzeichnung des Lehrvertrages durch den Lehrling ein wesentliches Erfordernis ist, „die Polizeibehörde darf den Lehrling nicht gemäß § 127d zur Rückkehr anhalten, wenn die Unterschrift fehlt; OVG. v. 2. Juni 1902 (XLI 333). S. a. BGB. § 126". Eine abweichende Auffassung ist in den „Bemerkungen" S. 133 vertreten.

Die Eisenbahnverwaltung darf für sich den Ruhm in Anspruch nehmen, daß sie bereits zu einer Zeit, als schriftliche Lehrverträge gesetzlich überhaupt nicht gefordert und freiwillig nur unzureichend abgeschlossen wurden[3]), nämlich 1878, den schriftlichen Abschluß des Lehrvertrages anordnete. Der hierfür festgesetzte Wortlaut entsprach schon damals allen Anforderungen des erst mehrere Jahrzehnte später erlassenen Gesetzes. Der Wortlaut konnte sogar 1903 bei der Neuregelung des Lehrlingswesens zum großen Teil bei-

---

[1]) a.a.O. Bd. III, S. 215.

[2]) a.a.O. S. 425.

[3]) s. S. 7.

behalten werden, wie ein Vergleich der in Teil I § 3 S. 20 und Teil II S. 56 wiedergegebenen Lehrverträge zeigt.

Nach LV. 11 ist mit dem gesetzlichen Vertreter des Lehrlings ein Vertrag nach dem S. 56 angegebenen Muster in zwei Ausfertigungen abzuschließen. Es sind bei den Erörterungen der Lehrlingspflichten bereits wesentliche Bestimmungen des Vertrages behandelt worden, so daß wir uns hier auf den Inhalt im allgemeinen und einige Ergänzungen beschränken können.

Abgesehen von der Einleitung, die die Vertragschließenden nennt und die allgemeinen Bedingungen als Teil des Vertrages festsetzt, wird in dem Vertrage in der Hauptsache folgendes behandelt:

§ 1 enthält die in GO. § 126b unter 1 und 2 geforderten Angaben,
§ 2 Anwendung der Gewerbeordnung,
§ 3 Verpflichtung des Amtes bei der Lehrlingsausbildung,
§ 4 Entlöhnung,
§ 5 Pflicht zur Teilnahme am Unterricht,
§ 6 Pflicht zum Beitritt zu der Betriebs- und Pensionskasse,
§ 7 Pflicht zur Innehaltung der Ordnungsvorschriften,
§ 8 Haftgeld,
§ 9 Erziehungs- und Unterhaltungspflicht des gesetzlichen Vertreters des Lehrlings,
§ 10 Angabe über die doppelte Vertrags-Ausfertigung.

Von den Abschnitten der allgemeinen Bedingungen behandeln:

Absatz 1—3 Vorbedingungen der Annahme,
" 4 Unterricht,
" 5 Beibringung des Arbeitsbuches,
" 6 Vorgesetzte und Strafen,
" 7 Arbeitsdauer,
" 8 Verhalten des Lehrlings,
" 9—10 Auflösung des Lehrverhältnisses,
" 11 Gesellenprüfung und Weiterbeschäftigung,
" 12 Aussicht auf vorzugsweise Berücksichtigung bei Besetzung der Stellen im Werkstättenaufsichtsdienst.

Hiernach gliedert sich der Lehrvertrag in zwei Hauptteile, nämlich in den eigentlichen Vertrag mit Einleitung und den §§ 1—10 und in die beigefügten Allgemeinen Bedingungen mit den Abschnitten 1—12. Die Verteilung des Stoffes ist nicht derart, daß in dem eigentlichen Vertrag etwa nur die grundlegenden oder der Gewerbeordnung entsprechenden Bestimmungen und in den Abschnitten 1—12 etwa die Erläuterungen und Ergänzungen gegeben wären. Es finden sich vielmehr auch in dem zweiten Teil wichtige Festsetzungen über die Auflösung des Lehrverhältnisses, während anderseits die Teilnahme am Unterricht sowohl in § 5 als auch in Abschnitt 4 behandelt ist[1].

---

[1]) Die Abschnitte 1—3 können, da sie die Vorbedingungen für die Annahme behandeln, für den Lehrvertrag entbehrt werden, zumal dieser ja erst nach erfolgter Annahme abgeschlossen wird.

Dieselbe Zweiteilung in einen eigentlichen Vertrag und beigegebene Allgemeine Bedingungen finden wir außer bei Preußen auch noch bei den Reichseisenbahnen, Bayern, Württemberg und Oldenburg. Der Wortlaut ist in manchen Fällen mehr oder weniger übereinstimmend, eine gegenseitige Beeinflussung ist oft unverkennbar. Keine beigefügten Bedingungen hat Sachsen. Hier sind in erschöpfender Weise die Vereinbarungen über die vorzeitige Beendigung der Lehrzeit, über ihre Verlängerung und den ordnungsmäßigen Abschluß mit in den Lehrvertrag eingereiht.

Die mecklenburgische Staatseisenbahnverwaltung verwendet den nur wenig abgeänderten Wortlaut der mecklenburgischen Handwerkskammer zu Schwerin.

Bei einer staatlichen Gewehrfabrik sind dem Lehrvertrag ebenfalls keine Allgemeinen Bedingungen beigefügt. Der Inhalt gliedert sich nach den Überschriften in folgende 11 Abschnitte: § 1 Annahme und Dauer der Lehrzeit, § 2 Ausbildung und Beaufsichtigung, Handwerkszeug, § 3 Pflichten des Lehrlings, § 4 Pflichten des Vaters oder Vormundes, § 5 Arbeitszeit, § 6 Arbeitslohn und Bezahlung, § 7 Belohnungen, § 8 Strafen, § 9 Auflösung des Lehrverhältnisses seitens des Direktors, § 10 Auflösung des Lehrverhältnisses seitens des Lehrlings oder seines Vaters oder Vormundes, § 11 Freisprechung des Lehrlings. Weitere Beschäftigung. — Die meisten Abschnitte haben wieder Unterabteilungen, sodaß der Vertrag ziemlich umfangreich ist. Er erstreckt sich über fünf große Druckseiten.

Kurz gehalten sind im Gegensatz hierzu die Lehrverträge einiger großen, durch vortreffliche Lehrlingsfürsorge bekannten Privatfirmen. So sind in dem einen Falle nur folgende zehn, sich insgesamt über knapp zwei Druckseiten erstreckende Abschnitte vorhanden: § 1 Verpflichtung der Firma, § 2 Pflichten des Lehrlings, § 3 Lohn, § 4 Dauer der Lehrzeit, § 5 Vorzeitige Auflösung des Lehrverhältnisses durch die Firma, § 6 Vorzeitige Auflösung des Lehrverhältnisses durch den Lehrling, § 7 Zeugnis und Lehrbrief, § 8 Belohnungen, § 9 Gültigkeit der Arbeitsordnung, § 10 Aussicht auf spätere Fürsorge durch die Firma.

Große Verdienste um das Lehrlingswesen in Großbetrieben haben sich der Verein deutscher Maschinenbauanstalten und der Gesamtverband deutscher Metallindustrieller dadurch erworben, daß sie nach den Beschlüssen ihres Ausschusses für Lehrlingsausbildung einen sorgfältig durchgearbeiteten Lehrvertragsentwurf aufgestellt haben. Diesem beigegeben und nur für die Firma bestimmt ist ein vierzehn Seiten umfassendes Heft „Bemerkungen zu dem Normal-Lehrvertrag für Lehrlinge in den Werkstätten der Maschinen- und Metallindustrie"[1]). Es sind hier eingehende Erläuterungen und Begründungen zu den gewählten Fassungen gegeben.

---

[1]) Zu beziehen vom Verein deutscher Maschinenbauanstalten, Charlottenburg 2, Hardenbergstr. 3 sowie vom Gesamtverband deutscher Metallindustrieller, Berlin W 35, Schöneberger Ufer 13.

Der Vordruck hat folgenden Wortlaut:

Lehrvertrag

für Lehrlinge in den Werkstätten der Maschinen- und Metallindustrie
(Nach den Beschlüssen des Ausschusses für Lehrlingsausbildung des Vereins deutscher Maschinenbauanstalten und des Verbandes deutscher Metallindustrieller.).

Zwischen der Firma ....
zu .... einerseits und dem ....
zu .... als gesetzlichen Vertreter des ....
zu .... geboren am .... zu ....
anderseits wird folgender Lehrvertrag[1]) geschlossen.

(Für den Fall, daß der gesetzliche Vertreter ein Vormund oder Pfleger ist):

Die nach § 1829 in Verbindung mit § 1822 Ziffer 6 BGB. erforderliche Genehmigung des Vormundschaftsgerichtes ist bis zum .... 19..... beizubringen; andernfalls behält sich die Firma vor, vom Lehrvertrag zurückzutreten.

§ 1. Ausbildungspflicht des Lehrherrn.

Die Firma ....
nimmt den ....
in ihr Werk ...., Abteilung ....
als ....
auf und verpflichtet sich, ihn in den bei ihrem Betriebe vorkommenden Arbeiten seines Faches den Zwecken der Ausbildung entsprechend zu unterweisen und ihm Gelegenheit zu geben, sich nach seinen Fähigkeiten zu einem tüchtigen Facharbeiter heranzubilden.

§ 2. Dauer der Lehrzeit.

Die Lehrzeit beträgt .... aufeinander folgende Jahre, vom ....
.... bis zum ....
Hiervon gelten die ersten .... Monate als Probezeit, während welcher beide Parteien durch einfache fristlose Kündigung, unter Ausschluß jedes Entschädigungsanspruches, vom Vertrage zurücktreten können. Erfolgt eine Kündigung nicht, so setzt sich das Lehrverhältnis stillschweigend fort.

Bleibt der Lehrling während der Lehrzeit infolge Krankheit, Unfall oder aus sonstigen bei ihm liegenden Gründen insgesamt mehr als .... Arbeitstage von der Arbeit fern, so ist die Firma berechtigt, im Interesse der Ausbildung des Lehrlings eine entsprechende Verlängerung der vereinbarten Arbeitszeit, aber höchstens um die Anzahl der versäumten Arbeitstage, zu verlangen.

§ 3. Vergütung für den Lehrling.

Die Firma gewährt dem Lehrling zur Auszahlung an den üblichen Löhnungstagen

im ersten Lehrjahre eine Vergütung von ....
„ zweiten „ „ „ „ ....
„ dritten „ „ „ „ ....
„ vierten „ „ „ „ ....

Akkordvergütungen werden gegebenenfalls nach freiem Ermessen der Firma festgesetzt.

---

[1]) Zum Lehrvertrag gehört der Anhang als wesentlicher Bestandteil.
Über die körperliche Eignung des Lehrlings ist ein Gesundheitsattest eines von der Firma benannten Arztes beizubringen.

(Außerdem gewährt die Firma dem Lehrling, wenn er die im Lehrvertrage festgesetzte Lehrzeit ordnungsgemäß beendigt und Fleiß und gutes Betragen gezeigt hat, eine besondere Zuwendung .... die alsdann nach Ermessen der Firma dem Lehrling oder seinem gesetzlichen Vertreter in bar oder auf ein Sparkassenbuch ausgezahlt wird. Ein Rechtsanspruch auf diese besondere Zuwendung steht dem Lehrling nicht zu.)

§ 4. Pflichten des Lehrlings.

Der Lehrling hat sich innerhalb und außerhalb der Fabrik bescheiden und sittsam zu betragen, den Meistern, Beamten und Arbeitern der Firma jederzeit die schuldige Achtung zu erweisen und zu seinen Mitlehrlingen ein gutes, kameradschaftliches Verhältnis zu pflegen.

Allen Anordnungen seiner Vorgesetzten hat der Lehrling willig und genau nachzukommen, die für ihn geltende Arbeitszeit pünktlich einzuhalten, die Unfallverhütungsvorschriften gewissenhaft zu beachten. Ohne Erlaubnis seiner Vorgesetzten darf der Lehrling während seiner freien Zeit für Entgelt anderweitige Beschäftigung nicht ausüben.

Der Lehrling ist verpflichtet, seine Arbeiten fleißig und gewissenhaft auszuführen, die Betriebseinrichtungen mit größter Sorgfalt zu behandeln, über alle Geschäftsverhältnisse und Arbeitsverfahren gegen Dritte strengstes Stillschweigen zu beobachten, überhaupt das Interesse der Firma in jeder Beziehung zu wahren. Für vorsätzlich, mutwillig oder grobfahrlässig angerichteten Schaden kann sich die Firma auch an der Vergütung des Lehrlings schadlos halten. Grober Vertrauensbruch durch den Lehrling berechtigt die Firma zur sofortigen Entlassung.

Der Lehrling ist nach den behördlichen Vorschriften und etwaigen Sonderbestimmungen seiner Firma verpflichtet, Gewerbe- und Fortbildungsschulen (Sonntagschulen, Werkschulen) sowie auch besondere Kurse regelmäßig und pünktlich zu besuchen und die Schulzeugnisse sofort nach Erhalt der Firma vorzulegen. Die Lehrer der betreffenden Schulen und Kurse sind Vorgesetzte des Lehrlings.

Der Lehrling gehört der Krankenkasse an, die nach der Reichsversicherungsordnung für das Werk in Betracht kommt. Die Zugehörigkeit zu einer gesetzlich anerkannten Ersatzkasse ist nur mit Zustimmung des Lehrherrn gestattet. Die vom Lehrling zur Krankenkasse sowie zur Invaliditäts- und Alterversicherung zu zahlenden Beiträge werden von den ihm gewährten Vergütungen abgezogen.

Ist der Lehrling gezwungen, von der Arbeit oder irgendwelchen Veranstaltungen, an denen er teilnehmen soll, fernzubleiben, so hat er seinen Vorgesetzten unverzüglich über den Grund seines Fernbleibens Nachricht zu geben. Unberechtigtes Fernbleiben wird nachdrücklich bestraft.

Will der Lehrling Vereinigungen irgendwelcher Art beitreten, so hat er vorher die ausdrückliche Erlaubnis seiner Firma dazu einzuholen. Die Firma behält sich das Recht vor, den Beitritt zu Vereinigungen und die Beteiligung an Veranstaltungen derselben zu verbieten und den Lehrling im Falle der Zuwiderhandlung zu entlassen.

Wirtshäuser und öffentliche Vergnügungslokale soll der Lehrling nur mit ausdrücklicher Erlaubnis seines gesetzlichen Vertreters und in Begleitung Erwachsener besuchen.

§ 5. Pflichten des gesetzlichen Vertreters.

Der gesetzliche Vertreter des Lehrlings verpflichtet sich, dafür zu sorgen, daß das Betragen des Lehrlings außerhalb der Arbeitszeit überwacht wird, daß er zu einem ordentlichen, gesitteten Lebenswandel und zur Erfüllung der aus dem Lehrvertrag ihm obliegenden Verpflichtungen angehalten wird, und übernimmt es ferner, für angemessene Wohnung, Bekleidung und Beköstigung des Lehrlings zu sorgen.

Er erklärt sich weiter damit einverstanden, daß das der Firma zustehende Erziehungsrecht auf die mit der Ausbildung des Lehrlings ausdrücklich betrauten Personen übertragen wird, und verpflichtet sich, die Bemühungen derselben in der Erziehung des Lehrlings nach Kräften zu unterstützen.

§ 6. Allgemeine Bestimmungen; Auflösung des Lehrvertrages.

Soweit in diesem Vertrage nichts anderes bestimmt ist, regelt sich das Lehrverhältnis nach der Reichsgewerbeordnung, insbesondere nach den im Anhange zu § 6 des Lehrvertrages aufgeführten Bestimmungen, der Arbeitsordnung der Firma und der Satzung der von der Firma für den Lehrling bestimmten Krankenkasse.

Nach Ablauf der Probezeit kann das Lehrverhältnis außer in den in § 4 des Lehrvertrages angeführten Fällen vorzeitig gelöst werden, wenn ein gesetzlicher Auflösungsgrund nach den §§ 127b und 127e in Verbindung mit den §§ 123, 124 Ziffer 1, 3 bis 5 der Reichsgewerbeordnung vorliegt (siehe Anhang zu § 6), ferner dann, wenn die Firma gezwungen ist, den Betrieb ganz oder teilweise einzustellen.

Bei Betriebsstörungen, Arbeitseinschränkungen, Streiks, Aussperrungen und in sonstigen Ausnahmefällen behält sich die Firma das Recht vor, den Lehrling nach den Betriebsmöglichkeiten zu beschäftigen oder zu beurlauben, ohne daß daraus das Recht der einseitigen Auflösung des Lehrvertrages hergeleitet werden kann.

Erfüllungsort für alle Ansprüche aus diesem Vertrage ist der Sitz der Firma.

§ 7. Sonstige Vereinbarungen.

....
....
....
....

Dieser Vertrag ist doppelt ausgefertigt, und die Unterzeichneten bescheinigen durch eigenhändige Namensunterschrift, daß sie mit den Bestimmungen desselben einverstanden sind und sie als bindend anerkennen. Eine Ausfertigung ist dem gesetzlichen Vertreter des Lehrlings ausgehändigt worden.

Ort und Datum: ....

Die Firma: .... Der gesetzliche Vertreter des Lehrlings: ....

Der Lehrling: ....

Anhang zum Lehr-Vertrag.

Allgemeines.

Lehrlinge für die Werkstätten der Maschinen- und Metallindustrie sollen beim Antritt der Lehre von der Schule ordnungsmäßig entlassen sein und das Alter von 14 Jahren erreicht haben, aber im allgemeinen auch nicht mehr als 16 Jahre alt sein, damit die vierjährige Lehrzeit vor Erreichung des militärpflichtigen Alters beendet ist.

Wenn ein Lehrling bereits anderweitig in einem Lehrverhältnisse gestanden hat, so muß dieses Verhältnis vor der Aufnahme in rechtmäßiger Weise gelöst sein. Dazu bestimmt § 127e der Reichsgewerbeordnung:

Wird von dem gesetzlichen Vertreter für den Lehrling oder, sofern der letztere volljährig ist, von ihm selbst dem Lehrherrn die schriftliche Erklärung abgegeben, daß der Lehrling zu einem anderen Gewerbe oder anderen Beruf übergehen werde, so gilt das Lehrverhältnis, wenn der Lehrling nicht früher entlassen wird, nach Ablauf von vier Wochen als aufgelöst. Den Grund der Auflösung hat der Lehrherr in dem Arbeitsbuche zu vermerken.

Binnen neun Monaten nach der Auflösung darf der Lehrling in demselben Gewerbe von einem anderen Arbeitgeber ohne Zustimmung des früheren Lehrherrn nicht beschäftigt werden.

Zu § 1.

Die Entscheidung darüber, ob und in welcher Weise der Lehrling in verschiedenen Werkstätten des ausbildenden Werkes beschäftigt werden soll, behält sich die Firma vor.

Über die Ausstellung des Lehrzeugnisses bestimmt § 127c der Reichsgewerbeordnung:

„Bei Beendigung des Lehrverhältnisses hat der Lehrherr dem Lehrling unter Angabe des Gewerbes, in welchem der Lehrling unterwiesen worden ist, über die Dauer der Lehrzeit und die während derselben erworbenen Kenntnisse und Fertigkeiten, sowie über sein Betragen ein Zeugnis auszustellen, welches von der Gemeinde kosten- und stempelfrei zu beglaubigen ist."

Zu § 6.

Die betreffenden Vorschriften der Reichsgewerbeordnung lauten sinngemäß zusammengestellt wie folgt:

(§ 127a.) Der Lehrling ist der väterlichen Zucht des Lehrherrn unterworfen und dem Lehrherrn sowie demjenigen, welcher an Stelle des Lehrherrn die Ausbildung zu leiten hat, zur Folgsamkeit und Treue, zu Fleiß und anständigem Betragen verpflichtet.

(§ 123 und 127b.) Vor Ablauf der vertragsmäßigen Zeit und ohne Aufkündigung kann der Lehrling entlassen werden:

1. wenn er oder seine gesetzlichen Vertreter bei Abschluß des Lehrvertrages den Lehrherrn durch Vorzeigung falscher oder gefälschter Arbeitsbücher oder Zeugnisse hintergangen oder ihn über das Bestehen eines anderen, ihn gleichzeitig verpflichtenden Arbeitsverhältnisses in einen Irrtum versetzt hat;

2. wenn er eines Diebstahls, einer Entwendung, einer Unterschlagung, eines Betruges zum Nachteile des Lehrherrn bzw. Dritter oder eines liederlichen Lebenswandels sich schuldig macht;

3. wenn er die Lehre unbefugt verlassen hat oder sonst den nach dem Lehrvertrage ihm obliegenden Verpflichtungen nachzukommen beharrlich verweigert;

4. wenn er der Verwarnung ungeachtet mit Feuer und Licht unvorsichtig umgeht;

5. wenn er sich Tätlichkeiten oder grobe Beleidigung gegen den Lehrherrn oder seine Vertreter oder deren Familienangehörigen zuschulden kommen läßt;

6. wenn er einer vorsätzlichen und rechtswidrigen Sachbeschädigung zum Nachteile des Lehrherrn oder eines Mitarbeiters sich schuldig macht;

7. wenn er Familienangehörige des Lehrherrn oder seiner Vertreter zu Handlungen verleitet oder zu verleiten sucht oder mit Familienangehörigen des Lehrherrn oder seiner Vertreter Handlungen begeht, welche wider die Gesetze oder die guten Sitten verstoßen;

8. wenn er zur Fortsetzung der Lehre unfähig wird oder mit einer abschreckenden Krankheit behaftet ist;

9. wenn er die ihm durch den Lehrvertrag auferlegten Pflichten wiederholt verletzt, oder wenn er den Besuch der Fortbildungs- oder Fachschule vernachlässigt.

In den unter Ziffer 1 bis 7 gedachten Fällen ist die Entlassung des Lehrlings nicht mehr zulässig, wenn die zugrunde liegenden Tatsachen dem Arbeitgeber länger als eine Woche bekannt sind.

(§ 124 und § 127b.) Von seiten des Lehrlings kann das Lehrverhältnis nach Ablauf der Probezeit aufgelöst werden:

1. wenn er zur Fortsetzung der Lehre unfähig ist;

2. wenn der Lehrherr oder seine Vertreter oder Familienangehörige derselben den Lehrling oder seine Familienangehörigen zu Handlungen verleiten oder zu verleiten suchen, oder mit Familienangehörigen des Lehrlings Handlungen begehen, welche wider die guten Sitten laufen;

3. wenn der Lehrherr dem Lehrling die im Lehrvertrage bedungene Vergütung nicht zahlt, oder wenn er sich widerrechtliche Übervorteilung gegen ihn schuldig macht;

4. wenn bei Fortsetzung der Lehre das Leben oder die Gesundheit des Lehrlings einer erweislichen Gefahr ausgesetzt sein würde, welche bei Eingehung des Lehrvertrages nicht zu erkennen war;

5. wenn der Lehrherr seine gesetzlichen oder vertraglichen Verpflichtungen gegen den Lehrling in einer die Gesundheit, die Sittlichkeit oder die Ausbildung des Lehrlings gefährdenden Weise vernachlässigt oder das Recht der väterlichen Zucht mißbraucht oder zur Erfüllung der ihm vertragsmäßig obliegenden Verpflichtungen unfähig wird.

(§ 127b.) Der Lehrvertrag wird durch den Tod des Lehrlings aufgehoben. Durch den Tod des Lehrherrn wird der Lehrvertrag aufgehoben, sofern die Aufhebung innerhalb vier Wochen geltend gemacht wird.

(§ 127d.) Verläßt ein Lehrling, mit dem ein schriftlicher Lehrvertrag geschlossen ist, in einem durch dieses Gesetz nicht vorgesehenen Falle ohne Zustimmung des Lehrherrn die Lehre und weigert sich unbegründet zurückzukehren, so hat auf ordnungsgemäßen Antrag des Lehrherrn die Polizeibehörde den Lehrling zwangsweise zurückführen zu lassen, oder durch Androhung von Geldstrafen bis zu 50 M. oder Haft bis zu fünf Tagan zur Rückkehr anzuhalten.

Der Lehrvertrag erscheint in einer Ausgabe A, die den in § 3 des Vertrages S. 130 eingeklammerten Absatz nicht enthält, und in einer Ausgabe B mit der Bestimmung über eine dem Lehrling für ordnungsmäßige Beendigung der Lehrzeit zu gewährende besondere Zuwendung, die, wie es in den „Bemerkungen" heißt, in manchen Gegenden üblich und angebracht ist. Aus den beachtenswerten Erläuterungen zu den einzelnen Bestimmungen seien hier einige angeführt, die auch für das Lehrlingswesen der Eisenbahnverwaltung Wert haben. In den Eingangsworten des Vertrages werden die Parteien und der Lehrling genannt. Hierzu wird bemerkt:

„Man hat eingewendet, die besondere Aufführung des Lehrlings im Kopfe des Lehrvertrags erübrigt sich, da nicht dieser, sondern nur der gesetzliche Vertreter rechtsverbindlich handeln könne. Letzteres ist richtig. Wenn das Gesetz (§ 126b II GO.) vorschreibt, daß der Lehrvertrag auch von dem Lehrling selbst zu unterschreiben ist, so geht diese Bestimmung nicht etwa davon aus, der Lehrling sei selbst zum Abschluß des Lehrvertrages befähigt. Sie hat vielmehr nur den Zweck, dem Lehrling einzuschärfen, daß er auf Grund des Lehrvertrages ernste Pflichten zu erfüllen habe. Aus demselben Grunde erscheint aber auch die Aufführung des Lehrlings im Kopfe des Lehrvertrages angezeigt. Außerdem wird dadurch das Selbstbewußtsein des Lehrlings gehoben." (Vgl. jedoch S. 126.)

Zu § 2 Dauer der Lehrzeit wird in den „Bemerkungen“ über die Beteiligung an Jugendvereinen auf die Bestimmung einiger Firmen hingewiesen, daß die Lehrlinge während der Probezeit an den Veranstaltungen der von ihnen eingerichteten Jugendvereinen teilzunehmen haben. Eine besondere Vorschrift dafür erübrige sich aber, da der Lehrling nach GO. § 127a der väterlichen Zucht des Lehrherrn unterworfen, ihm zur Folgsamkeit verpflichtet sei und somit einer entsprechenden Weisung des Lehrherrn sowieso nachkommen müsse. — Betreffs des Nachholens von Versäumnissen wird gesagt, daß die in manchen Verträgen angegebene Grenze von sechs Wochen, auf eine Lehrzeit von drei oder vier Jahre verteilt, nicht als hoch anzusehen sei. Die Grenze von hundert Tagen, einem Neuntel oder Zwölftel der Gesamtzahl der Arbeitstage dürfte genügen.

„Da dem Lehrherrn mit Rücksicht auf den Eintritt der neuen Lehrlinge und die Ausstellung der Zeugnisse eine Verlängerung der Lehrzeit unter Umständen unbequem werden könnte, ist die Fassung gewählt, daß der Lehrherr berechtigt ist, es also in seinem Belieben steht, die Verlängerung der Lehrzeit zu verlangen.“

Für unentschuldigte Versäumnisse sind keine besonderen Bestimmungen getroffen, da für böswilliges Fehlen die Nichtanrechnung der versäumten Zeit auf die Lehrzeit in vielen Fällen keine genügende Strafe bedeutet, auch nach den Arbeitsordnungen und schon auf Grund der väterlichen Zucht eine Bestrafung oder gemäß GO. § 127b die Entlassung möglich ist.

Über Bestimmungen für die Zeit nach Ablauf der Lehrzeit wird gesagt, in den Arbeitsnachweisstellen habe man die Erfahrung gemacht, daß viele junge Leute, obwohl sie eine geordnete Lehre durchgemacht haben, doch in ihrem Fach keine Arbeit finden könnten, weil sie nach Beendigung der Lehrzeit noch nicht als vollwertige Facharbeiter angesehen wurden.

„Häufig sind sie deshalb zunächst längere Zeit als Ausgeher, Eilboten oder in ähnlichen Stellungen tätig. Es liegt auf der Hand, daß diese ungeordnete Zwischenbeschäftigung viel an dem Charakter und der Ausbildung der jungen Leute verdirbt und sie häufig ihrem Fach abspenstig macht. Es liegt daher im Interesse der Industrie, durch geeignete Maßnahmen dahin zu wirken, den ausgelernten Lehrlingen angemessene Beschäftigung in ihrem Fach zu verschaffen. Vielfach wird es ohnehin der ausbildenden Firma erwünscht sein, einen gut ausgebildeten Lehrling auch späterhin sich für ihren Betrieb zu erhalten. — Die Regelung der in Rede stehenden Verhältnisse hat eine Reihe verschiedener Maßnahmen gezeitigt, doch erscheint es noch nicht möglich, Bestimmungen darüber für den Normal-Lehrvertrag vorzuschlagen. Da die Regelung in weitem Umfange den Besonderheiten des Einzelfalles Rechnung tragen muß, wird man sie vorläufig dem Ermessen der einzelnen Firmen überlassen müssen. Einige Firmen verpflichten im Lehrvertrage den Lehrling ausdrücklich, nach Beendigung der Lehrzeit noch ein Jahr bei ihnen als Geselle zu einem seinen Leistungen entsprechenden und von ihnen festzusetzenden Lohnsatz zu arbeiten. Andere Firmen verpflichten sich, den Lehrling nach Beendigung der Lehrzeit bei guter Führung und Leistung weiter zu beschäftigen und ihm nach Ablauf des ersten Jahres eine Prämie bis zu 100 Mark, je nach Leistung und Führung, zu gewähren. Andere Firmen übernehmen zwar keine Verpflichtung zur weiteren Beschäftigung, wollen jedoch die Lehrlinge bei Bedarf bevorzugen. Eine Firma verspricht den Lehrlingen, die nach Beendigung der Lehrzeit noch bis zum Beginn ihrer Militärdienstzeit als

Geselle in ihren Diensten bleiben und sich bis dahin gut führen, eine laufende Unterstützung während der Dienstzeit unter der Voraussetzung, daß sie nach Ablauf der Dienstzeit wieder bei der Firma eintreten. (Vgl. wegen ähnlicher Versprechungen auch Bemerkung Nr. 5c zu § 3.) Mehrere angesehene Maschinenfabriken und mechanische Werkstätten haben unter sich ein Abkommen getroffen mit dem Zweck, die ausgelernten jungen Leute sich möglichst gegenseitig zuzuleiten, um diesen das Fortkommen zu erleichtern und zugleich die Vorteile ihrer guten Ausbildung nicht solchen Firmen zukommen zu lassen, die selbst auf die Ausbildung ihrer Lehrlinge keine Sorgfalt verwenden."

Es ist noch auf die Lehrverträge der Handwerksmeister einzugehen. Nach GO. § 103e Absatz 1 sind die Handwerkskammern befugt, Vorschriften über den Lehrvertrag zu erlassen.

Durch Erlaß des Ministers für Handel und Gewerbe IIIa 3873 vom 4. Mai 1901 betr. die Regelung des Lehrlingswesens[1]) werden einer Anzahl von Aufsichtsbehörden der Handwerkskammern die genehmigten Vorschriften der Handwerkskammer Berlin zur Regelung des Lehrlingswesens nebst Normallehrvertrag übersandt mit dem Ersuchen, sie den Handwerkskammern als eine geeignete Grundlage zu entsprechenden von ihr zu erlassenden Bestimmungen mitzuteilen. Dies ist alsdann geschehen. Infolgedessen sind die Lehrverträge der einzelnen Handwerkskammern grundsätzlich und oft auch wörtlich übereinstimmend. Die Unterschiede beziehen sich meist nur auf unwesentliche Punkte. Für den Bezirk Berlin hat der Vordruck folgenden Wortlaut:

[Adlerwappen]

Handwerkskammer zu Berlin.	Lehrlings-Rolle	der Handwerkskammer Nr. .... der .... Innung zu .... Nr. ....

Die fettgedruckten Stellen dürfen nicht geändert werden.

Vor Abfassung sind die Anmerkungen durchzulesen.

Die nicht ordnungsmäßige Abfassung des Lehrvertrages wird nach § 150 der Gewerbe-Ordnung bestraft.

Nicht-Innungsmitglieder haben ein Exemplar des Lehrvertrages der Handwerkskammer einzureichen, Innungsmitglieder dem Vorstand der Innung.

Lehrvertrag.

Zwischen Herrn (vgl. Anmerkung 1) — Frau — ....
in .... Straße Nr. .... als Lehrherrn und Herrn — Frau .... als Vater — Mutter — Vormund des minderjährigen .... ist heute folgender Lehrvertrag geschlossen worden.

Anmerkung [1]) Stand des Lehrherrn nicht vergessen!

---

[1]) HMBl. 1901 S. 57 u. f.

§ 1 (vgl. Anmerkung 2).

Herr — Frau — .... nimmt den am .....ten......18...
zu .... Kreis .... geborenen ....
.... als Lehrling zur Erlernung des ....
.... -Handwerks an.

Die Lehrzeit beträgt .... Jahre (vgl. Anmerkung 3); sie beginnt am ...... ten .... 19.... und endigt am ..... ten .... 19....

§ 2 (vgl. Anmerkung 2).

Die ersten .... Wochen der Lehrzeit, also die Zeit bis zum ...... ten .... 19 ......, gelten als Probezeit (vergl. Anmerkung 4). Während dieser Probezeit kann das Lehrverhältnis jederzeit durch einseitigen Rücktritt ohne Entschädigungsanspruch aufgelöst werden.

Erfolgt vor Ablauf des letzten Tages der Probezeit von keiner Seite ein Rücktritt, so ist dieser Lehrvertrag rechtsverbindlich.

§ 2a (vgl. Anmerkung 5).

Das vom Vater — Mutter — Vormund — zu zahlende Lehrgeld beträgt .... Mark und ist in .... Rate... von .... Mark zu zahlen, und zwar:

am .....ten................ 19..... mit ....Mark,
am .....ten................ 19..... mit ....Mark,
am .....ten................ 19..... mit ....Mark.

Der Lehrling hat, wenn die vorzeitige Auflösung des Lehrvertrages durch sein Verschulden stattfindet, keinen Anspruch auf Rückerstattung des Lehrgeldes.

Wird der Lehrvertrag durch Verschulden des Lehrherrn vorzeitig aufgelöst, so ist das Lehrgeld zurückzuzahlen.

Einigen sich die Parteien über die vorzeitige Lösung des Lehrvertrages oder wird der Lehrvertrag durch den Tod des Lehrlings aufgehoben, so hat der Lehrherr nur Anspruch auf Bezahlung des Teiles des Lehrgeldes, der auf die zurückgelegte Lehrzeit entfällt. Das gleiche gilt, wenn beim Tode des Lehrherrn eine Fortsetzung des Lehrverhältnisses mit dem Nachfolger nicht stattfindet und wenn die Beendigung des Lehrverhältnisses infolge des Übergangs des Lehrlings zu einem andern Berufe erfolgt (§§ 10 und 11 dieses Vertrages).

§ 3 (vgl. Anmerkung 6).

Der Lehrherr gewährt dem Lehrling während der Lehrzeit: a) ganze — halbe Beköstigung, b) Wohnung, c) Bett, d) Kleidung, e) Reinigung der Wäsche.

Im Falle der Erkrankung übernimmt er, soweit nicht die Überführung in ein Krankenhaus angeordnet wird, die Pflege des Lehrlings.

Das Schulgeld für den Besuch der Fortbildungsschule (Fachschule) wird von .... bezahlt.

Anmerkungen: [2]) Der § muß ausgefüllt werden.

[3]) Die Lehrzeit soll in der Regel drei Jahre dauern, sie darf den Zeitraum von vier Jahren nicht übersteigen (§ 180a, Abs. 1 GO.).

Hat der Lehrling schon in einer anderen Werkstatt des gleichen Handwerks gelernt, so ist dies unter Angabe der Zeit und des ersten Lehrherrn auf der letzten Seite des Vertrages unter „Besondere Bestimmungen" zu vermerken.

[4]) Die Probezeit hat mindestens vier Wochen zu betragen und darf die Dauer von drei Monaten nicht übersteigen. Sie ist in die Lehrzeit einzurechnen.

[5]) § 2a kann nach Vereinbarung gestrichen oder abgeändert werden.

[6]) In dem Lehrvertrage müssen die gegenseitigen Leistungen angegeben werden. Hiernach ist das Zutreffende in die §§ 4, 5, 6 und 7 einzutragen. Das Nichtzutreffende ist zu durchstreichen.

§ 3a (vgl. Anmerkung 6).

Für a) ganze — halbe — Beköstigung, b) Wohnung, c) Bett, d) Kleidung, e) Reinigung der Wäsche hat der Lehrling selbst zu sorgen. Dafür zahlt der Lehrherr an den Lehrling für jede Woche — jeden Monat — ein Kostgeld von

...... M. im ersten Jahre, ... M. im dritten Jahre,
...... M. im zweiten Jahre ...... M. im vierten Jahre.

Ein Abzug für die ohne Verschulden des Lehrlings versäumte Zeit findet nicht statt.

Während der Erkrankung des Lehrlings wird das Kostgeld nur für .... Wochen — Tage — abzüglich der Krankenunterstützung gezahlt.

§ 3b (vgl. Anmerkung 6).

Der Lehrherr zahlt dem Lehrling einen wöchentlich zahlbaren Lohn für die geleistete Arbeitsstunde im

ersten Jahre ...... Pfg., dritten Jahre ...... Pfg.,
zweiten Jahre ...... Pfg., vierten Jahre ...... Pfg.

Während der Erkrankung des Lehrlings wird der Lohn — nur für ..... Wochen — Tage — abzüglich der Krankenunterstützung — gezahlt — nicht gezahlt.

§ 4.

Sofort nach Einstellung hat der Lehrherr den Lehrling bei der zuständigen Krankenkasse anzumelden.

Von dem Krankenkassenbeitrage zahlt der Lehrherr ein — zwei Drittel (die Hälfte, das Ganze), der gesetzliche Vertreter (Vater, Mutter, Vormund) zwei — ein Drittel (die Hälfte); von dem Invalidenversicherungsbeitrage zahlt der Lehrherr die Hälfte — das Ganze, der gesetzliche Vertreter die Hälfte (vgl. Anm. 7).

Die vom Lehrling zu zahlenden Beiträge zur Krankenkasse sowie zur Invalidenversicherung darf der Lehrherr vom Kostgeld oder Lohn abziehen, jedoch auf einmal nicht mehr als für zwei aufeinanderfolgende Zahlungsperioden.

§ 5.

Der Lehrherr verpflichtet sich, den Lehrling durch eine dem Zwecke der Ausbildung entsprechende Anleitung, durch Beschäftigung mit allen in seinem Betriebe vorkommenden Arbeiten und auch mit den anderen allgemein gebräuchlichen Handgriffen des zu erlernenden Handwerks zu einem tüchtigen Gesellen heranzubilden, ihn zur Arbeitsamkeit und zu guten Sitten anzuhalten und nach Kräften vor Lastern und Ausschweifungen zu bewahren. Die Anleitung wird durch den Lehrherrn selbst oder einen geeigneten, ausdrücklich dazu bestimmten Vertreter erfolgen. Derjenige, welcher den Lehrling anleitet, muß den Anforderungen der §§ 126, 126a und 129 der Reichsgewerbeordnung entsprechen (§§ 1 und 2 der Vorschriften zur Regelung des Lehrlingswesens).

§ 6.

Der Lehrling verpflichtet sich, alle Obliegenheiten, welche ihm der Vertrag und das Lehrverhältnis überhaupt auferlegen, zu erfüllen, sowie allen berechtigten Anforderungen, die der Lehrherr oder sein Vertreter an ihn stellen, nach-

---

Anmerkungen: [6]) In dem Lehrvertrage müssen die gegenseitigen Leistungen angegeben werden. Hiernach ist das Zutreffende in die §§ 4, 5, 6 und 7 einzutragen. Das Nichtzutreffende ist zu durchstreichen.

[7]) Sobald der Lehrling 16 Jahre alt wird und Lohn erhält (vgl. §§ 1 und 3 des JV.-Ges.) muß er zur Invalidenversicherung angemeldet werden.

zukommen. Der Lehrling unterwirft sich auch den Bestimmungen der für den Betrieb des Lehrherrn geltenden Werkstatts-(Arbeits-)Ordnung, soweit nicht durch diesen Lehrvertrag oder durch besondere Abmachungen etwas anderes vereinbart wird.

Der Lehrling ist der väterlichen Zucht des Lehrherrn unterworfen und dem Lehrherrn, sowie demjenigen, welcher an Stelle des Lehrherrn die Ausbildung zu leiten hat, zur Folgsamkeit und Treue, zu Fleiß und anständigem Betragen verpflichtet.

Der Lehrling hat die ihm anvertrauten Arbeiten mit allem Fleiße auszuführen und immer mit der größten Vorsicht und Gewissenhaftigkeit auf Feuer und Licht zu achten; er darf die Geschäftsgeheimnisse des Lehrherrn ohne dessen Genehmigung außerhalb des Betriebes stehenden Personen nicht verraten.

Der Lehrling darf das ihm anvertraute Material und Gerät des Lehrherrn nur zu den ihm aufgetragenen Arbeiten verwenden und muß mit demselben sorgsam umgehen*).

§ 6a (vgl. Anmerkung 8).

Der Lehrling hat folgendes Werkzeug sich selbst anzuschaffen und während der Lehrzeit in Stand zu halten bzw. das Verlorene oder Unbrauchbare zu ergänzen:

....

....

Der Lehrling hat nach beendeter Arbeitszeit die Werkstatt aufzuräumen.

§ 7.

Der Lehrling ist verpflichtet, die Fortbildungsschule (Fachschule) regelmäßig und pünktlich zu besuchen.

Der Lehrherr ist verpflichtet, dem Lehrling die zum Besuche der Fortbildungsschule (Fachschule) erforderliche Zeit zu gewähren und ihn zum regelmäßigen und pünktlichen Schulbesuche anzuhalten.

§ 8.

Der Vater (die Mutter, der Vormund) übernimmt die Verpflichtung, den Lehrling anzuhalten, daß er während der Lehrzeit allen Fleiß auf Erlernung des Gewerbes verwende, dabei dem Geschäftsinteresse des Lehrherrn diene, diesem und seinem Stellvertreter mit Gehorsam und Achtung begegne und sich ihnen sowie den Geschäftskunden gegenüber stets eines anständigen und bescheidenen Verhaltens befleißige. Auch verpflichtet sich der Vater (die Mutter, der Vormund), den Lehrling zum regelmäßigen und pünktlichen Besuche der Fortbildnugsschule (Fachschule) anzuhalten.

Außerdem verpflichtet sich der Vater (die Mutter, der Vormund), Schäden, die der Lehrling durch nachweislich grobes Verschulden dem Lehrherrn zufügt, dem letzteren zu ersetzen. (Vgl. Anmerkung 9.)

*) In dem Lehrvertrag der Handwerkskammer zu Frankfurt a. d. O. sind hier noch die folgenden beiden Absätze hinzugefügt: Dem Lehrling ist vor Vollendung des sechzehnten Lebensjahres der Besuch von Schank- und andern öffentlichen Lokalen nur in Begleitung erwachsener Angehöriger oder des Lehrherrn gestattet.

Vereinen irgendwelcher Art darf der Lehrling ohne Genehmigung des Lehrherrn nicht beitreten. Zuwiderhandlung berechtigt den Lehrherrn zur sofortigen Auflösung des Lehrverhältnisses und zur Forderung der in § 17 (NB. ist hier § 13) vorgesehenen Entschädigung.

Anmerkungen: [8]) Das Nichtgewünschte ist zu durchstreichen.

[9]) Dieser Absatz kann nach Vereinbarung der Parteien gestrichen werden.

§ 9.

Vor Ablauf der vertragsmäßigen Zeit und ohne Aufkündigung kann der Lehrling entlassen werden:

1. wenn er oder sein gesetzlicher Vertreter bei Abschluß des Lehrvertrages den Lehrherrn durch Vorzeigung falscher oder gefälschter Arbeitsbücher oder Zeugnisse hintergangen oder ihn über das Bestehen eines anderen, ihn gleichzeitig verpflichtenden Arbeitsverhältnisses in einen Irrtum versetzt hat;
2. wenn er eines Diebstahls, einer Entwendung, einer Unterschlagung, eines Betruges oder eines liederlichen Lebenswandels sich schuldig macht;
3. wenn er die Lehre unbefugt verlassen hat oder sonst den nach dem Lehrvertrage ihm obliegenden Verpflichtungen nachzukommen beharrlich verweigert;
4. wenn er der Verwarnung ungeachtet mit Feuer und Licht unvorsichtig umgeht;
5. wenn er sich Tätlichkeiten oder grobe Beleidigungen gegen den Lehrherrn oder seine Vertreter oder gegen die Familienangehörigen des Lehrherrn oder seiner Vertreter zuschulden kommen läßt;
6. wenn er einer vorsätzlichen und rechtswidrigen Sachbeschädigung zum Nachteile des Lehrherrn oder eines Mitarbeiters sich schuldig macht;
7. wenn er Familienangehörige des Lehrherrn oder seiner Vertreter oder Mitarbeiter zu Handlungen verleitet oder zu verleiten sucht oder mit Familienangehörigen seines Lehrherrn oder seiner Vertreter Handlungen begeht, welche wider die Gesetze oder die guten Sitten verstoßen;
8. wenn er zur Fortsetzung der Lehre unfähig oder mit einer abschreckenden Krankheit behaftet ist;
9. wenn der Vorstand der Handwerkskammer die Auflösung des Lehrverhältnisses auf Grund des § 3 der Vorschriften zur Regelung des Lehrlingswesens verlangt;
10. wenn er den Besuch der Fortbildungsschule (Fachschule) dauernd trotz Verwarnung vernachlässigt.

In den unter 1 bis 7 gedachten Fällen ist die Entlassung des Lehrlings nicht mehr zulässig, wenn die zugrunde liegenden Tatsachen dem Arbeitgeber länger als eine Woche bekannt sind.

§ 10.

Von seiten des Lehrlings kann das Lehrverhältnis nach Ablauf der Probezeit aufgelöst werden:

1. wenn er zur Fortsetzung der Lehre unfähig wird;
2. wenn der Lehrherr oder seine Vertreter oder Familienangehörige derselben den Lehrling zu Handlungen verleiten oder zu verleiten suchen oder mit Familienangehörigen des Lehrlings Handlungen begehen, welche wider die Gesetze oder die guten Sitten laufen;
3. wenn der Lehrherr dem Lehrling den schuldigen Lohn (Kostgeld) nicht in der bedungenen Weise auszahlt, bei Stücklohn nicht für ausreichende Beschäftigung sorgt, oder wenn er sich widerrechtlicher Übervorteilungen gegen ihn schuldig macht;
4. wenn bei Fortsetzung der Lehre das Leben oder die Gesundheit des Lehrlings einer erweislichen Gefahr ausgesetzt sein würde, welche bei Eingehung des Lehrvertrages nicht zu erkennen war;
5. wenn der Lehrherr seine gesetzlichen oder vertraglichen Verpflichtungen gegen den Lehrling in einer die Gesundheit, die Sittichkeit oder die Ausbildung des Lehrlings gefährdenden Weise vernachlässigt oder das Recht der väterlichen Zucht mißbraucht oder zur Erfüllung der ihm vertragsmäßig obliegenden Verpflichtungen unfähig wird.

§ 11.

Der Lehrvertrag wird durch den Tod des Lehrlings aufgehoben. Durch den Tod des Lehrherrn wird der Lehrvertrag aufgehoben, sofern die Aufhebung innerhalb vier Wochen geltend gemacht wird.

§ 12.

Wird vom gesetzlichen Vertreter des Lehrlings (Vater, Mutter, Vormund) für den Lehrling oder, sofern der letztere volljährig ist, von ihm selbst dem Lehrmeister die schriftliche Erklärung abgegeben, daß der Lehrling zu einem anderen Gewerbe oder anderen Berufe übergehen werde, so gilt das Lehrverhältnis, wenn der Lehrling nicht früher entlassen wird, nach Ablauf von vier Wochen als aufgelöst.

Binnen 9 Monaten nach der Auflösung darf der Lehrling in demselben Gewerbe von einem anderen Lehrmeister ohne Zustimmung des früheren Lehrherrn nicht beschäftigt werden.

§ 13 (vgl. Anmerkung 10).

Wird das Lehrverhältnis auf Grund der Bestimmungen des § 9 Absatz 5 oder § 13 Ziffer 1 bis 7 und 10 oder infolge Übertritts des Lehrlings zu einem anderen Gewerbe oder Berufe (§ 16) aufgelöst, so kann der Lehrmeister eine Entschädigung beanspruchen.

Dieselbe beträgt, wenn das Lehrverhältnis aufgelöst wird:

im ersten Jahre .... M., im dritten Jahre .... M.
im zweiten Jahre .... M. im vierten Jahre .... M.

Durch diese Vereinbarung wird ein weiterer Schadenersatzanspruch ausgeschlossen. Bei unbefugtem Verlassen der Lehre muß sich die Entschädigung in den Grenzen des § 127g der Gewerbe-Ordnung halten. In letzterem Falle ist für die Zahlung der Entschädigung als Selbstschuldner der Vater (die Mutter) des Lehrlings mitverhaftet, sowie derjenige Arbeitgeber, welcher den Lehrling zum Verlassen der Lehre verleitet oder welcher ihn in Arbeit genommen hat, obwohl er wußte, daß der Lehrling zur Fortsetzung eines Lehrverhältnisses noch verpflichtet war. Hat der Entschädigungsberechtigte erst nach Auflösung des Lehrverhältnisses von der Person des Arbeitgebers, welcher den Lehrling verleitet oder in Arbeit genommen hat, Kenntnis erhalten, so erlischt gegen diese der Entschädigungsanspruch erst, wenn derselbe nicht innerhalb vier Wochen nach erhaltener Kenntnis geltend gemacht ist.

§ 14.

Wird das Lehrverhältnis durch Verschulden des Lehrmeisters (§ 14 Ziffer 2—5) vorzeitig aufgelöst, so ist dieser dem Lehrlinge oder seinem gesetzlichen Vertreter (Vater, Mutter, Vormund) zum Schadenersatze verpflichtet.

§ 15.

Bei Beendigung der Lehrzeit soll sich der Lehrling der Gesellen-(Gehilfen-)prüfung vor dem zuständigen Prüfungsausschuß unterziehen. Er ist verpflichtet, den Anordnungen desselben Folge zu leisten.

Der Lehrmeister ist verpflichtet, den Lehrling vorschriftsgemäß zur Ablegung der Gesellenprüfung anzuhalten, die zur Anfertigung der Prüfungsarbeiten erforderliche Zeit und Gelegenheit zu gewähren, sowie den Mitgliedern des Prü-

---

Anmerkungen: [10]) Dieser Paragraph ist für den Lehrmeister und den Lehrling von außerordentlicher Wichtigkeit, die genaue Regelung der Entschädigungsfrage erspart bei späteren Streitfällen sehr viel Schwierigkeiten.

fungsausschusses oder den von diesen Beauftragten den Zutritt zu den Werkstätten resp. Geschäftsräumen zu gestatten und die zur Anfertigung erforderlichen Materialien zu liefern. Im Falle der Materiallieferung fällt dem Lehrmeister das Eigentum an dem gefertigten Stücke zu.

Die Gebühren für die Einschreibung des Lehrlings in die Lehrlingsrolle der Handwerkskammer — Innung — hat..,
die Prüfungsgebühren hat .... **zu zahlen** (vgl. Anmerkung 11).

Besondere Bestimmungen:

....
....
....
....
....

Vorstehenden Vertrag gelesen zu haben und mit den Bestimmungen desselben einverstanden zu sein, bescheinigen durch eigenhändige Namensunterschrift

......................., den .....ten.................... 19 ....

Der Lehrmeister:
....

Der Vater (die Mutter, [wenn ihr die elterliche Gewalt über ihren Sohn zusteht], **der Vormund):** (vgl. Anmerkung 12).
....

Der Lehrling:
....

Anmerkungen: [11]) Es empfiehlt sich, zur Vermeidung von Streitfällen diese Frage hier zu regeln.

[12]) Der Vormund bedarf zum Abschluß dieses Vertrages, sobald die Lehrzeit über ein Jahr beträgt, der Genehmigung des Vormundschaftsgerichtes (§ 1822 Ziff. 6 BGB.). Ist die Mutter gesetzliche Vertreterin des Lehrlings und außerdem für den Lehrling ein Vormund bestellt, so ist die Genehmigung des Vormundschaftsgerichts nicht erforderlich. In diesem Falle muß aber der Lehrvertrag von der Mutter und von dem Vormund unterzeichnet werden.

Im Handwerkskammerbezirk Posen ist zu § 6 (dort § 9) ein Verbot aufgenommen, wonach der Lehrling politische Versammlungen und Versammlungen zu Streikzwecken überhaupt nicht besuchen darf. Der Beitritt zu Vereinen und die Beteiligung an öffentlichen Versammlungen ist u. a. auch im Bezirk der mecklenburgischen Handwerkskammer zu Schwerin nicht erlaubt.

§ 10. Vorzeitige Auflösung des Lehrvertrages.

In bezug auf die vorzeitige Auflösung des Lehrvertrages stellt sich die Eisenbahnverwaltung ganz auf den Standpunkt der Gewerbeordnung. Es sind zwei grundsätzlich verschiedene Arten solcher Vertragsauflösungen möglich, nämlich einmal während der Probezeit und sodann nach Ablauf der Probezeit. Der Unterschied besteht darin, daß in ersterem Abschnitt Lehrherr oder Lehrling beliebig zurücktreten können, während später die Auflösung des Vertrages nur bei dem Vorliegen ganz bestimmter im Gesetz vorgesehener Gründe zulässig ist.

Nach dem Lehrvertrag § 1 gelten die ersten drei Monate der Lehrzeit als Probezeit, und es kann während dieser Zeit das Lehrverhältnis jederzeit durch einseitigen Rücktritt ohne Entschädigunsanspruch aufgelöst werden. Erfolgt vor Ablauf des letzten Tages der Probezeit von keiner Seite ein Rücktritt, so ist der Lehrvertrag rechtsverbindlich. In den dem Vertrage beigefügten allgemeinen Bedingungen wird unter Ziffer 9 bestimmt, daß nach Ablauf der Probezeit das Lehrverhältnis nur durch Übereinkunft gelöst werden kann, abgesehen von den in GO. § 127b und e bezeichneten Fällen[1]).

Die hier angezogenen Stellen lauten:

A. GO. § 123: Vor Ablauf der vertragsmäßigen Zeit und ohne Aufkündigung können Gesellen und Gehilfen entlassen werden:

1. wenn sie bei Abschluß des Arbeitsvertrags den Arbeitgeber durch Vorzeigung falscher oder verfälschter Arbeitsbücher oder Zeugnisse hintergangen oder ihn über das Bestehen eines anderen, sie gleichzeitig verpflichtenden Arbeitsverhältnisses in einen Irrtum versetzt haben;
2. wenn sie eines Diebstahls, einer Entwendung, eines Betrugs oder eines liederlichen Lebenswandels sich schuldig gemacht haben;
3. wenn sie die Arbeit unbefugt verlassen haben oder sonst den nach dem Arbeitsvertrag ihnen obliegenden Verpflichtungen nachzukommen beharrlich verweigern;
4. wenn sie der Verwarnung ungeachtet mit Feuer und Licht unvorsichtig umgehen;

---

[1]) Obwohl die Hauptstellen der für eine vorzeitige Auflösung des Lehrvertrages in Frage kommenden Bestimmungen der Gewerbeordnung bereits hier und dort in den mitgeteilten Vordrucken zu Lehrverträgen enthalten sind, dürfte es bei der Wichtigkeit dieser Bestimmungen nicht überflüssig sein, hier im Zusammenhang den genauen Wortlaut des Gesetzes zu geben.

Er lautet GO. § 127b: „Das Lehrverhältnis kann, wenn eine längere Frist nicht vereinbart ist, während der ersten vier Wochen nach Beginn der Lehrzeit durch einseitigen Rücktritt aufgelöst werden. Eine Vereinbarung, wonach diese Probezeit mehr als drei Monate betragen soll, ist nichtig.

Nach Ablauf der Probezeit kann der Lehrling vor Beendigung der verabredeten Lehrzeit entlassen werden, wenn einer der im § 123 vorgesehenen Fälle auf ihn Anwendung findet, oder wenn er die ihm im § 127a auferlegten Pflichten wiederholt verletzt oder den Besuch der Fortbildungs- oder Fachschule vernachlässigt.

Von seiten des Lehrlings kann das Lehrverhältnis nach Ablauf der Probezeit aufgelöst werden, wenn:

1. einer der im § 124 unter Ziffer 1, 3 bis 5 vorgesehenen Fälle vorliegt;
2. der Lehrherr seine gesetzlichen Verpflichtungen gegen den Lehrling in einer die Gesundheit, die Sittlichkeit oder die Ausbildung des Lehrlinges gefährdenden Weise vernachlässigt, oder das Recht der väterlichen Zucht mißbraucht, oder zur Erfüllung der ihm vertragsmäßig obliegenden Verpflichtungen unfähig wird.

Der Lehrvertrag wird durch den Tod des Lehrlings aufgehoben. Durch den Tod des Lehrherrn gilt der Lehrvertrag als aufgehoben, sofern die Aufhebung binnen vier Wochen geltend gemacht wird."

5. wenn sie sich Tätlichkeiten oder grobe Beleidigungen gegen den Arbeitgeber oder seine Vertreter oder gegen die Familienangehörigen des Arbeitgebers oder seiner Vertreter zuschulden kommen lassen;
6. wenn sie einer vorsätzlichen und rechtswidrigen Sachbeschädigung zum Nachteile des Arbeitgebers oder eines Mitarbeiters sich schuldig machen;
7. wenn sie Familienangehörige des Arbeitgebers oder seiner Vertreter oder Mitarbeiter zu Handlungen verleiten oder zu verleiten versuchen oder mit Familienangehörigen des Arbeitgebers oder seiner Vertreter Handlungen begehen, welche wider die Gesetze oder die guten Sitten verstoßen;
8. wenn sie zur Fortsetzung der Arbeit unfähig oder mit einer abschreckenden Krankheit behaftet sind.

In den unter Ziffer 1 bis 7 gedachten Fällen ist die Entlassung nicht mehr zulässig, wenn die zugrunde liegenden Tatsachen dem Arbeitgeber länger als eine Woche bekannt sind.

Inwiefern in den unter Ziffer 8 gedachten Fällen dem Entlassenen ein Anspruch auf Entschädigung zusteht, ist nach dem Inhalte des Vertrags und nach den allgemeinen gesetzlichen Vorschriften zu beurteilen.

B. GO. § 124 Ziffer 1, 3 bis 5:

Vor Ablauf der vertragsmäßigen Zeit und ohne Aufkündigung können Gesellen und Gehilfen die Arbeit verlassen:

1. wenn sie zur Fortsetzung der Arbeit unfähig werden;
3. wenn der Arbeitgeber oder seine Vertreter oder Familienangehörige derselben die Arbeiter oder deren Familienangehörige zu Handlungen verleiten oder zu verleiten versuchen oder mit den Familienangehörigen der Arbeiter Handlungen begehen, welche wider die Gesetze oder die guten Sitten laufen;
4. wenn der Arbeitgeber den Arbeitern den schuldigen Lohn nicht in der bedungenen Weise auszahlt, bei Stücklohn nicht für ihre ausreichende Beschäftigung sorgt, oder wenn er sich widerrechtlicher Übervorteilung gegen sie schuldig macht;
5. wenn bei Fortsetzung der Arbeit das Leben oder die Gesundheit der Arbeiter einer erweislichen Gefahr ausgesetzt sein würde, welche bei Eingehung des Arbeitsvertrags nicht zu erkennen war.

C. GO. 127a: „Der Lehrling ist der väterlichen Zucht des Lehrherrn unterworfen und dem Lehrherrn sowie demjenigen, welcher an Stelle des Lehrherrn die Ausbildung zu leiten hat, zur Folgsamkeit und Treue, zu Fleiß und anständigem Betragen verpflichtet.

Übermäßige und unanständige Züchtigungen sowie jede die Gesundheit des Lehrlinges gefährdende Behandlung sind verboten.

Ferner kommt noch in Betracht § 127e:

Wird von dem gesetzlichen Vertreter für den Lehrling oder, sofern der letztere volljährig ist, von ihm selbst dem Lehrherrn die schriftliche Erklärung abgegeben, daß der Lehrling zu einem anderen Gewerbe oder anderen Beruf übergehen werde, so gilt das Lehrverhältnis, wenn der Lehrling nicht früher entlassen wird, nach Ablauf von vier Monaten als aufgelöst. Den Grund der Auflösung hat der Lehrherr in dem Arbeitsbuche zu vermerken.

Binnen neun Monaten nach der Auflösung darf der Lehrling in demselben Gewerbe von einem anderen Arbeitergeber ohne Zustimmung des früheren Lehrherrn nicht beschäftigt werden.

Die Probezeit darf nach GO. 127b höchstens drei Monate und sie muß mindestens vier Wochen dauern. Die untere Grenze ist vorgeschrieben, damit Lehrherr und Lehrling jeder für sich genügend Zeit haben, zu prüfen, ob sie das Lehrverhältnis fortsetzen wollen. Die obere Grenze von drei Monaten soll verhüten, daß nicht durch eine willkürlich lange Probezeit auf Umwegen eine leichte und beliebige Auflösung des Lehrvertrages während der Lehrzeit begünstigt wird.

Bei der Eisenbahnverwaltung kommt der Vorteil der Probezeit hauptsächlich dem Lehrling zugute. Infolge der üblichen sorgfältigen Auswahl der Lehrlinge sowie der eingehenden Prüfung der Zeugnisse und der persönlichen Verhältnisse wird es nur sehr selten vorkommen, daß sich die Eisenbahnverwaltung genötigt sieht, den Lehrling während der Probezeit zu entlassen. Bei dem Werkstättenamt Guben ist es in vielen Jahren nicht ein einziges Mal vorgekommen. Anlaß könnte außer Ungeeignetheit des Lehrlings auch eine schwere Verfehlung desselben geben. Anderseits kommt es auch nur selten vor, daß die Lehrlinge während der Probezeit vom Vertrage zurücktreten. Da die Lehrstellen bei der Eisenbahnverwaltung sehr begehrt sind, werden die einmal hierfür Angenommenen nur aus sehr schwerwiegenden Gründen freiwillig darauf verzichten.

Es kann also der Lehrvertrag nach Ablauf der Probezeit vorzeitig aufgelöst werden,

I. von seiten der Eisenbahnverwaltung, wenn eine der nachstehenden Verfehlungen des Lehrlings vorliegt:

1. Falsche oder gefälschte Unterlagen u. dgl. beim Vertragsabschluß (GO. § 123 Ziff. 1).
2. Diebstahl, Entwendung, Unterschlagung, Betrug, liederlicher Lebenswandel (GO. § 123 Ziff. 2).
3. Unbefugtes Verlassen der Arbeit. Pflichtenverweigerung (GO. § 123 Ziff. 3).
4. Unvorsichtigkeit mit Feuer oder Licht (GO. § 123 Ziff. 4).
5. Tätlichkeiten, grobe Beleidigungen (GO. § 123 Ziff. 5).
6. Vorsätzliche und rechtswidrige Sachbeschädigung gegen Arbeitgeber oder Mitarbeiter (GO. § 123 Ziff. 6).
7. Unfähigkeit zur Fortsetzung der Arbeit oder abschreckende Krankheit (GO. § 123 Ziff. 8).
8. Wiederholte Verletzung der Pflicht, der Folgsamkeit, Treue, des Fleißes und anständigen Betragens (GO. § 127a).
9. Vernachlässigung des Besuches der Fortbildungs- oder Fachschulen (GO. § 127b).

II. von seiten des Lehrlings aus folgenden Gründen:

1. Unfähigkeit zur Fortsetzung der Arbeit (GO. § 124 Ziff. 1).
2. Verleitung und Versuch der Verleitung zu Handlungen gegen die Ge-

setze oder die guten Sitten oder Begehen solcher Handlungen mit Familienangehörigen durch die für den Lehrling in Betracht kommenden Vertreter der Eisenbahnverwaltung (GO. § 123 Ziff. 3).

3. Nichtauszahlung des Lohnes (GO. § 124 Ziff. 4).
4. Erweisbare, bei Eingehung des Arbeitsvertrages nicht erkennbare Gefahr für das Leben oder die Gesundheit (GO. § 124 Ziff. 5).
5. Vernachlässigung der gesetzlichen Verpflichtungen in einer Gesundheit, Sittlichkeit und Ausbildung des Lehrlings gefährdenden Weise durch die Eisenbahnverwaltung (GO. § 127b).
6. Mißbrauch des Rechtes der väterlichen Zucht (GO. § 127b).
7. Übergang zu einem anderen Gewerbe oder Beruf (GO. § 127e).

Betreffs des unvorsichtigen Umgehens mit Feuer oder Licht weist von Landmann-Rohmer[1]) darauf hin, daß das Gesetz eine vorherige Verwarnung verlangt, die auch durch die Arbeitsordnung oder durch die Unfallverhütungsvorschriften erfolgen kann. Als grobe Beleidigung genügt nach Hoffmann[2]) ein einfaches Schimpfwort nicht, sondern es muß eine mit Überlegung ausgesprochene schwere Beleidigung vorliegen.

Zu den unter II a 8 angegebenen Entlassungsgründen führt von Landmann-Rohmer[3]) aus, daß unfähig zur Fortsetzung der Arbeit im Sinne dieser Bestimmung ist, wer durch irgend einen außerhalb seines Willens liegenden Umstand gehindert wird, die bereits begonnene Arbeit überhaupt fortzusetzen, insbesondere durch Unfall, Erkrankung, Einziehung zum Militärdienst, Antritt einer Freiheitsstrafe. „Nicht hierher gehört der Fall, wenn sich hinterher herausstellt, daß der Arbeiter nicht die von dem Arbeitgeber erwartete Gewandtheit oder Fertigkeit besitzt oder wenn er infolge einer ganz leichten Körperverletzung oder Erkrankung nur kurze Zeit von der Arbeit wegbleibt oder vorübergehend weniger leistet. Indes ist nicht erforderlich, daß der Arbeiter dauernd oder vollständig zur Fortsetzung der Arbeit unfähig geworden ist; es genügt auch eine voraussichtlich vorübergehende Unfähigkeit."

Die auffallend strenge Bestimmung, daß auch Vernachlässigung des Besuches der Fortbildungs- oder Fachschule zur Entlassung führen kann, begründet derselbe Verfasser mit der Notwendigkeit, daß sich der Lehrherr der ihm in § 127 auferlegten Pflicht zur Überwachung des Schulbesuches im Falle der Erfolglosigkeit seiner Bemühungen durch Entlassung des Lehrlings müsse erledigen können. Es wird jedoch betont, daß es bei diesen, der Novelle von 1897 neu hinzugefügten Entlassungsgründen offenbar nicht die Absicht des Gesetzes war, dem Lehrherrn die einseitige Aufhebung der Lehre leicht zu machen.

„Man wird also wiederholte schwere Verletzungen der Lehrlingspflichten

[1]) a.a.O. Bd. II, S. 212.
[2]) a.a.O. S. 416.
[3]) a.a.O. Bd. II, S. 213.

der Folgsamkeit, der Treue, des Fleißes oder des anständigen Betragens und außerdem den Nachweis des erfolglosen Versuches, den Lehrling zu bessern, verlangen müssen. Was die Vernachlässigung des Schulbesuches anbelangt, so muß ein fortgesetztes, absichtliches und schuldhaftes Versäumen der Schule gegeben sein."

Von den Gründen, aus denen ein Lehrling den Lehrvertrag auch noch nach Ablauf der Probezeit aufheben kann, kommen die meisten bei der Staatseisenbahnverwaltung praktisch nicht in Frage, selbst nicht der Tod des Lehrherrn, denn als solcher gilt ja der jeweilige Amtsvorstand. Es verbleiben praktisch nur die beiden Gründe, daß der Lehrling unfähig zur Fortsetzung der Arbeit wird, wie zuvor bereits besprochen, oder daß er zu einem anderen Gewerbe oder Beruf übergehen will. Damit dies jedoch nicht leichtfertig als Scheingrund benutzt werden kann, ist die erschwerende Bestimmung beigefügt, daß der Lehrling in demselben Gewerbe vor neun Monaten von einem anderen Arbeitgeber ohne Zustimmung des früheren Lehrherrn, hier also der Eisenbahnverwaltung, nicht beschäftigt werden darf.

Eine schuldhafte Auflösung des Lehrvertrages hat für den Lehrling nachteilige Folgen. Nach dem Lehrvertrag, Allg. Bdg. Ziff. 10 (S. 59), ist in allen Fällen, in denen die Auflösung des Lehrverhältnisses durch persönliches grobes Verschulden des Lehrlings herbeigeführt wird, insbesondere, wenn er die Lehre eigenmächtig verläßt, seine fernere Beschäftigung in irgend einer Werkstätte der preußisch-hessischen Staatseisenbahnverwaltung ausgeschlossen.

Verläßt der Lehrling in einem durch die Gewerbeordnung nicht vorgesehenen Falle ohne Zustimmung der Eisenbahnverwaltung die Lehre, so kann erstere auf Grund von GO. § 127d den Anspruch auf Rückkehr des Lehrlings geltend machen. Die Polizeibehörde kann in diesem Falle auf Antrag der Eisenbahnverwaltung den Lehrling anhalten, so lange in der Lehre zu verbleiben, als durch gerichtliches Urteil das Lehrverhältnis nicht für aufgelöst erklärt oder dem Lehrlinge durch einstweilige Verfügung eines Gerichts gestattet ist, der Lehre fernzubleiben. Der Antrag ist nur zulässig, wenn er binnen einer Woche nach dem Austritte des Lehrlings gestellt ist. Im Falle unbegründeter Weigerung der Rückkehr hat die Polizeibehörde den Lehrling zwangsweise zurückführen zu lassen oder durch Androhung von Geldstrafe bis zu 50 Mark oder Haft bis zu fünf Tagen zur Rückkehr anzuhalten.

Es wird sich im allgemeinen nicht empfehlen, von dem Recht der zwangsweisen Zurückführung Gebrauch zu machen. Bei dem großen Angebot von guten Kräften liegt es nicht im Vorteil der Eisenbahnverwaltung, einen entlaufenen Lehrling wieder zur Rückkehr zu zwingen. Gutes wird von ihm dann doch kaum zu erwarten sein, eher ein ungünstiger Einfluß auf die Mitlehrlinge.

Teil V.

Die praktische Ausbildung.

§ 1. Allgemeines.

In den der Gewerbeordnung unterstehenden Betrieben ist nach GO. § 127 der Lehrherr verpflichtet, den Lehrling in den bei seinem Betriebe vorkommenden Arbeiten des Gewerbes dem Zwecke der Ausbildung entsprechend zu unterweisen. Der Lehrvertrag der Eisenbahnverwaltung besagt in § 3, daß das Werkstättenamt den Lehrling in allen zum Handwerk gehörigen Arbeiten unterweisen lassen und bemüht sein wird, ihn zu einem tüchtigen Gesellen auszubilden. Zur Erreichung dieses Zweckes sind in den Lehrlingsvorschriften (s. S. 49) unter Ziffer 19 bis 22 eingehende Bestimmungen getroffen. Hiernach hat die praktische Ausbildung während der ersten beiden Lehrjahre in einer besonderen Lehrlingswerkstätte, während der beiden letzten Lehrjahre in den verschiedenen Werkstättenabteilungen nach einem besonderen Ausbildungsplan zu erfolgen. Durch die getroffenen Maßnahmen ist der Forderung des Gesetzgebers in GO. § 127 weitgehend Genüge geleistet.

In der Lehrlingsausbildung der Eisenbahnverwaltung sind zwei auch räumlich scharf voneinander getrennte Abschnitte vorgesehen, nämlich die Zeit in der Lehrlingswerkstätte und die Zeit außerhalb derselben, in der eigentlichen Hauptwerkstätte, jedesmal zwei Jahre umfassend. Der große Unterschied liegt darin, daß in der Lehrlingswerkstätte die Arbeit ausschließlich der Unterrichtung des Lehrlings dient und daß hierfür auch besondere Lehrkräfte, Lehrmeister und Lehrgesellen, bestimmt sind, während dies in dem zweiten Abschnitt nicht mehr der Fall ist. Hier nimmt der Lehrling dann schon an den Arbeiten teil, wie sie der Betrieb gerade mit sich bringt, und die Unterweisung erfolgt nicht mehr durch eigens hierfür bestellte Hilfskräfte, sondern mehr durch Beispiel und gelegentliche Hinweise.

Besondere Lehrwerkstätten sind nur in einem großen Betriebe möglich. Sie verursachen bedeutende Einrichtungs- und Unterhaltungskosten, auch an Löhnen und Werkstoffverbrauch. Die gewonnene Lehrlingsarbeit ist nur ein geringer Ersatz hierfür. Anderseits wird hierdurch jedoch eine so gründliche, sorgfältige Ausbildung des Lehrlings möglich, wie sie bei dem Mitarbeiten in der allgemeinen Werkstätte nicht zu erreichen ist. Dort bei oft dringenden Arbeiten können sich die Handwerker nicht immer die Zeit zur Unterweisung nehmen, abgesehen davon, daß sie in der Regel hierzu auch nicht so gut geeignet

10*

sind, wie für diese Zwecke besonders geschulte Lehrkräfte. Es könnte der Einwand erhoben werden, daß in Lehrlingswerkstätten leicht eine einseitige, den mannigfach wechselnden Anforderungen der Praxis nicht gerecht werdende Ausbildung erreicht würde. Hierauf ist zu erwidern, daß an und für sich natürlich diese Gefahr besteht, daß ihr aber durch geschickte Arbeitszuteilung an die Lehrlingswerkstätten und durch die beiden letzten, in der allgemeinen Werkstätte verbrachten Lehrjahre begegnet ist.

Die Eisenbahnverwaltung gehört mit zu den ganz wenigen Großbetrieben, die in der Einrichtung besonderer Lehrlingswerkstätten führend vorangegangen sind und dies schon im Jahre 1878. Heißt es doch schon in den mit Erlaß vom 21. Dezember jenes Jahres festgesetzten Grundzügen über die Art der Ausbildung von Handwerkslehrlingen in den Werkstätten der Staats- und unter Staatsverwaltung stehenden Privateisenbahnen unter Ziffer 10, daß die Ausbildung der Lehrlinge (Schlosser, Schmiede, Dreher) während der ersten Jahre in kleinen, besonders einzurichtenden Lehrwerkstätten erfolge, „welche mit Inventarien und Werkzeugen vollständig auszurüsten sind, daß alle bezüglichen Arbeiten selbständig daselbst ausgeführt werden können"[1]). Diese Maßnahme der Eisenbahnverwaltung wird man um so höher bewerten, wenn man einige Vergleichszahlen heranzieht. Nach Lippart[2]) hatten noch 1912 unter 45 Mitgliedsfirmen des Vereins deutscher Maschinenbauanstalten mit je mehr als 75 Lehrlingen überhaupt nur 11 Werke, also noch nicht 25 v. H., eine eigene Lehrlingswerkstätte. „Diese Lehrlingswerkstätten sind außer mit Handwerkszeug mit den wichtigsten maschinellen Einrichtungen der Betriebswerkstätten ausgerüstet. In diesen Lehrlingswerkstätten bleiben die Lehrlinge in der Regel nur die ersten ein bis zwei Jahre, um dann auf die betreffenden Betriebswerkstätten verteilt zu werden."

Die Ausbildung erfolgt nach der angeführten Quelle bei den meisten Firmen im Betriebe, und zwar derart, daß jeder der Lehrlinge einem tüchtigen, charakterfesten und pädagogisch veranlagten Facharbeiter zugeteilt wird, der unter Oberaufsicht des Meisters den Lehrling in das Handwerk einführt.

In den letzten Jahren haben verschiedene große Werke der Lehrlingsausbildung eine besondere Aufmerksamkeit zugewandt und zum Teil vortrefflich eingerichtete, mustergültige Lehrlingswerkstätten geschaffen. Zu nennen sind hier u. a. Siemens & Halske, AG., Wernerwerk, Berlin-Siemensstadt, Ludw. Loewe & Co., AG., Berlin, Die Allgemeine Elektrizitätssellschaft, Apparatefabrik, Berlin, die Maschinenfabrik Augsburg-Nürnberg, AG., Werk Nürnberg[3]).

Auch in Amerika ist der Mangel an gelernten Arbeitskräften schon seit

---

[1]) s. I § 3, S. 19.

[2]) „Die Ausbildung des Lehrlings in der Werkstätte", Vortrag im Verein deutscher Maschinenbauanstalten. S. 28.

[3]) Von diesen Firmen sind Schriften über ihre Lehrlingsausbildung herausgegeben; s. Quellenverzeichnis.

einer Reihe von Jahren sehr empfunden worden und hat zur Heranbildung von Lehrlingen geführt. Die Santa-Fe-Bahn begründet ihre Maßnahmen in dieser Hinsicht in ihrer Schrift über das Lehrlingswesen[1]) mit folgenden, die amerikanischen Zustände auch allgemein gut kennzeichnenden Worten:

The difficulties encountered on the Santa Fe of obtaining labor qualified with the skill and intelligence to make efficient workmen under modern conditions have not been local or peculiar. The trouble is due entirely to the American industrial system which aims to realize the quickest and largest turn-over, and return of profit, on the investment in each line of manufacture. It does this by the production at minimum cost of a maximum consumable quantity of standard products. This industrial policy, while productive of enormous financial gains, has succeeded in generally reducing American workingmen to the plane of mere operatives of machinery. The result has been, through the discouragement on the one hand, of the demand for and purchase of high-priced hand-made and well-made special products, as falling-off on the other hand, in the pursuit of the particular trades and handicrafts calling for the ability, care and skill to make such products. The industrial and commercial situation caused by the working out of this tendency is an unpropitious and unpromising one at the present day, and nowhere is its effect more keenly manifest than in the quality of work done by railroad employés, wether in transportation service, or in the maintenance or way, or of equipment[2]).

Die Lehrzeit beträgt in Amerika häufig ebenfalls vier Jahre. Früher hatte man, wie Matschoß[3]) berichtet, die Lehrlinge vielfach zunächst sofort in die Werkstätte geschickt. Sie wurden den Arbeitern zugeteilt, und wieviel der Lehrling lernte, war oft von dem guten Willen des Arbeiters abhängig. Der Arbeiter will Geld verdienen. Ein junger Mensch, der noch nicht das Geringste gelernt hat, ist ihm oft mehr hinderlich als förderlich und so kam es zu schlechter Ausbildung. Der Lehrling wurde mit vielen Arbeiten beschäftigt, von denen er nie etwas lernen konnte. War er aber persönlich geschickt und konnte sich nützlich machen, so hielt man ihn möglichst lange an dem Platz fest, wo er brauchbar war, und vergaß, daß der Lehrling zu seiner Ausbildung in der Fabrik ist, daß er also von einer Abteilung zur anderen geschickt werden muß, um sein ganzes Fach zu erlernen. Diese Übelstände lassen sich vermeiden, wenn man zur Einrichtung von Lehrlingswerkstätten in den Fabriken übergeht.

Mühlmann[4]) weist darauf hin, daß die Erziehung von Lehrlingen beim Handwerksmeister oder in Fabrikwerkstätten drüben wohl niemals sehr verbreitet war. „Im geschäftlichen Kampf ums Dasein sind jede Minute der Arbeitszeit, jeder Quadratmeter einer Werkstatt und jede Werkzeugmaschine so wertvoll, daß nur voll ausgebildete Leute, aber keine lernenden Lehrlinge

---

1) „Industrial Education Training Apprentices", herausgegeben vom Motive Power Department der Gesellschaft.

2) s. auch „Nordamerikanische Eisenbahnen" S. 107—110 vom Verf.; s. Schriftennachweis.

3) „Die geistigen Mittel des technischen Fortschrittes in den Vereinigten Staaten von Amerika." Sonderabdruck S. 29.

4) „Die praktische Ausbildung der Techniker und der Fabriklehrlinge in Nordamerika." Sonderabdruck S. 7.

gebraucht werden können. Auch hat der Meister mit der Verteilung der Arbeit und mit der Einhaltung der Lieferfristen genug zu tun und muß sein Augenmerk auf eine fortwährende Verringerung der Herstellkosten richten, hat also kaum Zeit, sich auch noch um die Ausbildung junger Leute zu kümmern, zumal die Fähigkeit, eine Werkstatt zu leiten, nicht immer mit dem für die Lehrlingsausbildung nötigen Lehrgeschick gepaart ist." Mühlmann führt dann aus, daß in neuester Zeit bei der starken Entwicklung der amerikanischen Industrie und bei dem gleichzeitigen Nachlassen der Einwanderung tüchtiger Handwerker ein Mangel an gelernten Arbeitern eingetreten ist, der allen beteiligten Kreisen viel Kopfzerbrechen macht. Es sind dann drei Wege beschritten, nämlich die Ausbildung von Lehrlingen in den Schulwerkstätten der Handwerkerschulen, in den Fabrikschulen oder nach dem Verfahren von Professor Schneider[1]). Nachdem dargelegt ist, daß sich die Schulwerkstätten der Handwerkerschulen nicht so, wie vielfach erwartet, bewährt haben, weil der enge Zusammenhang mit der Praxis fehlt, wird auf die ausgezeichneten Erfolge der Fabrikschulen hingewiesen: „Viele industrielle Firmen haben eigene Fabrikschulen eingerichtet, wo sie die Lehrlinge vier Jahre lang in den Werkstätten ausbilden und ihnen außerden einen Schulunterricht erteilen lassen, der oft bis zu zwölf Stunden wöchentlich beträgt (vgl. S. 260, Stundenplan in Deutschland). Man gibt Mathematik, Physik und Zeichnen, dazu etwas Maschinenkunde, Festigkeitslehre und Elektrotechnik in der einfachsten Form. Auch die Schulstunden werden den Lehrlingen bezahlt. Der Stundenlohn steigt z. B. bei der General Electric Co. von 8 c im ersten Halbjahr bis auf 16 1/2 c im vierten Jahr, und 100 Dollar werden außerdem jedem ausbezahlt, der die Lehrlingszeit befriedigend vollendet hat. Die Lehrlinge beginnen in besonderen Lehrlingswerkstätten und nicht in den eigentlichen Fabrikationswerkstätten. Das hat den Vorteil, daß sie an besondere für den Anfänger geeignete Werkzeugmaschinen gestellt und besonderen Meistern zugeteilt werden, die sich ganz ihrer Ausbildung widmen können. Wenn sie nach zwei Jahren etwas gelernt haben, dann werden sie in die Fabrikationswerkstätte versetzt, deren Meister sie jetzt gern aufnimmt, weil sie ihm schon viel nützen. Auch in den Lehrlingswerkstätten wird die Zeit nicht mit Spielereien verbracht, es brauchen keine Gußwürfel geometrisch genau gefeilt oder eiserne Lineale geschabt zu werden, sondern auch die Lehrlingswerkstätte bekommt ihre Aufträge aus der großen Fabrik und macht Maschinenteile, die dort gebraucht werden, so daß der junge Lehrling vom ersten Tage an auf die Bedeutung des genauen und des raschen Arbeitens hingewiesen wird." Weiteres hierüber findet sich auf S. 185.

[1]) Vorstand der maschinentechnischen Abteilung der Universität in Cincinnati. Er nennt das Verfahren Cooperative System, weil dabei Industrie und Schule zusammen an der Ausbildung der jungen Leute arbeiten. Nach Mühlmann (a.a.O. S. 3) ist hierbei die Schülerschaft einer Klasse in zwei Hälften geteilt, von denen die eine eine Woche lang theoretisch ausgebildet wird, während die andere in den Fabrikwerkstätten eine Woche lang tätig ist. In jeder Woche wechseln die Abteilungen miteinander ab (s. auch S. 318).

Bei nur geringer Lehrlingszahl in einzelnen Fabriken wird der Schulunterricht auch von der Stadt gemeinsam übernommen, die praktische Unterweisung jedoch in den Fabriken erteilt.

Ich habe schon 1909 sogar weit im Westen in Topeka und in Kalifornien ein recht gut ausgebildetes Lehrlingswesen bei der Santa-Fe-Bahn gefunden. Es ist einem besonderen Beamten, dem Supervisor of Apprentices, unterstellt, zu dessen Aufgaben es auch gehört, die bahneigenen Lehrlingsschulen in den neun größeren Werkstätten zu überwachen. Im Sommer 1908 waren in diesen 462 Lehrlinge vorhanden. Leider fehlt die Anzahl der gleichzeitig beschäftigten Handwerker und Arbeiter. Einen Anhalt mögen aber folgende Zahlen geben, wobei die entsprechenden Angaben für die preußisch-hessische Staatseisenbahnverwaltung vom Jahre 1913 in Klammer beigefügt sind: Gleislänge 8973 km (Pr.-h. St. 38745 km), Bestand an Lokomotiven 1638 (Pr.-h. St. 21747), an Personenwagen 1054 (Pr.-h. St. 45023), an Güterwagen 44632 (Pr.-h. St. 492403) und an sonstigen Wagen 773[1]) (Pr.-h. St. 16165). Bei einem etwa viermal größeren Netz ist mithin die Lehrlingszahl in Preußen-Hessen achtmal größer als bei der Santa-Fe-Bahn.

§ 2. Überwachung der Ausbildung.

Die Überwachung steht in erster Linie dem Amtsvorstand zu, einmal als dem Leiter des ganzen Werkstättenbetriebes und sodann in der Eigenschaft als Lehrherr im Sinne der Gewerbeordnung. Unter seiner Oberleitung erfolgt die Ausbildung in den ersten beiden Jahren während der Zeit in der Lehrlingswerkstätte durch einen Lehrmeister und durch Lehrgesellen, in den beiden letzten Jahren durch die Abteilungswerkmeister und die Vorarbeiter. Nach LV. 22 soll der Lehrmeister ein Beamter sein. In der Regel ist dies ein Werkführer, nur bei sehr großen Lehrlingswerkstätten ein Werkmeister, seltener ein ehemaliger Lokomotivführer, Heizer, Wagenwärter oder anderer technischer Beamter[2]). Vorbedingung ist natürlich, daß er das Schlosserhandwerk erlernt hat. Welcher Beamtengruppe der Lehrmeister zugehört, ist im übrigen gleichgültig. Neben Tüchtigkeit im Handwerk kommt alles darauf an, daß er eine charaktervolle Persönlichkeit ist, mit Liebe und Verständnis für die Jugend und auch mit einigem Lehrgeschick. Es wäre grundfalsch, etwa einen Beamten, der schon verbraucht und an anderer Stelle nicht mehr recht verwendbar ist, dann zum Lehrmeister zu machen. Nichts ist verkehrter als das. Es handelt sich keineswegs um eine Stelle, „bei der es doch nicht so darauf ankommt", sondern von der richtigen und zweckmäßigen Ausbildung

---

[1]) „Das Lohnwesen in amerikanischen Eisenbahnwerkstätten mit besonderer Berücksichtigung des Bonus-Lohnsystems der Santa-Fe-Bahn" vom Verf. — Glasers Annalen 1910 Nr. 793 S. 3.

[2]) Ehemalige Betriebsbeamte kommen dann in Frage, wenn sie etwa wegen Farbenblindheit oder aus anderen Gründen nicht mehr im Fahr- und Betriebsdienst verwandt werden können.

hängt es ab, welcher Art für viele Jahrzehnte der Nachwuchs an Handwerkern und Werkstättenaufsichtsbeamten sein wird. Und was für den Lehrmeister gilt, gilt ebenso für die Lehrgesellen. Man wird auch als solche nur tüchtige Handwerker nehmen von gesetztem Alter und verständigem Sinn, damit auch sie imstande sind, einen erzieherischen Einfluß auf die Lehrlinge auszuüben.

Nach LV. 22 ist in der Regel auf fünfzehn Lehrlinge ein Lehrmeister allein zu bestellen, für mehr als fünfzehn ein Lehrmeister und ein Lehrgeselle. Bei z. B. 60 Lehrlingen in der Lehrlingswerkstätte werden ein Lehrmeister und drei Lehrgesellen vorhanden sein müssen. Man kann die Unterweisung des jeweils jüngsten Jahrganges noch dadurch verstärken und erleichtern, daß man an den Feilbänken je einen Anfänger zwischen zwei Lehrlinge des zweiten Jahrganges stellt, damit er ihnen schon die eine oder andere Arbeitsausführung absehen und sich auch erkundigen kann.

Im dritten und vierten Jahre werden die Lehrlinge in den einzelnen Abteilungen tüchtigen Vorschlossern zugeteilt. Der Werkmeister und der Werkführer sollen daneben recht oft persönlich die Arbeiten nachprüfen, auf Mängel aufmerksam machen und den Lehrling zur Ausfüllung von Lücken in der einen oder der anderen Richtung veranlassen. Es wirkt ungemein anregend auch auf den ausbildenden Vorarbeiter, wenn er sieht, wie seine Bemühungen, den Lehrling zu einem tüchtigen Handwerker heranzubilden, von dem Vorgesetzten beobachtet und anerkannt werden. Bei guten Erfolgen empfiehlt es sich, derartigen bewährten Vorhandwerkern Belohnungen in Form einmaliger Lohnzulagen zuzuwenden. Das hierfür ausgegebene Geld wird sich reich verzinsen. Da im übrigen der Gruppenführer durch den Lehrling zeitweise auch in Anspruch genommen und am eigenen Arbeiten gehindert wird, erscheint auch aus diesem Grunde eine gelegentliche Entschädigung nicht unbillig.

Dem vielbeschäftigten Amtsvorstand einer großen Hauptwerkstätte bereitet es Schwierigkeiten, die Ausbildung und schließlich auch die Erziehung der Lehrlinge so wie für einen Lehrling erforderlich persönlich zu verfolgen. Er hat im allgemeinen nicht soviel Zeit und Gelegenheit, den Lehrlingen persönlich näherzutreten und sie einzeln kennenzulernen, besonders wenn die Lehrlingszahl bis zu hundert oder mehr beträgt. Selbst wenn er die Lehrlinge auch gelegentlich in den einzelnen Abteilungen aufsucht und beobachtet, ist dies doch meist nicht ausreichend, um sich ein Urteil zu bilden. Hier hat sich ein Vordruck bewährt, den der Verfasser für das Werkstättenamt Guben ausgearbeitet hat und der ähnlich wohl auch bei anderen Ämtern eingeführt ist. Es ist dadurch dem Vorstand möglich, die Lehrlinge sozusagen fest in die Hand zu bekommen. Der Vordruck hat nachstehenden Wortlaut: (Vgl. Tafel 9.)

Dieser Nachweis ist am Ende jeden Ausbildungsabschnittes von dem Lehrling persönlich beim Amtsvorstand vorzulegen. Dieser wird dadurch in die Lage versetzt, sich nach den Angaben rasch über die persönlichen Verhältnisse und über den Stand der Ausbildung zu unterrichten. Zweckmäßig

Tafel 9.

Vordruck für einen Ausbildungsnachweis.

Kgl. Eisenbahn-Werkstättenamt Guben.

Ausbildungsnachweis

für den Lehrling: ....
Wohnung: ....
Geburtstag: ....
Stand des Vaters: ....

Der Vater $\frac{\text{ist}}{\text{war}}$ beschäftigt in Abtlg. .....

Lfd. Nr.	Werkstätten-abteilung	Zeit von	Zeit bis	Urteil über d. Fleiß und das Verhalten	Urteil über die Leistungen	Bescheinigung des Werkmeisters über die erfolgte Ausbildung	Kenntnis genommen Lehrmeister	Kenntnis genommen Betr.-Ing.	Gesehenvermerk des Amtsvorstandes
	Erstes Lehrjahr 191.../191...								
	Lehrlingswerkstätte } erstes Halbjahr								
	„ } zweites Halbjahr								
	Zweites Lehrjahr 191.../191...								
	Lehrlingswerkstätte } drittes Halbjahr								
	„ } viertes Halbjahr								
	Drittes Lehrjahr 191.../191...								
	Viertes Lehrjahr 191..../191...								

[1]) Der Lehrmeister ist nach dem Amtsvorstand der unmittelbare Vorgesetzte jedes Lehrlings und hat ihn während der ganzen Dauer der Lehrzeit innerhalb und außerhalb der Werkstätte zu überwachen.

[2]) Der Ausbildungsnachweis ist von dem Lehrling sorgfältig zu verwahren und zwei Tage vor beendigter Ausbildung in den ersten beiden Jahren dem Lehrmeister, im 3. und 4. Jahre zunächst dem betreffenden Werkmeister und darauf dem Lehrmeister vorzulegen. Bei den regelmäßigen Meldungen beim Amtsvorstand und dem Betriebsingenieur ist der Nachweis gleichfalls vorzulegen.

benutzt er dann die Gelegenheit, sich durch einige Fragen über das in dem beendigten Ausbildungsabschnitt erreichte Verständnis zu unterrichten. Schon die Art der Beantwortung und das ganze Verhalten des Lehrlings hierbei geben manchmal gute Aufschlüsse. Bei Lehrlingen, die in der Entwicklung zurückgeblieben sind oder auffallend schlecht aussehen, wird auch eine Frage wegen etwaiger Krankheitsanzeichen am Platze sein.

Zu der Wahl des Wortlautes bei dem Vordruck mögen noch einige Erläuterungen gegeben werden. Es ist der Stand des Vaters mit aufzuführen und, wenn er in der Hauptwerkstätte beschäftigt ist, auch die Abteilung; man ersieht dann gleich, welche persönlichen Beziehungen der Lehrling etwa bereits zur Eisenbahnverwaltung hat und kann nötigenfalls bei Maßnahmen hier anknüpfen. Die Urteile über Fleiß und Leistungen haben die Werkmeister abzugeben, und der Lehrmeister hat die Kenntnisnahme zu bescheinigen. Dies hat sich als notwendig herausgestellt, weil sonst die Vorschrift nur auf dem Papier steht, daß der Lehrmeister auch noch im dritten und vierten Lehrjahr das Verhalten des Lehrlings zu überwachen hat[1]).

Es hatte sich in der Praxis gezeigt, daß das Bewußtsein dieses Vorgesetztenverhältnisses den Lehrlingen vorher ganz verloren gegangen war, sobald sie die Lehrlingswerkstätte verlassen hatten. Die Kenntnisnahme auch durch den Betriebsingenieur erscheint zweckmäßig, weil er den Vorstand in der Überwachung des Betriebes zu unterstützen und vielfach auch zu vertreten hat.

Der ausgefüllte Nachweis bietet auch ein gutes Hilfsmittel bei der Feststellung des Ergebnisses der Gesellenprüfung. — Es empfiehlt sich, daß die Lehrlinge den Nachweis zur Schonung in einem blauen Aktenumschlag verwahren und auch jedesmal damit vorlegen.

Die Zeugnisse über die einzelnen Werkstättenabteilungen werden auch in Privatfabriken gesammelt, jedoch nicht immer mit so persönlicher Mitwirkung der leitenden Stellen. So befindet sich auf der Personenstandskarte der Lehrlinge der Firma Friedr. Krupp in Essen (Ruhr) ein Abschnitt von 70 : 70 mm Größe mit der Überschrift: „Zeugnisse" und den Spalten „Monat, Leistung, Fleiß, Führung, beschäftigt als". Die als Zahlen einzutragenden Urteile werden wie folgt bezeichnet: 1 = recht gut, 2 = gut, 3 = ziemlich gut, 4 = befriedigend, 5 = nicht befriedigend, 6 = schlecht. Außerdem ist ein zweiter Abschnitt, ebenfalls 70 : 70 mm groß, für die Eintragung der Strafen vorgesehen. Der Vordruck für die Karte ist offenbar sehr sorgfältig auf Grund vielseitiger Erfahrungen bei einer so großen Firma zusammengestellt. Er hat den in Tafel 10a und b angegebenen Wortlaut:

[1]) Auch Garbe weist hierauf in seinem Buche: „Der zeitgemäße Ausbau des gesamten Lehrlingswesens für Industrie und Gewerbe" Seite 171 mit den Worten besonders hin: In allen Werkstattsabteilungen gehört der Lehrling aber immer zur Lehrlingswerkstatt und ist dem Lehrmeister daselbst und dessen Kontrolle bis zum Freisprechen unterstellt, namentlich auch in bezug auf außerdienstliches Verhalten und Schulbesuch. Die regelrechte Lehre, stete Aufsicht und strenge Zucht zeitigen geradezu ausgezeichnete, von hervorragenden Fachmännern wiederholt belobigte Erfolge in bezug auf allseitige Handwerkstüchtigkeit und gute Führung.

Tafel 10.

Personenstandskarte für Lehrlinge der Firma Friedrich Krupp, A.-G., Essen-Ruhr.

a) Vordruck der Vorderseite.

Lehrlings-Hauptkarte Nr. .... ausgestellt: ....

Name	Vorname	Datum der Geburt	Ort	Kreis	Religion	Letzte Beschäftigung	Ausbildung
						in: .... bei:	Zeit: .... Beruf: ....

Datum	Fabr.-Nr.

Lohnsatz	
ℳ	₰

Eintritt: .... zum .... Male

Überwiesen von: ....

Beschäftigung: .... Kontraktl. seit: ....

Austritt: ....

Überwiesen nach: ....

Grund für {Austritt: / Überweisg.:} ....

Zeugnis {Führung: .... Leistungen: .... Unterschrift: ....}

Nebenkasse: ....

Familienkasse: ....

Vater: .... F.-Nr. .... Betrieb: ....
Handwerk: ....
Auf der Fabrik seit: ....
Kinder unter 14 Jahren: .... über 15 Jahren: ....
Bemerkungen: ....

Vormund: .... F.-Nr. .... Betrieb: ....
Handwerk: ....
Wohnung: ....

Bücher-Leihkarte: .... **Fahrradstand-Nr.:** ....
Kohlenbezugberechtigt: .... **Poln. Sprache:** ....

Richtigkeit der Angaben und Empfang von je 1 Arbeitsordnung, Kranken- und Pensionskassen-Statut, Unfallverhütungsvorschriften und Polizeiverordnung für Eisenbahnsicherheit } bescheinigt ....

Art d. W.[1])	Wohnung:	Raten-Vorschüsse				Besonderes: [2])
		Datum	ℳ	Raten	Grund	

Bl. 705.

[1]) Abkürzung: Kruppsche Wohnung = F. K. W.; Mietswohnung = M. W; bei Eltern = b. E.; bei Verwandten = b. V.

[2]) Gratifikationen, Unterstützung, Lebensversicherungs-Verein usw.

b) Vordruck der Rückseite.

Durchschnitts-Verdienste					Versäumnisse																								
Vierteljahr bis	pro Schicht		pro Tag		Periode bis	verspätet		versäumt		Strafe		krank	mit Urlaub		Periode bis	verspätet		versäumt		Strafe		krank	mit Urlaub	
	M	₰	M	₰		×	Std.	×	Std.	M	₰	Std.	×	Std.		×	Std.	×	Std.	M	₰	Std.	×	Std.

Zeugnisse[1]				
Monat	Leistung	Fleiß	Führung	beschäftigt sich

Strafen			
Periode bis	Betrag		Grund
	M	₰	

[1]) Prädikate: 1 = recht gut; 2 = gut; 3 = zieml. gut; 4 = befriedigend; 5 = nicht befriedigend; 6 = schlecht.

Die Karte besteht aus ziemlich starker Pappe von dunkelrosa Farbe. Die Breite ist 270, die Höhe 160 mm und in dem umrahmten Teil 250 × 143 mm. — Außer den Leistungen unterliegen auch Führung und Fleiß einer ständigen Überwachung durch monatlich ausgefertigte Zeugnisse.

Der Vordruck hierfür lautet wie folgt:

Monatliches Zeugnis.

Fabr.-Nr.	Namen	Beschäftigung	Führung	Fleiß	Leistungen	Bemerkungen
20 202	N. N.	Schlosserlehrling	gut	gut	befriedigend	War 14 Tage krank. Bestraft wegen ....

Die Ergebnisse dieser Zeugnisse werden unter Berücksichtigung der nach § 2 des Lehrvertrages vorzulegenden Fortbildungsschulzensuren auf der vorstehend wiedergegebenen Lehrlingshauptkarte zusammengetragen. Sie gibt, wie man sieht, auch über die sonstigen persönlichen Verhältnisse wie Herkunft, Wohnung usw. Auskunft.

Auf der Personenstandskarte für die Lehrlinge der Allgemeinen Elektrizitäts-Gesellschaft, Apparatefabrik, Berlin findet sich auf der Rückseite ein Abschnitt 155 × 120 mm: Zensurtabelle der Lehrlingsarbeiten. In sechs Doppelspalten für je Arbeits-Nummer und Note können bei zwölf Zeilen im ganzen 72 Urteile eingetragen werden. Für Strafen ist nur ein Platz von 10 × 40 mm für sechs Eintragungen vorgesehen. Außerdem findet sich noch ein Abschnitt 100 × 60 mm: „Zusammenfassendes Urteil beim Abgang aus der Lehrwerkstatt". Es sind längere Zeilen für ausführlichere Urteile über Führung, Leistung und Fleiß vorgesehen, ferner eine Zeile für

ZEUGNIS

für den *Maschinenbauer* Lehrling

Schröder

für die Zeit seiner Tätigkeit in der

Abteilung *Schmiede*

vom *1. August* 190*9* bis *1. September* 190*9*.

Pünktlichkeit: *regelmäßig*

Fleiss: *gut*

Betragen: *sehr gut*

Fertigkeiten: *gut*

Bemerkungen: *—*

Hat gefehlt:	entschuldigt Tage	unentschuldigt Tage	krankheitshalber Tage
	2	*—*	*3*

BERLIN, den *1. September* 190*9*.

Der Abteilungschef: *N. N.* Der Meister: *Krause*

Der Lehrling wird in die Abtlg. *Härterei* versetzt.

Formular No. 221.

Abb. 3. Zeugnis für Lehrlinge der A.-G. Ludw. Loewe & Co., Berlin über die Ausbildung in den einzelnen Werkstättenabteilungen.

Tafel 11.

Personenstandskarte für Lehrlinge der Allgemeinen Elektrizitätsgesellschaft, Apparatefabrik, Berlin.

a) Vordruck der Vorderseite.

Zuname des Lehrlings	Vorname	Lehrfach	Geburts- Datum	Geburts- Ort	Lfd. Nr. ____
					Kontroll-Nr.

Schulbildung ____

Eintritt ____	Austritt ____	Versetzt am ____ nach Af ____ Mstr. ____
Beruf	Wohnung des Vaters resp. Erziehers	" " ____ " " ____ " ____
		" " ____ " " ____ " ____
		" " ____ " " ____ " ____
		" " ____ " " ____ " ____

Zusammenfassendes Urteil beim Abgang aus der Lehrwerkstatt	Wohnung des Lehrlings		
Führung:			
Leistung:			
Fleiß:			
Prämie:	Bestraft		
Bemerkungen:	am	mit	wegen

Af. A.-Form, 1865,

b) Vordruck der Rückseite.

Zensurtabelle der Lehrlingsarbeiten

Arbeit Nr.	Note	Arbeit Nr.	Note	Arbeit Nr.	Note	Arbeit Nr.	Note	Arbeit Nr.	Note	Arbeit Nr.	Note

Hat gefehlt[1])

vom	bis

Krankheit	Sonstige Versäumnisse
Tage:	Tage: ....
Std.:	Std.: ....

Krankenkassenbuch Nr.

....

[1]) „K" neben Datum bedeutet krank. „V" neben Datum bedeutet versäumt.

etwa erhaltene Belohnungen und sieben Zeilen für Bemerkungen. Die auf mäßig starker gelblicher Pappe gedruckte Karte mißt 202 × 127 mm. Den Wortlaut gibt Tafel 11a und b an. (Vgl. S. 158 u. 159.)

Als weiteres Beispiel diene ein in Abb. 3 (S. 157) wiedergegebenes Zeugnis, das bei der Firma Ludw. Loewe & Co. in Berlin den Lehrlingen über den Erfolg ihrer Ausbildung in den einzelnen Werkstättenabteilungen ausgestellt wird.

Wir wenden uns nun der praktischen Ausbildung im einzelnen zu. Sie ist verschieden je nach dem Handwerk, dem der Lehrling angehört. Bei den Schlossern, Drehern, Schmieden, Kupfer- und Kesselschmieden kann der Ausbildungsgang in den ersten beiden Jahren übereinstimmend gewählt und erst dann getrennt werden. Manche andere Handwerkszweige erfordern dagegen schon von Lehrbeginn an einen besonderen Ausbildungsgang. Zunächst werde unter A in den §§ 3 bis 6 das Schlosserhandwerk behandelt, zu dem, wie wir schon in Tafel 8, S. 99, gesehen haben, die weitaus größte Zahl aller Lehrlinge der Staatseisenbahnverwaltung gehört, und sodann unter B in den §§ 7 bis 9 die kleine Gruppe der übrigen Handwerke.

A. Die praktische Ausbildung für das Schlosserhandwerk.

§ 3. Die praktische Ausbildung in den ersten beiden Lehrjahren.

Wie bereits erörtert ist, erfolgt die Ausbildung während der ersten beiden Lehrjahre nach LV. 19, S. 49, in einer besonderen Lehrlingswerkstätte, und zwar durch den Lehrmeister sowie die ihm etwa zugeteilten Lehrgesellen. Maßgebend ist der den Lehrlingsvorschriften beigefügte Ausbildungsplan[1]). Hiernach ist im ersten Halbjahre die Kenntnis der Kaltbearbeitung der Metalle und der erforderlichen Werkzeuge zu vermitteln. Es sind kleinere Arbeitsstücke wie Würfel, Sechskant, Lineal, Winkel für 90° und 120°, Hammer, Rundstücke u. dgl. zu befeilen, ferner ist das Schleifen, Schmirgeln und Löten zu üben, das Abhauen und Bemeißeln an Stab- und Formeisen und Eisenblech, das Biegen, Bördeln, Falzen von Blech. Einfach gestaltete Teile, z. B. einfache Lehren sollen nach Musterstück fertiggestellt werden. Schraubenmuttern in Schlüssel und umgekehrt, ferner Riegel, Schloßteile, Scharniere, Türbänder, Beschlagteile und ähnliche Gegenstände sind einzupassen.

Diese Angaben stellen gewissermaßen den äußeren Rahmen für die Unterweisung dar, innerhalb dessen die Werkstätten freie Hand haben. Die Bestimmungen im einzelnen hat je nach den örtlichen Verhältnissen der Amtsvorstand zu treffen. Auch dieser wird nur innerhalb bestimmter Grenzen die Arbeiten vorschreiben können. Nötig ist vor allen Dingen, daß nicht wahl-

[1]) Wortlaut s. Teil II § 3, S. 54.

los die Arbeiten durcheinander ausgeführt werden, sondern in pädagogischer Reihenfolge und vom Leichteren zum Schwereren fortschreitend. In den verschiedenen Lehrlingswerkstätten haben sich mit der Zeit solche Reihenfolgen von Arbeiten herausgebildet, die alljährlich von den Lehrlingen ausgeführt werden. Es mögen hier einige Beispiele aus der Praxis folgen. Die Zeitangaben stellen natürlich nur Mittelwerte dar.

Beispiel I. Reihenfolge der Lehrlingsarbeiten in der Lehrlingswerkstätte A.

Erstes Lehrjahr. 1. Feilübungen. Zeitdauer eine halbe Woche. Der neueintretende Lehrling hat an einem Stück Eisen die ersten Feilübungen zu machen und die Handhabung zunächst der flachen Bastard- oder Strohfeile zu lernen. — 2. Einen Würfel zu bearbeiten. Zeitdauer zwei bis fünf, im Mittel drei Wochen. In der Schmiede wird ein Würfel von 80 mm Kantenlänge aus Schmiedeeisen hergestellt. Der Lehrling hat die roh abgeschmiedeten Flächen gerade und zueinander rechtwinklig zu feilen und sich hierbei in der Ausführung gerader Feilstriche zu üben. — 3. Feilen von Holzschraubengewinde. Zeitdauer eine halbe Woche. An ein Stück Rundeisen von 10 mm Durchmesser und 150 mm Länge ist Holzschraubengewinde anzufeilen. Die beiden Enden sind etwas konisch zu machen. Die ersten Gänge werden dem Lehrling vorgefeilt, die übrigen hat er selbst zu machen. Der Lehrling lernt hierbei mit der Hand die Dreikantfeile frei zu führen. — 4. Anfertigen eines Schlüssels mit Doppelbart. Zeitdauer eine Woche. Ein Stück Rundeisen von 150 mm Länge und 10 mm Durchmesser wird auf 8 mm Durchmesser bearbeitet. An den beiden Enden wird eine schwalbenschwanzförmige, 20 mm lange Vertiefung für zwei Schlüsselbärte eingefeilt. Alsdann werden zwei Stück Flacheisen je 10 mm dick und 22 mm lang auf 8 × 20 mm gefeilt, schwalbenschwanzförmig abgesetzt und in die entsprechenden Vertiefungen an Rundeisen genau eingepaßt und mit Hartlot eingelötet. Schließlich wird noch der Bart angesetzt, d. h. dem bisher im Querschnitt rechteckigen Schlüsselbart wird durch Schrägfeilen der beiden Seitenflächen ein trapezförmiger Querschnitt gegeben. — 5. Herstellen von vier Scharnierbändern. Zeitdauer etwa drei Wochen. $1^1/_2$ mm starkes und 50 mm breites Eisenblech wird in Stücke von 50 mm Länge geschnitten. Die Teile werden je mit zwei rechteckigen Aussparungen versehen, alsdann wird das Blech über einen zylindrischen Dorn, der künftigen Drehachse, zusammengebogen und mit einem zweiten in entsprechender Weise hergestellten Scharnierteil zu einem Scharnierband vereinigt. Es werden in etwa drei Wochen 8 Hälften oder 4 vollständige Bänder hergestellt. Zweckmäßig werden noch keine Schraubenlöcher eingebohrt. Dies geschieht erst später je nach dem Verwendungszweck und der Breite des Holzes an Schränken, Lokomotivbrücken oder dergl. — 6. Hilfeleistung bei den laufenden Ausbesserungsarbeiten in der Lehrlingswerkstätte. Ausbesserung der Werkzeuge bei den Lokomotiven, Arbeiten an Schutzdecken — sog. Sandschürzen — für Achslager bei Sandwagen. Ausfeilen von Schlüsseln, die ausgebrochen und in der Schmiede neu angeschweißt worden sind. Die Anfertigung der Sandschürzen gibt Gelegenheit zu Blecharbeiten und zum Kaltnieten. — 7. Nach sechs bis sieben Monaten Lehrzeit Anfertigen eines kleinen Schrankschlosses mit geschmiedetem Schlüssel. Zeitdauer bis zu zwei Wochen. Der Schlüsselgriff, die Schlüsselreide, ist zu polieren. — 8. Weitere Hilfeleistung bei Ausbesserungsarbeiten.

Zweites Lehrjahr. 1. Schmieden kleinerer Stücke bei den laufenden Ausbesserungen, Schmieden und Härten von Meißeln für Lokomotivwerkzeuge. Schmieden und Herstellen von Schabern, Durchschlägen, Schraubenziehern usw. Ausbesserung der Putzmesser für die Hobelholzmaschine. Anfertigen von Hammerkeilen,

Krätzern für Stopfbüchsen u. dgl. — 2. Arbeiten an der Bohrmaschine. Zeitdauer eine halbe Woche. An der Bohrmaschine hat der Lehrling auch schon im ersten Lehrjahr unter Aufsicht gelegentlich arbeiten und die bei Blecharbeiten erforderlichen Löcher selbst herstellen dürfen. — 3. Arbeiten an der Drehbank. Zeitdauer etwa eine Woche. Abdrehen von Rohrpfropfen, Tragfederbolzen usw. In dieser Zeit dreht der Lehrling etwa 35 Bolzen ab. — 4. Arbeiten an der Hobelmaschine. Zeitdauer etwa eine halbe Woche. Abhobeln von gußeisernen Futterstücken für Weichen, von Linealen usw. — 5. Hilfeleistung bei schwereren Ausbesserungsarbeiten in der Lehrlingswerkstätte. — 6. Selbständiges Anfertigen eines Bremshausschlosses, eines Stubenschlosses oder dgl. als Probearbeit am Schlusse des zweiten Lehrjahres. Zeitdauer erfahrungsgemäß 50—70 Stunden.

Bei diesem Stück wird nach der Fertigstellung die gebrauchte Zeit vermerkt. Das Probestück wird aufbewahrt und bei der Gesellenprüfung mit vorgelegt. Der Lehrling muß imstande sein, ein solches Stück brauchbar und sauber herzustellen, mit winklig zueinander gearbeiteten Teilen und ohne daß etwa die Zunge in den rechteckigen Führungen schlottert. Auch von mittelmäßigen Lehrlingen werden am Schluß der zweijährigen Ausbildung in der Lehrlingswerkstätte im allgemeinen befriedigende Arbeiten geliefert.

Die hier geschilderte Reihenfolge und Auswahl ist nicht ganz zweckmäßig, obwohl sie, wie die Erfahrung gezeigt hat, für die Ausbildung der Lehrlinge jahrelang genügt hat. Für das Befeilen eines Würfels gleich zu Anfang bis zu anderthalb Monaten Zeit zu verwenden, ist Zeitverschwendung und Quälerei. Einen Würfel genau winklig und mit genau geraden Flächen zu feilen, ist schwer und kein Lehrlings-, sondern fast ein Meisterstück. Mißlingt dem Anfänger nur eine der Flächen, so muß nicht nur diese, sondern es müssen jedesmal auch die übrigen fünf wieder berichtigt werden. So kommt es denn, daß der anfangs stattliche Würfel immer mehr zusammenschrumpft, ohne dabei doch genauer zu werden. Ja, es ist vorgekommen, daß wenn der eine Würfel schließlich bei dem vergeblichen Mühen fast ganz aufgearbeitet war, dann die Arbeit an einem neuen Würfel fortgesetzt werden mußte. Es hat etwas Abstumpfendes, wenn ein Knabe so wochenlang ohne Abwechselung mit der Feile in immer gleicher, einförmiger Weise Späne auf Späne von dem Eisenklotz herunterarbeitet. Dies hat denn auch schon manche Träne gekostet. In Verbindung mit der dem jugendlichen Körper noch ungewohnten körperlichen Anstrengung stellt sich dann leicht Unlust und Entmutigung ein. Die soll man aber zu Anfang ja vermeiden und vielmehr alles tun, um Eifer und Freude an dem neuen Beruf zu wecken. Man möge daher allerhöchstens eine Woche auf das Würfelfeilen verwenden und ihn dann ruhig in der ihm bis dahin gegebenen, wenn auch manchmal noch recht wunderlichen Form belassen. Das Aussehen der verschiedenen Gebilde — den Ehrennamen Würfel werden bis dahin nur wenige mit Recht beanspruchen können — wird im übrigen meist schon einen Unterschied in der Geschicklichkeit der einzelnen Lehrlinge erkennen lassen. Selbst in diesen acht Tagen fügt man zweckmäßig noch gelegentlich andere kleine Arbeiten zur Abwechslung ein.

Die unter 4 genannte Arbeit, Herstellen und Löten des Schlüssels, erfolgt wegen der Lötarbeit besser erst nach der Arbeit zu 5, Anfertigen der Scharnierbänder.

Zu bemängeln ist weiter, daß in der Reihenfolge der regelmäßig auszuführenden Arbeiten nicht das in den Lehrlingsvorschriften vorgesehene Gewindeschneiden in Eisen und Messing mit Bohrer und Kluppe aufgenommen ist. Es bleibt sonst dem Zufall überlassen, ob der Lehrling hierin unterwiesen wird. Ferner vermißt man, daß die Lehrlinge keine einfachen Hilfswerkzeuge herstellen, die auch besonders in den Lehrlingsvorschriften angeführt sind. Nach den eingezogenen Erkundigungen sind die Stücke auch früher hergestellt worden und es wurde sogar die ganze Werkstätte damit versorgt. Das gibt aber gleich wieder zu große Mengen, und bei einer derartigen Massenherstellung tritt der eigentliche Zweck, fortschreitende Ausbildung des Lehrlings an planmäßig schwieriger werdenden Stücken, zu sehr in den Hintergrund. Es werden auch solche Gegenstände vielfach billiger von Privatfirmen bezogen. Dies gab schließlich Anlaß, mit der Herstellung solcher Gegenstände überhaupt aufzuhören. Dies ist aber auch nicht richtig. Es empfiehlt sich nach unserer Erfahrung vielmehr, von jedem Lehrling wenigstens zwei Taster, zwei Zirkel und zwei Kneifzangen herstellen zu lassen. Bei dem ersten Stück wird dem Lehrling noch geholfen, das zweite Stück hat er dann selbständig herzustellen. Diese Werkzeuge sind dann von dem Jahresbedarf der Werkstätte vorweg abzusetzen, und es ist dann nur der Rest zur Beschaffung anzumelden.

Um einen Begriff von den Mengen zu geben, um die es sich handelt, sei angeführt, daß bei einer Werkstätte von 640 Arbeitern der Bedarf an solchen Gegenständen in einem Jahre betragen hat:

Winkelreibahlen	11 Stück,	Handmeißel	300 Stück,	eiserne Meterstäbe	5 Stück,
Bohrdraufen	6 „	Reißnadeln	21 „	stählerne Winkel	2 „
Durchschläger	123 „	Schaber	150 „	Kneif- und Drahtzangen	33 „
Handhämmer	109 „	verstellbare Schraubenschlüssel	2 „	Taster und Zirkel	8 „
Feilkloben	12 „	Schraubenzieher	15 „	Federzirkel	3 „
Handkörner	30 „	messingene Spannwangen	3 Paar,		
Lötkolben	12 „				

Die Bestellungen lauten indes wegen des größeren Vorrates, den man zu halten wünscht, vielfach ganz erheblich höher.

Als weiteres Beispiel für die Ausbildungsarbeiten mögen folgende Angaben aus einer großen Lehrlingswerkstätte dienen.

Beispiel II. Reihenfolge der Lehrlingsarbeiten in der Lehrlingswerkstätte B.

1. Einen Würfel bearbeiten. Es wird nur das Feilen von geraden Flächen geübt, ohne daß der Würfel ganz fertig zu werden braucht. Zeitdauer eine bis sechs Wochen. — 2. Feilen eines Setz- und eines Schlichthammers. — Es sind anzufertigen: 3. ein gerader und ein gekröpfter Schubriegel für Tenderkasten usw. Zeitdauer eine halbe Woche. — 4. Zwei Stück Spindschlösser. Zeitdauer eine Woche. —

5. Zwei Stück Einsteckschlösser. Zeitdauer eine Woche. — 6. Zwei Stück Vorhängehängeschlösser. Die Schlüssel werden aus Blech gerollt und dann gelötet. Zeitdauer eine Woche. — 7. Vier bis fünf Scharnierbänder 75 bis 100 mm lang. Zeitdauer zwei Wochen. — 8. Kneifzangen, Beiß- und Drahtzangen. Sie werden in der Lehrlingswerkstätte zu Hunderten angefertigt, und zwar für Lokomotiven aus Eisen und für den Werkstättenbetrieb aus Stahl. Die Zangen werden durch einen in der Lehrlingswerkstätte ständig beschäftigten Schmied als Lehrgesellen vorgeschmiedet und von den Lehrlingen dann zusammengesetzt und gefeilt. — 9. Blecheimer und Farbentöpfe. — 10. Feilkloben und verstellbare Schraubenschlüssel. Die Stücke werden im Gesenk vorgeschmiedet und dann von dem Lehrling nur passend gefeilt und zusammengesetzt. — 11. Meißel, Durchschläger und andere Werkzeuge. — 12. Tenderkastenschlösser, Bremshaustürschlösser usw. — 13. Beschäftigung an den Werkzeugmaschinen.

Die Lehrlinge haben bei allen Arbeitsstücken die zugehörigen Arbeiten an den Werkzeugmaschinen selbst vorzunehmen, z. B. die verstellbaren Schraubenschlüssel abzudrehen, das Gewinde an- und einzuschneiden, die Schrauben zu dem Feilkloben anzufertigen usw. Außerdem werden vereinzelt Ausbesserungen an Stempeln für Zahlen, Buchstaben, Kronen und Türschlössern vorgenommen. —

Auch diese Reihenfolge erscheint nicht in allen Teilen zweckmäßig. Es werden zu viel Werkzeuge hergestellt, zum Teil in Massenherstellung, und die Blecharbeiten scheinen etwas zu kurz zu kommen, insbesondere aber auch die Arbeiten an den Werkzeugmaschinen. Hier fehlt die methodische Ausbildung. Die Anzahl der anzufertigenden Schlösser dürfte sich ohne Schaden noch einschränken lassen. Neben diesen Neuarbeiten kann nur wenig Zeit für Ausbesserungsarbeiten übrig bleiben. Sie können viel Abwechslung bringen und außerdem den Lehrling zum Nachdenken anregen, wie dem Schaden an einem Arbeitsstück am zweckmäßigsten abzuhelfen ist, etwa durch Einsetzen eines Flickens, durch Herausarbeiten einer Fehlstelle und Einfügen eines neuen Stückes od. dgl. Die Tätigkeit des künftigen Schlossers sowohl in der Eisenbahnwerkstätte, wie auch bei einem Privatmeister besteht doch zum großen Teil in Ausbesserungsarbeiten.

Die nachstehenden Angaben beziehen sich auch auf eine dritte Ausbildungswerkstätte.

Beispiel III. Reihenfolge der Lehrlingsarbeiten in der Lehrlingswerkstätte C.

Es werden unter anderem folgende Gegenstände hergestellt. Die durchschnittlich dafür erforderliche Zeit ist beigefügt.

Erstes Halbjahr: Anfertigen eines Prismas aus Rundeisen von 65 mm Durchmesser. 8 bis 12 Tage. — Herstellung oder Bearbeitung folgender Gegenstände: Fenstergriffe für Bremsabteile bei Güterwagen. 1 Tag. — Fensterwinkel und Türecken. 1/2 Tag. — Vorreiber und Schlüsselschilder. 1 Tag. — Scharnierbänder 1 1/2 Tage. — Schlüsselhülsen, Schließbleche und Einreiber für die Reinigungsklappen bei Personenwagen. 3 Tage.

Zweites Halbjahr: Winkelmaß. 4 Tage. — Lineal. 4 Tage. — Ausbesserung von Hämmern, Schrotmeißeln und Lochhämmern. 1/2 Tag. — Anfertigen folgender

Gegenstände: Lochbohrer, Versenker. 1 Tag. — Schubriegel. 6 Tage. — Riegelschloß mit geschmiedetem und gedrehtem Schlüssel. 12 Tage. — Ausfeilen der Vierecklöcher in Windeisen, der Maulöffnungen in Mutterschlüsseln u. dgl.

Drittes Halbjahr: Zirkeltaster. 3 Tage. — Spitzzirkel. 6 Tage. — Pult-, Jagd-, Kasten- und Vorhängeschlösser. 8 bis 14 Tage. — Bohrdraufe, Bogensäge, verstellbare Mutterschlüssel, Bohrknarre. 14 bis 20 Tage.

Viertes Halbjahr: Dreharbeiten, Gewindeschneiden, einschl. Berechnung der Wechselräder hierzu. Schmiedearbeiten.

Überblicken wir zusammenfassend die angeführten Beispiele aus der Praxis, so wird man in manchen Fällen vielleicht zugeben können, daß ein besonders tüchtiger Lehrmeister begabte und eifrige Lehrlinge an diesen Ausführungen mit den meisten der vorgeschriebenen Arbeiten vertraut machen kann. Allgemein wird dies aber kaum der Fall sein. Es stellen die hier in den Beispielen gebrachten Angaben offenbar zum Teil auch mehr eine lose unverbindliche Reihenfolge dar als eine nach pädagogischen Gesichtspunkten sorgfältig getroffene Auswahl.

Da der Lehrmeister oft große Freiheit in der Auswahl der in den ersten beiden Jahren auszuführenden Arbeiten hat, kann es leicht geschehen, und Beobachtungen haben uns dies bestätigt, daß der Lehrling die eine oder andere für die Ausbildung recht notwendige Arbeit während der ganzen zwei Jahre nicht ein einziges Mal unter die Hände bekommt, hingegen mit nebensächlicher Tätigkeit unnötig viel Zeit verliert. Dies muß als durchaus unzulässig bezeichnet werden.

Ein großer Teil dieser Mängel läßt sich vermeiden, wenn man für die Lehrlingswerkstätte eine Reihenfolge von Übungsaufgaben ausarbeitet und zunächst diese in jedem Halbjahr möglichst ununterbrochen hintereinander erledigen läßt. Was weiter dann an Zeit verbleibt, mag nach Belieben auf allgemeine Ausbesserungsarbeiten verwendet werden.

Eine nach diesen Gesichtspunkten vom Verfasser für die Lehrlingswerksstätte in Guben ausgearbeitete Reihe von Übungsaufgaben ist nachstehend gegeben. Es sind bei der Aufstellung nicht nur in enger Anlehnung an die Ministerialvorschriften die Ergebnisse in einer Anzahl von Eisenbahnwerkstätten verwertet worden, sondern auch die Erfahrungen mehrerer großer Firmen, die in bezug auf sorgfältige Lehrlingsausbildung führend sind.

Beispiel IV. Reihenfolge der Lehrlingsarbeiten in der Lehrlingswerkstätte in Guben.

I. Erstes Halbjahr.

A. Feilarbeiten.

1. Befeilen von 2 Stück rechteckigen Eisens je $100 \times 50 \times 20$.
2. Anfeilen einer Fläche unter 45° an je einer Schmalseite bei jedem Stück.
3. Ausfeilen einer Nut unter 30° an einem und Anfeilen eines Schweinsrückens an dem anderen Stück.
4. Feilen eines Niethammers.
5. Feilen einer Kneifzange.

6. Feilen von zwei verschieden großen Muttern, z. B. für Kreuzkopfbolzen und für Exzenterstange.
7. Feilen der vorgezeichneten Teile für einen geraden Schubriegel für den Werkzeugschrank auf dem Führerstand.
8. Feilen der vorgezeichneten Teile für einen gekröpften Schubriegel für den Werkzeugschrank auf dem Führerstand oder für einen ähnlichen Zweck.
9. Schlüsselschaft und zwei Bärte feilen und Einpassen der Bärte in die schwalbenschwanzförmige Nut.
10. Anfeilen von Holzgewinde an Rundeisen und Biegen des Eisens zu einem Kleiderhaken.
11. Ausfeilen eines Schraubenschlüssels.
12. Befeilen eines Würfels.
13. Feilen von Kreuzmeißel, Flachmeißel, Schraubenzieher und Körner.

B. Schleifen, Schmirgeln.

1. Abschmirgeln und Aufschleifen der schrägen Flächen zu I A 3.
2. Einschleifen eines Wasserstandprobierhahnes für eine Lokomotive.
3. Schaben und Aufpassen der beiden Lagerschalen auf den Achsschenkel einer Wagenachse.
4. Anfertigen oder Nacharbeiten eines Lineales von $1/2$ m Länge.

C. Abhauen, Bemeißeln und Blecharbeiten.

1. Übungen im Abkreuzen von Winkeleisen und U-Eisen.
2. Abhauen und Abputzen des Grates bei Gußstücken.
3. Anfertigen von vier Stück Scharnierbändern, einschließlich Zuschneiden und Aushauen des Bleches.
4 Ausschneiden und Zurichten des Bleches für Sandschürzen bei Güterwagen.
5. Schneiden und Zurichten des Bleches für einen Blecheimer.

D. Löten.

1. Einlöten der Schlüsselbärte zu I A 9 mit Schlaglot.
2. Herstellen eines eisernen Ölgefäßes für Schlosser und Löten der Nähte mit Hartlot oder Ausführung von Lötarbeiten an Teilen aus Eisen, je nach Bedarf.
3. Herstellen einer Seifenbüchse aus Weißblech und Löten der Nähte mit Weichlot.
4. Herstellen eines Farbentopfes aus Weißblech und Löten der Nähte mit Weichlot.

E. Fertigstellung einfach gestalteter Teile nach Musterstück.

1. Anfertigung eines einfachen Schrank- oder Jagdschlosses.
2. Anfertigung eines Vorhängeschlosses.

F. Hilfeleistung bei einfachen Ausbesserungsarbeiten.

II. Zweites Halbjahr.

A. Bearbeiten von Winkeln, Klammern usw.

1. Anfertigen von Schwellen für Bremsleitungen.
2. Anfertigung der Fensterwinkel für Bremshausfenster der Güterwagen.
3. Anfertigung der Fensterheber für Bremshausfenster der Güterwagen.

B. Bohren und Versenken.

1. In vier Blechplatten sind die vorgezeichneten Nietlöcher einzubohren und zu versenken.

C. Kaltnieten (bis 8 mm Nietdurchmesser).

1. Zwei der Blechplatten zu II B 1 sind kalt zu vernieten.
2. Nieten des Eimers zu I C 5.
3. Nieten der Sandschürzen zu I C 4.

D. Gewindeschneiden in Eisen und Messing mit Bohrer und Kluppe.

1. In die Platten zu I A 1 sind nach Zeichnung Löcher einzubohren und sodann in diese Gewinde für $^1/_{16}$, $^1/_8$, $^1/_4$, $^1/_2$, $^5/_8$, $^3/_4$, $^7/_8$ und 1″ einzuschneiden.
2. An Rundeisen von drei verschiedenen Durchmessern sind die entsprechenden Gewinde mit der Kluppe anzuschneiden. Oben ist ein Vierkantkopf anzufeilen.
3. In eine Messingplatte ist Gewinde von $^1/_{16}$ und $^7/_8$″ einzuschneiden.
4. An Messingdraht von 5 mm Durchmesser und $^1/_2$ m Länge ist Gewinde anzuschneiden für das Befestigen von Verstärkungsplatten an den Stirnseiten von Stangenlagern.
5. An Rohrenden von entsprechendem Durchmesser ist beiderseits das Gewinde von $^3/_8$, $^1/_2$, $^3/_4$ und 1″ anzuschneiden Die zugehörigen Muffen sind aufzupassen.

E. Anzeichnen, vollständiges Bearbeiten und Zusammenpassen kleinerer Arbeitsstücke.

1. Anfertigen eines Spitzzirkels.
2. Anfertigen eines Bremshaustürschlosses nach Zeichnung.

F. Polieren.

1. Polieren der Schlüsselgriffe zu den angefertigten Schlössern und Polieren ähnlicher Teile.

G. Hilfeleistung bei einfachen Ausbesserungsarbeiten.

III. Drittes Halbjahr.

A. Bearbeiten von Eisen und Stahl im Schmiedefeuer.

1. Strecken und Biegen von Flacheisen 15 × 50 mm Querschnitt.
2. Stauchen und Absetzen von Rundeisen von 30 mm Durchmesser.
3. Schweißen von zwei Flacheisen und von zwei Rundeisenstücken.
4. Schmieden und Bearbeiten eines Vierkantschlüssels.
5. Schmieden eines Niethammers.
6. Schmieden einer Kneifzange oder einer Drahtzange.
7. Durchhauen, Kürzen und Wiederzusammenschweißen von Bremsstangen.

B. Abschmieden und Härten von Stahlwerkzeugen.

1. Abschmieden und Härten eines Flachmeißels.
2. Abschmieden und Härten eines Kreuzmeißels.
3. Abschmieden und Härten eines Körners, Durchschlags oder Schraubenziehers.

C. Hilfeleistung bei größeren Ausbesserungsarbeiten.

IV. Viertes Halbjahr.

A. Holzarbeiten.

1. Einen Holzstab überdrehen.
2. Ein Feilen- und ein Schraubenzieherheft drehen und mit Zwinge versehen.
3. Ein Hahnheft drehen und bohren.
4. Ein Faustrad für einen Lokomotiv-Schmierapparat drehen und mit Nuten versehen.

B. Metalldreharbeiten.

1. Eine Welle ausmitten und auf Durchmesser abdrehen.
2. Abdrehen der Fußplatte zu dem Ölgefäß I D 2.

3. Abdrehen von vier Pufferkorbbuchsen.
4. Abdrehen von 10 Federunterlagscheiben.
5. Abdrehen von 10 Bolzen zu Schraubenkupplungen
6. Abdrehen von 5 konischen Rohrpfropfen.
7. Abdrehen der Griffe zu Bremskurbeln, Bremshebelgewichten u. dgl.
8. Abdrehen der Griffe für den Spannstern zum Feststellen der Lokomotiv-Steuerungsspindel.

C. Gewindeschneiden auf der Drehbank.

1. An die Welle zu IV B 1 ist nach Maß ein Kopf anzudrehen und Withworth-Gewinde anzuschneiden.
2. Je ein Schraubenbolzen ist mit Gewinde von $^1/_4$, $^1/_2$, $^3/_4$, $^7/_8$, 1, $^1/_2$″ zu versehen.
3. Zu diesen Schraubenbolzen sind die entsprechenden Muttern anzufertigen.
4. In 10 Puffermuttern ist Gewinde einzuschneiden.
5. An eine kleine Spindel ist flachgängiges Gewinde anzuschneiden, das vier Gänge auf 1″ hat.

D. Hobelarbeiten.

1. Behobeln von gußeisernen Futterstücken für Weichen oder von eisernen Zwischenlagern für Geradführungen und Exzenter.
2. An ein Stück Rundeisen von 40 mm Durchmesser ist an der einen Seite ein Sechskant und an der anderen Seite ein Vierkant anzuhobeln.
3. Hobeln der Gleitflächen an den Stoßpufferplatten zwischen Lokomotive und Tender oder von Federunterlagscheiben für Lokomotiven.
4. Aus Flacheisen 60×20 ist eine Schwalbenschwanzführung mit Ober- und Unterteil zu hobeln.

E. Schmieden, Bearbeiten und Zusammensetzen größerer mehrteiliger Gegenstände und schwierigerer Werkzeuge, sowie Zahlen und Buchstaben, Stempel.

1. Vollständige Herstellung eines verstellbaren Schraubenschlüssels.
2. Vollständige Herstellung einer Bohrknarre.
3. Vollständige Herstellung eines Feilklobens.
4. Abschmieden, Bearbeiten und Härten verschiedener Arten von Dreh- und Hobelstählen, auch von solchen mit aufgelöteten Schneiden.
5. Herstellen von 2 Zahlenstempeln.
6. Herstellen von 2 Buchstabenstempeln.

F. Warmnieten.

1. Zwei Blechplatten sind durch erhabene Nietung zu verbinden (einfache Überlappung).
2. Zwei Blechplatten sind durch versenkte Nietung zu verbinden (einfache Überlappung).

Zwei Blechplatten sind durch Laschennietung zu verbinden.

5. Annieten von Knotenblechen an Untergestellstreben bei Güterwagen.
5. Nieten der Eckrahmen für ein Bremshaus für Güterwagen.
6. Nieten eines Türrahmens kür einen eisernen 15-t-Kohlenwagen.

G. Vollständiges Bearbeiten und Zusammenpassen eines Kunstschlosses oder gleichartiger Arbeitsstücke.

1. Anfertigung einer Kluppe.

H. Hilfeleistung bei größeren und schwierigeren Ausbesserungsarbeiten.

Einige von den in der Lehrlingswerkstätte in Guben ausgeführten Gegenständen sind auf Abb. 16, S. 315, zu sehen. Entsprechende Stücke aus den Lehrlingswerkstätten in Tempelhof und Berlin 2 sind in Abb. 26 und 48 S. 431 u. 466 auf dem dort erkennbaren freistehenden Tisch angeordnet.

Für den praktischen Gebrauch fügt man zweckmäßig Skizzen hinzu. Es hat sich bewährt, diese Übersichten in Tafelform herzustellen und in der Lehrlingswerkstätte auszuhängen. Sie können dann auch von den Lehrlingen eingesehen werden und geben ihnen für die Benennung mancher Werkzeuge und Gegenstände und ihre bildliche Darstellung Auskunft und Anregung. Abb. 4 und 5, S. 170—173, stellen derartige Tafeln dar.

Es ist nicht erforderlich und auch nicht zu empfehlen, in allen Werkstätten Reihenfolge und Art der Übungsaufgaben genau gleich zu wählen. Örtlichen Verhältnissen und Bedürfnissen kann vielmehr durchaus entsprochen werden, wenn sie sich nur innerhalb des durch die Lehrlingsvorschriften gegebenen Rahmens halten. Eine sorgfältige Auswahl der Arbeiten ist im übrigen nicht leicht und erfordert zur Berücksichtigung der verschiedenen Gesichtspunkte neben pädagogischem Verständnis auch Kenntnis der Erfahrungen und entsprechenden Maßnahmen in Privat- und anderen Eisenbahnwerkstätten. Deswegen ziehen es auch manche der letzteren vor, statt eine eigene Zusammenstellung auszuarbeiten, eine solche ganz oder zum Teil von einem anderen Amt zu übernehmen.

Bei der badischen Staatseisenbahnverwaltung, die eine Lehrwerkstätte in der Hauptwerkstätte Karlsruhe besitzt, geschieht die Ausbildung in den ersten beiden Jahren wie folgt: Im ersten Lehrjahr werden die Lehrlinge mit der Handhabung und dem Gebrauch der Schlosserwerkzeuge vertraut gemacht und im Feilen ebener Flächen, im Einpassen kleinerer einfacher Arbeitsstücke und im Anfertigen einfacher Lehrstücke geübt. Im zweiten Lehrjahr erfolgt dann die Bearbeitung einfacher Gegenstände, wie Winkel, Gesenke usw. nach Maß, die Übung im Bohren und Gewindeschneiden mit der Kluppe, im Kaltnieten, Zusammenpassen von schwierigen Arbeitsstücken, Anfertigen von Schlosserwerkzeugen wie Zirkel, Taster usw.[1])

Das Bedürfnis nach methodisch durchgebildeten Übungsaufgaben zur Vertiefung der Lehrlingsausbildung ist auch in der Privatpraxis bereits empfunden worden, und zwar zunächst an denjenigen Stellen, die durch großzügige Einrichtungen und Mittel auch in der Lage sind, solche Wünsche zu verwirklichen, bei den großen technischen Firmen. Kleinere Betriebe kommen da kaum in Betracht, und Handwerksbetriebe scheiden wegen Fehlens besonderer Lehrlingswerkstätten bislang überhaupt aus[2]).

Auf Seite 8 der Schrift: „Die Lehrlingsausbildung bei der Firma Siemens & Halske AG. Wernerwerk“ heißt es:

---

[1]) Jauch, a.a.O. S. 100.

[2]) Doch wird hier neuerdings die Ausbildung auf genossenschaftlicher Grundlage geplant.

Aufgestellt: Guben, im März 1916.
Kgl. Eisenb.-Werkst.-Amt.
[illegible]

Lehrlingsarbeiten

I Erstes Halbjahr.

A Feilarbeiten.

1 Befeilen von 2 Stück rechteckigen Eisen je 100 x 50 x 20.

2 Anfeilen einer Fläche unter 45° an je einer Schmalseite bei jedem Stück

3 Ausfeilen einer Nut unter 90° an einem u. Anfeilen eines Schweinsrückens am anderen Stück

4 Feilen eines Niethammers

5 Feilen einer Kneifzange.

6 Feilen von 2 verschieden großen Muttern, z. B für Kreuzkopfbolzen und für Exzenterstange.

7 Feilen der vorgezeichneten Teile für einen graden Schubriegel für den Werkzeugschrank auf dem Führerstand.

8 Feilen der vorgezeichneten Teile für einen gekröpften Schubriegel für den Werkzeugschrank auf dem Führerstand oder für einen ähnlichen Fall.

9 Schlüsselschaft und 2 Bärte feilen und Einpassen der Bärte in die Schwalbenschwanzförmige Nut.

10 Anfeilen von Holzgewinde an Rundeisen und biegen des Eisens zu einem Kleiderhaken

11 Ausfeilen eines Schraubenschlüssels

12 Feilen eines Winkels

13 Feilen von Kreuzmeißel, Flachmeißel Schraubenzieher und Körner.

B Schleifen, Schmirgeln.

1 Abschmirgeln und Aufschleifen der schrägen Flächen zu I A 3

2 Einschleifen eines Wasserstandsprobierhahnes für eine Lokomotive.

3 Schaben und Aufpassen der beiden Achsbuchsschenkellager einer Wagenachse.

4 Anfertigen oder Nacharbeiten eines Lineals von 1/2 m Länge.

C Abhauen, Bemeißeln und Blecharbeiten.

1 Übungen u. Abkreuzen von Winkel- u. U-Eisen

2 Abhauen u. Abputzen des Grates bei Gußstücken

3 Anfertigen von 4 Stück Scharnierbändern, einschließlich Zuschneiden u. Aushauen des Bleches

4 Ausschneiden und Zurichten der Bleche für Bandschützen bei Güterwagen

5 Schneiden und Zurichten des Bleches für einen Blecheimer.

D Löten.

1 Einlöten der Schlüsselbärte zu I A 9 mit Schlaglot.

2 Herstellen eines eisernen Ölgefäßes für Schlosser und Löten der Nähte mit Hartlot oder Ausführung von Lötarbeiten an Teilen aus Eisen je nach Bedarf.

Abb. 4. Aushangtafel für die Reihenfolge der Lehrlingsarbeiten

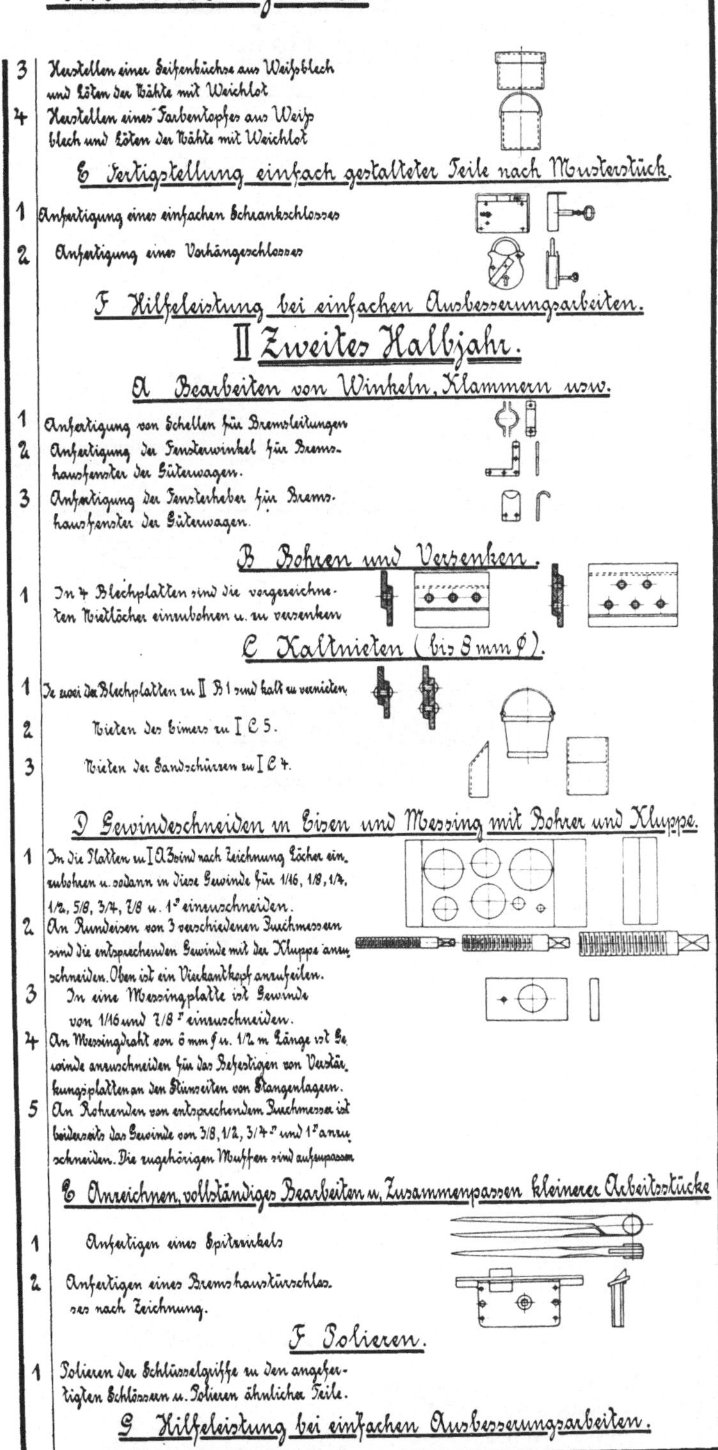

im 1. Lehrjahre.

3 Herstellen einer Seifenbüchse aus Weißblech und Löten der Nähte mit Weichlot

4 Herstellen eines Farbentopfes aus Weißblech und Löten der Nähte mit Weichlot

E Fertigstellung einfach gestalteter Teile nach Musterstück.

1 Anfertigung eines einfachen Schrankschlosses

2 Anfertigung eines Vorhängeschlosses

F Hilfeleistung bei einfachen Ausbesserungsarbeiten.

II Zweites Halbjahr.

A Bearbeiten von Winkeln, Klammern usw.

1 Anfertigung von Schellen für Bremsleitungen

2 Anfertigung der Fensterwinkel für Bremshausfenster der Güterwagen.

3 Anfertigung der Fensterheber für Bremshausfenster der Güterwagen.

B Bohren und Versenken.

1 In 4 Blechplatten sind die vorgezeichneten Nietlöcher einzubohren u. zu versenken

C Kaltnieten (bis 8 mm Ø).

1 Je zwei der Blechplatten zu II B 1 sind kalt zu vernieten.

2 Nieten des Eimers zu I C 5.

3 Nieten der Sandschürzen zu I C 4.

D Gewindeschneiden in Eisen und Messing mit Bohrer und Kluppe.

1 In die Platten zu I A 3 sind nach Zeichnung Löcher einzubohren u. sodann in diese Gewinde für 1/16, 1/8, 1/4, 1/2, 5/8, 3/4, 7/8 u. 1" einzuschneiden.

2 An Rundeisen von 3 verschiedenen Durchmessern sind die entsprechenden Gewinde mit der Kluppe anzuschneiden. Oben ist ein Vierkantkopf anzufeilen.

3 In eine Messingplatte ist Gewinde von 1/16 und 7/8" einzuschneiden.

4 An Messingdraht von 6 mm Ø u. 1/2 m Länge ist Gewinde anzuschneiden für das Befestigen von Verstärkungsplatten an den Stirnseiten von Stangenlagern.

5 An Rohrenden von entsprechendem Durchmesser ist beiderseits das Gewinde von 3/8, 1/2, 3/4" und 1" anzuschneiden. Die zugehörigen Muffen sind aufzupassen

E Anzeichnen, vollständiges Bearbeiten u. Zusammenpassen kleinerer Arbeitsstücke

1 Anfertigen eines Spitzzirkels

2 Anfertigen eines Bremshaustürschlosses nach Zeichnung.

F Polieren.

1 Polieren der Schlüsselgriffe zu den angefertigten Schlössern u. Polieren ähnlicher Teile.

G Hilfeleistung bei einfachen Ausbesserungsarbeiten.

im ersten Lehrjahr beim Werkstättenamt Guben (S. 165).

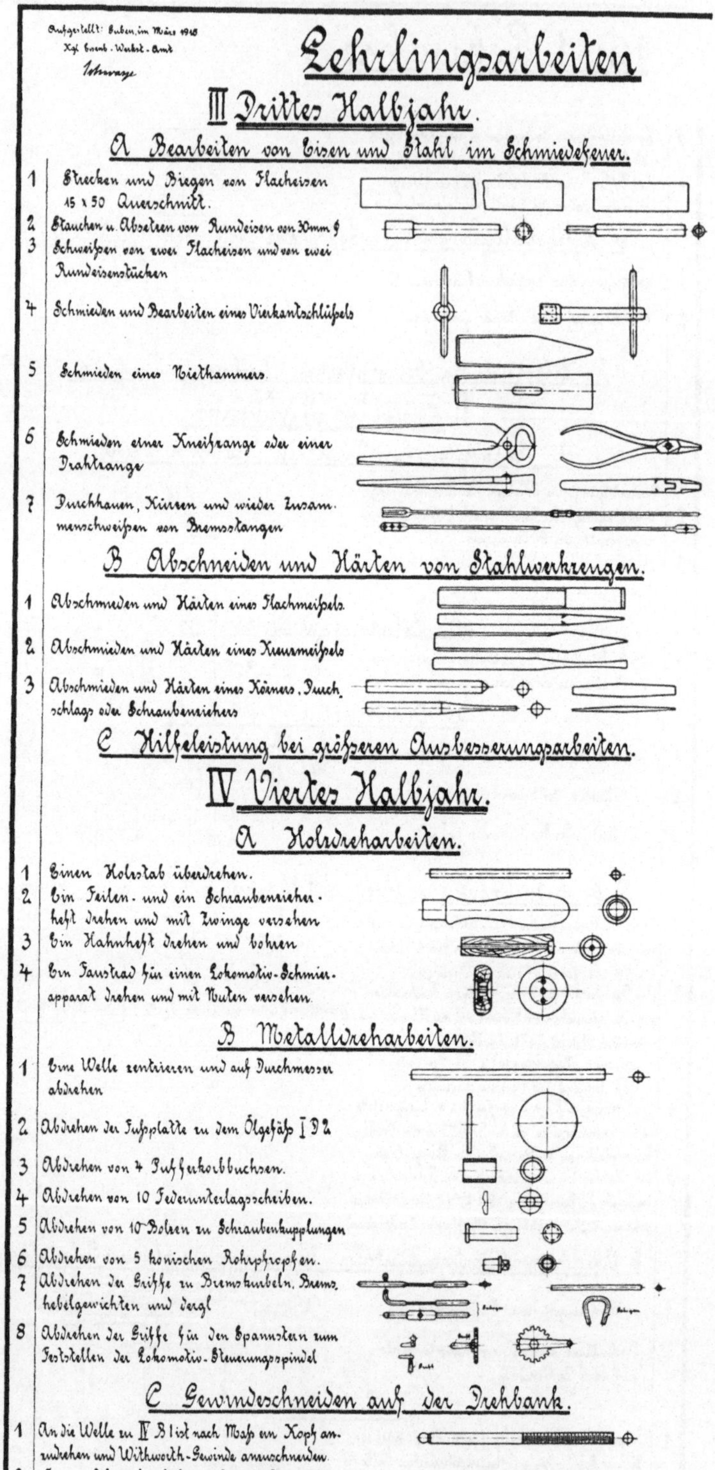

Aufgestellt: Guben, im März 1916
Kgl. Eisenb.-Werkst.-Amt
Schwarze

Lehrlingsarbeiten

III Drittes Halbjahr.

A Bearbeiten von Eisen und Stahl im Schmiedefeuer.

1 Strecken und Biegen von Flacheisen 15 x 50 Querschnitt.
2 Stauchen u. Absetzen von Rundeisen von 30 mm ϕ
3 Schweißen von zwei Flacheisen und von zwei Rundeisenstücken
4 Schmieden und Bearbeiten eines Vierkantschlüssels
5 Schmieden eines Niethammers.
6 Schmieden einer Kneifzange oder einer Drahtzange
7 Durchhauen, Kürzen und wieder Zusammenschweißen von Bremsstangen

B Abschmieden und Härten von Stahlwerkzeugen.

1 Abschmieden und Härten eines Flachmeißels.
2 Abschmieden und Härten eines Kreuzmeißels
3 Abschmieden und Härten eines Körners, Durchschlags oder Schraubenziehers

C Hilfeleistung bei größeren Ausbesserungsarbeiten.

IV Viertes Halbjahr.

A Holzdreharbeiten.

1 Einen Holzstab überdrehen.
2 Ein Feilen- und ein Schraubenzieherheft drehen und mit Zwinge versehen
3 Ein Hahnheft drehen und bohren
4 Ein Faustrad für einen Lokomotiv-Schmierapparat drehen und mit Nuten versehen.

B Metalldreharbeiten.

1 Eine Welle zentrieren und auf Durchmesser abdrehen
2 Abdrehen der Fußplatte zu dem Ölgefäß I D 2
3 Abdrehen von 4 Pufferkorbbuchsen.
4 Abdrehen von 10 Federunterlagsscheiben.
5 Abdrehen von 10 Bolzen zu Schraubenkupplungen
6 Abdrehen von 5 konischen Rohrpfropfen.
7 Abdrehen der Griffe zu Bremskurbeln, Bremshebelgewichten und dergl
8 Abdrehen der Griffe für den Spannstern zum Feststellen der Lokomotiv-Steuerungsspindel

C Gewindeschneiden auf der Drehbank.

1 An die Welle zu IV B 1 ist nach Maß ein Kopf anzudrehen und Withworth-Gewinde anzuschneiden.
2 Je ein Schraubenbolzen ist mit Gewinde von 1/4, 1.2, 3/4, 7/8, u 1" zu versehen

Abb. 5. Aushangtafel für die Reihenfolge der Lehrlingsarbeiten

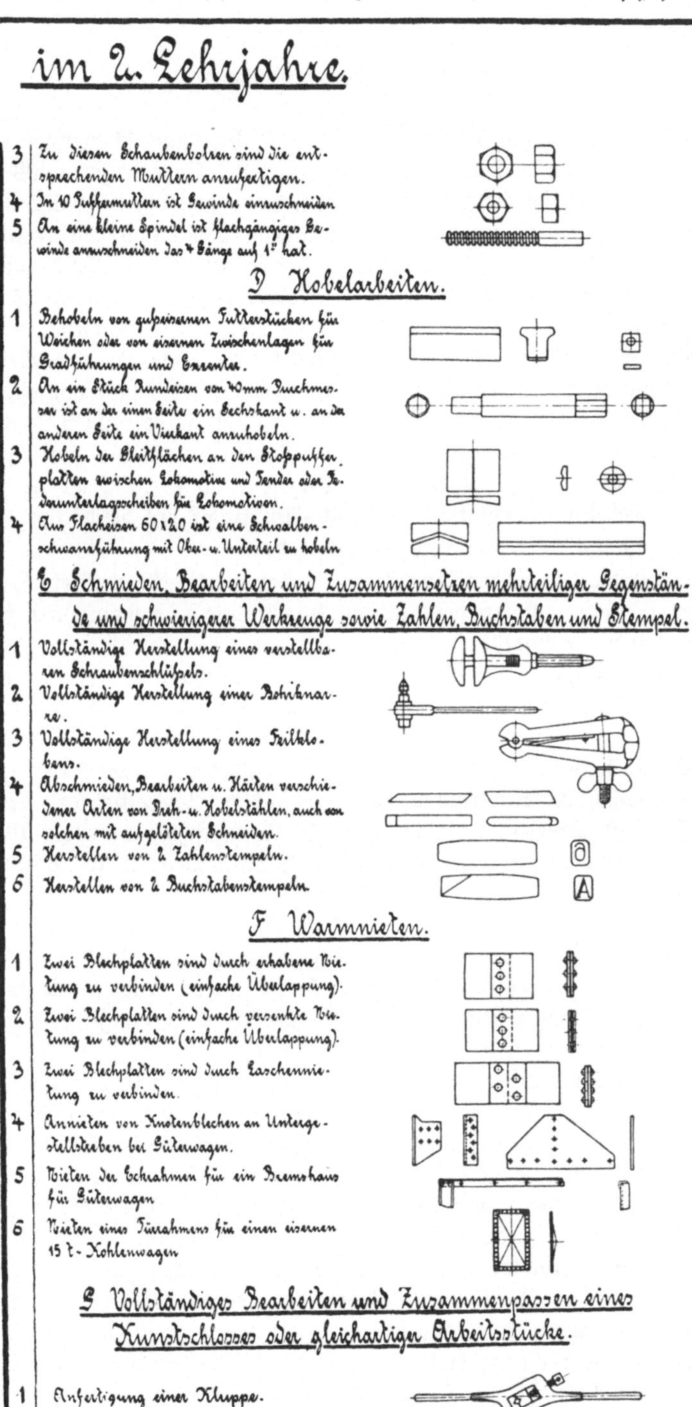

im 2. Lehrjahre.

3 Zu diesen Schraubenbolzen sind die entsprechenden Muttern anzufertigen.
4 In 10 Puffermuttern ist Gewinde einzuschneiden
5 An eine kleine Spindel ist flachgängiges Gewinde anzuschneiden das 4 Gänge auf 1" hat.

D Hobelarbeiten.

1 Behobeln von gußeisernen Futterstücken für Weichen oder von eisernen Zwischenlagen für Geradführungen und Exzenter.
2 An ein Stück Rundeisen von 40mm Durchmesser ist an der einen Seite ein Sechskant u. an der anderen Seite ein Vierkant anzuhobeln.
3 Hobeln der Gleitflächen an den Stoßpufferplatten zwischen Lokomotive und Tender oder Federunterlagscheiben für Lokomotiven.
4 Am Flacheisen 60x20 ist eine Schwalbenschwanzführung mit Ober- u. Unterteil zu hobeln

E Schmieden, Bearbeiten und Zusammensetzen mehrteiliger Gegenstände und schwierigerer Werkzeuge sowie Zahlen, Buchstaben und Stempel.

1 Vollständige Herstellung eines verstellbaren Schraubenschlüssels.
2 Vollständige Herstellung einer Bohrknarre.
3 Vollständige Herstellung eines Feilklobens.
4 Abschmieden, Bearbeiten u. Härten verschiedener Arten von Dreh- u. Hobelstählen, auch von solchen mit aufgelöteten Schneiden.
5 Herstellen von 2 Zahlenstempeln.
6 Herstellen von 2 Buchstabenstempeln.

F Warmnieten.

1 Zwei Blechplatten sind durch erhabene Nietung zu verbinden (einfache Überlappung).
2 Zwei Blechplatten sind durch versenkte Nietung zu verbinden (einfache Überlappung).
3 Zwei Blechplatten sind durch Laschennietung zu verbinden.
4 Annieten von Knotenblechen an Untergestellstreben bei Güterwagen.
5 Nieten der Eckrahmen für ein Bremshaus für Güterwagen
6 Nieten eines Türrahmens für einen eisernen 15 t-Kohlenwagen

G Vollständiges Bearbeiten und Zusammenpassen eines Kunstschlosses oder gleichartiger Arbeitsstücke.

1 Anfertigung einer Kluppe.

H Hilfeleistung bei größeren und schwierigeren Ausbesserungsarbeiten.

im zweiten Lehrjahr beim Werkstättenamt Guben (S. 165).

„Durch einen streng methodischen, vom leichten zum schwierigen allmählich fortschreitenden Arbeitsgang werden die Lehrlinge größtenteils bereits nach einem Jahre soweit gefördert, daß sie zur weiteren Vervollkommnung ihrer Ausbildung in eine geeignete Fabrikations- oder Montagewerkstatt übertreten können.“ In Abb. 6 sind einige der Arbeiten dargestellt, wie z. B. Würfel, Hammerkopf, Lineal, Pinzette, Schwalbenschwanzführung, Gewindebolzen, Kaliberbolzen, Drehherz, Kluppe, Taster und Federzirkel.

Eine sorgfältig durchgearbeitete Reihenfolge von Übungsarbeiten ist in der Apparatefabrik der Allgemeinen Elektrizitätsgesellschaft vorgeschrieben. Einer Schrift von Scholz[1]) entnehmen wir, daß in der allgemeinen Lehrlingswerkstätte der Apparatefabrik die Lehrlinge für die drei Fachrichtungen Mechaniker, Werkzeugmacher, Dreher rund je ein Jahr in der allgemeinen Lehrlingswerkstätte der A.E.G.-Apparatefabrik beschäftigt werden. In der genannten Schrift heißt es Seite 2:

> „Für die Zwecke der Ausbildung in der Lehrwerkstatt ist ein Lehrgang ausgearbeitet, nach dem die praktische Ausbildung in den einzelnen Arbeitsoperationen durchgeführt wird.
>
> Der Lehrgang enthält eine Reihe von Musterarbeiten für jede Arbeitsoperation und zerfällt in je einen Lehrgang für 1. Feilarbeiten, 2. Bohr- und Feilarbeiten, 3. Hobel- und Feilarbeiten, 4. Gewindeschneiden, 5. Hobelarbeiten, 6. vereinigte Arbeiten, 7. Dreharbeiten (Mechanikerbank), 8. Anfertigung von Drehstählen, 9. Leitspindel-Drehbankarbeiten, 10. Dreh- und Paßarbeiten, 11. Feilmaschinenarbeiten, 12. Fräsmaschinenarbeiten, 13. Flachschaben, 14. Rundschaben, 15. Lötarbeiten, 16. Nietarbeiten.“
>
> „Die Lehrarbeiten, die auf den 30 Blättern des Lehrganges dargestellt sind, werden zumeist in der darin angegebenen Weise und Reihenfolge von den Lehrlingen ausgeführt.“ (In Abb. 7—14 sind eine Anzahl solcher Tafeln als Beispiele angegeben und Abb. 15, S. 184, stellt einige der von den Lehrlingen ausgeführten Gegenstände dar.)
>
> „Bei jeder der auf den Blättern verzeichneten Arbeit findet sich ein Vordruck für „Arbeitsdauer“ und „Leistung“. Die Zeile Arbeitsdauer füllt der Lehrling mit der Zeitangabe und die Zeile Leistung der Meister mit der Zensur aus. Von dem Ausfall der geleisteten Arbeit hängt es ab, ob dem Lehrling die nächste Arbeit übergeben wird. Bei der Auswahl der Arbeiten für den Lehrling ist darauf Bedacht genommen worden, nach Möglichkeit nutzbringende Arbeiten mit heranzuziehen, d. h. solche, die sich im Betriebe verwerten lassen. Z. B. wird bei den Feilarbeiten, nachdem der Lehrling gelernt hat, einen Sechskant in ein Stück Eisen einzufeilen, als nächste Arbeit die Bearbeitung eines Sechskantschlüssels gegeben. Diese Schlüssel werden im Betriebe der Apparatefabrik verwendet.

[1]) Scholz, Ein Jahr Lehrlingsausbildung in der A.E.G.-Apparatefabrik.

„Aus dem Aufbau des Lehrganges ist weiter ersichtlich, daß die Arbeiten sich in ihrer Schwierigkeit allmählich steigern und daß vor allem Ausbildungsarbeiten an Maschinen berücksichtigt werden.“

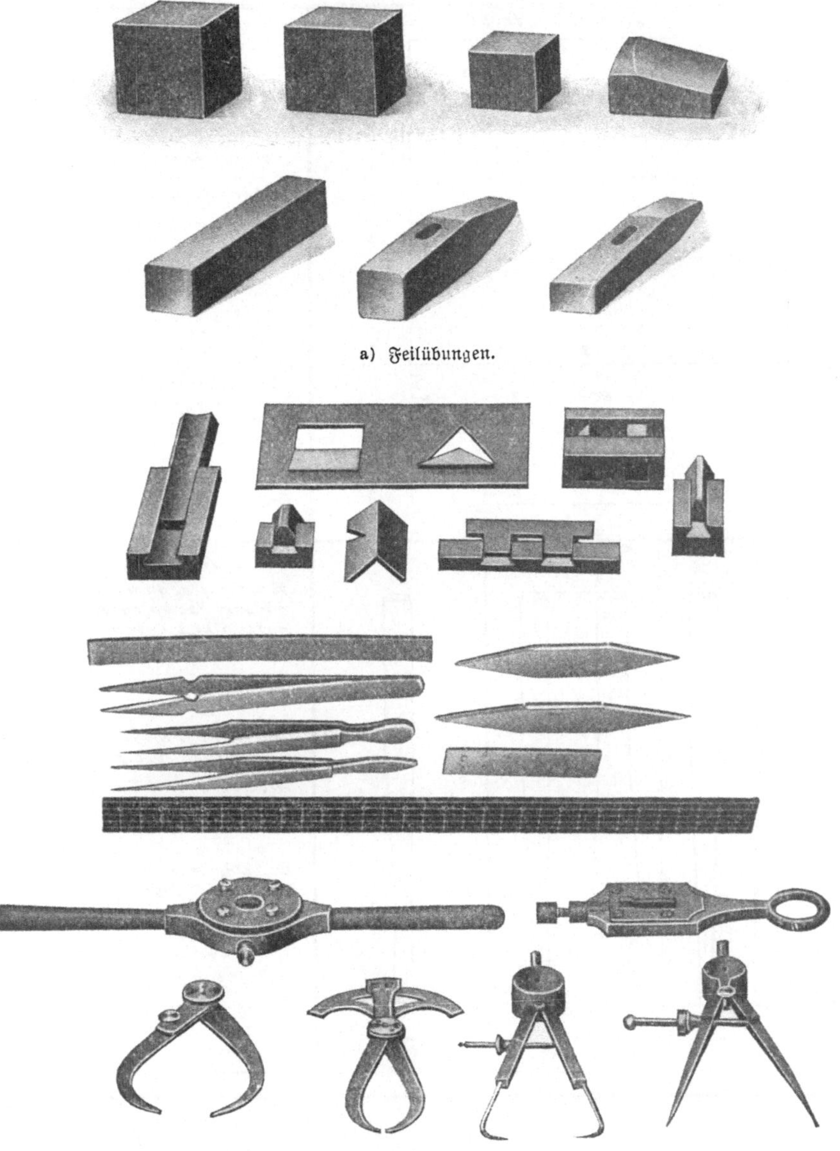

a) Feilübungen.

b) Geräte und Werkzeuge.

Abb. 6. Ausbildungsarbeiten von Lehrlingen der A.-G. Siemens & Halske, Wernerwerk.

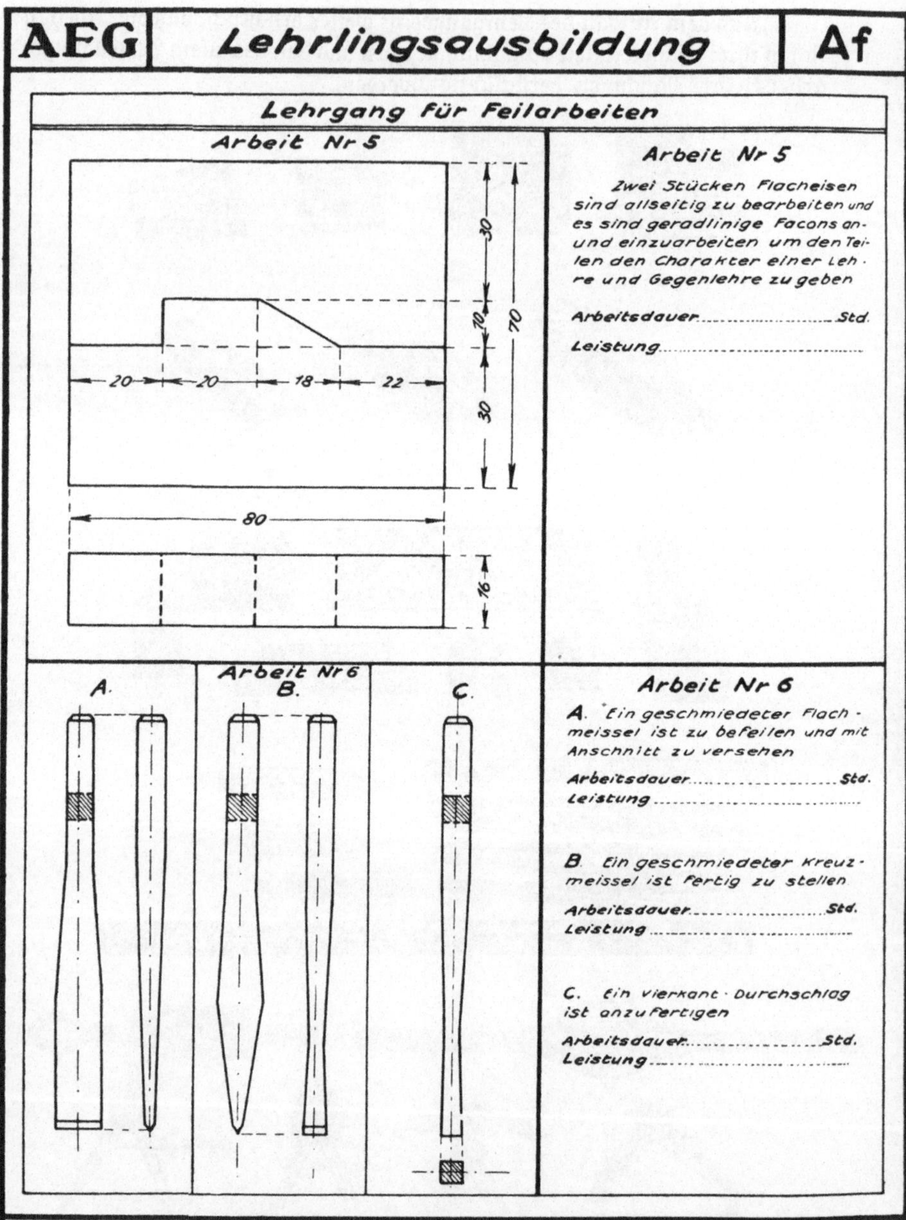

Abb. 7. Tafel für die Ausbildung der Lehrlinge der Allgemeinen Elektrizitäts-Gesellschaft, Abteilung Apparatefabrik, in Feilarbeiten (zu S. 174)

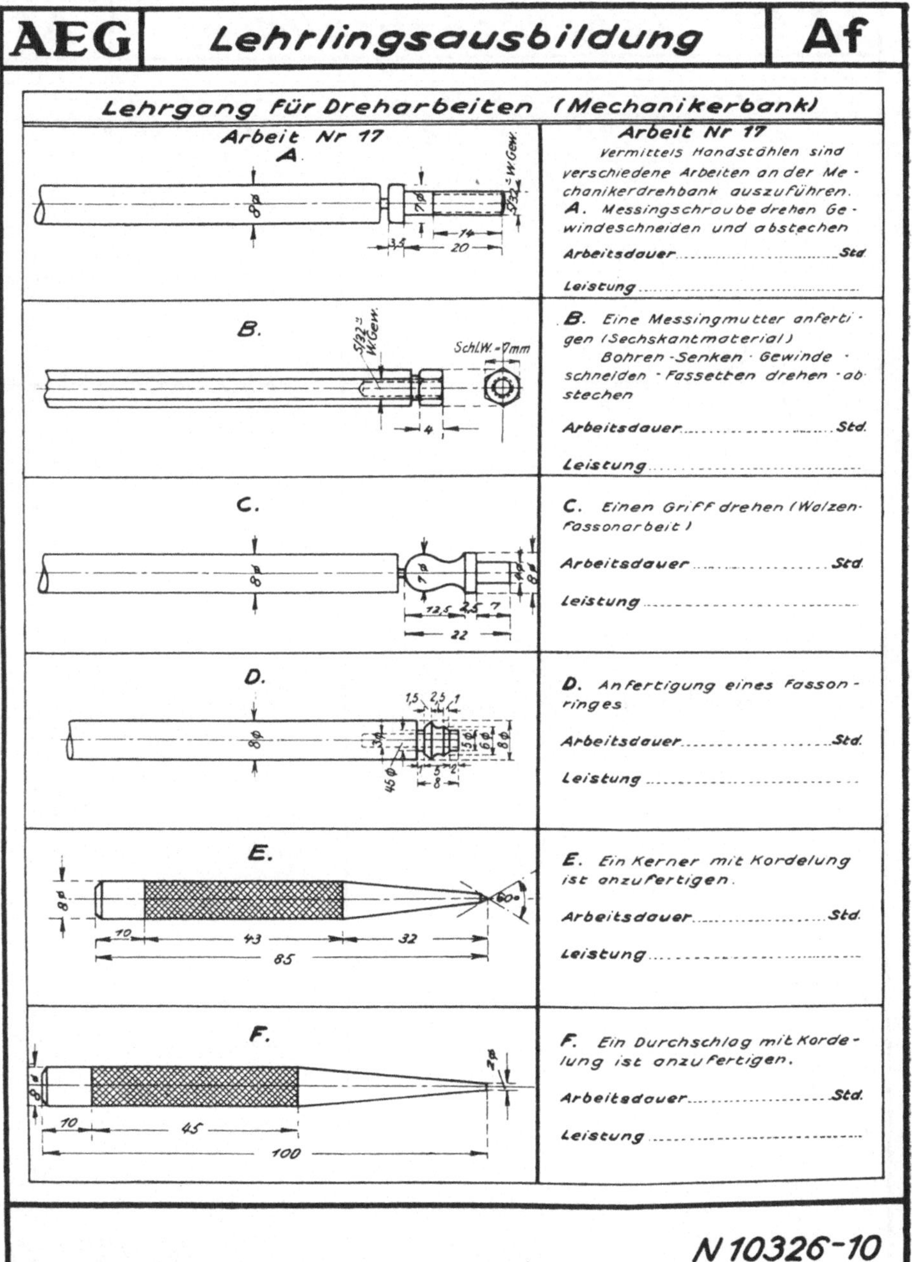

Abb. 8. Tafel für die Ausbildung der Lehrlinge der Allgemeinen Elektrizitäts-Gesellschaft, Abteilung Apparatefabrik, in Dreharbeiten (zu S. 174).

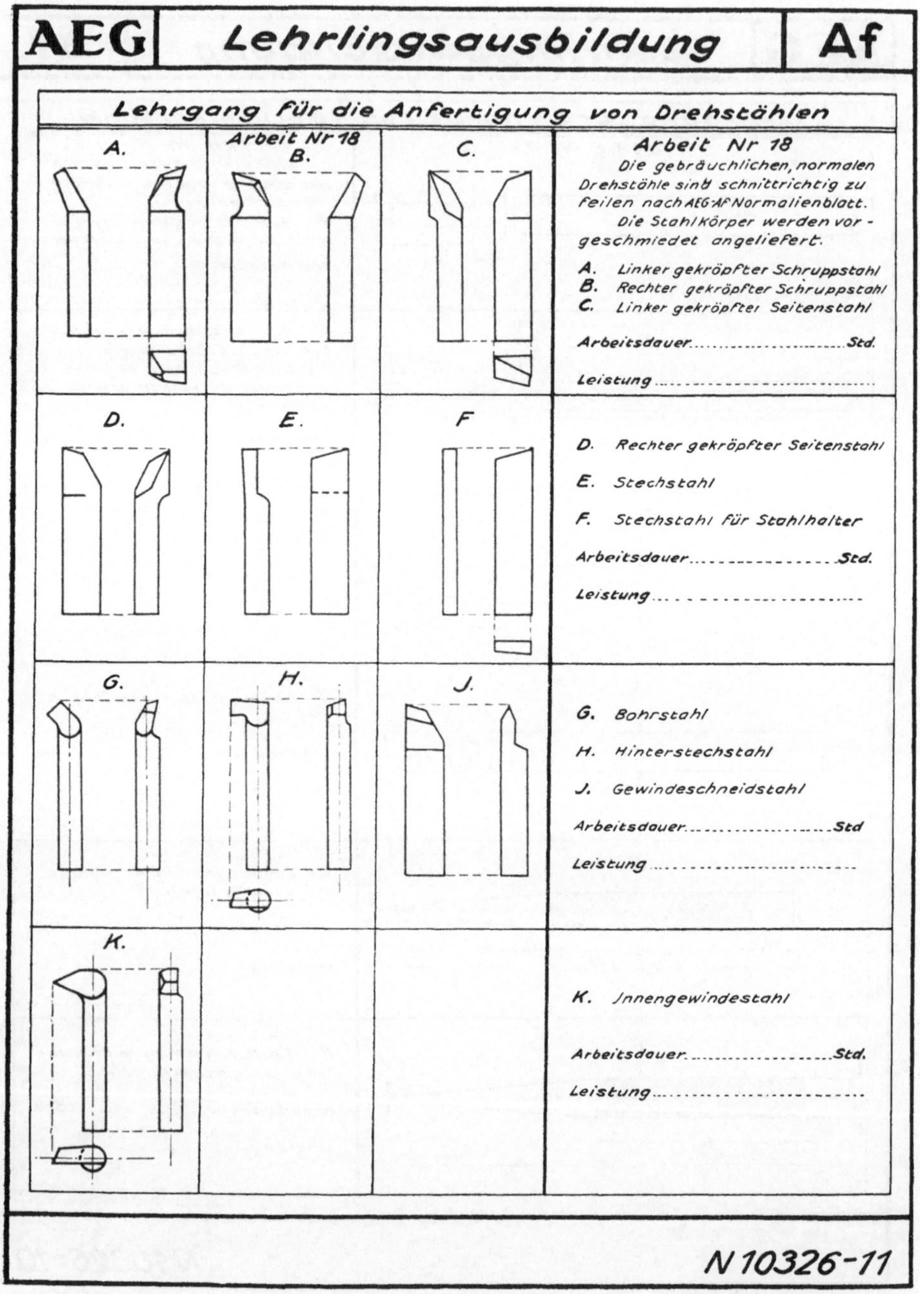

AEG | **Lehrlingsausbildung** | **Af**

Lehrgang für die Anfertigung von Drehstählen

A. Arbeit Nr 18 B. C.

Arbeit Nr 18

Die gebräuchlichen, normalen Drehstähle sind schnittrichtig zu feilen nach AEG·Af Normalienblatt.

Die Stahlkörper werden vorgeschmiedet angeliefert.

A. Linker gekröpfter Schruppstahl
B. Rechter gekröpfter Schruppstahl
C. Linker gekröpfter Seitenstahl

Arbeitsdauer .... Std.

Leistung ....

D. E. F

D. Rechter gekröpfter Seitenstahl

E. Stechstahl

F. Stechstahl für Stahlhalter

Arbeitsdauer .... Std.

Leistung ....

G. H. J.

G. Bohrstahl

H. Hinterstechstahl

J. Gewindeschneidstahl

Arbeitsdauer .... Std

Leistung ....

K.

K. Innengewindestahl

Arbeitsdauer .... Std.

Leistung ....

N 10326-11

Abb. 9. Tafel für die Ausbildung der Lehrlinge der Allgemeinen Elektrizitäts-Gesellschaft, Abteilung Apparatefabrik, in der Anfertigung von Drehstählen (zu S. 174).

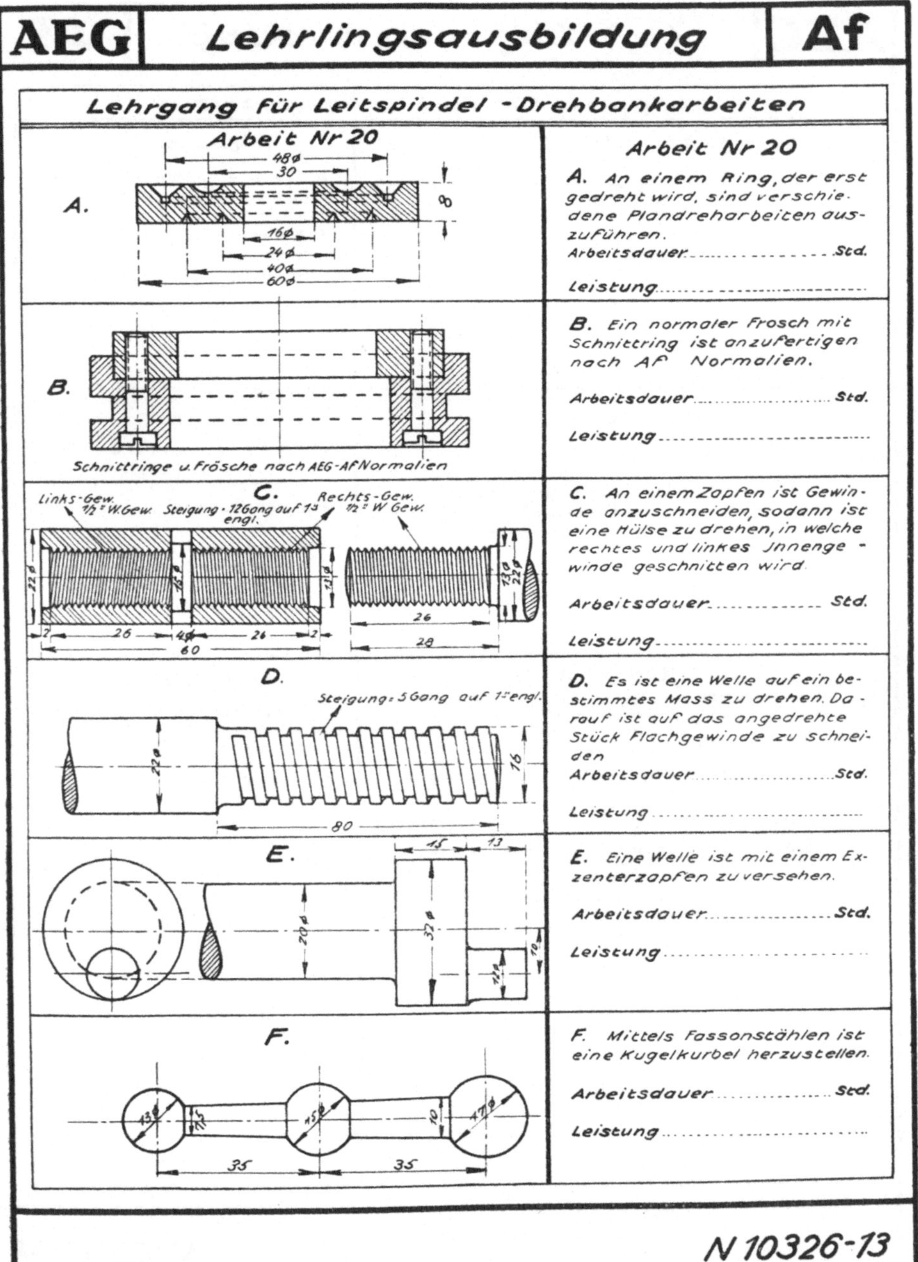

AEG — Lehrlingsausbildung — Af

Lehrgang für Leitspindel-Drehbankarbeiten

Arbeit Nr 20

A. An einem Ring, der erst gedreht wird, sind verschiedene Plandreharbeiten auszuführen.
Arbeitsdauer .... Std.
Leistung ....

B. Ein normaler Frosch mit Schnittring ist anzufertigen nach Af Normalien.
Arbeitsdauer .... Std.
Leistung ....

Schnittringe u. Frösche nach AEG-Af Normalien

C. An einem Zapfen ist Gewinde anzuschneiden, sodann ist eine Hülse zu drehen, in welche rechtes und linkes Innengewinde geschnitten wird.
Arbeitsdauer .... Std.
Leistung ....

Links-Gew. 1/2" W.Gew. Steigung: 12 Gang auf 1" engl. Rechts-Gew. 1/2" W Gew.

D. Es ist eine Welle auf ein bestimmtes Mass zu drehen. Darauf ist auf das angedrehte Stück Flachgewinde zu schneiden.
Arbeitsdauer .... Std.
Leistung ....

Steigung: 5 Gang auf 1" engl.

E. Eine Welle ist mit einem Exzenterzapfen zu versehen.
Arbeitsdauer .... Std.
Leistung ....

F. Mittels Fassonstählen ist eine Kugelkurbel herzustellen.
Arbeitsdauer .... Std.
Leistung ....

N 10326-13

Abb. 10. Tafel für die Ausbildung der Lehrlinge der Allgemeinen Elektrizitäts-Gesellschaft, Abteilung Apparatefabrik, an der Leitspindel-Drehbank (zu S. 174).

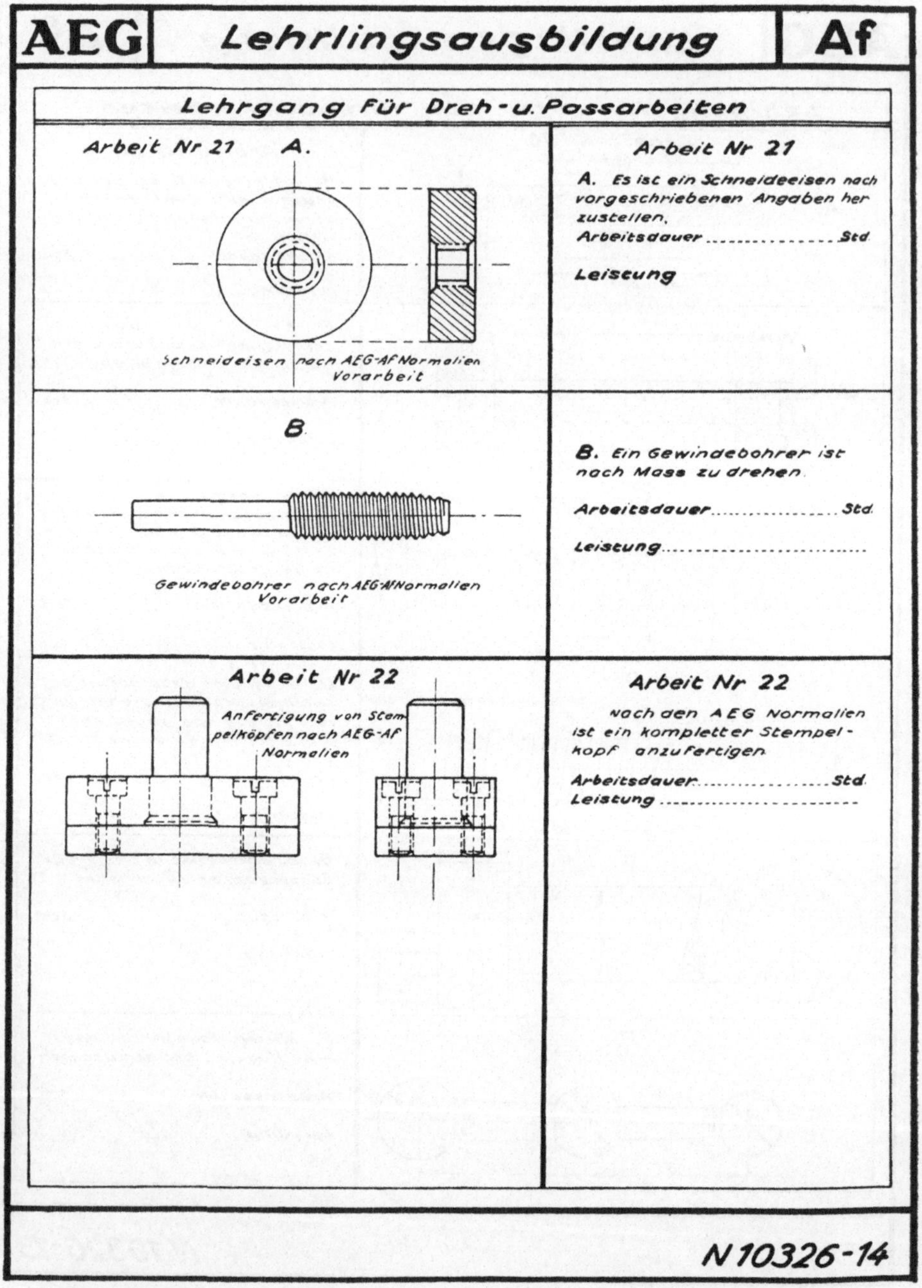

AEG | **Lehrlingsausbildung** | **Af**

Lehrgang für Dreh- u. Passarbeiten

Arbeit Nr 21 A.

Schneideisen nach AEG-Af Normalien
Vorarbeit

Arbeit Nr 21

A. Es ist ein Schneideeisen nach vorgeschriebenen Angaben herzustellen.

Arbeitsdauer .... Std.

Leistung

B

Gewindebohrer nach AEG-Af Normalien
Vorarbeit

B. Ein Gewindebohrer ist nach Mass zu drehen.

Arbeitsdauer .... Std.

Leistung ....

Arbeit Nr 22

Anfertigung von Stempelköpfen nach AEG-Af Normalien

Arbeit Nr 22

Nach den AEG Normalien ist ein kompletter Stempelkopf anzufertigen.

Arbeitsdauer .... Std.

Leistung ....

N 10326-14

Abb. 11. Tafel für die Ausbildung der Lehrlinge der Allgemeinen Elektrizitäts-Gesellschaft, Abteilung Apparatefabrik, in Dreh- und Paßarbeiten (zu S. 174)

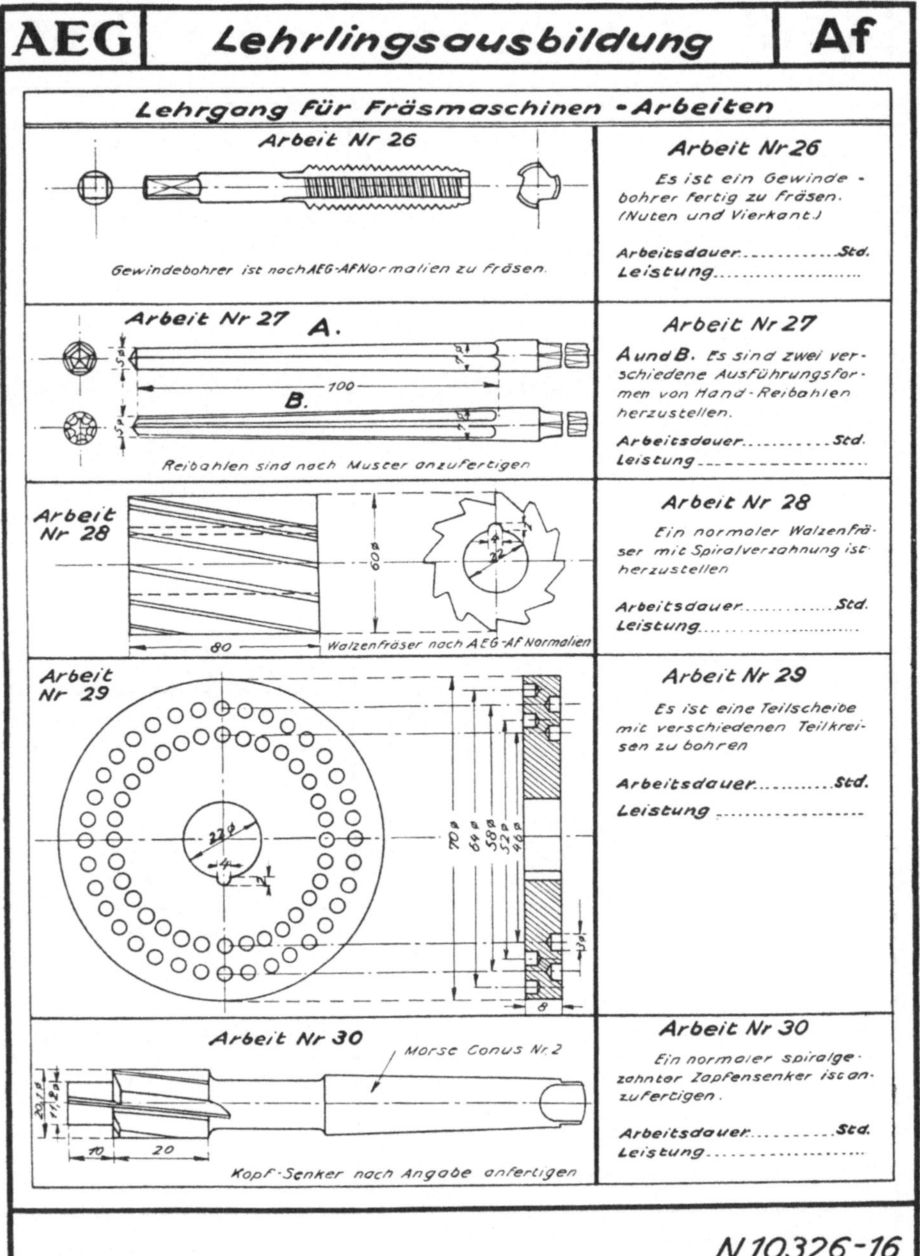

Abb. 12. Tafel für die Ausbildung der Lehrlinge der Allgemeinen Elektrizitäts-Gesellschaft, Abteilung Apparatefabrik, an der Fräsmaschine (zu S. 174).

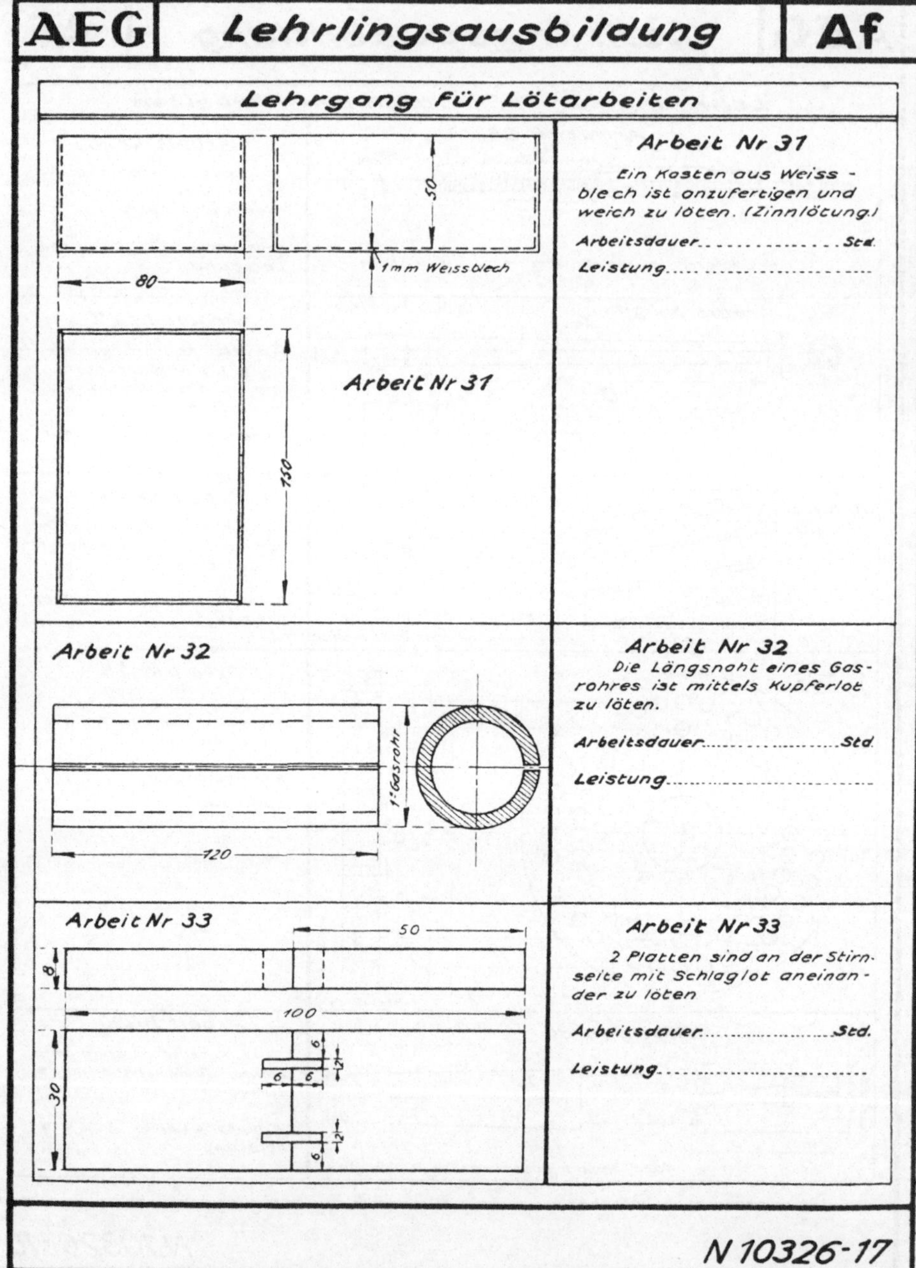
AEG | Lehrlingsausbildung | Af

Lehrgang für Lötarbeiten

Arbeit Nr 31

Ein Kasten aus Weissblech ist anzufertigen und weich zu löten. (Zinnlötung.)

Arbeitsdauer .... Std.

Leistung ....

Arbeit Nr 32

Die Längsnaht eines Gasrohres ist mittels Kupferlot zu löten.

Arbeitsdauer .... Std.

Leistung ....

Arbeit Nr 33

2 Platten sind an der Stirnseite mit Schlaglot aneinander zu löten

Arbeitsdauer .... Std.

Leistung ....

Abb. 13. Tafel für die Ausbildung der Lehrlinge der Allgemeinen Elektrizitäts-Gesellschaft, Abteilung Apparatefabrik, im Löten mit Zinn-, Kupfer- u. Schlaglot (zu S. 174).

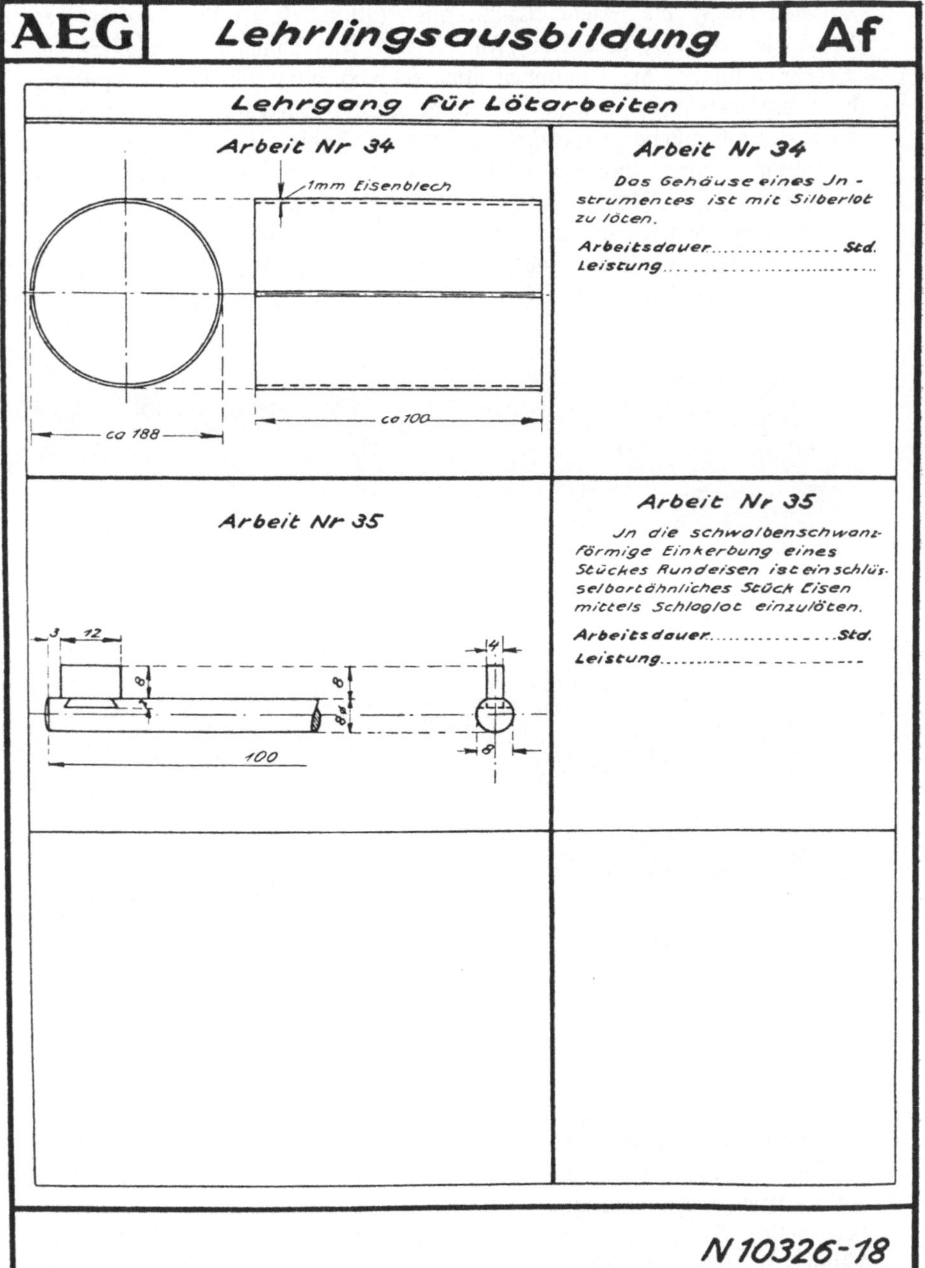
AEG | Lehrlingsausbildung | Af

Lehrgang für Lötarbeiten

Arbeit Nr 34	Arbeit Nr 34
1mm Eisenblech ca 188 ca 100	Das Gehäuse eines Jnstrumentes ist mit Silberlot zu löten. Arbeitsdauer.................Std. Leistung..............................
Arbeit Nr 35 3 12 8 8 8⌀ 4 8 100	Arbeit Nr 35 Jn die schwalbenschwanzförmige Einkerbung eines Stückes Rundeisen ist ein schlüsselbartähnliches Stück Eisen mittels Schlaglot einzulöten. Arbeitsdauer.................Std. Leistung..............................

N 10326-18

Abb. 14. Tafel für die Ausbildung der Lehrlinge der Allgemeinen Elektrizitäts-Gesellschaft, Abteilung Apparatefabrik, im Löten mit Silber u. Schlaglot (zu S. 174).

Bei der Firma Friedr. Krupp, Essen (Ruhr) ist die Unterweisung der Lehrlinge wie folgt geregelt: „Für die erste Ausbildung von Schlosser- und Dreherlehrlingen, die zusammen etwa 82 v. H. aller Lehrlinge ausmachen, dient eine eigene Lehrlingswerkstätte, in der die ersteren höchstens ein Jahr, die letzteren höchstens zwei Jahre, und zwar im Anfange ihrer Ausbildungszeit beschäftigt werden. Mit dieser Lehrlingswerkstätte müssen sich die Betriebe verständigen, um etfalls die dort vorgebildeten Lehrlinge zu übernehmen, ehe sie zur selbständigen Einstellung von Lehrlingen schreiten. Die Überweisung eines Lehrlings zu einer seinem Handwerk fremden Beschäftigung darf ein Betrieb nicht selbständig ohne Genehmigung der Firma vornehmen."

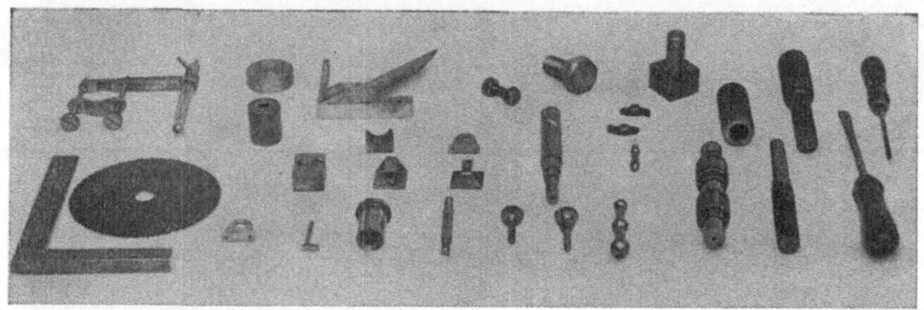

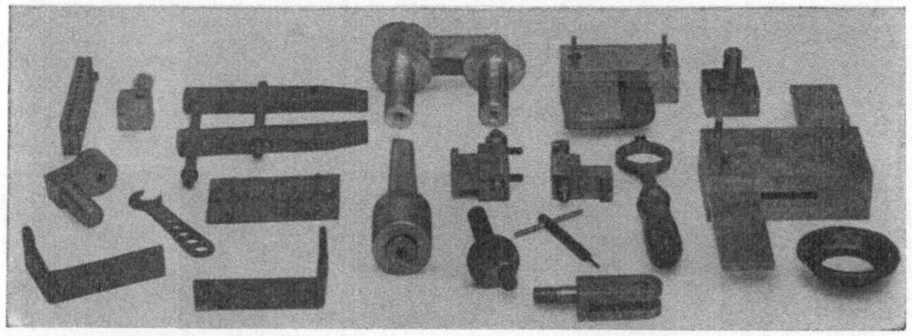

Abb. 15. Arbeiten von Lehrlingen in der Lehrlingswerkstätte der Allgemeinen Elektrizitäts-Gesellschaft Berlin, Abteilung Apparatefabrik.

„Der Schlosserlehrling erlernt zunächst das Feilen (ein bis drei Tage lang) an einem Stück Eisen, einem rohen Würfel, einer rohen Schraubenmutter od. dgl., danach werden ihm grobe Feil- und Meißelarbeiten übertragen. Fallen diese zur Zufriedenheit aus, so hat der Lehrling Taster- und Lochzirkel herzustellen. Je nach Befähigung werden dem Knaben früher oder später auch Winkel- und Spitzzirkel usw. zur Bearbeitung gegeben. Hierbei wird innerhalb der ersten drei Monate eingehend geprüft, ob der Lehrling sich für den erwählten Beruf eignet. Bei Untauglichkeit wird der Lehrling alsdann entlassen."

„Je nach Befähigung und den eingehenden Bestellungen hat der taugliche Lehrling Blecharbeiten (Herstellung von Blechbehältern, Kleider- und Werkzeugschränken und von Armaturen) oder Ausbesserungen im eigenen Betrieb auszuführen."

„Sieben bis acht Monate nach ihrer Einstellung werden sämtliche Lehrlinge im Schmieden ausgebildet, zuerst als Zuschläger und dann als Schmied. Kein Lehrling verläßt die Schmiede, ehe er nicht ein befriedigendes Probestück ausgeführt hat. Hierauf kehren die jungen Leute in die Schlosserei zurück und erhalten je nach Veranlagung selbständige und feinere Arbeiten, wie Anfertigung von Meßinstrumenten u. dgl. bis zu ihrem Übertritt in eine andere Werkstätte."

„In der Lehrlingswerkstätte führen vier Meister die Aufsicht, und zwar zwei in der Dreherei mit fünf, zwei in der Schlosserei mit drei Vorarbeitern und einem Schmied in der Schmiede. Die Oberleitung der Ausbildung liegt in den Händen eines eigens zu diesem Zweck angestellten Betriebsingenieurs. Die angefertigten Gegenstände dienen teils dem eigenen Bedarf, teils dem Bedarf der Betriebe. Der Erlös trägt zur Unterhaltung der Lehrlingswerkstätte bei."

Die Eisenbahnverwaltung und eine nur geringe Zahl privater Großbetriebe stehen vorläufig mit dieser sorgfältigen Regelung der Lehrlingsausbildung gerade in den ersten beiden Jahren noch ziemlich allein da. Allerdings sind schon vielversprechende Anfänge zum Bessern vorhanden, besonders seitdem führende Verbände, wie der Verein deutscher Ingenieure, der Verein deutscher Maschinenbauanstalten und der Gesamtverband deutscher Metallindustrieller sich der Lehrlingsfrage angenommen haben. Lippart[1]) stellt noch 1912 fest, daß die meisten von 45 befragten Firmen mit mehr als 75 Lehrlingen keinen besonderen Ausbildungsplan haben, sondern die Einzelheiten der Ausbildung den ausbildenden Gesellen, Meistern usw. überlassen.

Im Anschluß an die S. 151 erwähnte Lehrlingsausbildung in Nordamerika möge hier eine Angabe von Matschoß über dortige Lehrlingswerkstätten folgen. Er hat ganz ausgezeichnete Werkstätten dieser Art bei einigen großen Firmen gefunden. „Erster Grundsatz bei den Arbeiten, die man dem Lehrling in der Lehrlingswerkstatt gab, war, ihn von vornherein nutzbringende Arbeit leisten zu lassen. Man denkt nicht daran, dem jungen Menschen irgendein beliebiges Stück Eisen zu geben und dann von ihm zu verlangen, daß er vier Wochen daran arbeite, um es rechtwinklig zu feilen. Man hält es auch für notwendig, dem jungen Menschen, der etwas lernen soll, brauchbare Werkzeuge in die Hand zu geben. Man legt Wert darauf, durchaus gute, brauchbare Maschinen in die Lehrlingswerkstatt zu nehmen, und nicht nur etwa ausrangierte Werkzeugmaschinen, die in der Werkstätte selbst nicht mehr zu gebrauchen sind. Dann handelt es sich darum, geeignete Arbeit für die Lehrlingswerkstätte zu

[1]) „Die Ausbildung des Lehrlings in der Werkstätte" a.a.O. Seite 28.

schaffen. Der Leiter dieser Abteilung besucht deswegen ständig die Werkabteilungen, um zu sehen, welche Arbeiten er davon gebrauchen kann, und zwar berücksichtigt er hier den pädagogischen Zweck der Arbeit. Diese Arbeiten werden der Lehrlingswerkstätte überschrieben, genau wie irgend einer anderen Abteilung. Es wird Wert darauf gelegt, in der gleichen Weise abzurechnen, sodaß man sehen kann, wieviel man zugesetzt hat, oder was an Verdienst herausgekommen ist. Der Leiter der Lehrlingsabteilung einer der großen Fabriken war sehr stolz darauf, nachweisen zu können, daß seine Lehrlingsabteilung nicht unbeträchtlich verdient. Auch sonst wird die ganze Organisation der Lehrlingsabteilung möglichst genau wie in der Fabrik selbst durchgeführt. Die Aufsicht über die Arbeiten führen tüchtige Werkmeister, die pädagogische Fähigkeiten besitzen. In einer der großen Unternehmungen hatte man versucht, auch planmäßig die Lehrlinge selbst zum Lehren mit heranzuziehen. Man verwies auf sehr gute Erfolge auf Grund der Erfahrung, daß man oft am meisten selber lernt, wenn man andre etwas lehren muß. An jeder der Maschinen standen zwei Lehrlinge, einer davon war der Lehrer des andern. Sobald er seinen Mitlehrling soweit gebracht hatte, daß dieser allein mit der Maschine fertig werden konnte, durfte er in den nächsten Grad seiner Ausbildung aufrücken und eine andre Maschine bedienen, wo er nun wieder Lernender war. Das System soll sich ausgezeichnet bewährt haben, natürlich setzt es voraus, daß sehr geschickte Meister den Überblick über das Ganze behalten. Hier hatte man auch noch eine altbekannte Erfahrung praktisch verwertet. An jeder Maschine waren Namenschilder, auf denen die Namen des Lernenden und des Lehrenden verzeichnet waren, auch die Daten, seit wann sie an der Maschine arbeiteten. Wenn der Direktor der Abteilung durch den Saal ging, war er imstande, jeden dieser Lehrlinge mit Namen anzureden, was natürlich anspornend wirken muß, weil jeder das Gefühl hat, daß er auch dem Direktor gegenüber nicht nur eine Nummer, sondern eine Person ist[1]). — Der Besuch der Lehrwerkstätte dauert mindestens ein Jahr. An einigen Stellen sind hierfür auch schon zwei Jahre vorgesehen."

§ 4. Die praktische Ausbildung im dritten und vierten Lehrjahr.

Die beiden letzten Lehrjahre sind dadurch gekennzeichnet, daß in ihnen der Lehrling nacheinander in den verschiedenen Abteilungen der Hauptwerkstätte beschäftigt wird, und zwar auch in solchen Abteilungen, die nicht zu seinem eigentlichen Handwerk gehören. In den Lehrlingsvorschriften ist neben den eigentlichen Schlosserarbeiten eine vorübergehende Zuteilung vorgesehen an geeignete Handwerker in der Werkzeugschlosserei, in der Kupferschmiede nebst Weißgießerei (auch für Lager- usw. ausgießen), in der mechanischen Werkstätte an den verschiedenen Werkzeugmaschinen, in der allgemeinen Schlosserei

---

[1]) In der Lehrlingswerkstätte in Guben sind die Werkzeugkasten an den Arbeitsplätzen ebenfalls mit solchen Namensschildern versehen.

bei der Ausbesserung und Anfertigung von Bahngeräten und mechanischen Anlagen und in der Schmiede. Die Zeitdauer für jede Abteilung bestimmt die Eisenbahndirektion, die Reihenfolge der Beschäftigung bleibt dem Amtsvorstand überlassen.

Bevor näher auf die Einzelheiten eingegangen wird, ist kurz die allgemeine Frage einer derartigen Ausbildung zu erörtern. Könnte es nicht vielleicht zweckmäßiger sein, die ganze Lehrzeit ungekürzt darauf zu verwenden, den jungen Menschen ausschließlich Schlosserarbeiten ausführen zu lassen, damit er in diesen eine um so größere Fertigkeit erreicht? Bedeutet nicht die Beschäftigung in anderen Abteilungen eine Zersplitterung und einen Ballast, der später doch nicht verwendet werden kann? Bei den meisten Handwerksmeistern lernen die Lehrlinge doch auch kaum die Gelbgießerei und den eigentlichen Schmiedebetrieb kennen.

Hierauf ist folgendes zu erwidern: Die letztere Tatsache stimmt allerdings. Was aber für die Beschäftigung bei einem Handwerksmeister genügt, von denen manche überwiegend nur noch Ausbesserungen oder Neuausführungen recht einfacher Art machen, genügt vielfach nicht mehr für die gesteigerten Anforderungen des farbikmäßigen Großbetriebes. In der Hauptversammlung des Vereins deutscher Maschinenbauanstalten 1912[1]) wurde von dem Direktor eines großen Werkes ausgeführt, daß das Handwerk gar nicht imstande sei, ihm diejenigen Arbeiter zu liefern, deren er bedürfe. „Das war vielleicht einmal richtig vor 30 oder 40 Jahren, aber je mehr die Maschinenindustrie ihre jetzige Entwicklung genommen hat, um so weniger sind die Lehrlinge, die das Handwerk ausbildet, für uns geeignet.“ Jauch[2]) teilt eine ähnliche Äußerung einer bedeutenden Maschinenbauanstalt mit, wonach die dafür in Betracht kommende Ausbildung von Lehrlingen niemals bei einem Handwerksmeister erfolgen könne. „Auch diejenigen jungen Leute, die ursprünglich bei einem Handwerksmeister gelernt haben, müssen ihre Ausbildung erst im Fabrikbetriebe erfahren.“

Sicherlich ist für den Leiter eines Werkstättenbetriebes oft eine sehr weitgehende Ausnutzung der Menschenkraft erreichbar, wenn er die Arbeiter gewissermaßen als lebendige Maschinen nur für die etwa gerade auszuführenden Handgriffe einübt und also auch die Lehrlinge nicht über das Allernötigste ausbildet. Weitsichtig ist dies aber nicht, abgesehen von der unzulässigen Schädigung, die die jungen Leute dadurch erfahren. Die Eisenbahnverwaltung hat vielmehr, wie wir gesehen haben, schon seit Jahrzehnten Wert darauf gelegt, ihren Lehrlingen die beste nur mögliche Ausbildung zu vermitteln und hat zu diesem Zweck sich nicht darauf beschränkt, den Lehrlingen nur Gelegenheit zur Beschäftigung in der Schlosserei, sondern auch in andern Abteilungen zu geben. Durch die vierjährige Lehrzeit, die länger als in der Regel bei Handwerksmeistern dauert, ist im übrigen erreicht, daß die auf die eigentliche Schlosserei entfallende Zeit kaum kürzer als bei jenen ausfällt.

---

[1]) s. Niederschrift S. 40.

[2]) „Das gewerbliche Lehrlingswesen in Deutschland“ S. 98.

Die Erfahrungen, die die Eisenbahnverwaltung nun schon seit über vierzig Jahren mit diesem Verfahren gemacht hat, sind ausgezeichnet. Einem so vorgebildeten Handwerker, der schon einen gewissen Überblick auch über die mit seinem Handwerk in Verbindung stehenden oder darauf Einfluß ausübenden Arbeitsvorgänge hat, wird die Bedeutung der eignen Arbeitsausführung verständlicher, das Ergreifen etwa erforderlicher Maßnahmen erleichtert. Die geistige Regsamkeit und Beweglichkeit nehmen zu, und das Zusammenarbeiten der verschiedenen Abteilungen wird gefördert. Wenn in einem Betriebe Jahr für Jahr der Handwerkernachwuchs in so gründlicher, vielseitiger Weise ausgebildet wird, so hebt dies die durchschnittliche Güte des ganzen Handwerkerstandes jener Werkstätten auf eine höhere Stufe. Für die Eisenbahnverwaltung ist dies noch insofern von Wert, als sie diesen Kreisen eine große Anzahl ihrer maschinentechnischen Beamten entnimmt.

In großen Privatwerken findet man zum großen Teil bereits ein ähnliches Verfahren. Von einer Anzahl befragter Firmen fand bei 31 v. H. eine Ausbildung der Lehrlinge auch in verwandten Berufszweigen statt, z. B. von Schlossern und Drehern auch im Gewerbe des Schmiedes, von Schmieden und Formern im Schlossergewerbe, und es wird ausdrücklich die Nützlichkeit dieser Ausbildung zur Erziehung gewandter und vielseitig verwendbarer Facharbeiter betont. Lippart hält ebenfalls eine gewisse Ausbildung in verwandten Berufen für erwünscht, „um das Verständnis für das Zusammenarbeiten verschiedener Werkabteilungen zu geben und vielseitig verwendbare Facharbeiter zu erhalten, z. B. Modellschreiner auch in der Formerei, Former in der mechanischen Werkstatt, Schlosser und Dreher in der Schmiede, Schmiede in der Bearbeitungswerkstatt als Schlosser zu beschäftigen"[1]).

Wir kehren nun wieder zu dem Ausbildungsgang der Eisenbahnverwaltung zurück. Daß die Zeiträume für jede Abteilung durch die Eisenbahndirektion festzusetzen und nicht allgemein schon in den Lehrlingsvorschriften bestimmt sind, ist durch die örtlichen Verschiedenheiten in den Werkstatteinrichtungen der einzelnen Bezirke begründet. So sind z. B. besondere Gelbgießereien neuerdings nicht mehr überall vorhanden.

Die sieben Abteilungen, in denen der Lehrling auszubilden ist, sind nicht alle gleich wichtig für seine künftige Tätigkeit, denn in vier Abteilungen, nämlich Gelbgießerei, Kupferschmiede, Dreherei, sowie in der Schmiede werden Arbeiten verrichtet, die der Schlosser später überhaupt nicht oder abgesehen vom Schmieden nur selten auszuführen hat. Sie stellen für ihn nur Hilfsarbeiten dar. Die Lokomotiv- und Wagenschlosser, als die am zahlreichsten vertretenen Handwerker, kommen bei der weitgehenden Arbeitsteilung in den Eisenbahnwerkstätten später nicht in die Lage, selbst in der Dreherei, Gelbgießerei oder Kupferschmiede arbeiten zu müssen. Auch den Lehrlingen bei den vielen

[1]) „Der vielseitigen Ausbildung dient auch die Besichtigung verschiedener Werkstätten unter sachverständiger Führung." (Lippart.)

Privathandwerksmeistern wird, wie bereits erörtert, eine Ausbildung in solchen Nebenbetrieben im allgemeinen nicht gewährt, sondern es müssen die Fertigkeiten im Grob- und Kupferschmieden, im Drehen und Hobeln wenn überhaupt, dann gelegentlich der täglichen gerade vorliegenden Arbeiten mit erworben werden. Dies geschieht im der Regel dann höchstens in demselben Umfange wie es bei der Eisenbahnverwaltung bereits in den ersten beiden Jahren der Lehrlingswerkstätte geschieht.

Eine weitgehende Ausbildung auch in den Hilfsbetrieben, wie Dreherei und Gießerei, wird allerdings einen Schlosser in den Stand setzen, bei Bestellung von Neu- und Ersatzstücken in anderen Abteilungen selbst die Ausführbarkeit besser beurteilen und mit den ausführenden Handwerkern besser besprechen zu können. So wertvoll dies im einzelnen oft ist, so ist es zunächst doch mehr Sache der Aufsichtsbeamten und für jeden Schlosser nicht im gleichen Umfange erforderlich. Man braucht daher die auf die erwähnten Betriebe entfallende Ausbildungszeit nicht allzu lang anzusetzen. Es dürfte im allgemeinen genügen, wenn auf die Gießerei ein halber bis ein Monat, auf die Kupferschmiede mit Zubehör höchstens dieselbe Zeit und auf die Dreherei mit den sonstigen Werkzeugmaschinen insgesamt drei Monate entfallen.

In einer mittelgroßen Hauptwerkstätte für Lokomotiv- und Wagenausbesserung ist seit Jahren die Ausbildungsdauer für die einzelnen Abteilungen wie folgt festgesetzt: in der Werkzeugschlosserei, Kupferschmiede und Gelbgießerei je ein Monat, in der mechanischen Werkstätte drei Monate, in der Bauschlosserei und Schmiede je zwei Monate, in der Bauschlosserei sechs Monate und in der Lokomotivschlosserei acht Monate.

Die Einteilung ist nicht ganz zweckmäßig, auch die Durchführung insofern nicht einwandfrei, als die Lehrlinge noch bis vor kurzem während der ganzen Zeit in der Lokomotivabteilung demselben Vorschlosser zugeteilt blieben. Sie erhielten dadurch nur eine einseitige Ausbildung, denn eine Reihe von wichtigen Arbeiten wird nicht in der allgemeinen Abteilung, sondern in Sondergruppen ausgeführt. Die Arbeiten dieser Gruppen bleiben dem Lehrling dann überhaupt fremd, ebenso wie die Bauart und Bearbeitung der betreffenden Teile. Die Zeit von acht Monaten für Lokomotivschlosserei ist als zu kurz anzusehen und wird besser auf Kosten der sehr reichlich bemessenen Zeit für die Wagenabteilung verlängert. Auch bei der Gelbgießerei und Kupferschmiede könnte zusammen je ein Monat gespart werden.

Die gründliche und ordnungsmäßige Ausbildung der Lehrlinge erfordert auch ihre Beschäftigung in den wichtigsten Sondergruppen, wie solche für die Arbeiten an Schiebern, Achsen, Luftdruckbremsteilen u. dgl. in den meisten Werkstätten bestehen. Unter Berücksichtigung dieser Gesichtspunkte wäre die Zeitverteilung für eine Lokomotiv- und Wagenwerkstätte etwa wie folgt zu regeln:

a) Werkzeugschlosserei		1 Monat
b) Kupferschmiede		1/2 "
c) Gelbgießerei		1/2 "
d) Mechanische Werkstätte		3 "
im einzelnen:		
an Bohrmaschinen	1 Woche	
an Achsenbänken	1 "	
an Hobelmaschinen	1 "	
an Senkrechtfräsmaschinen	1 "	
an Wagerechtfräsmaschinen	1 "	
Hilfeleistung an verschiedenen Leitspindeln und Kopfdrehbänken	4 "	
Selbständiges Arbeiten an einer Leitspindelbank	4 "	
	Zus. 13 Wochen	
e) Bauschlosserei		2 Monat
f) Schmiede		2 "
g) Wagenbau		3 "
Lokomotiv-Sondergruppen.		
h) Stangengruppe		1 "
i) Kolben und Gewerkegruppe		1 "
k) Schiebergruppe		1 "
l) Kesselausrüstungsgruppe		1 "
m) Luftdruckbremsgruppe		1 "
n) Kesselschmiede		1 "
o) Allgemeiner Lokomotivzusammenbau		6 "
		Zus. 24 Monate

Wenn in der Hauptwerkstätte entweder kein Lokomotivbau oder kein Wagenbau vertreten ist, so kann in letzterm Falle der zuvor besprochene Ausbildungsplan fast unverändert beibehalten werden, nur daß für die zwei Monate Wagenabteilung eine längere Beschäftigung in anderen Abteilungen, etwa Bauschlosserei oder Werkzeugschlosserei zu wählen ist. In dem anderen Falle, wenn es sich um eine Hauptwerkstätte für Wagen handelt — bei etwa 14% der Ausbildungswerkstätten — kann die Verteilung derart erfolgen, daß an Stelle der Beschäftigung in den Sondergruppen des Lokomotivbaues eine entsprechende Zeit für die Sondergruppen im Wagenbau tritt. Es ergibt sich etwa folgender Ausbildungsplan für eine Wagenwerkstätte:

a) Werkzeugschlosserei		2 Monate
b) Kupferschmiede		1/2 "
c) Gelbgießerei		1/2 "
d) Mechanische Werkstätte		3 "
im einzelnen:		
an Bohrmaschinen	1 Woche	
an Achsenbänken	1 "	
an Hobelmaschinen	1 "	
an Senkrechtfräsmaschinen	1 "	
an Wagerechtfräsmaschinen	1 "	
Hilfeleistung an verschiedenen Leitspindeln und Kopfdrehbänken	4 "	
Selbständiges Arbeiten an einer Leitspindeldrehbank	4 "	
	Zus. 13 Wochen	6 Monate

		Übertrag:	6 Monate
e)	Bauschlosserei	3	„
f)	Schmiede	2	„
g)	Güterwagenbau, Schnellausbesserung	3	„
h)	Güterwagenbau, Untersuchungswagen	2	„
	Personenwagenbau:		
i)	Sondergruppe für Bremsen	1	„
k)	„ „ Türschlösser u. dgl.	1	„
l)	„ „ Heizung	1	„
m)	„ „ Beleuchtung	1	„
n)	Allgemeiner Personenwagenbau	4	„
		Zus.	24 Monate

Verschiebungen im einzelnen je nach besonderen örtlichen Verhältnissen lassen sich bei Aufstellung eines Planes hiernach leicht vornehmen. Als weitere Beispiele aus der Praxis sind in Tafel 12, S. 192, die zur Zeit in Anwendung befindlichen Ausbildungszeiten in einer Anzahl Hauptwerkstätten angeführt. Diese sind so ausgewählt, daß sie sämtlich verschiedenen Eisenbahndirektionsbezirken angehören. Soweit die Unterteilung in einigen Abteilungen bekannt war, ist sie mit angegeben. Die beigefügten Buchstaben L und W zeigen an, daß es sich um Hauptwerkstätten für Lokomotiven oder für Wagen oder für beide zusammen handelt.

An der Hand dieser Angaben, die indes nicht überall eine mustergültige Regelung erkennen lassen, wird es nicht schwer sein, bei der Aufstellung neuer Pläne selbst das Geeignete herauszusuchen.

Es seien nun noch einige Beispiele aus privaten Großbetrieben angeführt. Im Werke Nürnberg der Maschinenfabrik Augsburg-Nürnberg A.-G. werden die Lehrlinge zwei Jahre in einer eigenen Lehrlingsabteilung ausgebildet. In den letzten beiden Lehrjahren wird den Schlossern Gelegenheit geboten, sich die für ihre Zwecke erforderliche Fertigkeit im Schmieden, Drehen, Fräsen anzueignen[1]). Bei der Firma Ludw. Loewe & Co. A.-G. Berlin erfolgt die Ausbildung zum Schlosser in den Abteilungen Schlosserei, Dreherei, Hobelei, Fräserei, Schmiede und Härterei, Schleiferei und Montage[2]). Bei Gebrüder Sulzer in Winterthur und Ludwigshafen a. Rh. haben die Maschinen- und Bauschlosserlehrlinge während der Lehrzeit Gelegenheit, je sechs Wochen in der Schmiede und in der Rohrschlosserei zu arbeiten[3]).

Bei der Allgemeinen Elektrizitäts-Gesellschaft wird der Lehrling, wie aus dem Lehrplan der Lehrlingsschule hervorgeht, nach einjähriger Beschäftigung in der Lehrlingswerkstätte besonders hierzu ausgewählten Meisterschaften im Betriebe auf bestimmte Zeit zugeteilt und zwar so, daß er innerhalb der drei zur Verfügung stehenden Jahre alle für ihn in Betracht kommenden Abteilungen wie Dreherei, Fräserei, Montage, Wickelei, Schmiede, Härterei und

---

1) Schrift „Lehrlingsausbildung und Schulen" S. 5 der betr. Firma.

2) Lilienthal: Fabrikorganisation, Fabrikbuchführung und Selbstkostenberechnung der Firma Ludw. Loewe & Co., S. 226

3) „Technik und Wirtschaft" 1911 Heft 4, Sonderabdruck S. 5.

Tafel 12.
Ausbildungsdauer in Monaten in den Abteilungen verschiedener Hauptwerkstätten.

Der Hauptwerkstätte Name	Art	Werkzeugmacherei	Kupferschmiede	Gelbgießerei	Mechanische Werkstatt	Bauschlosserei	Schmiede	Lokomotivbau	Wagenbau	Kesselschmiede	Tenderbau	Tischlerei	zus.
A	LW	1	1	1	1	1	1	12	6	—	—	—	24
B	LW	2	2	1	4	1	1	12	1	—	—	—	24
C	LW	1	1	1	3	2	1	10	4	1	—	—	24
D	LW	3	3	—	3	—	3	12	—	—	—	—	24
E	LW	1½	1	1	3	—	1½	12	4	—	—	—	24
F	LW	1	1	1	2	1	1	12	5	—	—	—	24
G	LW	—	1½	1½	6	—	3	12	—	—	—	—	24
H	LW	—	1	1	2	1	2	13[1]	2	2	—	—	24
I	L	3	2	1	6	2	3	7	—	—	—	—	24
K	LW	1	1	1	1	1	1	11	4	—	2	1	24
L	LW	1	1	1	6	—	2	10	2	1	—	—	24
M	L	2	2	2	2	2	2	12	—	—	—	—	24
N	LW	—	1	1	3	—	4	12	3	—	—	—	24
O	W	2	—	—	3	4	3	—	12	—	—	—	24
P	LW	1	1	1	3	2	2	8[2]	6[3]	—	—	—	24
Q	LW	1	1	1	3	6	1	11	—	—	—	—	24
R	LW	2	2	2	2	2	2	12	—	—	—	—	24

[1]) Hiervon
Allg. Lokomotivbau . . 3 Monate
Stangengruppe . . . . 1 „
Armaturgruppe . . . . 3 „
Heizrohrgruppe . . . . 1 „
Rauchkammergruppe . . 1 „
Steuerungsgruppe . . . 1 „
Kreuzkopfgruppe . . . 1 „
Achsenstandgruppe . . . 2 „

[2]) Hiervon
Allg. Lokomotivbau . . 3 Monate
Stangengruppe . . . . 1 „
Armaturgruppe . . . . 1 „
Bremsengruppe . . . . 1 „
Kolben- und Schiebergruppe . . . . . . 1 „
Kesselgruppe . . . . . 1 „

[3]) Hiervon Güterwagenbau 2 Monate, Personenwagenbau 3 Monate, Gruppe für Heizung und Beleuchtung 1 Monat.

Werkzeugmacherei kennen lernt. Während dieser Zeit bleibt der Lehrling dauernd der Aufsicht der Lehrlingsschule unterstellt.

Endlich seien auch noch die Vorschläge von Lippart erwähnt[1]). Hiernach sollen Schlosser in folgenden Abteilungen ausgebildet werden: Schlosserei, Dreherei, Hobelei, Fräserei, Schmiede, Härterei, Montage. Im einzelnen ist folgende Verteilung vorgesehen. **Erstes Jahr**: Für sämtliche Schlosserarten: Bearbeitung eines Stücks Eisen, Übung im Vorreißen, Ankörnen, Meißeln, Feilen, Schruppen, Schlichten, Ziehen, Nieten und Bohren. **Zweites Jahr**: Für Maschinenschlosser: Zusammenpassen leichter und einfacher Maschinenteile. Feilen und Schlichten kleiner Maschinenteile. — Für Werzeugschlosser: Herstellung kleiner Werkzeuge, Bohren, Hinterschleifen von Werkzeugen. — Für Bauschlosser: Feilarbeiten, Vorreißen und Zusammen-

[1]) a.a.O. S. 37.

bauarbeiten. Drittes Jahr: Für Maschinenschlosser: Bearbeitung großer und schwieriger, besondere Genauigkeit erfordernder Stücke. Kurzer Unterricht im Drehen, Hobeln, Bohren und Vorrichten von Maschinenteilen. — Für Werkzeugschlosser: Herstellung von Schneid- und Fräswerkzeugen, Arbeiten an der Drehbank, Hobel- und Fräsmaschine. Für Bauschlosser: Vorreiß- und Zusammenbauarbeiten. Viertes Jahr: Für Maschinenschlosser: Selbständiges Bearbeiten einzelner Maschinenteile; wichtigste Feuerarbeiten, wie Hart- und Weichlöten, Schmieden von Werkzeugen, Zusammenpassen zusammengesetzter Maschinenteile, Montagearbeiten. — Für Werzeugschlosser: Schmieden und Härten der Werkzeuge, Behandlung verschiedener Stahlsorten, endlich selbständige Herstellung von Werkzeugen und Vorrichtungen nach Zeichnungen. — Für Bauschlosser: Selbständige Ausführung kleiner Eisenkonstruktionen.

In nordamerikanischen Werkstätten kommt, wie Matschoß berichtet[1]), der Lehrling nach Verlassen der Lehrlingswerkstätte, d. i. nach ein bis zwei Jahren, in den allgemeinen Betrieb und wird den einzelnen Arbeitsgruppen zugeteilt. „Er ist bereits ein wertvoller Gehilfe für den Arbeiter, der deswegen geneigt ist, ihm auch weiterzuhelfen. Das wachsame Auge des Leiters der Lehrlingsabteilung begleitet ihn aber auch in die Werkstatt. Man kümmert sich dauernd um ihn, man sieht zu, wie er sich entwickelt. Hat er an der einen Stelle genügend gelernt, so sorgt man dafür, daß er weiterkommt. So gehen denn schließlich die vier Jahre, das ist die Zeit, die heute auch in den Vereinigten Staaten als normal für die Ausbildung eines Facharbeiters in der mechanischen Industrie angesehen werden, vorüber.“[2])

§ 5. Die Reihenfolge der Ausbildungsabteilungen im dritten und vierten Lehrjahr.

Nachdem der Lehrling in der Lehrlingswerkstätte mit den Schlosserarbeiten vertraut gemacht ist, wird er zweckmäßig zunächst in den Abteilungen der Hilfsbetriebe ausgebildet, wie Kupferschmiede, Gießerei usw. Die günstigste Reihenfolge hierfür wäre diejenige, bei der der Lehrling dem Herstellungsgang eines Werkstücks folgt, also etwa zunächst in der Schmiede oder Gelbgießerei Kennenlernen der Herstellung des rohen Werkstücks und erst dann in der Dreherei und mechanischen Werkstatt Übungen in der Bearbeitung desselben. Die Werkzeugschlosserei folgt am besten erst nach der Schmiede, damit der Lehrling bereits in der Warmbehandlung des Eisens allgemeine Fertigkeit hat, ehe er oft mit der feineren Werkzeugherstellung und Ausbesserung vertraut gemacht wird. Man wird die Werkzeugschlosserei dagegen möglichst noch vor der Dreherei einfügen, damit der Lehrling imstande ist, den Dreh- und Hobelstahl nötigenfalls sich selbst zu härten und zuzurichten.

[1]) a. a. O. S. 30.

[2]) Zum Schluß bekommt der Lehrling dann ein Zeugnis und entsprechend seinen Leistungen ein nicht unerhebliches Geldgeschenk.

Die Arbeiten in der sogenannten Bauschlosserei bei der Ausbesserung und Anfertigung von Bahngeräten und mechanischen Anlagen und die Arbeiten an Betriebsmitteln kommen zweckmäßig erst an letzter Stelle, wenn der Lehrling bereits in den übrigen Abteilungen genügend vorgebildet ist.

Hiernach ergibt sich dann nachstehende Reihenfolge: 1. Gelbgießerei, 2. Kupferschmiede, 3. Schmiede, 4. Werkzeugschlosserei, 5. Mechanische Werkstätte, 6. Bauschlosserei, 7. Wagenschlosserei, 8. Lokomotivschlosserei.

Leider läßt sich eine solche Reihenfolge aber aus praktischen Gründen meist nicht innehalten; es müßten nämlich immer alle Lehrlinge eines Jahrganges zusammen in einer Abteilung sein. Hierzu reicht aber der Platz selten aus; die Abteilungen würden auch durch Unterweisung so vieler Lehrlinge auf einmal zu sehr in ihrer Arbeit gestört werden. Dies trifft selbst auf die größeren Abteilungen wie Dreherei und Schmiede zu, denn auch hier sind es in der Regel immer nur dieselben wenigen bewährten Handwerker, denen die Lehrlinge zugeteilt werden. Schließlich ist es auch in der Lokomotiv- und Wagenwerkstätte störend, wenn auf einmal eine größere Anzahl von Lehrlingen überwiesen wird und dann nach einiger Zeit wieder fortgeht. Es eignen sich auch nicht alle Vorschlosser gleich gut zur Lehrlingsausbildung. Besser ist es vielmehr, wenn man nur bestimmten Vorschlossern Lehrlinge zuteilt und es dann so einrichtet, daß bei Fortgang des einen Lehrlings gleich wieder ein Nachfolger eintreten kann.

Aus diesen verschiedenen Gründen ist man verhindert, die für eine folgerechte Ausbildung günstigste Reihenfolge zu wählen. Sie wird vielmehr dadurch bestimmt, daß in der Gießerei, in der Kupferschmiede und in der Werkzeugschlosserei bei mitelgroßen Werkstätten nur je einige wenige Lehrlinge gleichzeitig mit Nutzen beschäftigt werden können. Hiernach richtet sich dann die Überweisung an die andern Abteilungen.

Die Ausarbeitung eines Ausbildungsplanes ist nicht so einfach wie es scheint, wenn die genannte Bedingung wirklich innegehalten und zugleich die vorgeschriebene Ausbildungsdauer innegehalten werden soll. Es hat sich bewährt, für die Aufstellung eines solchen Planes einen Vordruck zu verwenden, bei dem senkrechte Spalten für die 24 Monate und je eine wagerechte Zeile für jeden Lehrling vorgesehen sind. In die einzelnen Monatsfelder wird die Abteilung eingetragen, in der der Lehrling zu beschäftigen ist. Zur besseren Übersicht kann man die Abteilungen abgekürzt durch Buchstaben a, b, c usw. bezeichnen. Dann darf in je zwei senkrechten Spalten gleicher Monate zusammengenommen der Buchstabe nicht öfter erscheinen als Lehrlinge in derselben Abteilung zugelassen sind. In jeder wagerechten Zeile müssen ferner sämtliche Buchstaben von a bis zu dem für die letzte Abteilung vertreten sein (s. Tafel 14b).

Nachstehend sind einige Beispiele angegeben. Nach Tafel 13 werden die Lehrlinge — insgesamt 100 bis 120 — in einer der größten Hauptwerkstätten ausgebildet. Die Dauer der Ausbildung in den einzelnen Abteilungen ist in Tafel 12 unter **H** bereits angegeben. Im Anschluß an die in Teil II § 3

S. 55 und 56 in den Lehrlingsvorschriften bereits den Abteilungen gegebenen Buchstaben gelten folgende Abkürzungen:

Abkürzungen:

a) = Werkzeugschlosserei,
b) = Kupferschmiede nebst Weißgießerei,
c) = Gelbgießerei,
d) = Mechanische Werkstätte,
d_1 Lokomotivdreherei,
d_2 Wagendreherei,
e) = Allgemeine Schlosserei (Bauschlosserei),
f) = Schmiede,
g) = Wagenbau,
h) = Stangenschlosserei,
i) = Kolbengruppe,
k) = Schiebergruppe
l) = Armaturgruppe,
m) = Luftdruckbremsgruppe,
n) = Kesselschmiedegruppe,
o) = Allgemeiner Lokomotivbau,
p) = Achslagergruppe,
q) = Heizrohrgruppe,
r) = Rauchkammergruppe,
s) = Steuerungsgruppe,
t) = Kreuzkopfgruppe,
u) = Achsstandgruppe.

Tafel 13.

Plan für die Reihenfolge und Dauer der Ausbildung der Lehrlinge einer großen Hauptwerkstätte in den verschiedenen Abteilungen im dritten und vierten Lehrjahr.

Laufende Nr.	Name des Lehrlings	Drittes Lehrjahr												Viertes Lehrjahr											
		Mai	Juni	Juli	August	September	Oktober	November	Dezember	Januar	Februar	März	April	Mai	Juni	Juli	August	September	Oktober	November	Dezember	Januar	Februar	März	April
1	A	d_1	d_1	f	f	g	g	b	c	q	q	n	n	o	o	o	l	l	l	u	u	r	t	h	s
2	B	"	"	"	"	"	"	"	"	"	"	"	"	"	"	"	"	"	"	"	"	"	"	"	"
3	C	n	n	d_1	d_1	f	f	g	g	b	c	q	e	r	h	s	o	o	o	l	l	l	u	u	t
4	D	"	"	"	"	"	"	"	"	"	"	"	"	"	"	"	"	"	"	"	"	"	"	"	"
5	E	e	p	n	n	d_1	d_1	f	f	g	g	b	c	u	u	r	t	h	s	o	o	o	l	l	l
6	F	"	"	"	"	"	"	"	"	"	"	"	"	"	"	"	"	"	"	"	"	"	"	"	"
7	G	c	b	e	p	n	n	d_1	d_1	f	f	g	g	l	l	l	u	u	r	t	h	s	o	o	o
8	H	"	"	"	"	"	"	"	"	"	"	"	"	"	"	"	"	"	"	"	"	"	"	"	"
9	J	g	g	c	b	e	p	n	n	d_1	d_1	f	f	o	o	o	l	l	l	u	u	t	r	s	h
10	K	"	"	"	"	"	"	"	"	"	"	"	"	"	"	"	"	"	"	"	"	"	"	"	"
11	L	f	f	g	g	c	b	e	p	n	n	d_1	d_1	t	s	h	o	o	o	l	l	l	u	u	r
12	M	"	"	"	"	"	"	"	"	"	"	"	"	"	"	"	"	"	"	"	"	"	"	"	"
13	N	d_1	d_1	f	f	g	g	c	b	e	p	n	n	u	u	t	r	s	h	o	o	o	l	l	l
14	O	"	"	"	"	"	"	"	"	"	"	"	"	"	"	"	"	"	"	"	"	"	"	"	"
15	P	n	n	d_1	d_1	f	f	g	g	c	b	e	n	l	l	l	u	u	t	r	s	h	o	o	o
16	Q	"	"	"	"	"	"	"	"	"	"	"	"	"	"	"	"	"	"	"	"	"	"	"	"
17	R	p	e	n	n	d_1	d_1	f	f	g	g	c	b	o	o	o	l	l	l	u	u	t	r	h	s
18	S	"	"	"	"	"	"	"	"	"	"	"	"	"	"	"	"	"	"	"	"	"	"	"	"
19	T	b	c	p	e	n	n	d_1	d_1	f	f	g	g	t	h	s	o	o	o	l	l	l	u	u	r
20	U	"	"	"	"	"	"	"	"	"	"	"	"	"	"	"	"	"	"	"	"	"	"	"	"
21	V	g	g	b	c	p	e	n	n	d_1	d_1	f	f	u	u	r	t	h	s	o	o	o	l	l	l
22	W	"	"	"	"	"	"	"	"	"	"	"	"	"	"	"	"	"	"	"	"	"	"	"	"
23	X	f	f	g	g	b	c	p	e	n	n	d_1	d_1	l	l	l	u	u	r	t	h	s	o	o	o
24	Y	"	"	"	"	"	"	"	"	"	"	"	"	"	"	"	"	"	"	"	"	"	"	"	"
25	Z	d_2	d_2	f	f	g	g	b	c	p	e	n	n	o	o	o	l	l	l	u	u	r	t	s	h
26	AA	"	"	"	"	"	"	"	"	"	"	"	"	"	"	"	"	"	"	"	"	"	"	"	"
27	BB	n	n	d_2	d_2	f	f	g	g	b	c	p	e	r	s	h	o	o	o	l	l	l	p	p	t
28	CC	"	"	"	"	"	"	"	"	"	"	"	"	"	"	"	"	"	"	"	"	"	"	"	"
29	DD	q	e	n	n	d_2	d_2	f	f	g	g	b	c	u	u	t	r	s	h	o	o	o	l	l	l
30	EE	"	"	"	"	"	"	"	"	"	"	"	"	"	"	"	"	"	"	"	"	"	"	"	"

Für den Handgebrauch kann man, wie es bei dem Urstück auch der Fall ist, die Buchstaben durch die ausgeschriebenen Abteilungsbezeichnungen ersetzen und den Plan dann ein für allemal umdrucken lassen.

Als weiteres Beispiel diene die Tafel 14a und b. Sie ist für eine mittelgroße Werkstätte mit insgesamt 36 Lehrlingen ausgearbeitet und mit den Bedingungen, daß in der Kupferschmiede, in der Gelbgießerei, in verschiedenen Gruppen der Lokomotivabteilung nicht mehr als ein, in der Bauschlosserei nicht mehr als zwei und in der mechanischen Werkstätte nicht mehr als drei Lehrlinge gleichzeitig beschäftigt werden sollen. Eine Nachprüfung wird zeigen, daß diese Bedingungen übevall erfüllbar sind. Tafel 14a zeigt den früheren Plan, nach dem die Lehrlinge einer Hauptwerkstätte lange Jahre den einzelnen Abteilungen zugewiesen sind. Tafel 14b gibt die umgearbeitete Aufstellung.

Abkürzungen:

a = Werkzeugschlosserei,
b = Kupferschmiede nebst Weißgießerei,
c = Gelbgießerei,
d = Mechanische Werkstätte,
e = Allgemeine Schlosserei,
f = Schmiede,
g = Wagenbau,
h = Stangenschlosserei,
i = Kolbengruppe,
k = Schiebergruppe,
l = Armaturgruppe,
m = Luftdruckbremsgruppe,
n = Kesselschmiedegruppe,
o = Allgem. Lokomotivbau,
p = Achslagergruppe,
q = Heizrohrgruppe,
r = Rauchkammergruppe,
s = Steuerungsgruppe,
t = Kreuzkopfgruppe,
u = Achsstandgruppe.

Tafel 14.

Plan für die Reihenfolge und Dauer der Ausbildung von 36 Lehrlingen einer Hauptwerkstätte in den verschiedenen Abteilungen im dritten und vierten Lehrjahre.

a) Früherer Plan.

Laufende Nr.	Name	Lehrbeginn	1910								1911												1912			
			Mai	Juni	Juli	August	Sept.	Oktober	Nov.	Dez.	Jan.	Febr.	März	April	Mai	Juni	Juli	August	Sept.	Oktober	Nov.	Dez.	Jan.	Febr.	März.	April
			Drittes Lehrjahr												Viertes Lehrjahr											
1	A	1908	g	g	g	g	g	g	d	d	d	c	f	f	o	o	o	o	o	o	o	o	e	e	a	b
2	B	"	"	"	"	"	"	"	"	"	"	a	"	"	"	"	"	"	"	"	"	"	"	"	b	c
3	C	"	"	"	"	"	"	"	f	f	e	e	c	a	"	"	"	"	"	"	"	"	b	d	d	d
4	D	"	"	"	"	"	"	"	c	b	f	f	e	e	"	"	"	"	"	"	"	"	a	"	"	"
5	E	"	"	"	"	"	"	"	d	d	d	c	e	e	"	"	"	"	"	"	"	"	f	f	c	a
6	F	"	a	b	c	d	d	d	g	g	g	g	g	g	e	e	f	f	"	"	"	"	o	o	o	o
7	G	"	b	e	e	"	"	"	"	"	"	"	"	"	a	c	"	"	"	"	"	"	"	"	"	"
8	H	"	d	d	d	f	f	a	"	"	"	"	"	"	e	e	b	c	"	"	"	"	"	"	"	"
9	J	"	e	e	f	"	c	b	"	"	"	"	"	"	d	d	d	d	"	"	"	"	"	"	"	"
															Drittes Lehrjahr											
1	K	1909													f	f	e	e	a	c	g	g	g	g	g	g
2	L	"													"	"	"	"	c	a	"	"	"	"	"	"
3	M	"													c	a	d	d	d	b	"	"	"	"	"	"
3	N	"													b	d	"	"	e	e	"	"	"	"	"	"
5	O	"													g	g	g	g	g	g	b	c	f	f	e	e
6	P	"													"	"	"	"	"	"	d	d	d	b	f	f
7	Q	"													"	"	"	"	"	"	a	b	c	d	d	d
8	R	"													"	"	"	"	"	"	d	d	d	a	e	e
9	S	"													"	"	"	"	"	"	"	"	"	c	f	f

Tafel 14 (Fortsetzung).

Plan für die Reihenfolge und Dauer der Ausbildung von 36 Lehrlingen einer Hauptwerkstätte in den verschiedenen Abteilungen im dritten und vierten Lehrjahre.

b) Neuer Plan.

Laufende Nr.	Name	1910								1911												1912			
		Mai	Juni	Juli	August	Sept.	Okt.	Nov.	Dez.	Jan.	Febr.	März	April	Mai	Juni	Juli	August	Sept.	Oktober	Nov.	Dez.	Jan.	Febr.	März	April
		Drittes Lehrjahr												Viertes Lehrjahr											
1	A	bc	l	e	e	d	d	d	f	f	g	g	g	o	o	o	o	o	o	n	m	a	h	i	k
2	B	a	bc	f	f	„	„	„	e	e	„	„	„	l	m	n	h	i	k	o	o	o	o	o	o
3	C	f	f	bc	a	„	„	„	g	g	g	e	e	m	n	l	i	k	h	„	„	„	„	„	„
4	D	„	„	a	bc	g	g	g	d	d	d	„	„	k	h	i	l	m	n	„	„	„	„	„	„
5	E	g	g	g	e	e	f	f	„	„	„	bc	a	o	o	o	o	o	o	h	i	k	l	m	n
6	F	„	„	„	„	„	bc	m	n	l	a	f	f	d	d	d	k	h	i	o	o	o	o	o	o
7	G	„	„	„	f	f	a	bc	e	e	m	n	l	o	o	o	o	o	o	i	k	h	d	d	d
8	H	h	i	k	„	„	g	g	g	n	bc	l	m	d	d	d	f	f	a	o	o	o	o	o	o
9	J	i	k	h	g	g	g	a	d	d	d	f	f	o	o	o	o	o	o	cb	l	m	n	e	e

Zugrunde liegen bei der Reihenfolge a die in § 4 S. 189 mitgeteilten Zeiten für eine mittelgroße Lokomotiv- und Wagenwerkstätte, also für Werkzeugschlosserei, Kupferschmiede, Gelbgießerei je eine Ausbildungsfrist von einem Monat usf. Der Nachteil des Planes 14a ist, daß er jedes Jahr neu aufgestellt werden muß, da sich die Reihenfolge bei den Lehrlingen K bis S des dritten Jahrganges nicht mit dem Plan für den dritten Jahrgang der Lehrlinge A bis J deckt. Wenn auch die vorgesehene Anzahl Lehrlinge in den einzelnen Abteilungen nicht überschritten wird — was im übrigen hier auch wegen der nicht berücksichtigten Sondergruppen des Lokomotivbaues viel leichter als bei Plan b einzurichten ist, — so muß doch nun auch der vierte Jahrgang für die Lehrlinge K bis S wieder neu und anders als für die Lehrlinge A bis J aufgestellt werden. Dies ist unbequem. Zur besseren Übersicht wurden bildliche Darstellungen angefertigt, ähnlich wie Tafel 14**a**, jedoch mit Anlagen der Felder in verschiedenen Farben zur Kennzeichnung der Abteilungen.

Diese Nachteile vermeidet der Plan 14b. Er ist ständig benutzbar. Vorausgesetzt sind hier die Ausbildungszeiten, die unter a bis o S. 190 angegeben sind. Hier ist vorgesehen ein Monat Ausbildungszeit in der Werkzeugschlosserei, je ein halber Monat für Kupferschmiede und Gelbgießerei usf.

Die Oldenburgische Staatsbahn hat für ihre Lehrlinge einen ähnlichen festen Plan (Tafel 15) aufgestellt; er ist ständig benutzbar und umgedruckt. In die freigelassenen wagerechten und senkrechten Felder werden die Monate und die Namen der Lehrlinge eingetragen.

Tafel 15.

Vordruck für die Reihenfolge und Dauer der Ausbildung der Lehrlinge im zweiten Lehrjahre bei der Oldenburgischen Staatsbahn.

Ausbildungsplan für die im 2. Lehrjahre befindlichen Lehrlinge für die Zeit vom .... 19.... bis Ostern 19....

Monat	Namen der Lehrlinge								
	1	1	4	6	3	3	2	2	5
	1	1	5	4	3	3	2	2	6
	1	1	6	5	3	3	2	2	3
	2	2	1	1	4	6	3	3	3
	2	2	1	1	5	4	3	3	3
	2	2	1	1	6	5	3	3	1
	3	3	2	2	1	1	4	6	1
	3	3	2	2	1	1	5	4	1
	3	3	2	2	1	1	6	5	2
	4	6	3	3	2	2	1	1	2
	5	4	3	3	2	2	1	1	2
	6	5	3	3	2	2	1	1	4

Erklärung.

1 = Beschäftigung in der Schmiede, im ganzen 3 Monate
2 = „ am Schraubstock, „ „ 3 „
3 = „ an der Drehbank, „ „ 3 „
4 = „ „ „ Bohrmaschine, „ 1 Monat
5 = „ „ „ Hobelmaschine, „ 1 „
6 = „ in der Kupferschmiede, „ 1 „

Der Wechsel findet am 1. jeden Monats statt.

§ 6. Die Frage besonderer Lehrlingsgruppen im dritten und vierten Lehrjahr.

Die Ausbildung während des dritten und vierten Lehrjahres kann nach LV. 20 S. 49, soweit die Beschäftigung der Lehrlinge in den Lokomotiv- und Wagenwerkstätten in Frage kommt, so eingerichtet werden, daß die Lehrlinge nicht den gewöhnlichen Arbeitsgruppen zugeteilt werden, sondern in besonderen Gruppen unter Leitung eines erfahrenen Lehrgesellen arbeiten. Die Stärke dieser Gruppen ist so zu bemessen, daß die Betriebsmittel ebenso schnell fertig werden, wie durch ältere Arbeiter in schwächeren Gruppen. Den Lehrlingsgruppen sind Betriebsmittel zur Ausführung aller daran vorzunehmenden Arbeiten zu überweisen. Schwere Arbeiten, für die die Kräfte der Lehrlinge nicht ausreichen, werden im Stücklohn von älteren Arbeitern ausgeführt, ohne daß diese der Lehrlingsgruppe zugeteilt werden.

Im allgemeinen wird der Lehrling in den verschiedenen Abteilungen je einem tüchtigen Handwerker zugeteilt. Diesem hat er auch bei der Arbeit zu helfen und wird dabei in den betreffenden Fertigkeiten unterwiesen. Wie wir gesehen haben, werden in den meisten Abteilungen immer nur wenige Lehrlinge auf einmal beschäftigt, im Lokomotiv- und Wagenbau sind es dagegen in der Regel mindestens vier und mehr. Da liegt es nahe, zur Ersparung von Zeit und Mühe die Unterweisungen gemeinsam vorzunehmen und die Lehrlinge zu einer besonderen Gruppe zu vereinigen. Dies ist auch vielfach geschehen. Die Ansichten sind indes darüber geteilt, ob es richtiger ist, solche Lehrlingsgruppen mit einem eigenen Lehrgesellen zu bilden oder die Lehrlinge in die vorhandenen allgemeinen Gruppen einzureihen. Beide Verfahren haben ihre Vor- und Nachteile. Im ersteren Falle wird der Lehrlingsgruppe eine Lokomotive oder ein Wagen zur Wiederherstellung zugewiesen. Die Lehrlinge sollen unter Anweisung des Lehrgesellen alle Arbeiten möglichst selbst ausführen. Dabei können ihnen diese Arbeiten natürlich gründlich gezeigt und erläutert werden, mehr als es dem Vorschlosser in einer allgemeinen Gruppe möglich ist. Es verbleiben indes doch immer noch manche schwerere Arbeiten, für die die Kräfte der Lehrlinge noch nicht ausreichen. Die Lehrlingsvorschriften besagen daher schon, daß in solchen Fällen Schlosser aus anderen Gruppen heranzuziehen sind. Dies stört indes leicht den Fortschritt der Arbeiten auch in jener Nachbargruppe. Auch wird, wenn an der Lokomotive oder dem Wagen überwiegend nur Lehrlinge arbeiten, die Ausbesserungsdauer doch längere Zeit in Anspruch nehmen als in anderen Gruppen; es ist nicht immer möglich, soviel Lehrlinge gleichzeitig an dem Betriebsmittel zu beschäftigen, daß dadurch die gleiche Ausbesserungsdauer wie durch ältere Arbeiter in schwächeren Gruppen erreicht wird. In der Regel werden auch den Lehrlingsgruppen nur die kleineren einfachen Lokomotiven überwiesen, sodaß die Lehrlinge dann die Bauart der neueren großen Lokomotiven überhaupt nicht kennen lernen.

Nun wird der Lehrling nach einer zweijährigen Tätigkeit in der Lehrlingswerkstätte immerhin soweit vorgebildet sein, um nicht auch noch in der Lokomotivabteilung eines solchen methodischen Unterrichts weiter zu bedürfen. Für die spätere selbständige Arbeit als Geselle stellt auch die Einreihung in einer der üblichen Gruppen schon einen vorbereitenden Übergang dar. In der Gruppe wird wegen der Bezahlung nach Stückzeit schärfer gearbeitet als in einer reinen Lehrlingsgruppe. Wenn der Vorschlosser tüchtig ist, so wird er dafür Sorge tragen, daß sein Schutzbefohlener auch zu vielseitigen Hilfeleistungen herangezogen wird. Läßt man dann zwischendurch auch noch einen Wechsel eintreten und teilt dem Lehrling nacheinander mehreren an verschiedenen Lokomotivbauarten beschäftigten Gruppen zu, so wird man eine gründliche Ausbildung des Lehrlings erzielen.

Eine Reihe von Werkstätten sind aus diesen Gründen von dem Verfahren abgekommen, haben die Lehrlingsgruppen aufgelöst und sind zu der Verteilung auf die allgemeinen Gruppen übergegangen. Hiermit sind, soweit uns bekannt ist, gute Erfahrungen gemacht worden.

B. Die praktische Ausbildung für sonstige Handwerke.

§ 7. Die praktische Ausbildung für das vereinigte Schlosser- und Dreherhandwerk.

In den ersten beiden Lehrjahren unterscheidet sich der Ausbildungsgang für das Schlosser- und Dreherhandwerk zusammen nicht von dem für das Schlosserhandwerk allein. Die Lehrlinge beider Fachrichtungen arbeiten also in der gleichen Weise in der Lehrlingswerkstätte. Dann trennt sich jedoch der Ausbildungsgang. Der Schlosser wird den im vorhergehenden angegebenen Abteilungen überwiesen, während der Dreher in der Hauptsache nur in der mechanischen Werkstätte beschäftigt wird.

Es ist Wert darauf zu legen, daß er hier der Reihe nach die wichtigsten Arten von Werkzeugmaschinen kennen lernt, daß er sich Geschicklichkeit in den verschiedenen Dreharbeiten erwirbt und daß er ferner imstande ist, die Arbeitsstähle und Werkzeuge soweit üblich, sich handwerksmäßig zuzurichten und zu schleifen. Die Hauptausbildung hat an der Leitspindeldrehbank zu erfolgen. Hier ist u. a. das Abdrehen einfacher und abgesetzter Bolzen, von Kesselausrüstungsteilen, von kegelförmigen oder elliptischen Teilen sowie das Gewindeschneiden zu üben.

Zu beachten ist, daß der Lehrling an den verschiedenen Werkzeugmaschinen nicht immer nur Arbeiten in dem gleichen Stoff ausführt, etwa nur in Schmiedeeisen, sondern daß er möglichst alle in der mechanischen Werkstätte vorkommenden Metalle bearbeiten, ihre Unterschiede in dem Verhalten hierbei, in der Zurichtung des Werkzeugstahles und in den Schnittgeschwindigkeiten kennen lernt.

In die Dreherei kommen die Arbeitsstücke meist aus der Schmiede und der Gießerei. Diese Abteilungen müssen ständig Hand in Hand arbeiten. Es empfiehlt sich daher, den Lehrling wenigstens kurze Zeit einmal auch in jenen beiden Abteilungen zu beschäftigen, damit er von den Arbeiten dort aus eigener Anschauung und Erfahrung ein Bild gewinnt. Die Schmiede ist ihm auch für die Herstellung der großen Drehstähle nützlich.

Unter Beachtung aller dieser Gesichtspunkte ist für den Schlosser- und Dreherlehrling folgender Ausbildungsgang aufgestellt worden:

I. Lehrjahr II. „		24 Monate	Ausbildung in der Lehrlingswerkstätte wie für Schlosser.
III. „	1.	$1/4$ Monat	Ausbildung an Bohrmaschinen,
	2.	$1/2$ „	„ „ Fräsmaschinen,
	3.	$1/2$ „	„ „ Hobel- und Stoßmaschinen,
	4.	$1/2$ „	„ „ Schleifmaschinen (für Achsschenkel, Steuerungsschwingen, Spiralbohrer usw.),
	5.	$1 1/2$ „	„ „ einer einfachen Bolzendrehbank,
	6.	$1/2$ „	„ in der Schmiede,
		$27 3/4$ Monate	

Übertrag:	$27^3/_4$ Monate		
7.	1 Monat	„	in der Werkzeugschlosserei,
8.	$1^1/_2$ „	„	an der Achsen- und Räderdrehbank,
9.	1 „	„	„ der Radreifendrehbank,
	$^3/_4$ „	„	„ der Plandrehbank,
10.	1 „	„	in der Gelbgießerei,
11.	3 „	„	an der Leitspindeldrehbank,
IV. Lehrjahr:			
12.	12 „	„	„ der Leitspindeldrehbank.
zus.	48 Monate.		

Bei der Firma Ludwig Loewe & Co. werden die Dreherlehrlinge ausgebildet in der Schlosserei, Schmiede und Härterei, Schleiferei, Dreherei und bei genügend Zeit auch in der Gießerei. Die Lehrlinge für die beiden Fachrichtungen Schlosser und Dreher können nach drei Jahren bei besonderer Tüchtigkeit zu Monteuren weiter ausgebildet werden.

Die Maschinenfabrik Augsburg-Nürnberg beschreibt die Ausbildung wie folgt[1]):

„Maschinenschlosser und Dreher erhalten im ersten Jahre ihre Ausbildung gemeinsam in einer eigenen Lehrlingsabteilung unter Leitung zweier Meister. Sie beginnen mit der Bearbeitung eines Stückes Eisen, dem sog. Probeeisen. An demselben üben sie sich im Vorreißen, Ankörnen, Meißeln, Schroppen und Schlichten. Nach Erlangung einer gewissen Fertigkeit in diesen Arbeiten erhalten die Lehrlinge kleinere Maschinenteile, die sie nach Zeichnung genau nach Maß zu meißeln, zu feilen und zu schaben haben. Je nach Leistung erfolgt die Zuteilung größerer und schwierigerer, besondere Genauigkeit der Arbeit erheischender Stücke. Mit Beginn des zweiten Jahres erfolgt die Trennung von Schlossern und Drehern. Erstere bleiben noch ein weiteres Jahr in der Lehrlingswerkstätte bei den bisherigen Meistern; im 3. und 4. Jahre kommen sie mit geringen Ausnahmen von ihren bisherigen Lehrmeistern weg zu anderen Meistern. Nun tritt zur Bearbeitung der einzelnen Teile das Zusammenpassen derselben zu größeren Einheiten, die Montage. In den letzten beiden Lehrjahren wird den Schlossern Gelegenheit geboten, die für ihre Zwecke als erforderlich erachtete Fertigkeit im Schmieden, Drehen, Bohren, Fräsen sich anzueignen. Im letzten Vierteljahre ihrer Lehre fertigen die Lehrlinge dann das Gesellenstück.

Diejenigen Schlosserlehrlinge, die sich als Dreher ausbilden wollen, finden vom 2. Lehrjahre ab in der neugeschaffenen Lehrlingsdreherei Aufnahme. Sie sind dort einem Lehrlingsmeister unterstellt, der ihre Ausbildung bis Ende der Lehre überwacht. Nachdem sie mit der Einrichtung ihrer Drehbank bekannt gemacht worden sind, befassen sie sich zuerst mit der Herstellung der einfachsten Gegenstände. Mit der Bearbeitung der verschiedenen Eisensorten und sonstiger Metalle erfahren sie das Wichtigste

1) S. 4 und 5 der von der Firma hierüber herausgegebenen Schrift.

über Drehgeschwindigkeiten, Arten der zu verwendenden Stähle, Einspannvorrichtungen, Wechselräder usw. Durch Zuweisung der verschiedensten Stücke wird ihre Verwendbarkeit tunlichst gefördert. Den Abschluß der Lehrlingsausbildung macht auch hier das Gesellenstück."

Lippart schlägt folgende Ausbildung vor:

Im ersten Jahre wie bei den Schlossern: Bearbeitung eines Stücks Eisen, Übung im Vorreißen, Ankörnen, Meißeln, Feilen, Schroppen, Schlichten, Ziehen, Nieten und Bohren. — Im zweiten, dritten und vierten Jahr: Handhaben und Schleifen von Werkzeugen und Stählen, Zentrieren und Richten einfacher Körper, Arbeiten an der Drehbank: Bearbeiten einfacher Teile, Belehrung über Anfangsgeschwindigkeiten, Art der Stähle, Einspannvorrichtungen, Wechselräder usw. Dann Gewindeschneiden, Plan- und Langdrehen; endlich schwierige Arbeitsstücke. Im vierten Jahr auch die wichtigsten Schmiedearbeiten, Schmieden und Härten von Werkzeugen.

Für Hobler, Bohrer und Fräser wird eine ähnliche Ausbildung wie bei den Drehern empfohlen unter sinngemäßer Anpassung an die Sonderanforderungen dieses Berufes.

Bei der Firma Friedr. Krupp in Essen (Ruhr) wird der Dreherlehrling zunächst einen Monat in der Schlosserei ausgebildet, kommt dann einige Wochen an die einfachen Drehbänke, wird hier auf seine Befähigung als Dreher geprüft und dann wieder der Schlosserei überwiesen. Dreherlehrlinge, die sich brauchbar erwiesen haben, erhalten dann ihre weitere Ausbildung an Bohr-, Hobel-, Stoß- und Fräsmaschinen und je nach Fortschritt an einer guten, schwieriger zu behandelnden Drehbank. Lehrlinge, die sich für den Dreherberuf ungeeignet erwiesen haben, werden zunächst als Schlosser weiter bis zum Ablauf der Probezeit ausgebildet. Bestehen sie auch diese Probe nicht, so erfolgt ihre Entlassung. Nach etwa ein- bis eineinvierteljähriger Ausbildung werden die Dreherlehrlinge fünf bis sechs Wochen lang in die Schmiede geschickt, um die an ihren Werkzeugen nötigen Schmiedearbeiten zu erlernen. Fallen auch hier die Probestücke gut aus, dann kehren die Lehrlinge bis zu ihrer Überweisung an einen Betrieb wieder in die Dreherei zurück.

§ 8. Die praktische Ausbildung für das Schmiede- und für das Kesselschmiedehandwerk.

Die Schmiede- und Kesselschmiedelehrlinge werden in der Regel zunächst zwei Jahre zusammen mit den Schlosserlehrlingen in der Lehrlingswerkstätte ausgebildet und lernen hier bereits das Wichtigste von der Warmbehandlung des Eisens kennen[1]). Die folgenden beiden Jahre sind in der Hauptsache in der Schmiede oder Kesselschmiede zuzubringen.

[1]) Für die Schmiedelehrlinge war die Beschäftigung in der Lehrlingswerkstätte früher schon unter Ziffer 10 der Grundzüge zu dem Erlaß vom 21. Dezember 1878 vorgeschrieben gewesen; s. Teil I § 3, S. 19.

a) Ausbildung der Schmiedelehrlinge im dritten und vierten Jahre. Da die Schmiede zu einem großen Teil für die Dreherei arbeitet, ist es zweckmäßig, wenn der künftige Schmied wenigstens soviel Verständnis für das dortige Arbeitsverfahren hat, um für die Formgebung der Schmiedestücke und für die Zuschläge zu den Fertigmaßen beurteilen zu können, wie die Weiterverarbeitung in der Dreherei möglichst einfach und namentlich mit größter Ersparnis an Stoff, Zeit und Arbeitskräften geschehen kann. Es ist deshalb zweckmäßig, wenn der Lehrling auch ein bis zwei Monate in der mechanischen Werkstätte beschäftigt wird, und zwar zunächst nur kurz an Hobel- und Fräsmaschine, im übrigen aber an der Leitspindeldrehbank.

In den Schmieden der größeren Eisenbahnwerkstätten sind für die regelmäßig auszuführenden Arbeiten stets dieselben Feuer vorgesehen. So sind meist „Lokomotivfeuer" vorhanden, an denen die Teile für Lokomotiven, „Wagenfeuer", an denen Achsgabeln, Zughaken, Beschlag- und andere Teile für Wagen hergestellt oder ausgebessert werden. An den „Gerätefeuern" werden Werkzeuge instand gesetzt sowie die von den Bahnmeistereien eingesandten Oberbaugeräte wie Spitzhacken, Kreuzhauen, Steinschlaggabeln und dergl. Eine besondere Abteilung bildet oft die Federschmiede und die Heizrohrwerkstätte, in der die Heizrohre gereinigt, abgeschnitten und angeschweißt werden.

Es ist ein Nachteil, daß der Schmiedelehrling seine Fertigkeiten nicht wie der Schlosser durch eigene Betätigung, sondern überwiegend nur durch Absehen erwerben kann, weil er nur als Zuschläger verwendet wird. Als solcher kommt er im allgemeinen nicht zum selbstständigen Schmieden, es sei denn, daß er sich in freien Augenblicken selbst darum bemüht. Zu einer gründlichen Ausbildung ist das eigene Schmieden aber unentbehrlich. Es empfiehlt sich daher, ein besonderes Lehrfeuer unter einem tüchtigen Schirrmeister einzurichten und ihm zwei oder drei Lehrlinge zuzuteilen. Von diesen hat dann abwechselnd je einer zu schmieden, während die beiden anderen dabei jeweils Zuschlägerdienste verrichten. Der Schirrmeister unterweist sie und beaufsichtigt die Arbeiten. Dem Lehrfeuer sind möglichst vielseitige Arbeiten zu überweisen, auch solche allgemeiner Art, denn der Lehrling soll später imstande sein, auch bei einem Privatmeister oder in einer Maschinenfabrik alle von einem tüchtigen Schmied zu fordernden Arbeiten auszuführen und soll nicht nur einseitig für Eisenbahnwerkstätten vorgebildet werden.

Hiernach kann die Ausbildung etwa wie folgt geregelt werden:

I. Lehrjahr II. „		24 Monate	Ausbildung in der Lehrlingswerkstätte wie für Schlosser.
III. „	1.	3 Monate	am Wagenfeuer,
	2.	3 „	in der Federschmiede,
	3.	1 „	in der Dreherei,
	4.	3 „	am Lokomotivfeuer,
	5.	2 „	in der Heizrohrwerkstätte,
	6.	6 „	am Gerätefeuer,
	7.	6 „	am Lehrfeuer.
	Zus.	48 Monate.	

Da für das Schmiedehandwerk bei der Eisenbahnverwaltung die Gesellenprüfung nicht abgenommen wird, hat der Lehrling sich ihr vor der Innung zu unterziehen. Die Ausbildung bei einem Handwerksmeister ist jedoch wesentlich anders als in der Eisenbahnwerkstätte. So heißt es z. B. in § 6 der von dem Oberpräsidenten der Provinz Brandenburg für den Bezirk der Handwerkskammer zu Berlin erlassenen Prüfungsvorschriften im Schmiedehandwerk:

Bei der Bestimmung des Gesellenstückes ist zu beachten, daß bei der Anfertigung desselben mehrere der folgenden Arbeiten vom Prüfling selbst ausgeführt werden:

a) Hufbeschlag.

1. Die Abnahme des alten Eisens.
2. Die Zurichtung des Hufes (das aufzuschlagende Eisen kann vom Meister resp. Schirrmeister zugerichtet werden und aufgepaßt werden).
3. Das Aufschlagen des Hufeisens.
4. Das Schmieden eines Hufeisens, das Anschmieden zweier Stollen und das Auflochen des betreffenden Eisens.

b) Wagenarbeiten.

5. Das Schmieden einer Hauptlage, mit Schuhen zu einer Oberfeder.
6. Das Schmieden einer Stangentülle.
7. Das Schmieden eines Streichstangenschuhes.
8. Das Schmieden einer Gabel zu einem Hemmzeug.
9. Das Schmieden eines Deichselbeschlages.
10. Das Schmieden einer Federtasche.
11. Das Schmieden eines Schalbleches mit, auch ohne Tülle.
12. Das Schmieden eines Kranzes.
13. Das Schmieden eines Sprengwagentrittes.
14. Das Schmieden eines Kastentrittes.
15. Das Schmieden eines Radreifens.
16. Das Schmieden eines Speich- oder Nabenringes.
17. Das Schmieden eines Achsschenkels.
18. Das Schmieden einer Achsmutter.

c) Andere Arbeiten.

19. Das Schmieden einer Holzaxt (eines Beiles).
20. Das Schmieden einer Streu- oder Dungforke.
21. Das Schmieden eines Schneidemessers.
22. Das Schmieden eines Spatens.
23. Das Schmieden einer Pflugschar.
24. Das Schmieden und Schweißen eines Gelenks in einer zerrissenen Ankerkette.
25. Das Schmieden eines Hammers.
26. Das Schmieden einer Zange.
27. Das Schmieden eines Stückes aus landwirdschaftlichen Geräten[1]).

---

[1]) Die theoretische Prüfung hat sich nach § 9 (a.a.O. S. 46 u. 47) auf folgende Fragen zu erstrecken:

I. Mündlich: a) Hufbeschlag. Dem Lehrling wird ein Pferd vorgestellt. 1. Wie steht das Pferd von der Seite gesehen? 2. Wie steht das Pferd von vorn gesehen? 3. Wie ist die Richtung der Fuß- zur Hufachse? 4. Was ist zu machen, daß dies eine Linie wird? 5. Wie ist der Huf gewinkelt? 6. Wie ist der alte Beschlag be-

Diese Vorschriften geben einen Anhalt für die Arbeiten bei einem Handwerksmeister. Soweit es bei den ganz andersartigen Arbeiten in einer Eisenbahnschmiede überhaupt möglich ist, wird dem Lehrling hier immerhin Gelegenheit gegeben, die eine oder andere Arbeit auszuführen, wie etwa Nr. 6, Nr. 17, Nr. 19, Nr. 21 und Nr. 24 bis 26. Manche der Arbeiten, wie Beschlagen eines Pferdes, können aber natürlich nicht geübt werden. Es ergibt sich nun die Sachlage, daß der Lehrling durch die Eisenbahnverwaltung veranlaßt wird, sich der Gesellenprüfung vor der Innung zu unterziehen, daß deren Prüfungsausschuß bei genauer Befolgung der obengenannten Vorschriften aber ein Bestehen für nicht angängig erklären müßte. Mit der bestandenen Prüfung soll ja der junge Handwerker nach GO. § 129 eine der Bedingungen erfüllt haben, die an die Berechtigung zu einer künftigen selbständigen Anleitung von Lehrlingen geknüpft sind. Er muß hierfür dann auch wirklich diejenigen Fertigkeiten besitzen, die die Innung von einem solchen Handwerker fordert. Dies kann aber bei dem in der Eisenbahnwerkstätte ausgebildeten Schmiedelehrling nicht der Fall sein.

In der Praxis sind die Schwierigkeiten infolge dieses Widerspruches bislang wohl immer zwar nicht gelöst, aber insofern umgangen, als der Prüfungsausschuß der Innung auf die andersartige Vorbildung des Eisenbahnlehrlings Rücksicht genommen und danach die Aufgabe für den praktischen Teil der Gesellenprüfung gestellt hat. Nicht selten erfolgt die Auswahl der Aufgabe erst nach vorheriger Verständigung mit dem Werkstättenamt. — Das vorstehende Verfahren wird auch bei den übrigen Facheinrichtungen beobachtet, für die die Eisenbahnverwaltung Lehrlinge ausbildet, aber keine eigenen Prüfungsausschüsse besitzt.

Lippart empfiehlt für Fabriklehrlinge die Ausbildung in der Schmiede und in der Schlosserei wie folgt. Im ersten Jahr: Kenntnis von Werkzeugen und Brennstoffen, Handhabung von Werkzeugen. Im zweiten Jahr: Behandlung von Gebläse und Feuer, Anfertigung leichterer Schmiedestücke nach Muster, Schablonen und Skizze, Schweißarbeiten, Härten, Löten im Kleinen, Einführung in die wichtigsten Schlosserarbeiten. Im dritten Jahr: Anfertigung mittlerer Schmiedestücke, Biege- und Schweißarbeiten. Im vierten Jahr: Arbeiten in einer Akkordkolonne, je nach Neigung und Fähigkeit von Hand-, Maschinen-, Hammer- oder Werkzeugschmieden, zunächst

---

schaffen? 7. War das Pferd gut beschlagen? 8. Wie ist der Huf beschaffen? 9. Welche Hufkrankheiten sind hier vielleicht vorhanden? b) Wagenarbeiten. 10. Wie breit ist die landesübliche Spur? 11. Wie wird an einem Wagen die Spur gemessen? 12. Was bezeichnet man mit Oberachse? 13. Wieviel Oberachse ist erforderlich bei einem Arbeitswagen, einer Droschke, einer Doppelkalesche, wieviel Vorder- und Hinterachse? c) Im Allgemeinen. 14. Woran erkennt man eine gute Schmiedekohle? 15. Woran erkennt man das Eisen, ob es hart, weich, zähe oder spröde ist?

II. Schriftlich: 1. Wie lange muß man einen Reifen abhauen, wenn das Eisen dazu 2 cm stark ist und das Holzrad 1,00 m im Durchmesser groß ist? 2. Was wiegt ein Radreifen, der 8 cm breit und 2 cm stark ist, wenn das Holzrad 1,00 m Durchmesser hat?

zu Hilfeleistungen, dann zu selbständigen Arbeiten schwieriger Teile nach Zeichnung und Maß.

b) **Ausbildung der Kesselschmiedelehrlinge.** Es ist zweckmäßig, wenn der Kesselschmied neben den eigentlichen Kesselschmiedearbeiten die Bearbeitung des Kupfers in der Kupferschmiede sowie das Reinigen, Abschneiden und Vorschuhen von Heizrohren in der Heizrohrwerkstatt kennen lernt. In beiden Fällen dürfte je ein Vierteljahr genügen; die übrige Zeit ist dann in der Kesselschmiede zuzubringen. Hier hat der Lehrling behilflich zu sein beim Vorzeichnen, Schneiden und Biegen von Kesselblechen, beim Einziehen von Nieten, Dichten von Nähten und Nieten, beim Einziehen von Stehbolzen und Ankern, beim Arbeiten an kupfernen und flußeisernen Feuerbuchsen, beim Anbringen von Flicken am Kessel, beim Herausnehmen oder Einbiegen der Heizrohre, sowie bei allen sonstigen Arbeiten der Kesselschmiede. Damit der Lehrling auch andere als nur Lokomotivkessel kennen lernt, empfiehlt es sich, ihn weiter etwa zwei Monate im Kesselhause beim Heizen, Reinigen und Ausbessern der Betriebskessel für die Dampfmaschine, die Dampfhämmer und die Werkstättenheizung zu beschäftigen.

Die Ausbildung würde hiernach wie folgt geregelt werden können:

I. Lehrjahr II. „	24	Monate	Ausbildung in der Lehrlingswerkstätte wie für Schlosser.
III. „	6	„	in der Kesselschmiede beim Vorzeichnen, Schmieden und Biegen von Kesselblechen, beim Nieten, Dichten.
	2	„	in der Kupferschmiede,
	2	„	in der Heizrohrwerkstätte, in der Kesselschmiede beim Einziehen von Stehbolzen und Ankern und bei Feuerbuchsarbeiten,
	2	„	im Kesselhause beim Kesselheizen, Kesselreinigen und Ausbessern.
IV. „	12	„	in der Kesselschmiede bei allen dort vorkommenden Arbeiten.
Zus.	48	Monate.	

Lippart schlägt für die Ausbildung in Maschinenfabriken eine Beschäftigung in der Kesselschmiede und Schlosserei vor, und zwar im ersten Jahr: Beschäftigung am Nietfeuer, beim Durchkörnen und anderen Nebenarbeiten, dann Zuteilung je nach Wunsch zu einem Vorreißer oder Kesselschmied, hier Handhabung der Vorzeichnungswerkzeuge bzw. von Hammer und Meißel sowie Beschäftigung beim Zusammenbau leichter Stücke. Im zweiten bis vierten Jahr: Beim Vorzeichner Ausführung von allmählich immer schwereren Arbeiten bis zur selbständigen Ausführung einfacher Arbeiten. Zeitweise Beschäftigung bei Montagen. Ferner beim Kesselschmied Stemmen, Kreuzen, Handhabung der Preßluftwerkzeuge, endlich selbständiger Zusammenbau und zeitweise Beschäftigung bei der Montage. Ende des zweiten Jahres Einführung in die wichtigsten Schlosserarbeiten.

Diese Arbeiten sind den Bedürfnissen der Privatpraxis angepaßt. Für

Eisenbahnwerkstätten, die ja überwiegend nur Ausbesserungen ausführen, kommt eine Beschäftigung beim Vorzeichnen nicht in Frage. Es wird indes zu erwägen sein, ob nicht in manchen Fällen durch Vereinbarung mit einer am gleichen Ort befindlichen Kesselfabrik die Lehrlinge vorübergehend ausgetauscht werden können. Für die Lehrlinge beider Betriebe würden sich hieraus mancherlei Vorteile infolge der Ergänzung der Ausbildung ergeben. Dies gilt auch für die Lehrlinge einiger anderen Handwerksrichtungen.

Bei der Firma Friedr. Krupp A.-G., Essen (Ruhr) ergänzen sich die Kesselschmiedelehrlinge vorwiegend aus den Nietenwärmern und Handlangern. Sie werden, wenn für die schwere Arbeit kräftig genug befunden, nach Abschluß des Vertrages, wobei jeweils die Reihenfolge in der Ausbildung mit dem gesetzlichen Vertreter besprochen wird, mit Stemmen und Nieten und den zugehörigen Zwischenarbeiten beschäftigt, der Reihe nach bei den einzelnen Kesselarten je ein halbes Jahr. Im dritten Lehrjahre sind die Lehrlinge bereits selbständig als Nieter oder Stemmer tätig. Zuletzt hat der Lehrling seine Befähigung zum Gesellen durch Anfertigen eines Probestückes zu erweisen. Besonders Befähigte werden alsdann den Anzeichnern zugeteilt, da Anzeichnerlehrlinge nur selten ausgebildet werden. — Die übrigen Schmiede decken ihren Bedarf an Lehrlingen aus der Lehrlingswerkstätte.

Über die Prüfung der Kesselschmiede ist in einem Einzelfalle durch Erlaß v. 10. 6. 1911, Gesch. Nr. IV B 2/378 folgende Entscheidung getroffen worden:

„Die Gesellenprüfung als Kesselschmied kann dem Werkstättenlehrling P. von dem Prüfungsausschuß der Hauptwerkstätte O. nicht abgenommen werden, weil der Ausschuß nur für das Schlossergewerbe bestellt ist. Es erscheint auch zweifelhaft, ob die Ablegung einer solchen Prüfung einen praktischen Wert haben würde. Denn die Gesellenprüfung bildet im wesentlichen eine Vorbedingung für die Meisterprüfung; besondere Meisterprüfungen für Kesselschmiede werden aber nach Mitteilung des Herrn Ministers für Handel und Gewerbe nicht abgehalten. Andererseits steht die Tätigkeit als Kesselschmied in engem Zusammenhange mit dem Schlosserhandwerk. In der Hauptwerkstätte L. werden deshalb die künftigen Kesselschmiede zunächst zwei Jahre als Schlosser und dann erst als Kesselschmiede ausgebildet. Sofern P. eine ähnliche Ausbildung genossen hat, würde es keinem Bedenken unterliegen, ihn vor dem Ausschusse in O. zum Schlossergesellen zu prüfen und das Prüfungszeugnis mit dem Zusatze zu versehen:

‚Ist besonders als Kesselschmied ausgebildet.‘

Zum dritten Mitgliede des Prüfungsausschusses ist für diese Fälle ein im Kesselschmiedegewerbe erfahrener Werkmeister zu bestellen.“

§ 9. Die praktische Ausbildung für das Tischler-, Lackierer-, Sattler- und Formerhandwerk.

Das Gemeinsame dieser Handwerkszweige liegt darin, daß bei ihnen die zweijährige Beschäftigung in der Lehrlingswerkstätte fortfällt. Fast die ganze Ausbildungszeit wird in der dem Handwerk entsprechenden Werkstättenabteilung zugebracht.

a) Ausbildung der Tischlerlehrlinge.

Zu Anfang ist der Lehrling längere Zeit in der allgemeinen Tischlerei und später in den Sonderabteilungen zu beschäftigen. In ersterer lernt er zunächst die Handhabung der Werkzeuge kennen, das Arbeiten an der Hobelbank, das Hobeln, Bohren, Sägen, Stemmen, Leimen, ferner Behandlung und Eigenschaften der wichtigsten Holzarten. In der allgemeinen Tischlerei werden Ausbesserungen aller Art an Bürogeräten, Tischen, Stühlen, Fensterrahmen, Türen und dergleichen vorgenommen und auch neue Stücke angefertigt, kurz, im ganzen Arbeiten, wie sie auch bei einem selbständigen Tischlermeister den Hauptteil ausmachen. Die Personen- und Güterwagentischlereien befassen sich sodann mit den Holzarbeiten an den Wagenkasten, an Dach, Fußboden und Inneneinrichtung. Da bei den Güterwagen zur Handhabung der oft schweren Bohlen, Seitenwände und Türen schon größere Körperkräfte nötig sind, ist diese Beschäftigung hinter die Arbeit an Personenwagen gelegt.

Es empfiehlt sich, den Lehrling auch mit den Arbeiten an der Holzdrehbank vertraut zu machen, sowie ihn für kurze Zeit der Anstreicherei und Lackiererei zu überweisen. Der Tischler kommt öfter in die Lage, ähnliche Arbeiten selbst ausführen zu müssen und da ist es gut, wenn er darin einmal von einem gelernten Handwerker unterwiesen worden ist. Zweifelhaft könnte man sein, ob eine Beschäftigung von ein bis zwei Monaten in der Lehrlingswerkstätte erforderlich und nützlich ist. Wir möchten dies befürworten, denn bei den Holzarbeiten an Personen- und Güterwagen muß der Tischler, wenn er nicht um jede Kleinigkeit erst einen Schlosser herbeirufen will, oft genug bald hier einen Splint, eine Schraubenverbindung lösen, bald dort ein zu starkes Stück Eisen abfeilen oder abhauen. Da ist es nur von Vorteil, wenn er in Schlosserarbeiten nicht ganz unbeholfen ist. Dies kommt ihm auch beim Zurichten seiner Werkzeuge zugute.

Mit Rücksicht auf die Anfertigung der Modelle ist endlich auch eine Beschäftigung in der Gießerei wünschenswert, damit der Lehrling aus eigener Anschauung kennen lernt, warum und wie die Modelle wegen des Heraushebens aus dem Formkasten unterteilt sein müssen, welche Bedeutung die Schwindmaße haben und wie die Kerne beschaffen sein müssen. Die für die Beschäftigung in diesen verschiedenen Abteilungen erforderliche Zeit kürzt die Ausbildung in dem eigentlichen Tischlerhandwerk nicht unzulässig ab, besonders wenn man berücksichtigt, daß die Lehrzeit ja schon ein halbes bis ein Jahr länger ist als in vielen Privatbetrieben.

Der Ausbildungsplan kann hiernach wie folgt gestaltet werden:

I. Lehrjahr:	12	Monate	in der allgemeinen Tischlerei,
II. „	1	„	an der Holzdrehbank,
	2	„	in der Lehrlingswerkstätte,
	9	„	in der Personenwagen-Tischlerei,
III. „	1	„	Anstreicherei und Lackiererei,
	9	„	in der Güterwagen-Tischlerei (Stellmacherei),
	2	„	in der Modelltischlerei,
IV. „	2	„	in der Gießerei,
	10	„	in der Modelltischlerei.
Zus.	48	Monate.	

Die Reihenfolge und Zeitdauer bei den Abteilungen kann etwas geändert werden, doch empfiehlt es sich, zu Anfang eine längere Tätigkeit in der allgemeinen Tischlerei und zum Schluß eine etwa gleich lange Zeit in der Modelltischlerei vorzusehen.

Die Gesellenprüfungsordnung für den Handwerkskammerbezirk Berlin schreibt in § 6 S. 50 vor:

Bei der Bestimmung des Gesellenstücks ist zu beachten, daß bei der Anfertigung desselben mehrere der folgenden Arbeiten vom Prüfling selbst ausgeführt werden:

1. Instandsetzung des Werkzeuges.
2. Schneiden, Fügen und Verleimen der einzelnen Teile.
3. Aushobeln der einzelnen Teile mit der Hand.
4. Zusammensetzen und Aufleimen der Furniere.
5. Verbindung der einzelnen Teile durch Schlitzen, Stemmen, Zinken vermittels Grad, Dübel, Zapfen, Nute und Feder.
6. Anschlagen der Türen und Einstemmen der Schlösser.
7. Kröpfen.
8. Abputzen.
9. Schleifen und Polieren.

Diese Arbeiten lernt der Lehrling auch in der Eisenbahnwerkstätte, sodaß keine Schwierigkeiten in dieser Richtung bei der Ablegung der Prüfung vor der Innung bestehen[1]).

Bei der Firma Friedr. Krupp A.-G., Essen (Ruhr) wird zwischen Modell- und zwischen Bau- und Möbelschreinern unterschieden. Die Lehrlinge hierfür arbeiten in der betreffenden Abteilung mit, eine getrennte Ausbildung findet nicht statt. Der Ausbildungsgang der Modellschreinerlehrlinge ist nur insoweit bemerkenswert, als sie etwa zwischen dem zweiten und dem dritten Lehrjahre für ein Vierteljahr zur Eisengießerei gesandt werden, um sich mit dem Ausheben der Modelle und ähnlichen Arbeiten vertraut zu machen.

Die Firma Ludw. Loewe & Co , A.-G. Berlin bildet die Lehrlinge neben der Modelltischlerei ebenfalls noch in der Gießerei aus.

Die Maschinenfabrik Augsburg-Nürnberg, Werk Nürnberg, schildert in ihrer bereits mehrfach genannten Schrift die Ausbildung wie folgt:

„Die Modellschreinerlehrlinge sind in einer eigenen Werkstätte untergebracht; für ihre Ausbildung ist ein besonderer Lehrlingsmeister bestellt, bei dem sie bis zur Reife zum Gesellen verbleiben.

Nachdem die Lehrlinge mit der Art ihrer Tätigkeit im allgemeinen, mit den Werkzeugen und sonstigen Hilfsmitteln bekannt gemacht worden sind, beginnt das Arbeiten an der Hobelbank: Handsägen, Faustsägen.

---

[1]) Bei der theoretischen Prüfung hat der Prüfling nach § 9 (a.a.O. S. 50) darzutun:

daß er einfache praktische Berechnungen nach gegebenen Aufgaben ausführen kann;

daß er einen Gegenstand — Bautischlereiarbeit und Möbel — aufmessen und durch Zeichnung so darstellen kann, daß nach der Zeichnung ein Gegenstand gleicher Form, Größe und Bauart ausgeführt werden kann;

daß er eine gegebene Werkzeichnung so zu lesen versteht, daß er den dargestellten Gegenstand auszuführen vermag

Hobeln mit Schlicht- und Doppelhobel und Rauhbank, Schweifsägen, Raspeln und Feilen, Zinken, Blatten, Schlitzen und Leimfugen; hierauf erfolgt das Vertrautmachen mit der Drehbank (Drehen von Gußtrichtern und einer Planscheibe). Innerhalb eines halben Jahres ist der Lehrling soweit gefördert, daß ihm die Herstellung des Modells für ein Handrad gelingt. Nun folgt das Arbeiten nach Zeichnung. Lagerschalen, Ankerplatten, Gewichte u. dgl. bilden den Anfang; immer schwierigere Arbeiten, bei denen das Lesen der Zeichnungen ordentlich geläufig sein muß, kommen im Fortgang. Im vierten Jahre muß der Lehrling bereits Gesellenarbeiten verrichten. Während ihm in den ersten beiden Jahren für Sägen und Hobeln Handarbeit zur Bedingung gemacht wird, ist ihm in der Folge zwecks rascher Fertigstellung seiner Arbeiten die Benutzung der Maschinen gestattet. — Nach Vollendung jeden Modells wird dasselbe vom Lehrling auch noch entsprechend lackiert."

Lippart verteilt die Ausbildungszeit in der Modelltischlerei und Gießerei nach folgendem Plan. Im ersten Jahr: Vertrautmachen mit den wichtigsten Werkzeugen und deren Handhabung, Leimen, Hobeln, Schlitzen, Zinkenschneiden, Arbeiten an der Holzdrehbank, Erklärung der Holzarten und von Modellen im Zusammenhang mit Gießen; Schwindmaße, Zeichnung lesen. Im zweiten Jahr: Modellanfertigung nach Zeichnung unter Beachtung der Formerei und Bearbeitung; kleine Schablonenarbeiten. Wiederholungen aus dem ersten Jahr. Kurze Beschäftigung in der Gießerei. Im dritten Jahr: Zusammengesetzte Modelle, Kernarbeiten für Formmaschinen, Schablonenarbeiten für Sand-, Lehm-, Mauerformen. Aufklärung über die Herstellungsart von Modellen, die selten oder häufig gebraucht werden. Im vierten Jahr: Selbständige Ausführung von Modellen, Herstellung in angemessener Zeit.

b) Ausbildung der Lackiererlehrlinge.

Die ganze Zeit kann in der Lakiererwerkstätte zugebracht werden, eine Beschäftigung in anderen Abteilungen ist nicht erforderlich. Wenn man besonderen Wert darauf legt, kann man den Lehrling indes auch ein bis zwei Monate in der Tischlerei und ebensolange in der Schlosserei beschäftigen, damit er sich mit den Eigenschaften und den Grundzügen der Bearbeitung bei den verschiedenen Holz- und Eisenarten vertraut macht, die er später häufig zu streichen oder zu lackieren hat.

In der allgemeinen Anstreichergruppe zu Anfang soll er zunächst einmal die Farben und ihre Behandlung kennen lernen, sowie ihre Zubereitung, das Auftragen und die Hilfsgeräte. Hierzu bieten die dort vorkommenden Arbeiten Gelegenheit, wie das Anstreichen von Wänden, Fußböden, Wagenuntergestellen, Tischen, Stühlen und Gegenständen der verschiedensten Art.

Die Reihenfolge für die Ausbildung kann wie folgt gewählt werden:

I. Lehrjahr:	8 Monate in der	allgemeinen Anstreichergruppe,
	2 „ „ „	Tischlerei,
	2 „ „ „	Schlosserei,
II. „	2 „ „ „	Schriftmalergruppe,
	10 „ „ „	Anstreichergruppe für Güterwagen,
III. „	4 „ „ „	Gruppe für kleinere Lackierarbeiten, an Schildern, Laternen u. dgl.
	8 „ „ „	Gruppe für das Lackieren von Tendern und Lokomotiven,
IV. „	12 „ „ „	Gruppe für das Lackieren und für die Innenausmalung von Personenwagen aller Art, Schlafwagen, Speisewagen u. dgl.
Zus.	48 Monate.	

In mittleren und kleineren Werkstätten wird das Lackieren der Wagen und Lokomotiven meist von derselben Gruppe ausgeführt, je nachdem gerade Arbeit vorliegt.

Bei der Eisenbahnverwaltung hat der Lackierer vielfach auch Malerarbeiten auszuführen. Es seien deshalb hier die Vorschriften der Prüfungsordnung für den Handwerkskammerbezirk Berlin in bezug auf beide Fachrichtungen gegeben. Als Gesellenstück kommen dort nach § 6 S. 40 für Maler in Betracht:

1. Ein größeres Möbelstück (Schrank, Bettstelle usw.) holzartig mit Ölfarbe anzustreichen, zu adern und zu lackieren.
2. Eine Fläche von mindestens 2 qm auf Papier, Wand oder Holz in Felder und Fries zu teilen und in Leim- oder Ölfarbe zu marmorieren, einschließlich Zurichtung der Fläche von Grund auf.
3. Ein einfaches Dekorationsstück als Rosette, Ecke oder Mittelverzierung einer Decke, Wandmedaillon, Fries mit Leisten usw. nach Pause ohne Schablone sauber anzufertigen[1]).

Lackierer haben nach § 5 Abs 2 a.a.O. S. 59 in einer vom Prüfungsausschusse hierzu bestimmten Werkstätte vor dem Prüfungsausschusse einige der folgenden Arbeiten auszuführen:

1. Grundschleifen, 2. Lackschleifen, 3. Bronzieren, 4. Verzieren, 5. Absetzen[2]).

---

[1]) Die theoretische Prüfung hat sich nach § 9 (a.a.O. S. 40) auf folgende Fragen zu erstrecken:

1. Welches sind die gebräuchlichsten Bindemittel, um die Farben haftend zu machen, ohne daß sie abfärben?
2. Wie werden die anstrichfertigen Farben demnach hinsichtlich der bei der Zusammensetzung verwendeten Bindemittel unterschieden?
3. Wie verhalten sich die angeführten Bindemittel hinsichtlich des Preises zueinander, wie die damit hergestellten Anstrichfarben?
4. Gewinnung und Preis der bekanntesten Farbstoffe im trockenen Zustande?
5. Welche Geräte, Materialien und Arbeiten sind der Reihenfolge nach nötig, um einen holzartigen Anstrich mit Lackierung von Grund auf fertigzustellen?
6. Welche Geräte, Materialien und Arbeiten und in welcher Reihenfolge sind nötig, um einen Wandanstrich mit Borde und Linien in Leimfarbe auf alten, schon gestrichenen Flächen herzustellen?
7. Wie müssen die bekanntesten anstrichfertigen Farben ihrer Zusammensetzung nach behandelt und aufbewahrt werden, damit sie nicht verderben?
8. Wie müssen die Pinsel gebraucht, behandelt und aufbewahrt werden?

[2]) Die theoretische Prüfung beginnt nach § 6 Abs. 2 (a.a.O. S. 60) „in der Regel mit einer Besprechung der Arbeitsprobe und soll sich namentlich auf folgende und ähnliche Fragen erstrecken:

Die hier von der Innung geforderten Fertigkeiten können auch in der Eisenbahnwerkstätte erworben werden, sodaß einem hier ausgebildeten Lehrling die Ablegung der Prüfung vor der Innung keine Schwierigkeiten machen kann.

Die Maschinenfabrik Augsburg-Nürnberg, Werk Nürnberg, beschreibt die Ausbildung wie folgt:

„Die Malerlehrlinge sind einem Meister und einem Vorarbeiter anvertraut. Ihre erste Tätigkeit ist Grundieren, dann Spachteln und Schleifen; dann besorgen sie den eigentlichen Anstrich, dem das Abziehen und Lackieren folgt. Darnach üben sich die Lehrlinge im Zeichnen von einzelnen Buchstaben, dann Wörtern auf Papier. Die gelungenen Zeichnungen schneiden sie zu Vorlagen aus, um sie in Farbe auszuführen; anschließend hieran erlernen die Lehrlinge das Abschatten, Liniieren, Absetzen und zuletzt die Herstellung von Decken in verschiedenen Farben."

Lippart empfiehlt für Maler und Lackierer eine Ausbildung in der Lackiererei und in der Schlosserei, und zwar im ersten Jahr: Belehrung über Farben und Öle in technischer und gesundheitlicher Beziehung, kleine Streicharbeiten. Zeichnen von Schriften, Nummern, kleinen Verzierungen. Im zweiten Jahr: Streichen, Masieren, Lackieren von Möbeln. Schablonieren, Nummern und Schriften schreiben, Grundieren, Spachteln, Schleifen, mechanische Werkstätte (Schlosser). Im dritten Jahr: Behandlung und Zusammensetzung von Farben. Wiederholung vom zweiten Jahr. Im vierten Jahr: Selbständiges bei der Kolonne.

Die Firma Friedr. Krupp bildet ebenfalls Anstreicher- und Malerlehrlinge aus. Der praktische Lehrgang weist kaum Besonderheiten gegenüber dem Handwerk auf. Großer Wert wird auf die Fortbildungsschulzeugnisse gelegt, die für das Fortschreiten in den einzelnen Verrichtungen und in der Bezahlung mit ausschlaggebend sind.

c) Ausbildung der Sattlerlehrlinge.

Die Sattler haben neben ihren eigentlichen Arbeiten in den Eisenbahnwerkstätten noch Arbeiten verschiedenster Art auszuführen, wie z. B. die betriebsfertige Zurichtung der Treibriemen, das Ausbessern von Wagenplanen, das Beziehen von Wagendächern mit Leinwand und anderen Stoffen.

In der allgemeinen Sattlerei ist zunächst die Handhabung der Werkzeuge zu üben, das Nähen und Zuschneiden bei dem Ausbessern von Wagenplanen, Fensterriemen, einfachen Polstern, ferner das Abnehmen und Aufbringen der Treibriemen und die verschiedenen Arten der Verbindung dieser Riemen, das Anfertigen von Fenstervorhängen, Einstricken von Gepäcknetzen und dergleichen. Eine Beschäftigung in anderen Abteilungen ist nicht erforderlich.

---

1. Wie vollzieht sich die Behandlung eines im Fach fertiggestellten Werkstücks?
2. Zusammensetzung der verschiedenen Farben und deren Wirkungen aufeinander?
3. Kenntnis der Grundstoffe der gebräuchlichsten Materialien".

Die Ausbildung kann wie folgt geregelt werden:

Lehrjahr	Dauer	Ausbildung
I. Lehrjahr:	12 Monate	in der allgemeinen Sattlerei,
II. „	6 „	dgl.
	6 „	in der Gruppe für das Ausschlagen der Personenwagen mit Wachstuch, Linoleum od. dgl. an Decken, Wänden und Fußböden.
III. „	3 „	In der Gruppe für Dacharbeiten: Wiederherstellen und Beziehen von Wagendächern mit Leinwand oder anderen Stoffen.
	9 „	in der Gruppe für Polsterarbeiten an Rückenlehnen, Sitzgestellen, Sesseln für Saalwagen, Matratzen für Schlafwagen.
IV. „	12 „	desgleichen.
	Zus. 48 Monate.	

Je nach der Mannigfaltigkeit der in den Werkstätten ausgeführten Arbeiten kann man die Ausbildungsdauer der einzelnen Abschnitte vergrößern oder verkleinern.

Nach der Gesellenprüfungsordnung der Berliner Handwerkskammer § 6 S. 45 kommen als Gesellenstücke in Betracht die Anfertigung 1. eines Teiles eines Pferdegeschirres, 2. eines Teiles eines Reitzeuges, 3. eines Teiles eines Wagenaufschlages, 4. eines Stückes von Reisegerätschaften usw., etfalls eines Stückes Polsterarbeit.[1])

Abgesehen von der letzteren Art bietet sich dem Lehrling in der Eisenbahnwerkstätte keine Gelegenheit, je Gegenstände solcher Art anzufertigen. Es müßte also, wenn er in diesem Handwerk die Prüfung vor der Innung ablegen wollte, schon ein großes Entgegenkommen von dieser Seite geübt werden. — Die für die Eisenbahnverwaltung hier besonders in Frage kommenden Arbeiten lassen sich übrigens mit fast dem gleichen Recht auch dem Tapezierhandwerk zuzählen. Hierfür nennt die genannte Prüfungsordnung in § 6 S. 49 als für Gesellenstücke in Betracht kommend: 1. ein Zimmer tapezieren. 2. einen Vorhang mit Zugvorrichtung aufzuhängen oder einen Teil einer Zimmerdekoration mit Stoffen auszuführen, 3. Polsterarbeiten anzufertigen: Polsterbank, Lehnsessel, Schlafsofa, Kissen, Sprungfedermatratze, lose Matratze.[2])

Es werden meist erhebliche Schwierigkeiten vorhanden sein, wenn der Lehrling in der Eisenbahnwerkstätte diesen Anforderungen soll entsprechen

[1]) Die theoretische Prüfung hat sich auf folgende Fragen und Gegenstände zu erstrecken: 1. Güte und Beschaffenheit des Stoffes. 2. Berechnung des angefertigten Stückes. 3. Werkstätteneinrichtung und Werkzeuge sowie Behandlung der Werkzeuge.

[2]) Die theoretische Prüfung hat sich auf folgende Fragen zu erstrecken: 1. Welche Vorarbeiten gehören zum Tapezieren eines Zimmers mit guten Tapeten? 2. Wie wird ein Sitzmöbel gearbeitet, womit beginnt die Polsterarbeit, wie ist die Reihenfolge derselben? 3. Welcher Stoff empfiehlt sich zu einem guten Polster bei einem Bett, bei einem Sitzmöbel? 4. Wie stellt sich der Menge nach die Verwendung der Polsterstoffe zueinander (Roßhaare, Faser, Werg)?

können. Man wird daher gut tun, die Ausbildung von Sattler- oder Tapeziererlehrlingen, sofern man wenigstens auch hier an der Ablegung der Gesellenprüfung glaubt festhalten zu sollen, auf das unbedingt erforderliche Mindestmaß einzuschränken. — In einem uns bekannten Fall wird von der Innung von den Eisenbahnlehrlingen die Anfertigung eines Polstersitzes für ein Wagenabteil erster oder zweiter Klasse verlangt.

d) Ausbildung der Formerlehrlinge.

Diese Lehrlinge können mit Erfolg nur in solchen Hauptwerkstätten ausgebildet werden, die außer der Gelbgießerei auch eine größere Eisengießerei besitzen. Es ist zweckmäßig, daß der Lehrling neben den Fertigkeiten seines Handwerks auch darüber Bescheid weiß, wie die Modelle hergestellt werden und welche Gesichtspunkte dabei in Frage kommen. Ferner muß er für das Abputzen der Gußstücke auch mit Hammer, Meißel und Feile umgehen können. Nicht unbedingt erforderlich, aber nützlich ist es, wenn der Lehrling auch die Weiterbearbeitung der Modelle in der mechanischen Werkstätte durch Abdrehen, Hobeln, Stoßen oder Fräsen kennt.

Hiernach ist folgender Plan aufgestellt:

I. Lehrjahr:	Ausbildung in der	Kernmacherei	6 Monate
	„ „ „	Gelbgießerei	4 „
	„ „ „	Modelltischlerei	2 „
II. „	„ „ „	Gelbgießerei	8 „
	„ „ „	Schlosserei	2 „
	„ „ „	mechanischen Werkstätte .	2 „
III. „	„ „ „	Lagerausgießerei	3 „
	„ „ „	Eisengießerei..........	9 „
IV. „	„ „ „	„	12 „
		Zus.	48 Monate

Die Prüfungsordnung der Handwerkskammer Berlin nennt in § 6 S. 33 für das Gelb-, Kunst- und Metallgießerhandwerk als für Gesellenstücke in Betracht kommend:

1. Das Einformen und Abgießen (in Rotguß) eines Modelles.
2. Abdrehen, Feilen und Fertigstellen eines gegossenen Stückes, bei Armaturen Eindichten derselben.

Die Arbeiten sind möglichst nach eigener Zeichnung des Lehrlings anzufertigen und in einer anderen Werkstätte als der des Lehrmeisters[1]).

In einer der Eisenbahnwerkstätten, die Formerlehrlinge ausbildet, ist

[1]) Die theoretische Prüfung hat sich auf folgende Fragen zu erstrecken:
1. Wenn ein kg Kupfer 1,60 Mk., und 1 kg Zink 40 Pfg. kostet, was kostet 1 kg Messing, wenn zur Legierung 1 kg Kupfer und $^1/_2$ kg Zink gebraucht wird?
2. 1 kg Metall kostet 1,20 Mk., der Arbeitslohn beträgt 60 Pfg., Abbrand und Verlust beim Schmelzen 15%, die Geschäftsunkosten belaufen sich auf 30%. Wie teuer stellt sich nach diesen Angaben der Guß?
3. Aus welcher Metall-Legierung besteht das Gesellenstück?
4. Abzeichnen eines gegebenen Gegenstandes.

mehrfach von dem Prüfungsausschuß der Innung im Einvernehmen mit dem Amtsvorstand das Einformen und Gießen eines Achsbuchsober- oder Unterteils als Aufgabe für die Gesellenprüfung gestellt worden.

Die Maschinenfabrik Augsburg-Nürnberg, Werk Nürnberg, hat die Ausbildung wie folgt geregelt:

„Unter Leitung eines eigenen Meisters werden die Lehrlinge im ersten Jahre in der Kernmacherei, in der Anfertigung der Kerne, vom einfachsten bis zu schwer herstellbaren, unterwiesen. Dabei lernen sie die verschiedenen Arten von Sand, Lehm und Kerneisen sowie deren Anwendung kennen. Im zweiten Jahre werden die Lehrlinge in die Lehrlingsgießerei des Werkes versetzt, die in einem besonderen Bau eingerichtet und auch mit einem kleinen Kupolofen ausgestattet ist, der von den Lehrlingen bedient wird. Unter Benutzung von Modell- und Formsand und den Formerwerkzeugen versuchen die Lehrlinge die Herstellung einfacher Hohlformen. Je nach der erreichten Geschicklichkeit darf der Lehrling dann zusammengesetztere Formen herstellen. Auch der Guß der Stücke wird von den Lehrlingen vorgenommen, wobei sie sich gegenseitig unterstützen. Lehrlinge, die zur Zufriedenheit des Lehrmeisters arbeiten, werden im Laufe des dritten Jahres je einem Gesellen in der großen Gießerei zugewiesen. Mit demselben betätigen sie sich am Einformen größerer Stücke nach Modell, Schablone und Zeichnung in Sand, Masse und Lehm. Ihr Gesellenstück haben sie selbständig ohne jegliche Beihilfe herzustellen. Die Beaufsichtigung der Lehrlinge ist den betreffenden Meistern, denen die Gesellen unterstehen, übertragen[1]."

Bei der Firma Friedr. Krupp in Essen (Ruhr) werden die Formerlehrlinge für die Eisengießerei und für die Gelbgießerei ausgebildet, für erstere in einer besonderen Lehrlingswerkstätte mit einem Vorarbeiter an der Spitze. Sie werden je nach dem Steigen ihrer Fähigkeiten zu schwereren Arbeiten herangezogen und zwar im dritten Jahre in der Formerei oder Gießerei selbst.

Lippart empfiehlt die Ausbildung in der Formerei, in der mechanischen Werkstätte und in der Modelltischlerei nach folgendem Einzelplan. Im ersten Jahr: Kernmacherei. Belehrung über den Zweck und die richtige Verwendung der verschiedenen Sandarten, über den Zweck des Luftstechens und den Gebrauch der Schwärze; Herstellung einfacherer Kerne, Behandlung von Sand, Lehm, Kerneisen. Im zweiten Jahr: Lehrlingsgießerei. Herstellung einfacher Hohlformen, zusammengesetzter Formen, Gießen, Gußputzen. Bedienung des Kupolofens der Lehrlingsgießerei. Belehrung über Gattierung. Modelltischlerei. Mechanische Werkstätte. Im dritten Jahr: Der Lehrling ist im Betriebe einem tüchtigen Former zuzuteilen. Herstellung einfacher, größerer Stücke nach Modellen, Schablonen, Zeichnungen in Sand und Lehm. Im vierten Jahr: Selbständige Herstellung von Gußstücken.

[1]) S. 7 der von der Firma hierüber herausgegebenen Schrift.

Teil VI.

Die Ausbildung der Lehrlinge in Fortbildungs- und Werkstättenschulen.

§ 1. Allgemeines.

Die praktische Unterweisung der Lehrlinge in den Eisenbahnwerkstätten wird durch eine theoretische Ausbildung ergänzt. Nach S. 50 LV. 23—25 sollen die Lehrlinge während der ganzen Lehrzeit theoretischen Unterricht erhalten. Er ist den praktischen Fortschritten der Schüler anzupassen. An allen Orten, in denen eine vom Staat oder von der Gemeindebehörde als Fortbildungsschule anerkannte Unterrichtsanstalt vorhanden ist, muß diese von den Lehrlingen besucht werden. Neben der Fortbildungsschule sollen die Lehrlinge auch in den Werkstätten selbst noch Unterricht erhalten, namentlich in Werkstoffkunde, Anfertigung von Handrissen nach Maßangabe und von Zeichnungen nach Aufnahme. Ist dagegen an dem Orte eine Fortbildungsschule überhaupt nicht oder nur eine solche mit einschränkenden Aufnahmebedingungen vorhanden, so erhalten die Lehrlinge vollständigen Unterricht in der Werkstätte. Es ist alsdann der Unterricht dem Lehrplane der Fortbildungsschule anzupassen. Als Lehrgegenstände sollen vorwiegend berücksichtigt werden Rechnen, Deutsch, Buchführung, Mathematik, Zeichnen, Werkstoffkunde.

Die engen Beziehungen, die durch die Lehrlingsvorschriften zwischen dem Unterricht in den Eisenbahnwerkstätten und dem Fortbildungsschulunterricht hergestellt werden, machen ein Eingehen auf die einschlägigen Verhältnisse auch bei letzteren erforderlich.

Während hier die Eisenbahnverwaltung durch ihre Bestimmungen die theoretische Ausbildung ihrer Lehrlinge sicherstellt, ist sie für die Lehrlinge in Handwerks- oder Fabrikbetrieben in Preußen bislang noch nicht allgemein gesetzlich gewährleistet. Die Fortbildungsschulpflicht *kann* wohl nach GO. § 120, soweit sie nicht nach Landesgesetz besteht, durch statutarische Bestimmung einer Gemeinde oder eines Kommunalverbandes für die Arbeiter unter 18 Jahren eingeführt werden. Ein Zwang zur Einführung dieser Pflicht besteht aber nicht ohne weiteres. Die Einführung kann für eine Gemeinde oder einen weiteren Kommunalverband auch durch Anordnung der höheren Verwaltungsbehörde eingeführt werden, wenn ungeachtet einer von ihr auf

Antrag beteiligter Arbeitgeber oder Arbeiter an die Gemeinde oder den weiteren Kommunalverband erlassenen Aufforderung innerhalb der gesetzten Frist das Statut nicht erlassen worden ist[1]).

In Preußen haben Ostern 1911 die letzten Städte mit mehr als 60000 Einwohnern Pflichtfortbildungsschulen eingerichtet, ebenso bestehen solche in den meisten Orten mit mehr als 10000 Einwohnern und in vielen kleineren Gemeinden. Doch steht immerhin noch eine Anzahl größerer Gemeinden aus, die sich bisher noch nicht haben entschließen können, die für die Durchführung der Fortbildungsschulpflicht notwendigen Opfer zu bringen[2]).

Durch GO. § 120 sind die Gewerbeunternehmer verpflichtet, ihren eine von der Gemeindebehörde oder vom Staat als Fortbildungsschule besuchenden Arbeitern die zum Schulbesuch erforderliche Zeit zu gewähren und nach GO. § 127 hat der Lehrherr den Lehrling zum Besuch der Fortbildungsschule oder Fachschule anzuhalten und den Schulbesuch zu überwachen. Vernachlässigung des Besuches der Fortbildungsschule oder Fachschule bildet sogar nach GO. § 127b einen Grund zur Auflösung des Lehrvertrages. Die Eisenbahnverwaltung hat sich dem durch § 2 ihres Lehrvertrages (s. S. 57) angeschlossen.

Die ersten allgemeinen Vorschriften über die Einrichtung der Fortbildungsschulen in Preußen sind unter dem 17. Juni 1874 erlassen, und zwar von dem Kultusminister, dem diese Schulen noch bis zum 1. April 1885 unterstanden. Es waren wöchentlich 16 Stunden vorgesehen. Dies erwies

---

[1]) Mit Erlaß vom 10. Dezember 1903 (HMBl. 1903 S. 411) wird eine geänderte Fassung des 1891 aufgestellten Normalstatuts für Fortbildungsschulen gegeben. Der auch die gesetzlichen Unterlagen angebende Eingang lautet:

Ortsstatut, betreffend die gewerbliche Fortbildungsschule in..........
Auf Grund der § 120, 142 und 150 der Gewerbeordnung für das Deutsche Reich in der Fassung der Bekanntmachung vom 26. Juli 1900 (RGBl. S. 871 ff.) wird nach Anhörung beteiligter Gewerbetreibender und Arbeiter und unter Zustimmung der Stadtverordneten-Versammlung für den Gemeindebezirk .... nachstehendes festgesetzt.

§ 1.

Alle im gedachten Bezirke wohnhaften oder dort nicht bloß vorübergehend beschäftigten gewerblichen Arbeiter (Gesellen, Gehilfen, Lehrlinge, Fabrikarbeiter) sind verpflichtet, die hierselbst errichtete öffentliche gewerbliche Fortbildungsschule an den vom Magistrate (Bürgermeister, Gemeindevorstand) festgesetzten Tagen und Stunden zu besuchen und an dem Unterricht teilzunehmen.

Die Schulpflicht endigt mit dem Schlusse des Schuljahres, in welchem die Schüler das 17. Lebensjahr vollenden,

oder

die Schulpflicht endigt mit dem Schlusse des Schulhalbjahres, welches dem Schuljahr vorausgeht, während dessen die Schüler das 18. Lebensjahr vollenden.

[2]) Verwaltungsbericht des Königlich Preußischen Landesgewerbeamtes 1912 S. 61. — Die Benennung dieser Veröffentlichungen läßt kaum erkennen, daß darin außer einer Fülle wichtiger Zahlenangaben und Mitteilungen über Gewerbeschulwesen und Gewerbeförderung wertvolle Abhandlungen von oft grundlegender Bedeutung für die vorgenannten Gebiete (u. a. von Neuhaus, Dönhoff, Kühne, v. Seefeld) abgedruckt sind.

sich auf die Dauer als zuviel, da die Fortbildungsschulen wöchentlich im Durchschnitt nicht über mehr als 6 Stunden verfügen. Durch Erlaß vom 14. Januar 1884 wurden daher die Lehrgegenstände eingeschränkt auf Deutsch, Rechnen mit den Anfängen der Geometrie und auf Zeichnen. Unter dem 5. Juli 1897 ergingen dann neue „Vorschriften für die Aufstellung von Lehrplänen und das Lehrverfahren im Deutschen und Rechnen an den vom Staate unterstützten gewerblichen Fortbildungsschulen". Im Jahre 1898 wurden die Vorschriften durch Nachträge ergänzt. Neben dem Ziel, die Tüchtigkeit im Beruf und die Liebe zum Beruf zu fördern, werden die erziehlichen Aufgaben der Fortbildungsschule in religiös-sittlicher und in staatsbürgerlicher Hinsicht ausgesprochen. Die Vorschriften von 1897 sind aber durch die Entwicklung bald überholt worden und rasch veraltet[1]).

An die Stelle kleinerer Schulen traten in einer Anzahl Städte große Pflichtfortbildungsschulen, zum Teil mit hauptamtlichen Leitern und Lehrern und eigenen Schulgebäuden. Den geänderten Verhältnissen wurde mit Erlaß vom 1. Juli 1911 IV 6277 (HMBl. 267) durch neue Vorschriften Rechnung getragen, und zwar durch die grundlegenden „Bestimmungen über Einrichtung und Lehrpläne gewerblicher Fortbildungsschulen". In den folgenden Abschnitten werden wir hierauf noch ausführlicher zu sprechen kommen.

Ein Versuch, in Preußen das Fortbildungsschulwesen und besonders die Schulpflicht durch ein besonderes Fortbildungsschulgesetz[2]) zu regeln, scheiterte 1911, weil u. a. keine Verständigung über die Aufnahme von Religion als Pflichtfach in den Lehrplan erzielt werden konnte. Indes ist durch Umgestaltung von GO. § 120 der höheren Verwaltungsbehörde unter bestimmten Voraussetzungen das bereits erwähnte Recht zugesprochen, den Pflichtbesuch einer Fortbildungsschule anzuordnen. Es war so die Möglichkeit gegeben, „durch die Reichsgesetzgebung einen großen Schritt vorwärts zu tun und im wesentlichen das zu erreichen, was das Fortbildungsschulgesetz erstrebt hatte[3])."

In einer Anzahl Bundesstaaten ist die Fortbildungsschulpflicht bereits früher durch Landesgesetze eingeführt worden, so in Bayern, in Württemberg, in Baden, in Hessen usw[4]).

---

[1]) Hier wie auch bereits vorher nach v. Seefeld, Verwaltungsbericht des Landesgewerbeamts 1912 S. 43—46.

[2]) Entwurf mit Begründung s. Verwaltungsbericht des Landesgewerbeamts 1912 S. 94—119; Verhandlungen a.a.O. S. 60—64.

[3]) Verwaltungsbericht des Landesgewerbeamts 1914 S. 46. — Es hatten denn auch im Jahre 1914 von 386 Gemeinden mit mehr als 10000 Einwohnern nur noch 12 bislang keine Pflichtfortbildungsschule (a.a.O. S. 49).

[4]) Näheres s. Kühne: „Die gewerbliche Fortbildungsschule mit besonderer Berücksichtigung des Metallgewerbes und der Industrie, der Maschinen und Apparate," mit Anhang: „Die gegenwärtig geltenden gesetzlichen Bestimmungen über das Fortbildungsschulwesen". Abhandlungen und Berichte über technisches Schulwesen, Band III S. 20—36 und S. 103—108; ferner „Die gesetzlichen Grundlagen der Schulpflicht". Verwaltungsbericht des Landesgewerbeamts 1914 S. 46—50.

Neben den Fortbildungsschulen gewinnt der von gewerblichen Großbetrieben für ihre Lehrlinge eingerichtete besondere Unterricht zunehmend an Bedeutung. Die Ausgestaltung dieser als Werk- oder Fabrikschule bezeichneten Einrichtung hat sich hauptsächlich der Deutsche Ausschuß für technisches Schulwesen[1]) angelegen sein lassen. In Verbindung mit zuständigen Regierungsstellen, namentlich mit dem preußischen Landesgewerbeamt sind hier schon in den letzten Jahren vor dem Kriege wertvolle Arbeiten geleistet worden[2]).

Man wird nicht fehl gehen, wenn man annimmt, daß bei dem Grunde für die Einrichtung von Werkschulen auch der Umstand mitspricht, daß die Fabrikleitung dann freie Hand in der Wahl für die Unterrichtszeit hat. Es werden die Lehrlinge nicht zu einer für den Werkstättenbetrieb ungünstigen Zeit aus ihrer Arbeit herausgerissen. Der Lehrstoff kann ferner in ganz anderer Weise den Anforderungen des betreffenden Betriebes angepaßt werden, als es in der allgemeinen Fortbildungsschule mit ihren Schülern aus den verschiedensten Fachrichtungen möglich ist. Da muß oft der Bäcker mit dem Schlosser, der Fleischer mit dem Dreher und Schmied zusammen unterrichtet werden. Welche Verschiedenheiten bestehen aber oft nicht schon innerhalb einer und derselben Fachrichtung. Gesichts- und Geschäftskreis des Lehrlings eines kleinen Handwerksmeisters sind ganz andere als bei dem Lehrling eines Werkes, das etwa Dampfturbinen, verwickelte Werkzeugmaschinen oder Schnellzuglokomotiven baut. Die Eisenbahnverwaltung hat diesem Umstande nun schon über vierzig Jahre dadurch Rechnung getragen, daß sie ihren Lehrlingen neben diesem allgemeinen Fortbildungsschulunterricht einen ergänzenden Unterricht in ihrem eigenen Betriebe erteilen läßt. Die Vorteile des öffentlichen Fortbildungsschulunterrichtes werden so mit denen der Werkschule vereinigt, und es ist dadurch eine überaus sorgfältige theoretische Ausbildung der Eisenbahnlehrlinge möglich, so sorgfältig und weitgehend, wie es bei nicht viel anderen gewerblichen Großbetrieben der Fall sein dürfte.

Bevor wir aber auf den Eisenbahnunterricht näher eingehen, wollen wir noch einen Blick auf die Einrichtung der Werkschulen werfen. Der Verwaltungsbericht des Landesgewerbeamts für 1914 verzeichnet S. 93 und 94 in ganz Preußen nur 63 Werkschulen, von denen allein 14 der Mansfeldschen Kupferschiefer bauenden Gesellschaft und 10 dem Königlichen Bergfiskus gehören[3]). Im ganzen kommen nur 38 verschiedene Eigentümer in Betracht und nur 14[4])

---

[1]) s. Teil I § 6, S 43.

[2]) Zumeist niedergelegt in den bereits mehrfach genannten Abhandlungen und Berichten über technisches Schulwesen. In Frage kommt hier besonders Band III: Arbeiten auf dem Gebiete des technischen niederen Schulwesens. — s. Schriftennachweis.

[3]) Von Eisenbahnschulen ist nur die der Hauptwerkstätte Leinhausen aufgeführt.

[4]) u. a. Ludw. Loewe & Co., Berlin; Henschel & Sohn, Kassel; Firma Stadler, Paderborn; Firma Windhoff & Co., Rheine i. Westf.; Siemens & Halske, Berlin-Siemensstadt; Villeroy & Boch, Mettlach.

von den 63 Schulen gehören nicht zu Hüttenbetrieben. Die Nachforschungen des Arbeitsausschusses für das niedere Schulwesen haben für Preußen zusammen mit den übrigen Bundesstaaten bis 1912 insgesamt 57 gewerbliche Betriebsverwaltungen nachgewiesen, die besondere Einrichtungen zur schulmäßigen Unterweisungen ihrer jungen Leute getroffen haben[1]). Es bestehen hiernach 66 Werkschulen in Norddeutschland und Preußen, 3 in Sachsen, 4 in Bayern und 2 in den Reichslanden[2]). In 32 Schulen werden nur Lehrlinge unterrichtet und in 9 überwiegt die Zahl der Lehrlinge die der ungelernten Arbeiter. Die Schülerzahl der 75 Schulen wird zu 7647 und die der Metallarbeiterlehrlinge zu rund 2500 angegeben.

Von diesen Schulen bleiben hier diejenigen außer Betracht, die für ungelernte Arbeiter bestimmt sind. Es sind dies 43, so daß nur 32, oder wenn wir die Eisenbahnwerkstätten Leinhausen und Stendal wieder absetzen, nur 30 Werkschulen für Lehrlinge in ganz Deutschland vorhanden sind. Demgegenüber ist zu berücksichtigen, daß die Eisenbahnverwaltung 1914 in den sämtlichen 67 Werkstätten, in denen Lehrlinge ausgebildet wurden, auch Unterricht erteilen ließ.

Die Lehrlingsvorschriften unterscheiden zwei Arten von Unterricht, einmal den vollen an Stelle der etwa fehlenden Fortbildungsschule tretenden Unterricht, im folgenden kurz Vollunterricht genannt, und den den Fortbildungsschulunterricht nur ergänzenden Unterricht in der Eisenbahnwerkstätte, den wir als Ergänzungsunterricht bezeichnen wollen.

§ 2. Ziele und Einrichtungen des Unterrichts an staatlich unterstützten gewerblichen Fortbildungsschulen in Preußen.

In einem Referat über die Bestimmungen und Lehrpläne der gewerblichen und kaufmännischen Fortbildungsschulen[3]) weist Kühne darauf hin, daß das Ziel immer ist, den Schüler zu selbständigem Denken, Urteilen und Handeln anzuleiten, ihn unabhängig zu machen von dem Gängelbande des Lehrers. „Deshalb kommt es uns auch bei der Stoffauswahl nicht auf Vollständigkeit an. Wir wollen kein gelehrtes System geben, sondern immer sind für uns die entscheidenden Fragen: Welcher Stoff fördert den jungen Menschen in seinem Berufe? Wie kann er nutzbar gemacht werden für seine Erziehung? Dadurch, daß wir seine Arbeitsfreude und sein Pflichtbewußtsein

---

[1]) Free: „Die Werkschulen der deutschen Industrie." Abhandlungen und Berichte über technisches Schulwesen, Band III S. 130 u. f.

[2]) In dem namentlichen Verzeichnis (a.a.O. S. 182) sind auch hier aus dem Bereich der Staatseisenbahnverwaltung nur die beiden Eisenbahnhauptwerkstätten in Leinhausen und in Stendal mit aufgeführt. Von außerpreußischen Betrieben sind u. a. genannt: Dinglersche Maschinenfabrik A.-G., Zweibrücken; Gebr. Sulzer, Ludwigshafen; Maschinenfabrik Augsburg-Nürnberg, A.-G. Nürnberg; Siemens-Schuckert-Werke, Nürnberg; Elsässische Maschinenbau-Gesellschaft, Grafenstaden; Maschinenfabrik de Dietrich & Co., Niederbronn (Unterelsaß).

[3]) Verwaltungsbericht des Landesgewerbeamts 1912, S. 47—55.

gegenüber den kleinen Aufgaben des täglichen Lebens erhöhen, schaffen wir eine feste Grundlage für die allgemeine sittlich-religiöse Erziehung. Hier knüpft dann am besten auch die staatsbürgerliche Erziehung an."

Kühne behandelt sodann die Frage, ob es nicht zweckmäßig wäre, für gelernte und ungelernte Arbeiter, für Fabrik- und Handwerkslehrlinge besondere Vorschriften zu erlassen. „Zweifellos bestehen große Unterschiede zwischen den einzelnen Gruppen. Ein eingehender Lehrplan für die Ungelernten ist ein Bedürfnis. Doch ist die methodische Arbeit gerade auf diesem Gebiete noch nicht so weit abgeschlossen, daß ein Festlegen jetzt geraten wäre. Es empfiehlt sich, das Ergebnis der Verhandlungen, die über den Lehrplan der Ungelernten von Groß-Berlin stattfinden, abzuwarten und auch sonst noch weitere Erfahrungen zu sammeln. Die Trennung der Handwerks- und Fabriklehrlinge ist praktisch kaum völlig durchzuführen. Man wird teilen, wenn es die Zahl gestattet; aber im ganzen ist es doch zweckmäßiger, die Lehrlinge der metallarbeitenden Gewerbe gemeinsam in aufsteigenden Klassen zu unterrichten, als etwa die Schlosserlehrlinge zusammen mit Barbieren, Bäckern usw. in besondere Lehrlingsklassen zu vereinigen. Schließlich ist ja auch das Preisrätsel: „Fabrik oder Handwerk" noch nicht gelöst."

Die vorstehenden Ausführungen beziehen sich auf die grundlegenden Vorschriften, die mit Erlaß des Handelsministers vom 1. Juli 1911, IV 6277 aufgestellt wurden[1]).

Es sind dies die „Bestimmungen über Einrichtungen und Lehrpläne an gewerblichen Fortbildungsschulen". In drei Hauptabschnitten und zwei Anlagen werden hier die großen Richtlinien für das in Frage kommende Gebiet gegeben. Es soll überall an die Erfahrungen der Praxis angeknüpft werden und die Auswahl des Stoffes auf das Einfache und Notwendige beschränkt werden. „Für die Durchführung der Bestimmungen im einzelnen ist große Bewegungsfreiheit gelassen. Die örtlichen Verhältnisse können und sollen Berücksichtigung finden, der Lehrerpersönlichkeit ist Spielraum zur Betätigung gelassen."

Die „Bestimmungen" von 1911 gliedern sich nun nach den Überschriften der einzelnen Abschnitte wie folgt:

A. Allgemeine Bestimmungen.

I. Aufgabe der Schule. II. Gliederung der Schulen: 1. Allgemeine Grundsätze. 2. Schülerzahl einer Klasse. 3. Grundform. 4. Kleinere Schulen. 5. Größere Schulen. 6. Gliederung im Zeichenunterricht. 7. Bezeichnung. 8. Versetzung. III. Unterrichtszeit. IV. Verteilung der Stunden. V. Lernmittel. VI. Allgemeine Grundsätze für den Unterricht: 1. Unterricht und Erziehung. 2. Stoffauswahl. 3. Lehrverfahren.

---

[1]) HMBl. 1911, S. 267—280.

B. Die Lehrfächer.

I. **Berufs- und Bürgerkunde**: 1. Aufgabe. 2. Stoffauswahl. 3. Lehrverfahren: a) Allgemeine Grundsätze, b) Schriftliche Arbeiten, c) Sprachlehre und Rechtschreibung, d) Lesen. IIa. **Rechnen**: 1. Aufgabe. 2. Stoffauswahl. 3. Lehrverfahren. IIb. **Buchführung**: 1. Aufgabe. 2. Stoffverteilung. 3. Lehrverfahren. III. **Zeichnen**. IV. **Werkstattunterricht**. V. **Freiwillige Veranstaltungen**: 1. Religiöse Unterweisungen. 2. Einrichtungen der Jugendpflege. 3. Freiwillige Kurse.

C. Lehrpläne und Lehrberichte für die einzelnen Schulen.

I. **Lehrpläne**. II. **Lehrbericht**.

Anlage a. Grundsätze für die Erteilung des Zeichenunterrichts in gewerblichen Fortbildungsschulen. (Anweisung des Ministers für Handel und Gewerbe vom 28. Januar 1907.)

Anlage b. Gemeinsamer Erlaß vom 26. März 1897 des Ministers der geistlichen, Unterrichts- und Medizinal-Angelegenheiten, des Ministers für Landwirtschaft, Domänen und Forsten und des Ministers für Handel und Gewerbe, betr. Hinweis auf religiöse Unterweisung und belehrende Vorträge durch Geistliche beider Konfessionen, womöglich in den Räumen der Fortbildungsschule und im Anschluß an den Unterricht.

Als allgemeine Aufgabe der gewerblichen Fortbildungsschule wird unter A I bezeichnet, die berufliche Ausbildung der jungen Leute zwischen vierzehn und achtzehn Jahren zu fördern und an ihrer Erziehung zu tüchtigen Staatsbürgern und Menschen mitzuwirken[1]).

Abschnitt A VI — Allgemeine Grundsätze für den Unterricht — lautet:

1. **Der Unterricht** in der Fortbildungsschule hat auf die Eigenart des Lebensalters zwischen dem 14. und 18. Lebensjahre Rücksicht zu nehmen. Das gesteigerte Ehrgefühl und der Drang zur Selbständigkeit sind für die Erziehung nutzbar zu machen. Besonderer Wert ist darauf zu legen, daß die Bildung des Charakters auf sittlich-religiöser Grundlage gefördert wird.

2. **Der Unterrichtsstoff** ist der Aufgabe der Fortbildungsschule entsprechend so auszuwählen, daß er den Lebens- und Berufsinteressen der Schüler dient und die Arbeitsfreudigkeit erhöht. Daher sind besonders solche Stoffe zu berücksichtigen, die dem Erfahrungskreise der jungen Leute entnommen sind, oder sich an diesen eng anschließen. Namentlich sind anschauliche Beispiele aus den beruflichen Verhältnissen auszuwählen.

---

[1]) Noch eingehender über die erzieherische Bedeutung spricht sich der Erlaß vom 31. August 1889 (MinBl. f. d. i. V. S. 140 und HMBl. 1911 S. 308) aus. Hier wird darauf hingewiesen, daß die Fortbildungsschule die Aufgabe habe, für die jugendlichen gewerblichen Arbeiter eine Stätte der Bildung und Erziehung zu sein und auf Geist und Charakter der Jugend einzuwirken, um sie gegenüber den in mannigfacher Form auf sie eindringenden Verlockungen widerstandsfähig zu machen.

Von entscheidender Wichtigkeit ist die richtige Beschränkung in der Stoffmenge. Die Überfüllung mit Stoffen, zu deren ausreichender Behandlung die Zeit mangelt, ist zu vermeiden. Nur soviel Stoff ist zu bieten, daß Zeit für ein wirkliches Durchdringen und Verarbeiten, für Übung und Wiederholung vorhanden ist.

Bei der Auswahl des Unterrichtsstoffs ist auf die Vorbildung der Schüler, die besonderen Verhältnisse des Gewerbes und die Ausbildung der Lehrer für die Aufgaben der Fortbildungsschule Rücksicht zu nehmen.

3. Das Lehrverfahren hat sich von dem für das Kindesalter berechneten in wesentlichen Punkten zu unterscheiden und ist so zu gestalten, wie es für junge Leute, die in das Berufsleben eingetreten sind, zweckmäßig ist. Die Form von Frage und Antwort darf weder bei der Behandlung neuer Stoffe noch bei der Wiederholung den gesamten Unterricht beherrschen. Je nach der Eigenart des Stoffes sind auch Besprechungen in freierer Form, die ein gemeinsames Erarbeiten des Neuen zum Ziele haben, oder kleinere zusammenhängende Darstellungen des Lehrers oder einzelner Schüler anzuwenden. Möglichst oft sind Aufgaben zu stellen, die die Erfahrungen der Schüler benutzen und ihre lebendige Mitarbeit erfordern. Eine freie Wiederholung und Anwendung behandelter wichtiger Stoffe durch die Schüler ist auf allen Stufen anzustreben. Immer muß das Ziel sein, die Schüler von der Leitung des Lehrers unabhängig zu machen und sie anzuspornen, daß sie sich auch nach dem Abschluß der Schule selbständig weiterbilden.

Als Grundform hat nach A II 3 die Schule mit 3 aufsteigenden Klassen (Unter-, Mittel- und Oberstufe) zu gelten. Für Schüler mit ungenügender Schulbildung ist bei hinreichender Schülerzahl eine Vorklasse zu bilden. Wenn nur 2 Klassen gebildet werden können, empfiehlt es sich, die Unterstufe von der Mittel- und Oberstufe zu trennen. Müssen sämtliche Schüler in einer Klasse unterrichtet werden, so empfiehlt es sich, möglichst die Bildung von Abteilungen zu vermeiden und den Unterrichtsstoff in Gruppen zu teilen, die abwechselnd alle 3 Jahre wiederkehren. Für die vereinigte Mittel- und Oberstufe der zweiklassigen Schule sind in gleicher Weise 2 Stoffgruppen zu bilden.

Die jährliche Unterrichtszeit beträgt in der Regel mindestens 240 Stunden, die im allgemeinen auf 40 Wochen zu verteilen sind. Die Zahl der wöchentlichen Unterrichtsstunden beträgt demnach in der Regel 6.

Für Berufe, die eines umfangreichen Zeichen- oder Fachunterrichts bedürfen, ist eine Erhöhung der Stundenzahl sehr erwünscht.

Eine Ermäßigung bis auf 4 Stunden ist statthaft für solche Klassen, die einen ergänzenden Fachunterricht von mindestens 2 Stunden an einer staatlich anerkannten Innungs- oder Vereinsschule erhalten.

Die Ferien sind mit Rücksicht auf die Bedürfnisse des gewerblichen Lebens und die ortsüblichen Schulferien festzusetzen.

Jeder Schüler oder sein Arbeitgeber hat entsprechend dem Ortsstatut die an der Schule eingeführten Lehrmittel — Schreib- und Zeichenmaterialien, Vordrucke, Hefte, Lese- und Rechenbücher usw. — in der Regel auf seine

Kosten anzuschaffen. Doch ist darauf zu achten, daß die entstehenden Ausgaben möglichst niedrig bemessen sind.

Die Einführung neuer Lehrmittel ist dem Regierungspräsidenten anzuzeigen. Dieser ist befugt, die Benutzung bestimmter Lernmittel zu untersagen. Die Einführung von Lesebüchern bedarf seiner besonderen Genehmigung.

§ 3. Der Unterrichtsstoff an staatlich unterstützten gewerblichen Fortbildungsschulen in Preußen.

Als Unterrichtsgegenstände kommen nach dem HMErl. vom 1. Juli 1911 in Betracht Berufs- und Bürgerkunde, Rechnen, Buchführung und Zeichnen. Im einzelnen ist hierzu folgendes bestimmt:

I. Berufs- und Bürgerkunde.

1. Aufgabe.

Die Berufs- und Bürgerkunde hat die Aufgabe:

a) das Verständnis der Schüler für ihren Beruf nach Möglichkeit zu vertiefen und sie zu denkendem, pflichtbewußtem Arbeiten zu erziehen (Fachkunde);

b) die für den einzelnen notwendigsten Kenntnisse des geschäftlichen Lebens zu übermitteln (Geschäftskunde);

c) den Zusammenhang des einzelnen und seiner Berufsart mit dem Gemeinschaftsleben in Familie, Schule und Werkstatt, in Gemeinde, Staat und Reich zum Bewußtsein zu bringen, das Werden und Wesen wichtiger Einrichtungen des öffentlichen Lebens zu erklären, die Ehrfurcht vor der Verfassung und Rechtsordnung, die Liebe zu Heimat, Vaterland und Herrscher zu pflegen und Ziele für die freudige Mitarbeit im Staate vor Augen zu stellen (Bürgerkunde).

2. Stoffauswahl.

a) Für die gemischtberuflichen Klassen sind solche Stoffe auszuwählen, die für alle Berufe gleichmäßig von Bedeutung sind. Aus der Fachkunde können daher nur die wichtigsten Rohstoffe und Arbeitsvorgänge kurz behandelt werden, im übrigen hat die Geschäfts- und Bürgerkunde den Mittelpunkt des Unterrichts zu bilden. Beispielsweise sind zu behandeln: die Fortbildungsschule, Lehr- und Arbeitsvertrag, Arbeitsnachweis, Post und Eisenbahn, Schriftverkehr mit der Zeitung, Kauf- und Schuldverhältnisse, Feuer- und Lebensversicherung, Genossenschafts- und Innungswesen, die wichtigsten Vorschriften über Lehrlinge und Gesellen aus der Gewerbeordnung; weiter die Gemeinde und ihre Einrichtungen (Sparkasse, Beleuchtung, Feuerwehr usw.), die Steuern, Arbeiterschutz und Arbeiterversicherung, das Gewerbe- und Amtsgericht, die hauptsächlichsten Behörden, das Wichtigste über Verfassung und Verwaltung von Staat und Reich, über Heerwesen, Flotte und Kolonien.

b) Für Klassen, die einen einzelnen Beruf oder eine Berufsgruppe umfassen, kommt daneben die Behandlung der Rohstoffe, Werkzeuge, Maschinen und Arbeitsvorgänge (Fachkunde) in Frage, soweit ein fachlich gebildeter Lehrer vorhanden ist. Auch in diesem Falle ist für die Behandlung der Geschäfts- und Bürgerkunde genügende Zeit vorzusehen.

c) In den Klassen der gelernten Fabrikarbeiter ist die Geschäftskunde nur soweit zu behandeln, als sie für den dauernd unselbständigen Arbeiter von Wichtigkeit ist.

d) Für die Klassen der ungelernten Arbeiter sind besonders zu berücksichtigen: Arbeits- und Verkehrsverhältnisse, Gesundheitslehre (Nahrung, Kleidung, Wohnung, Körperpflege, Arbeit und Erholung), Anstandslehre, wirtschaftliche und staatsbürgerliche Belehrungen.

3. Lehrverfahren.

a) Allgemeine Grundsätze.

Der Unterricht in der Fachkunde hat tunlichst von dem Verfahren der Werkstatt auszugehen, das für den Lehrling Notwendige zu betonen und nach Möglichkeit einfache Versuche, Proben, Modelle, Skizzen usw. zu verwenden.

Für die Geschäftskunde sind häufig wiederkehrende Geschäftsvorfälle des Gewerbebetriebs, die sich möglichst zu kleinen Geschäftsgängen zusammenschließen, in den Mittelpunkt der Betrachtung zu stellen. So lassen sich z. B. Ein- und Verkauf, Mängelrüge und Rügepflicht, die wirtschaftliche Bedeutung des Wechsels und seine Gefahren, die Versendung mit Post und Eisenbahn u. a. an der Hand von Beispielen entwickeln. Auch der Lehrvertrag der Handwerkskammer, die Ankündigungen und Nachrichten der Zeitung, das Sparkassenbuch und die Versicherungsverträge bieten gute Anknüpfungspunkte.

Ebenso sind die Belehrungen über Bürgerkunde an das Nächstliegende anzuschließen, z. B. an die Satzungen der Fortbildungsschule und der Ortskrankenkasse, an den Steuerzettel, an den Haushaltplan der Gemeinde und ähnliches. Die Pflichten und Rechte, die sich aus den Beziehungen des Berufs zum Gemeinschaftsleben ergeben, sowie die Einrichtungen der Gemeinde sind in erster Linie zu behandeln. Die dort gewonnenen Anschauungen sind für die Besprechungen der staatlichen Einrichtungen zu benutzen. Die Erörterung wirtschaftlicher und rechtlicher Grundbegriffe muß zurücktreten, eine planmäßige Darstellung ihrer Zusammenhänge ist nicht Sache der Fortbildungsschule. Wohl aber empfiehlt es sich, auf die geschichtliche Entwickelung einzelner Einrichtungen und die vorbildliche Arbeit großer Männer hinzuweisen. Vor allem soll der junge Mensch die Überzeugung gewinnen, daß er später zur Mitarbeit an den öffentlichen Angelegenheiten berufen und daher für sie mitverantwortlich ist. Selbstverständlich ist jedes Hereinziehen der Parteipolitik in die Schule streng zu vermeiden.

Von hervorragender Bedeutung für die staatsbürgerliche Erziehung kann vor allem das Turnen und Jugendspiel sein, wenn es in der rechten Weise zu Mut, Selbstzucht und freiwilliger Unterordnung anleitet.

b) Schriftliche Arbeiten.

Die Schüler sollen lernen, die wichtigsten im bürgerlichen und geschäftlichen Leben vorkommenden schriftlichen Arbeiten selbständig und ohne wesentliche Fehler anzufertigen und sich über Dinge ihres Erfahrungskreises klar und bestimmt auszudrücken.

Die schriftlichen Arbeiten schließen sich aufs engste an die Berufs- und Bürgerkunde an. Dementsprechend sind in erster Linie zu behandeln: der bürgerliche Brief und Geschäftsaufsätze, wie sie sich z. B. aus dem Verkehr mit Post und Eisenbahn, aus Kauf- und Schuldverhältnissen, Arbeits- und Versicherungsverträgen, aus dem Schriftverkehr mit der Zeitung und mit den Behörden ergeben.

Da die schriftlichen Arbeiten den in der Berufs- und Bürgerkunde behandelten Stoff durch Übung zu befestigen haben, so ist eine besonders eingehende, zeitraubende Vorbereitung außerhalb dieses Rahmens zu vermeiden. Insbesondere für den Geschäftsbriefwechsel ergeben sich aus dem Geschäftsvorfall Voraussetzung und Zweck, wirtschaftliche und rechtliche Folgen des Schreibens. Die Klarheit über die Sache ist die Bedingung für die zweckmäßige Gliederung der Gedanken und die rechte sprachliche Gestaltung. Die Briefe werden daher aus den gegebenen Verhältnissen, so weit als möglich, selbständig zu entwickeln sein.

Es empfiehlt sich, sie zunächst mündlich, nach bestimmt gefaßten Teilaufgaben zu entwerfen und möglichst in sprachlich verschiedener Form wiederzugeben.

Die üblichsten Vordrucke des gewerblichen Lebens sind zum Verständnis zu bringen und auszufüllen. Besonders ist darauf hinzuweisen, wie sie als regelmäßig wiederkehrende Schreiben, Verträge usw. aus dem Geschäftsbetriebe heraus erwachsen sind und als solche verstanden werden müssen. Vordrucke einfachster Art, wie Rechnungen und Quittungen, sind auch selbständig zu entwerfen.

Die richtige Form und Fassung von Briefen, Rundschreiben, Geschäftsanzeigen, Rechnungen, Quittungen, Eingaben usw. ist einzuüben. Empfehlenswert ist es, gelegentlich, einwandfreie Muster als Vorbilder vorzuführen.

Außer Geschäftsaufsätzen sind jährlich 4—6 Niederschriften über einen in der Berufs- und Bürgerkunde oder in andern Fächern behandelten Stoff anzufertigen, für die möglichst einfache und eng begrenzte Stoffe auszuwählen sind. Auch sonst ist es zulässig, aus dem im Unterricht behandelten Stoff öfter kurze Niederschriften abfassen zu lassen.

Diktate sind nur in der Vor- und Unterstufe zulässig: sie sind so einzurichten, daß die im Berufsleben öfter vorkommenden Wörter und Ausdrücke eingeübt werden.

Ein besonderer Unterricht in Schönschreiben ist nicht zu erteilen; es ist aber darauf zu achten, daß alle schriftlichen Arbeiten sauber und ordentlich angefertigt werden.

Die Geschäftsaufsätze, Niederschriften, Vordrucke usw. (mindestens 10—15 im Halbjahr) sind vom Lehrer sorgfältig durchzusehen und in der Regel im Laufe einer Woche zurückzugeben. Die wichtigsten Fehler sind nach Gruppen geordnet zu besprechen, die Schüler haben in der Regel eine Verbesserung anzufertigen.

c) Sprachlehre und Rechtschreibung.

In allen Stunden ist Wert darauf zu legen, daß die Schüler lernen, sich klar und bestimmt auszudrücken. Um die Fertigkeit des mündlichen Ausdrucks zu entwickeln, ist zusammenhängendes Sprechen nach Möglichkeit zu üben.

Ein planmäßiger Unterricht in Sprachlehre und Rechtschreibung kann nur in der Vorstufe erteilt werden. Der Hauptnachdruck ist auf fortgesetzte Anwendung und Übung zu legen. Sprachliche Zergliederung u. ä. ist zu vermeiden. Der Stoff ist nach Möglichkeit aus dem gewerblichen Leben zu entnehmen.

Sonst können bei dem Mangel an Zeit diese Gebiete nur gelegentlich Berücksichtigung finden. Namentlich bei Besprechung der schriftlichen Arbeiten bietet sich Gelegenheit, besonders häufige Fehler durch Übungen zu beseitigen. Auf Sprachregeln ist dabei möglichst zu verzichten.

Die im gewerblichen Leben üblichen Fachausdrücke und Fremdwörter sind nach Sinn und Schreibweise zu erklären. Soweit gute deutsche Wörter vorhanden sind, müssen diese regelmäßig angewandt werden.

d) Lesen.

Das Lesen ist nur in Vor- und Hilfsklassen als besonderes Fach zu betreiben. Für die Berufs- und Bürgerkunde steht das Lesen nicht im Mittelpunkte des Unterrichts. Die Hauptsache ist vielmehr die freie mündliche Behandlung des Stoffes und die anschließende schriftliche Übung. Doch bildet das Einlesen in die im gewerblichen Leben üblichen Vordrucke und Schriftstücke, wie Satzungen, Verträge u. a. eine notwendige Ergänzung. Dabei ist eine sprachliche Zergliederung zu vermeiden; die Schüler sind vielmehr anzuspornen, den wesentlichen Inhalt wetteifernd herauszufinden. Zur Belebung und Ergänzung des Unterrichts können bisweilen auch geeignete Lesestücke herangezogen werden, wie sie die Lesebücher bieten. Auch das gelegentliche Lesen einzelner kleinerer zusammenhängender Darstellungen, die dem jungen Menschen edle Vorbilder vor Augen stellen, ist erwünscht. Vor allem aber sind die Schüler anzuregen, in ihrer freien Zeit gute Bücher (besonders aus der Schülerbücherei) zu lesen.

IIa. Rechnen.

1. Aufgabe.

Der Rechenunterricht steht im Dienste der Berufs- und Bürgerkunde und hat den dort behandelten Stoff weiter zu verarbeiten, soweit sich dieser für eine zahlenmäßige Behandlung eignet. Die Schüler sollen lernen, die für das bürgerliche und berufliche Leben notwendigen Aufgaben aufzusuchen und zu lösen und einzelne Einrichtungen des gewerblichen und öffentlichen Lebens an der Hand ausgewählter Rechenbeispiele besser zu verstehen.

Der Form nach hat er die Aufgabe, die in der Volksschule erworbene Rechenfertigkeit zu erhalten und zu steigern.

2. Stoffauswahl.

Die Auswahl der Aufgaben erfolgt in erster Linie mit Rücksicht auf die in der Berufs- und Bürgerkunde behandelten Sachgebiete, erst in zweiter Linie nach der Rechenschwierigkeit. Rein stufenmäßiges Rechnen ist nur für Vor-, Hilfs- und schwache Unterklassen angebracht, doch sind auch dort die Aufgaben den Verhältnissen des täglichen Lebens zu entnehmen.

Soweit es der Gang des berufs- und bürgerkundlichen Unterrichts zuläßt, hat auf der Unterstufe im besondern die Anwendung der vier Grundrechnungsarten und der Bruchrechnung, auf der Mittelstufe die der Prozentrechnung zu erfolgen. Auf der Oberstufe sind die Grundsätze der Preisberechnung (Kalkulation) zu behandeln. Doch ist diese schon vorher auf der Unter- und Mittelstufe durch einfache Material- und Lohnberechnungen vorzubereiten.

Die Flächen- und Körperberechnung ist auf allen Stufen soweit zu üben, daß häufiger vorkommende Aufgaben des Berufs mit Sicherheit gelöst werden können.

3. Lehrverfahren.

Die Anknüpfung an die Berufs- und Bürgerkunde darf nicht bloß äußerlich erfolgen, vielmehr müssen die Erfahrungen der Schüler fortdauernd herangezogen und ein Sachgebiet nach den verschiedenen Seiten hin rechnerisch verarbeitet werden.

Für das *Kopfrechnen* empfiehlt es sich, in der Regel zu Beginn jeder Stunde etwa 10 Minuten zu verwenden. Dabei ist der Zahlenraum 1—100 fortdauernd zu benutzen und auf eine sichere Kenntnis von Münzen, Maßen und Gewichten hinzuwirken. Das Rechnen mit unbenannten Zahlen ist nur dann zur Anwendung zu bringen, wenn sich wesentliche Lücken in der Rechenfertigkeit ergeben; schwierige und ungewöhnliche Aufgaben aus der Bruchrechnung u. a. sind nicht zu stellen. Im Leben nicht übliche Rechenvorteile und Rechenarten haben in der gewerblichen Fortbildungsschule im allgemeinen keine Verwendung zu finden. Aufgaben mit unbequemen Zahlen, die im Leben mit Hilfe der Feder gelöst werden, scheiden aus. Bei größeren Rechnungen empfiehlt es sich, die Zwischenergebnisse aufschreiben zu lassen.

Auch für das *schriftliche Rechnen* ist der Hauptnachdruck darauf zu legen, daß einfache Aufgaben aus dem täglichen Leben gestellt werden, wie sie dem Handwerker und Arbeiter in der Regel entgegentreten. Die Aufgaben einer Stunde sollen sich dabei inhaltlich möglichst an einander anschließen und eine Einheit bilden. Die Schüler sind zu gewöhnen, das Ergebnis einer Aufgabe im voraus zu schätzen. Die im Leben üblichen Vereinfachungen und Abkürzungen sind anzuwenden. Das Vorrechnen hat so kurz und bestimmt wie möglich zu erfolgen.

Wünschenswert ist es, daß die Schüler allmählich umfassendere Aufgaben, wie sie das Leben stellt, selbständig lösen lernen. Zu diesem Zwecke sind sie planmäßig anzuleiten, die notwendigen Vorfragen selbst zu stellen und die erforderlichen Zahlenangaben sich selbst zu verschaffen. Daher empfiehlt es sich, regelmäßig Erkundigungsaufgaben zu stellen, die zum Beobachten anleiten und eine Verbindung zwischen Schule und Beruf herstellen.

Die Preisberechnung hat sich möglichst an Maßskizzen und Zeichnungen anzulehnen, die im Zeichenunterricht angefertigt sind. Vor allem hat sie — soweit nötig, im Zusammenhange mit der Buchführung — das Verständnis für die Ermittelung der Selbstkosten, besonders für die Feststellung und Verteilung der allgemeinen Unkosten zu entwickeln.

Die Aufgaben aus dem Haushalte der Gemeinde und des Staates, aus dem Steuerwesen, der Versicherungsgesetzgebung usw. sollen vor allem dazu dienen, in streng sachlicher Weise in das Verständnis dieser Gebiete des öffentlichen Lebens einzuführen. Das Einüben schwieriger Rentenberechnungen u. a. ist nicht Sache der Fortbildungsschule.

Für die Flächen- und Körperberechnung empfiehlt es sich, zur Bildung von Aufgaben Gegenstände des Schulzimmers und der Umgebung, weiter Modelle des Zeichenunterrichts und Gegenstände der Werkstatt zu benutzen, die vor der Berechnung zu schätzen und nach Möglichkeit aufzumessen sind. Der Gebrauch der im Leben üblichen Formeln und Tabellen ist einzuüben.

Der Lehrer hat darauf zu achten, daß alle Aufgaben in besondere Rechenhefte nicht als Reinschrift, aber sauber und ordentlich eingetragen werden. Zulässig ist es, einige Rechenreinschriften, die auch Muster- oder Probearbeiten sein können, anfertigen zu lassen.

IIb. Buchführung.

1. Aufgabe.

Die Buchführung hat die Aufgabe, zu einer geordneten Geschäftsführung und zu sparsamer, zweckentsprechender Verwendung des Einkommens für den eigenen Bedarf und für den Haushalt anzuleiten.

2. Stoffverteilung.

Im Rechenunterricht der Unter- oder Mittelstufe sind zur Vorbereitung die Ausgaben eines einzelnen und einer Familie nach Woche, Monat und Jahr entsprechend den örtlichen Verhältnissen zu berechnen und die Spareinrichtungen zu erläutern. Weiter ist in der Mittelstufe eine geordnete Haushaltungsbuchführung einzurichten und dabei besonders der Voranschlag für die Hauptausgaben zu üben.

In der Oberstufe sind etwa 40 Stunden, um die das Rechnen zu kürzen ist, auf die gewerbliche Buchführung zu verwenden. Je nach den örtlichen und beruflichen Verhältnissen kann die einfache oder die sogenannte amerikanische Buchführung Verwendung finden. Für Klassen der ungelernten Arbeiter und der gelernten Fabrikarbeiter ist auf die Haushaltungsbuchführung besonderer Nachdruck zu legen; die gewerbliche Buchführung ist für sie zulässig, aber nicht notwendig. In einklassigen Schulen empfiehlt es sich, in jedem Winterhalbjahr 1 Wochenstunde auf Buchführung zu verwenden.

3. Lehrverfahren.

Der Wert und die Vorteile einer geordneten Buchführung sind mit Nachdruck zu betonen und durch Beispiele aus dem Leben zu veranschaulichen. Für die gewerbliche Buchführung sind grundsätzliche Erörterungen nur so weit zu geben, als sie zum

Verständnis unbedingt erforderlich sind. Die gewählte Art der Buchführung soll einfach und leicht faßlich sein. Das Eintragen der verschiedenen Geschäftsvorfälle und das Ziehen der Abschlüsse ist zu üben, bis ein gewisser Grad der Sicherheit erreicht ist. Die Ermittelung des Geschäftsgewinns und die Aufstellung einer richtigen Steuererklärung ist zu berücksichtigen. Auf die tatsächlichen Verhältnisse der verschiedenen Berufe, die Preise, Geschäftsgebräuche usw. ist nach Möglichkeit Rücksicht zu nehmen.

In reinen Berufsklassen sind zusammenhängende Geschäftsvorfälle zu verbuchen, die sich eng an die Wirklichkeit anschließen.

III. Zeichnen.

Für das Zeichnen gelten die Bestimmungen des Erlasses vom 28. Januar 1907 (HMBl. S. 33). Von diesen kommen für uns die folgenden in Betracht.

Teilnahme am Zeichenunterricht: Zur Teilnahme am Zeichenunterricht in der gewerblichen Fortbildungsschule sind alle Schüler heranzuziehen, die des Zeichnens für ihren Beruf bedürfen.

Ziel: Der Zeichenunterricht soll den Schüler in den Stand setzen, Werkzeichnungen richtig zu verstehen und womöglich Werkzeichnungen für die landläufigen Arbeiten seines Berufs selbst anzufertigen. Dem Zeichenunterrichte sind für die mehr technischen (nichtschmückenden) Berufe im Jahresdurchschnitt mindestens zwei, für die mehr künstlerischen (schmückenden) Berufe, wenn irgend möglich, vier oder mehr wöchentliche Unterrichtsstunden zu widmen.

Fachliche Gestaltung: Das Zeichnen ist fachlich zu betreiben. Nur Schüler, die noch nicht mit Zirkel und Lineal umgegangen sind, beginnen mit einer kurzen Vorübung im Gebrauche der Zeichenwerkzeuge. Ein rein theoretisches Projektionszeichnen (wie die Projizierung von Punkten, Linien und mathematischen Körpern, Durchdringungen von mathematischen Körpern usw.) ist nicht zu treiben. Die im Berufe des Schülers vorkommenden Anwendungen der darstellenden Geometrie werden vielmehr an Aufgaben geübt, die dem praktischen Berufsleben entnommen sind.

Einteilung in Fachklassen: In einer Zeichenklasse sollen nicht mehr als 30 Schüler zusammen unterrichtet werden.

Fachzeichnen der nichtschmückenden Gewerbe: Das Fachzeichnen der nichtschmückenden Gewerbe beginnt damit, daß nach vorhandenen Modellen Maßskizzen angefertigt werden. Nach diesen wird sodann der aufgemessene Gegenstand mit Zirkel und Lineal aufgetragen. Hierbei dient zwar die Skizze vorwiegend nur als Träger der Maßzahlen, allein es ist zur Übung von Auge und Hand auch darauf zu achten, daß sie deutlich gezeichnet ist und in den Verhältnissen dem aufzunehmenden Gegenstand entspricht. Bei solchen Aufnahmeskizzen ist weniger Gewicht darauf zu legen, daß sie die Forderungen einer korrekten Freihandzeichnung erfüllen, als darauf, daß diejenigen Maße genommen und eingeschrieben werden, die zur werkmäßigen Herstellung des Gegenstandes erforderlich sind. Das Auftragen nach den Maßskizzen geschieht in Blei oder in Tusche. Es ist nicht nötig, daß nach allen Skizzen Zeichnungen aufgetragen werden. Von den aufgetragenen Skizzen brauchen nur einzelne Blätter in Tusche ausgezogen zu werden, die Mehrzahl der Blätter kann Bleizeichnung bleiben. Alle Modelle werden im Grundriß und in den nötigen Aufrissen aufgenommen und aufgetragen.

Als Modelle sind, soweit irgend angängig, Erzeugnisse aus dem Berufe des Schülers oder Einzelteile von solchen zu benutzen. Nachbildungen aus anderem Material oder in verändertem Maßstabe sind nach Möglichkeit zu vermeiden. Solche Modelle lassen sich für jeden Beruf meistens mit Leichtigkeit beschaffen (für Maurer: Ziegelsteine, Formsteine, bearbeitete Hausteine; für Tischler: Abschnitte von Profilleisten, Ecken von Türen; für Metallgewerbe: Abschnitte von Eisenprofilen, Platten, Schrauben, kleine Werkzeuge, Maschinenteile; für Sattler: Riemen, Schnallen, Gurte usw.).

Ist der Schüler soweit gefördert, daß er die zeichnerische Darstellung der einfacheren Einzelteile beherrscht, so kann er angeleitet werden, Vorlagen in kleinem Maßstab oder nach Skizzen des Lehrers Werkzeichnungen anzufertigen.

Fachzeichnen der schmückenden Gewerbe: Bei den schmückenden Gewerben (Malern, Stukkateuren, Goldschmieden, Kunstschlossern, Kunsttischlern, Lithographen usw.) kommt es in weit höherem Maße als bei den nichtschmückenden darauf an, hinreichende Übung von Auge und Hand zu erlangen. Es empfiehlt sich daher, neben dem fachlichen Zeichnen auch das freie künstlerische Zeichnen in seiner allgemeinen Form nach Gegenständen, Naturformen oder mustergültigen kunstgewerblichen Vorlagen zu pflegen. Das Zeichnen nach Vorlagen darf jedoch niemals in ein bloßes Kopieren verfallen. Eine Schulung in den Grundelementen der Farbenanwendung ist für die meisten Berufe unerläßlich. Der selbständige kunstgewerbliche Entwurf kommt für die Fortbildungsschule nicht in Frage. Für die meisten schmückenden Gewerbe, vor allem für die Dekorationsmaler, ist es von Wichtigkeit, gehörige Fertigkeit im Vergrößern nach Vorlageskizzen und in der Abänderung solcher Skizzen für Sonderzwecke zu erlangen. Diese Übungen der Dekorationsmaler sind möglichst in natürlicher Größe und in Leimfarbe vorzunehmen. Für Stukkateure und andere Handwerker, deren Gewerbe Fertigkeiten im Modellieren erfordert, ist, wo die örtlichen Verhältnisse es irgend erlauben, neben dem Zeichenunterricht auch Modellierunterricht einzuführen.

Ergänzungszeichnen der schmückenden und nichtschmückenden Gewerbe: Für alle schmückenden Gewerbe ist auch einige Übung im Zirkelzeichnen erwünscht, die je nach dem Einzelberufe des Schülers mehr oder weniger Raum im Lehrplan einnehmen kann.

Die rein technischen Gewerbe, wie Maurer, Zimmerer, Metallarbeiter, Rohrleger usw., bedürfen des Ornamentzeichnens nicht. Wo die Verhältnisse es erlauben, kann jedoch befähigten Schülern Gelegenheit gegeben werden, sich im freien perspektivischen Darstellen einfacher Gegenstände zu üben.

Diejenigen Gewerbe, die zwar vorzugsweise technisch sind, sich aber doch mit dem Kunstgewerbe berühren (Tischler, Drechsler, Steinmetzen, Schlosser usw.), können, nachdem das gebundene Zeichnen genügend geübt worden ist, auch im ornamentalen Zeichnen nach Art der schmückenden Gewerbe unterrichtet werden.

Im allgemeinen werden sich Erfolge im Ergänzungszeichnen nur erreichen lassen, wenn mehr als zwei Wochenstunden auf den Zeichenunterricht verwendet werden.

Über die Verteilung der Stunden ist folgendes bestimmt:

Von den 6 Wochenstunden sind in der Regel zu verwenden:

auf der Vorstufe:

2 für Deutsch, 2 für Rechnen, 2 für Zeichnen,

oder 3 (4) für Deutsch und 3 (2) für Rechnen,

auf der Unter-, Mittel- und Oberstufe:

2 für Berufs- und Bürgerkunde,
2 für Rechnen und Buchführung,
2 für Zeichnen (oder Fachkunde für solche Berufe, die des Zeichnens nicht bedürfen, z. B. für Bäcker, Fleischer usw.),

oder 3 für Geschäfts- und Bürgerkunde, Rechnen und Buchführung,
3 für Zeichnen und Fachunterricht.

Beträgt die Stundenzahl mehr als 6, so sind die übrigen Stunden auf Fachzeichnen, Fachkunde oder Werkunterricht zu verwenden.

Zulässig ist auch die Einrichtung von Turn- und Spielunterricht, wenn die Stundenzahl über 6, für Klassen ohne Zeichen- und Fachunterricht über 4 hinausgeht.

Für Klassen ohne Zeichen- und Fachunterricht, insbesondere für Klassen der ungelernten Arbeiter ergibt sich danach folgende Stundenverteilung:

		oder	oder
Berufs- und Bürgerkunde	2	4	2
Rechnen und Buchführung	2	2	2
Turnen und Jugendspiel	2	—	—

§ 4. Lehrstoff und Einrichtung von Werkschulen außerhalb der Eisenbahnverwaltung.

v. Rieppel hat im Deutschen Ausschuß für technisches Schulwesen[1]) für die Maschinenindustrie den Leitsatz aufgestellt: „Der theoretische Unterricht ist tunlichst in eigener Lehrlingsschule und zwar während der ersten drei Jahre jeden Tag mit etwa 2 Stunden im Laufe des Vormittags zu erteilen. Im vierten Jahre kann der Schulunterricht teilweise in die Abendstunden verlegt werden. Wo die Errichtung eigener Lehrlingsschulen unmöglich ist, soll auf guten anderweitigen Fortbildungsschulunterricht gesehen werden.“ Daß die Forderung eigener Werkschulen für Lehrlinge bislang noch wenig verwirklicht ist, ist in § 1 dieses Abschnittes schon erwähnt, immerhin sind unter den vorhandenen Schulen bereits solche von musterhafter Ausgestaltung. Es kann hier jedoch auf Einzelheiten nur insoweit eingegangen werden, als sich daraus Anregungen für den Eisenbahnunterricht ergeben.

Die Werkschulen haben je nachdem entweder Vollunterricht oder Ergänzungsunterricht. Ersterer tritt in der Regel an die Stelle des Fortbildungsschulunterrichts, von dem die Lehrlinge dann mit amtlicher Genehmigung befreit sind. Bei dem Ergänzungsunterricht werden die Lehrlinge nur in dem einen oder andern für den Betrieb des Werkes besonders in Frage kommenden Fach unterwiesen. Im Anschluß an die S. 219 bereits vorausgeschickten Zahlen über die deutschen Werkschulen sei noch eine Übersicht über die Unterrichtsdauer bei den ausschließlich Lehrlinge unterrichtenden Werkschulen gegeben. Aus den Angaben von Free (a.a.O. S. 190) ist zu folgern, daß die Lehrlinge Werkunterricht erhalten nur 1 Jahr bei 3 v. H. der Werkschulen.
2 „ „ 16 „ „ „
3 „ „ 55 „ „ „
4 „ „ 26 „ „ „

Bei mehr als der Hälfte der Schulen dauerte die Schulzeit also ebensolange wie in den öffentlichen Fortbildungsschulen, nämlich drei Jahre, und

[1]) „Abhandlungen und Berichte“ Band III S. 65.

noch nicht einmal ein Drittel aller Werkschulen erreichen die vierjährige Unterrichtsdauer der Eisenbahnwerkschulen.

Bei ungefähr 90 v. H. der betrachteten Schulen sind zwei bis vier aufsteigende Klassen vorhanden, und zwar erfolgte bei drei Schuljahren meist die Trennung in eine Unterklasse mit zweijährigem Lehrplan und eine Oberklasse für den ältesten Jahrgang. Die Zahl der Schüler beträgt in der Regel 20—30, und nur im Höchstfalle bis 40 in einer Klasse. Unter 75 Werkschulen haben, auf 100 umgerechnet, 32 v. H. eine bis drei Unterrichtsstunden, ebenfalls 32 v. H. vier bis sechs Stunden, 24 v. H. sechs Stunden und nur 12 v. H. sieben und mehr Stunden wöchentlich. Als Mittel aus den Stundenzahlen der Lehrlingsschulen von 35 Werken ergeben sich 5,95 Stunden, eine Zahl, die auch in vielen Eisenbahnwerkstätten üblich ist, hier allerdings meist neben dem Fortbildungsschulunterricht. In wievielen Fällen neben dem privaten Werkunterricht etwa noch eine öffentliche Fortbildungsschule besucht wird, ist nicht bekannt. Nur mit einer Ausnahme liegen die Stunden so, daß die Arbeitszeit in der Werkstätte nicht zerrissen wird, also am Anfang oder am Ende eines Arbeitsabschnittes, jedoch keineswegs deshalb auch immer noch innerhalb der Arbeitszeit, ja an etwa $^1/_8$ der Schulen findet auch Sonntagsunterricht statt.

An den Lehrlingsschulen unterrichten mit einer einzigen Ausnahme nur Nichtberufslehrer, und zwar meist Ingenieure und Techniker, in dem einen Falle auch ein Werkmeister. Berufslehrer sind fast nur an solchen Werkschulen, die meist oder ausschließlich Arbeitsburschen als Schüler haben. Als Beweis dafür, welche große Sorgfalt den Werkschulen gewidmet wird, führt Free an, daß eine bekannte Werkzeugmaschinenfabrik sich einen eigenen Fachlehrer für den Unterricht besonders herangebildet habe, indem sie einen Fortbildungsschullehrer mehrere Monate praktisch in der Werkstätte arbeiten ließ.

Nur an 3 Lehrlingsschulen war ein Berufslehrer tätig.

Was nun die Unterrichtsfächer betrifft, so ist ein Vergleich nur nach der bei der Umfrage des Deutschen Ausschusses für technisches Schulwesen gegebenen Benennung des Faches nicht ohne weiteres möglich. Man müßte dazu schon den behandelten Stoff kennen. Offenbar werden auch in verschieden benannten Fällen nicht selten gleiche oder ganz ähnliche Gegenstände behandelt.

Nachstehend ist der Lehrplan von zwanzig Werkschulen gegeben[1]). Sie sind abgekürzt durch die Buchstaben A bis U bezeichnet. (Vgl. Tafel 16.)

Die Unterrichtsfächer sind, wie man sieht, recht verschieden und zum Teil auch bereits über das hinausgehend, was jedenfalls für Eisenbahnlehrlinge als erforderlich zu bezeichnen ist. Free bemerkt hierzu sehr mit Recht, daß einige Schulen in den verschiedenartigen mathematischen, mechanischen und naturkundlichen Unterrichtsfächern offenbar zu weit gehen, so daß der Eindruck

[1]) Bearbeitet nach Free, a.a.O. S. 189.

Tafel 16.

Lehrfächer von 20 Lehrlingswerkschulen in Großbetrieben des Maschinenbaues und der Elektrotechnik.

1	2	3	4	5	6	7	8	9	10	11	12	13	14	15	16	17	18	19	20	21	22	23
Lfd. Nr.	Lehrfach	Benennung der Werkschule																				
		A	B	C	D	E	F	G	H	J	K	L	M	N	O	P	Q	R	S	T	U	
1	Deutsch, Lesen	1	1	1	1		1	1	1			1		1			1	1		1	1	13
2	Schreiben, Aufsatz									1					1		1			1	1	5
3	Geschäftskunde								1													1
4	Buchführung, Wechsellehre				1			1	1								1					4
5	Bürgerkunde							1		1											1	3
6	Gesetzeskunde						1													1		2
7	Gesundheitslehre																			1		1
8	Geschichte																1					1
9	Rechnen	1	1	1	1		1	1	1	1		1			1		1	1		1	1	14
10	Mathematik					1												1		1	1	4
11	Algebra											1	1									2
12	Geometrie							1				1								1		3
13	Flächenlehre												1									1
14	Raumlehre				1					1							1					3
15	Körperlehre, Körperberechnung	1											1									2
16	Trigonometrie												1									1
17	Angewandtes Rechnen													1								1
18	Darstellende Geometrie												1									1
19	Naturkunde, Physik					1	1		1			1		1			1			1	1	8
20	Mechanik					1		1					1	1		1		1		1		7
21	Statik												1									1
22	Festigkeitslehre												1			1						2
23	Chemie					1														1	1	3
24	Elektrotechnik																			1	1	2
25	Berufs- und Gewerbekunde						1		1	1												3
26	Stoffkunde					1		1			1			1	1		1	1	1	1	1	10
27	Werkzeuge und Werkzeugmaschinen																1		1			2
28	Maschinenlehre															1	1					2
29	Maschinenelemente												1		1	1		1				4
30	Gewindelehre													1								1
31	Montage																	1				1
32	Eisenhüttenkunde																		1			1
33	Zeichnen	1	1	1	1	1	1	1	1	1	1	1		1	1		1	1		1	1	17
34	Anschauungsunterricht													1								1
35	Turnen, Spiele																1					1
36	Französisch					1							1									1
	Anzahl der Fächer	4	3	3	5	7	6	8	7	6	2	6	10	8	5	4	12	8	3	13	10	
	Anzahl der Schulstunden in einer Woche für sämtliche Schuljahre zusammen	$6^1/_2$	16	12	18	24	19	16	43	24	6	18	16	10	8	$5^1/_3$	36	18	2	33	27	

aufkomme, daß weniger mehr wäre. Es habe manchmal den Anschein, als wenn der Schulleiter mehr bestrebt gewesen sei, einen planmäßigen Überblick über ein ganzes theoretisches Gebiet zu geben als die Punkte von besonderer praktischer Bedeutung herauszuheben. Hier werde noch ein Ausbau der Schulen nach der Seite einer weisen Mäßigung und Beschränkung zum Teil notwendig sein, und dies Gefühl mache sich auch bereits bei einigen Firmen bemerkbar.

Spalte 2 gibt die verschiedenen Fächer an; Spalte 23 gibt an, in wieviel Schulen das betreffende Fach vertreten ist. Zeichnen fehlt nur in ganz wenigen Fällen. Rechnen ist 14mal vertreten, Deutsch 13mal, Stoffkunde 10mal. Aus den senkrechten Spalten 3 bis 22 sieht man, welche Fächer in jeder einzelnen Schule gelehrt werden. Aus der Anzahl der Fächer kann man zum Teil schon schließen, welche Art Unterricht in Betracht kommt. So handelt es sich z. B. bei der Werkschule K mit nur Stoffkunde und Zeichnen um einen Ergänzungsunterricht, während bei verschiedenen anderen Schulen alle für den Vollunterricht in Betracht kommenden Fächer vertreten sind. Die Lehrtätigkeit im Hauptberuf wird nur bei Schule H ausgeübt. In sämtlichen Fällen mit Ausnahme von Schule D wird der Unterricht von Nichtberufslehrern erteilt. — In der letzten wagerechten Spalte von Tafel 16 ist angegeben, wieviel Schulstunden in einer Woche für sämtliche Schuljahre zusammengerechnet erteilt werden. Es fehlt hierzu leider die Dauer der Schulzeit in jedem der Fälle. Immerhin wird man nicht fehlgehen, wenn man die Zeit im allgemeinen auf drei bis vier Jahre annimmt. Rechnet man z. B. bei Q mit vier Jahren, so würden auf eine Woche 9 Stunden entfallen.

Nur bei einer von zwanzig Firmen wird berichtet, daß im Lehrplan der Werkschule auch das Turnen getrieben wird. Hausaufgaben werden nur wenig empfohlen, da sie wegen häuslicher Verhältnisse oft nicht ausreichend erledigt werden können.

Über den Ausfall der Abschlußprüfungen werden regelmäßig Zeugnisse ausgestellt, und das Ergebnis wird im Lehrbrief berücksichtigt. In manchen Schulen werden die Zeugnisse auch jährlich oder halbjährlich ausgefertigt und müssen von den Eltern zum Zeichen der Kenntnisnahme unterschrieben werden.

„An einer ganzen Reihe von Werkschulen finden jährlich öffentliche Prüfungen statt, zu denen zum Teil die Eltern oder Vormünder der Schüler und Persönlichkeiten aus Schul- und Gewerbekreisen eingeladen werden; regelmäßig wohnen auch Vertreter der Werkleitung ihnen bei. Diese Prüfungen werden offenbar als ein wichtiges Mittel angesehen, die Beteiligten zu den höchsten Leistungen anzuspornen, und durchweg werden bei solchen Anlässen den besten Schülern öffentliche Belobigungen, Anerkennungsurkunden ihrer Leistungen und ihres Betragens, Prämien in Form von Büchern, Reißzeugen, Wertgegenständen oder auch Geld zuteil“[1]).

---

[1]) Free, a.a.O. S. 174.

Als Schulstrafen werden genannt: Verweise durch den Lehrer, Anweisung eines besonderen Platzes im Lehrsaal, zeitweilige Ausweisung aus dem Unterricht durch den betreffenden Lehrer, Eintragung des Tadels in das Klassenbuch, Verweis durch den Direktor unter Androhung von Strafstunden, Strafstunden und Strafarbeit in den Werkstätten, z. B. der Gußputzerei, Anzeige bei der Direktion, Ausschließung aus der Schule, Auflösung des Lehrvertrages, Entziehung des Sparkassenguthabens. Bei unberechtigten Schulversäumnissen treten auch häufig noch Lohnabzüge ein (vgl. auch S. 320).

Über die Erfolge der Lehrlingsschulen lauten die Urteile fast alle sehr anerkennend. So wird in dem einen Falle gesagt: Die Leistungen befriedigten sehr; in der Ausbildung der jungen Leute hat die Werkschule völligen Wandel geschaffen. Anstände haben wir noch nie gehabt; in einer zwanzigjährigen Erfahrung haben wir nur Gutes kennen gelernt. (Von den im Laufe von 19 Jahren ausgebildeten Lehrlingen befinden sich im ganzen 43,2 v. H. noch im Werk.)

Beachtenswert auch für die Eisenbahnverwaltung ist der Hinweis, daß es mancher Fabrik, die jetzt infolge des Mangels an tüchtigen Facharbeitern in die Großstadt oder in deren Nähe verlegt werden muß, mit Hilfe einer Werkschule möglich sein würde, sich auch bei ungünstigerem Arbeiterersatz in einer kleineren Stadt oder gar auf dem Lande zu halten. Bei einer Eisenbahnwerkstätte würde man in solchen Fällen die Zahl der Lehrlinge nur entsprechend zu erhöhen brauchen.

Kohlmann gibt folgenden Plan für Werkschulen[1]).

Tafel 17.

Stoffverteilung auf die einzelnen Klassen und Stundenzahl für eine Werkschule mit dreijährigem Lehrgang und für eine Werkschule mit vierjährigem Lehrgang.

	Bei dreijährigem Lehrgang			Bei vierjährigem Lehrgang			
	I. Kl.	II. Kl.	III. Kl.	I. Kl.	II. Kl.	III. Kl.	IV. Kl.
Deutsch	—	2	2	—	—	2	2
Geometrie	1	1	1	1	1	1	1
Algebra	1	1	—	1	1	1	—
Rechnen	—	1	1	—	—	1	1
Zeichnen	2	2	2	2	2	2	2
Buchführung	1	—	—	1	1	—	—
Werkstoffkunde	2	—	—	1	1	—	—
Bürgerkunde	1	—	—	1	1	—	—
wöchentilch zus.	8	7	6	7	7	7	6

Nachstehend seien einige Beispiele aus der Praxis angeführt, und zwar von einer großen norddeutschen elektrotechnischen Firma, von einer westfäli-

[1]) Kohlmann, Fabrikschulen S. 64 u. 65.

schen Maschinenfabrik und von einem der größten süddeutschen Maschinenbauwerke.

Beispiel I. Werkschule einer elektrotechnischen Firma.

Lehr- und Werkschulzeit betragen vier Jahre. Die Schule hat für jede der vier Lehrgänge je eine Oster- und Michaelisklasse, sodaß also im ganzen acht Klassen vorhanden sind.

Die Stoffverteilung ist wie folgt geregelt:

Tafel 18.

Stoffverteilung auf die einzelnen Klassen bei vierjährigem Lehrgange.

	Bei vierjährigem Lehrgang Klasse			
	I	II	III	IV
Deutsch	—	—	1	2
Bürgerkunde	—	1	1	—
Buchführung	—	1	—	—
Rechnen	—	—	1	1
Mathematik	—	1	1	1
Kostenüberschläge	—	1	—	—
Technologie	2	1	1	—
Physik und Chemie	—	1	—	—
Elektrotechnik	2	—	—	—
Zeichnen	2	2	2	2
wöchentlich zusammen:	6	8	7	6

Im einzelnen werden folgende Gegenstände behandelt:

In Klasse IV.

1. Deutsch (Berufs- und Bürgerkunde). 2 Stunden: Der Eintritt in die Lehre und der sich daraus ergebende Schriftverkehr. Der Verkehr mit der Zeitung: Aufgabe von Inseraten.

Wesen und Bedeutung des Verkehrs, insbesondere der Post und der Eisenbahn, und Ausfüllung der entsprechenden Formulare.

Aufsetzen von Briefen, insbesondere über die Tätigkeit des Lehrlings in der Werkstatt.

Übungen im schriftlichen Verkehr innerhalb der Werkstatt, insbesondere über den Bezug von Materialien und Werkzeugen.

Aufsetzen einfacher Verträge für Lieferungsgeschäfte, Rechnungen und Quittungen.

Belehrungen über die Gesundheitspflege mit besonderer Berücksichtigung der Berufsverhältnisse.

Anmerkung: Die Durcharbeitung des Stoffes wird unterstützt und ergänzt durch die Lektüre entsprechender Lesestücke und freie Erzählungen der Schüler.

2. Rechnen. 1 Stunde: Wiederholung der 4 Grundrechnungsarten und Anwendung auf die Bedürfnisse des Lehrlings. Aufgaben über Münzen, Maße und Gewichte.

Aufgaben aus dem Verkehr mit der Zeitung sowie mit Post und Eisenbahn: Tarife über Postsendungen aller Art sowie Berechnungen aus dem Personen- und Güterverkehr.

Berechnungen aus der Werkstatt, insbesondere betreffend Materialien und Werkzeuge.

Berechnung von Zinsen, insbesondere im Anschluß an den Warenverkehr.

3. Mathematik. 1 Stunde: Die wichtigsten Lehrsätze über die Winkel, Dreiecke, Vierecke und regelmäßigen Vielecke, sowie die Lösung entsprechender einfacher Konstruktionsaufgaben.

Die Längen- und Flächenmaße sowie die Flächenberechnung geradlinig begrenzter, ebener Figuren, unter besonderer Rücksichtnahme auf das Arbeitsgebiet des Lehrlings.

Die geometrischen Körper im allgemeinen und die Raummaße.

Das Prisma und die Pyramide mit Übungsbeispielen aus der Werkstattpraxis.

4. Zeichnen. 2 Stunden: Übungen im Linear- und Zirkelzeichnen.

Anfertigung von Projektionszeichnungen einfacher geradflächig und krummflächig begrenzter Körper.

Darstellung ebener Schnitte an Rotationskörpern und einfachere Durchdringungen an praktischen Beispielen.

In Klasse III.

1. Deutsch (Übungen aus der Berufs- und Bürgerkunde). 1 Stunde: Anfertigung eines Lebenslaufes sowie von Gesuchen betreffend das Arbeitsverhältnis.

Abfassung von Berichten aus dem Arbeitsgebiete der Lehrlinge.

Anträge und Gesuche im Zusammenhange mit der Arbeiter-Versicherungsordnung.

Übungen im schriftlichen Verkehr mit den Gemeinde- und Staatsbehörden unter besonderer Berücksichtigung der Steuer- und Militärverhältnisse.

Anmerkung: Die Durcharbeitung des Stoffes wird ergänzt durch Lektüre geeigneter Lesestücke und Schülervorträge über allgemeine, dem Interessenkreise der Lehrlinge entnommene Gegenstände.

2. Bürgerkunde. 1 Stunde: Die wichtigsten Bestimmungen über das Lehrlingswesen. Die Arbeitsverhältnisse der Gesellen und Gehilfen. Die gesetzlichen Bestimmungen über die Arbeitszeit.

Die Gesetze betreffend die Kranken-, Invaliden- und Unfallversicherung. Das Gewerbegericht.

Die Familie und ihre Bedeutung für die menschliche Gesellschaft.

Die Gemeinde, ihre Verwaltung und ihre Wohlfahrtseinrichtungen.

Der Staat, seine Organisation und Verwaltung.

Das Deutsche Reich und seine Verfassung. Die Rechte und Pflichten des Staatsbürgers. Die Wehrpflicht und die Bedeutung von Heer und Flotte.

3. Rechnen. 1 Stunde: Berechnungen über die Arbeitszeit und die verschiedenen Arten des Arbeitslohnes.

Aufgaben aus der Kranken-, Invaliden- und Unfallversicherung.

Aufgaben aus dem Haushalt der Familie. Wirtschaftsbuchführung.

Aufgaben aus dem privaten Versicherungswesen.

Aufgaben über Gemeinde- und Staatssteuern, Zölle und Verbrauchssteuern sowie über den Geldverkehr.

4. Mathematik. 1 Stunde: Rauminhalts- und Gewichtsberechnung ebenflächig begrenzter Körper, unter besonderer Anlehnung an die Werkstattstechnik.

Algebra: Einführung in die vier Grundrechnungsarten mit allgemeinen Zahlen. Positive und negative Zahlen.

Die einfachsten Rechnungen mit Klammergrößen.

Gleichungen ersten Grades mit einer Unbekannten.

Eingekleidete Übungsbeispiele aus dem Arbeitsgebiet des Lehrlings.

Umformung mathematischer Formeln mit entsprechenden Anwendungsbeispielen aus der Praxis.

Proportionen und ihre Anwendung auf die Geometrie.

5. Technologie (Arbeitskunde). 1 Stunde: Die einfachsten Werkzeuge für die Metall- und Holzbearbeitung, insbesondere Meißel, Sägen, Feilen, Bohrer und Reibahlen.

Die Werkzeuge zum Drehen und Gewindeschneiden. Die verschiedenen Arten von Drehstählen und Gewindeschneidwerkzeugen.

6. Zeichnen. 2 Stunden: Aufnahme einfacher Modelle durch Skizzen mit eingeschriebenen Maßen und Anfertigung entsprechender Zeichnungen.

In Klasse II.

1. Bürgerkunde. 1 Stunde: Die Gerichtsverfassung. Die wichtigsten Bestimmungen des Strafrechts. Das bürgerliche Recht. Handelsrecht und Handelsstand. Die Bedeutung der Kolonien. Die Handelsgesellschaften, die Erwerbs- und Wirtschaftsgenossenschaften. Handwerk und Gewerbe. Die Bedeutung der Fabrikindustrie. Die wichtigsten Bestimmungen aus der Gewerbeordnung und aus dem Patentrecht. Der Zivilprozeß sowie das Mahnverfahren und das Konkursverfahren. Die Erzeugung der Güter im allgemeinen sowie das Geld- und Kreditwesen und die Bedeutung der Banken und Börsen.

2. Mathematik. 1 Stunde: Der Kreis mit Übungsbeispielen aus dem Gebiete der Werkstattstechnik. — Die Ellipse. Die wichtigsten Formeln über den Zylinder, den Kegel und die Kugel. Rauminhalt- und Gewichtsberechnung einfacher, krummflächig begrenzter Körper unter besonderer Berücksichtigung der Werkstattstechnik. Der Pythagoreische Lehrsatz. Übungs- und Wiederholungsbeispiele aus dem Lehrstoffe über die Berechnung von Flächen und Körpern. Rechnung mit Potenzen und Wurzeln. Wiederholungsaufgaben aus der Praxis unter Zuhilfenahme von Rechentabellen und Formelsammlungen.

3. Buchführung. 1 Stunde: Gewerbliche Buchführung sowie das Wichtigste aus der Wechsellehre.

4. Kostenüberschläge. 1 Stunde: Übersicht über den Geschäftsgang in einem größeren industriellen Unternehmen.

Wesen und Bedeutung der Fabrik-Inventur.

Die Ermittlung der Fabrikationsunkosten und Berechnung der Selbstkosten.

Kalkulation von einfachen Apparaten an Hand von Mustern. Vorkalkulation nach Zeichnungen und Skizzen.

5. Technologie (Arbeitskunde). 1 Stunde: Die verschiedenen Arten der Maschinen zum Drehen und Gewindeschneiden.

Werkzeuge und Maschinen zum Hobeln und Fräsen.

Werkzeuge und Verfahren zur Verbindung von Metallen, insbesondere das Nieten, Schweißen und Löten.

Die wichtigsten Verfahren zur Bearbeitung der Oberfläche von Metallteilen zwecks Verbesserung der Haltbarkeit und des Aussehens.

6. Physik und Chemie. 1 Stunde: Die Grundzüge der technischen Mechanik unter Berücksichtigung der Anwendungen in der Werkstatt.

Die für die Technik wichtigsten Erscheinungen und Gesetze der Wärmelehre, Akustik und Optik.

7. Zeichnen. 2 Stunden: Übungen im Skizzieren und technischen Zeichnen von einfachen Apparatteilen.

Anfertigung kleinerer Werkstattzeichnungen.

In Klasse I.

1. Technologie (Materialien- und Werkstattskunde). 2 Stunden: Kurzer Abriß der Materialienkunde: Die Herstellung und Rohverarbeitung von Eisen und Stahl. Das Härten des Stahles. Die Eigenschaften der wichtigsten Metalle und Legierungen und ihre Verwendung in der Werkstatt. Die Eigenschaften der wichtigsten Holzarten und Isoliermaterialien.

Das Formen und Gießen sowie Herstellung der Gußmodelle.

Die Verarbeitung der Metalle durch Walzen und Ziehen, insbesondere die Herstellung und Verwendung von Profileisen und -messing.

Die wichtigsten Meßwerkzeuge und die Herstellung und Benutzung von Lehren und Schablonen.

Werkzeuge und Verfahren zum Biegen, Treiben und Drücken.

Scheren, Schnitte, Biege- und Zugstanzen, Werkzeuge und Spezialeinrichtungen für die Massenfabrikation von Apparatteilen.

2. Elektrotechnik. 2 Stunden: Die Grundbegriffe der Elektrizitätslehre und die elektrotechnischen Maßeinheiten.

Die wichtigsten Gesetze der Elektrizitätslehre mit Anwendungsbeispielen aus der Elektrotechnik.

Die wichtigsten Gesetze und Erscheinungen des Elektromagnetismus und der Induktion.

Die wichtigsten Apparate der Schwachstromtechnik unter besonderer Berücksichtigung der Telegraphie und Telephonie.

Leitungen und Kabel für Schwach- und Starkstrom.

Das Wichtigste aus der elektrischen Meßtechnik und dem Bau der Meßinstrumente.

Die elektrische Beleuchtung und Kraftübertragung.

3. Zeichnen. 2 Stunden: Anfertigung ordnungsmäßiger Werkstattzeichnungen mit Stücklisten und Normalientabellen nach Modellen oder Skizzen.

Übungen im Entwerfen der zugehörigen Lehren und Spezialeinrichtungen für die Fabrikation.

Die Zahl der Schüler, überwiegend Mechanikerlehrlinge, beträgt in jeder Klasse im Durchschnitt nur 25 bis 30. Bei entsprechender Vorbildung können die Schüler von einzelnen Fächern befreit werden, insbesondere werden die Schüler mit Berechtigungsschein zum einjährig-freiwilligen Militärdienst von dem Unterricht in Deutsch und Rechnen befreit. Der Unterricht wird in sämtlichen Fächern nebenamtlich von Beamten des Werkes erteilt, und zwar von 18 Ingenieuren und 6 kaufmännisch gebildeten Herren. Die Oberleitung hat ebenfalls nebenamtlich einer der Oberingenieure. Es soll dadurch eine möglichst eingehende Anpassung des Lehrstoffes an die besonderen Anforderungen des eigenen Betriebes erreicht werden. Bei der Festsetzung der Unterrichtszeiten mußte, wie die Druckschrift des Werkes bemerkt, nicht nur auf die Arbeitszeit der Lehrlinge, sondern auch auf die im Sommer und Winter verschiedenen Bürostunden Rücksicht genommen werden. Der Unterricht findet statt im Sommer von $7^1/_2$ bis $8^1/_2$ Uhr morgens und $3^1/_2$ bis $6^1/_2$ Uhr nachmittags und im Winter von $7^1/_2$ bis $9^1/_2$ Uhr morgens und von $4^1/_2$ bis $6^1/_2$ Uhr nachmittags.

Beispiel II. Werkschule einer westfälischen Maschinenfabrik.

In der von dem Werk herausgegebenen Beschreibung der Werkschule wird gesagt, daß die Schule aus dem Bedürfnis entstanden sei, einen vorzugsweise für den Maschinenbau geeigneten Arbeiterstamm zu bekommen. Das dort in der allgemeinen städtischen Fortbildungsschule Gebotene ist zumeist auf den Handwerkerstand, nicht aber auf den in der Fabrik tätigen Arbeiter zugeschnitten. Da aber die Anforderungen an den in der Fabrik arbeitenden Bediensteten ganz andere sind als an den später meist selbständig werdenden Handwerker, so ist nach der Erfahrung der Firma der Unterricht in der städtischen Fortbildungsschule für eine gute Ausbildung dieser Lehrlinge nicht geeignet. Als Ziel der betreffenden Werkschule wird angegeben, den Lehrlingen erstens eine gediegene Fachausbildung zu geben, aufbauend auf die in der Volksschule erworbene Allgemeinbildung, und zweitens ihnen Aufschluß zu erteilen über die mit ihrem Beruf zusammenhängenden volkswirtschaftlichen Fragen und bürgerlichen Gesetze.

Jeder in die Fabrik eintretende jugendliche Arbeiter muß bis zur Vollendung seiner gesetzlichen Fortbildungsschulpflicht, d. h. bis zum vollendeten 18. Lebensjahre, die Werkschule besuchen. Vom Besuch einer anderen Fortbildungsschule ist er dadurch befreit. Auch nach dem 18. Jahr kann der Lehrling zur Vervollständigung seiner Ausbildung auf Wunsch weiter am Unterricht teilnehmen. Die Schule hat drei Jahresklassen nach folgender Anordnung.

Tafel 19.

Stoffverteilung und Stundenzahl.

Lehrfach	Stundenzahl in der I. Klasse	II. Klasse	III. Klasse
Deutsch	1	1	2
Rechnen	1	1	2
Mathematik	1	1	—
Mechanik	1	—	—
Maschinenlehre	1	—	—
Montagelehre	1	—	—
Werkstofflehre	—	1	—
Zeichnen	—	2	2
wöchentlich zusammen	6	6	6

Der Unterrichtsstoff ist im einzelnen wie folgt gegliedert:

Klasse III.

Deutsch. Wöchentlich 2 Stunden. Montags von 6—7 und Freitags von 7—8. Lesestücke geschichtlichen, wirtschaftlichen, berufs- und bürgerlichen Inhalts; die Schulordnung, Bestimmung des Statuts bezüglich der Fortbildungsschule, der Lehrvertrag, die Pflichten des Lehrlings, Wert der Zeugnisse, der Lohn, Sparsamkeit, Spareinrichtungen, Belehrungen über Gesundheitspflege unter besonderer Berücksichtigung des Geschäfts, Wert der Arbeit.

Sprachlehre und Rechtschreiben, im Wechsel mit Aufsatzübungen.

Geschäftsaufsätze: Der bürgerliche Brief und die Postkarte, Mitteilungen aus dem Geschäft, Postpaketadressen, Postanweisung, Telegramm, Frachtbrief, Rechnung, Quittung, Schuldschein, Zeugnis u. a.

Dieser Lehrstoff ist wie folgt auf die Unterrichtswochen und -stunden verteilt:

1 Woche lang: Die Schulordnung.
1 „ „ Lerne was, so kannst du was. Ein Brief.
1 „ „ Bestimmungen des Ortsstatuts bezüglich der Fortbildungsschule.

1 Woche lang: Frische Luft. Die Postkarte.
1 „ „ Der Lehrvertrag. Grammatik: Deklination.
1 „ „ Die Pflichten des Lehrlings.
1 „ „ Das vierte Gebot. Orthographie: Dehnungszeichen.
1 „ „ Wert der Zeugnisse. Lebenslauf.
1 „ „ Vom Kapital. Der Lohn. Grammatik: Gebrauch der Verhältniswörter.
1 „ „ Vom Sparen. Spareinrichtungen.
1 „ „ Belehrung über Gesundheitspflege. Orthographie: Dehnungszeichen.
1 „ „ Reinigung der Körperhaut.
1 „ „ Unsere Ernährung. Grammatik: Gebrauch der Verhältniswörter.
2 „ „ Die Schädlichkeit des Mißbrauchs geistiger Getränke. Orthographie: Schärfungszeichen.
1 „ „ Aus Preußens Staatsverfassung. Postpaketadresse.
1 „ „ Aus Preußens Staatsverfassung. Grammatik: Der nackte Satz.
1 „ „ Das Deutsche Reich und seine Verfassung. Die Postanweisung.
1 „ „ Das Deutsche Reich und seine Verfassung. Orthographie: Schärfungszeichen
1 „ „ Wert der Arbeit. Telegramm.
1 „ „ Die Brennstoffe. Grammatik: Der erweiterte Satz.
1 „ „ Die Brennstoffe. Frachtbrief.
1 „ „ Anthrazit und Steinkohle. Orthographie: Große Anfangsbuchstaben.
1 „ „ Die Gasbeleuchtung. Quittung.
1 „ „ Die Gasbeleuchtung. Grammatik: Der zusammengezogene Satz.
1 „ „ Von der Rechtspflege. Schuldschein.
1 „ „ Von der Rechtspflege. Orthographie: Kleine Anfangsbuchstaben.
1 „ „ Das neue deutsche Arbeiterrecht. Zeugnis.
1 „ „ Aus der Gewerbeordnung. Grammatik: Der zusammengezogene Satz.
1 „ „ Aus dem Bürgerlichen Gesetzbuch.
10 „ „ Zehn Wochen dienen außerdem zur Wiederholung und Befestigung. Aus einer Anzahl von Lesestücken werden Aufsätze angefertigt.

Zus. 40 Wochen.

Rechnen. Wöchentlich 2 Stunden. Montags von 7—8, Freitags von 6—7 Uhr. Münzen, Maße, Gewichte, Zeitmaße. Resolvieren, Reduzieren, Zeitrechnung. Wiederholung der vier Rechnungsarten mit gemeinen und Dezimalbrüchen. Der gerade Dreisatz, der umgekehrte Dreisatz. Verdienst nach Stunden, Tagen, Wochen, Monaten und Jahren. Kosten für Ausstattung des Lehrlings bei Schulentlassung, beim Lehrantritt. Die täglichen, wöchentlichen, monatlichen und jährlichen Ausgaben eines Einzelnen und einer Familie. Spareinrichtungen, Spareinlagen und deren Verzinsung. Das Kostgeld des Lehrlings. Sätze vom durchschnittlichen Tagelohn. Längen-, Flächen- und Raummaße: Anstrich des Arbeitsraumes nach Quadratmetern. Quadrat, Rechteck, Dreieck. Neubelag des Fußbodens mit Dielen. Bestandteile guter und schlechter Luft. Kubikinhalt des Arbeitsraumes. Berechnung auf den einzelnen Arbeiter. Portogebühren nach Gewicht und Zonen. Ausgaben eines verschwenderischen Rauchers und Trinkers auf Tag, Monat und Jahr.

Verteilung dieses Lehrstoffes auf Unterrichtswochen und -stunden:

1 Woche lang: Münzen, Maße, Gewichte, Zeitmaße.
1 „ „ Resolvieren, Reduzieren.
2 „ „ Zeitrechnung.
1 „ „ Addition gleichnamiger und ungleichnamiger Brüche.
1 „ „ Subtraktion gleichnamiger und ungleichnamiger Brüche.
1 „ „ Multiplikation der Brüche.
1 „ „ Division der Brüche.
3 „ „ Der gerade Dreisatz.
1 „ „ Der umgekehrte Dreisatz.
1 „ „ Aufgaben zur Wiederholung.
2 „ „ Verdienst nach Stunden, Tagen, Wochen, Monaten und Jahren.
2 „ „ Kosten für Ausstattung des Lehrlings bei Schulentlassung, beim Lehrantritt.
3 „ „ Die täglichen, wöchentlichen, monatlichen und jährlichen Ausgaben eines einzelnen und einer Familie.
1 „ „ Spareinrichtungen.
3 „ „ Spareinlagen und deren Verzinsung.
1 „ „ Das Kostgeld des Lehrlings.
1 „ „ Sätze vom durchschnittlichen Tagelohn.
2 „ „ Berechnung des Kranken- und Sterbegeldes.
1 „ „ Längen-, Flächen- und Raummaße.
2 „ „ Berechnung des Qudrats, Rechtecks und Dreiecks.
2 „ „ Kostenberechnung für Anstrich des Arbeitsraumes.
4 „ „ Neubelag des Fußbodens mit Dielen. Bestandteile guter und schlechter Luft. Kubikinhalt des Arbeitsraumes.
1 „ „ Berechnung auf den einzelnen Arbeiter.
2 „ „ Ausgaben eines Trinkers und eines verschwenderischen Rauchers auf Tag, Monat und Jahr.

Zus. 40 Wochen.

Zeichnen. Wöchentlich 2 Stunden. Mittwoch abends von 6—8 Uhr.

Lehrplan für Zeichnen. Freihandzeichnen. Verteilung des Lehrstoffes auf Unterrichtswochen und -stunden:

5 Wochen lang: 1. Erklärung der gebräuchlichsten Profileisen an Hand von Tafelskizzen und Aufzeichnung derselben.
9 „ „ 2. Schrauben, Niete und deren Verbindungen, Gewindearten, Schraubenarten und deren Verwendung.
7 „ „ 3. Scheiben-, Schalen-, Hülsen-, Klauen- und Motorkupplung.
4 „ „ 4. Riemenscheiben und Seilscheiben, geteilte und ungeteilte Scheiben.
5 „ „ 5. Einfache Lager, Lagerschalen mit und ohne Weißmetallfutter.
5 „ „ 6. Laufrollen und Laufrollenachsen.
5 „ „ 7. Zahnräder.

Zus. 40 Wochen.

In Klasse II.

Deutsch mit Geschäftsaufsatz. Wöchentlich 1 Stunde. Montags von 6—7 Uhr.

Rechtsverhältnis zwischen Arbeitgeber und Arbeiter. Streitigkeiten zwischen beiden. Gewerbegericht. Eingaben an das Gewerbegericht. Die Arbeiterschutzgesetze. Kranken-, Unfall-, Invaliditäts- und Altersversicherungsgesetze. Eingaben an die Versicherungsanstalt der Provinz Westfalen. Verwaltung der Stadt. Eingaben an die Polizeibehörde und an das Bürgermeisteramt.

Verteilung dieses Lehrstoffes auf Unterrichtswochen und -stunden:

1	Woche lang:	Rechtsverhältnisse zwischen Arbeitgeber und Arbeiter.
3	„ „	Bestimmungen über das Lehrlingswesen.
3	„ „	Arbeitsverhältnisse der Gesellen und Gehilfen.
2	„ „	Die Gewerbegerichte.
2	„ „	Eingaben an das Gewerbegericht.
4	„ „	Das Krankenversicherungsgesetz.
4	„ „	Das Unfallversicherungsgesetz.
5	„ „	Das Invaliditäts- und Altersversicherungsgesetz.
1	„ „	Wiederholung dieser Gesetze.
4	„ „	Eingaben an die Versicherungsanstalt der Provinz Westfalen.
2	„ „	Das Patentgesetz und Gebrauchsmusterschutzgesetz.
3	„ „	Die Verwaltung der Stadt.
4	„ „	Eingaben an die Polizeibehörde und an das Bürgermeisteramt.
2	„ „	Wiederholung.
Zus. 40	Wochen.	

Rechnen. Wöchentlich 1 Stunde. Montags von 7—8 Uhr. Prozentrechnung (Gewinn, Verlust, Rabatt, Diskont, Abschreibungen): Steuer- und Versicherungsrechnung, Feuer-, Haftpflicht- und Lebensversicherung, Kranken-, Unfall-, Invaliditäts- und Altersversicherung.

Verteilung dieses Lehrstoffes auf Unterrichtswochen und -stunden:

2	Wochen lang:	Prozentrechnung: Zinsen werden gesucht.
2	„ „	Prozentrechnung: Kapital wird gesucht.
2	„ „	Prozentrechnung: Zinsfuß wird gesucht.
2	„ „	Rabatt- und Diskontberechnung.
3	„ „	Aufgaben aus der Flächenberechnung.
3	„ „	Aufgaben aus der Körperberechnung.
2	„ „	Einkommensteuer.
1	„ „	Kommunalsteuer.
2	„ „	Feuerversicherung.
1	„ „	Haftpflichtversicherung.
2	„ „	Lebensversicherung.
2	„ „	Krankenversicherung.
2	„ „	Unfallversicherung.
2	„ „	Invaliditätsversicherung.
2	„ „	Altersversicherung.
10	„ „	Zehn Wochenstunden dienen außerdem zur Wiederholung und Befestigung.
Zus. 40	Wochen.	

Algebra. Mathematik. Wöchentlich 1 Stunde. Mittwochs von 6—7 Uhr. Einführung in die Algebra. Verwendung von Buchstaben als Zahlen in Formeln. Positive und negative Zahlen. Addition, Subtraktion, Multiplikation und Division algebraischer Zahlen. Begriff der Potenz und Wurzel. Einfache Gleichungen ersten Grades mit einer Unbekannten.

Verteilung dieses Lehrstoffes auf Unterrichtswochen und -stunden:

2 Wochen lang: 1. Einführung in die Algebra, Verwendung von Buchstaben als Zahlen in Formeln.
2 „ „ 2. Positive und negative Zahlen.
4 „ „ 3. Addition.
4 „ „ 4. Subtraktion.
2 „ „ 5. Wiederholungen.
4 „ „ 6. Multiplikation.
2 „ „ 7. Division algebraischer Zahlen.
2 „ „ 8. Wiederholungen.
2 „ „ 9. Begriff der Potenz und Wurzel.
6 „ „ 10. Einfache Gleichungen ersten Grades mit einer Unbekannten.
6 „ „ 11. Übungsbeispiele zu 10.
4 „ „ 12. Wiederholungen.

Zus. 40 Wochen.

Zeichnen. Wöchentlich 2 Stunden. Freitags abends von 6—8 Uhr.

Verteilung des Lehrstoffes auf Unterrichtswochen und -stunden:

3 Wochen lang: 1. Einige Übungsaufgaben zur Handhabung des Zirkels.
10 { „ „ 2. Einige Übungsaufgaben aus der darstellenden Geometrie. Würfel, Prisma, Kegel, schräger Schnitt durch Kegel.
„ „ 3. Modellaufnahme nach Handskizze mit Maßen. Übertragung der aufgenommenen Skizzen auf das Reißbrett an Hand der Skizze, jedoch ohne Modell. }
27 „ „ Tabelle über Materialbezeichnung.

Zus. 40 Wochen.

Werkstoffkunde. Wöchentlich 1 Stunde. Mittwochs von 7—8 Uhr.

Vorkommen, Eigenschaften, Herstellung, Verwendung und Bewertung der in der Industrie gebräuchlichen Materialien.

I. Hölzer: Allgemeines. Holz als Ware, Holzarten. II. Metalle: Allgemeine Eigenschaften, Eisen, Zink, Kupfer, Blei, Legierungen. III. Steine und Erden. IV. Leder, Gummi, Baumwolle, Hanf, Kamelhaar, Riemen, Transportgurte, Dichtungsmaterial. V. Öle, Fette, Graphit als Schmiermittel. VI. Brennstoffe.

Verteilung dieses Lehrstoffes auf Unterrichtswochen und -stunden:

3 Wochen lang: Allgemeines über Hölzer: Wachsen, Gefüge, Eigenschaften, Fällen, Trocknen, Schwinden, Werfen, Zerstörung, Schutzmittel gegen diese.
1 „ „ Holz als Ware, Holzarten.
1 „ „ Wiederholungen.
1 „ „ Allgemeines über Eisen.
2 „ „ Erze.
5 „ „ Eisensorten: Roheisen, graues und weißes, Spiegeleisen, Schmiedeeisen, Flußeisen und -stahl, Schweißeisen und -stahl.
2 „ „ Gußeisen, Formerei, Schmelzen, Gießen.
2 „ „ Stahlguß, Formerei, Schmelzen, Gießen.
2 „ „ Werkzeugstahl, seine Verwendung und Härtung, Anlaßfarben.
2 „ „ Walzeisenfabrikate, Rundeisen, Profileisen, Bleche, Draht.
4 „ „ Wiederholungen.
2 „ „ Zink, Kupfer, Blei, Eigenschaften, Herstellung und Verwendung.

2 Wochen lang:	Legierungen: Bronzen, Phosphorbronze, Messing, Tombak, Lote.
1 „ „	Steine: künstliche und natürliche, insbesondere Schamotte und Dinassteine.
1 „ „	Erden, Sand, Kieselgur, Ton, Mörtel, Kitte.
2 „ „	Öle und Fette, vegetabile und mineralische, Graphit.
2 „ „	Brennstoffe: Holz, Holzkohle, Steinkohle, Braunkohle, Torf, Erdöle, Erdgas.
5 „ „	Wiederholungen.
Zus. 40 Wochen.	

In Klasse I.

Mechanik. Wöchentlich 1 Stunde. Montags von 6—7 Uhr. Allgemeines über Festigkeit, Elastizität, Elastizitätsgrenze, Festigkeit der verschiedenen Materialien, Zugfestigkeit, Abscherung und Druckfestigkeit, Biegungsfestigkeit, Knickfestigkeit und Torsionsfestigkeit.

Reduktion und Zerlegung von Kräften, Parallelogramm der Kräfte, die mechanischen Maßeinheiten, Bewegungslehre, gleichförmige Bewegung, gleichförmig beschleunigte und verzögerte Bewegung, freier Fall, lebendige Kraft, schiefe Ebene, die verschiedenen Hebel und deren Anwendung, Bewegungswiderstände.

Verteilung dieses Lehrstoffes auf Unterrichtswochen und -stunden:

1 Woche lang:	Elastizitätsgrenze, Elastizitätsmodul, Festigkeitskoeffizient.
3 „ „	Zugfestigkeit, Berechnung von Bolzen, Schrauben, Seilen, Ketten.
2 „ „	Abscherung und Druckfestigkeit mit Berechnung von Nieten, Bolzen usw. Biegungsfestigkeit mit Berechnung von Trägern auf zwei Stützen, eingespannter.
3 „ „	Träger mit Einzel- und Streckenlast.
2 „ „	Knickfestigkeit mit Berechnung von Säulen und Streben.
2 „ „	Torsionsfestigkeit mit Berechnung von Wellen usw.
3 „ „	Anwendung und Wiederholung.
2 „ „	Reduktion und Zerlegung der Kräfte, Parallelogramm der Kräfte.
1 „ „	Hebel, Statisches Moment.
2 „ „	Mechanische Maßeinheiten.
1 „ „	Die Pferdekraft.
1 „ „	Bewegungslehre, gleichförmige Bewegung.
1 „ „	Gleichförmig beschleunigte und verzögerte Bewegung.
1 „ „	Freier Fall.
1 „ „	Die Arbeit.
1 „ „	Lebendige Kraft.
1 „ „	Goldene Regel der Mechanik.
2 „ „	Schiefe Ebene, Keil, Schraube ohne Ende.
1 „ „	Rolle, Wellrad.
1 „ „	Flaschenzug.
1 „ „	Pronysche Zaum.
1 „ „	Sicherheitsventil.
1 „ „	Schwungrad.
2 „ „	Gleitende und rollende Reibung, Reibungswiderstände.
3 „ „	Anwendung und Wiederholung.
Zus. 40 Wochen.	

Montagelehre: Wöchentlich 1 Stunde. Montags von 7—8 Uhr.

Allgemeines über Montagen, Hilfsmittel bei der Montage. Spezielle Ausführung der Montagen von Rangieranlagen, Schiebebühnen, und Gleisen, Drehscheiben, Aufzügen und Transportanlagen, Kränen aller Art und Transmissionsanlagen. Schriftliche Übungen.

Verteilung dieses Lehrstoffes auf Unterrichtswochen und -stunden:

3 Wochen lang:	1.	Allgemeines über Montagen. Die Stellung des Monteurs bei seiner Firma. Instruktion vor der Abreise, Anmeldung auf der Montagestelle. Das Annehmen von Hilfsarbeitern. Verhalten der Kundschaft gegenüber. Besondere Montagebestimmungen der Firma. Die Werkzeugkiste. Zurücksendung übriggebliebener Teile und Werkzeuge von der Montagestelle usw.
	2.	Hilfsmittel auf der Montage. Transportmittel. Anwendung einfacher Hebel und Flaschenzüge, Fußwinden, Kabelwinden, Standbäumen, deren Höhe und Stärke. Anwendung der Tabellen über die Tragfähigkeit von Seilen und Ketten.
8 „ „		Wie man Seile und Ketten anschlagen muß usw.
	3.	Rangieranlagen. Das Abstecken der Rangieranlage, Abladen, Transport und Montage. Endlose Rangieranlagen. Fehler, welche häufig vorkommen, und ihre Vermeidung.
4 „ „	4.	Schiebebühnen und Gleise. Abladen, Transport und Montage. Fehler, welche häufig vorkommen, und ihre Vermeidung.
4 „ „	5.	Drehscheiben. Abladen, Transport und Montage. Fehler, welche häufig vorkommen, und ihre Vermeidung.
4 „ „	6.	Kräne. Abladen, Transport und Montage. Fehler, welche häufig vorkommen, und ihre Vermeidung.
4 „ „	7.	Aufzüge und Transportanlagen. Abladen, Transport und Montage. Fehler, welche häufig vorkommen, und ihre Vermeidung.
4 „ „	8.	Transmissionsanlagen. Abladen, Transport und Montage. Fehler, welche häufig vorkommen, und ihre Vermeidung.
4 „ „	9.	Schriftliche Übungen.
5 „ „		Montageberichte.
Zus. 40 Wochen.		

Montagelehre für Lehrlinge der Motorenfabrik. Wöchentlich 1 Stunde. Montags von 7—8 Uhr.

Der Automobilmotor: seine Wirkungsweise als Viertakt-Explosionsmotor, Kühlung, Zündung, Vergaser, Benzinzuführung und -behälter, Ölzuführung und -behälter; Schalldämpfer. — Kupplungen, Getriebe und Kraftübertragungen. — Das Untergestell: Lagerung und Benennung aller Teile. — Karosserien. — Automobilzubehör.

Verteilung dieses Lehrstoffes auf Unterrichtswochen und -stunden:

8 Wochen lang:	I. Der Automobilmotor: a. Seine Wirkungsweise als Viertaktexplosionsmotor, Einzylnder, Zweizylinder, Vier- und Mehrzylinder. b. Seine Kühlung. Durch Luft sowie durch Wasser, mit und ohne Pumpe. c. Die Zündungen:
2 „ „	Akkumulatorenzündung.
2 „ „	Magnet-Niederspannungs-Zündung.
1 „ „	Magnet-Hochspannngs-Zündung.
1 „ „	Doppelzündungen und elektrische Anlaßvorrichtungen.
	d. Die Vergaser.
2 „ „	Oberflächenvergaser und Spritzvergaser.
	e. Einzelheiten zum Motor.
1 „ „	Benzinzuführung und -behälter.
1 „ „	Ölzuführung und- behälter.
1 „ „	Schalldämpfer.
	II. Kupplungen, Getriebe und Kraftübertragungen.
2 „ „	a. Konuskupplung in Metall und Leder.
2 „ „	b. Getriebe. Wechselgetriebe und Differentialgetriebe.
2 „ „	c. Kraftübertragung durch: 1. Kardanwelle. 2. Kette.
	III. Das Automobiluntergestell.
4 „ „	a. Rahmen. b. Räder und Bereifung. c. Bremsen. d. Steuerung, e. Lagerung und Benennung aller Teile.
	IV. Kenntnis der verschiedenen Karosseriebauarten.
	V. Automobilzubehör:
1 „ „	a. Beleuchtungsapparate, b. Signalinstrumente, c. Kilometerzähler und Geschwindigkeitsmesser. d. Werkzeuge.
10 „ „	Zehn weitere Stunden dienen zur Wiederholung und Befestigung.
Zus. 40 Wochen.	

Maschinenlehre und Elektrotechnik. Wöchentlich 1 Stunde. Mittwoch abends von 6—7 Uhr.

A. Maschinenlehre. Zweck und Wesen einer Maschine, einfache Maschinen: Hebel, Schrauben usw. Erklärung der Begriffe: Kraft, Weg, Arbeit, Energie, Leistung; Umwandlung der Energie und Äquivalente, Erhaltung der Energie, Verluste in Maschinen, Erklärung des Begriffes, Wirkungsgrad, Flaschenzüge, Schraubenwinden, Kabelwinden; die bei diesen Maschinen zur Verwendung kommenden Bremsen, die zur Anwendung gelangenden Zugorgane mit Wiederholung der hierauf bezüglichen Festigkeitsrechnungen.

B. Elektrotechnik. Magnetismus, Elektrizität, Reibungs-Elektrizität, galvanische Elektrizität, Induktions-Elektrizität, elektrische Maßeinheiten, Dynamomaschinen und Motoren für Gleich-, Wechsel- und Drehstrom, Akkumulatoren.

Verteilung dieses Lehrstoffes auf Unterrichtswochen und -stunden:

2 Wochen lang:	Einfache Maschinen: Hebel, Rolle, Schrauben usw.
2 „ „	Kraft, Weg, Arbeit, Energie, Leistung, Umwandlung der Energieformen, Verluste in Maschinen, Wirkungsgrad.
2 „ „	Begriff, Kraft- und Arbeitsmaschinen.
4 „ „	Flaschenzüge, Potenzflaschenzüge, Faktorenflaschenzüge.
2 „ „	Schraubenwinden, Lokomotivhebeböcke, Nietwinden.
4 „ „	Kabelwinden, Handkabelwinden, elektrische Kabelwinden, Dampfwinden.
4 „ „	Aufzugswinden für Schräg- und Senkrechtaufzüge, Schnecken- und Stirnräderwinden.
3 „ „	Krane, Drehkrane, Laufkrane.
5 „ „	Bremsen, Backen-, Band- und Kegelbremsen.
1 „ „	Zugorgane, Ketten und Seile.
1 „ „	Magnetismus.
2 „ „	Reibungs-, galvanische und Induktions-Elektrizität.
2 „ „	Elektrotechnische Maßeinheiten, Volt, Ampere, Watt, Hekto- und Kilowatt, Kilowattstunden.
6 „ „	Dynamomaschinen, Motore für Gleich- und Drehstrom-Akkumulatoren.

Zus. 40 Wochen.

Rechnen. Wöchentlich 1 Stunde. Freitags von 6—7 Uhr.

Wiederholung aus der Bruchrechnung, Aufgaben aus der zusammengesetzten Dreisatzrechnung, Gesellschafts-, Mischungs- Durchschnitts- und Verhältnisrechnung, Potenzieren, Wurzelziehen, Lohnbuch, Steuereinschätzung.

Verteilung dieses Lehrstoffes auf Unterrichtswochen und -stunden:

3 Wochen lang:	Wiederholungsaufgaben aus der Bruchrechnung.
5 „ „	Aufgaben aus der zusammengesetzten Dreisatzrechnung.
4 „ „	Gesellschaftsrechnung.
3 „ „	Mischungsrechnung.
3 „ „	Durchschnittsrechnung.
4 „ „	Verhältnisrechnung.
2 „ „	Potenzieren.
2 „ „	Wurzelziehen.
2 „ „	Lohnbuch.
2 „ „	Steuereinschätzung.
10 „ „	Zehn Stunden dienen außerdem zur Wiederholung und Befestigung.

Zus. 40 Wochen.

Mathematik und Geometrie. Wöchentlich 1 Stunde. Mittwochs von 7—8 Uhr.

Geometrische Vorbegriffe.

Punkt, Linie, Fläche, Körper.

a. Linie. Die verschiedenen Lagen grader Linien zueinander.

b. Fläche. Konstruktion und Begrenzung von Dreieck, Viereck und Vieleck; Pythagoras, Verwandlungsaufgaben.

c. Körper. Berechnung der fünf einfachen Körper, Prisma, Zylinder, Pyramide, Kegel, Kugel. — Pyramiden- und Kegelstumpf, Kugelteile.

d. Eigengewicht. Gewichtsberechnungen.

Verteilung dieses Lehrstoffes auf Unterrichtswochen und -stunden:

2 Wochen lang:	1.	Einführung in die Algebra, Verwendung von Buchstaben als Zahlen in Formeln; positive und negative Zahlen.
4 „ „	2.	Zusammenzählen und Abziehen.
1 „ „	3.	Wiederholungen.
3 „ „	4.	Malnehmen und Teilen.
1 „ „	5.	Begriff der Potenz und Wurzel.
4 „ „	6.	Einfache Gleichung ersten Grades mit einer Unbekannten.
3 „ „	7.	Wiederholungen.
	8.	Geometrische Vorbegriffe.
		Punkt, Linie, Fläche, Körper.
	a.	Winkel zweier Geraden, rechter, spitzer, stumpfer, erhabener Winkel, gestreckter Winkel, Nebenwinkel, Scheitelwinkel.
2 „ „	9.	Begrenzte ebene Figuren.
		Seiten, Ecken, Diagonalen, innere Winkel, Außenwinkel.
		Man unterscheidet: Dreiecke, Vierecke, und Vielecke, Kreis (Kreislinie), Umfang, Kreisfläche, Halbmesser, Durchmesser, Sehne, Berührende.
1 „ „	10.	Dreieck: gleichseitiges, gleichschenkliches, ungleichseitiges rechtwinkliges Dreieck, Konstruktionen.
		Grundaufgaben, wie Winkel teilen, Lot fällen, rechten Winkel konstruieren,
2 „ „		Dreieck konstruieren usw.
1 „ „	b.	Vierecke: Parallelogramm, Rechteck, Quadrat, Trapez, Vielecke.
1 „ „	c.	Kreis: Linien im und am Kreis, Winkel im und am Kreis.
1 „ „		Wiederholungen.
		Abmessungen und Gleichheit der Figuren. (Einleitung.)
4 „ „	11.	Inhaltsberechnung vorstehend erwähnter Figuren.
1 „ „		Pythagoras, Proportionen, Verwandlung von Vielecken in Dreiecke. Übungsaufgaben aus der Praxis.
1 „ „		Wiederholungen.
		Oberfläche und Inhalt von Prisma, Zylinder, Pyramide, Kegel, Kugel, Pyramiden- und Kegelstumpf, Kugelteile.
4 „ „		Eigengewicht, Gewichtsberechnung.
4 „ „		Wiederholungen.
Zus. 40 Wochen.		

Deutsch im Geschäftsaufsatz. Wöchentlich 1 Stunde. Freitags von 7—8 Uhr.

Soziale und wirtschaftliche Einrichtungen der Stadt. Die preußische und deutsche Verfassung. Staatseinnahmen. Das Rechtswesen. Heer und Marine. Die deutschen Kolonien. Lebenslauf. Bewerbungs- und Erkundigungsschreiben. Arbeitszeugnis. Inserate. Eingaben in Steuer- und Militärangelegenheiten. Verteilung.

Verteilung dieses Lehrstoffes auf Unterrichtswochen und -stunden:

2 Wochen lang:	Soziale und wirtschaftliche Einrichtungen der Stadt.
2 „ „	Die preußische Verfassung.
2 „ „	Das Oberhaupt des Staates.
1 „ „	Vom Landtage: a. Herrenhaus, b. Haus der Abgeordneten.
1 „ „	Die Wirksamkeit der beiden Kammern.
4 „ „	Das Staatsministerium und die einzelnen Ministerien.
	Die Verfassung des Deutschen Reiches.
1 „ „	A. Der Kaiser.
1 „ „	B. Der Bundesrat.
2 „ „	C. Der Reichstag.
1 „ „	Staatseinnahmen (Steuer).
1 „ „	Das Rechtswesen. Entwicklung des Rechtes.
1 „ „	Worauf sich die Gesetze beziehen.
1 „ „	Amtsgericht, Landgericht, Oberlandesgericht, Reichsgericht.
2 „ „	Strafrechtspflege.
1 „ „	Das deutsche Heer. Stärke, Einteilung.
1 „ „	Aushebung. Freiwilliger Dienst.
1 „ „	Gesuch um Zulassung zur Einstellung als Freiwilliger.
1 „ „	Dienstzeit. Oberkommando.
1 „ „	Die Marine.
2 „ „	Die deutschen Kolonien.
1 „ „	Lebenslauf.
1 „ „	Bewerbungsschreiben.
1 „ „	Erkundigungsschreiben.
1 „ „	Arbeitszeugnis.
2 „ „	Inserate: Stellengesuche.
1 „ „	Eingaben in Steuerangelegenheiten.
2 „ „	Einkommensteuer-, Grundsteuer- und Gebäudesteuer.
2 „ „	Reklamationen.
Zus. 40 Wochen.	

Die Lehrmittel und Gebrauchsgegenstände für den Unterricht werden kostenfrei zur Verfügung gestellt, bleiben aber Eigentum des Werkes. Jeder Schüler erhält zu Ostern ein Zeugnis, das von den Eltern oder dem Vormund des Schülers unterschrieben werden muß. Die Zeugnisse werden in ein für die ganze Schulzeit ausreichendes Zeugnisheft eingetragen. Schüler, die sich durch besonderen Fleiß, gute Leistung und tadelloses Betragen ausgezeichnet haben, werden am Ende jedes Schuljahres mit Preisen bedacht.

Beispiel III. Werkschule eines süddeutschen maschinentechnischen Großbetriebes.

Die Schule besteht seit dem Herbst 1890. Die Schüler sind vom Besuch der städtischen Fortbildungsschule befreit, müssen jedoch in den ersten drei Jahren an dem Religionsunterricht teilnehmen. Am Ende des dritten Jahres findet eine Entlassungsprüfung statt, die von einem Schuldirektor als Vertreter der Regierung abgehalten wird in Anwesenheit von Vertretern der städtischen Körperschaften, der Fabrikleitung und der Lehrer. Die Schüler erhalten nach bestandener Prüfung bereits ein Entlassungszeugnis, sind aber durch den Lehrvertrag auch noch im vierten Lehrjahre zum Besuch der Schule verpflichtet.

Tafel 20.

Stoffverteilung und Stundenzahl für Schlosserlehrlinge.

Lehrfach	Stundenzahl in der			
	I. Klasse	II. Klasse	III. Klasse	IV. Klasse
Deutsche Sprache	—	2	2	2
Gewerbekunde	1	1	1	2
Gesetzeskunde	—	1	1	—
Rechnen	—	1	2	2
Buchführung	—	1	—	—
Naturkunde	$^1/_2$	$^1/_2$	—	—
Freihandzeichnen	$5^1/_2$	—	2	4
Geometrisches Zeichnen	—	$5^1/_2$	4	2
wöchentlich zusammen:	7	12	12	12

Der Unterricht findet in der Zeit von $6^1/_4$ Uhr morgens bis $12^1/_4$ Uhr mittags und von 5 bis 7 Uhr nachmittags statt. Es ist folgender Lehrplan zugrunde gelegt:

Klasse IV.

Deutsche Sprache: wöchentlich 2 Stunden.

Rundschreiben, Anerbieten, Bestell-, Empfangsbrief; Beanstandung von Lieferungen; Ablehnung eines Auftrages; Bitte um beschleunigte Lieferung; Anzeige über Fertigstellung und Absendung von Waren; über Geldsendung; Empfangsanzeige. Dabei werden die üblichen Anredeformen im privaten Verkehr besprochen.

Rechnung, Quittung, Schuldscheine, Annonce.

Die gebräuchlichsten Vordrucke im Post- und Bahnverkehr.

Aufsätze aus dem Stoffe der Gewerbekunde.

Lesen aus dem „Nürnberger Fortbildungsschullesebuch": eingehende Besprechung des Gelesenen.

Gewerbekunde: wöchentlich 2 Stunden.

Das Eisen: Der Einfluß des Kohlenstoffes auf dasselbe — Roheisen, Schmiedeeisen, Stahl. Die Eisenerze; der Hochofenprozeß. Das Umschmelzen des Eisens in Tiegel-, Flamm- und Kupolöfen. Das Frischen: Herdfrischen, Puddeln und Bessemern — das Thomasverfahren. Das Tempern. Der Siemens-Martinsprozeß. Das Zementieren. Tiegelgußstahl.

Vorkommen, Gewinnung, Eigenschaften und Verwendung von Kupfer, Zink, Zinn, Blei, Nickel und Aluminium. Legierungen: Rotguß, Messing, Bronze, Neusilber, Komposition, Lötmetalle.

Die edlen Metalle: Gold, Silber, Platin.

Preise der verschiedenen Materialien.

Das Holz: Technische Eigenschaften und Verwendung der Holzarten: Kiefer, Fichte, Tanne, Lärche, Zeder; Eiche, Buche, Ahorn, Esche, Linde, Pappel, Birke; Obstbäume; Pitch-Pine, Ebenholz, Polisander, Mahagoni.

Aufbau und allgemeine Eigenschaften des Holzes. Fehler, Krankheiten und Schädlinge des Holzes. Die verschiedenen Schnittwaren. Schutz und Verschönerung des Holzes.

Rechnen: wöchentlich 2 Stunden.

Angewandte Aufgaben in Anlehnung an das Gewerbe zur Wiederholung der 4 Grundrechnungsarten mit Dezimalbrüchen. Preisberechnungen zur Wiederholung der Schlußrechnung.

Prozentrechnung: Gewinn, Verlust, Brutto, Tara, Netto, Rabatt, Skonto, Provision.

Kostenberechnungen von bezogenen Rohmaterialien, Halbfabrikaten, Zutaten usw. mit Bezugnahme auf Fracht, Rollgeld, übliches Trinkgeld (Einkaufskalkulation).

Erklärung der Gewichtstabellen verschiedener Metallsorten.

Flächenberechnungen: Quadrat— Wurzelziehen — Rechteck, Dreieck, Trapez, Trapezoid, Vielecke, Kreis, Ellipse.

Zeichnen: wöchentlich 6 Stunden.

4 Stunden Freihandzeichnen nach Wandtafeln, Vorlagen und Modellen in Verkleinerungen und Vergrößerungen. Naturzeichnen.

2 Stunden Linearzeichnen: Flächenmuster zur Erzielung einer Fertigkeit in der Handhabung von Reißzeug, Winkel und Schiene. Anlegen der in Tusche ausgeführten Zeichnungen mit Farbe.

Kasse III.

Deutsche Sprache: wöchentlich 2 Stunden.

Erkundigungs-, Auskunfts-, Entschuldigungs-, Mahnbriefe; Stellengesuch, Stellenbewerbung, Zeugnis, Bürgschaftsschein, Bürgschaftsvermerk, Abtretungsschein.

Wechsel und Wechselbriefe mit Belehrungen über den Wechsel: Wesen und Arten des Wechsels; Wechselverbindlichkeit, Eigenschaften des gezogenen Wechsels, Annahme, Übertragung, Zahlung, Protest und Regreß, Verjährung des Wechsels; Ratschläge für den Verkehr mit Wechseln.

Aufsätze aus der Gewerbekunde.

Lesen aus dem Lesebuch und aus Klassikern.

Gewerbekunde: wöchentlich 1 Stunde.

a) Former- und Modellschreiner.

Gattieren, Mischen, Schmelzen der Materialien; Flamm-, Kupol- und Tiegelöfen. Sandaufbereitung. Sand-, Masse- und Lehmformerei. Über Ausführung von Modellen aus Holz, Eisen, Gips, Wachs. Flache und runde Modelle. Werkzeuge für die Formerei. Herstellung von Herd-, Kasten- und Schablonenformen. Bildung von Hohlräumen (Kernen). Gießtechnisches. Pfannen. Holzverbindungen. Werkzeuge des Schreiners. Schwindmaß.

b) Schlosser und Dreher.

Die Bearbeitung der Metalle: Werkzeuge und Maschinen, formgebende und schneidende. Meß- und Einspannvorrichtungen.

Die Anfertigung von Schrauben, Feilen, Schleifmaschinen, Schabern, Reibahlen, Gewindebohrern usw.

Schweißen, Löten, Leimen, Kitten.

a) und b) Gefahren bei der Arbeit. Vorsichtsmaßregeln und die wichtigsten Unfallverhütungsvorschriften. Erste Hilfe bei Unglücksfällen. — Wert einer vernünftigen Körperpflege; hygienische Belehrungen über Ernährung, Reinlichkeit, Lüftung, Kleidung, Wohnung. — Die vom kaiserl. Gesundheitsamt herausgegebenen Merkblätter: Tuberkulose- und Alkoholmerkblatt.

Gesetzeskunde: wöchentlich 1 Stunde.

Die geschichtliche Entwicklung des Handwerks; Entstehung des Handwerks. Das Zunftwesen. Die Gewerbefreiheit. Die Handwerkergesetzgebung der Gegenwart. Einrichtungen und Aufgaben der Innungen. Handwerks- und Gewerbekammer. Genossenschaftswesen. — Staatliche Fürsorge für die Arbeiter: Kranken-, Unfall- und Invalidenversicherung.

Rechnen: wöchentlich 2 Stunden.

Aufgaben mit prozentualen Bestimmungen: Ausbeute von Erzen, Legierungen; Abschreibungen vom Werte der Werkzeuge, Maschinen usw. — Schwindmaß beim

Guß. Berechnung des prozentualen Ab- und Aufgebots, Zuschlag zu den Herstellungskosten als Gewinn.

Lohnberechnungen, Lohnlisten.

Körperberechnung: Würfel, Prisma, Zylinder, Pyramide, Kegel, Kugel, Gewichtsberechnungen.

Aufgaben zur Kranken-, Unfall- und Invalidenversicherung. Prämien für Feuer- und Lebensversicherung.

Wechselrechnungen.

Zeichnen: wöchentlich 6 Stunden.

Former: 4 Stunden Freihandzeichnen und Modellieren; Schlosser, Dreher, Modellschreiner: 2 Stunden Freihandzeichnen.

Linearzeichnen 4 Stunden für Schlosser usw.: Materialientafel, Schriftblatt; die Gerade, der Winkel, Teilungen, Maßstäbe; das Dreieck, die merkwürdigen Punkte im Dreieck; das Viereck; die Vielecke; der Kreis, die Tangente; das Oval, die Ellipse, die Parabel, die Hyperbel; Spiral- und Schneckenlinien, Zykloide, Evolvente und Anwendung bei der Konstruktion von Zahnformen.

Einführung in das Projektionszeichnen: Darstellung einfacher Körper in Grund- und Aufriß und in der Perspektive.

2 Stunden für Former: Materialientafel, Schriftblatt, Formerwerkzeuge, Gußformen einfacher Körper.

Klasse II.

Deutsche Sprache: wöchentlich 2 Stunden.

Kauf- und Pachtverträge, Vollmachten, Arbeitsvertrag. — Submissionsangebote, Lieferungsverträge. — Eingaben, Gesuche, Anträge, Anzeigen und Beschwerden an Behörden. Dabei werden die im öffentlichen Verkehr üblichen Anreden besprochen. — Gesuch um Zulassung zur Gesellenprüfung; hierzu Lebenslauf.

Lesen aus dem Lesebuch und aus Klassikern wie Goethe: „Götz von Berlichingen", „Hermann und Dorothea"; Schiller: „Wallensteins Lager", „Piccolomini", „Wilhelm Tell"; Lessing: „Minna von Barnhelm".

Gewerbekunde: wöchentlich 1 Stunde.

Groß- und Kleinbetrieb. Maschinenverwendung. Wirtschaftliche und soziale Unterschiede zwischen Fabrik und Handwerk; die gesellschaftliche und technische Arbeitsteilung.

Über Kraftmotoren: Dampf-, Explosions-, Verbrennungs-, Wasser- und Elektromotoren.

Arbeitslohn: Natural- und Geldlohn; Abhängigkeit des Lohnes von der Lage des Arbeitsmarktes, der Lebenshaltung, der persönlichen Ausbildung und dem Fleiße der Arbeiter. Produktive und allgemeine Löhne; Zeit- und Stücklohn.

Gewichtsberechnungen von Gegenständen nach Zeichnungen. Kalkulationen von einfachen Stücken nach Skizzen.

Gesetzeskunde: wöchentlich 1 Stunde.

1. Der Meister als Geschäftsmann. Geschäftsgründung und Geschäftsführung. Selbständigmachung durch Kauf (Personal- und Realkredit) oder Pacht. Die einschlägigen Bestimmungen der Gewerbeordnung. — Betriebskapital.

Verkehr mit dem Personal, mit den Kunden und Lieferanten, mit Behörden. Arten der Steuern, Umlagen.

2. Der Meister als Gemeindebürger: Rechte und Pflichten des Gemeindebürgers. Gemeindevertretung. Einnahmen und Ausgaben der Gemeinde.

3. Der Meister als Staatsbürger. Rechte und Pflichten desselben. Die Reichsverfassung. Die Verfassung Bayerns.

Die Verwaltungsbehörden in Bayern.

Bürgerliches und Strafrecht.

4. Gewerbeförderung durch das Gewerbemuseum und die Wittelsbacher Landesstiftung.

5. Deutschland seit 1870/71. Große Männer Deutschlands. Stellung im Welthandel. — Das germanische Museum.

Naturkunde: wöchentlich ½ Stunde.

Allgemeine Eigenschaften der Körper. Allgemeine Kräfte der Körper. Die Mechanik der festen Körper. Tropfbarflüssige Körper. Luftförmige Körper. Die Wärme.

Rechnen: wöchentlich 1 Stunde.

Zinsrechnungen: Berechnung der Steuern und Umlagen. Berechnung der Geschäftsunkosten; Bezugnahme derselben auf die produktiven Löhne eines Jahres oder auf die Gesamtausgaben in einem Jahre an Löhnen und Rohstoffen oder auf die Arbeitszeit.

Kostenberechnungen: Kostenanschläge für die Hand des Meisters und die des Kunden. Feststellung von Einheitspreisen für 1 Stück, 1 m, 1 kg, 1 qm usw.

Ankauf von Wertpapieren.

Buchführung: wöchentlich 1 Stunde.

Die Grundbegriffe der einfachen gewerblichen Buchführung. Die zur Anwendung kommenden Hauptbücher — Inventar-, Tage-, und Hauptbuch — und Hilfsbücher: Warenbuch, Lohnbuch, Geschäftsunkostenbuch usw. Übungen in der Führung der Bücher.

Praktische Ausführung der Buchhaltung an einem zweimonatigen Geschäftsgang.

Zeichnen: wöchentlich 5½ Stunden.

Former: 3½ Stunden Freihandzeichnen nach Gips- und Gußmodellen. Modellieren in Plastelin und Ton. Positive und negative Formen.

2 Stunden Gießereizeichnen: Darstellung der Entstehung von Gußformen.

Schlosser, Dreher, Modellschreiner: 5½ Stunden geometrisches und Körperzeichnen:

Projektion des Punktes, der Linien, der Flächen und verschiedener Körper und Körperdurchdringungen im Grund- und Aufriß; Netzabwicklungen. Verschiedene einfache Maschinenteile, Schrauben und Nieten im Grund- und Aufriß, Seitenansicht und Schnitt.

Klasse I.

Zeichnen:

a) Former: 4 Stunden Freihandzeichnen und Modellieren, gesteigerte Übungen.

2 Stunden Skizzieren von einfachen Maschinenteilen; bildliche Darstellung der Gußformen in ihren Entwicklungsstufen.

b) Dreher, Schlosser, Modellschreiner: 5½ Stunden Skizzieren und Zeichnen von Maschinenteilen nach Modellen. Anfertigung der Zeichnungen zu den Gesellenstücken.

Naturkunde: wöchentlich ½ Stunde.

Der Schall; das Licht; der Magnetismus; die Elektrizität.

Gewerbekunde: wöchentlich je 1 Stunde.

a) Maschinen und neueste Einrichtungen in der Gießerei. Metallgießerei. — Arbeitsmaschinen in der Modellschreinerei.

Eingehende Beschreibung der Entstehung der Formen und der Modelle. Schablonen- und freie Formerei.

b) Montage und Abnahme von Maschinenanlagen. Eingehende Besprechung der Drehbankarten. Kenntnis der Schnittgeschwindigkeiten. Berechnung der Gewinde zum Aufstecken der Wechselräder auf die Drehbank. Verschiedene Maßwerkzeuge und deren Gebrauch.

Besichtigung und Erklärung von maschinellen Anlagen und Werkstättenbetrieben.

a) und b) Wiederholung des gesamten Stoffes der Gewerbekunde. Ausarbeitung der Beschreibung nebst Skizzen für die Gesellenstücke.

Die Schule wird von einem geprüften Volksschullehrer hauptamtlich geleitet, außerdem erteilen noch nebenamtlich ein Ingenieur, ein Bildhauer und ein Techniker Unterricht. Vorstand der Schule ist in der Regel ein Mitglied der Direktion des Werkes. Der Lehrplan lehnt sich an den der städtischen Fortbildungsschule an, ist aber im Zeichenunterricht durch Zuteilung einer größeren Zahl von Wochenstunden erweitert. Die Schulräume bestehen aus einem Zeichensaal von 210 qm mit 45 Zeichentischen, aus einem kleinen Zeichensaal von 96 qm mit 20 großen Zeichenbrettern, aus einem Lehrsaal von 90 qm mit 14 Schreibpulten zu je drei Abteilungen, aus einem Lehrerzimmer, aus einem Geräte- und einem Ausstellungsraum. Jeder Lehrling hat zur Aufbewahrung der Schreib- und Zeichensachen einen verschließbaren Schrank. Für Reißzeug, Zeichenbrett, Winkel und Maßstab braucht der Lehrling nur die Hälfte der Anschaffungskosten zu zahlen; Bücher, Hefte, Schreib- und sonstiges Zeichengerät erhält er unentgeltlich. Für den Unterricht im Projektions- und Maschinenzeichnen, Modellieren und in der Gewerbekunde sind umfangreiche Sammlungen vorhanden.

Zur Förderung des Schulunterrichts werden Museen und Werkstätten während des Betriebes besichtigt und Ausflüge zur Beobachtung der Natur unternommen. Im Mai findet alljährlich ein größerer Tagesausflug statt, dessen Kosten vom Werk getragen werden.

In der III. Klasse werden im Anschluß an die in der Gewerbekunde behandelte Gesundheitslehre von Pfingsten ab wöchentlich eine Stunde Übungen in Anlegen von Verbänden vorgenommen, sowie in sonstigen Handgriffen zur ersten Hilfeleistung bei Unglücksfällen. Ein Heilgehilfe des Werkes hilft bei der Unterweisung.

Die Schule ist besucht worden im Jahre 1900—01 von 110 Schülern, und zwar 38 in Klasse IV, 30 in Klasse III, 19 in Klasse II und 23 in Klasse I. Im Jahre 1911—12 waren in Klasse IV 47 und in Klasse III bis I je 37 Schüler, insgesamt also 158 Schüler.

Die Kosten für die Schule werden für 1909—10 zu rund 10200 *M.* und für 1910—11 zu rund 10800 *M.* angegeben, ohne 5000 Mk. jährlich für Beschaffungen, Beleuchtung, Heizung und Reinigung.

§ 5. Gliederung und Lehrfächer beim Eisenbahnunterricht.

Je nachdem die Lehrlinge eine öffentliche Fortbildungsschule besuchen oder nicht, ist in der Eisenbahnwerkstätte nach LV. 23 und 24, S. 50, ein Ergänzungsunterricht oder ein Vollunterricht zu erteilen.

Da der Fortbildungsunterricht für sich allein schon mindestens 6 Stunden wöchentlich umfaßt, kann der ihn ergänzende Unterricht in der Eisenbahnwerkstätte entsprechend kürzer sein. Die Stundenzahl hierfür war vor dem Kriege in den einzelnen Werkstätten recht verschieden. Sie schwankte zwischen einer und sieben Stunden. Erstere Zahl dürfte zu gering, letztere dagegen reichlich hoch sein. Die Lehrlinge werden sonst zu lange der praktischen Tätigkeit, die Lehrer zu lange ihren sonstigen Hauptdienstgeschäften entzogen. Es besteht dann auch die bekannte Gefahr, daß bei einer zu großen Stundenzahl Sachen behandelt werden, die nicht mehr in den Lehrlingsunterricht gehören. Die Stundenzahl hängt im übrigen auch davon ab, wie die Vorbildung der Lehrlinge an dem betreffenden Orte ist. Haben sie überwiegend gute städtische Schulen besucht, so sind die Kenntnisse im allgemeinen besser als beim Besuche einfacher Dorfschulen. Es sprechen ferner auch besondere örtliche Verhältnisse mit. Wird außerhalb der Werkstätte ein sehr guter Fortbildungsunterricht erteilt, so kann der Ergänzungsunterricht kürzer gehalten werden als im entgegengesetzten Fall. Ein einheitliche, überall zweckmäßige Stundenzahl läßt sich daher nicht festsetzen.

Um indes bei den weiteren Betrachtungen über die Stoffverteilung von bestimmten Zahlenangaben ausgehen zu können, sei hier eine mittlere Fortbildungsschule angenommen und ein Schülerkreis, der überwiegend aus der Stadt und nur zu einem kleinen Teil vom Lande stammt. Hierfür kann der Ergänzungsunterricht auf etwa wöchentlich 5 Stunden bemessen werden. Diese Zahlen wollen wir zunächst zugrunde legen.

Als Unterrichtsgegenstände kommen nach LV. 24, S. 50, namentlich in Betracht: Werkstoffkunde, Anfertigung von Handrissen nach Maßangabe und von Zeichnungen nach Aufnahme.

Darüber hinaus empfiehlt es sich, Eisenbahnmaschinenlehre mit aufzunehmen und hier die Maschinenelemente, Werkzeugmaschinen, Maschinenanlagen und Eisenbahnbetriebsmittel zu besprechen, zumeist Gegenstände, die der Lehrling fast täglich vor Augen hat und die vorwiegend für das Arbeitsgebiet des künftigen Schlossers in Frage kommen. In Hauptwerkstätten, die eine Abteilung für Weichen- und andere Oberbauteile haben, wird auch hierauf kurz einzugehen sein. Der künftige Handwerker muß imstande sein, Einrichtung und Zweck der von ihm zu bearbeitenden Teile zu verstehen.

Bei der vielfachen Anwendung der Elektrotechnik in den Werkstätten für Beleuchtung, Antrieb von Werkzeugmaschinen, Schiebebühnen und Hebezeugen, die zum großen Teile in der Werkstätte selbst unterhalten und ausgebessert werden, ist es sowohl für die Arbeitserledigung als auch für eine vielseitige Verwendbarkeit eines Schlossers nützlich, wenn er nicht ganz ohne elektrotechnisches Verständnis ist. Sofern hierauf nicht schon im Fortbildungsunterricht eingegangen wird, werden wenigstens die einfachsten Grundbegriffe im Ergänzungsunterricht zu erläutern sein.

Es tritt regelmäßig ein größerer Teil der Eisenbahnlehrlinge künftig in das Beamtenverhältnis über und für manchen von ihnen bildet dieser Unterricht die einzige Gelegenheit zur Erwerbung theoretischer Kenntnisse[1]). Aus diesen Gründen dürfte sich die Berücksichtigung der erwähnten Fächer im Eisenbahnunterricht rechtfertigen. Es versäumt wohl auch kein Privatbetrieb, der eine eigene Lehrlingsschule besitzt, seine Lehrlinge außer in den Fächern der allgemeinen gewerblichen Fortbildungsschule noch besonders eingehend über diejenigen Maschinen und Anlagen zu unterrichten, die in der eigenen Werkstätte gebaut werden.

Weiter empfiehlt es sich, angehende Handwerker in den wichtigsten Fragen und Vorschriften zu unterweisen, die sich zumeist aus seiner besonderen Stellung als Angehöriger einer staatlichen Eisenbahnwerkstätte ergeben. Zu nennen sind u. a. hier das Lohnwesen, Kranken-, Alters- und Unfallversicherung, die Unfallverhütungsvorschriften, die Wohlfahrtseinrichtungen, Arbeiterausschußwesen und in großen Zügen auch Gliederung und Zuständigkeit des vorgesetzten Werkstättenamts und der höheren Stellen. Hier liegt der Nutzen eines solchen Unterrichts fast ebensosehr auf seiten der Eisenbahnverwaltung, denn manche amtlichen Maßnahmen würden mit mehr Verständnis aufgefaßt, manche Arbeiterausschußangelegenheit und manches Gesuch würden leichter zu erledigen sein, wenn die betreffenden Arbeiter besser über das Mögliche und Erreichbare unterrichtet wären. Alle hier erwähnten und weitere damit zusammenhängende Fragen seien unter dem Namen „Eisenbahnkunde" zusammengefaßt. Dieser Unterricht bietet im übrigen auch Gelegenheit, die Arbeit der Fortbildungsschule auf erzieherischem Gebiete zu unterstützen und zu vertiefen und auf die besonderen Pflichten hinzuweisen, die die Arbeiter einer staatlichen Eisenbahnwerkstätte haben.

Im vierten Jahre fällt der Besuch der Fortbildungsschule fort. Bei der Gesellenprüfung macht es sich nach unserer Erfahrung nachteilig bemerkbar, daß die Lehrlinge vorher ein ganzes Jahr keinen Unterricht mehr in bestimmten Fächern, namentlich im Deutschen und im Rechnen gehabt haben. Mancher schon vorher nicht ganz Sattelfeste kommt gar bald aus der Übung

[1]) Dies trifft u. a. für die aus dem Werkführerstande hervorgehenden Werkmeister zu. Für Lokomotivheizeranwärter sind bei einer Anzahl Werkstätten Unterrichtskurse hauptsächlich im Rechnen und Rechtschreiben eingerichtet. Außerdem finden Kurse für Lokomotivpersonal an Maschinenbauschulen statt. Nach der Übersicht HMBl. 1913 S. 298—299 betrug die Teilnehmerzahl an den vereinigten Maschinenbauschulen in Cöln 20 (S) (= Sommerhalbjahr), in Dortmund 19 und 31 (S u. W) (= Sommer- und Winterhalbjahr), in Elberfeld-Barmen 25 (S), in Magdeburg 28 (S), an den höheren Maschinenbauschulen in Altona 31 und 29 (S u. W), in Posen 15 und 17 (S u. W), in Stettin 35 und 35 (S u. W), in Gleiwitz 55 und 48 48 (S u. W) in 2 Klassen). Im Verhältnis zu der großen Anzahl von Lokomotivbeamten ist die Anzahl der Unterrichtsteilnehmer verschwindend gering.

und kann oft mit aller Mühe in der Gesellenprüfung die Aufgaben nicht mehr lösen. Da der Lehrling nach dem dritten Jahr durch die fortfallenden sechs Stunden der Fortbildungsschule stark entlastet wird, kann der Ergänzungsunterricht alsdann ohne Gefahr zu starker Beanspruchung um etwa zwei Stunden verstärkt werden. Von diesen wäre etwa die eine für Eisenbahnkunde und die andere für Rechnen und Mathematik nutzbar zu machen, und zwar hier besonders in unmittelbarer Anwendung auf praktische Aufgaben aus Eisenbahnwerkstätten. Das Nähere wird bei Besprechung der Einzelheiten des Unterrichtsstoffes noch behandelt werden.

Je nach den besonderen Verhältnissen kann es zweckmäßig sein, noch den einen oder anderen Unterrichtsgegenstand mit heranzuziehen; im allgemeinen dürfte das hier besprochene Gebiet aber ausreichen, um in Verbindung mit dem Unterricht der Fortbildungsschule den Lehrling auch theoretisch zu einem tüchtigen Eisenbahnhandwerker heranzubilden.

Es ist nun zunächst die Einteilung der Schüler in Klassen zu erörtern, weil sich hiernach die Anordnung des Lehrstoffes richtet. Man wird bei der Schülerzahl für eine Klasse nicht gern über 25 bis 30 gehen. Bei vier Lehrjahren entspricht dies einer Gesamtzahl von 100 bis 120 Lehrlingen. Vor dem Kriege bis 1914 sind nur in wenigen Eisenbahnwerkstätten mehr als 80, meist sogar nur 40 bis 60 Lehrlinge vorhanden gewesen (vgl. S. 29). Hierbei kommen auf jeden Lehrgang dann nur 10—15 Schüler. Zur Ersparung an Lehrkräften und Zeit und zur Vermeidung zu kleiner Klassen legt man dann möglichst je zwei Jahrgänge zu einer Klasse zusammen und teilt den Stoff in Anlehnung an die Bestimmungen des Handelsministers für die Fortbildungsschulen (s. S. 223) in zwei Gruppen a und b, die alle zwei Jahre wiederkehren.

Für beide Fälle, vier Einzelklassen oder zwei Doppelklassen, soll hier ein Beispiel für die Stoffverteilung gegeben werden. Entsprechend dem Schulgebrauch bezeichnen wir die Klassen mit I bis IV und bei den Doppelklassen die obere, also das dritte und vierte Lehrjahr umfassende Klasse mit I und die für die beiden jüngsten Jahrgänge mit II. Es sind im folgenden noch je zwei Turnstunden zugefügt. Hiermit ist dann unter Berücksichtigung der erörterten Gesichtspunkte die nachstehende Verteilung möglich:

Beispiel I.

Verteilung des Lehrstoffes und der Stundenzahl im Eisenbahn-Ergänzungsunterricht bei vier Einzelklassen.

Lehrfach	Stundenzahl in der			
	I. Klasse	II. Klasse	III. Klasse	IV. Klasse
Werkstofflehre	1	1	2	1
Maschinenlehre	2	2	1	2
Eisenbahnkunde . . .	1	—	—	—
Rechnen und Mathematik	1	—	—	—
Zeichnen	2	2	2	2
Turnen	2	2	2	2
wöchentlich zusammen	9	7	7	7

Bei Werkstofflehre können etwa in der vierten Klasse die Nichtmetalle der Rohstoffe und in den übrigen Klassen die Metalle und ihre Legierungen behandelt werden. Das Fach Maschinenlehre läßt sich wie folgt unterteilen: in Klasse IV Maschinenelemente, in Klasse III Werkzeugmaschinen und Maschinenanlagen, in Klasse II Lokomotiven und Tender, in Klasse I Wagen und Anfangsgründe der Elektrotechnik.

Beispiel II.

Verteilung des Lehrstoffes und der Stundenzahl im Eisenbahn-Ergänzungsunterricht bei zwei Doppelklassen.

Lehrfach	Stundenzahl in der I. Klasse		Stundenzahl in der II. Klasse	
	Stoffgruppe a	Stoffgruppe b	Stoffgruppe a	Stoffgruppe b
Werkstofflehre	1	1	2	1
Maschinenlehre	2	2	1	2
Eisenbahnkunde[1]) . . .	(1)	(1)	—	—
Rechnen u. Mathematik[1])	(1)	(1)	—	—
Zeichnen	2	2	2	2
Turnen	2	2	2	2
wöchentlich zusammen	7 bzw. 9	7 bzw. 9	7	7

Wie bereits bemerkt, sind noch manche andere Verteilungen je nach persönlichen Wünschen und nach den örtlichen Verhältnissen möglich.

Es bereitet keine Schwierigkeiten, den vorstehend besprochenen ergänzenden Unterricht zum Vollunterricht zu erweitern. Nach LV. 25, S. 50, sind vornehmlich zu lehren: Rechnen, Deutsch, Buchführung, Mathematik, Zeichnen, Werkstofflehre. Das früher mit „Deutsch" bezeichnete Fach ist nach den „Bestimmungen" S. 221 (HMErl. von 1911) durch Berufs- und Bürgerkunde ersetzt worden. Wir übernehmen im folgenden diesen Ausdruck, um die in LV. 25 besonders vorgeschriebene Anpassung an den Lehrplan der Fortbildungsschule zu wahren. Gelegenheit zu Übungen im Deutschen gibt übrigens auch das zuvor besprochene Fach Eisenbahnkunde.

Bei getrenntem Fortbildungs- und Ergänzungsunterricht werden unter den zuvor gemachten Voraussetzungen, abgesehen vom Turnen, wöchentlich zusammen $6+5=11$ Stunden auf den Unterricht verwandt. Wird nun in der Eisenbahnwerkstätte Vollunterricht erteilt, so braucht man nicht ebenfalls auf 11 Stunden zu gehen. Es läßt sich dann der Unterricht so gestalten, daß manche sonst in der Fortbildungsschule allgemein behandelten Lehrstoffe nun unmittelbar dem Eisenbahndienst angepaßt werden und zwar in der Art, wie es bei dem Ergänzungsunterricht besprochen ist. Dies gilt besonders für das Lehrfach Bürgerkunde.

Es dürfte genügen, wenn der Vollunterricht ohne Turnen im allgemeinen auf 8 Stunden bemessen wird. Eine höhere Stundenzahl findet sich nur selten,

[1]) Nur je für den ältesten Jahrgang. Die Schüler des dritten Jahrgangs gehen währenddessen ihrer Arbeit in der Werkstätte nach.

weder in den Eisenbahnwerkstätten noch in den Werkschulen der Privatbetriebe.

Je nach der Anzahl der Schüler richtet man auch den Vollunterricht entweder in vier Einzelklassen oder zwei Doppelklassen ein. Unter Berücksichtigung der Vorschriften für den Fortbildungsschulunterricht und unter Verwertung guter Lehrpläne von Werkschulen in Privatbetrieben habe ich nachstehend einige Beispiele ausgearbeitet:

Beispiel I.

Verteilung des Lehrstoffes und der Stundenzahl im Eisenbahn-Vollunterricht bei vier Einzelklassen.

Lehrfach	Stundenzahl in der I. Klasse	II. Klasse	III. Klasse	IV. Klasse
Bürgerkunde	1	1	1	1
Rechnen	1	1	1	2
Mathematik	1	1	—	—
Buchführung	—	1	—	—
Werkstofflehre	—	—	1	1
Maschinenlehre	1	1	2	2
Eisenbahnkunde	1	—	—	—
Zeichnen	3	3	3	2
Turnen	2	2	2	2
wöchentlich zusammen	10	10	10	10

Diese Stundenzahl stellt etwa die untere Grenze dar. Man muß hierbei namentlich in den beiden letzten Jahren die Zeit für die einzelnen Fächer schon recht knapp halten, wenn man jedes Fach berücksichtigen will. Läßt es sich einrichten, so ist es zweckmäßig, die Stunden um eine oder zwei zu vermehren, und sei es auch nur in Klasse I und II. Man kann dann auf das eine oder andere Fach etwas mehr Zeit verwenden. Steht darüber hinaus noch Zeit zur Verfügung, so kann man Erweiterungen leicht vornehmen.

Bei zwei Doppelklassen gestaltet sich der Lehrplan ganz entsprechend. Es ist in dem folgenden Beispiel schon die bei dem Ergänzungsunterricht S. 259 erwähnte Unterteilung mit in den Plan aufgenommen. (Vgl. Beispiel II.) — Die Stundenzahlen sind hier ebenfalls wieder als untere Grenze aufzufassen, unter die man nicht gern heruntergehen wird, die man aber nötigenfalls leicht höher setzen kann.

In zahlreichen Eisenbahnwerkstätten findet bereits ein gut ausgebauter Fachunterricht statt. Es bedarf in vielen Fällen nur noch eines geringen Hinzufügens von Unterrichtsstoff, um den Ergänzungsunterricht zum Vollunterricht auszugestalten. Wo dies die dienstlichen Verhlätnisse zulassen und wo nicht etwa eine ausnahmsweise vortreffliche Fortbildungsschule am Orte vorhanden ist, ist die Erweiterung zum vollen Unterricht wohl zu erwägen. Manche der dadurch zu erreichenden Vorteile sind die gleichen, die auch bei Privatbetrieben für die Einrichtung von Werkunterricht maßgebend gewesen sind. Es kann vor

Beispiel II.

Verteilung des Lehrstoffes und der Stundenzahl im Eisenbahn-Vollunterricht bei zwei Doppelklassen.

Lehrfach	Stundenzahl in der I. Klasse		Stundenzahl in der II. Klasse	
	Stoffgruppe a	Stoffgruppe b	Stoffgruppe a	Stoffgruppe b
Bürgerkunde	1	1	1	1
Rechnen	1	1	1	1
Mathematik	1	1	—	—
Buchführung	—	1	—	—
Werkstofflehre				
a) Metalle und ihre Legierungen	—	—	1	—
b) sonstige Werkstoffe	—	—	—	1
Eisenbahn-Maschinenwesen				
a) Maschinenelemente	—	—	2	—
b) Werkzeugmaschinen u. Maschinenanlagen	—	—	—	2
c) Lokomotiven und Tender	1	—	—	—
d) Wagen, Elektrotechnik	—	1	—	—
Eisenbahnkunde	1	—	—	—
Zeichnen	3	3	3	3
Turnen	2	2	2	2
wöchentlich zusammen	10	10	10	10

allem auf die Besonderheiten der Eisenbahnwerkstätten ganz anders Rücksicht genommen werden. Ein wichtiger Grund ist auch, daß die Lehrlinge bei Befreiung von dem Besuche des öffentlichen Fortbildungsunterrichtes in jeder Woche mindestens drei, oft mehr Abende weniger in Anspruch genommen sind. Nicht selten findet in den öffentlichen Fortbildungsschulen der Unterricht selbst Sonntags statt. Bei den vielfach weiten Wegen reicht die Zeit nach Arbeitsschluß für den Lehrling kaum aus, um rasch nach Hause zu eilen und zu Abend zu essen, wenn er noch rechtzeitig zum Beginne des Fortbildungsunterrichtes wieder zur Stelle sein will. Nach einer fast neunstündigen Arbeitszeit in der Werkstätte bedarf der jugendliche Körper der Erholung und hat für angestrengte geistige Tätigkeit nicht immer noch die nötige Frische. Vor 10 Uhr, manchmal später, kann der Lehrling abends selten wieder zurück sein und hat, selbst wenn er sich sofort schlafen legt, nach einem so angestrengten, fast bis auf die letzte Minute besetzten Tag nicht einmal mehr sieben Stunden Nachtruhe. In der Regel muß er ja schon vor 5 Uhr am anderen Tage wieder aufstehen. Dies wiederholt sich mindestens jeden zweiten Tag; außerdem soll der Junge noch an den Übungen der Jugendwehr, der Turnvereine u. dgl. teilnehmen. Es ist daher wohl verständlich, wenn eine Firma die Einführung des Werkunterrichtes ausdrücklich mit der Müdigkeit und Schlaffheit begründet, die bei den jungen Leuten sonst durch die langen Wege zu den Abendstunden der öffentlichen Fortbildungsschule und zurück hervorgerufen würde sowie durch die geringe Zeit, die zur Abendmahlzeit manchmal übrig bleibe. Da die Stimmung und Leistungsfähigkeit der jungen Leute dadurch stark beeinflußt worden sei, habe eine Abhilfe in beiderseitigem Nutzen gelegen.

§ 6. Berufs- und Bürgerkunde.

Es ist hier im wesentlichen der Lehrstoff zu behandeln, wie er auch für die Fortbildungsschulen vorgeschrieben ist, und zwar kommt hier überwiegend nur die auf Seite 224 unter Abschnitt I 2a für gemischtberufliche Klassen gegebene Stoffauswahl in Frage. Für die Behandlung der Rohstoffe, der Werkzeuge und Arbeitsvorgänge stehen besondere Fächer zur Verfügung. Es wird sich natürlich trotzdem empfehlen, die Beispiele auch schon in diesem Fach möglichst aus dem Gesichtskreis des Eisenbahnlehrlings zu wählen.

Die Bestimmungen vom 1. Juli 1911, S. 221, geben in der Hauptsache die Unterteilung in Geschäftskunde (Ein- und Verkauf, Mängelrüge, Lehrvertrag, Zeitungsverkehr usw.), Bürgerkunde (staatliche Einrichtungen, geschichtliche Entwicklung einzelner Einrichtungen usw.), schriftliche Arbeiten (Befestigung des in der Berufs- und Bürgerkunde behandelten Stoffes durch Übung, Abfassen von Briefen, Rundschreiben, Eingaben usw.), Sprachlehre, Rechtschreibung und Lesen. In diesen letzteren drei Unterfächern ist ein planmäßiger Unterricht nicht mehr zu erteilen. Für die Einzelheiten kann auf die in § 3 bereits mitgeteilten ausführlichen Erläuterungen hierzu verwiesen werden. Anregungen können auch die zuvor angeführten Beispiele für die Lehrpläne öffentlicher Fortbildungs- und privater Werkschulen geben.

Die schriftlichen Arbeiten mit Zubehör sind in dem Unterricht bei einer großen Eisenbahnwerkstätte wie folgt geregelt:

„Ein planmäßiger besonderer Unterricht in Sprachlehre, Rechtschreiben und Schönschreiben wird nicht erteilt, ebensowenig ein besonderer Leseunterricht, weil bei den Schülern, die den ministeriellen Verfügungen gemäß das Ziel der Volksschule erreicht haben sollen, eine genügende Lesefertigkeit vorausgesetzt wird. Bei der Besprechung der in den schriftlichen Arbeiten vorgekommenen Fehler wird aber auf die Regeln der Sprachlehre und des Rechtschreibens stets hingewiesen, wie die Schüler auch zu guter Schrift angehalten werden.

In den ersten beiden Jahrgängen wechselt mit einem Aufsatze allgemeinen Inhalts und einem Geschäftsaufsatze ein Diktat ab.

Diese Diktate werden einem größeren Schriftsatze entnommen, damit die Schüler sich an die Wiedergabe solcher Stücke gewöhnen, wie sie ihnen das Leben recht oft bietet.

Diese Aufsatzübungen haben den Zweck, die Schüler dahin zu führen, daß sie sich über Fragen, die ihrem Anschauungskreise naheliegen, in einfacher, aber klarer und bestimmter Weise auch schriftlich aussprechen lernen. Daneben sollen die Schüler noch Form und Inhalt solcher schriftlichen Arbeiten kennen und ausführen lernen, die der Geschäftsmann in seinem späteren Leben ausführen muß (Geschäftsschreiben). Danach gestaltet sich die Auswahl der Stoffe so, daß auf einen Aufsatz allgemeinen Inhalts ein Diktat und auf dieses ein Geschäftsaufsatz folgt.

Da im Unterrichte zwei Jahrgänge vereinigt sind, so werden nie in zwei aufeinander folgenden Jahren dieselben Gegenstände bearbeitet, sondern es werden Stoffgruppen gebildet, aus denen die Arbeiten entnommen werden.

Beispiel:

I. Stoffgruppe. a) Aufsätze allgemeinen Inhalts:

1. Handwerk hat goldenen Boden. 2. Wie der alte Schmied seinen Sohn in die Fremde schickt. 3. Der Mann mit der Maschine. 4. Wie sollen wir essen und trinken. 5. Erste Hilfe bei Unglücksfällen. 6. Was uns der Steinkohlenteer bietet. 7. Die Kruppsche Gußstahlfabrik. 8. Gehorche dem Gesetze.

b) Geschäftsaufsätze:

1. Rechnung. 2. Quittung. 3. Empfangsschein. 4. Schuldschein. 5. Bürgschaft. 6. Abtretungsschein. 7. Zeugnis. 8. Stellengesuch usw.

II. Stoffgruppe. a) Aufsätze allgemeinen Inhalts:

1. Was aus einem Geschäftsmann werden kann. 2. Höflichkeit. 3. Wahrzeichen wandernder Handwerker. 4. Ein Mann, der die Freuden außerhalb des Hauses sucht. 5. Vom Branntweintrinken. 6. Warum ich meine Körperhaut reinige. 7. Borsig. 8. Der Kaiser-Wilhelm-Kanal usw.

b) Geschäftsaufsätze:

1. Geschäftseröffnung — Übertragung. 2. Bestellbriefe. 3. Paketadressen. 4. Postanweisung. 5. Beschwerdebriefe. 6. Mahnbriefe. 7. Erkundigung. 8. Auskunftserteilung usw.

Als Grundlage des Unterrichts im Deutschen dient das Lesebuch für gewerbliche Fortbildungsschulen von Gehrig und Stillke.

Eine große norddeutsche Werkzeugmaschinenfabrik läßt in diesem Fach den Unterricht auf folgender Grundlage erteilen.

a) Stoff: Der Lehrling: Berufswahl. Eintritt in die Lehre. Unsere Lehrwerkstatt. Arbeitsbuch. Zweck der Lehre. Lehrvertrag. Probezeit. Lösung des Lehrvertrages. Pflichten des Lehrherrn, Pflichten des Lehrlings. Fortbildungsschule. Lehrzeugnis. Geschichtliches: Der Lehrling in der Zunftzeit.

Der Geselle: Der Geselle als gewerblicher Arbeiter. Verhältnis zum Arbeitgeber. Rechte und Pflichten des Gesellen. Kündigung und Entlassung. Gewerbegericht. Das Arbeitszeugnis. Wanderschaft. Militärpflicht. Landheer und Marine. Befestigungen. Küstenverteidigung. Geschichtliches: Das Gesellenwesen früherer Zeit.

Der Vorarbeiter und Werkführer (Meister):
Arbeitsordnung. Die Reichsversicherungsordnung. Patentgesetz. Gesetz zum Schutze der Warenbezeichnungen. Unlauterer Wettbewerb.

b) Lesen: Lesebuch von Scharf, Auswahl aus Nr. 1—22, besonders Nr. 1, 13, 16, 19, 20, 21.

Auswahl aus Nr. 23—53, besonders Nr. 46, 25, 26, 28, 48, 47.

Auswahl aus Nr. 76, 77, 81, 83—87, 89, 91, 78.

c) Schriftliche Arbeiten: Lehrstellengesuch und Antwort. Postkarten, Briefe, Telegramme. Polizeiliche An- und Abmeldung. Schriftstücke zur Aussertigung eines Arbeitsbuches. Postverkehr mit dem Elternhause. Entschuldigungsschreiben an die Schule und Werkstatt. Lebenslauf. Lehrzeugnis. Anzeigen über Stellengesuche und Stellenangebote. Schriftstücke an das Gewerbegericht. Zeugnis für einen gewerblichen Arbeiter. Postsendungen von Wanderschaft und Militär. Soldatenbrief, Eingaben an die Militärbehörden. Schriftstücke zur Reichsversicherungsordnung. Schriftliche Arbeiten des Meisters.

Kohlmann gibt für Bürgerkunde folgende Gliederung[1]).

1. Grundbegriffe der Volkswirtschaftslehre.

Das Bedürfnis. Äußere, materielle und geistige, immaterielle Bedürfnisse. Das Gut. Sachen (Mobilien und Immobilien) usw.

2. Gütererzeugung.

Arbeit, Natur, Kapital, Arbeitsteilung, Vor- und Nachteile usw. Gewerbepolitik, Zünfte, Innungen, Gewerbefreiheit, Ringe, Kartelle, Syndikate.

3. Güterumlauf.

Tausch. Messen und Märkte. Zwischenhandel. Freihandel und Schutzzölle. Prohibitivzölle. Kampfzölle usw. Deutsche Reichsbank. Obligationen. Hypothekenbankgesetz vom 13. Juli 1899. Pfandbrief. Kontokorrentgeschäft. Diskontgeschäft. Lombardgeschäft. Inkasso. Valutengeschäft. Effektengeschäft. Aufbewahrung von Wertpapieren. Depots. Safes. Ansammlung und Nutzbarmachung von Kassenvorräten. Erleichterung des Zahlungsverkehrs. Börse. Geschichte der Börse. Ostindische Kompagnie. Amsterdam. Entwicklung der deutschen Börsen. Warenbörsen. Fonds- oder Geldbörsen. Organisation. Zulassung von Wertpapieren zum Börsenhandel. Festverzinsliche Wertpapiere. Aktien. Bezugnahme auf den Unterricht im Handelsrecht. Kuxe und Bohranteile. Anleihen. Kurse. Kassa- und Termingeschäft.

4. Verkehrsanstalten.

Wege. Fahrzeuge und Motoren des Verkehrs. Flüsse. Kanäle. Segel- und Dampfschiffe. Landwege. Eisenbahnen. Post- und Telegraphenwesen. Reichspost. Weltpostverein. Organisation. Portofreiheit. Telephon. Verkehrspolitik. Personen- und Gütertarife. Konsulate. Berufs- und Wahlkonsulate. Konsulargerichte.

5. Verteilung des Volkseinkommens.

Rohertrag und Reinertrag. Berechnung des Volkseinkommens. Unternehmergewinn. Einzel-, Gesellschafts-, öffentliche Unternehmung. Arbeitslohn. Lohnbildung. Koalitionen der Arbeiter zur Verbesserung der Lebenshaltung. Berechtigte, unberechtigte. Gewerkverein. Arbeitseinstellungen. Streiks. Aussperrungen. Recht auf Arbeit. Mindestlohn. Arbeiterschutzgesetze. Arbeiterversicherung. Krankenversicherung. Zwang. Organisation. Leistungen. Aufbringung der Mittel. Unfallversicherung. Entschädigung im Falle der Verletzung, Tötung. Sonstige Leistungen. Vermögensverwaltung. Invalidenversicherung. Leistungen. Renten. Lohnklassen. Invalidenrente, Krankenrente, Altersrente. Heilverfahren. Naturalien. Abfindung. Aufbringung der Mittel. Kapitalzins. Zinsfuß. Zinspolitik. Bodenrente. Entstehung. Bodenreform. Zuwachswerte. Wohnungsfrage. Wertzuwachssteuer.

6. Güterverbrauch.

Güterverzehrung. Absatzkrisen. Wertspekulationen. Versicherungswesen. Versicherungsanstalten. Sparkasse usw. Kolonisation. Die Deutschen Kolonien.

7. Gemeinde und Staat.

Gemeindeanstalten. Kirchengemeinde. Gemeindeverwaltung. Steinsche Reformen. Bürgermeister (Schultheiß, Ortsvorsteher), Magistrat, Stadtverordnete.

---

[1]) „Fabrikschulen" S. 96—100. Von den sehr eingehenden Angaben von Kohlmann zu den einzelnen Abschnitten sind hier nur je einige Punkte angeführt.

Unterschiede der Städteordnungen des Rheinlands, der östlichen Provinzen. Gemeindemitglieder. Gemeindewahlen. Aktives, passives Wahlrecht. Gemeindevermögen. Aufsichtsrecht des Staates. Gemeindesteuern. Staatsaufgaben. Staatsgesetze. Staatsverwaltung. Dezentralisation. Ministerium. Staatsoberhaupt. Entstehung des Staates. Soziale Gliederung der Staatsangehörigen. Größe und Arten des Staates. Wesen des Krieges. Vaterlandsliebe. Staatsformen. Monarchie und ihre Unterarten. Republik. Theokratie. Vor- und Nachteile. Volksvertretung. Einfluß auf die Regierung. Formen des Wahlrechts in den verschiedenen Staaten. Betonung der Vorzüge der konstitutionellen Erbmonarchie. Leistungen der Monarchen Preußens im besonderen. Aufhebung der Leibeigenschaft. Hebung der Gewerbe. Erschließung unbesiedelter Gebiete. Kolonisation. Soziale Reformen Wilhelms I. Nachteile der Parlamentsregierung, der Republik. Verfassungs-Urkunde. Magna charta. Goldene Bulle. Entwicklung von der Ständeregierung über den Absolutismus zur modernen Form. Staatshaushalt. Steuern, direkte und indirekte. Fiskus. Voranschlag. Balanzierung. Ordentliche und außerordentliche Einnahmen und Ausgaben. Defizit. Wahl der Deckungsmittel für die Ausgaben. Unterschied zwischen Staats- und Privatwirtschaft. Gebühren. Steuern. Einkommen-, Ertrags-, Verkehrssteuern. Aufwandssteuern. Staatsschulden. Staatsanleihen. Sorge der Verwaltung für die allgemeine Wohlfahrt, für Bildung, Sittlichkeit, Kunst und Wissenschaft. Nationale und zusammengesetzte Staaten. Völkerrecht.

8. Reich.

Geschichtlicher Rückblick. Stämme. Herzogtümer. Mittelalter. Zersplitterung. Sehnsucht nach einigem Reich. Aufstieg Preußens. Napoleon. Gänzliche Zerschmetterung. Tagung in Frankfurt. 1864. 1866. 1870/71. Wert des Reiches für das Deutschtum. Weltpolitik. Bismarck. Reichsverfassung. Reservatrecht der süddeutschen Staaten. Reichsrecht bricht Landesrecht. Der innere Gesetzesausbau ist immer noch nicht vollendet. Auswärtige Angelegenheiten. Elsaß-Lothringen. Bundespflicht. Verfassungsänderungen. 26 Einzelstaaten. Volkszählungen und Bevölkerung. Der Kaiser. Kaiserliche Vorrechte. Bundesrat. Bevollmächtigte. Instruktionen. Reichstag. Vergleich zwischen Reichs-, Staats- und Gemeinderegierung. Rechte des Reichstags. Rechte und Pflichten der Deutschen. Persönliche, Glaubens- und Religionsfreiheit. Preßfreiheit. Vereins- und Versammlungsfreiheit. Die Reichsämter. Der Kanzler.

9. Die Reichstagswahlen.

Wahlrecht, Wählbarkeit. Wahlgesetz. Wahlkreise. Wahlverfahren. Wahlhandlung. Allgemeine, gleiche und direkte Wahl. Geschäftsordnung des Reichstags. Wahlprüfungen. Sitzungen. Initiative. Petitionen. Lesungen. Kommissionen. Beratung. Leitung. Abstimmung Anträge. Interpellationen. Beschlußfähigkeit. Mandat. Immunität. Diäten. Beamte. Schutzbestimmungen.

10. Heer und Marine.

Entwicklung des Heeres. Wehrpflicht. Dienstpflicht und Landsturmpflicht. Einjährig-Freiwillige. Zweijährige Dienstzeit usw.

11. Gesetze.

Gewohnheitsrecht. Geschriebenes Recht. Öffentlich-rechtliche Gesetze. Reichs- und Staatsangehörigkeit. Preßwesen. Eheschließung. Unterstützungswohnsitz. Strafrechtliche Gesetze. Reichsstrafgesetzbuch. Strafarten. Nebenstrafen. Versuch. Teilnahme. Jugendliche Verbrecher. Strafverfolgung. Privatrechtliche Gesetze. Bürgerliches Gesetzbuch. Recht der Schuldverhältnisse. Sachenrecht. Familienrecht. Erbrecht. Polizeigesetze. Polizeiverordnungen. Strafmandate.

12. Gerichtswesen.

Gerichtsverfassung. Die Richter. Instanzen. Amtsgerichte. Schöffen. Landgerichte. Schwurgericht. Geschworene. Oberlandesgericht. Reichsgericht. Kammer für Handelssachen. Gewerbegericht. Staatsanwaltschaft. Rechtsanwaltschaft. Zivilprozeßverfahren. Mahnverfahren. Strafprozeßverfahren. Darstellung eines Falles. Konkursverfahren.

13. Landwirtschaft und Gewerbe.

Wesen und Entwicklungsgang der Landwirtschaft usw. Gewerbeordnung. Unlauterer Wettbewerb. Firmenbezeichnungen. Gewerbefreiheit. Stehendes Gewerbe. Approbation und Konzession. Gewerbe im Umherziehen. Handwerkskammer. Meister. Gesellen. Lehrlinge. Gewerbliche Arbeiter. Arbeitsbücher. Zeugnisse. Lohnzahlung. Schutzvorschriften. Maximalarbeitstag. Kündigung. Betriebsbeamte. Fabrikarbeiter. Arbeiterausschüsse. Arbeitsordnungen. Jugendliche Arbeiter. Kontraktbruch. Fabrikinspektoren. Statuten. Einigungsamt. Bergrecht. Gewerbliche Vertretungen.

14. Kirchen- und Unterrichtswesen.

Evangelische und katholische Kirche. Staat und Kirche. Geistliche. Volksschulwesen. Fortbildungsschulen. Volkshochschulen. Lehrer. Seminare. Höheres Schulwesen. Universitäten.

Von dem Regierungs- und Gewerbeschulrat Sellentin in Stettin ist folgender Stoffverteilungsplan für Handwerkerklassen mit drei Jahresstufen und gemischten Berufen an gewerblichen Fortbildungsschulen aufgestellt worden[1]). „Der Plan verzichtet darauf, die Stoffe der einzelnen Jahre unter einheitliche Überschriften zu bringen, sondern bietet nur größere, in sich abgeschlossene Stoffgruppen. Er enthält die wichtigsten Stoffe, die in der gewerblichen Fortbildungsschule zu behandeln sind, und vermeidet die Gefahr der Stoffüberfülle. Da die einzelnen Stoffgruppen voneinander unabhängig sind, so kann der Plan mit geringen Änderungen auch für ein- und zweiklassige Schulen Verwendung finden. Der Plan ist vielfach in mittleren und kleineren Fortbildungsschulen Pommerns und Westfalens eingeführt worden und hat sich in der Praxis bewährt."

Stoffverteilungsplan nach Sellentin.

Jahresstoffgruppe A: Werktätigkeit und Verkehrswesen.

1—4. Woche: a)[2]) Eintritt in das praktische Leben: Pflichten des Lehrlings, Besuch der Fortbildungsschule, Ortsstatut und Schulordnung. — Ortsstatut und Schulordnung sind im Original zu lesen.

b) Brief an die Eltern oder an einen Freund über den Eintritt in die Lehre. — Entschuldigungsschreiben an den Lehrer.

5.—8. Woche: a) Die Werkstatt und ihre Einrichtung: Zweck, Einrichtung, Größe, Lüftung, Reinigung, Unfallverhütung. Gewerbehygiene und Hygiene im häuslichen Leben. — Unfallverhütungsvorschriften einer Berufsgenossenschaft sind zu lesen.

b) Niederschrift: Etwa Beschreibung der eignen Werkstätte. — Krankmeldung beim Meister, etwa infolge eines kleinen Unfalls.

---

[1]) Verwaltungsbericht des Landesgewerbeamts 1914 S. 55, 98—105.

[2]) Unter a ist je der Lehrstoff und unter b sind die schriftlichen Arbeiten gegeben, ohne daß die Überschrift jedesmal beigefügt ist.

9.—12. Woche: a) Die hauptsächlichsten Werkzeuge: Form und Wirkungsweise. Kulturelle Bedeutung. Der Hebel. Meßwerkzeuge. — Der Katalog einer Werkzeughandlung, etwa Hommel in Mainz, ist zu beschaffen und zu benutzen. Einfache Skizzen machen.

b) Postkarte: Ersuchen um Einsenden eines Preisverzeichnisses von Werkzeugen. — Bestellung mittels Briefes. — Aufrechnung.

13.—16. Woche: a) Die einfachen Maschinen außer dem Hebel. Rolle, Flaschenzug, schiefe Ebene, Schraube. Einfluß der Reibung. — (Bemerkung: Für die Beispiele im Rechnen nehme man für jede Rolle eines Flaschenzuges 8%, für die Schrauben 40 bis 60% Reibungsverlust an. Für jedes Zahnradpaar sind 10% Verlust zu rechnen; schiefe Ebene aus Brettern ohne Rollen von einer 30°-Steigung 50% Verlust; wenn steiler, wird Verlust geringer, wenn flacher, größer. Bei Anwendung von Rollen nur 5% Verlust.)

b) Empfangsbestätigung: Rüge einzelner bestimmter Mängel der gelieferten Werkzeuge.

17.—20. Woche: a) Einiges über Kraftmaschinen und ihre bewegenden Kräfte. — (Nach den örtlichen Verhältnissen unter Hervorhebung von Dampf, Gas, Wasser, Elektrizität. Die mechanische Arbeit.) Luftdruck, Manometer, Temperatur, Thermometer. (Volt, Ampere, Watt).

b) Niederschrift: Etwa unser Werkstattbetrieb. — Schreiben an das Gaswerk, Elektrizitätswerk od. dgl. wegen Aufstellung einer Gasuhr, Zählers zu technischen Zwecken.

21.—24. Woche: a) Das heimische (örtliche) Gewerbe. — Das Handwerk: Die Gewinnung der Rohstoffe, namentlich soweit sie in der Heimat geschieht. — Eigenschaften und Verarbeitung.

b) Rechnung für gelieferte Waren. — Quittung: Abschlagsquittung.

25.—28. Woche: a) Die heimische Industrie: Erzeugnisse und Absatzgebiete. Rohstoffe und Verarbeitung. Stoffe aus den Tageszeitungen, welche die wirtschaftlichen und Produktionsverhältnisse der heimischen Industrie betreffen, können herangezogen werden.

b) Niederschrift: Kurze Darstellung der Gewinnung und Verarbeitung der Rohstoffe im eigenen Gewerbe des Schülers. Anfrage wegen Lieferung industrieller Erzeugnisse.

29.—32. Woche: a) Bergbau und Industrie Rheinlands und Westfalens. — Einige ihrer bedeutenden Männer.

b) Bestellungen: von Feuerungsmaterial, industriellen Erzeugnissen. — Geliefertes Material wird wegen nicht zusagender Qualität zur Prüfung gestellt.

33.—36. Woche: a) Verkehrsmittel und Verkehrswege, Post, Telegraphie, Telephonie.

b) Die gebräuchlichen Postformulare. Telegramm.

37.—40. Woche: a) Eisenbahn: Das Kursbuch ist zu benutzen. Verkehrsbestimmungen sind zu lesen.

b) Niederschrift: Frachtbrief. Eilfrachtbrief.

Jahresstoffgruppe B: Handwerkerorganisation und Geschäftskunde.

1.—4. Woche: a) Eintritt in das praktische Leben, Pflichten des Lehrlings, Fortbildungsschule, Ortsstatut und Schulordnung lesen! — Das Handwerk.

b) Brief: Bitte um Annahme als Lehrling.

5.—8. Woche: a) Der Handwerker früher und jetzt: Zünfte, Gewerbefreiheit, die Gewerbeordnung.

b) Niederschrift: Gesuch etwa um Ausstellung eines Geburtsscheines.

9.—12. Woche: a) Lehrling und Geselle nach der Gewerbeordnung. — 107—120. Arbeitsbuch, Lohnzahlungen, § 126—128; 120; 121—125 der Gewerbeordnung. Einige Paragraphen des Gesetzbuchs können gelesen werden.)

b) Lehrvertrag. — Antrag auf Ausstellung eines Arbeitsbuches.

13.—16. Woche: a) Der Meister nach der GO. Der kleine Befähigungsnachweis (§ 129—133 GO.). Die Handwerkerorganisation. § 81—104 der GO. — Örtliche Innungsstatuten lesen.

b) Gesuch um Zulassung zur Gesellenprüfung. — Lebenslauf.

17.—20. Woche: a) Der Handwerker als selbständiger Geschäftsmann. Anmeldung des Gewerbebetriebes; genehmigungspflichtige Betriebe. Eröffnung des Geschäfts. § 14, 15, 15a, 16, 24, 27, 28, 30a, 33, 35 Abs. 5, 41, 42 GO. § 120a—c (Einrichtungen der Werkstätten).

b) Niederschrift: Etwa über die am Orte bestehenden Innungen usw. — Empfehlung oder Anzeige (Zirkular, Annoncen) der Geschäftseröffnung oder Niederlassung.

21.—24. Woche: a) Wirtschaftlichkeit des Betriebes, Buchführung, Kalkulation, Einfluß guter Werkstatteinrichtungen. — Treu und Glauben im Verkehr. — Reklame und unlauterer Wettbewerb.

b) Anmeldung eines stehenden Gewerbes. — Anzeige wegen unlauteren Wettbewerbs.

25.—28. Woche: a) Gewerblicher Schutz, Patente, Gebrauchsmusterschutz. Schutz der Warenbezeichnungen. — Genossenschaften: Ein- und Verkaufs-, Rohstoff- usw. Genossenschaften. Beschränkte und unbeschränkte Haftpflicht.

b) Niederschrift: Antrag auf Eintragung eines Gebrauchsmusters.

29.—32. Woche: a) Geld- und Kreditwesen. — Der Scheckverkehr, namentlich auch der Postscheckverkehr. — Der Wechsel. — Bestimmungen über den Postscheckverkehr lesen!

b) Postanweisung, Postnachnahme, Zahlkarte. — Wechselformulare.

33.—36. Woche: a) Banken, Aktiengesellschaften, Aktien, Wertpapiere. — Hypotheken. — Kurszettel der Zeitungen.

b) Niederschrift: Gesuch um Erteilung der Bauerlaubnis.

37.—40. Woche: a) Eintreiben von Forderungen. — Das Mahn- und Klageverfahren. — Konkurs und Vergleich.

b) Rechnung, darauf Mahnbriefe. — Antrag auf Erlaß eines Zahlungsbefehls. Klage beim Amtsgericht.

Jahresstoffgruppe C: Bürgerkunde und Versicherungsgesetzgebung.

1.—4. Woche: a) Eintritt in das praktische Leben: Pflichten des Lehrlings; Fortbildungsschule, Ortsstatut und Schulordnung. — Die Familie, die Gemeinde.

b) Brief: An- und Abmeldungen.

5.—8. Woche: a) Verwaltung der Gemeinde, wirtschaftliche Aufgaben, Kostendeckung (das Amt). — Der Kreis, seine Verwaltung und Aufgaben, Kostendeckung. Einzelne besondere Gemeinde- oder Kreisunternehmungen. (Gas-, Wasser-, Elektrizitätswerk, Kreisbahnen; der Gemeindeetat.)

b) Eingabe an den Landrat, Bürgermeister oder Amtmann etwa wegen zu Unrecht erfolgter Bestrafung. — Niederschrift.

9.—12. Woche: a) Der preußische Staat: Verwaltung, Verfassung, Landtagswahlen. Aufgaben; Etat. Die Steuern. Anzuschließen sind: Die Gemeindesteuern (Amtliche Bekanntmachungen in den Tageszeitungen können herangezogen werden.)

b) Personenstandsaufnahme und Steuererklärung. — Steuerreklamation.

13.—16. Woche: a) Das Deutsche Reich: Entstehung, Verwaltung, Verfassung, Reichstagswahlen, Aufgaben; Etat. — Indirekte Steuern, Zölle.

b) Gesuch um Herabsetzung der Gewerbesteuer. — Zollerklärung.

17.—20. Woche: a) Die Rechtspflege: Die Gerichte; Straf- und Zivilrecht. Schöffen und Geschworene. — Das Gewerbegericht. — (Statut lesen!)

b) Niederschrift: Klage beim Gewerbegericht.

21.—24. Woche: a) Besondere Rechtsverhältnisse: Bürgschaft, Verträge. Pacht und Miete. (Einzelne Abschnitte aus dem bürgerlichen Gesetzbuch können gelesen werden.)

b) Bürgschaftsschein. — Dienstvertrag. — Pacht- oder Mietsvertrag.

25.—28. Woche; a) Heer und Marine: Die allgemeine Wehrpflicht. — Das Ersatzwesen. — Freiwilliger Dienst.

b) Lebenslauf. — Meldung zum freiwilligen Eintritt in ein Regiment. — Gesuch um Zurückstellung.

29.—32. Woche: a) Unsere Kolonien: Ihre Bedeutung in wirtschaftlicher und politischer Beziehung. Erzeugnisse. Etwas über den auswärtigen Handel.

b) Niederschrift. — Postverkehrsformulare für das Ausland.

33.—36. Woche: a) Arbeiterversicherungen: Krankenversicherung. Alters- und Invalidenversicherung. — (Statut einer Ortskrankenkasse lesen; dgl. Quittungskarte.)

b) Gesuch um Gewährung einer Rente. — Niederschrift.

37.—40. Woche: a) Unfallversicherung und Berufsgenossenschaften. — (Unfallverhütungsvorschriften einer Berufsgenossenschaft lesen.) — Etwas über Feuerversicherung und Lebensversicherung.

b) Unfallmeldung. Klage beim Schiedsgericht wegen Festsetzung der Unfallrente.

An der Hand der angeführten vielseitigen Beispiele wird es nicht schwer sein, für eine neue Eisenbahnschule einen eigenen Lehrplan für Bürgerkunde zusammenzustellen[1]).

§ 7. Rechnen, Mathematik und Buchführung.

a) Rechnen.

Es können hier die Angaben in den „Bestimmungen“ (s. S. 227) unverändert übernommen werden.

Eine große norddeutsche Werkzeugmaschinenfabrik läßt den Rechenunterricht auf folgender Grundlage behandeln.

Unterstufe (1 Stunde): Wiederholung der Grundrechnungsarten. Aufgaben über Bedürfnisse und Ersparnisse des Lehrlings. Ausgaben im Postverkehr mit

[1]) Bemerkenswert ist die Stellungnahme von Baumgarten zum Unterricht in Bürgerkunde. Er äußert sich in seinem Buche: „Erziehungsaufgaben des neuen Deutschland“ S. 136 und 137 über die politische Erziehung wie folgt: „Sie der Fortbildungsschule zuzuweisen in Gestalt der Staatsbürgerkunde, scheint mir bedenklich, weil in der Fortbildungsschule die Reife der Jugend, die nötige Zeit und die geeigneten Lehrkräfte fehlen ... Es bedarf einer reiflichen Überlegung, wie man den Elementarschülern solche Staatsbürgerkunde bringen kann. Man bilde sich nun nicht ein, man müsse und könne aus der Not eine Tugend machen und, da man sie nur so unreif vor sich habe, jenen Unterricht eben den Unreifen geben. Das schafft nur Verwirrung und Unsegen.“

dem Elternhause. Aufrechnung von Verabfolgungsscheinen, Bestellzetteln usw. Aufgaben über verbrauchte Werkstoffe, Arbeitszeiten usw. Kosten für Zeitungsanzeigen über Stellengesuche. Aufgaben über Zeit- und Stücklohn, Stunden-, Tage-, Wochenlohn. Gehalt. Akkord. Überstunden. Abzüge vom Lohn. Abrechnung auf der Montage. Aufgaben über Reise und Wanderschaft. Fremde Münzen. Aufgaben zur Reichsversicherungsordnung sowie zum Patentgesetz.

Mittelstufe (1 Stunde): Wiederholung: Dezimalbrüche, metrisches Maß- und Gewichtssystem. Zinsen. Aufgaben über Licht, Luft, Heizung, Beleuchtung, Größe der Werkstatträume. Werkstoffaufstellungen. Aufgaben über Beförderung der in der Werkstatt gebrauchten Arbeitsstoffe. Besondere Aufgaben über die in der Werkstatt gebrauchten Werkzeuge. Schwierigere Arbeitslohnberechnungen. Unkostenberechnungen. Gewichtsberechnungen. Wert der Werkstoffe.

Sellentin gibt folgenden Plan[1]):

Jahresstoffgruppe A: Werktätigkeit und Verkehrswesen.

1.—4. Woche: Kosten der eigenen Ausrüstung. Kosten des Lebensunterhalts. — Ersparnisse.

5.—8. Woche: Flächeninhalt des Rechtecks, Körperinhalt des Prismas. Aufmessen des Schulzimmers. Berechnung des Rauminhalts; Luftraum auf den Schüler usw.

9.—12. Woche: Dreieck und Trapez. — Ermittlung von Dachflächen. — Die Pyramide. — Spezifisches Gewicht und Körpergewichte. Wiederholung des Maß- und Gewichtssystems.

13.—16. Woche: Beispiele aus dem Anwendungsgebiete der einfachen Maschinen unter Berücksichtigung der Reibungsverluste.

17.—20. Woche: Einfache Rechnungen aus dem Gebiete der Physik (Luftdruck, Arbeits-, Betriebskosten der Kraftmaschinen usw.)

21.—28. Woche: Kegel und Kegelstumpf. Einfache Gewichts- und Preisberechnungen möglichst nach Maßskizzen.

29.—32. Woche: Aufgaben über Kosten der Beleuchtung, Heizung usw. — Preisberechnungen.

33.—36. Woche: Rechnungen über Portokosten.

37.—40. Woche: Rechnungen über Fahrpreise und Frachtsätze.

Jahresstoffgruppe B: Handwerkerorganisaton und Geschäftskunde.

1.—4. Woche: Aufgaben aus dem wirtschaftlichen Leben des Einzelnen oder der Familien.

5.—8. Woche: Wiederholung der bürgerlichen Rechnungsarten; namentlich der Prozent- und der Mischungsrechnungen an Hand der praktischen Beispiele.

9.—16. Woche: Lohn- und Akkordrechnungen.

17.—20. Woche: Kosten der Einrichtung einer Werkstätte oder eines Ladens; Verzinsung und Amortisation.

21.—28. Woche: Gewinn und Verlust bei Ein- und Verkäufen; Prozentsatz des Gewinnes oder Verlustes auf Ein- und Verkaufspreis. — Einfache Warenkalkulation.

29.—36. Woche: Zinsrechnung. — Diskontieren von Wechseln.

37.—40. Woche: Aktiva, Passiva und Bilanz. — Verteilung der Aktiva bei Auflösung eines Geschäfts durch Konkurs oder Vergleich. — Gerichtskosten.

---

[1]) Verwaltungsbericht des Landesgewerbeamts 1914 S. 98—105. — Es gelten hier die bereits bei dem Lehrfach Berufs- und Bürgerkunde S. 266 gemachten Ausführungen über die Aufstellung dieses Planes.

Jahresstoffgruppe C: Bürgerkunde und Versicherungsgesetzgebung.

1.—4. Woche: Aufgaben aus dem wirtschaftlichen Leben des Einzelnen und der Familie.

5.—8. Woche: Ersparnisse; Verzinsung der Einlagen bei der Sparkasse. — Erstattung an die Eltern.

9.—12. Woche: Aufgaben aus dem Gebiete der Staats- und Gemeindesteuern.

13.—16. Woche: Aufgaben aus dem Gebiete der Zölle. — Wiederholung der bürgerlichen Rechnungsarten.

17.—20. Woche: Mischungsrechnung, Prozentrechnung, Zinsrechnung in praktischer Anwendung.

21.—24. Woche: Höhe der Miete aus Verzinsung und Amortisation des Anlagekapitals und den Lasten u. dgl.

25.—32. Woche: Wiederholung der Flächen- und Körperberechnung mit praktischen Beispielen nach Tafelskizzen mit eingeschriebenen Maßen.

33.—40. Woche: Berechnung der Versicherungsbeiträge usw.

Hiernach läßt sich für den Eisenbahnunterricht leicht ein Plan aufstellen. Die Aufgaben nimmt man dann auch mit aus dem Lohnwesen der Eisenbahnverwaltung, also etwa Aufstellung von Stückverzeichnissen, Berechnung der Stückzeitstunden und des Verdienstes, Berechnung des Überverdienstes für den einzelnen Arbeiter, für die Gruppen und für die ganze Abteilung, Berechnung des Krankengeldes, der Unfallrente, der Altersrente. Weitere Aufgaben ergeben sich aus der Berechnung von Übersetzungen bei Riemenantrieben, Drehbänken, Bremsgestängen, Schiebebühnen, Drehscheiben, ferner durch die Bestimmung der Anteile der bei Legierungen zusammenzuschmelzenden Metallmengen. Man kann auch die für die Heizung und Beleuchtung der Räume erforderlichen Brennstoffmengen berechnen lassen mit Kostenvergleichen bei verschiedenen Verfahren usw. Da die Arbeiter auch vielfach bei der Verwaltung der Werkstättenschenken (Kantinen) und dem gemeinsamen Einkauf und der Verteilung von Lebensmitteln mitwirken, empfiehlt es sich, auch aus diesen Gebieten Aufgaben auszuwählen. Die Einrichtungen sind den Schülern dabei zu erläutern und möglichst mit ihnen zu besichtigen, soweit dies nicht schon in dem Unterricht über Eisenbahnkunde geschieht. Die Aufgaben sind an die örtlichen Einrichtungen anzuknüpfen.

b) Mathematik.

Dies Fach ist im Fortbildungsunterricht nicht vorgesehen, wohl aber in den Lehrplänen mancher privaten Werkschulen.

Eine große Berliner Werkzeugmaschinenfabrik schreibt für die Unterstufe vor:

Geometrie (1 Std.). Begriff und Einleitung der Geometrie. Grundsätze. Winkel und Parallellinien. Das Dreieck. Einteilung nach Seiten und Winkeln. Sätze über Seiten, Winkel und Außenwinkel des Dreiecks. Die vier Kongruenzsätze. Die Fundamentalkonstruktions-Aufgaben (Strecke halbieren, Winkel halbieren, Winkel antragen, Lot errichten und fällen usw.). Sätze über die Beziehungen zwischen Seiten und Winkeln desselben Dreiecks; Höhen, Mitteltransversalen und

Winkelhalbierungslinien, im Anschluß daran Dreieckkonstruktionsaufgaben; Sätze vom gleichschenkligen und gleichseitigen Dreieck. Vom Viereck. Winkelsumme; Einteilung der Vielecke; Sätze vom Parallelogramm im allgemeinen (Sätze über Seiten, Winkel und Diagonalen). Einteilung der Parallelogramme und Sätze über Rechteck und Rhombus.

Für die Mittelstufe: Geometrie (1 Std.). Kreislehre. Entstehung des Kreises. Sätze über Sehnen und Tangenten; Peripherie- und Zentriwinkel (Peripheriewinkel im Halbkreis). Sätze über Sehnen- und Tangentenvierecke. Zentrale zweier Kreise. Flächeninhalte geradliniger Figuren. Parallelogramme und Dreiecke von gleicher Grundlinie und Höhe. Ergänzungsparallelogramme, Kathetensatz. Pythagoreischer Lehrsatz.

Algebra (1 Std.). Einführung in die Buchstabenrechnung. Die Klammern, Rechnungsarten erster Stufe: Zählen, Zahl. Addition. Vertauschungsgesetz. Verbindungsgesetz. Subtraktion. Regeln für die erste Stufe: Multiplikation, erklärende Formeln, Verteilungsgesetze, Vertauschungsgesetze, Verbindungsgesetz. Division.

Für die Oberstufe: Geometrie. Flächeninhaltsformeln (Parallelogramme, Paralleltrapez, Dreieck). Berechnung einzelner Dreieckstücke aus den Seiten in allgemeinen und Zahlengrößen (Formeln für Höhenabschnitte, Höhen, Inhalt, Mitteltransversalen). Von dem Verhältnis an geraden Linien, sog. Strahlensätze. Sätze über das Teilungsverhältnis der Dreiecksmittelschnittlinien (Schwerpunkt). Begriff der Ähnlichkeit und die vier Ähnlichkeitssätze. Verhältnis der Flächeninhalte ähnlicher Figuren. Sätze von zwei sich schneidenden Sehnen bzw. einer Schneidenden und Berührenden.

Algebra (mit praktischen Anwendungen auf den Maschinenbau). Gebrochene Zahlen. Proportionen und Anwendung derselben (z. B. zur Wechselradberechnung). Gleichungen ersten Grades mit einer und mehreren Unbekannten; Anwendungen. Quadrieren und Quadratwurzelausziehung. Irrationelle Zahlen (imaginäre Zahlen). Quadratische Gleichungen mit einer Unbekannten nebst Anwendungen. Potenzen mit ganzzahligen Exponenten, Potenzen mit gebrochenen Exponenten.

Für die zweite Oberstufe. Geometrie (1 Std.) mit besonderer Berücksichtigung des geometrischen Zeichnens. Die wichtigsten Kreisstellungen und Konstruktion regelmäßiger Vielecke in den Kreis. Ovalen, Eiformen, Spiralen. Ellipse, Hyperbel, Parabel. Evolventen und Radlinien. Schraubenlinien.

Rechnen und Algebra (1 Std.). Gewichtsberechnungen. Kalkulation in den verschiedenen Abteilungen. Ermittlung der Werte von Material, Arbeitslohn und Unkosten. Behandlung der entsprechenden Formulare.

Mechanik (1 Std.) (Elementarmechanik fester Körper). Bewegungsarten. Beziehungen zwischen Beschleunigung, Kraft und Masse. Arbeit und Arbeitsleistung. Kinetische Energie. Das Gesetz von der Erhaltung der Energie. Zeichnerische Darstellungen von Kräften, Bewegungen, Arbeit. Das Hebelgesetz. Auflagerreaktionen. Schwerpunktbestimmungen. Die Guldinsche Regel. Reibung. Zentrifugalkraft.

Eine dritte große Firma behandelt in der Unterstufe „Die Grundlagen der Algebra", in der Mittelstufe „Gleichungen ersten Grades mit einer Unbekannten, die einfachen geometrischen Gesetze unter besonderer Berücksichtigung der in der Werkstatt zur Anwendung kommenden Konstruktionen, die Grundzüge der Mechanik (Geschwindigkeit, Kraft, Leistung)". In der Oberstufe wird Mathematik nicht mehr besonders gelehrt.

Bei einem großen süddeutschen Werk werden auf Rechnen und Geometrie in der Unterstufe zusammen zwei Stunden und dann noch in der Mittelstufe eine Stunde verwandt. Für Geometrie lautet der Lehrplan:

Erklärung der Längen- und Flächenmaße. Die verschiedenen Arten der Linien. Die Entstehung und Bezeichnung der verschiedenen Winkel mit den wichtigsten Lehrsätzen.

Die Drei- und Vierecke mit den wichtigsten Lehrsätzen. Der Kreis und seine wichtigsten Lehrsätze. Vielecke. Berechnungen der Fläche von Parallelogrammen, Trapezen, Dreiecken, unregelmäßigen Vielecken und krummlinigen Flächen. Der Lehrsatz von Pythagoras. Die Berechnung der wichtigsten Körper.

Wie man sieht, werden in Privatbetrieben zum Teil bereits ziemlich weitgehende Lehrziele verfolgt. Es ist zu prüfen, ob der Eisenbahnunterricht hierin folgen soll. Der künftige Handwerker braucht bei der Ausübung seines Berufes überhaupt keine Geometrie und Algebra, der untere Werkstättenaufsichtsbeamte, der Lokomotivführer und der Heizer nur sehr wenig. Immerhin ist nicht zu verkennen, daß durch die Einführung der Geometrie und Algebra manche Berechnung von Flächen und Körpern erleichtert wird und daß die den Verstand schärfenden mathematischen Überlegungen der geistigen Ausbildung des Lehrlings zugute kommen.

Hiernach dürfte es genügen, wenn der Mathematikunterricht auf folgendes beschränkt bleibt:

a) Geometrie: Punkt, gerade Linien, Winkel, Dreieck, Viereck, Parallelogramm, Trapez, Vieleck, Kreis, Berührende, Schneidende, Würfel, Rechteck, Zylinder, Prisma, Pyramide, Kegel, Kugel.

b) Algebra: Positive und negative Zahlen, einfache Gleichungen ersten Grades, Verhältnisgleichungen, Anwendung auf die Berechnung von Wechselrädern und u. U. noch Wurzelziehen und Quadrieren.

Je nach der zur Verfügung stehenden Zeit und schließlich auch nach den besonderen Ansichten über den erforderlichen Stoffumfang kann man den vorstehend angegebenen Lehrplan leicht kürzen oder erweitern.

c) Buchführung.

Hier können ohne weiteres die entsprechenden Ausführungen der „Bestimmungen" unter IIb S. 228 übernommen werden.

Nach dem Schlußsatz dort sind in reinen Berufsklassen zusammenhängende Geschäftsvorfälle zu verbuchen, die sich eng an die Wirklichkeit anschließen. Einen Handwerker, der ständig in einem Fabrikbetriebe in unselbständiger Stellung arbeitet, hat in der Praxis solche Buchungen nicht auszuführen. Der Stellung des selbständigen Meisters entspricht in einigen Beziehungen die des Werkstättenaufsichtsbeamten. An zu buchenden Geschäftsvorfällen kommt für letzteren hauptsächlich die Aufschreibung der geleisteten Arbeit in Betracht. Man kann daher immerhin in dem Unterricht über Buchführung an der Hand des Vordruckes für das sog. Arbeitsheft auch das Eintragen der geleisteten Arbeit bei Zeitlohn und bei Stückzeit üben. Dies hat noch den Vorteil, daß ein so ausgebildeter Handwerker künftig leichter zur Aushilfe im Werkführerdienst herangezogen werden kann und für den Fall des Übertritts in das Beamtenverhältnis schon einige Vorbildung hat. Es können auch andere Vordrucke der Eisenbahnverwaltung herangezogen werden, etwa wie sie von Lokomotivbeamten, Wagenmeistern und Wagenwärtern benutzt werden. — Gute Hilfe beim Unterricht in der allgemeinen Buchführung leisten Übungshefte mit ausgeführten Beispielen, wie auf S. 313 angegeben.

Besonderen Wert möchten wir auch auf die in den Bestimmungen erwähnte Führung des Haushaltungsbuches legen und dies um so mehr, als ja manche der Handwerker später Beamte werden und selbst wo dies nicht der Fall ist, doch mit einem sicheren, wenig schwankenden Einkommen rechnen können. Man kann daher u. a. etwa die Vordrucke des bekannten Wirtschaftsbuches für deutsche Beamte zugrunde legen. Es ist 1879 vom Staatsminister Bosse entworfen und wird alljährlich in einer sehr großen Zahl von Haushaltungen benutzt[1]). Der einleitende ausführliche Aufsatz von Bosse über die Ordnung der Hauswirtschaft mit Anleitung zum zweckmäßigen Gebrauch des Wirtschaftsbuches bildet zudem eine ganz vortreffliche Grundlage für die Behandlung der Haushaltbuchführung im Unterricht.

Der Lehrplan einer königlichen Fortbildungs- und Gewerbeschule gibt folgende Stoffauswahl:

Mittelstufe: April bis März: Als Vorübung zur Buchführung: Führung des Haushaltungsbuches.

Oberstufe: 1. April bis Juni: a) Notwendigkeit der Buchführung für den Handwerker. b) Kurze Besprechung der Bücher. c) Eröffnungsinventur. d) Buchung der Geschäftsvorfälle im ersten Monat (Tagebuch).

2. Juli bis September: a) Übertragung der Zielgeschäfte ins Hauptbuch. b) 1. Monatsabschluß. c) Der Wechsel.

3. Oktober bis Dezember: a) Buchung der Geschäftsvorfälle im 2. Monat. b) Übertragung der Zielgeschäfte in das Hauptbuch. c) 2. Monats-Abschluß.

4. Januar bis März: a) Schlußinventur. b) Jahresabschluß. c) Ermittlung des versteuerbaren Geschäfts-Gewinnes und Einschätzung zur Staats-Einkommensteuer.

Bei den Übungen in der Führung eines Haushaltungsbuches legt man zweckmäßig die Durchschnittspreise und -zahlen für den Wohnort zugrunde, also den Jahresverdienst eines Handwerkers in der betreffenden Eisenbahnwerkstätte, ferner die Höhe der Steuern, die Wohnungsmieten und die Ausgaben für den Lebensunterhalt an dem Ort.

§ 8. Werkstofflehre.

In dem Lehrplan in § 5 S. 260 und 261 waren hierfür zwei Jahre mit je einer Stunde wöchentlich in Aussicht genommen. Die Verteilung kann, wie dort in Beispiel II schon angedeutet, so vorgenommen werden, daß in dem einen Jahr die Metalle und ihre Legierungen, in dem anderen Jahr die sonstigen Werkstoffe behandelt werden.

---

[1]) Verlag von Pokrantz, Hannover. — Die Schaffung eines entsprechenden, den besonderen Verhältnissen der Eisenbahnlohnbediensteten angepaßten Wirtschaftsbuches mit Erläuterungen und Beispielen wäre eine dankenswerte Aufgabe.

Die Verteilung im einzelnen kann etwa wie folgt geschehen:

Beispiel I eines Stoffplans in Werkstofflehre. (Aufgestellt vom Verf.)

1.— 4.	Woche.	Das Eisen. Eisenerze, Eisengewinnung früher und jetzt.
5.—10.	„	Hochofen. Roheisen, Herstellung schmiedbaren Eisens aus Roheisen. Herdfrischen, Puddel- und Bessemerverfahren.
11.—14.	„	Die Herstellung von Stahl aus Schmiedeeisen, Siemens-Martinverfahren, Tiegelgußstahl.
15.—17.	„	Die verschiedenen Eisenarten und ihre Eigenschaften. Handelsformen des Eisens.
18.—23.	„	Formgebung des Eisens. Gießen, Walzen, Schmieden, Schweißen, Pressen, Ziehen.
24.—28.	„	Schlosserwerkzeuge aus Eisen und Stahl, insbesondere Hammer, Zange, Meißel, Bohrer, Gewindeschneider, Feilen, Scheren, Sägen. Arbeitsvorgänge beim Gebrauch.
29.—33.	„	Sonstige Metalle: Kupfer, Blei, Zink, Zinn, Nickel, Antimon, Aluminium, Quecksilber, Platin, Gold, Silber.
34.—38.	„	Legierungen. Löten, Vernickeln, Verzinken, Verzinnen, Härten, autogenes Schneiden.
39.—40.	„	Wiederholung.
1.—14.	„	Holz. Ahorn, Eiche, Rotbuche, Esche, Ulme, Birke, Erle, Kiefer, Fichte, Pappel, Mahagoni, Pockholz, Ebenholz. Haupteigenschaften, Fehler und Unterschiede.
15.—18.	„	Schwinden, Quellen, Werfen, Trocknen, Holzbearbeitung.
19.—23.	„	Brennstoffe. Torf, Braunkohle, Steinkohle, Koks. Eigenschaften und Gewinnung.
24.—28.	„	Erdöl, Gas, Nebenerzeugnisse.
29.—31.	„	Farben, Lacke. Papier.
32.—34.	„	Leder, Riemen, Dachpappe.
35.—37.	„	Webstoffe für Eisenbahnzwecke.
38.—40.	„	Wiederholung.

Die vorstehenden Angaben sind keineswegs erschöpfend und sollen nur als Anhalt dienen. Je nach den besonderen Wünschen kann man kürzen oder Ergänzungen und Umstellungen vornehmen.

Beispiel II eines Stoffplans in Werkstofflehre.

Ein großes Werk im Südwesten Deutschlands hat folgende Gliederung für den Unterricht in der Werkstofflehre.

Das Eisen. Vorkommen in reinem Zustande; Vorkommen der Erze und den verschiedenen Erzarten. Gewinnung des Roheisens. Hochofenbetrieb; Koksfabrikation; Verwendung der Nebenprodukte. Schmiedbares Eisen. Einteilung, Schweiß- und Flußeisen, Stahl. Herstellung des Schweißeisens, Herdfrisch- und Puddelverfahren. Herstellung des Flußeisens. Bessemer-, Thomas- und Siemens-Martin-Verfahren, Tiegelstahl, legierte Stähle, Werkzeugstahl. Gußeisen. Grau-, Temper- und Stahlguß. Verarbeitung des schmiedbaren Eisens durch Walzen, Schmieden und Pressen. Ziehen des Eisens, Härten und Einsetzen. Mechanische Bearbeitung durch Fräsen, Bohren, Drehen, Hobeln und Schleifen. Die übrigen Metalle: Kupfer, Zinn, Zink, Nickel. Legierungen: Bronze, Messing, Deltametall, Weißmetall. Wert der verschiedenen Metalle.

Beispiel III eines Stoffplans in Werkstofflehre.

Eine bayrische Maschinenfabrik gliedert wie folgt:

Das Eisen nach Gewinnung und Verarbeitung: reines Eisen, Eisenerze; Hochofen, Roheisen; Eisengießerei, Temperei; Herstellung des schmiedbaren Eisens (Puddelofen, Bessemerbirne, Martinsofen, Dampfhammer); Formgebung des schmiedbaren Eisens (Walzwerk).

Andere wichtige Metalle: Kupfer, Blei, Zink, Zinn; Legierungen.

Das Holz, insbesondere seine Verwendung in der Metallindustrie.

Kleidungsstoffe aus Pflanzen- und Tierreich: Leinwand, Baumwolle, Wolle, Häute: Rohstoffe und Verarbeitung.

Beispiel IV eines Stoffplans in Werkstofflehre.

In der Werkschule einer großen norddeutschen Maschinenfabrik wird in Rohstoffkunde und Werkzeug- und Maschinenkunde unterschieden und folgendes behandelt:

a) Rohstoffkunde: Das Eisen. Bestandteile des technisch verwendbaren Eisens. Einteilung der Eisensorten. Eisenerze. Das Rösten. Darstellung des Roheisens: Zuschläge, Brennstoff, Gebläsewind. (Windvorwärmer.) Bauart und Betrieb des Hochofens. Die chemischen Prozesse beim Betriebe. Die Erzeugnisse: Graues und weißes Roheisen. Schlacke. Die Darstellung des schmiedbaren Eisens. Arten des schmiedbaren Eisens (Schweißeisen, Schweißstahl, Flußeisen, Flußstahl. Das Herdfrischen. Der Puddelprozeß. Das saure und basische Bessemerverfahren (Thomasverfahren). Das Siemens-Martin-Verfahren. Der Zementierprozeß. Erzeugung des Tiegelflußstahles. Kupfer, Zinn, Zink und ihre Legierungen, Blei, Aluminium, Holz.

b) Werkzeug- und Maschinenkunde. Das Messen und die Meßwerkzeuge: Zollstock, Taster, Schublehre, Mikrometer, Normallehren, Toleranzlehren, Meßscheiben, Endmaße, Stichmaße, Gewindelehren, kombinierte Winkel, Fühlhebel, Wasserwagen, Umdrehungszähler.

Schlossereiarbeiten: Werkzeuge des Schlossers. Feilen, Schaben, Gewindeschneiden usw.

Das Anreißen: Werkzeuge des Anreißers. Anreißarbeiten.

Abstechen: Abstechmaschinen und Kaltsägen.

Das Fräsen: Fräser mit Spitzzähnen (Walzenfräser und Stirnfräser), Hinterdrehte Fräser, Satzfräser. Fräsmaschinen. Fräsarbeiten.

Das Hobeln: Hobelstähle. Aufspannvorrichtungen. Hobelmaschinen. Hobelarbeiten.

Das Drehen: Drehstähle, Spannvorrichtungen. Drehbänke, Revolverbänke. Dreharbeiten.

Das Schleifen: Schleifscheiben und deren Herstellung. Schmirgel, Karborundum usw. Planschleifmaschinen, Werkzeugschleifmaschinen, Rundschleifmaschinen. Vergleiche von Schleifarbeit und Dreharbeit.

Das Bohren: Bohrer, Senker, Reibahlen. Bohrvorrichtungen. Bohrmaschinen. Chuckingmaschinen. Bohrarbeiten.

Dampfkessel und Dampfmaschine. Motoren.

Beispiel V eines Stoffplans in Werkstofflehre.

Horstmann hat folgenden Stoffplan für die Fachkunde in Maschinenbauerklassen an gewerblichen Fortbildungsschulen aufgestellt[1]). Es ist einmal

---

[1]) Verwaltungsbericht des Landesgewerbeamts 1914 S. 106—109.

die Verteilung auf $1^1/_2$ Jahr und zweitens auf 1 Jahr beigefügt, unter der Voraussetzung von je zwei Stunden wöchentlich. Wir geben hier nur die letztere wieder. Steht wöchentlich nur eine Stunde, dafür jedoch zwei Jahre lang zur Verfügung, wie in Beispiel I angenommen, so sind die Zeiträume zu verdoppeln.

A. Rohstoffkunde. 1. Gemeinsame und unterscheidende Eigenschaften von Gußeisen, Schmiedeeisen und Stahl in der Verarbeitung und bei der Verwendung: Äußeres, Bruchfläche, Klang; Rost. Verhalten beim Kaltbiegen, Meißeln [Unfallverhütung], Feilen und Drehen (Drehspäne). Verhalten beim Schmieden, Schweißen, Gießen, Härten. Verhalten gegen Zug, Druck und Schlag an Verwendungsbeispielen. — 3 Wochen.

2. Handelsformen des Eisens: Profileisen, Bleche und schmiedeeiserne Rohre, ihre für die Verwendung und Verarbeitung wichtigen Eigenschaften, Tabellenbenutzung zur Übersicht. — $1^1/_2$ Woche.

3. Handelsformen und die für die Verwendung und Bearbeitung wichtigen Eigenschaften des Kupfers und der Legierungen des Maschinenbaues. — $1^1/_2$ Woche.

4. Herkunft des Eisens:

a) Eisenerzeugung. Wesen des Eisenerzes. Hauptfundstätten in Deutschland. Wirkungsweise des Hochofens. Die Hochofenanlage. — $1^1/_2$ Woche.

b) Fluß- und Schweißschmiedeeisen. Die Darstellung des Flußeisens in der Birne und im Siemens-Martin-Ofen. Die Formgebung durch Walzen und die Folgerung auf die Profilform. Einfluß des Walzvorganges auf das Material. Das Walzwerk. Darstellung des Schweißeisens im Puddelofen. Schlackenfaser. — 3 Wochen.

c) Stahl. Das Wesen des Stahls. Herstellung von Fluß- und Schweißstahl. Elektrostahl. — 1 Woche.

d) Zusammenstellung der Fehler im Eisen. — 1 Woche.

5. Einreihung der verschiedenen Eisenarten des Maschinenbaus in die 3 Hauptgruppen: Gußeisen, Schmiedeeisen und Stahl. Besprechung ihrer Herkunft und ihrer besonderen für die Verwendung wichtigen Eigenschaften. — 1 Woche.

6. Wirtschaftliche Bedeutung der Eisengewinnung und Verarbeitung in Deutschland. — 1 Woche.

B. Arbeits- und Werkzeugkunde. 1. Gießen. Erklärung des Einformens durch Schaubilder und fertige Formkästen. Anforderungen an das Modell. Der Schmelzvorgang im Kupolofen. Beeinflussung des Gußstücks durch den Erstarrungsvorgang. Die Bedeutung guten Putzens, besonders bei Hohlguß. Der Temperguß. — 2 Wochen.

2. Schmieden. Die Formgebung durch Hämmer und Pressen. Der Schweißvorgang. Autogenes Schweißen und Schneiden. — 1 Woche.

3. Messen und Anreißen. Der Gebrauch von Maßstab, Taster, Schublehre, Mikrometerschraube und Grenzlehren, die Verwendung der Wasserwage beim Ausrichten, des Parallelreißers beim Anreißen an praktischen Beispielen vorgeführt und geübt. — 2 Woche.

4. Der Trennvorgang beim Meißeln. Zweck der Keilform. Unfälle. Abscheren, Abquetschen der Faser. Wirkungsweise der Hebelübersetzung bei der Schere, Schrägstellung des Messers, Anschärfungswinkel. Lochen und Stanzen. Beeinflussung des Materials. Sägen. — 2 Wochen.

5. Die Vorgänge im Material beim Biegen. Faserverlängerung und Verkürzung. Querschnittsänderung. Folgerung daraus für die verschiedenen Materialien. — 1 Woche.

6. Feilen. Zweck von Grund- und Oberhieb. Behandlung und Reinigung. — 1/2 Woche.

7. Drehen. Die Spanbildung und die Folgerung daraus auf Form und Material des Meißels, auf das Verhalten der verschiedenen Materialien beim Drehen [Unfallverhütung] und auf Schnittgeschwindigkeit, Vorschub und Spanstärke, Getriebe der Leitspindeldrehbank [Unfallverhütung]. Das Aufspannen des Werkstückes mit Gegenüberstellung falscher und richtiger Beispiele. Aufspannvorrichtungen und ihre Vorteile an Beispielen. Die Eigenart der Revolverdrehbank und der Automaten, dargestellt an der Herstellung eines Schraubenbolzens. Das Anschleifen des Drehstahls. — 3 Wochen.

8. Hobeln und Stoßen. Arbeitsvorgang und Folgerung daraus wie beim Drehen. Aufspannen des Arbeitsstückes. Die wichtigsten Getriebe für Vor- und Rückgang. — 1 Woche.

9. Bohren. Wirkungsweise von Spitz- und Spiralbohrer. Arbeitsdruck. Festspannen. Unterlage [Unfallverhütung]. Bohren von Guß- und Schmiedeeisen, Stahl- und Rotguß. Veränderung von Schnitt- und Schaltgeschwindigkeit durch das Getriebe der Bohrmaschine [Unfallverhütung]. Fehlerhaftes Arbeiten des Bohrers. Richtiges und fehlerhaftes Anbringen der Bohrknarre, an Beispielen dargestellt. Das Anschleifen des Bohrers. — 2 Wochen.

10. Fräsen. Arbeitsweise und Form des Fräserzahnes. Das Aufspannen des Werkstückes. Gegenüberstellung von Fräsen und Hobeln an Beispielen. — 1 Woche.

11. Schmirgeln und Schleifen. Arbeitsvorgang. Verhalten beim Schleifen zur Unfallverhütung. Schleifen von Werkzeugen. Schleifen zur genauen Formgebung. Beeinflussung der Oberfläche. — 1/2 Woche.

12. Härten und Einsetzen. Die Vorgänge im Material. Härtungsmittel. — 1/2 Woche.

13. Verbindung von Arbeitsstücken:

a) Schrauben. Erklärung der Begriffe: Ganghöhe, Gangzahl, Steigerung, Gewindetiefe, Kern, Spindel, Mutter. Zweck und Wirkungsweise der scharf-, flach- und trapezförmigen Gewindeform. Schraubensicherung. Die Gewindesysteme des Maschinenbaues unter Hervorhebung des englischen (Whitworth). Tabellenbenutzung. Herstellung des Gewindes von Hand und durch die Maschine. — 2 Wochen.

b) Nieten. Wirkungsweise der Vernietung und Folgen daraus auf Vorbereitung und Vorgang des Nietens. Herstellung der Löcher, Zusammenpassen, Versenken, Vorgänge im Nietmaterial beim Stauchen und Bilden des Kopfes, Verstemmen der Köpfe. — 1 Woche.

c) Keile. Begründung der Keilform bei Befestigungskeilen. Wirkungsweise des Keiles. Das Lösen der Keilverbindung. — 1 Woche.

d) Löten und Einkitten. Zweck der Flußmittel für die verschiedenen Lote. Die Wirkungsweise des Rostkittes. — 1/2 Woche. a bis d zusammen 4 Wochen.

14. Farbe, Lack, Fett und Spachtel, ihre Verwendung als Rostschutz und zur Oberflächengestaltung.

15. Die Kraftanlagen der Werkstatt. Dampf- oder Gaskraftanlage und Elektromotor. Das Wichtigste über ihre bewegenden Kräfte und Einrichtung. — 2 1/2 Wochen.

16. Einrichtung und Wirkungsweise von Winde und Flaschenzug und ihre Verwendung bei den Hebezeugen der Werkstatt. Gefahren bei ihrer Anwendung und Bedienung. — 1 1/2 Woche.

Es sind in den Beispielen IV und V schon einige derjenigen Gegenstände behandelt, die in der Eisenbahnschule besser dem Unterricht in Maschinenlehre zugewiesen werden.

§ 9. Maschinenlehre.

Dieses Fach ist im Lehrplan der preußischen Fortbildungsschulen nicht als besonderer Unterrichtsgegenstand vorgesehen, wohl aber bei den meisten Werkschulen. Hier werden dann vorzugsweise die Erzeugnisse des eigenen Betriebes besprochen. Es bietet sich so eine ausgezeichnete Gelegenheit, den jungen Handwerker unbeschadet einer guten allgemeinen Ausbildung zu einem verständnisvollen, mit erhöhtem Nutzen verwendbaren Mitarbeiter auf dem jeweiligen Sondergebiet des betreffenden Werkes heranzuziehen. Hierin liegt mit einer der Gründe für die Errichtung von Werkschulen[1]).

Auch für den Eisenbahnhandwerker ist es unentbehrlich, daß er in den Grundzügen Zweck und Bedeutung der Gegenstände kennt, an denen er mitarbeiten soll. Dies gilt nicht nur für die Betriebsmittel im ganzen, sondern auch für die einzelnen Einrichtungen daran. Die Steuerungen, Meß- und Prüfeinrichtungen auf dem Führerstand der Lokomotive und die Bremsanordnungen, um hier nur einiges zu nennen, sind heutzutage schon so verwickelt, daß jemand ohne Kenntnis der Bauart und Wirkungsweise kaum zu mehr als Handlangergeschäften bei Arbeiten an solchen Teilen verwendbar ist. Für die Eisenbahnverwaltung besteht aber infolge des späteren Übertritts vieler ihrer Handwerker in das Beamtenverhältnis noch besonderer Anlaß, die Ausbildung auf ihrem eigensten Sondergebiet, dem Eisenbahnmaschinenwesen, mit in den Lehrplan aufzunehmen.

Beispiele für die Stoffgliederung hierin bei Privatwerkschulen liegen naturgemäß nicht vor; die Einteilung ergibt sich indes zwanglos durch die verschiedenen Betriebsmittel. Für den Unterricht in diesem Fach ist hiernach vom Verfasser folgender Plan aufgestellt worden, wobei entsprechend den Beispielen I und II in § 5 in den ersten beiden Jahren wöchentlich zwei Stunden und in den letzten beiden Jahren wöchentlich eine Stunde zugrunde gelegt sind. Steht mehr Zeit zur Verfügung, so kann man auch im dritten und vierten Jahr die Stundenzahl vergrößern. In den ersten beiden Jahren unter je zwei Stunden zu gehen, wird sich im allgemeinen nicht empfehlen, weil es sich hier zunächst darum handelt, den Schüler mit den Grundbegriffen der Maschinenlehre vertraut zu machen. Ist dies in sorgfältiger Weise geschehen und der Stoff von dem Schüler recht durchgearbeitet worden, so wird das Verständnis für den Aufbau und die Einrichtungen bei

---

[1]) „Einem großen Teil der mechanischen Industrie genügt schon heute eine Fortbildungsschule nicht mehr, die nur allgemeine Berufsschule sein will oder sein kann; diese Werke verlangen, daß die Werkschule außerdem *einen hochwertigen Fachunterricht* über das betreffende Sonderarbeitsgebiet geben kann, daß sie gewissermaßen die Ziele der öffentlichen Fortbildungsschule und einer Fachschule in sich vereinigt". (*Free*, a.a.O. S. 181).

Betriebsmitteln und Maschinenanlagen sehr erleichtert; man kann fast überall an Bekanntes anknüpfen.

In dem ersten Jahre werden die Grundbestandteile im Maschinenbau besprochen, im zweiten die Maschinenanlagen, im dritten die Lokomotiven und im vierten die Wagen. Die zuletzt noch verbleibende Zeit von drei bis vier Monaten wird auf Elektrotechnik verwandt. Dies erscheint schon deshalb zweckmäßig, weil einer Anzahl Hauptwerkstätten elektrische Triebwagen zur Unterhaltung zugeteilt sind. Der junge Handwerker kann aber bei der Arbeit hieran einiges Verständnis für die Bauart und Wirkungsweise nicht entbehren.

Wir haben den Stoff nun wie folgt gegliedert:

Erstes Jahr. Grundbauarten. 1. Lösbare Verbindungen: Keile, Schrauben. Formen und Abmessungen der Muttern, Köpfe, Unterlagscheiben, Schlüssel. Schraubenarten und Schraubenverbindungen. — 2. Nicht lösbare Verbindungen: Die verschiedenen Arten von Nieten. Nietverbindungen bei Wagenträgern, offenen Gefäßen, Dampfkesseln. — 3. Teile zur Übertragung der drehenden Bewegung von einer Stelle auf eine andere: Zahnräder, Zahnformen im allgemeinen. Stirnräder, Kegelräder. Kettenzahnräder. Reibungsräder. Riemen- und Seilbetrieb. — 4. Sonstige Grundbauarten für drehende Bewegung: Spurzapfen, Tragzapfen, Achsen und Wellen, feste Kupplungen, bewegliche Kupplungen, Kupplungen zum Ein- und Ausrücken, Traglager, Spur- und Kammlager. — 5. Maschinenteile für gradlinige Bewegung: Seile, Ketten, Kolben, Kolbenstangen, Stopfbüchsen. — 6. Maschinenteile zur Umänderung der gradlinigen Bewegung in drehende und umgekehrt: Kurbelgetriebe, Kurbeln, Exzenter, Schubstangen, Gradführungsteile. — 7. Maschinenteile zur Aufnahme und zur Fortleitung von Flüssigkeiten: Zylinder, Röhren, Absperrvorrichtungen. Ventile, Schieber für Wasserleitungen, Dampfsperrschieber, Muschelschieber, Drehschieber, Hähne.

Zweites Jahr. Maschinenanlagen: Kräne. Fahrstühle. Die einfachsten physikalischen Gesetze über Luftdruck, Wärme- und Wasserdampf. Naßdampf, überhitzter Dampf. Barometer, Thermometer, Manometer. Pumpen und Gebläse. Dampfkessel, Dampfmaschine, Verbrennungsmaschine. Wasserkraftanlagen, Preßluftanlagen, Preßluftwerkzeuge. — Werkzeugmaschinen für Abdrehen, Hobeln, Fräsen, Sägen, Nieten, Stanzen u. dgl. Radreifenhämmer, Räderpressen. Werkzeugmaschinen der Schmiede, Holzbearbeitungs- und Weichenwerkstätte. Bahnhöfe, Stellwerke, Signale, Oberbau. Drehscheiben. Schiebebühnen.

Drittes Jahr. Lokomotiven. 1. Einteilung und allgemeine Anordnung, Heißdampf-, Naßdampflokomotiven. — 2. Kessel und Zubehör. Bauart der Lokomotivkessel. Rauchverzehrungseinrichtungen. — 3. Räder und Achsen. Rahmen und Rahmengestell. Achslager und Führungen, Tragfedern und Ausgleichhebel. Bewegliche Laufachsen und Drehgestelle. — 4. Triebwerkanordnungen je nach der Zahl der Zylinder und der gekuppelten Achsen. Die verschiedenen Steuerungsarten. Bauart der Schieber und von Einzelteilen. Einregeln der Steuerung. — 5. Bauart der Tender. — 6. Die Bremsen.

Viertes Jahr. a) Eisenbahnwagen. 1. Einteilung und Grundformen. Personenwagen. Achsen, Drehgestelle, Untergestelle, Wagenkasten. Äußere Ausstattung. Gepäck- und Postwagen. Bordlose Wagen, Kohlen- und Kokswagen. Viehwagen. Langholzwagen, Trichterwagen, Bockwagen, Geschützwagen. Bedeckte Güterwagen für Sonderzwecke. Wagen für Flüssigkeiten. Heiz- und Beleuchtungswagen. Bahndienstwagen. Bauart von Einzelteilen, Zug- und Stoßvorrichtungen.

b) Elektrotechnik. 1. Allgemeine Grundbegriffe. Spannung, Stromstärke, Widerstand, elektrische Arbeit, Stromarten. — 2. Schwachstrom. Elemente, Klingel,

Telegraph, Fernsprecher. — 3. Starkstrom, Dynamomaschine, Motor, Anlasser, Sicherungen, Schalter, Glühlicht, Bogenlicht, Stromsammler, Umformer, elektrische Lokomotiven und Triebwagen.

Es empfiehlt sich, einzelne Maschinen gründlicher zu behandeln und an ihnen die Hauptteile von Werkzeugmaschinen zu erläutern.

Je nach der verfügbaren Zeit und örtlichen Verhältnissen und Wünschen kann man natürlich den einen oder anderen Punkt mehr berücksichtigen oder unter Umständen fortlassen, auch die Reihenfolge wird man, besonders bei dem Stoff für den zweiten Jahrgang, ohne Nachteil je nachdem etwas anders wählen können. Maßgebend aber bleibt, daß in lebendigster Fühlung mit der Praxis unterrichtet wird. Hierzu ist es durchaus nötig, daß die in der Schulstunde besprochenen Gegenstände von dem Lehrer in der Werkstätte vorgeführt werden. An den Betriebsmitteln, Werkzeugmaschinen oder Maschinenanlagen soll der Schüler alsdann die betreffenden Teile zeigen und dadurch bestätigen, daß er das Vorgetragene auch verstanden hat. Von großem Nutzen gerade für dieses Fach ist es auch, wenn der Lehrer mit ihnen die vortrefflichen Sammlungen des Verkehrs- und Baumuseums in Berlin besichtigen kann.

§ 10. Eisenbahnkunde.

Diesem Fach ist in der Hauptsache derjenige Stoff zuzuweisen, der die Beziehungen des Eisenbahnhandwerkers zur Eisenbahnverwaltung betrifft oder hiermit im Zusammenhang steht. Das Ziel des Unterrichts soll hier nicht nur sein, das Wissen des Schülers zu vermehren, sondern ihn durch Kenntnis und Verständnis des großen Betriebes, dem er angehört, auch innerlich enger damit zu verbinden und ihn zu freudiger Mitarbeit zu erziehen. Auch nach diesen Gesichtspunkten ist die folgende Stoffauswahl getroffen.

Bei vier getrennten Klassen genügt es, wenn der Unterricht nur in der obersten Klasse und wöchentlich eine Stunde erteilt wird. Bei Doppelklassen kann man etwa in den letzten beiden Jahren je eine halbe Stunde darauf verwenden. Wir haben hierfür den folgenden Plan aufgestellt.

Gliederung des Unterrichtsstoffes: 1. Geschichte des Eisenbahnwesens. Geschichte der eigenen Hauptwerkstätte. — 2. Allgemeine Gliederung der Eisenbahnverwaltung. Ämter. Eisenbahndirektionen, Zentralamt, Ministerium. Zuständigkeit für die Angelegenheiten des Arbeiters. Vorgesetzte. Geschäftsgang bei Gesuchen, Verkehr und Ordnung in der Werkstätte. Feuerlöschwesen. — 3. Arbeiterdienstordnung, Annahme, Entlassung, Strafen, Belohnungen. Lehrlingswesen, Lehrvertrag, Bezirks- und Ortsarbeiterausschüsse, Zentralausschuß, Stellung von Anträgen. — 4. Lohnordnung, Lohnberechnung, Abzüge. — 5. Eisenbahnversicherungswesen. Kranken-, Unfall- und Altersversicherung, Pensionskasse für die Arbeiter der preußisch-hessischen Eisenbahngemeinschaft, Unfallversicherung. Krankenkassenvertreter. Wert zweckmäßiger Wohnung und Kleidung und vernünftige Gesundheitspflege. Besprechung des vom kaiserlichen Gesundheitsamt herausgegebenen Tuberkulosen- und Alkoholmerkblattes. Eisenbahnvereine, Gemeinschaftsanstalten, Baugenossenschaften, Wohlfahrtseinrichtungen.

Es bietet sich in diesen Unterrichtsstunden Gelegenheit, bei Besprechung der Geschichte der eigenen Werkstätte den Geist der Überlieferung zu pflegen, auf deren Bedeutung schon auf S. 74 und 81 hingewiesen ist.

§ 11. Zeichnen.

Was ist an Zeichenkenntnissen von dem zukünftigen Eisenbahnhandwerker zu verlangen? Er muß zunächst eine Zeichnung lesen und nach ihr richtig arbeiten können. Ferner muß er imstande sein, einfachere Gegenstände, insbesondere Maschinenteile aufzumessen und zeichnerisch so darzustellen, daß hiernach die Anfertigung eines solchen Gegenstandes möglich ist. Letzteres kommt in Frage, wenn der Schlosser mit Außenarbeit, etwa bei der Wiederherstellung einer Drehscheibe, eines Aufzuges, einer Gleiswage auf einem Bahnhof beschäftigt ist und nun Maßskizzen neu anzufertigender Teile an die Eisenbahnwerkstätte zu senden hat. Derartiges setzt nicht nur eine Bekanntschaft mit dem zeichnerischen Darstellungsverfahren im allgemeinen, sondern schon ein gewisses Vertrautsein mit Zeichnungen aus dem Gebiete des Eisenbahnwesens voraus. Dies kann nur durch eignes fleißiges Üben im Zeichnen solcher Gegenstände erworben werden.

Entbehrlich für die Zwecke dürfte es sein, daß der Eisenbahnlehrling Zykloiden und Evolventen, Parabeln und Hyperbeln, Durchdringungen von Körpern und schwierige Abwicklungen zeichnerisch ermitteln kann. Er soll nicht durch meist nur halbbegriffene oder gar mechanisch von Vorlagen abgezeichnete Aufgaben dazu verleitet werden, sich nun zu gut zum Handwerk zu denken und sich als Zeichner oder gar Ingenieur zu fühlen. Diese Gefahr ist vorhanden[1]).

In § 3 S. 229 ist in den Grundsätzen für die Erteilung des Zeichenunterrichts an gewerblichen Fortbildungsschulen als Ziel des Zeichenunterrichts angegeben, den Schüler in den Stand zu setzen, Werkzeichnungen richtig zu verstehen und womöglich Werkzeichnungen für die landläufigen Arbeiten seines Berufs selbst anzufertigen.

Horstmann weist darauf hin, daß für den Maschinenbauer von diesen beiden Aufgaben besonders die erste wichtig ist. „Die Maschinenindustrie bedient sich wegen der weitgehenden Arbeitsteilung in ihren Betrieben in so ausgedehntem Maße der Zeichnung, daß sie von ihrem gelernten Arbeiter verlangen muß, daß er Maschinenzeichnungen richtig verstehen, lesen kann. Selbst zeichnen braucht wohl nur der Monteur zur Ergänzung seines Montageberichts etwa. Der Dreher, Bohrer, Hobler, Schlosser kommt dagegen kaum je in die Lage, selbst eine Zeichnung anfertigen zu müssen; dafür ist der tech-

[1]) Sogar eine amerikanische Eisenbahnverwaltung, die Atchison, Topeka und Santa Fe-Bahn, hält es nicht für überflüssig, ihrer Schrift über das Lehrlingswesen als Leitspruch voraus zu setzen, daß in dem Unterricht nicht Ingenieure, sondern erstklassige Handwerker ausgebildet werden sollen. („Our object is not to make mechanical engineers, but to make first-class skilled mechanics, to recruit our shop forces with men — trained, educated »Santa Fe Way«“).

nisch gebildete Konstrukteur da. Statt dessen stellt aber die häufig recht verwickelte Zeichnung der Maschine und ihrer Teile ganz erhebliche Anforderungen an die Fähigkeit des Arbeiters, sich nach ihr diese Teile vollständig bis in jede Einzelheit hinein vorzustellen. Diese Fähigkeit auszubilden, erfordert im Werkstattbetriebe eine um so längere Zeit, als es hier naturgemäß an methodischen Übungen fehlt. Zeitverlust in der Werkstatt aber ist gleichbedeutend mit Lohnverlust für den Arbeiter und Selbstkostensteigerung für den Unternehmer, ganz abgesehen von dem Schaden durch verdorbene Arbeiten, die unbedingt eintreten müssen, wenn der Arbeiter seine Zeichnnngen nicht versteht. Hier kann die Fortbildungsschule helfend eingreifen, indem sie durch planmäßige Übungen und Beschäftigung mit Werkstattzeichnungen den Schüler befähigt, sich aus dem Bild des Maschinenteils eine zutreffende Vorstellung desselben zu bilden, und darin beruht ihre Hauptaufgabe im Zeichnen der Maschinenbauer" [1]).

So einfach die Durchführung gerade des Zeichenunterrichts in den Eisenbahnwerkstätten zu sein scheint, so schwierig gestaltet sich die Einrichtung eines wirklich zweckmäßigen Zeichenunterrichts in der Tat; doppelt schwierig noch dadurch, daß er fast überall nur im Nebenamt von Werkstättenbeamten erteilt werden muß, die zunächst pädagogisch wenig Erfahrung haben.

Es empfiehlt sich, auf diesem Gebiet die Erfahrungen nicht ungenutzt zu lassen, die hierüber bereits im Fortbildungsschulwesen vorliegen. Nach den schon angeführten Grundsätzen für die Erteilung des Zeichenunterrichtes an gewerblichen Fortbildungsschulen (Erl. vom 28. Januar 1907) findet zunächst eine kurze Vorübung im Gebrauche der Zeichenwerkzeuge statt. Alsdann sind nach vorhandenen Modellen Maßskizzen anzufertigen, nach denen der aufgemessene Gegenstand mit Zirkel und Lineal aufgetragen wird, und zwar in der Mehrzahl der Fälle nur in Blei, sonst auch noch in Tusche. Es brauchen auch nicht nach allen Skizzen Zeichnungen aufgetragen zu werden. Ausdrücklich wird in dem Erlaß noch betont, daß rein theoretisches Projektionszeichnen (wie die Projizierung von Punkten, Linien und mathematischen Körpern usw.) nicht zu treiben ist; die vorkommmenden Anwendungen der darstellenden Geometrie sollen vielmehr an Aufgaben geübt werden, die dem praktischen Berufsleben entnommen sind. Die vorstehenden Lehrpläne dürften zweckmäßig auch für den Eisenbahnunterricht zu übernehmen sein. — Beachtenswerte praktische Hinweise für die Durchführung des Lehrplanes im einzelnen gibt Horstmann [2]). Er sagt:

Zweifellos wird es richtig sein, den Schüler zunächst mit der Darstellungsart der Werkzeichnung vertraut zu machen, indem man ihm zeigt, wie die Darstellung des

---

[1]) Verwaltungsbericht des Landesgewerbeamts 1914 S. 117.

[2]) „Über das Zeichnen in den Maschinenbauklassen der Fortbildungsschule" von Professor Horstmann, Berlin, in der Zeitschrift „Die deutsche Fortbildungsschule", Organ des Deutschen Vereins für das Fortbildungsschulwesen 23. Jahrgang 1914 Nr. 3 S. 112—118 und Nr. 4 S. 154—160.

einfachen Maschinenteils aus diesem abgeleitet wird. Dazu dient die Aufnahme nach dem gegebenen Modell, die in der Darstellungsart der Werkzeichnung angefertigt wird. Diese Darstellungsart folgt zwar noch den Gesetzen der rechtwinkligen Parallelprojektion; dennoch ist der Vorstellungsvorgang bei dieser Projektion ein ganz anderer als bei der Anfertigung der Werkzeichnung. Der Unterschied kennzeichnet sich äußerlich nur durch die Projektionsachsen und die Ordinaten; die Vorstellung arbeitet aber beim Projektionszeichnen mit den Projektionsebenen, zu denen der darstellende Körper eine bestimmte Lage einnimmt, mit den projizierenden Strahlen und den Bildern, die deren Fußpunkte auf den Projektionsebenen ergeben, während sie beim Fachzeichnen von den Ansichten des Körpers selbst, nicht von seinen Projektionsbildern ausgeht. Der Umweg, den sie also beim Projektionszeichnen machen muß, stellt erheblich größere Anforderungen an das räumliche Denkvermögen als die direkte Vorstellung des Körperbildes im Fachzeichnen. Also ist reines Projektionszeichnen als Einführung in das Fachzeichnen der Maschinenbauer in der Fortbildungsschule ungeeignet und nach den Grundsätzen von 1907 zu unterlassen. Der Schüler soll vielmehr durch geeignete Aufeinanderfolge der aufzunehmenden Modelle schrittweise mit der Darstellungsart der Körpermodelle vertraut gemacht werden. Zweckmäßig beginnt man daher mit der Darstellung des Prismas, und zwar des vierseitigen graden. Ob man es nun Flacheisenstück, Schiene oder Prisma nennt, ist gleichgültig. Man entwickle an Hand eines hinreichend großen, der ganzen Klasse erkennbaren Modells an der Wandtafel die drei verschiedenen Ansichten desselben (zeichnen, was man sieht!), mache auf die gleichen Abmessungen in ihnen aufmerksam und ordne sie so an, wie es die Werkzeichnung des Maschinenbaues in Deutschland verlangt. Ob man hierbei das Modell stehen läßt, so daß sich der Beschauer zur Gewinnung der neuen Ansicht bewegen muß, oder ob man das Modell herumlegt, während das beschauende Auge auf der Stelle bleibt, ist ziemlich gleichgültig. Beide Methoden haben ihre Vorteile.

Hat man so zwei oder drei Beispiele über scharfkantige Prismen mit der ganzen Klasse durchgenommen, wobei man Mittellinien, unsichtbare Kanten, vielleicht auch schon den Körperschnitt besprochen hat, so darf man mit Sicherheit darauf rechnen, daß die meisten Schüler bei der Darstellung weiterer derartiger Körper grobe Fehler nicht mehr machen werden, falls man ihnen über die Wahl der Ansichten die nötigen Anweisungen gegeben hat. Man kann hierin demnach jetzt zum Einzelunterricht übergehen. Die Schüler erhalten entsprechende Modelle (scharfkantige Profileisen, Führungen, Nutenplatten) mit der Aufgabe, sie in der durchgenommenen Weise freihändig zu skizzieren. Die Abmessungen sind in ihren gegenseitigen Verhältnissen zu schätzen, nicht aufzumessen, und in diesen Verhältnissen in dünnen Entwurfslinien aus freier Hand aufzuzeichnen. Wenn so die erforderlichen Ansichten angedeutet sind, können sie mit kräftigem Bleistrich nach Wegradierung des Überflüssigen und Verfehlten nachgezogen und vervollständigt werden.

Da selten für jeden Schüler ein besonderes Modell des Stoffgebietes vorhanden sein wird, so muß man so viel Schülergruppen bilden, als Modelle da sind. Das ist in unterrichtlicher Beziehung unerwünscht, immerhin lassen sich nachteilige Folgen auf Schulzucht und selbständiges Arbeiten der Schüler vermeiden, wenn nicht mehr als etwa fünf Schüler zu einer Gruppe vereint werden brauchen.

Sind die Schüler mit den Modellen des ersten Stoffgebietes fertig, so geht man zu einem neuen über, das man natürlich zuerst wieder an einem Beispiel mit der ganzen Klasse durchzunehmen hat, wie man überhaupt anstreben sollte, die Einleitung in jedes neue Stoffgebiet mit der ganzen Klasse zu behandeln. Der Vorteil eines solchen Klassenunterrichts ist so einleuchtend, daß es darüber weiterer Worte nicht bedarf. Trotzdem wird er gerade im Zeichnen nicht so oft angewandt, wie es möglich wäre. Der Grund liegt darin, daß es an ausreichenden Modellen fehlt, um die rascheren, zeichnerisch besser veranlagten Schüler so lange zu beschäftigen, bis auch die schwächeren und langsamen anfangs zwei oder drei, später ein Beispiel des besprochenen Stoffgebietes durchgearbeitet haben; dadurch ist man dann gezwungen, den ersteren schon Aufgaben aus dem folgenden Stoffkreis zu stellen; sie eilen im Stoffaufbau immer weiter vor, und so ist dann bald die ganze Klasse auseinander, von Klassenunterricht kann keine Rede mehr sein. Es ist darum anzustreben, daß gerade von den Grundmodellen mehrere Ausführungsformen und diese möglichst wieder in mehreren Stücken in der Modellsammlung zur Verfügung stehen. Dann kann man alle Schüler in jedem Stoffgebiet bis zum Schluß beschäftigen, um sie, wenn man zu einem neuen übergeht, wieder im Klassenunterricht zusammenzufassen.

Nach den scharfkantigen Prismen kommen etwa solche mit Abrundungen (Normalprofile) zur Behandlung; danach kann man dann pyramidenförmige (Druckplatten, auch Ankerplatten, wenn man den Körperschnitt dabei durchnimmt), darauf zylindrische (Bolzen, Zapfen, Wellen) und kegelförmige (Niet, Körner, Konus) behandeln. Ist der Körperschnitt noch nicht gebracht, so wird er jetzt zu begründen und an neuen Beispielen aus den vorherigen Gebieten einzuüben sein. Hieran können sich etwa die schematische Darstellung der Befestigungsschraube in den verschiedenen Ausführungsformen, dann einfachste Hohlgußkörper, Flaschenformstücke, Hebel, Augenlager und einfache Stangenköpfe anschließen.

Daß andere Stufenfolge möglich ist, schon bei der Behandlung der Grundkörper, ist selbstverständlich. So ist es vielleicht ebenso vorteilhaft, die Reihenfolge Pyramide—Zylinder umzukehren und die Schraube beim Zylinder zu behandeln. Die beiden Möglichkeiten für die Einführung des Körperschnitts sind schon angedeutet. Von da ab ist die Stoffolge fast willkürlich. Die schier unendliche Formenzahl des Maschinenbaus gestattet beinahe ebenso viele gleichwertige Anordnungen. Wesentlich ist es aber für alle Stoffpläne, daß sie geordnet sind in erster Linie nach steigender zeichnerischer Schwierigkeit, damit die Zeichnung ohne zu große Sprünge vom Leichten zum Schweren, vom Einfachen zum Verwickelteren fortschreitet; die Anordnung nach fachlicher Zusammengehörigkeit kommt erst in zweiter Linie. Bei der Wahl der Modelle wird es sich empfehlen, die örtliche Industrie zu berücksichtigen; in Orten mit starker Dampfmaschinenindustrie wird man andere Modelle und demnach einen anderen Stufenbau zugrunde legen als da, wo vorwiegend Werkzeugmaschinen oder Gasmotoren, Armaturen, Transmissionen oder ländliche Maschinen hergestellt werden. Das hat den Vorteil, daß die Schüler schneller die Darstellung ihrer täglichen Arbeiten kennen lernen, und daß sie den Erklärungen über Verwendung und Herstellung mehr Verständnis entgegenbringen; das aber ist für die Maßbehandlung von größter Bedeutung, wie gleich noch zu zeigen sein wird.

Formen, deren Wiedergabe besonders zeichnerisches Geschick erfordert, sind ungeeignet; zusammengesetzte Stücke lasse man in ihre Einzelteile zerlegen und dann einzeln aufnehmen. Mit den Anforderungen gehe man überhaupt nicht zu weit. Die Einzelteile des einfachen Stehlagers bilden etwa die Grenze dessen, was man in Modellaufnahmen erreichen kann. Man vergesse eben niemals, daß die Schüler keine Zeichner werden sollen, und daß sie nur zur Einführung in das Verständnis der Werkzeichnungen zeichnen. Es wird später zu erörtern sein, wie dies Verständnis von der Schule weiter ausgebildet werden kann.

Inzwischen haben wir uns mit dem zweiten, ungleich schwierigeren Teil der Modellaufnahme, der Maßbehandlung, zu befassen. Denn die Werkzeichnung des Maschinenbaus gibt nicht nur ein Bild des Maschinenteils, sondern sie enthält die bestimmten Abmessungen für seine Abmessungen in den Maßen. Diese Maße legen die Form nicht rein äußerlich fest, sondern sie berücksichtigen die Herstellung derart, daß jede Stufe derselben in ihnen vorgesehen ist. Zwischen Maß- und Herstellungsvorgang besteht somit der innigste Zusammenhang. Diesen Zusammenhang lernt der Schüler nun zwar am sichersten und besten in der Werkstatt kennen, und zwar dadurch, daß er nach den Maßen der Zeichnung arbeitet. Er wäre indessen nicht zu rechtfertigen, wenn die Schule sich die Gelegenheit zu fachkundlicher Belehrung, die die Maßbehandlung beim Messen und Maßeinschreiben bietet, entgehen ließe. Freilich gehört zur Erteilung dieses Unterrichts eine tüchtige Fachkenntnis, ohne die er seines besten Gehaltes entbehren muß.

Zuerst hat sich der Schüler zu überlegen, welche Maße für die Herstellung erforderlich sind. Er muß also die Herstellung kennen. Voraussetzung dafür ist erstens, daß das Modell die Herstellung zeigt, also in echtem Material — Eisen oder Metall — ausgeführt ist; Holzmodelle eignen sich deshalb trotz einiger nicht abstreitbarer Vorzüge nicht gut für die Fortbildungsschule; zweitens, daß der Schüler etwas über die Verwendung weiß, sofern dadurch die Herstellung beeinflußt wird. Hier muß demnach bei jeder Aufnahme die fachliche Belehrung einsetzen und muß dann eingehend die Herstellung behandeln, bis der Schüler über den Gang derselben unterrichtet ist. Nun erst kann er überlegen, welche Maße er eintragen muß. Hierbei wird er es nur in Ausnahmefällen zu einer gewissen Sicherheit bringen. Denn es erfordert ein ziemliches Maß von Übung und geistiger Reife, aus dem Herstellungsgang auf die Maßeintragung richtige Schlüsse zu ziehen. Diese dauernde Unselbständigkeit des Schülers ist es, die den Erfolg der Modellaufnahme und damit in der Regel des Maschinenzeichnens in der Fortbildungsschule überhaupt so sehr gefährdet. Wenn der Lehrer nicht rechtzeitig helfend eingreift, stets die erforderliche Aufklärung gibt, durch eingehende Besprechung jedes neuartige Maß vorbereitet, so verliert der Schüler, der sich immer und immer wieder vor Aufgaben gestellt sieht, denen er nicht gewachsen ist, die Lust an der Arbeit; das Zeichnen, dem er so viel Eifer und Freude entgegenbrachte, dessen Wichtigkeit ihm täglich in der Werkstatt so eindringlich vor Augen tritt, wird ihm vollständig verleidet. Das zu verhüten, ist natürlich Pflicht des Lehrers, die durch die Vielseitigkeit der Anforderungen besonders schwer zu erfüllen ist.

Nachdem diesen Vorbedingungen Genüge geleistet ist, beginnt endlich das Aufmessen des Modells. Bis hierher gehörten Maßstab, Taster und Schublehre nicht auf den Tisch, jetzt sollen sie so wie bei der Arbeit in der Werkstatt gebraucht werden. Es muß sachgemäß gemessen werden. Wie das im Einzelfalle vor sich gehen muß, ist wiederum Gegenstand fachkundlicher Belehrung und erfordert ebenfalls größte Aufmerksamkeit von seiten des Lehrers; denn die Schüler drücken sich gar zu gern um die Schwierigkeit, die genaues Messen macht, herum. Sie sehen ja die Bedeutung des genauen Maßes in ihrer Zeichnung nicht ein, da nach den Maßen nicht gearbeitet wird. Es kommt ihnen nicht zum Bewußtsein, daß sie in der Schule genau messen lernen sollen. Ebenso gern nehmen sie es mit der Vollständigkeit der Maße zu leicht. Auf die Forderung der Maßvollständigkeit darf die Schule aber schon aus erzieherischen Gründen um so weniger verzichten, als die Werkstatt dieselbe Gewissenhaftigkeit und Ausdauer, die zur vollständigen Durchführung der Maßbehandlung erforderlich ist, täglich von ihrem Arbeiter verlangt.

Es fragt sich nun, ob man gut tut, gleich nach Herstellung der ersten Aufnahme mit der Belehrung über Messen und Maße einzusetzen. Die Schüler sind durch das Einarbeiten in die zeichnerische Darstellung zunächst so sehr in Anspruch genommen, daß eine weitere Belastung der ersten Schulstunden durch den schwierigen Maßunterricht nicht erwünscht ist. Besser dürfte es wohl sein, erst 5—6 Skizzen ohne Maße anfertigen zu lassen, dann erst mit der Maßbehandlung zu beginnen und die fertigen Blätter durch die Maße vervollständigen zu lassen. So kommt all das Neue nicht gleich auf einmal, sondern verteilt sich auf die ersten Monate und läßt dem Schüler Zeit, sich langsam Schritt für Schritt in das ihm durchweg ganz neue Gebiet der zeichnerischen Darstellung einzuarbeiten.

Etwas weiter heißt es:

Zu den Leseübungen ist nun auch zu rechnen und wird daher erst an dieser Stelle erwähnt, die Übertragung von Aufnahmeskizzen in die Reinzeichnung, die mit einem Teil derselben vorgenommen werden muß. Das Modell darf dabei allerdings unter keinen Umständen mehr gebraucht werden. Es ist sogar zu empfehlen und für wirksame Leseübungen erforderlich, mit der Übertragung erst dann beginnen zu lassen, wenn das Bild des Modells beim Schüler verblaßt ist, was nach 2—3 Monaten bereits der Fall zu sein pflegt. Wenn man dann vom Schüler verlangt, daß er gegenüber seiner Skizze eine veränderte Anordnung der Risse vornehmen, etwa den rechten Seitenriß statt des linken aufzeichnen soll, oder daß er eine neue Ansicht, einen neuen Schnitt hinzufügt, den er nicht in der Skizze gezeichnet hat, dann ist er gezwungen, sich das Modell an Hand seiner Skizze genau wieder vorzustellen, sich über jeden Strich derselben Rechenschaft abzulegen, kurzum, seine Skizze zu lesen, anstatt die Flächengebilde derselben nach den eingeschriebenen Maßzahlen mit Zirkel und Lineal aufzutragen. Durch diese Erweiterung der Aufgabe erhält die Übertragung in die Reinzeichnung für den Schüler der Maschinenbauerklassen erst ihre rechte Bedeutung. Ein weiterer Vorteil einer späteren Übertragung in die Reinzeichnung besteht darin, daß die Schüler nicht mehr in der Lage sind, Maße, die sie in der Skizze vergessen haben, schätzungsweise anzugeben. Sie müssen also den Lehrer danach fragen, wodurch ihnen die Notwendigkeit vollständiger Maßeintragung lebhaft zum Bewußtsein kommt. Übrigens sollte der Fall, daß Maße in der Skizze fehlen, nur ausnahmsweise vorkommen, nämlich nur dann, wenn der Lehrer dieses Fehlen bei der Korrektur übersehen hat. Denn selbstverständlich muß jede Skizze und jede Zeichnung gleich nach der Herstellung, am besten, bevor der Schüler an eine neue Arbeit geht, durchgesehen und vom Schüler verbessert werden. Denn in der Verbesserung liegt ja die Voraussetzung dafür, daß der Fehler künftig vermieden wird. Um eine Kontrolle darüber zu haben, daß sämtliche Arbeiten nachgesehen sind, sollte man nie versäumen, die durchgesehenen und vom Schüler verbesserten durch Unterschrift zu kennzeichnen.

Nun hat meistens eine Reihe von Schülern noch gar nicht mit Schiene und Reißbrett gearbeitet. Es empfiehlt sich daher, vor dem Reinzeichnen eine kurze Übung im Zirkelzeichnen vornehmen zu lassen. Ob man dafür geometrische Konstruktionen wählt oder besonders häufig wiederkehrende Formen des Maschinenbaus, ist an sich gleichgültig. Jedoch lasse man nicht mehr als einen bis höchstens zwei Bogen damit anfüllen.

Zum Wesen der Werkzeichnung gehört es nicht, daß sie mit Tusche ausgezogen ist. Nun erfordert sauberes Aufziehen ein ziemliches Maß von Handfertigkeit, so daß es die Schüler mit ihren verarbeiteten Händen darin niemals zu ordentlichen Leistungen bringen können. Es wäre demnach erwünscht, sich in der Schule von dem Ausziehen mit Tusche freizumachen. Bei der anfangs mangelhaften Zeichenfertigkeit der Schüler kann man sie aber leider nicht ganz entbehren; denn der Schüler muß durch Nachziehen mit Tusche seine Zeichnung so widerstandsfähig machen, daß sie die zur Säuberung des Blattes erforderliche Bearbeitung mit dem Radiergummi aushalten kann. Sobald er jedoch eine hinreichend saubere Bleizeichnung zu liefern in der Lage ist, braucht er nicht mehr auszuziehen.

Mancherlei praktische Winke finden sich in dem Buche von Göpfert über das Fachzeichnen[1]).

[1]) Das Fachzeichnen an Fach- und Fortbildungsschulen mit besonderer Berücksichtigung der Klassen für Metallarbeiter von P. Göpfert, Fortbildungsschuldirektor in Chemnitz. Leipzig, Alfred Hahn, 1904.

Er empfiehlt, bei wöchentlich zwei Stunden Zeichnen ½—¾ Jahr Linear- oder geometrisches Zeichnen zu üben und den Aufgaben bereits einen fachlichen Hintergrund zu geben, z. B. an Stelle des Sechsecks den Grundriß der Sechskantmutter, anstatt des Rechtecks die Ansicht einer Lagerplatte, an Stelle der Berührungslinien und -kreise die Übergänge zwischen den Radspeichen, dem Kranze und der Nabe zeichnen zu lassen.

Hieran soll sich ebenfalls ½—¾ Jahr Projektionszeichnen anschließen. Es wird angeraten, zur Gewinnung der Grundbegriffe die drei Projektionsebenen so zusammenzustellen, daß sie einen körperlichen Winkel bilden. Der Körper wird dann in den drei bekannten Sehrichtungen von vorn, von oben und von der Seite, gewöhnlich von links, dargestellt.

Auf die Projektionslehre folgt bei Göpfert dann noch 1½—2 Jahre Fachzeichnen.

An der Hand der bisherigen Darlegungen und Beispiele kann man einen Lehrplan für den Zeichenunterricht in einer Eisenbahnwerkstätte aufstellen. Nach unserer Erfahrung hat es sich bewährt, dabei die Erlernung einer einfachen Rundschrift oder Schablonenschrift mit aufzunehmen, da schlecht beschriftete Zeichenbogen überaus häßlich aussehen. Die Erlernung verursacht nur geringe Mühe und erhöht nebenbei noch die Gewandtheit der Schüler im Gebrauch der Feder.

Der Lehrplan kann recht verschieden gestaltet werden. Die folgende Stoffverteilung soll daher auch nur als Beispiel für eine von zahlreichen anderen Möglichkeiten dienen. Vorausgesetzt sind zwei bis drei Stunden wöchentlich.

1. Jahr Skizzieren einfacher Gegenstände nur in einer Sehrichtung (zugleich als Linearzeichnen), z. B. rechteckiges Stück Eisen, Niete, Hammer, Zange, Meißel, Welle u. dgl. nach Modell unter Beifügung der Maße. — Übungen in Rundschrift oder Schablonenschrift. — Maßstäbliches Auftragen der Skizzen, Ausführung einiger derselben (nicht über ⅓) in Tusche.
2. Jahr Skizzieren einfacher Gegenstände nach Modell in mehreren Sehrichtungen, Beifügen der Maße, maßstäbliches Auftragen von Skizzen und Ausführung einiger derselben wie vorher in Tusche.
3. Jahr Skizzieren von schwierigeren Gegenständen nach Modell in den erforderlichen Sehrichtungen und Schnitten. Maßstäbliches Auftragen und Ausführung von etwa ⅓ der Zeichnungen in Tusche und Anlegen der Schnittflächen mit Farbe oder Strichelung. Im zweiten Halbjahr werden die Skizzen der Schüler untereinander vertauscht. Das maßstäbliche Auftragen hat nach einer fremden Skizze zu erfolgen.
4. Jahr Skizzieren von Maschinen- und Bauteilen in der allgemeinen Werkstätte. Maßstäbliches Auftragen nach der fremden Skizze und Ausführung von etwa ⅓ der Zeichnungen in Tusche und Farbe. Übungen im Lesen von Werkzeichnungen und Musterblättern der Preuß.-Hessischen Staatseisenbahnverwaltung. Zeichnung neuer Schnitte oder Ansichten hierzu.

Es ist zu empfehlen, daß die Modelle beim Auftragen nach der Handskizze den Lehrlingen nicht mehr zugänglich sind. Von dem Probestück, das gemäß LV. 19 vor dem Verlassen der Lehrlingswerkstätte zu fertigen ist, wird nach einem gleichen Gegenstande vorher zweckmäßig im Zeichenunterricht eine Maßskizze und Zeichnung gemacht. Alsdann ist der Gegenstand zu entfernen. Die Ausführung des Probestückes hat dann nur nach der Skizze zu erfolgen.

Es hat sich bei dem Ergänzungsunterricht als nachteilig herausgestellt, daß nicht selten in der gleichzeitig besuchten Fortbildungsschule eine andere Ausführung der Zeichnungen verlangt wird als im Eisenbahnunterricht. Oft sind es nur Äußerlichkeiten. Ein verschiedenartiges Darstellungsverfahren hier und dort verwirrt aber den Schüler und hindert, daß er sich ein bestimmtes Verfahren fest aneignet. So wird etwa an der einen Stelle verlangt, daß alle Mittellinien in blau voll ausgezogen werden, an anderer Stelle dagegen, daß sie gestrichpunktet werden müssen. Das Gewinde wird je nachdem durch abwechselnd dünne und dicke Striche entsprechend den Schraubengängen bezeichnet oder es werden nur Kern- und Bolzenstärke durch Parallellinien angedeutet. In dem einen Falle wird ferner das Hineinpunkten aller nicht sichtbaren und auch der unwesentlichen Linien angeordnet, im anderen Falle wird es als die Zeichnung unnötig verwirrend verboten[1]). Das sind nur einige von vielen Beispielen. Leider gibt es bis jetzt weder im technischen Unterrichtswesen noch in der Industrie ein einheitliches Verfahren für die zeichnerische Darstellung. Die Nachteile hieraus werden sich aber wenigstens für den Lehrlingsunterricht vermindern und vielleicht vermeiden lassen, wenn der den Unterricht erteilende Eisenbahnbeamte und der Zeichenlehrer der Fortbildungsschule miteinander Fühlung nehmen. In Orten mit großer, gutgeleiteter Fortbildungsschule wird man sich dann häufig dem dort geübten Verfahren anschließen können, während an kleineren Orten unter Umständen auch eine Änderung nach dem Brauch in dem betreffenden Eisenbahnunterricht herbeizuführen sein wird[2]).

Zum Schluß mögen noch die Lehrpläne zweier Werkschulen folgen.

---

[1]) U. E. sind meist die hier jeweils zu zweit genannten Verfahren für den Eisenbahnunterricht vorzuziehen.

[2]) Vielfach werden zur Erzielung einer größeren Einheitlichkeit bei den in Tusche ausgeführten Zeichnungen bereits folgende Regeln innegehalten. Die Maßlinien werden rot voll ausgezogen und nur an der Stelle für die Maßzahl unterbrochen. Die Mittellinien werden blau strichgepunktet. Die Schnittflächen sind bei einigen Bogen durch Farbe, bei anderen Bogen durch Strichelung unter 45° hervorzuheben, damit der Schüler mit beiden Bezeichnungen vertraut wird und zwar:

für Schmiedeeisen Blau (Preußischblau) oder dünne Schrägstriche,
„ Gußeisen Grau (Preußischblau mit Sepia) oder abwechselnd dünne und dicke Schrägstriche,
„ Stahl Violett (Preußischblau mit Karmin) oder gekreuzte dünne Schrägstriche,
„ Rotguß Gelb (Chromgelb) oder dünne abwechselnd ausgezogene oder gestrichelte Schräglinien,
„ Weißmetall, „ Blei, „ Gummi } Grün (Preußischblau mit Gelb) oder gestrichelte Schräglinien.

Beispiel I — Werkzeug- und Maschinenfabrik in Norddeutschland.

Erster Jahrgang: —.

Zweiter Jahrgang: Fachzeichnen nach Modellen mit besonderer Berücksichtigung der Erzeugnisse der Firma.

Dritter Jahrgang: Aufmessen von Maschinenteilen und kleinen Maschinen, Räderpumpen, Flügelpumpen usw. nach Modell.

Beispiel II — Südwestdeutsche Maschinenfabrik.

Erster Jahrgang: Wöchentlich zwei Stunden. — Der Unterricht wird als Massenunterricht betrieben. Alle Schüler zeichnen dieselben Gegenstände, gleichviel ob sie Lehrlinge in der Maschinenfabrik oder in der Kesselschmiede sind.

1. Vorübungen: Linearzeichnen zur Übung im Gebrauch der Zeichenmaterialien: Darstellung der verschiedenen Stoffe in den gebräuchlichen Farben; Winkelmesser; Teilung des Kreises in 4, 6 und 8 Teile.
2. Freihandzeichnen nach Gegenständen, auch Übungen im Gedächtniszeichnen: Keil, Schraubenschlüssel, Werkzeuge, Fittingsstücke, Handrad, Spiralfeder, Bolzen, Flanschen, Schraubenmutter.
3. Fachzeichnen nach Gegenständen und Modellen und an die Tafel gezeichneten Skizzen: Schrauben, Nieten und deren Verbindungen; Hebel und Spindeln, Profileisen, Roststab, Mannlochbügel, Ventile, Hähne, Stopfbüchse, Drosselklappe, Stutzen, Rohrverbindungen, Krümmer.

Zweiter Jahrgang: Wöchentlich 2 Stunden. — In dieser Klasse wird der Unterricht nach den Berufsarten der Schüler getrennt erteilt. Dabei sind die Schüler entsprechend den beiden Abteilungen der Fabrik in 2 Hauptgruppen, d. h. in Lehrlinge der Maschinenfabrik und Lehrlinge der Kesselschmiede getrennt; eine dritte Gruppe bilden die Zeichenlehrlinge der technischen Büros.

1. Stoff für die Lehrlinge der Maschinenfabrik: Kolben und Kolbenstange; Exzenter, Schieber, Steuerungsteile, Stehlager, Kupplungen, Lenkstange, Kreuzkopf, Absperrungen, Sicherheitsventil, Zylinderdeckel, Armaturen.

   Ihrem Berufe entsprechend haben die Schüler die Werkstücke in der von ihnen zu bearbeitenden Form darzustellen.
2. Stoff für die Lehrlinge der Kesselschmiede: Armaturen und Stutzen für Dampfkessel, welche nach den in kleinem Maßstab gehaltenen Werkstattzeichnungen in natürlicher Größe darzustellen sind; Einzeldarstellung eines Kesselkörpers in Mantelblech, Kesseldom und Kesselboden, Knotenpunkte von Eisenkunstruktionen; Herausziehen von Blechtafeln für Eisenkonstruktionen zur Herstellung beim Blechwalzwerk.
3. Stoff für die Lehrlinge der technischen Büros: Wie vorstehend, außerdem Konstruktion der wichtigsten Kurven; Ellipse, Parabel, Schraubenlinie, Durchdringen zweier Körper, Schnittlinien.

   Außerdem für alle drei Gruppen: Übungen im Gedächtniszeichnen in Form von Handskizzen.

Dritter Jahrgang: Wöchentlich 2 Stunden.

1. Zeichnen nach Gegenständen und Modellen: Maschinen- und Kesselteile.
2. Zeichnen aus dem Gedächtnis nach angegebenen Maßen: Schrauben, Schraubenschlüssel, Flansche, Stutzen.

Außerdem

a) für Dreherlehrlinge:

Zeichnen der Zahnformen bei den Zahnrädern; Zahnzahlberechnung für die Einsatzräder beim Gewindeschneiden.

b) für Schlosserlehrlinge und Lehrlinge des technischen Büros:

Zeichnen des Steuerdiagramms mit den Hauptstellungen des einfachen Muschelschiebers.

c) für die Lehrlinge des technischen Büros:

Konstruieren der Schnitte und Durchdringungen mathematischer Figuren.

§ 12. Die theoretischen Fächer im Ergänzungsunterricht der Eisenbahnverwaltung.

Der Ergänzungsunterricht bei der Eisenbahnverwaltung setzt den gleichzeitigen Besuch einer vom Staat oder von der Gemeindebehörde als Fortbildungsschule anerkannten Unterrichtsanstalt voraus. Soll aber der Eisenbahnunterricht die Fortbildungsschule wirklich ergänzen, dann muß er in enger Fühlungnahme mit ihr erteilt werden. Lücken, die dort etwa bleiben, sind nach Möglichkeit im Ergänzungsunterricht auszufüllen, oder es ist umgekehrt dort etwa schon behandelter Stoff entsprechend zu kürzen. Nur so läßt es sich erreichen, daß beide Unterrichtsveranstaltungen vereinigt schließlich auch wirklich die bestmögliche theoretische Ausbildung des Lehrlings erzielen.

Es ist deshalb nötig, vor Aufstellung des Lehrplanes für den Ergänzungsunterricht zunächst den Lehrstoff der von den Schülern gleichzeitig besuchten örtlichen Fortbildungsschule genau durchzusehen oder besser noch mit dem Leiter derselben durchzusprechen. Dann wird man unter Berücksichtigung der Bestimmung in LV. 24, wonach namentlich Unterricht in Werkstofflehre, Anfertigung von Handrissen nach Maßangabe und von Zeichnungen nach Aufnahme zu erteilen ist, den Lehrplan für den Eisenbahn-Ergänzungsunterricht festsetzen. Wie man sieht, ist es hier noch weniger als bei dem Vollunterricht wahrscheinlich, daß der Lehrplan für verschiedene Werkstätten vollkommen gleichmäßig ausfällt. Unter Beachtung dieses Vorbehaltes wird man daher nur allgemein sagen können, daß Werkstofflehre, Maschinenlehre und Eisenbahnkunde etwa den in § 7—9 S. 269—281 besprochenen Lehrstoff umfassen sollen. Die Stundenverteilung ist bereits in § 5 gegeben, ebenso der Grund für die Einfügung der Rechenstunde im vierten Jahr.

Man kann für diese den Stoff wie in dem entsprechenden Fach im Vollunterricht nehmen, dann aber auch früher Gelerntes wiederholen. In den anderen theoretischen Fächern lasse man gelegentlich schriftliche Arbeiten ausführen zur Übung im Deutschen.

Bei dem Zeichenunterricht ist die Fühlungnahme mit der Fortbildungsschule ebenfalls erwünscht, wenn nicht viel Mühe umsonst aufgewandt werden soll. In Äußerlichkeiten wie Darstellungsverfahren schließe man sich wenn angängig dem öffentlichen Unterricht an und suche ihn im Sinne der Ausführungen von Horstmann (s. § 11 S. 283) zu ergänzen.

§ 13. Religiöse Unterweisung.

Da der Eisenbahnvollunterricht ganz an die Stelle des öffentlichen Fortbildungsschulunterrichts tritt, ist auch die Frage der in nachstehendem Erlaß behandelten religiösen Unterweisung zu erörtern. In einem gemeinsamen Erlaß des Kultus-, des Landwirtschafts- und des Handelsministers vom 26. März 1897[1]) heißt es:

„Es ist wiederholt der Wunsch ausgesprochen worden und hat auch in den Verhandlungen des Landtags Ausdruck gefunden, es möchte den Zöglingen der gewerblichen und ländlichen Fortbildungsschulen eine Förderung ihrer religiösen Erziehung zuteil werden.

Dies kann, da die Aufnahme des Religionsunterrichts in den Lehr- und Stundenplan der Fortbildungsschule nicht möglich ist, am besten dadurch erreicht werden, daß die Geistlichen beider Konfessionen durch Unterweisung und belehrende Vorträge, die womöglich in den Räumen der Fortbildungsschulen und im Anschluß an den Unterricht stattfinden, die religiöse Erkenntnis der Zöglinge zu vertiefen und ihren religiösen Sinn zu wecken und zu fördern suchen.

Ew. pp. (das Tit.) ersuchen wir daher ergebenst, gefälligst die Vorstände der Fortbildungsschulen dahin geneigt zu machen, daß sie den Geistlichen auf ihren bezüglichen Wunsch die Schulräume zur Verfügung stellen und ihnen auch sonst die Ausrichtung ihrer Arbeit auf jede Weise ermöglichen und erleichtern."

Soweit uns bekannt ist, finden derartige Unterweisungen bislang bei den Eisenbahnlehrlingsschulen noch nicht statt. Die Meinungen über die Zweckmäßigkeit solcher Unterweisungen im öffentlichen Fortbildungsunterricht sind geteilt. Das Fortbildungsschulgesetz ist in Preußen bekanntlich im Jahre 1911 an dieser Frage gescheitert. Von verschiedenen Seiten war die Aufnahme des Religionsunterrichts als Pflichtfach gewünscht worden, ferner, daß neben dem Handelsminister auch der Kultusminister mit der Ausführung des Gesetzes beauftragt werden sollte. Von ersterem wurde jedoch von vornherein darauf hingewiesen, „daß er bei voller Würdigung des erziehlichen Wertes der Religion es nicht für zulässig erachte, in der Fortbildungsschule die Teilnahme am Religionsunterricht von Staatswegen zu erzwingen. Der Religionsunterricht liege außerhalb des Rahmens der Fortbildungsschule und die religiöse Einwirkung auf die fortbildungspflichtige Jugend müsse der Kirche überlassen bleiben"[2]).

Sehr lebhaft für die Berücksichtigung des religiösen Gedankens bei der Lehrlingserziehung ist schon vor Jahren Garbe eingetreten. So betont er in seinen Leitsätzen für gewerbliche Fortbildungsschulen u. a., daß die Hauptaufgabe solcher Schule die Pflege von christlicher Gesittung, Befestigung und

[1]) HMBl. 1911, S. 280. Gesch. Nr. M. f. H. u. G. E. Nr. 1125.
[2]) Verwaltungsbericht des Landesgewerbeamts 1912, S. 62.

Vertiefung des in der Volksschule Erlernten, soweit jeweilig möglich die Bereicherung der Lernenden mit nützlichem Fachwissen usf. sein müsse[1]).

An anderer Stelle[2]) führt Garbe aus der Zeitschrift „Die Fortbildungsschule“ 1887 einen Aufsatz an: Religiöse Bewegungen in der Fortbildungsschule. Es heißt da u. a.:

„Die Überzeugung, daß dem Fortbildungsschulunterrichte so lange etwas fehlt, als das religiöse Element demselben ganz fern gehalten wird, hat sich der Lehrerwelt wie den Leitern unseres öffentlichen Unterrichtes aus der bisherigen Praxis mit vollster Entschiedenheit ergeben. Der Lehrplan für die Fortbildungsschulen im Königreiche Sachsen vom 18. Oktober 1881 mit erläuternden Anmerkungen und Sachregister, herausgegeben vom Geh. Schulrate F. W. Kokel, bestimmt zwar im § 1, Punkt 4: ‚Hinsichtlich des Religionsunterrichts bewendet es bei der Bestimmung des § 32, al. 3 der Ausführungs-Verordnung vom 26. August 1874, zum Schulgesetze vom 26. April 1873‘, nach welcher die für den obligatorischen Fortbildungsunterricht vorgeschriebene Minimalstundenzahl durch Einführung des Religionsunterrichts keine Schmälerung erfahren darf, doch geht aus den Anmerkungen und dem § 7, welcher vom Religionsunterricht in erweiterten Fortbildungsschulen handelt, deutlich hervor, daß man den Wunsch hegt, es möge sich die religiöse Unterweisung in immer mehr Fortbildungsschulen einbürgern. Mit voller, psychologisch begründeter Klarheit, spezialisiert Absatz I des § 7 die Aufgabe des Religionsunterrichts in der Fortbildungsschule dahin: ‚den religiös-sittlichen Sinn der Fortbildungsschüler den Schwankungen und Verirrungen des jugendlichen Alters gegenüber zu befestigen und weiter zu entwickeln‘ und zeichnet in den weiteren Bestimmungen den Weg zur Erreichung des hohen Zieles sicher vor. Wie ernst und nahe die religiöse Seelenpflege der fortbildungsschulpflichtigen Jugend den Leitern unseres Schulwesens angelegen ist, dafür spricht die Anmerkung 10. Doch ist dem eigentlichen Religionsunterrichte zunächst immer nur erst der Weg in erweiterte Fortbildungsschulen geöffnet. Für Fortbildungsschulen mit Minimalstundenzahl bleibt scheinbar vor wie nach keine andere Möglichkeit, religiös anregend zu wirken, als die durch das Gebet am Anfang und Schluß des Unterrichts, dessen regelmäßige Übung § 10 zur Pflicht macht und auf dessen weihende und disziplinierende Macht die Anmerkung 129 ausdrücklich hinweist.“

Und weiter:

„Den Schwankungen und Verirrungen des jugendlichen Alters gegenüber ist aber nicht nur religiöses Fühlen, sondern vor allem ein klares Erkennen der vorhandenen sittlich-religiösen Normen als ein sichernder Damm, als ein fester Halt zu betrachten. Je präziser und fester die Form ist, in welcher diese sittlich-religiösen Normen ausgedrückt sind, desto klarer werden sie sich dem Bewußtsein einprägen, desto sicherer wird deren Übung und Anwendung erfolgen. Wo aber finden wir eine festere und präzisere, allgemein anerkannte und gültige Darstellung dieser religiös-sittlichen Normen als in den Kernsprüchen der Schrift, in unseren Kirchenliedern?

Die Fortbildungsschule dient damit zugleich dem höchsten geistigen Interesse ihrer Schüler und erleichtert der Kirche ihr Amt an den Seelen, indem sie vollständige Versteinerung und Verrasung des Seelenackers verhütet, vielmehr die geeignetsten Anknüpfungspunkte für seelsorgerische Einwirkungen bewahrt werden.“

---

[1]) Garbe, Der zeitgemäße Ausbau des gesamten Lehrlingswesens für Industrie und Gewerbe. Verlag von Dierig & Siemens, Berlin 1888. S. 143.

[2]) Garbe, a.a.O. S. 36—38.

Ferner wird gesagt:

„Auch ohne Herabsetzung der den nicht religiösen Fächern gewidmeten Zeit ist es möglich, im deutschen Unterrichte insbesondere auf die in der Volksschule erlernten Kirchenlieder zurückzukommen, dieselben nach ihrer logischen Gliederung zu besprechen, auf deren sprachliche Eigenart und poetische Schönheit hinzuweisen, deren Entstehungsgeschichte zu erzählen, dieselben hineinzustellen in den kirchengeschichtlichen Rahmen ihrer Ursprungszeit und den gewonnenen Stoff in präziser Fassung zu schriftlichen Übungen zu verwerten. Gerade das Kirchenlied ist es ja, dessen lehrhafte, sittlich stützende und tröstende Kraft am tiefsten hineingreift in unser Volksbewußtsein, und sich am meisten in hellen und dunklen Lebensstunden und vor allem auch am Sterbelager bewährt hat.[1]")

Ohne zu der bekanntlich sehr umstrittenen Frage, ob eine religiöse Unterweisung im nachschulpflichtigen Alter besser im Fortbildungsunterricht, also entsprechend auch unter Umständen im Eisenbahnhauptunterricht, oder zweckmäßiger in irgend anderer Weise stattzufinden hat, sei bemerkt, daß abgesehen von anderen Schwierigkeiten die erwähnte Behandlung von Kirchenliedern im deutschen Unterricht immerhin die Zugehörigkeit sämtlicher Schüler sowie des Lehrers zu demselben Glaubensbekenntnis voraussetzt. Dies dürfte nicht allzu häufig der Fall sein.

Die erzieherische Einwirkung auf die Lehrlinge kann auch durch gute Zeitschriften verstärkt werden, die man ihnen kostenlos oder gegen geringes Geld zugänglich macht[2]).

Über diese Frage ist mehrfach sowohl im Herrenhause als auch im Abgeordnetenhause gesprochen worden. Bei einer dieser Gelegenheiten[3]) sprach sich der Minister für Landwirtschaft, Domänen und Forsten wie folgt aus:

„Die Kgl. Staatsregierung ist der Ansicht, daß es genügen würde, den Religionsgesellschaften sowohl eine Beteiligung am Unterricht in weltlichen Fächern durch die Ortsgeistlichen zu geben, als ihnen die Möglichkeit zu verschaffen, im Anschluß an den Fortbildungsunterricht auch religiöse Unterweisung zu erteilen. Wenn verlangt wird, daß der Religionsunterricht in den Lehrplan aufgenommen und durch Ortsstatut festgelegt wird, so ist das eine Frage, die wir erörtern werden, wenn das Gesetz über die Errichtung von Fortbildungsschulen in der Rheinprovinz, in Westfalen und anderen Provinzen, das vorläufig dem Herrenhause vorliegt, auch in diesem Hohen Hause zur Beratung gelangen wird."

Religiöse Unterweisungen mit freiwilligem Schulbesuch sind an einer Anzahl von Fortbildungsschulen eingeführt, so in Aachen, Cöln, Münster und andern Orten. Die Unterweisungen werden im Anschluß an den Unterricht

---

[1]) Die Notwendigkeit einer christlich-religiösen Erziehung in den Fortbildungsschulen betont Garbe auch in einem Vortrag auf dem zweiten Evangelisch-sozialen Kongreß am 28. und 29. Mai 1891; s. Sonderdruck des Vortrages S. 16.

[2]) An Fortbildungsschulen ist zu diesem Zweck die Wochenschrift Feierabend verbreitet, „Wege zur Freude an Werk, Wissen und Welt". Herausgegeben vom Deutschen Verein für das Fortbildungsschulwesen. Vierteljährlich 30 Pfg., Schulen haben Ermäßigung. — Auch Jugendwehrschriften sind hier zu nennen.

[3]) Nach dem Stenogramm der 117. Sitzung vom 23. Januar 1913 (Die Deutsche Fortbildungsschule 1913, S. 179—188).

in den Räumen der Schule von Geistlichen erteilt. Die Schüler nehmen fast ausnahmslos an diesen Unterweisungen teil[1]).

Kühne nimmt zu der Frage wie folgt Stellung:

„Bei dieser Sachlage möchte ich allgemeinen Zwang nach wie vor entschieden ablehnen, zumal da es vielfach unmöglich sein wird, eine hinreichend große Zahl von Lehrern zu gewinnen, die innerlich für diese schwierige Aufgabe berufen sind. Dagegen halte ich es wohl für möglich, daß den Gemeinden das Recht gegeben wird, religiöse Unterweisungen pflichtmäßig einzuführen. Die Voraussetzungen dafür müßten sein, daß der übrige Unterricht zeitlich durchaus nicht eingeschränkt wird, daß die Eltern oder ihre gesetzlichen Vertreter das Recht haben, die Befreiung von den Unterweisungen zu fordern, und daß die Lehrer, die die Unterweisungen erteilen, wie an allen anderen öffentlichen Schulen, sich in den Gesamtorganismus der Fortbildungsschule einfügen. Dann kann, wie das Beispiel von Aachen und Köln zeigt, etwas Ersprießliches geleistet werden. Anderswo wird man lieber dafür freiere Formen der Erbauung beibehalten oder einführen, die sich ebenfalls bewährt haben[2]).

§ 14. Der Turnunterricht.

Dem Turnen der Lehrlinge hat die Eisenbahnverwaltung in den Werkstätten von Jahr zu Jahr mehr Aufmerksamkeit und Pflege zugewandt.

Es nahmen am Turnunterricht teil:

nach dem Stande		Anzahl der beschäftigten Lehrlinge	Anzahl der am Turnunterricht teilnehmenden Lehrlinge	Anzahl v. H.
v. 31. März	1910	2750	1930	70
	1911	3035	2433	80
	1912	3336	2928	88
	1913	3428	3139	92
	1914	3670	3466	94
	1915	3626	3522	97

Das macht eine Zunahme in der Beteiligung in nur 6 Jahren um über 53%, sodaß jetzt nur noch ganz wenige Lehrlinge fehlen[3]). Auch bei diesen liegt der Grund dann noch fast überall nur darin, daß die Betreffenden bereits außerhalb der Arbeitszeit in Turn-, Wehrkraft- oder Wandervereinen fleißig körperliche Übungen betreiben. Daß dies auch wirklich der Fall ist, wird von der Eisenbahnverwaltung nachdrücklich überwacht.

Der große Umfang des Turnbetriebes in den Werkstätten tritt noch anschaulicher hervor, wenn man die Verhältniszahlen für die einzelnen Werkstätten betrachtet. Am 31. März 1914 und 1915 stellten sich die Zahlen wie folgt:

---

1) Verwaltungsbericht des Landesgewerbeamts 1914, S. 64, ferner Verhandlungen des Abgeordnetenhauses vom 19.—25. Februar 1913 („Die Deutsche Fortbildungsschule" 1913, S. 344—352). Bei dieser Gelegenheit wurde von dem Abgeordneten Dr. Kaufmann der Lehrplan mitgeteilt.

2) Krieg und Fortbildungsschule von Geh. Regierungsrat Dr. Alfred Kühne („Die Deutsche Fortbildungsschule" 1915, S. 731.)

3) Die geringere Anzahl der 1915 insgesamt beschäftigten Lehrlinge gegenüber 1914 hängt damit zusammen, daß manche ältere Lehrlinge als Kriegsfreiwillige eingetreten waren.

in 83 v. H.	bzw. 83 v. H.	aller Werkstätten betrug die Beteiligung volle	100%
in 10 „	„ 12 „	„ „ „ „ „	94—100%
in 2,8 „	„ 1 „	„ „ „ „ „	69— 75%
in 4,2 „	„ 4 „	„ „ „ „ „	weniger als 41%

Die gegenüber den 83% der Werkstätten verschwindend geringe Anzahl von Werkstätten in denen 1914 noch nicht alle Lehrlinge am Eisenbahnturnunterricht teilnahmen, ist fast überall nur darauf zurückzuführen, daß sie an den betreffenden Orten in den außerhalb der Eisenbahnverwaltung stehenden Turn-, Wehrkraft-, Sport- oder Wandervereinen besonders eifrig körperliche Übungen betrieben. Daraufhin ist vorläufig dann das Werkstättenturnen vereinzelt noch nicht voll ausgebaut worden, doch wird in diesem Falle die Beteiligung der Lehrlinge an dem außerdienstlichen Turnen ständig überwacht. Es ist somit seitens der Eisenbahnverwaltung dafür Sorge getragen und erreicht, daß nicht ein einziger gesunder Lehrling während der Lehrzeit ohne die Wohltat planmäßig betriebener körperlicher Übungen bleibt.

In den Werkstätten wird in der Regel an zwei Stunden wöchentlich geturnt. Neben Freiübungen und Geräteturnen werden auch Turnspiele ausgeführt. Als solche nennt die Übersicht über die Einführung und Förderung von Turnunterricht[1]) Fußball, Faustball, Steinstoßen, Eilbotenlauf, Kriegsspiele, Ringkampf, Tauziehen, Reigen, Schleuderball, Tamburinspiel, Barlauf. Als weitere sportliche Übungen werden mehrfach ausgeführt: Radfahren, Schwimmen, Eislauf, Wanderfahrten.

Das Werkstättenturnen wird zweckmäßig in ähnlicher Weise betrieben wie in der Schule. Möglichst sollte ein genügend großer, geschlossener Raum für die Übungen bei schlechtem Wetter, sowie ein Hof für das Turnen im Freien zur Verfügung stehen[2]). Zur Not genügt manchmal eine größere Speisehalle, wenn die Tische und Bänke beiseite gesetzt sind. Sonst gelingt es bei einigem Bemühen wohl auch, die Mitbenutzung einer nahegelegenen Schulturnhalle zu erreichen. Dies ist meist um so eher möglich, als man die Übungen beliebig auf eine Zeit legen kann, zu der weder Schüler noch Vereine turnen, etwa Sonnabend Nachmittag oder Wochentags morgens sehr früh. Die Benutzung dürfte meist kostenlos gestattet werden. In einem uns bekannten Falle waren nur jedesmal 25 Pfg. an den Schuldiener für die Reinigung zu zahlen. Derartige Kosten trägt entweder die Eisenbahnverwaltung oder eine Lehrlingsturnkasse. Zur Bestreitung kleinerer Ausgaben bei Ausflügen, zur Beschaffung von Gegenständen, die nicht unbedingt nötig sind, aber den Lehrlingen etwa

[1]) Im Ministerium der öffentlichen Arbeiten jährlich für dienstliche Zwecke, insbesondere für die Mitteilung an die Eisenbahn-Direktionen aufgestellt. — Erl. vom 18. März 1915 IV 43. Stand der Übersicht am 31. März 1914.

[2]) Die Hütte (Des Ingenieurs Taschenbuch) Band II, 18. Auflage, S. 103 rechnet für Turnsäle auf einen Kopf mindestens 4 Quadratmeter Grundfläche. Turnhallen für 50 erwachsene Turner sollen 22 m lang, 11 m breit, 5,5 m hoch sein. Für preußische Gemeindeschulen und Seminarien für 50 Turner werden gerechnet 15,7 : 9,5 : 5,0 m. Für 100 Turner 22,0 : 12,5 : 6,3 m. Die kleinsten Turnsäle sollen nicht unter 15,0 : 7,5 : 5,0 m sein.

beim Turnspiel oder für die Musikriege Freude machen, hat sich die Einrichtung einer solchen Turnkasse bewährt. Es genügt, wenn jeder Teilnehmer monatlich 10 Pfg. beisteuert; auch Zuwendungen etwa vom Eisenbahnverein, von einzelnen Beamten oder von der Eisenbahndirektion tragen zu dem Ansammeln einer bescheidenen und für Aushilfe oft hochgeschätzten Summe bei. Die Verwaltung der Kasse übernimmt am besten der Turnwart oder ein Bürobeamter unter Aufsicht des Amtsvorstandes.

Es werde angenommen, daß für das Turnen wöchentlich zwei Stunden zur Verfügung stehen, wie es wohl in der Mehrzahl der Werkstätten der Fall ist. Man kann die Zeit dann so einteilen, daß zunächst eine Viertelstunde Freiübungen von allen Lehrlingen gemeinsam ausgeführt werden. Alsdann folgt Geräteturnen. Hierfür werden die Lehrlinge in Riegen von etwa 12 bis 20 Mann eingeteilt. Jede Riege übt unter einem Vorturner. Hierzu wählt man entweder ältere Lehrlinge oder jüngere Arbeiter aus der Werkstätte, jedoch ist Wert darauf zu legen, daß diese bereits in einem Turnverein als Vorturner ausgebildet sind. Dies gilt namentlich auch für die Hilfeleistung bei den Übungen zur Vermeidung von Unfällen.

Für Geräte kommen in Betracht: Reck, Barren, Ringe, Pferd, Bock, Klettergerüste, Rundlauf usw. Hat man keine vollständig ausgerüstete Turnhalle, so muß man sich bei der Auswahl der Übungen meist einige Beschränkung auferlegen, doch auch da kann durch geschickte Verwendung des Vorhandenen noch viel Abwechslung geschaffen werden. Barren, Reck, Sprunggeräte und Klettergerüste sind mit geringen Kosten überall herzustellen oder zu beschaffen und sollten nirgends fehlen[1]).

Nach etwa einer halben Stunde Geräteturnen können die Riegen ihre Geräte vertauschen und eine weitere halbe Stunde an dem zweiten Gerät üben. Die dann noch verbleibende Zeit wird zuweilen für Kürturnen freigegeben. Auch werden häufig, unter Abkürzung oder Fortfall der vorhergehenden Übungsabschnitte, Turnspiele oder volkstümliche Übungen ausgeführt, wie Barlaufen, Eilbotenlauf, Fußball, Faustball, Steinstoßen[2]), Gewichtheben, Gerwerfen, Diskuswerfen, Ringen, Tauziehen, Ziehkampf (s. hierzu auch Deutsche Turnzeitung 1914, S. 13.)

Wenn es das Wetter irgend erlaubt, sollte das Turnen im Freien ausgeführt werden. Der Turnhof darf hierfür nicht zu klein sein; in Anlehnung an die entsprechenden Abmessungen für Turnhallen wird man mindestens etwa 6 qm, besser aber erheblich mehr Grundfläche für den Kopf fordern müssen. Recht erwünscht ist es, wenn auf einen solchen Turnhof bereits beim Bau der Werkstätte Rücksicht genommen wird. Er läßt sich dann mit der Lehrlings-

---

[1]) Geeignete Firmen können aus den Ankündigungen in der Deutschen Turnzeitung (Blätter der Deutschen Turnerschaft) entnommen werden. Kommissionsverlag von Paul Eberhardt in Leipzig.

[2]) z. B. mit gegossenen Schlackensteinen, 15 Pfd. wiegend und leicht zu beschaffen, s. Deutsche Turnzeitung 1914 S. 385.

werkstätte zu einer einheitlichen Anlage vereinigen und kann auch während der Frühstücks- und Vesperpausen von den Lehrlingen benutzt werden. Zweckmäßig stellt man dort ein Reck und einen Barren fest auf; ebenso seitlich einige Bänke, letztere möglichst im Schatten des Gebäudes oder anzupflanzender Bäume. Den Platz kann man durch freundlich wirkendes Buschwerk von dem allgemeinen Werkstättenhof abgrenzen. Ein Lehrlingsturn- und Spielplatz findet sich z. B. in Meiningen und in Limburg.

Zur Unterrichtung des Turnlehrers und der Vorturner ist es für größere Werkstätten empfehlenswert, einige der preiswerten Leitfäden zu beschaffen, die sich in den Vereinen der Deutschen Turnerschaft bewährt haben. Durch Anfrage bei diesen Vereinen oder durch Nachschlagen in der Deutschen Turnzeitung kann man leicht etwas Passendes finden, wie etwa die Bücher des früheren Hannoverschen Turnlehrers Ludwig Puritz[1]), ferner das Buch „Der Vorturner", Hilfsbuch für deutsches Geräteturnen in Vereinen, Fortbildungsschulen und oberen Klassen höherer Lehranstalten von Turninspektor Karl Möller[2]).

Auch das in der Deutschen Turnzeitung[3]) wiederholt warm empfohlene Buch des Turnlehrers J. Jäckle „Der gewandte Turnwart", ein Führer und Ratgeber für Turnwart und Vorturner, sei noch genannt. Es sind hier u. a. auch die Übungen für eine Reihenfolge von 24 Turnstunden zusammengestellt[4]).

Mancherlei Anregung kann bei regem Turnbetrieb auch das Lesen der Deutschen Turnzeitung geben[5]). Es dürfte genügen, wenn sie nur in einem Stück in jedem Direktionsbezirk gehalten wird und dann bei den einzelnen Werkstätten umläuft.

In dem alljährlich vom Ministerium der öffentlichen Arbeiten herausgegebenen, in Buchform erscheinenden Berichte über die „Ergebnisse des Betriebes der vereinigten preußischen und hessischen Staatseisenbahnen" findet sich in der Ausgabe für das Rechnungsjahr 1907[6]) (S. 111) zum erstenmal ein besonderer Abschnitt „Fürsorge für die schulentlassene Jugend". Es heißt dort: „In Würdigung der großen Bedeutung, die eine regelmäßige turnerische und vernünftige sportliche Betätigung der schulentlassenen männlichen Jugend für die gesunde, geistige und körperliche Entwicklung der Nation hat, sind die Eisenbahndirektionen angewiesen worden, darauf hinzuwirken, daß den in den Eisenbahnwerkstätten beschäftigten Lehrlingen Gelegenheit hierzu gegeben wird."

In der Ausgabe des Rechnungsjahres 1908 (S. 125) wird unter dem-

---

[1]) Deutsche Turnzeitung 1914, S. 12.

[2]) 4. neubearbeitete Auflage, mit 140 Abbildungen und 170 Übungsabschnitten. Verlag von B. G. Teubner in Leipzig und Berlin. Preis kart. 2,00 M.

[3]) 1913. S. 78 und 283.

[4]) Kommissionsverlag von P. Eberhardt, Leipzig, und P. Mähler, Stuttgart. Preis 3,60 Mk.

[5]) Kommissionsverlag von P. Eberhardt, Leipzig. Preis bei 52 Nummern zur Zeit jährlich nur 5,00 Mk.

[6]) Berlin SW 68, Preußische Verlagsanstalt, G. m. b. H.

selben Abschnitt gesagt: „Der zur Förderung des Turnunterrichts für die Werkstättenlehrlinge gegebenen Anregung ist auch im Berichtsjahr in größerem Umfang entsprochen worden. Am Ende des Berichtsjahres erhielten rund 1200 Lehrlinge Turnunterricht. Zum Teil sind die Lehrlinge zum Eintritt in Turnvereine angehalten, zum Teil ist der Unterricht in den Werkstätten selbst durch geeignete Bedienstete während der Arbeitszeit erteilt worden. Dieses letztere Verfahren ist besonders zur weiteren Einführung empfohlen worden. Außer dem eigentlichen Turnunterricht sind auch sportliche Übungen, insbesondere Fußballspiel, getrieben, auch wurden gemeinsame Ausflüge veranstaltet. Nach den bisher gemachten Erfahrungen hat der Unterricht auf die körperliche Entwicklung, Haltung und Anstelligkeit der Lehrlinge einen günstigen Einfluß ausgeübt.“

In dem Bericht für 1912 (S. 114) ist vermerkt: „Im Etat für 1910 sind zum erstenmal bei Titel 6 Pos. 9 besondere Mittel zur Förderung von Turnunterricht und sonstigen sportlichen Übungen jugendlicher Eisenbahnarbeiter vorgesehen worden, aus denen Belohnungen an die mit der Leitung des Unterrichts betrauten Eisenbahnbediensteten, Anerkennungspreise für besondere turnerische Leistungen und Beihilfen an Turnvereine gewährt werden, die den Turnunterricht der Lehrlinge fördern. Im Berichtsjahre sind hierfür rund 7000 Mk. aufgewendet worden.“

In den folgenden Jahren wird in ähnlich günstiger Weise berichtet. Bis Ende 1913 haben 3500 = 94% der Gesamtzahl der Lehrlinge Turnunterricht erhalten. Zum Teil sind sie zum Eintritt in Turnvereine angehalten, zum Teil ist der Unterricht in den Werkstätten selbst durch geeignete Beamte während der Arbeitszeit erteilt worden. Dieses letztere Verfahren ist besonders zur Einführung empfohlen worden. Außer dem eigentlichen Turnunterricht sind auch sportliche Übungen, insbesondere Fußballspiele betrieben, auch wurden gemeinsame Ausflüge veranstaltet.

Läßt es sich infolge besonderer örtlicher Schwierigkeiten durchaus nicht ermöglichen, den Unterricht während der Arbeitszeit durch Werkstättenbedienstete zu erteilen, so wird wenigstens darauf hinzuwirken sein, daß die Lehrlinge einem Turnverein beitreten und hier regelmäßig turnen. Einem solchen Verein wird dann wohl aus den Mitteln der Eisenbahnverwaltung jährlich ein Geldbetrag überwiesen. Es kann mit dem Turnverein aber auch eine Vereinbarung getroffen und ihm gegen einen nach der Anzahl der Lehrlinge bemessenen Betrag die Erteilung des Unterrichts förmlich übertragen werden. Ähnlich geschieht es zuweilen bei Fortbildungsschulen. So wird z. B. in der Deutschen Turnzeitung (1913, S. 718) berichtet, daß dem Männerturnverein Verden vom Magistrat die Ausbildung der 140 gewerblichen Fortbildungsschüler im Turnen, Schwimmen, Jugendspiele, Wanderungen u. dgl. übertragen sei, und zwar gegen eine Vergütung von jährlich 370 Mk. aus der Stadtkasse und eine — anscheinend allerdings nur einmalige — Zuwendung von 180 Mk. aus den Mitteln für Jugendpflege. Das Recht der Eisenbahnverwaltung, bei entsprechender Einrichtung die Beteiligung der Lehrlinge zu überwachen und nötigenfalls zu erzwingen, dürfte in gleicher Weise wie bei den Fortbildungsschulen anzuerkennen sein. Für diese liegt hierzu folgende Gerichtsentscheidung vor[1]).

In B. wurde für die Fortbildungsschüler Turnunterricht obligatorisch mit wöchentlich je einer Stunde eingeführt und die Erteilung des Unterrichts bestimmten Turnvereinen, u. a. dem Turnverein „Vater Jahn", übertragen. Mehrere Väter hielten ihre Söhne ab, den Turnunterricht zu besuchen. Gegen sie wurden deshalb auf Grund von § 5 Absatz 4 des Volksschulgesetzes Strafverfügungen erlassen. Hiergegen beantragten sie gerichtliche Entscheidung. Sie wurden jedoch in allen Instanzen verurteilt. Das Revisionsgericht (Sächsisches Oberlandesgericht Dresden) führte u. a. aus, daß Turnen allerdings nach dem geltenden Volksschulgesetz nicht zu den wesentlichen Unterrichtsgegenständen auf den Fortbildungsschulen gehört. Daraus folgt aber durchaus nicht, daß nun auch die einzelne Schulgemeinde nicht befugt sei, kraft ihres Selbstverwaltungsrechts in Schulangelegenheiten Turnen für die zu ihrem Schulbezirk gehörigen Fortbildungsschulen als obligatorischen Lehrgegenstand einzuführen. Insofern das Turnen der körperlichen Ausbildung des Schülers durch Erziehung zur körperlichen Kraft und Gewandtheit und der Gewöhnung zu anständiger Haltung und pünktlichem Gehorsam dient, ist es als Bestandteil der in § 14 Absatz 1 des Volksschulgesetzes hervorgehobenen allgemeinen Bildung der Schüler aufzufassen, deren Förderung den Fortbildungsschulen zufällt. Ein weiterer Einwand geht gegen die Übertragung des Turnunterrichts an Turnvereine. In dieser Beziehung ist darauf hinzuweisen, daß nach § 32 Absatz 3 Satz 2 der Ausführungsverordnung zum Volksschulgesetz in Fortbildungsschulen die Beschäftigung von Nichtlehrern für den Unterricht in einzelnen Zweigen zulässig ist und daß die Übertragung des Turnunterrichts an Turnvereine der Sache nach hinausläuft auf die Erteilung des Turnunterrichts durch einzelne, bestimmte Personen, die sich hierzu besonders eignen, wobei das allgemeine Aufsichtsrecht der zuständigen Stellen in keiner Weise beeinträchtigt werden sollte. Gegen eine solche Einrichtung ist vom rechtlichen Standpunkt aus nichts zu erinnern.

§ 15. Dem Turnunterricht angegliederte und sonstige Veranstaltungen.

Hierzu seien alle diejenigen Veranstaltungen gerechnet, die bereits vielfach in Verbindung mit dem Turnunterricht stehen oder zweckmäßig dahin gebracht werden können.

a) Trommler- und Pfeiferriege.

Es trägt zur Belebung von Übungsmärschen, Schauturnen und Ausflügen bei, wenn dabei nach Trommel- und Pfeifenklang marschiert werden kann. Die Erfahrung hat gezeigt, daß die Lehrlinge mit Eifer bei der Sache sind und Freude am Musizieren haben. Erforderlich sind etwa sieben Trommler, sieben Pfeifer und ein Tambourmajor. Die Stelle eines solchen übernimmt gelegentlich auch ein Zögling. Die Kosten für die erste Ausrüstung betragen 150—200 Mk. Zu empfehlen ist, daß beim Hervortreten an die Öffentlichkeit eine einheitliche Kopfbedeckung getragen wird; hierfür hat sich die Eisenbahn-

[1]) Deutsche Turnzeitung 1914, Anlage S. 71.

dienstmütze ohne Kronenabzeichen mit der preußischen Kokarde bewährt. Bei schlechtem Wetter kann die Mütze mit einem Schutzüberzug, dieser jedoch auch mit der Kokarde, getragen werden. Als Achselstücke eignen sich schwarzweiß geflochtene Schnüre und Schwalbennester. Die Ausbildung der Riege übernimmt entweder ein unter den Arbeitern etwa befindlicher ehemaliger Tambour oder manchmal in Anbetracht des guten Zweckes auch vollständig kostenlos ein etwa am Ort liegender Truppenteil. Hiermit sind vom Verfasser in Guben recht gute Erfahrungen gemacht. Hat die Riege erst einige Übung, so kann man sie wohl auch in der Turnstunde bei Marschübungen mit verwenden. Mützen, Trommeln und andere Geräte der beim Werkstättenamt Guben eingerichteten Riege sind in Abb. 16 S. 315 erkennbar.

b) Turnspiele und sportliche Betätigungen.

Sie kommen hier nur so weit in Betracht, als sie nicht während der Turnstunde und Arbeitszeit, sondern außerhalb derselben ausgeführt werden. Ist bereits ein gut eingerichteter Turnbetrieb vorhanden, so wird für Turnspiele und andere sportliche Betätigung in der arbeitsfreien Zeit nicht ein solches Bedürfnis bestehen wie in entgegengesetztem Falle. Verwaltungsseitig kann durch Anregung, Vermittlung und Gewährung von Erleichterungen die sportliche Betätigung mannigfach unterstützt werden. So kann das Werkstättenamt den Lehrlingen die Erlaubnis erwirken, öffentliche Spielplätze benutzen zu dürfen. Beim Eislauf und Schwimmen läßt sich zuweilen eine Ermäßigung der Zulaßkarten erreichen. An Sonntagsmärschen und Ausflügen, zumal wenn sie unter Begleitung der Musikriege ausgeführt werden, beteiligen sich oft nicht nur die Lehrlinge, sondern auf Einladung auch deren Angehörige gern. Recht wichtig ist für alle solche Veranstaltungen, daß sich ihrer eine von Liebe und Eifer für die Jugendpflege erfüllte Persönlichkeit annimmt. In erster Linie ist hierzu der Lehrmeister berufen, sonst auch der Leiter des Turnunterrichts.

c) Wetturnen.

Als ein vortreffliches Mittel, den Eifer im Turnunterricht sowohl bei den Schülern als auch bei dem Lehrer anzuspornen, hat sich ein jährlich veranstaltetes Wett- und Schauturnen erwiesen, zu dem außer dem Amtsvorstand und Vertretern der Eisenbahndirektion auch Gäste und Angehörige von Eisenbahnbediensteten eingeladen werden. Für Preise, die aber nicht in Geld bestehen dürfen, stehen Mittel der Eisenbahnverwaltung zur Verfügung. In manchen Werkstätten werden diese Veranstaltungen sehr festlich begangen. Da sie ungemein zur Pflege des Zusammengehörigkeitsgefühls beitragen, sollte man sie überall dort stattfinden lassen, wo es die Verhältnisse nur irgend erlauben. Zuweilen wird man sie auch mit einer Feier des Eisenbahnvereins verbinden können.

d) Ärztliche Unterweisung.

Ohne besondere Mühe läßt sich dem Turnunterricht eine Unterweisung in der ersten Hilfe bei Unfällen angliedern. Am günstigsten ist es, wenn sich ein Bahnarzt hierzu bereit erklärt, zur Not kann dies auch einer der in jeder Werkstätte vorhandenen im Samariterdienst ausgebildeten Bediensteten übernehmen. Daß ein solcher Unterricht für den künftigen Handwerker oder Beamten von großem Nutzen ist, dürfte ohne Frage sein.

Dahingestellt sei, ob es bei Unterrichtserteilung durch einen Bahnarzt wünschenswert oder zweckmäßig ist, damit zugleich eine kurze geschlechtliche Belehrung zu verbinden. Zu dieser Frage für die Fachschulen nimmt ein Erlaß des Handelsministers vom 16. März 1907 II 1514 (HMBl. 1907, S. 70) wie folgt Stellung:

> Bei verschiedenen Anlässen, insbesondere auch bei der Konferenz der Regierungs- und Gewerbeschulräte im Dezember v. J. ist zur Sprache gekommen, ob es sich nicht empfehlen möchte, zur Bekämpfung der Geschlechtskrankheiten die Fachschüler auf die Gefahren des Geschlechtsverkehrs in geeigneter Weise hinweisen zu lassen. Dabei wurde es als besonders zweckmäßig empfohlen, die Schüler beim Beginne des Schulhalbjahres durch einen erfahrenen Arzt, in der Regel den Schularzt, in einer dem ernsten Zwecke und der Jugend der Hörerschaft entsprechenden Weise belehren zu lassen. Zugleich wurde festgestellt, daß eine solche Belehrung schon in manchen Schulen seit einiger Zeit mit gutem Erfolg eingeführt sei.
>
> Ich will nicht unterlassen, Sie hiervon in Kenntnis zu setzen und Ihnen anheimzustellen, den Kuratorien der Fachschulen, namentlich in den größeren Städten, ein ähnliches Verfahren zu empfehlen.

An die Stelle mündlicher Belehrung kann auch die Verteilung kleiner Druckschriften treten, die in edler und reiner Weise über das Nötigste aufklären. Über solche Schriften wird jeder Sittlichkeitsverein oder Pfarrer Auskunft geben können. Bei einer öffentlichen Fortbildungsschule wird die Schrift verteilt: Was jeder Junge wissen sollte! von Karl Richter.[1])

Besondere sexual-pädagogische Vorträge sind an der städtischen Handels- und Gewerbeschule in Danzig von einem Vertreter des Sittlichkeitsbundes vom Weißen Kreuz abgehalten worden. „Die mit Kraft und Wärme vorgetragenen Ausführungen machten sichtlich Eindruck auf die jungen Leute. Ein ausliegendes Schriftchen von Richter, Heilige Jugendweihe, fand reißenden Absatz. Die Leitung der städtischen Handels- und Gewerbeschulen pflegt bereits seit einigen Jahren die sexual-pädagogische Belehrung ihrer Schüler. Bisher hatte man für dieselben einen Arzt gewonnen, der in nüchterner Weise an der Hand von Lichtbildern Erkenntnis und Willen der jungen Leute günstig zu beeinflussen versuchte. Herr Richter betont allein die ethisch-

---

[1]) Umfang 20 Seiten. 12. Auflage 1913. Selbstverlag des Verfassers, Nürnberg-Maxfeld, Bayreuther Straße 30a.

ästhetische Seite. Beides kann, wenn die Sache in rechter Hand liegt, zum Ziel führen. Am besten ohne Zweifel führt der Weg durch die Mitte[1])."

Der Verwaltungsbericht des Landesgewerbeamts für 1914 weist in dem Abschnitt über die schulärztliche Beratung bei gewerblichen Fortbildungsschulen darauf hin, daß die Durchführung des Pflichtunterrichts im Turnen eine Untersuchung aller Schüler durch den Schularzt wünschenswert macht. „Auch sonst gelten alle Gründe, die für die schulärztliche Beratung in der Volksschule sprechen, erst recht für die Fortbildungsschule, da die rasche körperliche Entwicklung in der Zeit zwischen vierzehn und achtzehn Jahren und der Eintritt in das Berufsleben vielfach eine Gefährdung der Gesundheit in erhöhtem Maße mit sich bringen. Einzelne Gemeinden, wie Schöneberg und Zehlendorf, haben den schulärztlichen Dienst bereits mit gutem Erfolge eingeführt. Eine weitere Ausdehnung ist dringend zu wünschen. Es sind Verhandlungen mit der Medizinalabteilung des Ministeriums des Innern eingeleitet, die eine Förderung dieser wichtigen Angelegenheit herbeiführen sollen" (a.a.O. S. 63). — Bei der Eisenbahnverwaltung findet eine sehr eingehende bahnärztliche Untersuchung jedes Lehrlings unmittelbar vor seiner Einstellung statt. Etwaige Bedenken gegen die Teilnahme am Turnen würden daher bei den Anforderungen an den Gesundheitszustand der aufzunehmenden Lehrlinge fast immer schon vorher ein Hindernis für die Einstellung bilden. In Zweifelsfällen mag immerhin auch später noch der Bahnarzt um Rat gefragt und auch veranlaßt werden, gelegentlich die körperliche Entwicklung der Lehrlinge zu beobachten.

Besuchen die Lehrlinge keine Fortbildungsschule, findet also Eisenbahn-Vollunterricht statt, so kann man durch einen Bahnarzt Vorträge über das Geschlechtsleben halten lassen, etwa zu Anfang des dritten Lehrjahres. Oft werden solche Vorträge auch schon beim Ergänzungsunterricht zweckmäßig sein, besonders wenn eine Unterweisung in der Fortbildungsschule fehlt. Es kann durch verständige Einwirkung auf die jungen Leute viel Unheil verhindert werden.

§ 16. Die Lehrkräfte.

Nach LV. 27 S. 51 ist der Unterricht in der Werkstätte durch geeignete technische und nichttechnische Beamte zu erteilen. Ausnahmsweise können dafür auch andere Lehrkräfte herangezogen werden, was indessen auf das dringendst notwendige Maß zu beschränken ist.

Hiermit stellen sich die Vorschriften auf denselben Standpunkt, wie er überwiegend auch von den privaten Werken vertreten wird, nämlich den Unterricht möglichst durch Angehörige des eigenen Betriebes erteilen zu lassen.

Wir wollen zunächst den einfachsten Fall annehmen, daß nur Ergänzungsunterricht und Doppelklassen in Frage kommen. Bei höchstens 30 gleichzeitig

---

[1]) „Die Deutsche Fortbildungsschule" 1915, S. 284—285.

zu unterrichtenden Schulen darf dann also die Zahl der Lehrlinge nicht mehr als 60 in der ganzen Werkstätte oder 15 in jedem Jahrgang sein. Sind nach dem Plan in § 5 S. 259, abgesehen von dem vorläufig unberücksichtigt bleibenden Turnunterricht, je 5 Stunden vorgesehen, so sind als Mindestmaß in einer Werkstätte wöchentlich zehn Stunden zu erteilen. Für nur einen einzigen Beamten ist dies unter Hinzurechnung der Vorbereitung und der Wege vom und zum Unterrichtsraum neben den sonstigen Dienstobliegenheiten reichlich viel. Er wird Tag für Tag z. B. morgens von 8 bis etwa ½11 dadurch gebunden. Dies fällt um so mehr ins Gewicht, als es sich in der Regel gerade um die tüchtigsten Beamten handelt. Eine so starke regelmäßige Inanspruchnahme ist etwa mit der Tätigkeit des Betriebsingenieurs, der sonst für diesen Unterricht nach Stellung und Vorbildung wohl in Betracht käme, schwer zu vereinigen. Es bleibt dann nur noch der technische Eisenbahnsekretär, sofern ein solcher bei der betreffenden Werkstätte vorhanden ist, und vielleicht noch der eine oder andere befähigte Werkmeister. Der Zeichenunterricht sollte aber nur von solchen Beamten erteilt werden, die mindestens eine Maschinenbauschule besucht haben. Die Eisenbahnwerkstätten haben mehr Schwierigkeiten, geeignete technische Kräfte für den Unterricht bereitzustellen als ein Privatbetrieb, denn dieser verfügt wegen der Neuanfertigung bei sonst gleicher Größe in der Regel über ein großes Konstruktionsbüro mit zahlreichen Ingenieuren.

Man wird sich in der Eisenbahnwerkstätte so helfen müssen, daß der eine Beamte etwa in Werkstofflehre, der andere in Maschinenlehre und ein dritter im Zeichnen unterrichtet oder ein Beamter in zwei Fächern. Bei Ergänzungsunterricht wird man, solange es bei Doppelklassen bleibt, dann noch mit den eigenen Beamten auskommen können.

Anders wird es jedoch, wenn infolge einer großen Lehrlingszahl Doppelklassen eingerichtet werden müssen. Jede Klasse mit nur dem Geringstmaß von sechs Stunden macht schon 24 Stunden wöchentlich. Unter Hinzurechnung der Vorberechnungszeiten und Durchsicht von Arbeiten ergibt dies schon eine volle Arbeitskraft. Bei Vollunterricht mit 8 bis 10 Stunden wird dies schon bei nur zwei Doppelklassen erforderlich sein. Für vier Klassen reicht eine einzige Lehrkraft dann schon kaum noch aus.

Ist dies aber der Fall, dann ist man nicht mehr an die wenigen bei der betreffenden Hauptwerkstätte gerade vorhandenen technischen Beamten gebunden, von denen zuweilen der eine oder andere zur Erteilung von Unterricht auch noch recht wenig geeignet ist. Dann kann man vielmehr Beamte verwenden, die neben ihrer dienstlichen Ausbildung im Eisenbahnwesen für die Erteilung von Fortbildungsunterricht besonders geschult sind. Die Mühe wird sich durch eine große Steigerung der Erfolge im Unterricht, später durch einen Stamm vortrefflich und zweckmäßig vorgebildete Handwerker und daraus hervorgehender Beamter überreich lohnen.

Wie wenig es genügt, den Unterricht etwa volksschulweise oder durch eine beliebige Kraft erteilen zu lassen, hat man in den letzten Jahren immer mehr erkannt. Es ist ein großes Verdienst des Landesgewerbeamts in Berlin, hier führend vorangegangen zu sein. Schon in seinem ersten Verwaltungsbericht ist, wie es in dem Bericht für 1914 heißt, darauf hingewiesen worden, wie notwendig es sei, für eine zweckmäßige Ausbildung der hauptamtlichen Lehrer an gewerblichen Fortbildungsschulen zu sorgen. Diese Frage ist im Landesgewerbeamt seitdem immer von neuem erörtert worden, doch es zeigte sich, daß die Schwierigkeiten außerordentlich groß waren.

Mehrere Vorschläge, wie Gründung einer Gewerbefachschule nach dem Muster der Handelshochschule oder Ausbildung in Anlehnung an die Technischen Hochschulen erwiesen sich als ungeeignet. „So blieb nichts anderes übrig, als eine besondere Einrichtung zu schaffen, wie sie seit langem für Baden in Karlsruhe, neuerdings für Sachsen in Chemnitz, für Bayern in München besteht. Von vornherein wurde es als eine große Gefahr angesehen, Fortbildungsschullehrer auszubilden, die von allem etwas und nichts gründlich wußten. Daher wurde von einer allseitigen Ausbildung für die Zwecke der Fortbildungsschule abgesehen und eine Spezialisierung nach Berufsgruppen ins Auge gefaßt. Zunächst wurde eine zweijährige Ausbildungszeit in Aussicht genommen. Schließlich gelangte man dazu, einen einjährigen Ausbildungskursus versuchsweise einzurichten, in dem Techniker und Handwerker, die eine genügende fachliche und allgemeine Bildung besitzen, und Lehrer, die sich bereits vorher mit einem gewerblichen Fachgebiet vertraut gemacht haben, ausgebildet werden sollen.“ (a.a.O. S. 68.)

Nach der vorläufigen Prüfungsordnung (HMErl. vom 18. September 1912) werden zur Prüfung zugelassen:

1. Techniker und Handwerker mit ausreichender allgemeiner Bildung, welche mindestens 3 Jahre praktisch gearbeitet haben. Bevorzugt werden Bewerber, die schon nebenamtlich an Fortbildungsschulen unterrichtet haben.

2. Berufslehrer, welche die zweite Lehrerprüfung abgelegt haben, sich mit der Technik und dem Fachzeichnen eines wichtigeren Erwerbszweigs vertraut gemacht haben und möglichst schon nebenamtlich an einer Fortbildungsschule tätig gewesen sind. Bevorzugt werden Bewerber, welche nachweisen können, daß sie sich im gewerblichen Leben betätigt haben. Ausnahmsweise können Lehrer zugelassen werden, die noch nicht an der Fortbildungsschule unterrichtet haben.

3. Andere Personen, die nach ihrer Vorbildung geeignet erscheinen, sofern sie sich bereits mit dem Fortbildungsschulunterrichte befaßt und sich im gewerblichen Leben betätigt haben.

Das Lebensalter der Aufzunehmenden soll mindestens 24 Jahre, höchstens 35 Jahre betragen.

Die Aufnahmeprüfung kann nach drei Richtungen entsprechend der Vorbildung des Bewerbers, abgelegt werden:

1. für die Metallgewerbe, zu denen insbesondere der Maschinenbau, die Grob- und Feinmechanik und die Schlosserei zu rechnen sind;
2. für die Baugewerbe, zu denen die Tischlerei, sowohl als Bau- wie als Möbeltischlerei, und die übrigen Holzgewerbe treten;
3. für die schmückenden Gewerbe, zu denen alle Gewerbe, welche Flächendekorationen verwenden, ferner die graphischen, die Buchgewerbe sowie die plastischen Gewerbe zu rechnen sind.

Es wird hiernach unterschieden zwischen den aus der Praxis hervorgehenden Teilnehmern und Berufslehrern. Infolge der andersartigen Vorbedingungen bei beiden Gruppen ist auch die Ausbildung eine andere. Die Praktiker müssen mehr in den theoretischen Fächern, die Lehrer mehr in der praktischen Arbeit ausgebildet werden. Die Druckschrift über die Einrichtung eines Seminarkursus für Lehrer gewerblicher Fortbildungsschulen fordert:

1. Die Ausbildung in einem bestimmten Fach einschließlich Fachzeichnen und Kalkulation.
2. Die Ausbildung in den in allen Schulen gemeinsamen Unterrichtsstoffen: Geschäfts- und Bürgerkunde, Rechnen und Buchführung.

Hecker teilt über den Seminarkursus u. a. folgendes mit[1]):

„Die Volksschullehrer werden im allgemeinen damit zu rechnen haben, daß sie mindestens die gesamte Arbeitskraft und Arbeitszeit eines Jahres für die Vorbereitung zur Aufnahme in das Seminar verwenden müssen. Dabei ist Voraussetzung, daß die Lehrer für das Gewerbe, in dem sie sich ausbilden wollen, ein gewisses Geschick mitbringen.

Die Ausbildung für Maschinenbauer erfordert längere Zeit, da neben der praktischen Tätigkeit noch der ein- bis zweijährige Besuch einer Maschinenbauschule unbedingt notwendig ist.

Für die Ausbildung in allen Berufen des Metall-, Bau- und Kunstgewerbes gilt gleichmäßig, daß neben der theoretischen und zeichnerischen Ausbildung, welche die Fachschule vermittelt, stets auch eine praktische Betätigung in gewerblichen Betrieben stattfinden muß. Nur so erhalten die Lehrer Einblick in die Arbeitsvorgänge und lernen auch die Umgebung kennen, in der die Fortbildungsschüler leben.

Allen Lehrern, die sich in Groß-Berlin vorbereiten wollen, kann der Besuch der städtischen Gewerbeschule in Charlottenburg besonders empfohlen werden, da sie in engem Zusammenhange mit dem Seminarkursus arbeitet. Der Lehrplan dieser Anstalt gestattet eine zweckmäßige Vorbereitung für alle Abteilungen des Metall- und Baugewerbes sowie für die schmückenden Berufe. Der Stundenplan läßt nebenbei auch eine hinreichende praktische

---

[1]) „Der Seminarkursus für hauptamtliche Fortbildungsschullehrer" von Professor W. Hecker, Charlottenburg. Zeitschrift: „Die Deutsche Fortbildungsschule" 1915, S. 65—79.

Tätigkeit zu, die in den verschiedenen Schulwerkstätten Charlottenburgs und Berlins ausgeübt werden kann. Auch werden bestimmte Werkstattkurse in einzelnen Fabriken abgehalten.

Die Vorbereitung der Lehrer kann aber auch erfolgen an den verschiedenen staatlichen und städtischen Fachschulen (Baugewerkschulen, Maschinenbauschulen, Fachschulen für die Kleineisen- und Stahlindustrie, Handwerker- und Kunstgewerbeschulen), die in einem Verzeichnis zusammengestellt sind. Die Lehrer werden in diesen Schulen als Gäste von dem Besuch der allgemein bildenden Unterrichtsfächer befreit, so daß sie möglichst viel Zeit auf ihre fachliche Ausbildung verwenden können. Im Durchschnitt werden etwa 25—30 Stunden wöchentlich auf die Teilnahme an dem Schulunterricht entfallen müssen; es steht dann auch genügend Zeit für die praktische Tätigkeit in den Werkstattbetrieben oder auf dem Bau- und Zimmerplatz zur Verfügung.

Die Aufnahme in den Seminarkursus zur Ausbildung für das Metallgewerbe setzt bei den Berufslehrern genaue Kenntnis der Projektionslehre Sicherheit im Aufnehmen von Einzelkonstruktionen, im Anfertigen von Werkstattzeichnungen und im Lesen schwieriger Zeichnungen der betreffenden Gewerbe sowie Kenntnis der Arbeitseigenschaften der wichtigsten Metalle und endlich einige praktische Erfahrungen in den Arbeitsmethoden der Schlosserei, Schmiede, Gießerei und Klempnerei voraus.

Diese Kenntnisse können erworben werden, wenn während eines Jahreskursus wöchentlich verwendet werden:

5	Stunden	auf	Projektionslehre,
12—15	„	„	Skizzieren, Fachzeichnen, Maschinenelemente,
2	„	„	Materialienkunde,
8	„	„	mechanische Technologie (Werkzeuge, Werkzeugmaschinen, Verarbeitung der Rohmaterialien in den verschiedenen Werkstätten).

Zu empfehlen ist ferner die Teilnahme an dem Unterricht in Mechanik, soweit er die Elemente der Festigkeitslehre behandelt, und an der Elektrotechnik."

Für den Eisenbahnunterricht kommen hauptsächlich die aus der Praxis hervorgegangenen Lehrkräfte in Frage. Für die hierbei zu stellenden Anforderungen geben die vorgenannten Winke und Ratschläge manchen wertvollen Anhalt. Es heißt dort betreffs der Praktiker:

Hier ist es erheblich schwerer, bestimmte Ratschläge zu geben. In erster Linie ist zu fordern, daß sich nur solche Praktiker dem Lehrberufe widmen, die dazu Neigung und natürliche Begabung haben.

Unter allen Umständen ist längeres, planmäßiges Hospitieren an einer gewerblichen Fortbildungsschule und dann nebenamtliche Lehrtätigkeit zu fordern. Nur so kann der Praktiker prüfen, ob er wirklich die Begabung für den Lehrberuf besitzt. Um dem werdenden Lehrer einen Überblick über die in der Fortbildungsschule erteilten Unterrichtsfächer und deren Methoden zu geben, empfiehlt sich die Durcharbeitung von Lehrbüchern, welche für die Hand der Lehrer an Fortbildungsschulen geschrieben sind, und die nicht nur inhaltlich, sondern auch methodisch aufgebaut den allgemeinen

Lehrstoff enthalten. Zu benutzen sind diejenigen Bücher, die in den Schulen, an denen die Praktiker hospitieren, eingeführt sind.

Ferner sind die Teilnahme an vierzehntägigen pädagogischen Ausbildungskursen, Betätigung in der Jugendpflege als weitere Vorbereitung für den Lehrberuf zu empfehlen.

Zur Aneignung der notwendigen Kenntnisse im Deutschen, im Rechnen, in der Geschichte und Literatur sind Schuleinrichtungen nur wenig vorhanden. In Frage kommen hier die Wahlfortbildungsschulen in Berlin, die wahlfreien Kurse vieler kaufmännischer und gewerblicher Fortbildungsschulen sowie Privatunterricht.

1. Deutsch.

Fertigkeit im richtigen mündlichen und schriftlichen Gebrauch der Muttersprache sowie Kenntnis der Rechtschreibung. Gewandtheit in der (mündlichen und schriftlichen) Beschreibung technischer Vorgänge (Arbeitsvorgänge), in der Behandlung schriftlicher Arbeitsanweisungen, Bekanntmachungen, Zustandsschilderungen (Montageberichte).

Befähigung, einen Aufsatz nach einem gegebenen Thema anzufertigen. Übung im Aufstellen von Dispositionen nach gegebenen Themen aus dem gewerblichen Leben.

(Vorbereitung erfolgt zweckmäßig durch Lesen einzelner Werke der deutschen Literatur, z. B. Heinze, Gut Deutsch — Engel, Deutsche Stilkunst.)

2. Rechnen.

Absolute Sicherheit im Kopfrechnen und Beherrschung der schulmäßigen Lösungsformen sowie die Fähigkeit zur Entwicklung dieser Formen.

In der Sammlung von Rechenbüchern für Fortbildungsschulen „Praxis des gewerblichen Rechnens", Verlag Mittler & Sohn, Berlin, befinden sich in dem Abschnitt „Ständige Übungen zur Förderung der Rechenfertigkeit" Aufgaben für das Kopfrechnen, die geeignet sind, die Fertigkeit im Kopfrechnen zu erhöhen. Um sich an bestimmte „schulmäßige" Lösungsformen zu gewöhnen, empfiehlt sich für das Selbststudium am besten ein Werk, das neben den Aufgaben zugleich die Entwicklung der normalen Lösungsformen bietet, z. B. **Heinze und Hübner**, Lehrerausgabe des Rechenbuches, bearbeitet von Hochheiser, Verlag Görlich, Breslau (Heft 5, Bruchrechnen und Heft 6, Prozentrechnen).

Um die Gebiete kennen zu lernen, aus denen die Fortbildungsschule ihre Rechenaufgaben wählt, und um sich an die Auswahl, Formgebung und Lösung dieser Aufgaben zu gewöhnen, empfiehlt sich die Durcharbeitung folgender Rechenbücher, die natürlich je nach Beruf zu wählen sind:

a) **Praxis des gewerblichen Rechnens**, Verlag Mittler & Sohn, Berlin. Für Metallarbeiter: Heft 1—3 für Maschinenbauer, Heft 1—3 für Schlosser, Heft 1—3 für Mechaniker; für Tischler Heft 1—3, für Buchgewerbler Heft 1 (Heft 2 und 3 erscheinen in kurzer Zeit), für Tapezierer und Polsterer Heft 1—3.

b) **Rechenhefte für Fortbildungsschulen**, Verlag Aufarth, Frankfurt a. M. (Herausgeber Neuschäfer). 3 Hefte für Metallgewerbe, 3 Hefte für Baugewerbe, 3 Hefte für Buchgewerbe.

c) Heimann, Rechenheft für ungelernte Arbeiter.

3. Bürgerkunde.

Die wichtigsten Ereignisse aus der neueren deutschen Geschichte, etwa von 1648 ab. Gebietsentwicklung Preußens und Deutschlands in großen Zügen. Die politische und wirtschaftliche Bedeutung der Einigung der deutschen Stämme.

Die politische und allgemeine wirtschaftsgeographische Lage Deutschlands z. B. Hauptverkehrslinien, Industrie, Handelszentren, Verteilung der wesentlichen Industrien, Beziehung zwischen den natürlichen Vorbedingungen des Bodens, Klimas usw. und der Bevölkerung und ihrer Betätigung). — Einiges vom Verkehrswesen. — Das Wichtigste aus der Verwaltung und Verfassung des Deutschen Reiches. Stellung Preußens. Der Kaiser. — Die Gemeindeverwaltung und ihre wichtigsten Organe. — Gerichtswesen, Kaufmanns- und Gewerbegerichte. — Die Rechte und Pflichten des Staatsbürgers gegenüber dem Gemeinwesen. — Heerwesen. — Flotte und Kolonien. — Etwas aus der Geschichte und der gegenwärtigen Organisation des eigenen Berufes.

(v. Seefeld, Die allgemeinen Bestimmungen von 1911, Heymanns Verlag, Berlin; Neubauer, Lehrbuch der Geschichte II; Lamprecht, Deutscher Aufstieg 1750 bis 1914, Perthes, Gotha; Rohrbach, Der deutsche Gedanke in der Welt; Harms, Geographie von Deutschland; Ratzel, Deutschland; Gruber, Wirtschaftsgeographie Deutschlands; Glock und Korn, Bürgerkunde; Hoffmann und Groth, Bürgerkunde.)

4. Fachkunde.

Hier wird besonders Gewicht gelegt auf praktische Erfahrungen in der Werkstatt, besonders der Lehrlingsausbildung.

Der Seminarkursus selbst umfaßt zwei Halbjahre. Auskunft über die Einrichtung und die Unterrichtsgegenstände gibt die nachfolgende Zusammenstellung für den Kursus 1914/15.

Tafel 21.

Lehrplan des Seminarkursus für hauptamtliche Fortbildungsschullehrer der Gruppe der Metallgewerbe in Charlottenburg.

Lfd. Nr.	Lehrfach	Anzahl der Unterrichtsstunden für Berufslehrer 1. Halbj.	2. Halbj.	für Praktiker 1. Halbj.	2. Halbj.
	I. Pädagogik.				
1.	Das gewerbliche Bildungswesen . . .	2	2	2	2
2.	Technik des Fortbildungsschulunterrichts (Vorbereitung) Unterrichtsübungen .	2	2	4	5
3.	Psychologie und Ethik	—	—	2	1
4.	Deutsch und Jugendliteratur	—	—	3	2
	II. Geschäfts- und Bürgerkunde.				
5.	Rechnen	2	2	3	3
6.	Buchführung	2	2	2	2
7.	Geschäftsaufsatz und Übungen	3	3	3	3
8.	Staatsbürgerkunde und Volkswirtschaftslehre	3	3	3	3
	III. Zeichnen und Fachkunde.				
9.	Projektionslehre	4	—	—	—
10.	Technologie des Eisens	4	3	—	—
11.	Maschinenzeichnen	6	4	—	—
12.	Maschinenlehre	—	2	—	—
13.	Fachkunde und Zeichnen für Mechaniker	2	2	2	2
14.	Fachkunde für Schlosser	2	3	2	2
15.	Fachkunde und Fachzeichnen für Klempner, Installation für Gas und Wasser, Elektroinstallation	—	4[1])	3	5
16.	Methodischer Aufbau für die Fachkunde	—	—	3	2
	Wöchentliche Stundenzahl zusammen:	32	32	32	32

[1]) Nur Klempner.

Zu diesen Stunden kommen 4 Stunden Turnen und Turnspiele im Sommer, im Winter 2. Bei der großen Bedeutung, welche heute der Jugendpflege mit Recht zuerkannt wird, ist es notwendig, den zukünftigen Fortbildungsschullehrer mit den Grundsätzen der Jugendpflege vertraut zu machen.

Die Turnspiele sollen den Kursusteilnehmern die Kenntnis derselben, ihre Wirkung, die Kenntnisse betreffend Spielplätze, gesundheitliche und erziehliche Bedeutung der Spiele usw. übermitteln. Sie wechseln im Sommer mit planmäßigen Wanderungen.

Mit den Turnspielen, die für alle Teilnehmer Pflichtfach sind, sind praktische Übungen in der ersten Hilfe bei Unglücksfällen unter Leitung eines Arztes verbunden.

Im Winter finden an Stelle der praktischen Turnspiele Vorträge über die Bedeutung und Organisation derselben statt. Durch Besuche von Jugendheimen und Fürsorgeeinrichtungen werden die Kursisten auch mit diesem Teile der Jugendpflege bekannt gemacht. — Allen Teilnehmern ist Gelegenheit geboten, sich planmäßig praktisch zu betätigen, soweit dies noch nötig ist. Dem Entgegenkommen der Firmen Ludwig Loewe und Siemens & Halske ist es zu danken, daß die Teilnehmer der Metallgruppe hier unter Leitung tüchtiger Werkmeister, denen die Lehrlingsausbildung anvertraut ist, praktisch arbeiten können. Für die Teilnehmer der Baugewerbegruppe stehen die Modellierräume und der Reißboden der Charlottenburger Gewerbeschule zur Verfügung, während die Teilnehmer der Kunstgewerbegruppe praktische Arbeiten im Malen, Setzen und Bucheinband unter Leitung tüchtiger Fachmänner ausführen.

Regelmäßige Studienfahrten führen in die verschiedensten Betriebe Berlins und seiner Umgebung.

Nachdem der Unterricht in den öffentlichen Fortbildungsschulen durch eine derartig gründliche Ausbildung der Lehrkräfte auf eine so hohe Stufe gebracht wird, wird sich die Eisenbahnverwaltung kaum der Forderung entziehen können, auch ihrerseits für die mit der Erteilung des Unterrichts in den Werkstätten beauftragten Beamten eine ergänzende Ausbildung in dieser Richtung vorzunehmen. Die Verhältnisse liegen ja hier insofern besonders günstig, als nicht wie in den allgemeinen Schulen die verschiedensten Fachrichtungen, sondern fast überall nur die allein für das Schlosser- und Dreherhandwerk zu berücksichtigen sind.

Ferner sind auch die technischen Lehrkräfte mit dem praktischen Teil ihres Lehrgebiets ziemlich gleichmäßig und gut vertraut, da die Betriebsingenieure und technischen Eisenbahnsekretäre mindestens zwei Jahre in einer Werkstätte praktisch gearbeitet haben müssen. Hierzu kommt bei ersteren und selbst bei manchen technischen Sekretären noch ein Lokomotivfahrdienst und die Ablegung der Lokomotivführerprüfung. Mit den großen Fortschritten im Fortbildungsschulwesen, mit der Verwertung so mancher Hilfsmittel und mit pädagogischen Gesichtspunkten können die Beamten indes im allgemeinen nicht vertraut sein, und es wird viel Zeit verloren, wenn sie solche Erfahrungen erst alle selbst sammeln müssen. Hier könnte durch Lehrgänge ähnlich wie in Charlottenburg oder in Anlehnung an diese Veranstaltung sicherlich viel erreicht werden. Erfordert die Anzahl der Lehrlinge in einer Werkstätte eine volle Arbeitskraft allein für den Unterricht, so wird man hierfür zweckmäßig nur einen Eisenbahnbeamten nehmen, der die volle Ausbildung als Fortbildungsschullehrer durchgemacht hat. Wenn er dann noch in der Werkstätte den Turnunterricht bei den Lehrlingen übernimmt und sich im Sinne der Jugendfürsorge in und außer der Arbeitszeit bei ihnen betätigt, so wird er gut ausgenutzt sein, zumal wenn er nebenbei noch den Amtsvorstand in der Überwachung des gesamten Lehrlingswesens der Werkstätte unterstützt[1]).

Neben der Ausbildung der hauptamtlichen Lehrer an Fortbildungsschulen hat das Landesgewerbeamt schon seit einer Reihe von Jahren die Ausbildung der nebenamtlichen Lehrer gefördert. Nach dem Verwaltungsbericht von 1914 sind in der Berichtszeit 500 Lehrer in 10 Einführungskursen von je vier Wochen Dauer in verschiedenen Städten mit den Aufgaben und Methoden der gewerblichen Fortbildungsschule, mit Rechnen und Buchführung, mit Geschäftsaufsatz und Bürgerkunde bekannt gemacht worden. Inzwischen sind noch viele solcher Einführungskurse von verschiedener Dauer mit über 2000 Teilnehmern abgehalten[2]). Daneben werden auch Zeichenkurse für Berufslehrer abgehalten, und zwar je vier oder sechs Wochen lang. Es finden gemischte Fachkurse und reine Fachkurse statt. Sodann sind auch etwa vierzehntägige Zeichenkurse für Praktiker eingerichtet worden, für das Metallgewerbe z. B. in Berlin, Frankfurt a. M., Posen, Hagen, Düsseldorf. Es sollen Praktiker aller Berufe für den Zeichenunterricht der Fortbildungsschule in einzelnen Berufen vorbereitet und befähigt werden, nach den im Kursus durchgearbeiteten Zeichenlehrgängen in sachgemäßer und methodisch richtiger Weise zu unterrichten. Neben der Durcharbeitung der Zeichenpläne wird besonderes Gewicht auf Gasthören und Probestunden gelegt. Pädagogische Vorträge über die geschichtliche Entwicklung, gesetzliche Grundlagen und Verwaltung der Fortbildungsschule, allgemeine Lehrverfahren und Schulzucht u. a. schließen sich an. Etwa ein Drittel der Zeit wird auf das Durcharbeiten der

[1] Ein solcher „Lehringenieur" könnte aus der mittleren technischen Laufbahn der Eisenbahnverwaltung hervorgehen. — Auch bei den Eisenbahndirektionen könnte ein derartiger Beamter eine wertvolle Unterstützung für den Dezernenten bedeuten. Er hätte dort etwa alle das Lehrlingswesen betreffende Fragen einheitlich zu bearbeiten, sich über die Fortschritte in der praktischen Lehrlingsausbildung auch in anderen Betrieben auf dem laufenden zu halten, die neuen Erfahrungen auf dem Gebiete der Fortbildungsschule für den Eisenbahnunterricht nutzbar zu machen, durch persönliche Fühlungnahme mit den Werkstättenlehrern belehrend einzuwirken und Verbesserungen anzuregen. Einige Großbetriebe haben diesen Gedanken bereits in ähnlicher Form verwirklicht.

[2]) Verzeichnis der Kurse s. Verwaltungsbericht des Landesgewerbeamts 1914, S. 148—149.

Zeichenlehrgänge, ein Drittel auf Gasthören und Lehrübungen und der Rest auf pädagogische Vorträge verwandt[1]). — An derartigen Kursen haben auch bereits Eisenbahnbeamte mit Erfolg teilgenommen.

Endlich sei noch erwähnt, daß der Deutsche Verein für das Fortbildungsschulwesen seit einer langen Reihe von Jahren mehrwöchige Kurse für Lehrer und Lehrerinnen an Fortbildungsschulen veranstaltet. Ein solcher Kursus, und zwar bereits der sechzehnte, fand z. B. vom 25. Mai bis 5. Juli 1913 in Leipzig statt. Es wurden dort Vorträge gehalten über die Grundlage der Technologie, Volkswirtschaftslehre, Gewerbegesetzlehre, des Versicherungswesens, der Gewerbehygiene, Bürgerkunde u. dgl. und technische, wirtschaftliche Betriebe und Wohlfahrtseinrichtungen besichtigt. Auch fanden praktische Übungen und Besuche von Fortbildungs- und Fachschulen für die Jugend beiderlei Geschlechtes statt. „Es handelt sich darum, daß die Teilnehmer auch die Geschichte des Fortbildungsschulwesens kennen lernen, daß sie erfahren, was auf diesem Gebiete bisher erstrebt und geleistet worden ist, daß sie in die Methodik des Fortbildungsschulunterrichtes im allgemeinen und in die Unterrichtspraxis der einzelnen Fortbildungsschulklassen eingeführt werden. Dabei soll ihnen immer das Charakteristische des Lehrbetriebes in der Fortbildungsschule anschaulich nahegebracht werden, und sie sollen Direktiven erhalten für die rechte, der Eigenart der Schule und der Schüler und Schülerinnen entsprechende Erziehungs- und Unterrichtsmethode. Durch praktische Übungen in Buchführung, Kalkulation, Wechsel- und Schecklehre werden sie außerdem für den Unterricht in denjenigen Fächern besonders geschult, die für die kaufmännische Ausbildung des gewerblichen Nachwuchses in jeder Fortbildungsschule unentbehrlich sind. Für Nichtlehrer sind daneben noch Veranstaltungen zur Einführung in die Pädagogik — Vorträge und Probelektionen — vorgesehen[2])."

Ohne mindestens an einem Ausbildungskursus teilgenommen zu haben, sollte kein Beamter zur Erteilung von technischem oder Zeichenunterricht an Eisenbahnlehrlinge herangezogen werden.

Als Leiter des Turnunterrichts wählt man in Ermangelung einer besonders ausgebildeten Kraft zweckmäßig einen jüngeren Beamten, der möglichst noch Mitglied eines Turnvereins und dort als Vorturner ausgebildet ist. Zuweilen findet sich unter den Werkstättenaufsichtsbeamten eine geeignete Persönlichkeit, sonst muß man auf einen zuverlässigen tüchtigen Handwerker oder Arbeiter zurückgreifen, wie sie wohl in jeder Werkstätte hierfür zur Verfügung stehen.

§ 17. Die Lehrmittel.

Es ist besonderer Wert darauf zu legen, daß die im Unterricht besprochenen Stoffe den Schülern möglichst vorgeführt werden, so daß er sie nicht nur durch

[1]) a.a.O.S.76.
[2]) „Die Deutsche Fortbildungsschule" 1913, S. 188—189.

die Erläuterungen des Lehrers, sondern vor allem auch aus eigener Anschauung kennen lernt. Hierzu ist eine kleine Sammlung der wichtigsten Stoffe unentbehrlich, von den verschiedenen Eisenarten, von Kupfer, Nickel, Zink, Zinn und anderen Metallen, den in Eisenbahnwerkstätten gebräuchlichsten Hölzern, von Torf, Braunkohle, Steinkohle u. dgl. Eine solche Sammlung läßt sich ohne viel Mühe in jeder Werkstätte bald zusammenstellen. Hierzu kommen noch Niete, Schrauben, kleine Werkzeuge und einfache Maschinenteile für den Unterricht in Maschinenlehre und auch im Zeichnen. Viel Zeit spart sich der Lehrer, wenn er bei Besprechung mancher Gegenstände fertige Wandtafelzeichnungen aushängen kann, anstatt den Gegenstand, wie etwa einen Hochofen oder einen Dampfkessel, erst selbst an der Wandtafel entwerfen zu müssen. Derartige Zeichnungen sind im Handel zu haben[1]).

Im Eisenbahnunterricht wird zuweilen noch so vorgegangen, daß die Lehrlinge den besprochenen Stoff frei oder nach Diktat des Lehrers nachschreiben. Das ist nicht nur zeitraubend, sondern auch ungenau, setzt auch eine vorherige sehr sorgfältige Ausarbeitung durch den Lehrer voraus. Tritt ein Wechsel in der Person des Lehrers ein, wie es bei Versetzungen und Behinderungen leicht möglich ist, so entstehen große Störungen, da der neue Lehrer meist überhaupt noch keine derartige Ausarbeitung besitzt und sie sich jedenfalls nicht ohne weiteres an die früheren anschließt. Zur Vermeidung solcher Mißstände empfiehlt es sich, dem Unterricht möglichst ein bewährtes Lehrbuch zugrunde zu legen. Solche, die etwa nur für den Lehrlingsunterricht in den Eisenbahnwerkstätten bestimmt sind, sind uns bisher nicht bekannt, dürften auch nicht vorhanden sein. Man ist also darauf angewiesen, bewährte Fortbildungsschulbücher zu nehmen und hieraus geeignete Abschnitte auszuwählen[2]).

---

[1]) Die Creutzsche Verlagsbuchhandlung in Magdeburg kündigt z. B. an: Brüggemanns Wandtafeln für die Holzbearbeitung (6 Tafeln 93 : 125 cm) auf Leinwand mit Stäben 30 Mk., einzeln 5,50 Mk., ferner elektrotechnische Wandtafeln von C. Sternstein (12 Tafeln 70 : 90 cm) auf Leinwand mit Stäben 38 Mk., einzeln 3.50 Mk., Tafel 6 Gleichstrommotor, elektrische Straßenbahn, Tafel 7 Elektrisches Licht. Auch andere Verlage für Fortbildungsschulwesen, wie B. G. Teubner in Leipzig und Berlin, Alfred Hahns Verlag in Leipzig u. a. m. dürften über ähnliche Hilfsmittel Auskunft geben können. — Geeignet sind auch die S. 489 erwähnten Tafeln.

[2]) Als Beispiele derartiger Bücher seien hier genannt: **Gehrig** und **Stillcke**, Lese- und Lehrbuch für gewerbliche Fortbildungsschulen. Verlag von B. G. Teubner, Leipzig und Berlin. Preis geb. 2,50 Mk. Bereits in vielen Auflagen erschienen. Zahlreiche gute Abbildungen aus dem Gebiete der Physik, Technik, Optik, des Verkehrswesens u. dgl. — **Leipziger Fortbildungsschuldirektoren** und **-lehrer**. Lesebuch für Fortbildungs-, Fach- und Gewerbeschulen. Verlag von Alfred Hahn, Leipzig. Preis geb. 1,80 Mk. Ebenfalls bereits in vielen Auflagen erschienen, ohne Abbildungen, doch mit einem brauchbaren Anhang: Beispiele von Geschäftsschreiben, Mahnungen, Gesuchen usw. — Verkürzte Ausgabe geb. 0,85 Mk. — Fachlesebuch für Metallarbeiter. Preis 2.40 Mk. — Rechenanhang 4, Preis 0,60 Mk. Auch zum Stellen von Aufgaben für Gesellenprüfungen, Prüfungen von Beamten usw. geeignet. Auflösungsheft 0,25 Mk. — Die einfache gewerbliche Buchführung Heft 1, Schlosserlehrgang. Preis 0,20 Mk. — **Göpfert** und **Hartmann**, Beiträge zur Technologie. I. Metalle und Holz. Verlag von Hahn, Leipzig. Preis geb. 2,20 Mk. — **Göpfert**

Ein Verzeichnis neuzeitlicher Fortbildungsschul-Literatur hat die Deutsche Lehrer-Bücherei herausgegeben[1]).

Literaturangaben über das gewerbliche Unterrichtswesen, insbesondere des Fortbildungsschulwesens, finden sich in der Zeitschrift „Die Deutsche Fortbildungsschule"[2]).

Für den Zeichenunterricht muß sich jeder Schüler mindestens beschaffen: 1 Zeichenbrett (etwa 80 : 59), 1 Reißschiene, 2 rechtwinklige Dreiecke (45° und 60/30°) 1 Reißzeug (Mindestinhalt 1 Zirkel mit auswechselbarem Spitz-, Bleistift- und Ziehfederfuß, 1 Ziehfeder) sowie Bleistifte und Radiergummi.

In einem uns bekannten Falle wird der Eisenbahnwerkstättenunterricht in Werkstofflehre nach dem Buch von Göpfert und Hartmann (Beiträge zur Technologie) erteilt.

In der Fortbildungsschule einer Mittelstadt müssen sich die Schüler auf eigene Kosten beschaffen:

Für den Zeichenunterricht: 1 Zeichenbrett, Reißschiene, Winkel, Reißzeug und sonstiges Zeichengerät. — Für den Rechenunterricht: Der in Anmerkung 2 S. 313 genannte Rechenanhang 4 zu dem Leipziger Lese- und Lehrbuch. — Für den Unterricht in gewerblicher Buchführung: Buchführung und Geschäftskunde: Deutsche Handwerkerbuchführung. Vereinigtes Tage- und Kassenbuch zum Gebrauch für gewerbliche Fortbildungsschulen von Fr. Schulz, 2. verbesserte Auflage. Kommissionsverlag von B. Egermanns Buchhandlung in Guben. Ferner: Die wichtigsten Geschäftsformulare, für den Gebrauch in gewerblichen Fortbildungsschulen zusammengestellt von S. Leistert in Erfurt. I. Heft 8. Auflage. Preis 35 Pfg. Verlag von H. Schwannecke in Quedlinburg.

Die Lesebücher sind Eigentum der Schule und werden von den Schülern nur dort benutzt. Im vorliegenden Falle ist es das in der vorhergehenden Anmerkung genannte Lese- und Lehrbuch von Gehrig und Stillcke.

Für die staatlichen Fortbildungsschulen ist in den Erläuterungen zu den Lehrplänen bestimmt:

Die Schüler haben die ihnen als notwendig bezeichneten Lernmittel selbst zu kaufen. Es werden gebraucht:

---

und Hartmann, Gewerbekunde für Metallarbeiter, 3 Hefte (Rohstoffe, Maschinen, Elektrotechnik, in einem Bande. Verlag von Alfred Hahn, Leipzig. Preis 2 Mk. — Mehner, Max, Unterrichtspraxis der Fortbildungsschule. 2. Band Materialkunde für Metallarbeiter. 3. Band Werkzeugkunde für Metallarbeiter. Verlag von Alfred Hahn, Leipzig. Preis je 1,20 Mk. — Göpfert, P., Fortbildungsschuldirektor in Chemnitz: Das Fachzeichnen an Fach- und Fortbildungsschulen mit besonderer Berücksichtigung der Klassen für Metallarbeiter. Verlag von Alfred Hahn, Leipzig. Preis geb. 2,65 Mk. Hauptsächlich als Handbuch für Lehrer geeignet. — Förtsch, Hugo, Skizzenbuch für das technische Fachzeichnen an Fortbildungs-, Fach- und Gewerbeschulen. Verlag von Alfred Hahn, Leipzig. Preis 0,35 Mk. Für die Hand des Schülers zum Eintragen der Skizzen bestimmt.

[1]) Berlin C 25, Kurzestr. 5. Preis 20 Pfg.

[2]) z. B. 1913, S. 20—27 zusammengestellt von G. Brettschneider, Regierungs- und Gewerbeschulrat zu Münster i. W.

1. Das Lesebuch, 2. Formularmappen, 3. Buchführungshefte, 4. Arbeitshefte oder Diarien und besondere Aufsatz- und Rechenhefte, 5. Materialien für den Zeichenunterricht.

Für den Lehrer werden die eingeführten Unterrichtsbücher verwaltungsseitig beschafft und bleiben Eigentum der Schule.

Im Schulzimmer muß eine Wandtafel vorhanden sein, entweder als Einzeltafel auf einem Gestell oder senkrecht verschiebbar an der Wand.[1])

Abb. 16. Zusammenstellung von Lehrlingsarbeiten, Modellen für den Unterricht und Geräten der Trommler- und Pfeiferriege beim Werkstättenamt Guben.

Zweckmäßig ist es, eine kleine Sammlung verschiedener Eisenarten, Holzproben, Rohstoffe u. dgl. anzulegen; möglichst sollen neben den guten Stücken auch solche von fehlerhaften Stoffen vertreten sein, damit der Schüler die Mängel beurteilen lernt, z. B. durch Phosphor kaltbrüchig gewordenes Schmiedeeisen, durch Schwefel rotbrüchiges und durch Silizium faulbrüchiges Schmiedeeisen, verbranntes Eisen, Schlacken und Fehlstellen im Eisen, ferner bei Holz Rotfäule, Blaufäule, Wurmfraß, Schwammbildung usw.[2]) Derartige Holzproben sind in Abb. 16 erkennbar.[3])

[1]) S. auch Teil IX § 3, S. 459.

[2]) Einzelvorschläge für derartige Sammlungen s. Kohlmann, Fabrikschulen, S. 90.

[3]) Die Fehlstücke (links von dem Zahnrad liegend) sind durchgehends doppelt so dick ausgeführt als die Stücke von dem fehlerfreien Holz (rechts über dem Lager), damit sie sich auch äußerlich leicht unterscheiden.

Recht nützlich erweisen sich für den Maschinenunterricht Modelle der zu besprechenden Gegenstände. Sofern es deren Größe noch irgend erlaubt, wie bei Strahlpumpen und Ventilen, sollten sie im Unterricht vorgezeigt und auseinandergenommen werden. In manchen Fällen kann es bequemer sein, an Stelle schwerer Urstücke ein leichteres Holzmodell zu verwenden. Die Steuerungsvorgänge bei der Lokomotive lassen sich durch ein bewegliches Modell veranschaulichen, für die Grundlagen der Mechanik wie Hebel, Gleichgewicht, Reibung, Rolle, Flaschenzug usw. kann der vielseitig verwendbare v. Hanffstengelsche Apparat gute Dienste leisten.[1]) Vielfache Anregung geben dem Lehrer einer Eisenbahnlehrlingsschule die vortrefflichen Modellsammlungen des Königl. Verkehrs- und Baumuseums am Lehrter Bahnhof in Berlin. Die im Unterricht besprochenen Teile sind nachher den Schülern in der Werkstätte, an der Lokomotive, am Wagen, an den Werkzeugmaschinen noch zu zeigen und zu erklären. Es kann nicht genug empfohlen werden, den Unterricht in dieser Weise zu beleben und die Schüler zur Anschauung zu erziehen.

In manchen Fällen wird es genügen, wenn größere Modelle nur in je einer Ausführung für jeden Direktionsbezirk beschafft und dann an die Werkstätten der Reihe nach leihweise abgegeben werden. Das gleiche kann auch mit teueren Wandtafelbildern geschehen. Da in der Regel die Klassen einen zweijährigen Lehrplan haben, wird man es so einrichten, daß etwa in Jahren mit grader Jahreszahl in der Werkstätte A die erste Stoffgruppe, in der Werkstätte B die zweite Stoffgruppe und im folgenden Jahr in umgekehrter Weise besprochen wird. Dann stehen die Modelle und Sammlungen sogar ein ganzes Jahr oder bei noch mehr Werkstätten mindestens ¼ bis ½ Jahr zur Verfügung. Dadurch vermindern sich die Anschaffungskosten sehr. An manchen Orten wird man es auch erreichen können, aus den Sammlungen der etwa am Orte vorhandenen technischen Hochschule, Maschinenbau- oder ähnlichen Schule und selbst höherer Knaben- oder Mädchenschulen das eine oder andere Stück oder Wandtafelbild geliehen zu erhalten, zumal wenn die Eisenbahnverwaltung dafür derartigen Anstalten bei entsprechenden anderen Gelegenheiten entgegenkommt.[2])

Als Lehrmittel kommen auch Schulbüchereien und Jugendzeitschriften in Frage. Das Landesgewerbeamt weist darauf hin, daß die Fortbildungsschule besonderen Wert darauf legt, bei den jungen Leuten das Lesebedürfnis in der rechten Weise zu befriedigen und so die Ausbreitung der Schundliteratur wirksam zu bekämpfen. „Wenn es gewiß auch eine verdienstliche Aufgabe der Fortbildungsschule ist, auf eine zweckmäßige Benutzung der öffentlichen Büchereien hinzuweisen, so kann die große Masse doch nur dann erfaßt werden,

[1]) Gebaut nach den Angaben von G. v. Hanffstengel, Privatdozent an der techn. Hochschule, Berlin.

[2]) Auf die ausgezeichneten Sammlungen des Königlichen Verkehrs- und Baumuseums in Berlin als Vorbilder für Modelle sei besonders hingewiesen. Viele der Ausstellungsgegenstände, Zeichnungen, Holz- und Materialproben, zerlegbaren, Querschnitt oder beweglichen Modelle eignen sich vortrefflich für Unterrichtszwecke.

wenn Schulbüchereien oder noch besser Klassenbüchereien vorhanden sind, die den besonderen beruflichen und örtlichen Verhältnissen angepaßt werden können. Auf die Dauer kann die Fortbildungsschule eine Einrichtung nicht entbehren, die für die Volksschule wie für die höhere Schule als notwendige Unterstützung der Erziehungsarbeit anerkannt und allgemein vorhanden ist[1])." Es wird ferner auf die segensreiche Bildungsarbeit der vom Deutschen Verein für das Fortbildungsschulwesen herausgegebenen Jugendzeitschrift „Der Feierabend" hingewiesen als der mit über 100000 Lesern verbreitetsten Jugendzeitschrift Deutschlands.

§ 18. Unterrichtszeit, Ferien, Zeugnisse und Schulzucht.

a) Unterrichtszeit und Ferien.

In gewerblichen Fortbildungsschulen wird im allgemeinen mit 40 Unterrichtswochen jährlich gerechnet. Die Ferien fallen dabei etwa mit denen der Volksschulen zusammen, also zu Ostern 2—3 Wochen, Pfingsten 1—2 Wochen, im Sommer und Herbst 5—6 Wochen, Weihnachten 2—3 Wochen. Für den Eisenbahnunterricht sind derartig lange Ferien kaum erforderlich, da die Lehrlinge inzwischen ja doch weiter praktisch tätig sind und den Unterricht nicht selten sogar als Erholung von der praktischen Arbeit empfinden. Gegen Schluß des letzten Lehrjahres ist der älteste Jahrgang mit der Vorbereitung auf die Gesellenprüfung beschäftigt. Um ihm hierfür Zeit zu geben, läßt man den Unterricht zweckmäßig schon etwa 2 Wochen vorher enden und erst 1 Woche nach Anfang des neuen Lehrjahres wieder beginnen. Pfingsten kann die Zeit von Donnerstag vor bis Mittwoch nach dem Fest unterrichtsfrei bleiben. Im Herbst genügen 2 Wochen Ferien am Schlusse des ersten Halbjahres. Je nach dem Einstellungstag kann man den Unterricht z. B. an dem letzten Sonnabend im September schließen. Zu Weihnachten dürfte auch zwei Wochen auszusetzen sein, beginnend je nachdem an dem letzten Sonnabend oder Mittwoch vor dem heiligen Abend. Somit erhält man 44 Unterrichts- und 8 Ferienwochen, eine Verteilung, die die Eisenbahnverhältnisse genügend berücksichtigt und die sich auch in der Praxis bereits bewährt hat.

Die Lage der Unterrichtsstunden an den einzelnen Tagen ist häufig an mancherlei Umstände gebunden und kann nicht nur nach pädagogischen Grundsätzen bestimmt werden. Es muß vielmehr darauf Rücksicht genommen werden, daß die Lehrer ihrem Hauptamt nicht gerade zu einer Zeit entzogen werden, zu der sie dort in der Regel für die Erledigung von Dienstgeschäften nötig sind. Ferner muß, wenn kein eigenes Schulzimmer vorhanden ist, der betreffende Raum alsdann verfügbar gemacht werden können. In vielen Eisenbahnwerkstätten hat es sich bewährt, den Unterricht morgens gleich nach der Frühstückspause beginnen und dann etwa nur zwei Stunden oder höchstens bis Mittag dauern zu lassen. Früh morgens sind die Beamten meist besser abkömmlich als

[1]) Verwaltungsbericht 1914, S. 64.

später. Den Turnunterricht muß man beim Hallenturnen auf die Stunden legen, in denen die Turnhalle nicht anderweit besetzt ist, also vielleicht gar auf die Zeit von 6—8 früh oder Sonnabend Nachmittag. An Tagen, an denen nur im Freien geturnt werden soll, braucht man sich dann an solche manchmal unbequeme Zeiten nicht zu binden.

Bei den privaten Werkschulen wird der Unterricht keineswegs überall während der Arbeitszeit erteilt. In einer Schule sind für einzelne Klassen ganze Vormittage und ganze Nachmittage angesetzt[1]). Dies hat den Vorteil, daß an den übrigen Tagen die Arbeitszeit weniger zerrissen wird und die Lehrlinge nicht mehrfach durch das Waschen und Umkleiden für den Unterricht Zeit verlieren. Erstrebt wird aus solchen Gründen vielfach, den gesamten Unterricht für einen Lehrling nur an einem einzigen Wochentage zu erteilen, der im übrigen dann von praktischer Arbeit frei bleibt. Wo dies nicht angängig ist, sollen wenigstens zwei halbe Tage genommen werden. In Amerika hat man, wie schon erwähnt, stellenweise dieselben Grundgedanken noch viel weitergehend verwirklicht, indem man dort nach dem sog. Cooperative-System von Schneider die Lehrlinge je eine volle Woche lang abwechselnd an dem theoretischen Unterricht und hierauf ebensolange an der praktischen Arbeit in der Werkstätte teilnehmen läßt (s. Teil V § 1 S. 150).

b) Zeugnisse und Klassentagebuch.

Entsprechend dem Brauch bei den Fortbildungsschulen empfiehlt es sich, über die Erfolge des Unterrichtes halbjährlich Zeugnisse auszustellen. Die Schüler werden dadurch zu größerem Eifer angespornt, vorhandene Lücken werden ihnen zum Bewußtsein gebracht und der Lehrer wird veranlaßt, sich zu einer Urteilsbildung eingehender mit dem einzelnen Schüler zu beschäftigen. Die Beurteilung erfolgt in jedem Lehrfach durch den betreffenden Lehrer und wird in eine Liste eingetragen. Aus dieser überträgt sie für jede Klasse ein von dem Werkstättenamt hierfür bestimmter Lehrer, der Klassenlehrer, auf die verschiedenen Zeugniszettel. Für Betragen, Fleiß, und Aufmerksamkeit wird das Mittel aus den Einzelurteilen genommen. Zur Vereinfachung kann man sich der vielfach verbreiteten Zahlenabkürzungen bedienen, nämlich 1 = sehr gut, 2 = gut, 3 = genügend, 4 = mangelhaft, 5 = ungenügend. Diese Bedeutung muß dann aber auf den Zeugniszetteln angegeben sein. Unterschrieben wird er von dem Klassenlehrer und dann von dem Amtsvorstand. Der Vater oder dessen Stellvertreter hat die Kenntnisnahme zu bescheinigen.

Die Zeugnisse werden dann bis nach erledigter Gesellenprüfung bei dem Amt aufbewahrt und geben in ihrer Gesamtheit ein gutes Bild von dem betreffenden Lehrling, besonders dann, wenn man auch die Leistungen im Handwerk halbjährlich mit vermerken läßt.

Für jede Klasse wird zweckmäßig ein Tagebuch angelegt, in das jeder Lehrer

---

[1]) Free, a.a.O. S. 162.

am Schlusse jeder Stunde in wenigen Worten den behandelten Stoff angibt. Dadurch wird die Fortführung des Unterrichtes bei notwendig werdenden Vertretungen sowie dem Amtsvorstand die Überwachung des Unterrichtsbetriebes erleichtert. Das Tagebuch ist ihm alle zwei bis drei Monate vor-

Lehrlingsschule
der Ludw. Loewe & Co. A.-G.
Berlin, Huttenstraße 17-19.
Abteilung 1: Maschinenbaufachschule.

Zeugnis

für Erich Krause Klasse V. M

Schulbesuch: regelmäßig **Betragen:** sehr gut

Fleiß: gut **Ordnung:** gut

Leistungen.

Deutsch, mündlich:	sehr gut
Deutsch, schriftlich:	gut
Berufskunde:	—
Werkstattkunde:	—
Rohstoffkunde:	genügend
Werkzeug- und Maschinenkunde:	gut
Gießereikunde:	—
Bürgerkunde:	sehr gut
Rechnen:	gut
Buchführung:	
Geometrie:	gut
Algebra:	gut
Mechanik:	—
Fachzeichnen:	sehr gut
Turnen:	—
Handschrift:	genügend

Bemerkungen:

Versäumnisse.

— mal verspätet; 6 Stunden krankheitshalber;
— Stunden entschuldigt; — Stunden unentschuldigt.

BERLIN, den 30. September 1916.

Der Direktor: N. N. **Der Klassenlehrer:** N. N.

Unterschrift des gesetzl. Vertreters.

Gesehen:

Reihenfolge der Zensuren: 1 = sehr gut; 2 = gut; 3 = genügend; 4 = mangelhaft; 5 = ungenügend.

Form. 6031.

Abb. 17. Zeugnis über die Leistungen der Lehrlinge in der Werkschule bei der A.-G. Ludwig Loewe & Co., Berlin.

zulegen. Den Beschluß der Eintragungen eines Halbjahres bildet die Liste mit den Zeugnisurteilen für die Schüler.

Ein Beispiel für das Zeugnis über die Leistungen in der Werkschule der A.-G. Ludw. Loewe & Co. in Berlin gibt Abb. 17, S. 319.

c) Schulzucht und Strafen.

In einem uns bekannten Falle war von den Beamten, die den Unterricht erteilten, häufig über zu geringen Eifer, Unaufmerksamkeit und auch nicht immer einwandfreies Benehmen manches Lehrlings geklagt. Das änderte sich mit einem Schlage, als Zeugnisse eingeführt wurden, da sich jetzt die Schüler bemühen mußten, die Zufriedenheit des Lehrers zu erringen. Als Strafmittel können Zurechtweisung und Zuteilung eines Strafplatzes im Zimmer in Frage kommen, ferner die Vorlage des Falles beim Amtsvorstand. Dies genügt schon fast immer. Eine Verschärfung ist dann noch dadurch möglich, daß dem Vater oder dessen Stellvertreter amtlich Mitteilung gemacht wird. Letzteres Mittel, das indes kaum angewandt zu werden braucht, ist, wie die Erfahrung gezeigt hat, dann von besonders nachdrücklicher Wirkung.

Im allgemeinen ist die Aufrechterhaltung der Schulzucht bei Lehrlingen, die zugleich alle dem eigenen Betriebe auch dienstlich unterstellt sind, natürlich erheblich leichter, als es bei Fortbildungsschulen der Fall ist. Diese Beobachtung ist auch in der Privatpraxis gemacht und ist mit ein Grund, warum sich manche große Werke von eigenen Werkschulen eine bessere erzieherische Wirkung versprechen als von den allgemeinen Fortbildungsschulen[1]).

Es sei zum Schluß noch auf die S. 235 schon besprochenen Strafmaßnahmen in privaten Betrieben hingewiesen.

---

[1]) Free, a.a.O. S. 140 u. f.

Teil VII.

Die Gesellenprüfung.

§ 1. Das Prüfungswesen im Handwerk.

Der jeweilige Stand des Prüfungswesens im Handwerk im Laufe der Jahre und Jahrhunderte ist in mancher Beziehung kennzeichnend für den Stand des Handwerks überhaupt. Wohlgeordnete, gewissenhaft durchgeführte Prüfungen kennzeichnen einen tüchtigen selbstbewußten Handwerkerstand. Ein solcher bemüht sich eifrig, unwürdigen und unfähigen Nachwuchs dem ehrbaren Handwerk fernzuhalten und die Aufnahme in seine Reihen zu verhindern, wie wir dies in der Blütezeit des Handwerks im Mittelalter sehen. Je schwerer der Zugang, desto höher im allgemeinen das Ansehen und der Wohlstand der Mitglieder. Als später der Rückgang des Handwerks eintrat, zeigte sich dies auch an dem geringeren Wert, der auf die Auswahl der künftigen Handwerksgenossen gelegt wurde. Die Gewerbefreiheit beschleunigte dies und hob eine Begrenzung überhaupt auf. Entsprechend den Schwankungen zwischen strengem Zunftzwang und voller Gewerbefreiheit sind daher im Laufe der Jahrhunderte mancherlei Änderungen im Prüfungswesen eingetreten. Schließlich ist man aber doch immer wieder zu einer Prüfung am Schluß der Lehrzeit zurückgekehrt, weil man erkannt hat, daß ohne eine solche Einrichtung die Meister der Lehrlingsausbildung weniger Sorgfalt zuwenden, daß unzureichende Kenntnisse und Fertigkeiten der jungen Gesellen die Folge sind und daß schließlich ein allgemeiner Rückgang in den Handwerksleistungen eintritt.

Zur geschichtlichen Entwicklung bemerkt Krebs[1]): Der den Lehrlings-Prämiierungen und -Prüfungen zugrunde liegende Gedanke ist nicht ein Kind unserer Zeit. Die Geschichte ist bekanntlich die beste Lehrmeisterin; sie zeigt uns, wie man es machen und nicht machen soll, um ein Ziel zu erreichen. Aus dem Zeitalter der Zünfte läßt sich manch guter Kern herausfinden, der in verjüngter Form gute Früchte zeitigen kann. Das Lehrlingswesen von

[1]) „Organisation und Ergebnisse der Lehrlingsprüfungen im In- und Auslande" von Werner Krebs, Sekretär des schweizerischen Gewerbevereins. — Gewerbliche Zeitfragen. Heft IV, Zürich 1888, Verlag des schweizerischen Gewerbevereins. — Nach Garbe a.a.O. S. 52—59.

damals hatte gegenüber dem heutigen seine entschiedenen Vorzüge. Der Lehrling wurde nicht sowohl durch seinen Meister als durch das ganze Gewerbe aufgenommen und herangebildet, die Gesamtheit wollte sich gegen den Zutritt unfähiger oder unwürdiger Genossen schützen; zu diesem Zwecke wurden die Bedingungen der Aufnahme, die Form des Bildungsganges, die Dauer der Lehrzeit usw. genau geregelt, das Recht, Lehrlinge zu halten begrenzt, die Aufnahme als Geselle und Meister an Prüfungen geknüpft. Der Lehrherr, ein Meister nicht nur dem Namen nach, hatte die volle Verantwortlichkeit für die Ausbildung und Erziehung des Lehrlings; es mußte ihm daran gelegen sein, bei der Prüfung der ihm anvertrauten Lehrlinge möglichst Ehre statt Schande einzulegen; nicht minder strebte der Lehrling selbst nach ehrenvoller Beendigung seiner Berufslehre, denn von dem Gelingen der Prüfung hing der Inhalt des Lehrzeugnisses ab. Es war fast undenkbar, daß ein junger Handwerker ohne Nachweis ordnungsgemäß bestandener Lehrzeit hätte Arbeit finden oder sein Gewerbe selbständig betreiben können. Ohne diese Grundlagen zur Schaffung eines tüchtigen Arbeitspersonals könnten wir uns jene herrlichen gewerblichen Kunstwerke des Mittelalters, welche heute noch die Bewunderung aller Kunstkenner erregen, nicht wohl denken. Die modernen Lehrlingsprüfungen beruhen auf wesentlich anderer Auffassung als die zünftigen Handwerksprobestücke. Als für unsere Zeit charakteristisch erscheint schon allein der Umstand, daß heute als Ausnahme, als besonderes Verdienst betrachtet, belobt und prämiiert wird, was ehedem für einen die Lehre verlassenden Berufsgenossen als selbstverständlich galt, nämlich der Nachweis erzielter Leistungsfähigkeit und Berufstüchtigkeit[1])."

Krebs weist dann darauf hin, daß man sich anfänglich vielerorts, so namentlich in Preußen, Hessen und Baden, auf die Ausstellung von Lehrlingsarbeiten, teilweise verbunden mit Prämiierungen beschränkt hat, ohne eine eigentliche Prüfung der theoretischen und praktischen Kenntnisse und Fertigkeiten des Lehrlings vorzunehmen. So wurden in mehreren Städten Preußens und des übrigen Deutschlands seit längerer Zeit öffentliche Schaustellungen von Lehrlingsarbeiten, verbunden mit Prämiierung hervorragender Leistungen veranstaltet, um die Lust an gediegener Arbeit zu fördern und der Verwilderung der heranwachsenden Handwerkslehrlinge entgegenzuarbeiten. „Man versprach sich davon die beste Wirkung; ein Gewerbeverein nach dem anderen überbot sich bei Förderung dieser Bestrebungen, und auch die preußische Staatsregierung zögerte nicht mit Gewährung ansehnlicher Staatspreise."

Krebs führt einen Erlaß des Ministers für Handel und Gewerbe aus dem Jahre 1880 an, worin in der Erkenntnis, daß die Lehrlingsausbildung nicht nur gefördert, sondern durch öffentliche Beurteilung selbstgefertigter

[1]) Es ist nicht zu vergessen, daß sich das Urteil nur auf die Zeit bis 1888 bezieht. Inzwischen hat sich manches wieder geändert.

Arbeiten auch überwacht werden müsse, nähere Anweisungen über die Ausstellung und Auszeichnung von Lehrlingsarbeiten durch Preise gegeben waren. Es wurde auch empfohlen, die Verleihung der Preise mit einer angemessenen Feierlichkeit unter Teilnahme eines Vertreters der Regierung stattfinden zu lassen.

Nach der genannten Quelle haben die Maßnahmen aber nicht den erhofften Erfolg gehabt. „Man überbot sich nicht in genauer Arbeit, sondern in glänzenden Schaustücken; der Endzweck der Einzelnen war nicht Nachweis der Berufstüchtigkeit, sondern die Verkaufsfähigkeit der Gegenstände; nicht der Lehrer, sondern der Meister ward zum Aussteller." Weiter wird zutreffend bemerkt, daß es für den Prüfungsausschuß schwer war, den richtigen Maßstab für die Beurteilung zu finden, besonders da die Lehrlinge auch ganz verschiedene Lehrzeiten durchmachten, und zwar von einem Jahr bis zu 3½ Jahren. Diese Umstände beeinträchtigten den Wert solcher Ausstellungen. Sie konnten nur selten ein wahrheitsgetreues Bild von dem geben, was in wenigstens annähernd gleichen Lehrzeiten von den jungen Leuten bei den verschiedenen Meistern gelernt und erreicht war. Auch in anderen Bundesstaaten war man mit dem Ergebnis nicht zufrieden. So wurde in Baden Ende 1882 den Gewerbevereinen von der Regierung ausdrücklich empfohlen, mit den Ausstellungen von Lehrlingsarbeiten nach dem Beispiele Württembergs auch die Prüfung der Lehrlinge zu verbinden. Die Landesgewerbestelle in Karlsruhe stellte daraufhin eine Lehrlingsprüfungsordnung auf.

In Württemberg ist bereits 1859 vor Einführung der Gewerbefreiheit von der Zentralstelle für Gewerbe und Handel in Stuttgart die Ausbildung eines wohlorganisierten Prüfungswesens als Grundlage für die gewerbliche Fortbildung betont worden. — Durch die zahlreichen im Lande zerstreuten Gewerbevereine[1]) wurden die Lehrlingsprüfungen allgemein eingebürgert und mit Erfolg benutzt. Auch im Auslande, besonders in der Schweiz, in Belgien und in Frankreich ist der Wert der Lehrlingsprüfungen erkannt worden[2]).

Nach diesen mannigfachen Versuchen kann es als ein nicht genug zu würdigender Fortschritt bezeichnet werden, daß in Deutschland das Lehrlingswesen in der Gewerbeordnung wieder gesetzlich geregelt ist. Allerdings sind auch jetzt die Prüfungen noch nicht verbindlich. In Betracht kommen § 131 bis 132a.

Es lautet:

§ 131 Abs. 1: „Den Lehrlingen ist Gelegenheit zu geben, sich nach Ablauf der Lehrzeit der Gesellenprüfung zu unterziehen."

---

1) In Süddeutschland sind an Stelle der Innungen vielfach Gewerbevereine vorhanden.

2) Garbe, a.a.O. S 63 mit Abdruck des Entwurfs zu einer Prüfungsordnung des schweizerischen Gewerbevereins.

§ 131c Abs. 1: „Der Lehrling soll sich nach Ablauf der Lehrzeit der Gesellenprüfung unterziehen. Die Innung und der Lehrherr sollen ihn dazu anhalten".

v. Landmann-Rohmer bemerkt hierzu[1]):

„In den §§ 131—132a organisiert das Gesetz die Gesellenprüfung; während früher ihre Veranstaltung lediglich eine fakultative Aufgabe der Innungen war (vgl. § 97a Ziff. 3 bisher. Fassung), fordert das Gesetz nun, daß die Lehrlinge Gelegenheit haben müssen, sich der Gesellenprüfung — und zwar erst nach Ablauf der Lehrzeit — zu unterziehen, sorgt auch für den Vollzug dieser Forderung, und während sich an das Bestehen der bisher von den Innungen veranstalteten Gesellenprüfungen öffentlich-rechtliche Wirkungen nicht knüpften, ist nach § 129 Abs. 1 das Bestehen der Gesellenprüfung mit eine der Voraussetzungen für den Erwerb der Befugnis zur Anleitung von Lehrlingen.

Das Gesetz statuiert keine Verpflichtung der Lehrlinge, sich der Gesellenprüfung zu unterziehen, sondern geht nur soweit, an die Unterlassung der Ablegung der Prüfung empfindliche Rechtsnachteile im § 129 Abs. 1 zu knüpfen, und im übrigen die Lehrherren und die Innungen zu verpflichten, daß sie die Lehrlinge zur Ablegung der Prüfung anhalten (§ 131c Abs. 1)."

Es mögen hier einige Zahlenangaben folgen:

In Deutschland waren nach Altenrath (a.a.O. S. 68—47) vorhanden:

Handwerks- bzw. Gewerbekammern 1907	71
Innungen (Ende 1904)	11311
Innungen mit Prüfungsausschüssen (d. s. 76,4 v. H. aller Innungen)	8644
Innungen, die i. J. 1904 die Gesellenprüfungen abgehalten haben	7742
Prüfungsausschüsse für die Gesellenprüfung bei den Handwerkskammern im Jahr 1907	21919
Geprüfte Lehrlinge i. J. 1906	50728
hiervon erfolglos geprüfte Lehrlinge (1,9 v. H.)	969
Bei Innungsmeistern im Jahre 1904 beschäftigte Lehrlinge[2])	264361

Es haben 1904 bei den Innungen betragen:

die Einnahmen aus Prüfungsgebühren	346104 Mk.
die Ausgaben für die Prüfungen	189181 "
Reineinnahmen aus den Prüfungen	156923 Mk.

Unter Hinzurechnung von 2476,34 Mk. Einschreibegebühren betragen die Innungseinnahmen aus dem Lehrlingswesen 404557 Mk.

Für das Schulwesen wurde von den Innungen insgesamt 146377 Mk. ausgegeben[3]).

---

[1]) a.a.O. Ergänzungsband S. 253.

[2]) Nur etwa die Hälfte aller Handwerksmeister gehört Innungen oder Gewerbevereinen an. Altenrath a.a.O. S. 69.

[3]) Zahlenangaben nach Altenrath a.a.O. S. 70—74.

S. 72 heißt es: „Es ist schon von anderer Seite, so von Professor Stieda, darauf hingewiesen worden, daß die Ausgaben der Innungen für die Heranbildung des gewerblichen Nachwuchses in keinem rechten Verhältnis zur Bedeutung dieser Angelegenheit stehen. Man wird den Eindruck, daß hier noch zu wenig geschieht, insbesondere auch mit Rücksicht darauf haben, daß z. B. den Einnahmen der Innungen aus dem Lehrlingswesen im Gesamtbetrage von 404557 Mk. Ausgaben für das Schulwesen nur im Betrage von 146377 Mk. gegenüberstehen."

Nach GO. § 131 Abs. 2 können die Landeszentralbehörden den Prüfungszeugnissen von Lehrwerkstätten, gewerblichen Unterrichtsanstalten oder von Prüfungsbehörden, welche vom Staate für einzelne Gewerbe oder zum Nachweise der Befähigung zur Anstellung in staatlichen Betrieben eingesetzt sind, die Wirkung der Zeugnisse über das Bestehen der Gesellenprüfung beilegen.

Diese Wirkung ist durch Erlaß vom 27. August 1908 (HMBl. S. 326) vom 1. Okt. 1908 ab beigelegt:

a) den Prüfungszeugnissen des bei der Reichsdruckerei in Berlin für die Gewerbszweige des Buch-, Stein-, Licht- und Kupferdrucks, der Schriftsetzerei und Schriftgießerei, der Buchbinderei, der Gravierkunst und Galvanoplastik bestellten Prüfungsausschusses;

b) den Prüfungszeugnissen der bei den Haupt- und Nebenwerkstätten der Königlichen Eisenbahnverwaltung innerhalb Preußens für das Schlossergewerbe bestellten Prüfungsausschüsse;

c) den Prüfungszeugnissen über die Abgangsprüfungen bei den Königlichen Fachschulen

für die bergische Kleineisen- und Stahlwarenindustrie in Remscheid,
für die Eisen- und Stahlindustrie des Siegener Landes in Siegen,
für die Metallindustrie in Iserlohn,
für die Kleineisen- und Stahlwarenindustrie in Schmalkalden,

und zwar erstreckt sich diese Wirkung bei den unter a und b genannten Prüfungszeugnissen auf die dort bezeichneten Gewerbe, bei den Schulen zu Remscheid, Siegen und Schmalkalden auf die Gewerbe der Schlosser und Schmiede, bei der Schule in Iserlohn auf die Gewerbe der Kunstschmiede, Werkzeugschlosser, Metallgießer, Ziseleure und Graveure. Durch Erlaß vom 1. Februar 1910 (HMBl. S. 55) ist den Prüfungszeugnissen der bei den der Feldzeugmeisterei in Berlin unterstellten technischen Instituten bestehenden Prüfungsausschüsse für das Schlosser-, Dreher- und Sattlergewerbe die Wirkung über das Bestehen der Gesellenprüfung in diesen Gewerben beigelegt worden [1]).

Nach GO. § 131 erfolgt für Privathandwerker die Abnahme der Gesellenprüfungen durch Prüfungsausschüsse. Bei jeder Zwangsinnung wird ein

---

[1]) Hoffmann: Die Gewerbeordnung S. 441—442.

Prüfungsausschuß gebildet; bei den freien Innungen geschieht dies dagegen nur dann, wenn ihnen die Ermächtigung zur Abnahme der Prüfungen von der Handwerkskammer erteilt ist. Soweit für die Abnahme der Prüfungen für die einzelnen Gewerbe nicht durch Prüfungsausschüsse der Innungen und die besonders bezeichneten Lehrwerkstätten, Unterrichtsanstalten und Prüfungsbehörden gesorgt ist, hat die Handwerkskammer die erforderlichen Prüfungsausschüsse zu errichten. Nach GO. § 131b werden das Verfahren vor dem Prüfungsausschusse, der Gang der Prüfung und die Höhe der Prüfungsgebühr durch eine Prüfungsordnung geregelt, welche von der höheren Verwaltungsbehörde im Einvernehmen mit der Handwerkskammer erlassen wird. In Preußen erfolgt dies durch die Regierungspräsidenten in ihrer Eigenschaft als Aufsichtsbehörde der Handwerkskammer. Eine Ausnahme bilden die Handwerkskammern in Danzig und Berlin, bei denen an die Stelle des Regierungspräsidenten der Oberpräsident tritt.

Für die Bezirke der einzelnen Handwerkskammern sind im Einvernehmen mit letzteren gemäß GO. § 131b Abs. 2 von den höheren Verwaltungsbehörden Gesellenprüfungsverordnungen erlassen, so durch den Oberpräsidenten der Provinz Brandenburg für den Bezirk der Handwerkskammer zu Berlin (Verlag von Liebheit & Thiesen, Berlin 1904, Preis 50 Pfg.) 1903, ferner für den Bezirk der Handwerkskammer zu Frankfurt (Oder) durch den Regierungspräsidenten in Frankfurt (Oder), für den Bezirk der Handwerkskammer zu Posen durch den Regierungspräsidenten zu Posen usf. Ebenso sind für die Bezirke der einzelnen Handwerkskammern Vordrucke für den Lehrvertrag aufgestellt, so für Berlin (Verlag von A. Haack, Berlin SW 48), für Frankfurt (Oder) (Verlag von Franz Köhler, Frankfurt (Oder), für Posen (Verlag der Handwerkskammer zu Posen) usf.

Die demgemäß für die einzelnen Handwerkskammerbezirke erlassenen Prüfungsverordnungen weichen für Preußen nicht erheblich voneinander ab, da sie auf Grund der Muster aufgestellt sind, die durch Erlaß des Ministers für Handel und Gewerbe vom 17. November 1900, Gesch.-Nr. III a 8471, mitgeteilt sind. Das eine der beiden Muster begnügt sich mit der Forderung einer Arbeitsprobe, während das andere dem für eine Reihe von Handwerkszweigen vorhandenen Wunsche auf Beibehaltung des Gesellenstücks Rechnung trägt. Beiden Mustern der Prüfungsordnung sind Erläuterungen beigefügt. Da sie für die Prüfungsverordnung der Eisenbahnverwaltung zum Teil wörtlich als Vorlage gedient haben, in einigen Punkten jedoch auch erheblich abweichen, so sei nachstehend der Wortlaut angeführt, wie er für das Schlossergewerbe des Regierungsbezirkes Frankfurt a. d. O. gilt. Die Stellen in gewöhnlicher Schrift entsprechen genau dem obenerwähnten Muster des Erlasses; die gesperrt gedruckten Worte sind die Ausfüllung der in dem Muster offen gelassenen Stellen und Ergänzungen, wie sie von den einzelnen Aufsichtsbehörden je nach den örtlichen Verhältnissen verschieden zuzufügen sind.

Gesellenprüfungs-Ordnung
für das
Schlosser-, Zeug- und Schwarzblechschmiede-Handwerk
im Bezirke der Handwerkskammer zu F.

§ 1.

Das Gesuch um Zulassung zur Gesellenprüfung ist schriftlich spätestens drei Monate vor Ablauf der Lehrzeit durch Vermittlung der Handwerkskammer, welche dasselbe weitergibt, an den zuständigen Prüfungsausschuß zu richten[1]).

Zuständig für die Prüfung der Lehrlinge ist der Prüfungsausschuß der Innung, welcher der Lehrherr angehört, sofern diese Innung zur Abnahme von Prüfungen befugt ist, im übrigen der von der Handwerkskammer errichtete oder mit der Abnahme von Prüfungen beauftragte Prüfungsausschuß, in dessen Bezirk der Betrieb des Lehrherrn gelegen ist.

Die Abnahme der Prüfung von Gesellen, welche sich nachträglich der Prüfung unterziehen wollen, erfolgt durch den Prüfungsausschuß der Innung, welcher der Arbeitgeber angehört, sofern diese Innnug zur Abnahme von Prüfungen befugt ist, im übrigen durch den von der Handwerkskammer errichteten oder mit der Abnahme von Prüfungen beauftragten Prüfungsausschuß, in dessen Bezirk sich der Geselle zuletzt mindestens einen Monat aufgehalten hat.

Für die Abnahme der Prüfung von selbständigen Gewerbetreibenden, die sich nachträglich der Prüfung unterziehen wollen, ist der Prüfungsausschuß der Innung zuständig, welcher der Gewerbetreibende angehört, sofern diese Innung zur Abnahme von Prüfungen befugt ist, im übrigen der von der Handwerkskammer errichtete oder mit der Abnahme von Prüfungen beauftragte Prüfungsausschuß, in dessen Bezirk der Betrieb des Gewerbetreibenden seinen Sitz hat.

Dem Gesuche um Zulassung sind beizufügen:

1. ein kurzer eigenhändig geschriebener Lebenslauf des Prüflings,
2. von Lehrlingen das Lehrzeugnis oder der Lehrbrief,
3. wenn der Lehrling zum Besuche einer Fortbildungs- oder Fachschule verpflichtet war, das Zeugnis über den Schulbesuch.

§ 2.

Die Prüfungstermine werden von dem Vorsitzenden des Prüfungsausschusses anberaumt. Auf Beschluß des Prüfungsausschusses oder auf Anordnung des Vorstandes der Handwerkskammer sind regelmäßig wiederkehrende Termine für die Prüfungen festzusetzen.

Der Vorsitzende hat die Mitglieder des Prüfungsausschusses und die zur Prüfung Zugelassenen zum Prüfungstermine zu laden, und gleichzeitig über das Gesellenstück, sowie über Ort und Zeit seiner Anfertigung und Einlieferung Bestimmung zu treffen (vgl. §§ 6 bis 8). Nahe Verwandte, der Vormund und der Lehrherr eines Prüflings sind von der Mitwirkung bei der Prüfung ausgeschlossen. Zu einem Prüfungstage sollen nicht mehr als 10 Prüflinge geladen werden. Die Handwerkskammer kann auf Antrag derjenigen Prüfungsausschüsse, bei denen eine größere Zahl von Lehrlingen zu prüfen ist, gestatten, mehr als 10 Prüflinge an einem Tage zu prüfen, wenn unter Be-

---

[1]) Hierzu als Anmerkung: Diese Fassung beruht auf der Bekanntmachung des Herrn Königlichen Regierungspräsidenten vom 16. April 1902 (abgedruckt Regierungsamtsblatt S. 110).

rücksichtigung der bestehenden Verhältnisse eine ordnungsmäßige Prüfung gewährleistet bleibt.

Der Prüfungsausschuß ist beschlußfähig, wenn außer dem Vorsitzenden mindestens je ein Beisitzer aus dem Stande der selbständigen Handwerker und aus dem Gesellenstande anwesend ist. Verweigern die Gesellen die Mitwirkung, so genügt die Anwesenheit zweier Beisitzer aus dem Stande der selbständigen Handwerker.

§ 3.

Jeder Prüfling hat vor dem Prüfungstermin eine Prüfungsgebühr von 6 Mark, falls die Prüfung vor dem Prüfungsausschusse einer Innung stattfindet, an die Innung, andernfalls an die Kasse der Handwerkskammer einzuzahlen.

Eine geringere oder höhere Prüfungsgebühr als die vorstehende kann für einzelne Prüfungsausschüsse durch die höhere Verwaltungsbehörde im Einvernehmen mit der Handwerkskammer festgesetzt werden.

Die Innung kann beschließen, von den durch ihren Prüfungsausschuß geprüften Lehrlingen der Innungsmitglieder eine Gebühr nicht zu erheben.

Über Anträge auf Erlaß oder Stundung der Gebühr entscheidet bei Innungsprüfungsausschüssen der Innungsvorstand, im übrigen der Vorstand der Handwerkskammer.

Im Falle des Nichtbestehens hat der Geprüfte keinen Anspruch auf Rückerstattung der Prüfungsgebühr.

§ 4.

Die Prüfung soll eine praktische und eine theoretische sein.

§ 5.

Die praktische Prüfung besteht aus:

1. der Anfertigung eines Gesellenstücks,
2. der Arbeitsprobe.

§ 6.

Die Bestimmung des Gesellenstücks erfolgt durch den Prüfungsausschuß.

Es ist so zu wählen, daß mit der Herstellung keine mit dem Charakter einer Gesellenprüfung unvereinbare Anforderung sowie kein erheblicher Zeit- und Kostenaufwand verbunden ist. Durch das Gesellenstück soll der Prüfling dartun, daß er sich die in seinem Gewerbe gebräuchlichen Handgriffe und Fertigkeiten angeeignet hat. Vorschläge für die Wahl des Gesellenstücks können vom Lehrherrn unter tunlichster Berücksichtigung der Wünsche des Lehrlings und seines Ausbildungsgangs bei der Anmeldung zur Prüfung ausgesprochen werden, ebenso auch von den zur Prüfung sich meldenden Gesellen und selbständigen Gewerbetreibenden.

§ 7.

Das Gesellenstück ist nach Bestimmung des Vorsitzenden des Prüfungsausschusses in der Werkstatt (Arbeitsstätte) des Lehrherrn oder in der eines andern Handwerkers herzustellen.

Mit der Überwachung des Prüflings während der Anfertigung des Gesellenstücks hat der Vorsitzende des Prüfungsausschusses einzelne Mitglieder desselben oder, wenn kein Mitglied am Arbeitsort des Prüflings wohnt, andere geeignete selbständige Handwerker des gleichen Gewerbezweiges zu beauftragen.

§ 8.

Der Prüfling hat das Gesellenstück nebst Werkzeichnung rechtzeitig an dem vom Vorsitzenden des Prüfungsausschusses bestimmten Ort abzuliefern. Gleichzeitig hat der Lehrherr oder derjenige, in dessen Werkstatt (Arbeitsstätte) das Gesellenstück angefertigt ist, eine Bescheinigung darüber auszustellen, daß der Lehrling das Gesellenstück selbständig und ohne fremde Hilfe gemacht hat. Ist solche geleistet worden, so ist anzugeben, worin sie bestanden hat. Gesellen und selbständige Gewerbetreibende, welche sich der Prüfung unterziehen, haben eine gleiche Erklärung in bezug auf das von ihnen angefertigte Gesellenstück abzugeben.

§ 9.

Die Arbeitsprobe soll den Nachweis erbringen, daß der Prüfling die in seinem Handwerke gebräuchlichen Handgriffe und Fertigkeiten mit genügender Sicherheit ausübt.

Zu dem Ende hat er in einer vom Prüfungsausschuß hierzu bestimmten Werkstatt (Arbeitsstätte) vor dem Prüfungsausschusse einige der folgenden Arbeiten auszuführen:

a) für Schlosser:

1. Ausfeilen eines Schlüssels mit geschweiftem Bart und Einpassen desselben in ein Schloß.
2. Meißeln von Kanten.
3. Zusammenschweißen zweier Stücke Eisen.
4. Abschmieden einzelner Teile eines Schlosses.
5. Abschmieden eines Meißels und Anfertigung eines Bohrers.
6. Gerades Bohren eines Loches durch ein dickes Eisen.
7. Anfertigung eines Schnörkels.
8. Aushauen eines Blattes oder einer Rosette, welche von dem Prüfling selbst aufzuzeichnen ist.
9. Ansetzen eines Zapfens an ein Stück Eisen.
10. Anfertigung eines Schlosses (Haus-, Stuben-, Sicherheitsschloß).
11. Anfertigung von Kunstschmiedearbeiten (einzelner Teile oder ganzer Gegenstände, Ornamente, Gitter, Kronen usw.). in Bronze oder Eisen.
12. Anfertigung von Geldschrankteilen (Bramaschloß, Tresor, Kassette usw.).
13. Anfertigung von Dreh- oder Fräsarbeiten.
14. Herstellen von Gitterteilen in einfacherer, technisch durchgeführter Arbeit unter Voraussetzung selbständigen Abschmiedens der erforderlichen Teile.

b) Für Zeug- und Schwarzblechschmiede:

1. Anfertigung eines Bratkastens aus Schwarzblech.
2. Anfertigung einer Schnitte zum Stanzen.
3. Anfertigung einer Kneifzange.
4. Anfertigung einer Falzzange.
5. Anfertigung einer Falzschere.

§ 10.

Durch die theoretische Prüfung soll der Nachweis erbracht werden, daß der Prüfling über den Wert, die Beschaffung, Aufbewahrung, Verwendung und Behandlung der in seinem Gewerbe zur Verarbeitung gelangenden Roh- und Hilfsstoffe, über die Merkmale ihrer guten und schlechten Beschaffenheit, sowie über die Beschaffenheit und Behandlung der in dem Handwerke zur Verwendung gelangenden Werkzeuge und Arbeitsmaschinen genügend unterrichtet ist.

Sie beginnt in der Regel mit einer Besprechung des Gesellenstücks und der Arbeitsprobe und soll sich ferner namentlich auf folgende Fragen erstrecken:

Für Schlosser-, Zeug- und Schwarzblechschmiede.

1. Fragen über die Behandlung des Werkzeuges.
2. Fragen über die Behandlung des Schmiedefeuers.
3. Wodurch unterscheidet sich gutes und schlechtes Eisen, guter und schlechter Stahl?
4. Welche Kohlen sind für das Schweißen am besten?
5. Beschreibung einzelner Werkzeuge.
6. Beschreibung der Bearbeitung der Materialien in den verschiedenen Arbeitsstadien.
7. Kenntnis der Berechnungen zur Herstellung von schmiedeeisernen Blechröhren.
8. Fragen über die im Interesse der Handwerker erlassenen Vorschriften zur Verhütung von Betriebsunfällen.

§ 11.

Die Prüfung ist ferner darauf zu richten, ob der Prüfling sich einige Fertigkeit im Zeichnen und die nötigsten für die Buch- und Rechnungsführung sowie die sonstige Geschäftsführung grundlegenden allgemeinen Kenntnisse angeeignet hat. Die Prüfung in den letzteren erfolgt teils mündlich, teils schriftlich, und umfaßt namentlich folgende Gegenstände: Lesen, gewerblichen Aufsatz (zum Beispiel Geschäftsempfehlungen, Arbeits- oder Preisangebote, Quittungen, Arbeitsbescheinigungen), Rechnen (Bekanntschaft mit Maß, Gewicht und Geld und den gewöhnlichen Rechnungsarten), das Wissenswerte aus der Arbeiterversicherung und einfache Buchführung.

Zu dem Ende kann an der Prüfung mit vollem Stimmrecht ein Sachverständiger teilnehmen, der von dem Vorsitzenden zu jedem Prüfungstermin aus der Mitte der vom Prüfungsausschuß dazu gewählten Personen berufen wird.

§ 12.

Nach Beendigung der Prüfung, über deren gesamten Verlauf eine schriftliche Verhandlung aufzunehmen ist, beschließt der Prüfungsausschuß mit Stimmenmehrheit, ob die Prüfung genügend, gut oder ausgezeichnet bestanden oder nicht bestanden ist. Bei Stimmengleichheit entscheidet der Vorsitzende.

Ist die Prüfung nicht bestanden, so hat der Prüfungsausschuß einen Zeitraum zu bestimmen, vor dessen Ablauf die Prüfung nicht wiederholt werden darf.

Das Ergebnis der Prüfung ist den Geprüften am Schlusse des Prüfungstermins durch den Vorsitzenden bekanntzugeben.

§ 13.

Der Vorsitzende ist berechtigt, Beschlüsse des Prüfungsausschusses mit aufschiebender Wirkung zu beanstanden. Macht er von diesem Rechte Gebrauch, so hat er die Bekanntgabe des Prüfungsergebnisses an den Geprüften zunächst auszusetzen und binnen kürzester Frist unter Vorlegung der Prüfungsverhandlungen und Angabe der Gründe, aus denen die Beanstandung erfolgt, die Entscheidung des Berufungsausschusses der Handwerkskammer zu beantragen (§ 33 des Statuts der Handwerkskammer). Dieser entscheidet endgültig.

§ 14.

Das endgültige Ergebnis der Prüfung ist unter genauer Bezeichnung des Berufszweiges, in dem die Prüfung erfolgt ist, in das Lehrzeugnis oder in den Lehrbrief der geprüften Lehrlinge einzutragen. Für Gesellen und selbständige Gewerbetreibende, die sich nachträglich der Prüfung unterziehen, werden besondere Prüfungszeugnisse ausgefertigt.

Ist die Prüfung nicht bestanden, so ist auch der Zeitraum einzutragen, vor dessen Ablauf die Prüfung nicht wiederholt werden darf. Mehr als zweimal darf die Prüfung nicht wiederholt werden.

Das Prüfungszeugnis ist kosten- und stempelfrei.

§ 15.

Die laufenden Geschäfte des Prüfungsausschusses erledigt der Vorsitzende.

Das Prüfungszeugnis ist von dem Vorsitzenden und mindestens zwei Mitgliedern des Prüfungsausschusses zu vollziehen.

Für alle übrigen Ausfertigungen genügt die Unterschrift des Vorsitzenden.

§ 16[1]).

Die Mitglieder des Prüfungsausschusses verwalten ihr Amt als Ehrenamt unentgeltlich; doch können ihnen auf Verlangen für Zeitversäumnis bei Prüfungen am Wohnort 3 Mk. für den Tag, bei Prüfungen außerhalb des Wohnorts 6 Mk. für den Tag aus der Kasse der Innung oder der Handwerkskammer gewährt werden. Außerdem werden den nicht am Prüfungsort wohnenden Mitgliedern die ihnen durch die Reise erwachsenen notwendigen baren Auslagen aus den bezeichneten Kassen bis zur Höhe von 4 Pfg. für das Kilometer bei Eisenbahn- und Dampfschiffahrt und 40 Pfg. für das Kilometer Landweg ersetzt.

Höhere Entschädigungen können für einzelne Prüfungsausschüsse durch die höhere Verwaltungsbehörde im Einvernehmen mit der Handwerkskammer festgesetzt werden.

Die Innung kann beschließen, für die Mitglieder ihrer Prüfungsausschüsse geringere oder keine Entschädigungen zu zahlen.

Den Mitgliedern des Prüfungsausschusses kann durch Beschluß der Innung oder der Handwerkskammer mit Genehmigung der höheren Verwaltungsbehörde für die Wahrnehmung der Prüfungen an ihrem Wohnort statt der besonderen Vergütungen eine jährliche Entschädigung zugebilligt werden.

Die Innungen und die Handwerkskammer können beschließen, dem Vorsitzenden für besondere Mühewaltung und für Schreibmaterialien und Portoauslagen eine nach der Zahl der Prüflinge zu bemessende besondere Entschädigung zu zahlen.

F., den 20. Juli 1901.

Der Regierungs-Präsident.

Erläuterungen zur Gesellenprüfungsordnung.

1. Die Prüfung ist so einzurichten, daß sie sich für jeden Prüfling, abgesehen von der Anfertigung des Gesellenstücks, an einem Tage erledigt. Liegen so viele Anmeldungen vor, daß die Prüfung aller Zugelassenen mehrere Tage in Anspruch nimmt, so sind die Prüflinge zu den verschiedenen Prüfungstagen in der Weise vorzuladen, daß keiner von ihnen mehr als einen Tag zur Ablegung der Prüfung aufzuwenden genötigt ist.

2a. Bei der Bestimmung des Gesellenstücks (§ 6 der Prüfungsordnung) ist auf Einfachheit der Anfertigung und leichte Verkäuflichkeit besondere Rücksicht zu nehmen. Das Gesellenstück ist vor dem Prüfungstermin und in der Regel am Arbeits-

---

[1]) Hierzu als Anmerkung: Diese Fassung beruht auf der Bekanntmachung des Regierungspräsidenten vom 15. Februar 1903 (abgedruckt Regierungsamtsblatt S. 34).

ort des Prüflings anzufertigen. Bei Lehrlingen wird in der Regel der Lehrherr, dem auch bei der Wahl des Gesellenstücks eine Mirtwikung eingeräumt ist (§ 6 der Prüfungsordnung), das Material dafür zu liefern haben; ihm fällt dementsprechend nach der Prüfung der angefertigte Gegenstand zu. Dem Lehrherrn liegt es ferner ob, dem Lehrling für die Anfertigung des Gesellenstücks die erforderliche Zeit zu gewähren, sowie falls das Gesellenstück in der Werkstatt (Arbeitsstätte) des Lehrherrn angefertigt wird, den Schaumeistern (§ 7 Abs. 2 der Prüfungsordnung) den Zutritt zur Werkstatt (Arbeitsstätte) zu gestatten und die vorgeschriebene Bescheinigung über die selbständige Anfertigung des Gesellenstücks (§ 8 der Prüfungsordnung) auszustellen. Die Schaumeister (§ 7 Abs. 2 der Prüfungsordnung) haben sich von der selbständigen Anfertigung des Gesellenstücks durch Besuche der Werkstatt (Arbeitsstätte) sowie durch Fragen über die darauf verwendete Arbeitszeit und über die Reihenfolge der Herstellung zu überzeugen.

Das Gesellenstück soll nicht die einzige praktische Leistung des Prüflings sein; vielmehr hat dieser seine praktischen Fähigkeiten außerdem noch durch die Arbeitsprobe vor dem Prüfungsausschuß darzutun.

2b. Die Arbeitsprobe (§ 9 der Prüfungsordnung) ist am Prüfungstage selbst abzulegen. Es ist weniger der Zweck der Arbeitsprobe, daß ein fertiges Stück in dem betreffenden Handwerke geliefert wird, als daß sich der Prüfungsausschuß in der ihm am Prüfungstage zur Verfügung stehenden Zeit ausreichend davon überzeugt, ob der Prüfling sich die in seinem Handwerke gebräuchlichen Handgriffe und Fertigkeiten zu eigen gemacht hat. Die Werkstatt (Arbeitsstätte), in welcher die Arbeitsprobe auszuführen ist, wird im Einzelfalle vom Prüfungsausschuß selbst bestimmt werden können. Doch werden die Innungsvorstände oder die Handwerkskammern ihre Vermittlung dann eintreten lassen müssen, wenn bei der Auswahl der Werkstatt (Arbeitsstätte) Schwierigkeiten entstehen.

3. Die theoretische Prüfung (§ 6 der Prüfungsordnung) wird in ihrem fachlichen Teil vielfach an die praktischen Arbeiten angeknüpft werden können. Neben den besonderen Fachkenntnissen sollen in der theoretischen Prüfung auch einige allgemeine Kenntnisse gefordert werden, welche für die Geschäftsführung einschließlich der Buch- und Rechnungsführung grundlegend sind (§ 7 der Prüfungsordnung). Diese Forderung rechtfertigt sich in erster Linie dort, wo Fortbildungsschulen bestehen. Doch auch wo dies nicht der Fall ist, wird man zum mindesten verlangen können, daß der Lehrling die auf der Volksschule erworbenen Kenntnisse während der Lehrzeit insoweit festgehalten hat, als er ihrer zur Ausübung seines Handwerks nach den heutigen Verhältnissen bedarf. Es wird sich empfehlen, zu diesem Zwecke einen Fortbildungsschullehrer zu den Prüfungen hinzuzuziehen. Wo eine Fortbildungsschule nicht besteht, werden auch Volksschullehrer hinzugezogen werden können, welche für die Verhältnisse des Handwerks Interesse haben. Ob auch einige Fertigkeit im Zeichnen in der Prüfung zu fordern ist, richtet sich nach der Eigenart des betreffenden Handwerks.

4. Die Anforderungen, welche der Prüfungsausschuß auf Grund der Prüfungsordnung an den einzelnen Prüfling stellt, sind danach zu richten, was der Lehrling nach der Eigenart des Betriebes, sowie nach den örtlichen Verhältnissen, in denen er die Lehrzeit durchgemacht, hat lernen können. Die hierbei sich ergebenden Verschiedenheiten, insbesondere zwischen Stadt und Land, sind zu beachten. Es wird sich empfehlen, daß die Prüfungsausschüsse in der ersten Zeit nach Inkrafttreten der neuen Bestimmungen nicht zu hohe Anforderungen stellen. Es wird ihre Aufgabe sein, durch allmähliche Steigerung der Anforderungen die Lehrlinge und Meister zur vollen Ausnutzung der Lehrzeit zu erziehen.

5. Ergibt sich bei nicht bestandener Prüfung, daß den Lehrherrn ein erhebliches Verschulden an der mangelhaften Ausbildung des Lehrlings trifft, so hat der

Prüfungsausschuß und erforderlichenfalls die Innung oder die Handwerkskammer ihre Vermittelung dahin eintreten zu lassen, daß der Lehrling behufs Vollendung der Lehre bei einem anderen Lehrherrn untergebracht wird.

§ 2. Das Prüfungswesen in Großbetrieben.

In den Ausführungsanweisungen zur Gewerbeordnung heißt es unter Ziffer 260: „Auch die Lehrlinge, die in Großbetrieben für ein Handwerk ausgebildet sind, haben einen Anspruch auf Ablegung der Gesellenprüfung, ohne daß sie zunächst in einen Handwerksbetrieb überzutreten haben".

Indes ist in den Prüfungsbestimmungen im übrigen hauptsächlich an solche Prüflinge gedacht, die ihre Lehrzeit bei einem Handwerksmeister zurückgelegt haben. Handwerksmeister und Gesellen bilden auch den Prüfungsausschuß und prüfen in den Gegenständen, die dem Lehrling durch die Lehrzeit vertraut sind.

Anders ist es bei den Fabriklehrlingen, deren Zahl in den letzten Jahrzehnten ständig gewachsen ist. Hier haben sich inbezug auf das Prüfungswesen mancherlei Schwierigkeiten ergeben, die auch jetzt noch nicht behoben sind. Sie liegen hauptsächlich darin, daß die Großbetriebe trotz ihrer die Ausbildung bei manchem Handwerksmeister weit übertreffenden Einrichtungen keinerlei Einfluß auf die Prüfung haben, ja ihre Lehrlinge, wenn sie nicht der Vorteile der Gesellenprüfung verlustig gehen sollen, von den Prüfungsausschüssen der Handwerkskammern prüfen lassen müssen. Bei den recht verschiedenartigen Anforderungen, die die Handwerksmeister und im Gegensatz hierzu manche Großbetriebe stellen, ist dies Verfahren nur ein dürftiger Notbehelf, der keinen der Beteiligten befriedigt. Eine grundlegende Änderung ist hier schon mehrfach angestrebt worden, zumal auch die Eisenbahnverwaltung unter sonst gleichen Bewerbern denen den Vorzug gibt, die eine Gesellenprüfung abgelegt haben (s. § 1 S. 47). Die einschlägigen Verhältnisse gehen auch aus der Eingabe einer Handelskammer an den Minister der öffentlichen Arbeiten hervor. Hierin wird u. a. gesagt, daß sich in einem Teile der Maschinenindustrie das Bedürfnis nach Regelung der Prüfungsverhältnisse geltend mache. Es heißt dann betreffs der Fabriklehrlinge:

„Da diese letztgenannte Gruppe im wesentlichen die Lehrlinge von Fabrikbetrieben betrifft, haben wir ihr unser besonderes Interesse zugewendet, und es erscheint uns wichtig zu erwägen, ob man auf eine Verbesserung der Aussichten für diese Lehrlingsgruppe hinarbeiten soll. Jene jungen Leute befinden sich gegenüber den Gruppen 1 und 2 (d. h. den Eisenbahnlehrlingen und den Meisterlehrlingen) im Nachteil. Die Kgl. Eisenbahnverwaltung nimmt sie erst dann in ihren Dienst, wenn geeignete Bewerber der Gruppen 1 und 2 nicht vorhanden sind. Es ist ihnen also ein an Wichtigkeit beständig zunehmender Teil der Arbeitsstellen verschlossen. Zur Zeit scheint dieser Mißstand sich nicht durchgehend fühlbar zu machen, aber es ist wohl sicher, daß schon jetzt und später noch mehr der Zudrang zu den Lehrlingsstellen in Privatmaschinenfabriken nachlassen wird, wenn die Aussichten für die Zukunft dieser Lehrlinge nicht denen der Eisenbahn- und Meisterlehrlinge in anderen Betrieben gleichgestellt werden. Die Industrie muß also nicht nur im Interesse des weiteren Fortkommens ihres Arbeiternachwuchses, sondern behufs Sicherung des ihr künftig nötigen Arbeiterbestandes die Frage ins Auge fassen."

Es wird dann um Prüfung der Frage gebeten, da nicht anzunehmen sei, daß die Eisenbahnverwaltung jene Bestimmungen deshalb habe ergehen lassen, weil die Ausbildung in Fabrikbetrieben etwa für die Zwecke der Eisenbahnwerkstätten weniger wertvoll wäre als die Art der Ausbildung in Handwerksbetrieben. Im Gegenteil entspreche wohl in vielen Fabriken die Arbeit eher der Tätigkeit in den Eisenbahnwerkstätten als in den Handwerksbetrieben. Weiter heißt es sodann:

„Da es nun aber für die Fabriklehrlinge an einer Gelegenheit, den Nachweis ihrer Leistungsfähigkeit zu erbringen, fehlt, so wären wir dankbar, wenn die Angelegenheit besonders in der Richtung geprüft würde, ob es sich nicht empfehlen würde, die Industrielehrlinge zur Ablegung der Gesellenprüfung vor den staatlichen Eisenbahn-Prüfungsausschüssen gegen Erstattung gewisser Gebühren zuzulassen. Auf diese Weise würde sich die Königliche Eisenbahnverwaltung einen unzweideutigen Nachweis für die Qualifikation der jungen Leute verschaffen und damit den Kreis tüchtiger Bewerber erweitern können, während auf der anderen Seite die Fabriklehrlinge sich künftig über eine ungerechtfertigte Zurücksetzung nicht mehr würden beklagen können."

Dem Antrage konnte nicht stattgegeben werden, vermutlich hauptsächlich aus entgegenstehenden gesetzlichen Gründen und wegen einer zu großen Belastung der Prüfungsausschüsse bei den Werkstättenämtern. Im übrigen erhält bei dem großen Bedarf der Eisenbahnverwaltung praktisch ein ehemaliger Fabriklehrling fast immer ebenso leicht eine Stelle in einer Eisenbahnwerkstätte wie ein Meisterlehrling, wie dies u. a. folgende Zahlen erkennen lassen. In einer mittelgroßen Eisenbahnwerkstätte waren unter 154 in 3 Jahren eingestellten Schlossern 57 frühere Eisenbahnlehrlinge, 63 frühere Meisterlehrlinge und 34 frühere Fabriklehrlinge, also von der ersten Art 37 v. H., von der zweiten Art 41 und von der dritten Art 22 v. H. Die Zahl ehemaliger Fabriklehrlinge ist mithin verhältnismäßig hoch, obwohl in der betreffenden Stadt größere Maschinenfabriken fehlen und Fabriklehrlinge im allgemeinen ohnehin die Privatindustrie wegen der meist zu Anfang höheren Löhne vorziehen.

Eine unserer größten Firmen hat einen Ausweg gefunden, schon unter den bestehenden Verhältnissen auf das Prüfungsverfahren einen angemessenen Einfluß auszuüben. v. Voß sagt hierüber[1]):

---

[1]) R. v. Voß: Zur Frage der Gesellenprüfung für die Lehrlinge der mechanischen Industrie (Werkstattstechnik 1916, Heft 4, S. 46 und 47).

„Einer der Gründe, der weite Kreise der Industriellen bewog, in der Frage der Gesellenprüfungen bisher äußerste Zurückhaltung zu üben, mag die Tatsache sein, daß hier und dort die Gesellenprüfungsausschüsse der Handwerkerorganisationen infolge unzweckmäßiger Zusammensetzung oder aus anderen Gründen für die Prüfung von Lehrlingen aus industriellen Betrieben durchaus ungeeignet erscheinen. Wenn also die Industrie die Prüfungseinrichtungen des Handwerks mitbenutzen will, ist dies natürlich nur dann möglich, wenn man vorher zu einer Verständigung darüber gelangt, daß der Industrie der ihr gebührende Einfluß auf die ganze Organisation und Durchführung der Prüfungen eingeräumt wird. Nach meinen bisherigen Erfahrungen zweifle ich nicht daran, daß, wenn von seiten der Industriellen der ehrliche Wille zu einer Verständigung mit dem Handwerk in der Frage der Prüfungen vorhanden ist, die entgegenstehenden Schwierigkeiten sich leicht werden überwinden lassen.

Unter den Werken, die bisher zielbewußt und erfolgreich auf diesem Wege vorangegangen sind, möchte ich besonders die Maschinenfabrik Augsburg-Nürnberg und die Firma Siemens & Halske, Wernerwerk, Berlin-Siemensstadt erwähnen.

Um nun zu zeigen, welchen Anforderungen die Gesellenprüfungen genügen müssen, um ihren Zweck in dem oben angedeuteten Sinne zu erfüllen, soll im folgenden dargelegt werden, welche Schritte in den letzten Jahren unternommen worden sind, um die Bedeutung der Gehilfenprüfungen für das Mechanikergewerbe in Groß-Berlin zu heben und welche Erfolge dabei erzielt worden sind.

Die Abnahme der Prüfungen erfolgt durch den Gehilfenprüfungsausschuß für das Mechaniker- und Optikerhandwerk. Gewählt werden die Mitglieder dieses Ausschusses, einschließlich des Vorsitzenden, von der Berliner Handwerkskammer auf Vorschlag einer sogenannten Wahlkorporation. Bis vor einigen Jahren galt nun als Wahlkorporation die Abteilung Berlin der Deutschen Gesellschaft für Mechanik und Optik. Da diese sich jedoch vorwiegend aus den Kreisen der kleineren Gewerbetreibenden zusammensetzt, wurde unter Zustimmung der Handwerkskammer eine neue Wahlkorporation unter der Bezeichnung „Ausschuß der Feinmechanik und Elektrotechnik für das Prüfungswesen" gebildet, die zu gleichen Teilen aus Mitgliedern der Deutschen Gesellschaft für Mechanik und Optik und aus Vertretern der Berliner Groß-Industrie besteht. Diese Korporation als vollwertige Interessenvertretung der Arbeitgeber hat nun einen ausschlaggebenden Einfluß auf die Organisation und Handhabung der Prüfungen gewonnen.

Es würde zu weit führen, die Einzelheiten der von diesem Ausschuß eingeführten Prüfungsordnung zu erklären und die Vorteile der getroffenen Maßnahmen auseinanderzusetzen. Ich möchte nur ganz kurz erwähnen, daß die Prüfung besteht:

1. aus der Anfertigung eines Gehilfenstückes,
2. aus der theoretischen Prüfung.

Letztere zerfällt wieder in einen schriftlichen und mündlichen Teil und erstreckt sich auf folgende Gebiete:

1. Bürgerkunde und Buchführung,
2. Werkstattrechnen und Kalkulation,
3. Materialienkunde,
4. Arbeitskunde (Herstellungsverfahren und die dazu nötigen Werkzeuge und Maschinen),
5. Besondere Fachkunde und ihre Hilfswissenschaften, und zwar
   a) für Elektromechaniker das Wichtigste aus der Physik und Elektrotechnik,
   b) für Optiker das Wichtigste aus der Physik mit besonderer Berücksichtigung der Optik.
6. Vorlage selbst angefertigter Fachzeichnungen.

Eine sehr wichtige Maßnahme besteht ferner darin, daß zur Abnahme der mündlichen Prüfung ein sogenannter Prüfungssachverständiger mit vollem Stimmrecht dem Prüfungsausschuß beigeordnet wird. Dieser Herr stellt also die Fragen, über deren Beantwortung seitens der Prüflinge der ganze Prüfungsausschuß zu urteilen hat. Der letztere besteht, abgesehen von dem „Sachverständigen", aus dem Vorsitzenden und vier Beisitzern. Die „Sachverständigen" werden vorwiegend aus den Kreisen der Fachlehrer genommen. Es bietet sich hier also in zwangloser Weise eine vorzügliche Gelegenheit für die Schule, bei den Prüfungen in zweckentsprechender Weise mitzuwirken."

Wir widerstehen der Versuchung, auf das wichtige Gebiet der Prüfung der Fabriklehrlinge an dieser Stelle weiter einzugehen und begnügen uns damit, durch vorstehende Angaben eine Vorstellung von einigen Hauptfragen und den großen zu überwindenden Schwierigkeiten gegeben zu haben[1]).

§ 3. Prüfungsbestimmungen der Staatseisenbahnverwaltung.

In den Lehrlingsvorschriften wird die Gesellenprüfung unter den Ziffern 32—42 (s. S. 50) und durch die Gesellenprüfungsordnung (s. S. 60) für die in den Haupt- und Nebenwerkstätten der Staatseisenbahnverwaltung beschäftigten Handwerkslehrlinge geregelt[2]).

Während nach GO. § 131 den Lehrlingen nur Gelegenheit zu geben ist, sich nach Ablauf der Lehrzeit der Gesellenprüfung zu unterziehen, ist der Eisenbahnlehrling hierzu verpflichtet, und zwar durch die dem Lehrvertrag beigefügten, einen Teil desselben bildenden Allgemeinen Bedingungen für die Annahme und Ausbildung von Handwerkslehrlingen, Ziffer 11 S. 60.

Gegenüber den privaten Großbetrieben ist die Eisenbahnverwaltung in der günstigen Lage, daß ihre Lehrlinge nicht genötigt sind, die Prüfung vor einem Innungsausschuß abzulegen, sondern dies vor einem Eisenbahnprüfungsausschuß tun können. Es sind durch Erlaß des Ministers für Handel und Gewerbe J.-Nr. IIIa 10582 vom 19. Dezember 1902 die Zeugnisse der Eisenbahnverwaltung denen der Innungen in bezug auf die Wirkung gleichgestellt. — Der Erlaß lautet:

„Auf Grund des § 129 der Reichsgewerbeordnung habe ich den Prüfungszeugnissen, der bei den Haupt- und Nebenwerkstätten der Königlichen Eisenbahnverwaltung innerhalb Preußens für das Schlossergewerbe bestellten Prüfungsausschüsse die Wirkung beigelegt, daß diese Zeugnisse ihre Inhaber nach Vollendung des 24. Lebensjahres zur Anleitung von Lehrlingen in Handwerksbetrieben des Schlossergewerbes berechtigen.

Ich ersuche Sie, den Handwerkskammern hiervon Kenntnis zu geben.

An die Aufsichtsbehörden
der Handwerkskammern.

---

[1]) Die Vorarbeiten für eine gesetzliche Regelung des Prüfungswesens der Fabriklehrlinge sind im übrigen bereits zum Teil ausgeführt. Voraussichtlich werden bei den Handelskammern ähnliche Prüfungsausschüsse gebildet werden, wie sie jetzt für die Meisterlehrlinge bei den Handwerkskammern auf Grund der Gewerbeordnung bestehen.

[2]) Einige Bestimmungen finden sich wörtlich sowohl an der einen als auch an der anderen Stelle, wie die Angabe der 15 für die praktische Prüfung als Beispiel angeführten Arbeitsausführungen (S. 52 u. 61), ferner LV. 35 u. 40 (S. 52 u. 61 bzw. S. 53 u. 60).

§ 4. Der Prüfungsausschuß.

Für die Abnahme der Prüfung ist ein Prüfungsausschuß bestellt, und zwar in der Regel für jede Ausbildungswerkstätte ein besonderer Ausschuß. Nach der Prüfungsordnung § 2 Abs. 1 besteht er aus

1. dem Amtsvorstand (oder seinem Vertreter),
2. dem Lehrmeister,
3. einem Werkmeister.

Nach § 2 Abs. 3 werden die Mitglieder ohne Zeitbeschränkung von der Eisenbahndirektion ernannt. Da aber Amtsvorstand und Lehrmeister bereits kraft ihrer Stellung dem Ausschuß angehören, bleibt in Werkstätten mit nur einem Amtsvorstand nur noch das dritte Mitglied besonders zu ernennen. Er soll dem Handwerk des Prüflings angehören, wird also je nachdem ein Schlosser- oder ein Schlosser- und Dreherwerkmeister sein. Vielfach ist nur ein Dreherwerkmeister vorhanden, es kommt dann also nur dieser in letzterem Falle in Frage. Da Prüfungen für das vereinigte Schlosserei- und Drehereifach, wenn auch vereinzelt, aber doch ziemlich regelmäßig vorkommen, so müssen dementsprechend auch zwei verschiedene Prüfungsausschüsse vorhanden sein. Sie unterscheiden sich nur in der Person des dritten Mitgliedes. In der Praxis wird allerdings vielfach wohl nur der eine Ausschuß mit dem Schlosserwerkmeister als drittem Mitgliede ernannt und es tritt dann bei Prüfungen für die vereinigten Fachrichtungen ohne weiteres der Dreherwerkmeister an seine Stelle. Einer besonderen Bestimmung der Person wird es hier nur dann bedürfen, wenn ausnahmsweise mehrere Dreherwerkmeister vorhanden sind.

Festzustellen ist vor der Anberaumung der Prüfung, ob auch § 2 Abs. 6 der Prüfungsordnung gewahrt ist, wonach nahe Verwandte oder der Vormund eines Prüflings von der Mitwirkung an der Prüfung ausgeschlossen sind. Da die Lehrlinge fast alle Eisenbahnersöhne und überwiegend Söhne von Angehörigen der betreffenden Werkstätte sind, sind persönliche Beziehungen genannter Art zu dem Lehrmeister oder dem Werkmeister nicht selten vorhanden. Es können dadurch leicht störende Unbequemlichkeiten in der Zusammensetzung des Ausschusses eintreten. An Stelle des derart verhinderten Lehrmeisters wird der Amtsvorstand einen älteren erfahrenen Werkführer oder Werkmeister bestimmen, wenn möglich einen solchen, der schon früher in der Lehrlingsausbildung tätig gewesen ist. Für das etwa verhinderte dritte Mitglied, den Schlosserwerkmeister, kann meist ohne Schwierigkeit ein anderer entsprechender Werkmeister eintreten. Unbequem ist es jedoch, wenn bei einer Prüfung für die vereinigten Fachrichtungen Schlosser- und Dreherhandwerk der einzige Werkmeister der Dreherei verhindert ist. Ist nicht zufällig einer der anderen Werkmeister auch für die Dreherei ausgebildet, so bleibt nichts übrig, als den entsprechenden Werkmeister einer Nachbarwerkstätte für die betreffende Prüfung als drittes Mitglied zu laden. Da nach der Prüfungsordnung § 2 Abs. 4 die Mitglieder des Prüfungsausschusses von der Eisenbahndirektion bestellt werden, kann der Vorsitzende nur dahingehende Vorschläge machen. Die Regelung dieser Fragen beansprucht einige Zeit. Es empfiehlt sich daher, schon mindestens zwei Wochen vor dem beabsichtigten Prüfungstage festzustellen, ob nicht etwa solche Hinderungsgründe vorliegen.

Die laufenden Geschäfte des Prüfungsausschusses erledigt nach § 10 S. 63 der Vorsitzende.

Prüfungsgebühren werden nicht erhoben. Für die Lehrlinge ist die Ablegung der Prüfung vor dem Prüfungsausschuß der Eisenbahnverwaltung demnach vollständig kostenfrei, während die Innungen Gebühren in der Höhe von etwa 6 Mk. erheben.

Für das Handwerk werden die Prüfungsausschüsse bei den Zwangsinnungen, den besonders ermächtigten freien Innungen und bei den Handwerkskammern errichtet, abgesehen von den vereinzelten Ausschüssen bei Lehrwerkstätten, gewerblichen Unterrichtsanstalten usw.

Nach GO. § 131a bestehen die Prüfungsausschüsse aus einem Vorsitzenden und mindestens zwei Beisitzern. Die Bestellung erfolgt in der Regel auf drei Jahre.

Der Vorsitzende wird von der Handwerkskammer, die Beisitzer werden zur einen Hälfte von der Innungsversammlung, zur anderen Hälfte von dem Gesellenausschuß gewählt. An die Stelle der Gesellen können unter bestimmten Voraussetzungen auch Innungsmitglieder treten[1]).

Bei einem der Militärverwaltung unterstehenden Werkstättenbetriebe sind die Prüfungsausschüsse erheblich größer als bei der Eisenbahnverwaltung, und es sind ihm daneben noch andere Aufgaben zugewiesen, ferner sind auch Gesellen beteiligt.

Die betreffenden Bestimmungen lauten:

„In jedem Institut ist für jedes Gewerk, in dem Lehrlinge ausgebildet werden, ein Prüfungsausschuß zu bilden. Die Prüfungsausschüsse haben die in ihren Gewerken beschäftigten Lehrlinge während der Lehrzeit sowohl innerhalb als auch außerhalb des Instituts zu beobachten und nach Schluß der Lehrzeit die Prüfung abzuhalten.

Dem Prüfungsausschuß liegt es ob,

a) die von dem Prüfling anzufertigenden Prüfungsarbeiten zu bestimmen,
b) die Ausführung der Prüfungsarbeiten zu überwachen,
c) die Fragen und schriftlichen Aufgaben zu bestimmen, die dem Prüfling bei der theoretischen Prüfung zu stellen sind, und diese Prüfung vorzunehmen,
d) ein Urteil über den Ausfall der Prüfungsarbeit und der theoretischen Prüfung abzugeben,
e) ein Gesamturteil darüber abzugeben, ob der Prüfling nach dem Ausfall der Prüfung die für einen Gesellen erforderlichen Kenntnisse und Fertigkeiten besitzt;
f) ein Urteil über Führung und Betragen des Prüflings innerhalb und außerhalb des Instituts abzugeben.

Der Vorsitzende und die Beisitzer des Prüfungsausschusses haben das vom

[1]) Ausführungsanweisungen zur GO. Ziffer 207—210.

Direktor des Instituts als Ausweis für die Beendigung der Lehrzeit ausgestellte Zeugnis (Lehrbrief) mit zu unterschreiben.

Jeder Prüfungsausschuß besteht aus dem Vorsitzenden und den Beisitzern.

Vorsitzender ist der Betriebsdirektor des Instituts oder der die Geschäfte eines solchen versehende Betriebsleiter. Beisitzer sind die Betriebsleiter der betreffenden Betriebe, die Meister und je 2 Arbeiter der Gewerke, welchen der Prüfling angehört hat, und die sonstigen Lehrer.

Die Arbeiterbeisitzer und für jeden von ihnen ein Stellvertreter werden von den volljährigen, in dem Handwerk des Lehrlings ausgebildeten Arbeitern des Gewerks gewählt.

Wählbar für den Prüfungsausschuß eines Gewerks sind alle im Handwerk der zu prüfenden Lehrlinge ausgebildeten Arbeiter des Gewerks (einschließlich der nicht vertraglich angestellten Meistergehilfen), die das 25. Lebensjahr überschritten haben und nach vollendeter Lehrzeit mehr als 5 Jahre in ihrem Handwerk, davon mindestens die letzten 2 Jahre im Institut, gearbeitet haben.

Die Arbeiterbeisitzer und die Stellvertreter scheiden aus durch freiwillige Amtsniederlegung, dauernden Übertritt in ein anderes Gewerk, mehr als dreimonatige Amtsunfähigkeit und Aufhebung des Arbeiterverhältnisses im Institut sowie nach dreijähriger Amtszeit.

Für die ausgeschiedenen Arbeiterbeisitzer und Stellvertreter wird Ersatz gewählt. Bei vorübergehender Behinderung treten für die Arbeiterbeisitzer deren Stellvertreter ein; die Vertreter des Vorsitzenden und der übrigen Beisitzer werden vom Direktor bestimmt.

Die Prüfungsausschüsse treten auf Anordnung des Vorsitzenden zusammen, der hierzu die Genehmigung des Direktors einholt. Die Beisitzer können Anträge auf Berufung ihres Ausschusses bei dem Vorsitzenden mündlich stellen.

In der Berufung ist der Zweck der Berufung namhaft zu machen.

Die Ausschußmitglieder sind verpflichtet, sich über die gemäß Ziffer 9 zur Beratung gestellten Fragen nach bestem Wissen auszusprechen und ihr Urteil unparteiisch abzugeben.

Über die Vorgänge in den Sitzungen der Prüfungsausschüsse ist eine Verhandlung aufzunehmen, die von dem Vorsitzenden und allen Beisitzern zu unterschreiben ist. Der Schriftführer wird von dem Direktor des Instituts bestimmt.

Der Vorsitzende und alle Beisitzer sind stimmberechtigt. Die Arbeiterbeisitzer geben zuerst ihre Stimme ab, der Vorsitzende zuletzt.

Einfache Stimmenmehrheit entscheidet, doch muß auf Verlangen jedes Mitgliedes über dessen abweichende Ansicht eine Bemerkung in die Verhandlung aufgenommen werden.

Die Verhandlung ist dem Direktor des Instituts vorzulegen, der auf Grund derselben seine Entscheidung trifft.

Der Direktor des Instituts kann einzelne oder alle Prüfungsausschüsse auflösen und Neuwahlen anordnen.

§ 5. Zulassung, Ladung und allgemeine Vorbereitung zur Prüfung.

Den Lehrlingen für das Schlosserhandwerk sowie den daneben noch besonders in der Dreherei ausgebildeten Lehrlingen ist es, wie bereits bemerkt, durch den Lehrvertrag zur Pflicht gemacht, sich nach Ablauf der Lehrzeit der vorgeschriebenen Gesellenprüfung zu unterziehen. Die Zulassung erfolgt daher bei Erfüllung der Vorbedingung ohne weiteres. Eine Zurückweisung ist nicht statthaft. Dies entspricht auch dem durch GO. § 131c geschaffenen

Zustand. v. Landmann-Rohmer bemerkt hierzu[1]): „Der Ablauf der Lehrzeit ist hiernach die Voraussetzung für die Zulassung zur Prüfung, und zwar, da das Gesetz weitere nicht aufstellt, die einzige. Der Prüfungsausschuß muß, vorausgesetzt, daß er örtlich und sachlich zuständig ist, dem Zulassungsgesuch stattgeben, wenn ihm der Ablauf der Lehrzeit, d. h. die Zurücklegung einer dem § 129 Abs. 1 entsprechenden Lehrzeit durch den Inhalt des Lehrzeugnisses bzw. des Lehrbriefes (§ 127c Abs. 1 u. 2) nachgewiesen ist."

Demgemäß findet sich auch in den Prüfungsordnungen der Handwerkskammern und der mit dem Rechte der Abnahme der Gesellenprüfung ausgestatteten Betriebe wie staatliche Gewehrfabriken nichts über die Zurückweisung eines Gesuches um Zulassung.

Im übrigen wird bei den Eisenbahnlehrlingen auch kaum der Fall eintreten, daß die Leistungen so schlecht sind, daß eine Zulassung zur Prüfung nicht angängig wäre. Einmal sind die meisten Lehrlinge bei der Annahme aus einer Anzahl Bewerber schon als die geeignetsten ausgesucht worden, zweitens haben sie vorher eine gute Schulbildung nachweisen müssen und sind schließlich während der Probezeit noch drei Monate lang auf Geschicklichkeit, Kenntnisse und Verhalten beobachtet worden. Etwa trotzdem später noch auftretende grobe Mängel werden bei der sorgfältigen Regelung und Überwachung der Ausbildung dann wenigstens so weit abstellbar sein, daß die Zulassung zu der Prüfung erfolgen kann.

Nach den Ausführungen über den Prüfungsausschuß sind, wie wir gesehen haben, etwa zwei Wochen zur Regelung verschiedener Fragen vor der Prüfung erforderlich. So lange wird also der Prüfungstag vorher mindestens anzuberaumen sein. Drei Wochen sind im allgemeinen jedenfalls ausreichend. Eine längere Frist erscheint nicht nötig, da die Lehrlinge ohnehin durch den in der betreffenden Werkstätte herrschenden Brauch mit dem Prüfungszeitpunkt rechnen und sich darauf vorbereiten können.

Die Prüfungsordnungen der Handwerkskammer und der Gewehrfabrik enthalten über die Anberaumungsfrist keine Angaben.

Ist eine größere Zahl von Lehrlingen zu prüfen, so genügt hierfür ein Tag nicht. Nach der Prüfungsordnung § 1 sind alsdann die Prüflinge zu den verschiedenen Prüfungstagen in der Weise vorzuladen, daß keiner von ihnen mehr als einen Tag zur Ablegung der Prüfung aufzuwenden genötigt ist. Dieselbe Bestimmung gilt wörtlich auch für die Bezirke der preußischen Handwerkskammer[2]).

Hier ist der Zweck offenbar gewesen, solchen Lehrlingen, an deren Wohnort kein Prüfungsausschuß besteht, die Kosten für den Aufenthalt an einem anderen Ort nach Möglichkeit gering zu halten, insbesondere auch Übernachtungen dort zu ersparen. Man wird zu diesem Schluß um so mehr berechtigt

---

[1]) a.a.O., Ergänzungsband: Die Handwerkernovelle S. 258.

[2]) Vgl. § 1 S. 331: Erläuterungen zur Gesellenprüfungsordnung für den Handwerkskammerbezirk F., Absatz 1.

sein, als auch der erwähnte Erlaß vom 17. November 1900 auf Ähnliches aufmerksam macht. Es soll nämlich bei den Prüfungsgebühren darauf Bedacht genommen werden, sie möglichst gering zu bemessen, „damit die Prüflinge, denen in manchen Fällen durch die Reise nach dem Prüfungsort und ihren Aufenthalt dort ohnehin Ausgaben entstehen, nicht durch die ihnen erwachsenden Kosten von der Ablegung der Prüfung abgehalten werden."

Diese Gesichtspunkte kommen aber bei den Eisenbahnlehrlingen nicht in Frage. Somit entfällt hier auch die Notwendigkeit, die Prüfung auf einen Tag zusammenzudrängen. Die Arbeitsprobe nimmt die Lehrlinge meist 4 bis 6 Stunden in Anspruch, die schriftliche Prüfung $1\frac{1}{2}$ bis 2 Stunden. Dann verbleibt wenig Zeit für die mündliche Prüfung und auch wenig Zeit für den Ausschuß zur Durchsicht der Arbetten. Günstiger würde es sein, wenn an dem einen Tage der praktische Teil und erst an dem folgenden Tage der theoretische Teil erledigt würde.

Im Bezirk der Handwerkskammer Frankfurt (Oder) dürfen bis zu zehn, im Bezirk Berlin nur bis zu 6 Lehrlinge gleichzeitig vorgeladen werden.

Diese Zahlenangaben können auch für die Eisenbahnprüfungen als Anhalt dienen. Maßgebend als Grenze ist mit den bisherigen Bestimmungen die für die mündliche Prüfung zur Verfügung stehende Zeit, denn der praktische und der schriftliche Teil können auch von vielen Lehrlingen gleichzeitig unternommen werden. Rechnet man, daß für die mündliche Prüfung insgesamt 3 Stunden (s. S. 350) verfügbar sind und daß mindestens $\frac{1}{4}$ Stunde auf jeden einzelnen Lehrling entfallen soll, so können bis zu 12 Lehrlinge gleichzeitig vorgeladen werden. Die Erfahrung hat gezeigt, daß bis zu dieser Höchstzahl gerade noch eine gründliche Prüfung möglich ist. Man wird dadurch zuweilen einen zweiten Prüfungstag vermeiden können, was wegen der erheblichen Beanspruchung der Beamten durch die Prüfung neben ihren sonstigen Dienstgeschäften Vorteile hat (vergl. auch S. 350).

Der Prüfungstag wird in der Regel auf den letzten oder vorletzten Tag der Lehrzeit verlegt, damit der junge Geselle alsdann gleich als solcher beschäftigt und gelöhnt werden kann. Nachdem der Vorsitzende den Prüfungstag bestimmt und sich vergewissert hat, daß für die Mitglieder des Prüfungsausschusses keine Hinderungsgründe für die Mitwirkung bestehen, sind die Mitglieder und die Prüflinge zu laden. Meist geschieht dies in der Form einer Verfügung des Werkstättenamtes, die zunächst den beiden Mitgliedern zur Kenntnis und ferner denjenigen Werkmeistern, in deren Abteilungen die Prüflinge gerade beschäftigt sind, mit dem Auftrage zugeschrieben wird, diese von Zeit und Ort der Prüfung zu verständigen.

Zweckmäßig wird in Verbindung hiermit den Lehrlingen gleichzeitig aufgegeben, die in der Prüfungsordnung § 1 Abs. 4 vorgeschriebenen Unterlagen beizubringen, nämlich einen kurzen eigenhändig geschriebenen Lebenslauf und, wenn der Lehrling zum Besuch einer Fortbildungs- oder Fachschule verpflichtet war, das Zeugnis über den Schulbesuch. Es empfiehlt sich, gleichzeitig anzuordnen, daß am Tage vor der Prüfung oder spätestens am Prüfungstage vorzulegen sind: Das vor dem Verlassen der Lehrlingswerkstätte am Ende des zweiten Lehrjahres gefertigte Probestück, die im theoretischen Unterricht gebrauchten Hefte, die in den vier Jahren ausgeführten Zeichnungen und die etwa im Eisenbahnschulunterricht erteilten Zeugnisse. Alle diese Unterlagen zusammen geben manchen Anhalt für die Beurteilung des Prüflings.

§ 6. Der praktische Teil der Prüfung.

Die Gesellenprüfung besteht nach LV. 32 S. 51 in einem praktischen und einem theoretischen Teil. In dem praktischem Teil soll der Lehrling den Nachweis erbringen, daß er die in seinem Handwerke gebräuchlichen Handfertigkeiten mit genügender Sicherheit auszuüben vermag. Zu dem Zweck hat er vor dem Prüfungsausschuß am Prüfungstage selbst und in der zur Verfügung stehenden Zeit eine Arbeitsprobe auszuführen. Es ist also hier von der Anfertigung eines mehrere Tage oder Wochen in Anspruch nehmenden Gesellenstückes ausdrücklich abgesehen. Als Ersatz mag hierfür zum Teil das Probestück dienen, das nach LV. 19 S. 49 vor dem Verlassen der Lehrlingswerkstätte unter Aufsicht des Lehrmeisters angefertigt worden ist. Es empfiehlt sich, diese Arbeit bei der Prüfung mit vorlegen zu lassen. Der Grund, warum von einem besonderen Gesellenstück abgesehen ist, dürfte außer in den nachstehend noch erörterten Gesichtspunkten auch wohl mit darin liegen, daß die Wiederherstellung von Betriebsmitteln, womit die Lehrlinge den größten Teil des dritten und vierten Jahres beschäftigt sind, wenig Gelegenheit zu einer selbständigen, längere Zeit umfassenden und als Gesellenstück geeigneten Arbeit bietet. Ihrer Art nach könnte sie auch dem Prüfungsausschuß kaum eingereicht werden, da die Lokomotive oder der Wagen vielleicht schon bald wieder die Werkstätte verlassen muß. Andere Gegenstände, die man etwa herstellen lassen wollte, würden bei großer Lehrlingszahl praktisch oft kaum genügend verwendbar sein. Gerade auf letzteres weisen manche Prüfungsordnungen der Handwerkskammern ausdrücklich hin, so z. B.: „Bei der Bestimmung des Gesellenstückes ist auf Einfachheit der Anfertigung und leichte Verkäuflichkeit besondere Rücksicht zu nehmen.“

Ein Befürworter des Gesellenstückes, allerdings für einen Fabrikbetrieb mit überwiegend Neuanfertigungen, ist v. Voß: „Besonders wertvoll ist in dieser Beziehung (d. h. Anregung des Fleißes und des Interesses durch die Aussicht auf die bevorstehende Prüfung) die Bestimmung, daß die praktische Befähigung durch Anfertigen eines Gesellenstückes dargetan werden muß. Ich kann aus persönlicher Erfahrung berichten, wie ungemein günstig diese Maßnahme bei richtiger Auswahl der Probezeit und geeigneter Beaufsichtigung und Anleitung der Lehrlinge auf die ganze Ausbildung einwirkt. Da hat der Lehrling nun einmal Zeit, alles reiflich zu überlegen, da wird er angehalten, besonders sorgfältig und peinlich sauber zu arbeiten. Da hat er einmal Gelegenheit, an einem schönen Arbeitsstück seine Kunst zu zeigen. Da sieht er neben sich die Arbeiten seiner Kollegen und wird sich Mühe geben, es möglichst noch besser zu machen als diese. Da wird er, vielleicht zum ersten Male während seiner Lehrzeit, so recht die Freude an einer wohlgelungenen eigenen Arbeit empfinden, da wird er stolz werden auf seinen Beruf, und darin liegt ohne Zweifel ein außerordentlicher erzieherischer Wert[1]).

In Handwerkskreisen wird indes auf die Anfertigung eines Gesellenstückes zum Teil kein Wert mehr gelegt. Ein die Prüfungsordnungen der Handelskammer behandelnder Erlaß[2]) spricht sich dahin aus, daß gegen die Beibehaltung des Gesellenstücks in denjenigen Handwerkszweigen, in denen es herkömmlich und zweckdienlich ist, zwar nichts einzuwenden sei, wo indes nicht besondere Gründe für die Beibehaltung sprächen, sei mit Rücksicht auf die Vereinfachung der Prüfung und die Verminderung der Kosten die Beseitigung des Gesellenstücks als erwünscht anzusehen. So sehen denn unter 60 Prüfungsordnungen der Handwerkskammer zu Berlin für die verschiedenen Handwerksrichtungen immerhin 14, also fast $^1/_5$, schon Prüfungen nur mit einer Arbeitsprobe, jedoch ohne Gesellenstück vor. Dies ist der Fall z. B. bei den Bäckern, Gerbern, Glasern, Goldschmieden, Schlächtern, Uhrmachern usf. Verlangt werden dagegen die Gesellenstücke, jedoch unter Fortfall einer Arbeitsprobe, noch bei den Böttchern, Buchbindern, Drechslern, Feilenhauern, Köchen, Kupferschmieden, Sattlern, Schlossern, Schmieden, Tischlern, Töpfern usf.

Im Bezirk der Handwerkskammer zu Posen ist dagegen für Schlosser und Maschinenbauer neben dem Gesellenstück auch eine Arbeitsprobe vorgeschrieben. Im Bezirk der Handwerkskammer zu Frankfurt a. d. O. wird hingegen für Maschinenbauer nur eine Arbeitsprobe verlangt. Man sieht also, wie verschieden der Brauch selbst in so nahegelegenen Bezirken noch ist.

Die preußische Staatseisenbahnverwaltung verzichtet ebenfalls, wie bereits bemerkt, auf das Gesellenstück und begnügt sich mit einer Arbeitsprobe des Lehrlings am Tage der Prüfung. Bei der Sächsischen Staatseisenbahnverwaltung hat der Lehrling dagegen während der letzten drei Wochen der Lehrzeit ein Gesellenstück anzufertigen. Bei einer staatlichen Gewehrfabrik mit dem Recht, selbständig Gesellenprüfung auf Grund der GO. § 131 Abs. 2 vorzunehmen, umfaßt die praktische Prüfung ebenfalls die selbständige Anfertigung von Probearbeiten nach selbstgefertigten Zeichnungen. Die Ausführung der Probearbeit soll nicht mit besonderen Schwierigkeiten verbunden sein und darf etwa eine Zeit von 12 Arbeitstagen in Anspruch nehmen.

Die Firma Krupp in Essen hat in ihren Vorschriften über das Lehrlingswesen die Bestimmung, daß nach Ablauf der dreijährigen Lehrzeit ein Lehr-

---

[1]) „Zur Frage der Gesellenprüfungen für die Lehrlinge der mechanischen Industrie.“ a.a.O. S. 46.

[2]) Erlaß des Ministers für Handel und Gewerbe vom 17. November 1900 an die Aufsichtsbehörden der Handwerkskammern, IIIa 8471.

brief ausgestellt wird. „Eine Abschlußprüfung, sogenannte Gesellenprüfung, findet nicht statt."

In gleicher Weise verfahren auch eine Anzahl anderer großer Betriebe. Hingegen findet sich in der Schrift: Die Lehrlingsausbildung bei der Firma Siemens & Halske A.-G. Wernerwerk, Berlin-Siemensstadt] 1913 auf Seite 10 die Angabe: „Im letzten Vierteljahr ihrer Lehrzeit wird den Lehrlingen Gelegenheit gegeben, das für die Gehilfenprüfung vorgeschriebene Probestück anzufertigen. Zu diesem Zwecke gehen sie wieder zur Lehrlingswerkstätte zurück, wo sie unter besonderer Anleitung und Aufsicht ungestört ihre ganze Zeit der Probearbeit widmen können".

Als Beispiel für die am Prüfungstage anzufertigende Arbeitsprobe der Eisenbahnlehrlinge nennen sowohl LV. 34 S. 52 als auch § 4 der Prüfungsordnung S. 61 gleichlautend:

1. Beißzange, 2. Drahtzange, 3. Spitzzirkel, 4. Winkel, 5. Lehre für Radreifen usw., 6. Scharnierbänder, 7. Schlüssel für vorhandenes Kunstschloß, 8. Riegelschloß, 9. Vorhängeschloß, 10. Feilkloben, 11. Zahlenstempel, 12. Schraubenschneidekloben oder Backen, 13. Kulissenstein einpassen, 14. Stangenlager einpassen, 15. Größeren Hahn einschleifen.

Die Arbeiten sind ungleich schwer, bieten aber alle Gelegenheit, die Handwerksgeschicklichkeit des Prüflings festzustellen. Zweckmäßig läßt man ihn die Arbeit in der Lehrlingswerkstätte anfertigen unter ständiger Aufsicht des Lehrmeisters, der ja zugleich Mitglied des Prüfungsausschusses ist. Auch die beiden anderen Mitglieder desselben, Amtsvorstand und Werkmeister, haben den Prüfling wenigstens eine Zeitlang bei der Arbeitsausführung zu beobachten, um selbst zu sehen, wie er die Arbeit angreift und welche Geschicklichkeit er dabei zeigt. Außer diesem allgemeinen Eindruck sind für die Beurteilung maßgebend der Ausfall der fertigen Arbeit und die insgesamt darauf verwandte Zeit. Sie ist von dem Lehrmeister für jeden Prüfling bei der Ablieferung zu vermerken. Es empfiehlt sich, an jeder Arbeitsprobe ein Schildchen mit Draht oder Faden zu befestigen, auf dem der Name des Prüflings und die aufgewandte Zeit angegeben sind. Die Stücke werden dann auf einem Tisch im Prüfungszimmer ausgelegt, damit nach ungleichen Leistungen im theoretischen Teile der Prüfung bei Zweifeln, welches Gesamturteil zuzuerkennen ist, nochmals die Arbeitsprobe sorgfältig angesehen werden und den Ausschlag geben kann.

Je nach der Arbeitsprobe und der Geschicklichkeit des Prüflings dauert die Anfertigung verschieden lange. Für einen Spitzzirkel wird im Durchschnitt der ganze Vormittag, also nach Abzug der Pause 5½ Stunden, gebraucht. Einige Lehrlinge wurden bei den Prüfungen 10 bis 15 Minuten früher, andere überhaupt nicht fertig. Die beiden Schenkel wurden dabei noch vorgeschmiedet geliefert. In einem Falle war ein Lokomotivwasserstandshahn (sog. Probierhahn) einzuschleifen und es sollte das Küken unten mit Vierkant und die Unterlagscheibe mit entsprechender Aussparung versehen werden. Diese Arbeit wurde von keinem der Prüflinge in den 5½ Stunden fertiggestellt. Zum Teil liegt es wohl auch an der Prüfungsaufregung, daß die jungen Leute bei der Arbeitsprobe vielfach hinter dem zurückbleiben, was man von ihnen nach ihren früheren Leistungen erwarten kann. Auch dieses spricht dafür, nun nicht noch an demselben Tage die schriftliche und die mündliche Prüfung folgen zu lassen, da man dann zu leicht kein wirkliches Bild von den Kenntnissen und Fertigkeiten der Prüflinge erhält.

Nachstehend seien einige Beispiele von Arbeitsproben angeführt, die an anderer Stelle verlangt werden. So besagt § 9 der Gesellenprüfungsordnung für Schlosser im Bezirk der Handwerkskammer zu Frankfurt a. O.

„Die Arbeitsprobe soll den Nachweis erbringen, daß der Prüfling die in seinem Handwerke gebräuchlichen Handgriffe und Fertigkeiten mit genügender Sicherheit ausübt.

Zu dem Ende hat er in einer vom Prüfungsausschuß hierzu bestimmten Werkstatt (Arbeitsstätte) vor dem Prüfungsausschusse einige der folgenden Arbeiten auszuführen:

1. Ausfeilen eines Schlüssels mit geschweiftem Bart und Einpassen desselben in ein Schloß.
2. Meißeln von Kanten.
3. Zusammenschweißen zweier Stücke Eisen.
4. Abschmieden einzelner Teile eines Schlosses.
5. Abschmieden eines Meißels und Anfertigung eines Bohrers.
6. Gerades Bohren eines Loches durch ein dickes Eisen.
7. Anfertigung eines Schnörkels.
8. Aushauen eines Blattes oder einer Rosette, welche von dem Prüfling selbst aufzuzeichnen ist.
9. Ansetzen eines Zapfens an ein Stück Eisen.
10. Anfertigung eines Schlosses (Haus-, Stuben-, Sicherheitsschloß).
11. Anfertigung von Kunstschmiedearbeiten (einzelner Teile oder ganzer Gegenstände, Ornamente, Gitter, Kronen usw.) in Bronze oder Eisen.
12. Anfertigung von Geldschrankteilen (Bramaschloß, Tresor, Kassette usw.).
13. Anfertigung von Dreh- oder Fräsarbeiten.
14. Herstellen von Gitterteilen in einfacherer, technisch durchgeführter Arbeit unter Voraussetzung selbständigen Abschmiedens der erforderlichen Teile.

Im Maschinenbauer-Handwerk werden folgende Arbeitsproben genannt:

a) Im Bezirk Posen:

1. Nute in eine Welle einhauen und einen Keil einpassen.
2. Eisenteile einer Häckselmaschine zusammenstellen.
3. Trommel zur Dreschmaschine bauen.
4. Schlosserarbeiten irgendwelcher Art.

b) Im Bezirk Frankfurt a. d. O

Dreherarbeit: 1. Kernen und Anbohren einer Welle mit Zapfen. 2. Die Welle auf der Drehbank richten bzw. tangeln. 3. Drehen dieser Welle auf eine zu bestimmende Stärke, andrehen und auf der Drehbank den Zapfen schneiden. 4. Eine Mutter dazu schneiden und drehen. Schlosserarbeit: 1. Auf einen

Lagerstuhl den Deckel aufpassen, Lagerschrauben anschneiden und im Lager einpassen oder einen gebohrten Gegenstand als a) eine Riemenscheibe oder ein Rad mit Nute versehen, b) eine Nasenarbeit schmieden und in Nute einpassen.

§ 7. Der schriftliche Teil der theoretischen Prüfung.

Hierfür kommen §§ 5 und 6 S. 61 der Prüfungsordnung und LV. Ziff. 35 und 36 S. 52 in Betracht[1]).

Die theoretische Prüfung zerfällt in einen schriftlichen und in einen mündlichen Teil. Der erstere gliedert sich wieder in eine eigentliche schriftliche Arbeit und in eine Zeichenprobe.

Über die schriftliche Arbeit heißt es in LV. Ziff. 36, daß der Lehrling einen kurzen mit einer Rechenaufgabe verbundenen Aufsatz zu fertigen hat. Nach der Prüfungsordnung § 6 S. 61 ist die Prüfung darauf zu erstrecken, ob sich der Prüfling „die nötigsten für die Buch- und Rechnungsführung. sowie die sonstige Geschäftsführung grundlegenden allgemeinen Kenntnisse angeeignet hat. Die Prüfung in den letzteren erfolgt teils mündlich, teils schriftlich und umfaßt namentlich folgende Gegenstände: Lesen, gewerblichen Aufsatz (z. B. Geschäftsempfehlungen, Arbeits- oder Preisangebote, Quittungen, Arbeitsbescheinigungen), Rechnen, Bekanntschaft mit Maß, Gewicht und Geld und den gewöhnlichen Rechnungsarten, das Wissenswerte aus der Arbeiterversicherung und einfache Buchführung. Noch bestimmter über die schriftliche Arbeit lautet LV. Ziff. 36 (s. S. 52). Hier heißt es:

„In dem schriftlichen Teil hat der Lehrling einen kurzen mit einer Rechenaufgabe verbundenen Aufsatz zu fertigen."

Nach letzterer Angabe wird in der Regel auch verfahren. Da aber die Vereinigung von Aufsatz und Rechenaufgabe nur bei einem kleinen Kreis von Aufgaben möglich ist, wird die Rechenaufgabe auch zuweilen getrennt gegeben, jedoch möglichst mit Bezug auf den Gegenstand des Aufsatzes.

Aufgaben für das Rechnen können etwa aus dem Rechenanhang 4 des Leipziger Lesebuchs[2]) oder einem ähnlichen Rechenbuche entnommen und in Verbindung mit einem Aufsatzgegenstand gebracht werden. Einige beliebig herausgegriffene Beispiele, die jedoch in keiner Weise als bindend angesehen werden sollen, mögen dies veranschaulichen.

a) Eine Werkstatt wird durch 4 Petroleumlampen mit je 10-Linien-Brennern beleuchtet. Drei dieser Lampen brennen an 25 Tagen des dunkelsten Monats (Dezember) täglich morgens von 6 bis 8¼ und nachmittags von 4 bis 6 Uhr. 1 Lampe brennt nur von 4 bis 7 Uhr. Wieviel ist für die Beleuch-

[1]) Die beiden Bestimmungen decken sich nicht ganz. In dem einen Falle soll durch die Handskizze einige Fertigkeit im Zeichnen nachgewiesen werden, in dem anderen Falle jedoch die Fähigkeit, einen einfachen Gegenstand zeichnerisch darzustellen. Die Gegenstände der mündlichen Prüfung sind nach der Prüfungsordnung umfangreicher als nach LV. Ziff. 36.

[2]) S. Kap. VI § 14 S. 313: Die Lehrmittel.

tung in diesem Monat zu zahlen, wenn ein 10-Linien starker Brenner in 4 Stunden rund 114 g Petroleum braucht und 1 l Petroleum 22 Pfg. kostet?

An Stelle der Ölbeleuchtung soll Gasbeleuchtung eingeführt werden. Wieviel ist dann zu zahlen, wenn die gleiche Anzahl Auersche Glühlichtbrenner mit je 112 l Gasverbrauch bei einem Preise von 18 Pfg. für 1 cbm gewählt werden? Das Antragschreiben an die Gasanstalt auf Einrichtung der Gasbeleuchtung ist zu entwerfen.

b) Ein Schlosser erleidet beim Heben eines gußeisernen Hohlzylinders mit dem Kran durch Herabstürzen der Last eine Fußverletzung. Es ist ein Unfallbericht zu geben. Der Schlosser hatte einen Lohnsatz von 65 Pfg. und im Durchschnitt 21 % Überverdienst. Er wird zu 30 % erwerbsunfähig erklärt.

Wieviel beträgt ohne die Unfallrente dann sein Monatsverdienst (26 Arbeitstage)?

Welches Gewicht hatte der abgestürzte Zylinder bei folgenden Maßen: Höhe 1,2 m, innerer Durchmesser 0,65 m, Wandstärke 0,15 m.

c) In einer Fabrik ist zum 1. Januar eine Maschinistenstelle zu besetzen. Es ist ein Bewerbungsschreiben zu entwerfen.

Gezahlt werden für die Stunde 66 Pfg. Die tägliche Arbeitszeit beträgt an 12 Tagen im Monat 8 Stunden, an 10 Tagen 9 Stunden und an den übrigen Tagen 12 Stunden. Für jede Überstunde (über 9 Stunden) wird ein Zuschlag von 8 v. H. zum Stundenlohn gezahlt. Wieviel beträgt hiernach, den Monat zu 26 Arbeitstagen gerechnet, das Jahreseinkommen?

Nach 23 Jahren gibt der Maschinist die Stelle wieder auf. Wieviel hat er bis dahin im ganzen verdient?

Die Arbeitsbescheinigung ist auszustellen.

d) Ein Hof von der Grundrißform eines rechteckigen Trapezes soll mit Ziegelsteinen gepflastert werden. Die längere Seite des Hofes mißt 26 m, die kürzere 18 m und der senkrechte Abstand der beiden parallelen Seiten ist 30 m.

Wieviel kosten die Ziegelsteine hierfür, wenn 1000 Stück mit 28 Mk. berechnet werden und auf 1 qm Fläche 32 Stück gehen? Die Rechnung über die Ziegelsteine ist aufzustellen.

Der Hof soll durch einen ringsherum laufenden Zaun abgegrenzt werden. Wie lang wird dieser?

Der Zaun ist nicht nach Wunsch ausgefallen (schlechtes Holz, mangelhafte Arbeit). Dem Zimmermeister ist die Beanstandung in einem Schreiben mitzuteilen.

Es empfiehlt sich, mindestens zwei getrennte Aufgaben zu geben, damit der Prüfling bei vollständigem Versagen gegenüber der einen Aufgabe, wie es nicht selten vorkommt, sich noch an einer zweiten versuchen kann.

Außer der schriftlichen Arbeit wird von dem Lehrling eine Zeichenprobe (Handskizze) verlangt. Wie schon bei Besprechung der Ziele des Zeichenunterrichts erörtert, soll ein etwa mit Außenarbeit beschäftigter Handwerker, der Ersatz für einen beschäftigten Maschinen- oder Werkzeugteil braucht, imstande sein, die Bestellung durch eine einfache Maßskizze zu erläutern. Geht man davon aus, daß der Lehrling bis zur Prüfung dieses Ziel zu erreichen hat, dann wird man hiernach die Zeichenprobe der Prüfung leicht bemessen können.

Man läßt ihn etwa ein Hahnküken zu einem Wasserstandshahn zeichnen oder eine Handkurbel zu einem Kran oder ein einfaches Stehlager, einen Schraubenbolzen mit Mutter, Unterlagscheibe und Splint, alles jedoch nach vorgezeigten Stücken. Die für die Anfertigung nötigen Maße sind einzutragen.

Aufsatz, Rechnen und Zeichenprobe nehmen erfahrungsgemäß 1½ bis 2½ Stunden in Anspruch je nach den Fähigkeiten des Prüflings. Ist die Arbeit auch dann noch nicht beendigt, so empfiehlt es sich, sie unvollendet abgeben zu lassen, um nicht zu viel Zeit zu verlieren. Die auf die einzelnen Arbeiten verwandte Zeit ist jedesmal zu vermerken.

§ 8. Der mündliche Teil der theoretischen Prüfung.

Bei der mündlichen Prüfung kann man wieder zwei verschiedene Teile unterscheiden, nämlich erstens den technischen Teil A mit Fragen aus dem Berufskreis des Schlossers (bez. des Schlossers und Drehers) und zweitens den allgemeinen Teil B mit Fragen, wie sie für Lehrlinge aller Handwerke gemeinsam sind.

A. Der technische Teil.

Nach § 5 der Prüfungsordnung (S. 61) beginnt die mündliche Prüfung in der Regel mit einer Besprechung der Arbeitsprobe und wird sich beispielsweise auf folgende Fragen erstrecken:

1. Welche Rohstoffe verbraucht der Schlosser?
2. Welche Metalle kommen hauptsächlich im Maschinenbau zur Verwendung?
3. Aus welchen Metallen besteht Rotguß, Messing und Bronze?
4. Aus welchen Metallen besteht Weißguß?
5. Die Eigenschaften des Schmiedeeisens. Wie muß gutes Schmiedeeisen beschaffen sein?
6. Die verschiedenen Sorten Gußeisen. Wie muß gutes Gußeisen zu bestimmten Zwecken beschaffen sein?
7. Die Eigenschaften der Stahlsorten für bestimmte Zwecke?
8. Was ist bei der Bearbeitung von Schmiedeeisen, Flußeisen und Stahl im Feuer zu beachten?
9. Wie unterscheiden sich die Bruchflächen von Stahl, Schmiede- und Flußeisen?
10. Welche Werkzeuge gibt es hauptsächlich zur Bearbeitung der Metallgegenstände?
11. Desgleichen zur Bearbeitung von Holz?
12. Welche Werkzeuge werden in den Handwerkszweigen, in denen der Prüfling ausgebildet ist, gebraucht?

Anschließend kann man auch die eine oder andere Werkzeugmaschine besprechen und durch einige Fragen feststellen, ob der Prüfling über die allgemeine Bauart der Betriebsmittel (Lokomotiven, Personenwagen, Güterwagen) wenigstens soweit unterrichtet ist, um als Geselle mit Verständnis daran mitarbeiten zu können. Man wird hierbei dann auch zugleich ein Urteil über den Erfolg des theoretischen Unterrichts gewinnen und auf etwa zweckmäßige Änderungen in der Ausgestaltung aufmerksam werden.

B. Der allgemeine Teil.

Nach § 6 der Prüfungsordnung ist die Prüfung darauf zu erstrecken, ob sich der Prüfling die nötigsten für die Buch- und Rechnungsführung sowie die sonstige Geschäftsführung grundlegenden allgemeinen Kenntnisse angeeignet hat. Die Prüfung in diesen allgemeinen Kenntnissen umfaßt neben dem bereits besprochenen gewerblichen Aufsatz namentlich folgende Gegenstände:

1. Lesen,
2. Rechnen (Bekanntschaft mit Maß, Gewicht und Geld und den gewöhnlichen Rechnungsarten).
3. Das Wissenswerte aus der Arbeiterversicherung,
4. Einfache Buchführung.

Zu 1. ‚Prüfung im Lesen' wird man sich nicht darauf beschränken dürfen, daß der Prüfling eine einfache Erzählung fließend lesen kann; er soll vielmehr auch imstande sein, schwierigere technische Aufsätze aus seinem Berufs- und Gesichtskreise mit Verständnis zu lesen sowie sich entsprechend den für den Lehrunterricht in gewerblichen Fortbildungsschulen gegebenen Hinweisen[1]) auch in die im gewerblichen Leben üblichen Vordrucke und Schriftstücke wie Satzungen, Verträge u. a. hineinlesen können.

Zu 2. ‚Rechnen' wird der Ausfall der schriftlichen Prüfung schon einen guten Anhalt geben, festzustellen, wie weit die geforderten Kenntnisse vorhanden sind. Man wird sich daher, vielleicht anknüpfend an die bearbeiteten schriftlichen Rechenaufgaben, zumeist mit nur einigen Ergänzungsfragen begnügen können.

Zu 3. ‚Arbeiterversicherung' ist nur das Wissenswerte verlangt. Hierzu dürfte zu zählen sein: Zweck und allgemeine Einrichtung der drei Arbeiterversicherungsgesetze, nämlich über die Krankenversicherung, die Unfallversicherung und die Invaliditäts-, Alters- und Hinterbliebenenversicherung. Sodann kommen weiter die verschiedenen Sondereinrichtungen der preußisch-hessischen Staatseisenbahnverwaltung in Frage, nämlich die Eisenbahn-Betriebskrankenkasse, die Eisenbahn-Verbandskrankenkasse, die Unfallversicherung und die Arbeiterpensionskrankenkasse. Man wird sich damit begnügen müssen, daß der Prüfling das Bestehen dieser Kassen und der ihm hieraus gegebenenfalls ungefähr zustehenden Beträge kennt.

[1]) s. Kap. VI § 3 S. 226.

Zu 4. **Einfache Buchführung.**

Hier werden Fragen über die wichtigsten Geschäftsbücher zu stellen sein sowie über das Eintragen der verschiedenen Geschäftsvorfälle und das Ziehen der Abschlüsse.

Außer diesen in der Prüfungsordnung besonders erwähnten Gegenständen dürfte es sich empfehlen, einige Fragen zu stellen über die Arbeiter-Dienstordnung (s. Teil IV § 4 S. 104—111), über den Arbeiterausschuß, über die allgemeine Zuständigkeit der einzelnen Stellen der Eisenbahnverwaltung bei Gesuchen und Beschwerden und nur ganz im allgemeinen über die Lohnordnung.

Bleiben diese Vorschriften und Gebiete in der Prüfung ganz unberücksichtigt, so werden Lehrlinge und Lehrer auch im Unterricht leicht nicht die nötige Sorgfalt darauf verwenden. Und diese ist ganz unentbehrlich, denn immer wieder zeigt es sich, wieviel Mißverständnisse, unnötige Arbeit und selbst Mißhelligkeiten dadurch verursacht werden, daß viele Bedienstete über die Zuständigkeit und das in einer staatlichen Verwaltung Mögliche und Erreichbare in vollständiger Unkenntnis sind.

Will man die hier erörterten, selbst nur die vorgeschriebenen Gegenstände in der mündlichen Prüfung berücksichtigen, so wird man auf jeden Prüfling mindestens ¼ bis ½ Stunde Zeit rechnen müssen. Bei 6 Prüflingen braucht man also 2—3 Stunden. Nimmt man an, daß die Arbeitsprobe am Vormittag erledigt ist und daß die schriftliche Prüfung in Mittel zwei Stunden beansprucht, so reicht die Zeit am Nachmittag kaum aus, weil für das Durchsehen der schriftlichen Arbeiten sowie zur Erholung der Prüflinge auch noch eine Pause von ¼ bis ½ Stunde eingeschoben werden muß. Auch dies spricht dafür, die Prüfung mindestens auf zwei Tage zu verteilen.

Da der Wortlaut von § 6 der Prüfungsordnung über den allgemeinen Teil der mündlichen Prüfung wörtlich mit dem Musterentwurf übereinstimmt, der den Aufsichtsbehörden der Handwerkskammern mit dem bereits mehrfach erwähnten Erlaß von 17. November 1900 — Gesch.-Nr. III a 8471 — mitgeteilt ist, so ist hier kein Unterschied gegenüber den Prüfungen vorhanden, die die Meisterlehrlinge vor den prüfungsberechtigten Innungen oder den Prüfungsausschüssen der Handwerkskammern abzulegen haben. Auch bei dem technischen Teil der Prüfung ist der Wortlaut in beiden Fällen derselbe, bis auf die als Beispiel angeführten Fragen.

Nach der Gesellenprüfungsordnung für das Schlosserhandwerk im Bezirke der Handwerkskammer in Berlin soll sich die theoretische Prüfung hierzu auf folgende Fragen erstrecken:

1. Fragen über die Behandlung des Werkzeuges.
2. Fragen über die Behandlung des Schmiedefeuers.
3. Wodurch unterscheidet sich gutes und schlechtes Eisen, guter und schlechter Stahl?
4. Welche Kohlen sind für das Schweißen am besten?

Im Handwerkskammerbezirk Posen heißt es entsprechend:

1. Zeichnen von Schloß- und Gitterteilen, sowie ganzer Schlösser.
2. Kenntnis der gebräuchlichsten Beschläge für Türen und Fenster.
3. Kenntnis der Materialien, Werkzeuge und Hilfsmaschinen.

Im Handwerkskammerbezirk Frankfurt a. d. O. werden für das Maschinenbauerhandwerk in § 6 die folgenden Fragen genannt:

1. Wie muß ein Lochbohrer angefertigt werden, damit er gut schneidet und wie muß er gehärtet werden, damit er auf Guß- oder Schmiedeeisen gut steht? Dasselbe von Flach- und Kreuzmeißeln, Körnern und Durchschlägen.
2. Wie ist mit dem Rundtaster zu messen, damit man ein genaues Maß bekommt? Desgleichen mit dem Lochtaster und mit beiden zusammen?
3. Wie muß beim Gewindeschneiden (im Loch eines Gegenstandes) der Gewindebohrer behandelt werden betreffs der Schmierung, auch der Handhabung des Bohrers?
4. Wie muß beim Gewindeschneiden die Gewindekluppe gehandhabt werden, damit man ein gutes Gewinde erhält und damit es nicht ausreißt?

Im Bezirk Posen endlich werden, ebenfalls für Maschinenbauer, nur die folgenden Fragen als Beispiele genannt:

1. Werkzeug- und Materialienkunde.
2. Kenntnis der wichtigsten Maschinenkonstruktionen.

Über die Prüfung von Handwerkslehrlingen anderer Fachrichtungen als Schlosser und Dreher ist in Teil V S. 204—215 im Anschluß an die Ausführungen über die praktische Ausbildung solcher Lehrlinge Näheres gesagt.

§ 9. Prüfungsergebnis und Lehrbrief.

Über den gesamten Verlauf der Prüfung ist nach § 7 der Prüfungsordnung eine schriftliche Verhandlung aufzunehmen. Es empfiehlt sich, für jeden Lehrling unmittelbar, nachdem er in einem Fache geprüft ist, das Ergebnis schriftlich zu vermerken. Hierfür kann etwa folgender Vordruck benutzt werden. (Vgl. Tafel 22 S. 352.)

Damit auch die früheren Leistungen bei der Feststellung des Gesamturteils mit berücksichtigt werden können, sind in dem Vordrucke auch hierfür Spalten vorgesehen. Wenn in dem theoretischen Unterricht Leistungsplätze üblich waren, geben auch diese einen Anhalt. Aus allen diesen Angaben wird man sich schließlich ein den wirklichen Leistungen des Prüflings möglichst gerecht werdendes Gesamturteil bilden können.

Tafel 22.

Vordruck für die Zusammenstellung der Leistungen der Prüflinge vor und in der Prüfung:

Namen	Während der 4 Lehrjahre							Beurteilung d. Probestückes nach dem 2. Lehrjahr	Durchschnittszeugnis in der öffentlichen Fortbildungsschule	Bemerkungen	Am Prüfungstage					
		Durchschnittsleistung										Schriftliche Prüfung				
	Allgemeines Verhalten	Handwerk	Maschinenlehre	Stoffkunde	Zeichnen	Sonstige Fächer	Turnen				Arbeitsprobe	Gewerblich. Aufsatz	Rechnen	Skizzieren	Mündliche Prüfung	Gesamturteil
Eike, A.																
Volck, V.																
Arlt, E.																

Nach Schluß der mündlichen Prüfung läßt der Vorsitzende eine Pause zur Beratung über das Ergebnis eintreten. Der Prüfungsausschuß hat mit Stimmenmehrheit über das Gesamturteil zu beschließen und zwar, ob die Prüfung gar nicht oder ob sie genügend oder gut bestanden ist. Das Urteil „sehr gut" oder „mit Auszeichnung" ist nicht vorgesehen im Gegensatz zu den Prüfungsordnungen der Handwerkskammern[1]); mit deren Vorschrift stimmt sonst § 7 der Prüfungsordnung wieder fast wörtlich überein, da in beiden Fällen der Musterentwurf des Ministers für Handel und Gewerbe als gemeinsame Quelle gedient hat. Es bleibt noch der allerdings wohl nur selten eintretende Fall zu erörtern, daß in dem Prüfungsausschuß keine Einigkeit zu erzielen ist und der Vorsitzende überstimmt wird. Nach § 8 der Prüfungsordnung ist er alsdann berechtigt, Beschlüsse des Prüfungsausschusses mit aufschiebender Wirkung zu beanstanden. Macht er von diesem Recht Gebrauch, so hat er die Bekanntgabe des Prüfungsergebnisses an den Prüfling zunächst auszusetzen und binnen kürzester Frist unter Vorlegung der Prüfungsverhandlungen und Angabe der Gründe, aus denen die Beanstandung erfolgt, die Entscheidung der Königlichen Eisenbahndirektion zu beantragen. Diese entscheidet endgültig. Diese Bestimmung ist mit fast gleichem Wortlaut aus dem Musterentwurf des Ministers für Handel und Gewerbe übernommen und findet sich daher auch in den Prüfungsordnungen der Handwerkskammern.

Hat der Prüfungsausschuß für alle Prüflinge das Gesamturteil festgestellt, so werden die Lehrlinge wieder hereingerufen, und der Vorsitzende gibt ihnen das Ergebnis der Prüfung bekannt. Er wird dabei die Gelegenheit

---

[1]) Es wäre m. E. erwünscht, auch das Urteil „sehr gut" anwenden zu können, um besondere tüchtige Leistungen entsprechend zu kennzeichnen. Das Bedürfnis hierzu tritt in der Praxis öfter auf.

benutzen, die jungen Leute auf die Bedeutung des Augenblicks hinzuweisen, sie zu tüchtiger Weiterarbeit ermahnen und ihrer Pflicht gedenken, sich auch in ihrem Lebenswandel und Charakter als ehrbare und zuverlässige Handwerker zu erweisen.

Für den Fall, daß die Prüfung nicht bestanden ist, darf sie gemäß § 7 der Prüfungsordnung höchstens zweimal wiederholt werden. Nach welcher Zeit die Prüfung das erstemal zu wiederholen ist, wird im einzelnen Fall durch den Prüfungsausschuß bestimmt. Die zweite Wiederholung muß spätestens sechs Monate nach Beendigung der Lehrzeit erfolgen. Bei völlig ungenügendem Ausfall der Wiederholungsprüfung ist dem Prüfling nochmals die gleiche Frist wie vorher zu geben. Um dies zu ermöglichen, wird die Aufschubfrist nach einer mißlungenen ersten Prüfung am Schluß der Lehrzeit nicht über drei Monate zu bemessen sein, damit, wenn auch bei ungenügender zweiter Prüfung nochmals eine Frist von drei Monaten gesetzt wird, doch die Gesamtfrist von sechs Monaten nicht überschritten wird. Aus der Praxis ist uns indes kein Fall bekannt, daß eine solche zweite Wiederholung stattgefunden hätte, ja selbst die erste Wiederholung wird bei der sorgfältigen Auswahl der Eisenbahnlehrlinge und bei der gründlichen Ausbildung nur selten notwendig.

Sind nur noch Lücken in dem einen oder anderen Fach auszufüllen, so kann die Wiederholungsfrist abgekürzt und je nachdem auf ein bis zwei Monate bemessen werden. Die Zeit, nach der die Prüfung zu wiederholen ist, ist in die Prüfungsniederschrift einzutragen und dem Prüfling bekanntzugeben. Zu beachten ist, daß die Wiederholung sich nicht etwa nur auf die ungenügenden Fächer, sondern auf die ganze Prüfung erstreckt.

Eine Begrenzung der Wiederholungsfrist auf sechs Monate findet sich in dem Musterentwurf des Ministers für Handel und Gewerbe nicht und fehlt daher in den Prüfungsordnungen der Handwerkskammern. Die Festsetzung einer solchen Frist kann aber nur als zweckmäßig angesehen werden.

Nach LV. 39 werden Lehrlinge, die die Prüfung nicht bestehen, bis zu deren Wiederholung als Arbeiter in der Werkstätte weiterbeschäftigt. Wird die Prüfung auch bei der zweiten Wiederholung nicht bestanden, dann erfolgt Entlassung. Für gute Leistungen bei der Prüfung können Belohnungen gewährt werden. Das Nähere hierüber ist in Teil 8 § 3 S. 371 angegeben.

Nach der Prüfungsordnung § 9 und LV. 37 ist das endgültige Ergebnis der bestandenen Prüfung unter genauer Bezeichnung des Berufszweiges, in dem die Prüfung erfolgt ist, in das Lehr- und Prüfungszeugnis der Lehrlinge einzutragen. Das Prädikat der Prüfung ist in dem Zeugnis nur anzugeben, wenn die Prüfung gut bestanden ist. Das Prädikat genügend wird nicht besonders angegeben. Das Zeugnis ist kosten- und stempelfrei. Die Form zeigt Abb. 18.

Stempelfrei nach § 131 c der Gewerbeordnung für das Deutsche Reich

Bezirk der Königl. Eisenbahndirektion in Posen

Lehr- und Prüfungszeugnis.

Der Schlosserlehrling Heinrich Wesemann, geboren am 8ten August 1898 in Hildesheim, Kreis Hildesheim, Regierungsbezirk Hildesheim, hat in der Staatseisenbahn-Haupt-werkstätte in Guben vom 25ten April 1913 bis zum 24ten April 1917 das Schlosserhandwerk erlernt und am 24ten April 1917 die vorgeschriebene Prüfung mit Gut bestanden. (~~Er ist besonders in der Dreherei ausgebildet.~~)

Seine Führung war sehr gut.

Diesem Zeugnis ist die Wirkung eines Zeugnisses über das Bestehen der Gesellenprüfung für das Schlossergewerbe beigelegt. (§ 131 Abs. 2 der Gewerbeordnung. Bekanntmachung des Preußischen Ministers für Handel und Gewerbe vom 27. August 1908, Ministerialblatt der Handels- und Gewerbeverwaltung S. 326.)

Guben, den 24ten April 1917.

Der Vorsitzende des Prüfungsausschusses.

Name Dr.-Ing. Schwarze

(Unterbezeichnung) Regierungsbaumeister

Abb. 18. Lehr- und Prüfungszeugnis für die Handwerkslehrlinge der preußisch-hessischen Staatseisenbahnverwaltung.

Es empfiehlt sich, bei der Ausfertigung die Eintragungen in Zierschrift zu bewirken, damit das Zeugnis auch äußerlich einen gefälligen Eindruck macht. Gerade hier ist die Form nicht zu unterschätzen. Das Zeugnis stellt für den jungen Menschen eine Urkunde von hohem Wert dar. Bescheinigt sie ihm doch nicht nur zusammenfassend zum erstenmal seit dem Hinaustritt in das

Leben, was er bislang in eigenem mühsamen Ringen in seinem Beruf erarbeitet und erreicht hat, sondern verbürgt auch ihrem Besitzer wichtige gesetzliche Rechte für das ganze Leben. Ein solches Schriftstück ist es daher wohl wert, nicht nur würdig, sondern unbeschadet einfacher Herstellung selbst künstlerisch schön ausgeführt zu werden, vielleicht auch mit bildlichen Hinweisen auf das Handwerk und den Segen treuer Arbeit.

Für die Innungen ist dem auf S. 327—333 wiedergegebenen Musterentwurf einer Prüfungsordnung der Handwerkskammer kein Wortlaut für das Lehr- und Prüfungszeugnis beigefügt. Die einzelnen Kammern benutzen daher eigene Entwürfe. Das Schriftstück ist vielfach auf Leinwand gezogen, mit einem festen Umschlag verbunden und buchähnlich zusammenlegbar. Der Umschlag weist dann zuweilen außen noch Zierprägung mit Goldschrift auf. Nachstehend seien einige Beispiele gegeben.

Tafel 23.

Zeugnisvordruck der Handwerkskammer zu F.

Nr. ...../.....

Gesellenprüfungs-Zeugnis.

....

geboren den .... zu........................

Kreis.........................hat vom ....

....

....

behufs Erlernung des.......................Handwerks in der Lehre gestanden und sich am ....vor dem unterzeichneten Ausschuß der Gesellenprüfung unterzogen und dieselbe bestanden.

.................den.............................

Der Gesellenprüfungsausschuß
der Handwerkskammer zu F..............

für das .... Handwerk

zu..........................

....

Vorsitzender

....

Beisitzer   Beisitzer

Das Zeugnis ist ohne bildlichen Schmuck und mit einfachen lateinischen Buchstaben auf die Innenseite eines Umschlages gedruckt.

Viel reicher ausgestattet ist das in Abb. 19 dargestellte Zeugnis der Handwerkskammer zu Berlin.

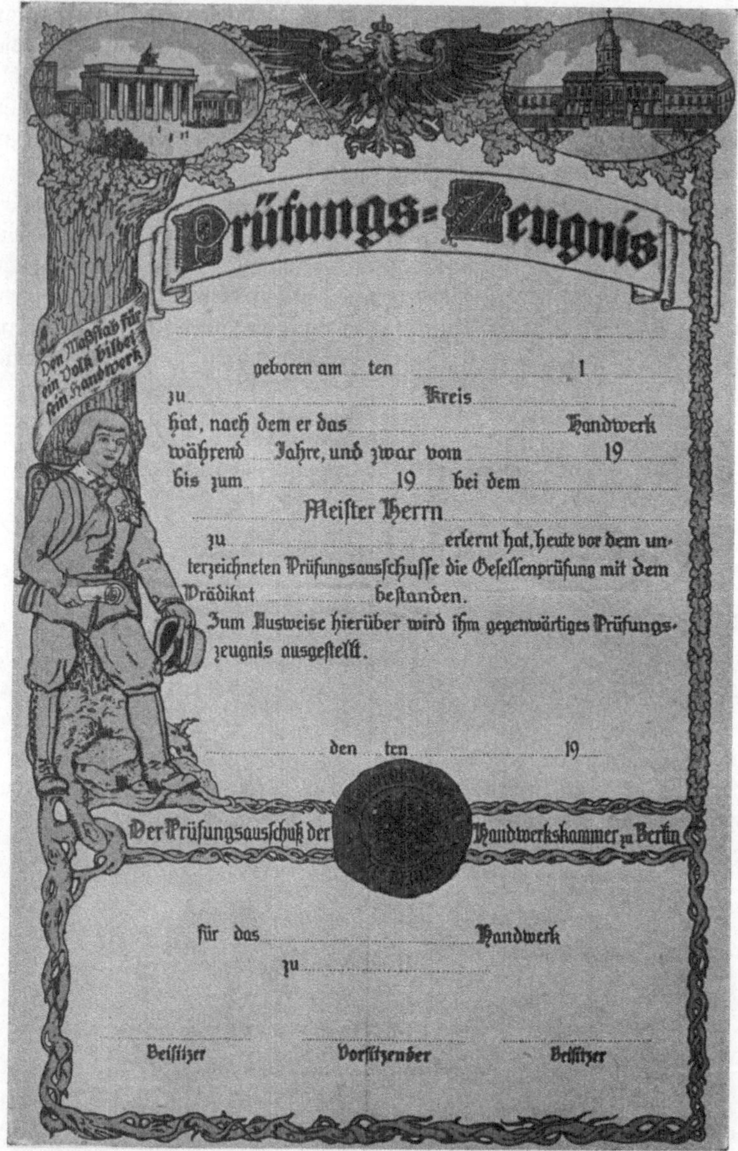

Prüfungs-Zeugnis

Den Maßstab für ein Volk bildet sein Handwerk

geboren am ..... ten 1

zu ..... Kreis .....

hat, nach dem er das ..... Handwerk

während ..... Jahre, und zwar vom ..... 19 .....

bis zum ..... 19 ..... bei dem .....

..... Meister Herrn .....

zu ..... erlernt hat, heute vor dem unterzeichneten Prüfungsausschusse die Gesellenprüfung mit dem Prädikat ..... bestanden.

Zum Ausweise hierüber wird ihm gegenwärtiges Prüfungszeugnis ausgestellt.

..... den ..... ten ..... 19 .....

Der Prüfungsausschuß der Handwerkskammer zu Berlin

für das ..... Handwerk

zu .....

Beisitzer Vorsitzender Beisitzer

Abb. 19. Lehr- und Prüfungszeugnis der Handwerkskammer zu Berlin.

Der Umschlag, in dem das auf Leinen gezogene Schriftstück befestigt ist, trägt außen in Goldprägung den Reichsadler und eine Aufschrift. In dem Vordruck selbst sind die großen Buchstaben und das Siegel rot, die übrigen

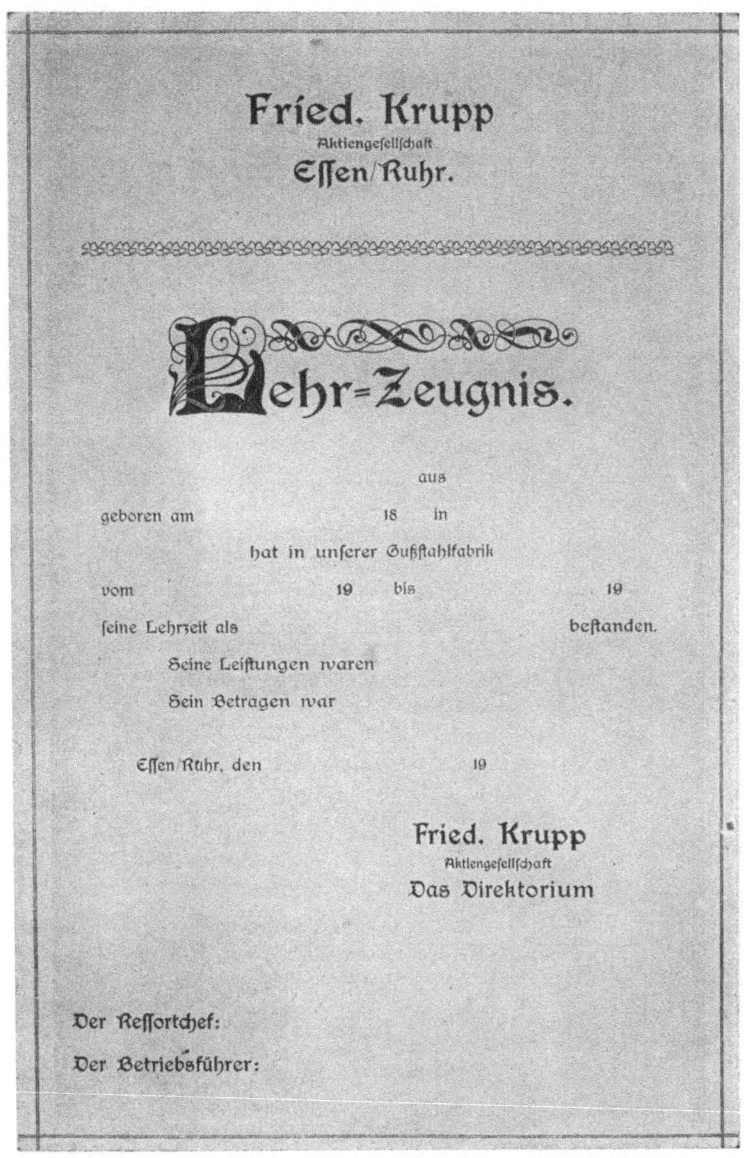

Fried. Krupp
Aktiengesellschaft
Essen/Ruhr.

Lehr-Zeugnis.

aus

geboren am 18 in

hat in unserer Gußstahlfabrik

vom 19 bis 19

seine Lehrzeit als bestanden.

Seine Leistungen waren

Sein Betragen war

Essen/Ruhr, den 19

Fried. Krupp
Aktiengesellschaft
Das Direktorium

Der Ressortchef:

Der Betriebsführer:

Abb. 20. Lehrzeugnis für die Lehrlinge der Gußstahlfabrik Friedr. Krupp A.-G., Essen (Ruhr).

tief schwarz und die Zeichnungen in einem Sepia-Farbenton auf weißem Untergrund ausgeführt.

Auch bei großen Firmen ist das Bestreben unverkennbar, den Lehrbrief würdig und eindrucksvoll zu gestalten, wie einige Beispiele zeigen mögen.

Bei dem Zeugnis der Firma Krupp in Essen (Ruhr) (Abb. 20) ist der

LEHRZEUGNIS

Auf Grund des § 127c
der Gewerbeordnung
bescheinigen wir dem

____

geboren __________ zu __________
dass derselbe vom ___ ten _______ 19__
bis ___ ten _______ 19__ seine Lehrzeit
bei uns absolvierte und in unseren nachstehenden Betrieben: __________
____
____
zu einem __________ ausgebildet
worden ist. Er hat sich in seinem Beruf
_______ Kenntnisse und Fertigkeiten
erworben. Sein Betragen war _______
An dem Unterricht unserer Lehrlingsschule nahm er teil und hat sich mit dem
Lehrstoff _______ vertraut gemacht.
____
____

Berlin, Ludw. Loewe & Co.
den ___ ten _______ 19__ Actiengesellschaft.

Abb. 21. Lehrzeugnis für die Handwerkslehrlinge der A.-G. Ludw. Loewe & Co.

innere Teil auf weißer Unterlage gelblich gehalten; die Umrahmung und das L mit der Zierleiste sind rot, die übrigen Buchstaben dunkelblau gedruckt.

Der Lehrbrief der Firma Ludw. Loewe & Co. (Abb. 21) zeigt ebenfalls mehrfarbigen Druck, der außerdem auf Büttenpapier ausgeführt ist, wodurch ein würdiger Eindruck erzielt wird.

Selbst in Amerika mit seinem gering ausgebildeten Handwerkerwesen bemüht man sich um eine besondere Ausgestaltung der Lehrzeugnisse. Als

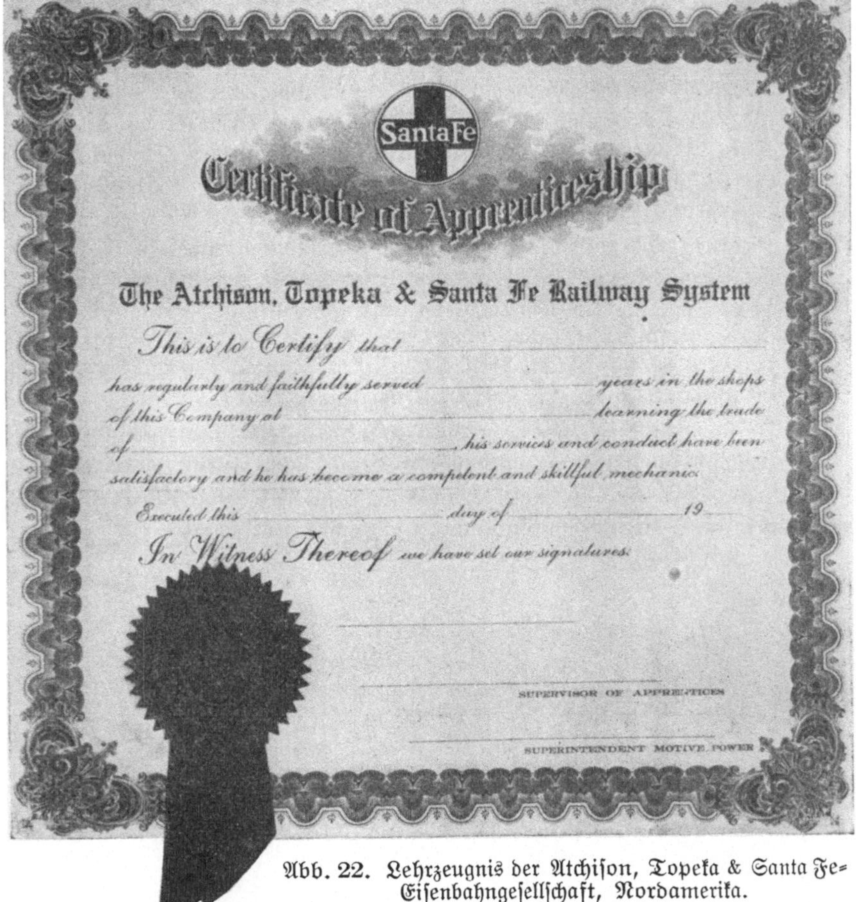

Santa Fe

Certificate of Apprenticeship

The Atchison, Topeka & Santa Fe Railway System

This is to Certify that

has regularly and faithfully served years in the shops of this Company at learning the trade of his services and conduct have been satisfactory and he has become a competent and skillful mechanic.

Executed this day of 19

In Witness Thereof we have set our signatures.

SUPERVISOR OF APPRENTICES

SUPERINTENDENT MOTIVE POWER

Abb. 22. Lehrzeugnis der Atchison, Topeka & Santa Fe-Eisenbahngesellschaft, Nordamerika.

ein Beispiel möge der mir bei Besichtigung des Lehrlingswesens in Topeka (Kansas) zur Verfügung gestellte, in Abb. 22 wiedergegebene Vordruck der Atchison, Topeka- und Santa Fe-Eisenbahngesellschaft dienen. Er ist im Urstück 37×33 cm groß, auf starkem Papier ausgeführt und mit dem leuchtend roten Siegel der Gesellschaft und einer daran befestigten dunkelblauen kleinen Seidenschleife geschmückt.

Es bedarf kaum eines Hinweises, eine wie vortreffliche Gelegenheit die

Lehrbriefe zur Schaffung künstlerisch wertvoller, volkstümlicher Kunstblätter bieten, dadurch nicht nur den Wert des Lehrbriefes für den Besitzer erhöhend, sondern auch Kunstsinn und Geschmack in dem großen Kreise derer fördernd, durch deren Hände ein solches Blatt geht. Mit Verwertung der Eigenarten der verschiedenen Handwerke, ihrer Zunftbräuche und alten Kernsprüche sowie durch Berücksichtigung der Verschiedenheit der deutschen Stämme läßt sich eine reiche Abwechslung schaffen.

Hat der Prüfling die Prüfung am Schluß der Lehrzeit nicht bestanden, so hat er gleichwohl Anspruch auf eine Bescheinigung über die erledigte Lehrzeit. In PO. § 9 heißt es: „Wird die Prüfung erst bei der Wiederholung bestanden, so ist gegen Wiedereinziehung des beim Ablauf der Lehrzeit erteilten Lehrzeugnisses (§ 217c der Gewerbeordnung) ein Lehr- und Prüfungszeugnis auszufertigen."

Hieraus geht hervor — eine andere Bestimmung findet sich sonst nicht darüber — daß dem Lehrling bei einer am Schlusse der Lehrzeit nicht bestandenen Prüfung trotzdem ein Zeugnis auszustellen ist. Nach GO. § 127c muß dieses Zeugnis enthalten 1. die Angabe des Handwerks, 2. die Dauer der Lehrzeit, 3. Zeugnis über die während derselben erworbenen Kenntnisse und Fertigkeiten, 4. Zeugnis über sein Betragen.

Da das Zeugnis über die erworbenen Kenntnisse und Fertigkeiten bei nicht bestandener Prüfung ungenügend lauten muß, dürfte in den meisten Fällen der Prüfling auf dieses Zwischenzeugnis gern verzichten, wenigstens sofern er die Wiederholungsprüfung zu machen beabsichtigt.

Teil VIII.

Lohn- und Wohlfahrtswesen.

§ 1. Lohnwesen.

In den Handwerks- und Großbetrieben wird bei den Lehrlingen in bezug auf Lehrgeld und Vergütung recht verschieden verfahren. Im Kleingewerbe hat der Lehrling vielfach noch freie Wohnung und Verpflegung im Hause des Meisters. — Dies ist in mehrfacher Hinsicht günstig. Die Lebenshaltung, besonders Essen und Wohnung, sind im Durchschnitt bei den Handwerkern besser als im Arbeiterstande, aus dem die Mehrzahl der Lehrlinge stammt. Sie kommen also in dieser Beziehung zumeist in günstigere Verhältnisse. Sodann ist es bei der Teilnahme des Lehrlings an dem Familienleben leichter möglich, erzieherisch auf ihn einzuwirken und ihn zu überwachen, als wenn er in der Freizeit etwa täglich fremden Einflüssen außerhalb des Hauses ausgesetzt ist. Sie brauchen nicht einmal schlechter Art zu sein und können doch schon die Einheitlichkeit der Erziehung stören. Ein Nachteil des Wohnens im Hause des Lehrherrn ist zuweilen, daß die Lehrlinge leicht zu viel zu häuslichen oder ländlichen Arbeiten mit herangezogen werden, wie dies in den Berichten der Gewerbeaufsichtsbeamten hervorgehoben ist[1]).

Für Wohnung und Kost im Hause des Lehrherrn hat der Lehrling vielfach außer dem Lehrgeld noch eine Vergütung zu zahlen, so z. B. in einem Falle — es handelte sich um einen Mechaniker — für die vierjährige Lehrzeit 500 Mk. und außerdem noch täglich 1,30 Mk. für Wohnung und Verpflegung[2]).

Wenn der Lehrling nicht beim Meister wohnt, so zahlt dieser in der Regel ein Kostgeld.

Der Lehrvertragsentwurf der Handwerkskammer zu Berlin (s. S. 135) hat für ein etwa zu zahlendes Lehrgeld überhaupt keinen Vordruck, kommt dort also wohl auch kaum vor, in anderen Bezirken z. B. Frankfurt a. d. Oder und Posen ist dies dagegen der Fall. Vielfach erhält der Lehrling außer dem Kostgeld nach einer gewissen Zeit schon einen wöchentlich zahlbaren Lohn, der dann gleich im Lehrvertrag mit vereinbart wird.

Im Großgewerbe liegen die Verhältnisse anders. Da ist der Lehrling nur während der Arbeitsstunden durch die Lehre in Anspruch genommen und ist, da er außerhalb des Werkes wohnt, im übrigen frei. Lehrgeld und Kost-

---

[1]) „Das Lehrlingswesen und die Berufserziehung des gewerblichen Nachwuchses". Vorbericht und Verhandlungen der Zentralstelle für Volkswohlfahrt S. 111.

[2]) a.a.O. S. 111.

geld werden wohl nur selten irgendwo gezahlt, dagegen ist es üblich, daß der Lehrling Lohn bekommt. Ein großes Werk zahlte den Lehrlingen im ersten Lehrjahr einen Lohn, der sich je nach dem Eintrittsalter des Lehrlings zwischen 0,50 und 0,90 Mk. bewegte, im zweiten Lehrjahr zwischen 0,80 und 1,20 Mk., im dritten Lehrjahr zwischen 1,10 und 1,80 Mk. Im dritten Lehrjahr können dort die Lehrlinge an Stückarbeiten beteiligt werden und dabei bis auf höchstens 2,30 Mk. insgesamt täglich kommen. Diese Sätze sind im Lehrvertrag festgelegt.

Ein anderes großes Werk vereinbart im Lehrvertrag nur: „Sobald ein Lehrling in einer Abteilung soweit ausgebildet ist, daß seine Arbeit für die Firma Wert hat, erhält der Lehrling einen entsprechenden, von seinem Meister festzusetzenden Lohn. Voraussetzung für die Lohnzahlung ist Fleiß und gutes Betragen in Werkstatt und Schule."

Eine Gewehrfabrik zahlt vom Beginn der Lehrzeit an einen Lohn für den Arbeitstag von 0,25 Mk. im ersten Halbjahr, 0,50 Mk. im zweiten Halbjahr, 0,75 Mk. im zweiten Jahr, 1 Mk. im dritten Jahr, 1,50 Mk. im vierten Jahr.

Die deutschen Eisenbahnverwaltungen zahlen ähnliche Sätze; bei einer außerpreußischen Verwaltung werden z. B. unter Voraussetzung einer neunstündigen Arbeitszeit je nach Leistungen und Fortschritten im ersten Jahre bis zu 0,45 Mk., im zweiten Jahre bis zu 0,63 Mk., im dritten Jahre bis zu 1,08 Mk. und im vierten Jahre bis zu 1,62 Mk. gewährt[1]).

Bei der preußisch-hessischen Staatseisenbahnverwaltung ist das Lohnwesen der Lehrlinge wie folgt geregelt. Nach LV. 14 S. 48 erhalten sie von ihrer Einstellung ab einen nach den örtlichen Verhältnissen und ihren Leistungen zu bemessenden Lohn[2]). Die Lohnsätze werden durch die Eisenbahndirektion bestimmt. Gegen Stücklohn dürfen Lehrlinge grundsätzlich nicht beschäftigt werden.

Die letztere Bestimmung bedeutet eine zum Schutze der Lehrlinge getroffene Maßnahme. Sicherlich würde die Arbeitskraft der älteren Lehrlinge durch Stückarbeit erheblich mehr als bisher ausgenutzt werden können. Die Eisenbahnverwaltung verzichtet aber im Gegensatz zu dem mehrfach in Großbetrieben anzutreffenden Brauch hierauf, weil die gründliche Ausbildung zu leicht unter einer unwillkürlich durch den Verdienstanreiz beschleunigten Beschäftigung im Stücklohn leidet. Nicht die Leistung von Massenarbeit und die Erzielung eines möglichst hohen Verdienstes, sondern die Aneignung gründlicher Kenntnisse und Fertigkeiten soll während der Lehrzeit die Hauptsache sein.

Mit Rücksicht auf die verschiedenen örtlichen Verhältnisse sind auch die Lohnsätze nicht überall gleich. Sie werden von jeder Eisenbahndirektion besonders festgesetzt, meist für mehrere nicht zu entfernt von einander gelegene

---

[1]) Die sämtlichen Angaben gelten für die Zeit vor dem Kriege.

[2]) Nach der älteren Fassung war Tagelohn zu gewähren, während jetzt ein Stundenlohn vereinbart wird. Dies ist für die Lohnberechnungen bequemer, besonders, wenn an einzelnen Tagen nicht die volle Zeit gearbeitet ist.

Hauptwerkstätten gemeinsam[1]). Es ist daher auch in dem Vordruck für den Lehrvertrag der Lohnsatz nicht mit vorgedruckt, sondern wird von Fall zu Fall handschriftlich eingetragen. Nach § 4 dieses Vertrages S. 57 gewährt das Amt dem Lehrling zur Bestreitung des notwendigsten Lebensunterhaltes einen anfänglichen Stundenlohn im angegebenen Betrage, den es nach seinem Ermessen entsprechend den Leistungen von Zeit zu Zeit erhöhen wird, sodaß bei Beendigung der Lehrzeit ein Stundenlohn in gleichfalls angegebener Höhe gezahlt werden kann.

In einer östlichen Direktion wurden vor dem Kriege bei neunstündiger Arbeitszeit z. B. gewährt:

im 1.	bis 3.	Monat	täglich	. . .	0,54 Mk.
„ 4.	„ 6.	„	„	. . .	0,63 „
„ 7.	„ 12.	„	„	. . .	0,72 „
„ 13.	„ 18.	„	„	. . .	0,81 „
„ 19.	„ 24.	„	„	. . .	0,90 „
„ 25.	„ 30.	„	„	. . .	1,17 „
„ 31.	„ 36.	„	„	. . .	1,45 „
„ 37.	„ 42.	„	„	. . .	1,53 „
„ 43.	„ 48.	„	„	. . .	1,71 „

Im allgemeinen rückt der Lehrling ohne weiteres nach dem Alter in die höhere Lohnstufe ein; es kommt kaum vor, daß wegen ungenügender Leistungen eine fällige Lohnerhöhung nicht gewährt wird. Ein Recht hierzu würde die Eisenbahnverwaltung indes haben, denn auch im Lehrvertrag ist nur gesagt, daß der Stundenlohn die dort angegebene Höhe betragen kann.

Von dem Lohn wird der nachstehend noch besprochene Spargroschen einbehalten. Im übrigen wird der Lohn aber in derselben Weise wie bei den übrigen Arbeitern der Hauptwerkstätte ausgezahlt. Es gelten hierfür die folgenden Bestimmungen der Lohnordnung vom 22. Februar 1914 für die Arbeiter aller Dienstzweige. Die sich auf Stücklohn beziehenden Stellen sind als hier nicht in Betracht kommend weggelassen. Im übrigen lautet § 16 (Lohnabrechnung und Lohnzahlung):

Abs. 1: Der Lohn wird einmal im Monat abgerechnet. Der Löhnungszeitraum ist der Kalendermonat.

Abs. 2: Der Lohn wird für den abgelaufenen Löhnungszeitraum, wenn möglich, am letzten Werktage des Monats, sonst am ersten Werktage des folgenden Monats gezahlt.

Abs. 3: Innerhalb des Löhnungszeitraumes, in der Regel in der Mitte, werden auf Wunsch der Arbeiter nach näherer Bestimmung der Eisenbahndirektion Abschlagzahlungen gewährt. Die Abschlagzahlungen werden nach der um 1 Tag gekürzten Arbeitszeit berechnet und auf volle Mark abgerundet.

[1]) Durch die „Lohnordnung“, wie noch in den LV. von 1903 S. 48 angegeben ist, findet die Festsetzung jetzt nicht mehr statt. Unter „Lohnordnung“ sind jetzt die unter dem 22. Februar 1914 vom Minister der öffentlichen Arbeiten erlassenen Bestimmungen zusammengefaßt, durch die die Lohnverhältnisse der nach den „Gemeinsamen Bestimmungen für die Arbeiter aller Dienstzweige der preußisch-hessischen Staatseisenbahnverwaltung“ angenommenen Personen geregelt werden. Hierzu gehören die Lehrlinge indes nicht.

Abs. 4: Der Lohn wird unter Einbehaltung der zulässigen Abzüge in barem Gelde ausgezahlt, und zwar entweder offen gegen eigenhändige Empfangsbescheinigung und gegen Abgabe der Ausweiskarte oder verpackt in Blechbüchsen (Papierkapseln).

Abs. 5: Die Blechbüchsen mit dem Vermerk der verdienten Geldbeträge werden nach der Nummernfolge gegen Abgabe einer Kontrollmarke an der Zahlstelle ausgehändigt. Die abgegebene Marke gilt als Bescheinigung über den Empfang der Büchse mit dem Lohnbetrag. Der Arbeiter hat vor dem Verlassen der Zahlstelle den Inhalt der Büchse vor Zeugen, in der Regel in Gegenwart des Kassenbeamten und des Dienstvorstehers, nachzuzählen und Abweichungen gegen den auf den Deckel der Büchse geschriebenen Betrag sofort zu melden. Die leeren Büchsen sind zurückzugeben.

Abs. 6: An die zur Büchsenzahlung nicht erschienenen Arbeiter wird der Lohn gegen besondere Empfangsbescheinigung gezahlt.

Abs. 7: Auf die Zahlung durch Papierkapseln finden die Vorschriften über Büchsenzahlung (Ziffern 5 und 6) entprechende Anwendung.

Abs. 8: Für dienstabwesende Arbeiter, z. B. erkrankte oder beurlaubte, kann der Lohn einem Bevollmächtigten ausgezahlt werden. Ist der Lohn innerhalb der nächsten 3 Tage nicht abgehoben worden, so wird er dem Empfangsberechtigten durch die Post auf seine Kosten zugesandt.

Abs. 9: Einwendungen gegen die Richtigkeit der Lohnberechnung sind innerhalb der nächsten 3 Werktage nach der Zahlung bei dem Dienstvorsteher anzubringen; sonst wird angenommen, daß die Arbeiter die Berechnung der Arbeitslöhne und Abzüge als richtig anerkennen.

Abs. 10: Für die Haupt- und Nebenwerkstätten gelten außerdem folgende Bestimmungen:

a) Der erste Löhnungszeitraum des Rechnungsjahres beginnt am 1. April und schließt mit dem 24. April. Die übrigen Löhnungszeiträume umfassen im Anschluß an den ersten je einen vollen Monat und enden ebenfalls mit dem 24. des Monats. Der letzte Löhnungszeitraum beginnt mit dem 25. Februar und schließt mit dem 31. März. Hierneben können auch Löhnungszeiträume eingeführt werden, die vom 1. April bis 9. Mai, vom 10. Mai bis 9. Juni usw. und vom 10. März bis 31. März laufen.

b) Die Löhne werden für die abgelaufenen Löhnungszeiträume im ersten Fall (Löhnungszeiträume vom 1. bis 24. April usw.) am letzten Tage jedes Monats, im zweiten Fall (Löhnungszeiträume vom 1. April bis 9. Mai usw.) am 15. jedes Monats und für März in beiden Fällen am 5. April gezahlt. Fällt einer dieser Tage auf einen Sonntag oder Feiertag, so wird der Lohn am vorhergehenden Werktag gezahlt. Abschlagzahlungen (Ziffer 3) werden in dem Löhnungszeitraum vom 25. Februar bis 31. März auch Ende März und in dem Löhnungszeitraum vom 1. April bis 9. Mai auch Ende April gewährt.

c) Die Arbeiter erhalten bei der Büchsenzahlung stets einen Abrechnungszettel. Abweichungen des aus der Büchse entnommenen Geldbetrages von dem Abrechnungszettel sind dem anwesenden Werkstättenbeamten sofort, Einwendungen gegen die Richtigkeit der Abrechnung dem vorgesetzten Werkmeister innerhalb der nächsten 3 Werktage nach der Lohnzahlung zu melden.

Der Geschäftsgang für die Buchung der Lehrlingsarbeiten und Anweisung des Lohnes ist derselbe wie bei allen übrigen Arbeitern. Die von den Lehrlingen geleisteten Arbeitsstunden werden also ebenfalls täglich von dem Werkführer — in der Lehrlingswerkstätte von dem Lehrmeister —

Tafel 24.
Vordruck für die Eintragung der von den Lehrlingen geleisteten Arbeiten. — Titelblatt.

Arbeitsheft Nr. 4c

der

Hauptwerkstätte in Guben

für den Löhnungzeitraum vom 25. Mai bis 24. Juni 1917

Geprüft und nach der Stückzahl und den Einheitsätzen festgestellt:

Semmler,
Werkmeister.

Für die Richtigkeit der Eintragungen (Spalten 1 bis 12 und 15):

Drobbe,
Werkführer.

Geprüft:

Schaar,
Eisenbahn-Betriebsingenieur.

Für das Arbeitsheft:
Rechnerisch festgestellt.

Bojanus,
Eisenbahn-Betriebssekretär.

Tafel 25. Vordruck für das Heft zur Eintragung der von den Lehrlingen geleisteten Arbeiten. — Einlageblatt.

Seite 12

Lohnsatz .....17 ₰
Stellenzulage .... ₰
Stundenlohnsatz zus.: .....17 ₰

Eyth, Lehrling

Zur Krankenkasse veranlagter Tagesverdienst 1 ℳ 50 ₰ (für die Stunde .... ₰) oder (bei den Arbeitern, deren wirklicher Durchschnittsverdienst nach den Ermittlungen für die Krankenkasse mehr als 6 ℳ betragen hat) Durchschnittsverdienst für die Stunde .... ₰.

Kontrollnummer 912

1	2	3	4		5	6	7	8	9	10	11	12		13		14		15
		Arbeitstunden in					Bezeichnung							Lohnbetrag				
			Stücklohn								der Stückzeit							
												im ganzen						
Tag	Tagewerke im Betriebsdienst	Zeitlohn	a Gruppenarbeit	b Einzelarbeit	Buchungs- Nummer	Bestell- Nummer	der Fahrzeuge nach Eigentumsmerkmal und Nummer	des Stückhefts	der Arbeit	Stück	im einzelnen Std.	a Gruppenarbeit Std.	b Einzelarbeit Std.	Zeitlohn ℳ	₰	Stücklohn ℳ	₰	Bemerkungen
25/5		9							Geholfen bei K. Nr. 364 Seite 53 bei Arbeiten an offenen Güterwagen									Mithelfer K.-Nr. ....
26		9							"									
27		—							—									Pfingsten
28		—							—									
29		9							"									
30		9							"									
31		9							"									
1/6		9							"									
2		9							"									
3		—							—									Sonntag
4		9							"									
5		10							"									
6		9							"									
7		8			5	153			2 Türschlösser angefertigt									1 Std. ohne Lohn beurlaubt
8		9			5	153			"									
9		9			5	153			"									
10		—							—									Sonntag
		117																Abschlag 10 ℳ
11		9							Geholfen bei K. Nr. 362 Seite 21 an Dampfheizungen gearbeitet									
12		9							"									
13		9							"									
14		9							"									
15		9							"									
16		9							"									
17		—							—									Sonntag
18		9							"									
19		9							"									
20		9							"									
21		9							"									
22		9			1	1			Werkzeug ausgebessert									
23		9			1	1			"									
24		—							—									Sonntag
Zus.		225												38	25			

Tafel 26.

Anweisung des Lohnes für die Lehrlinge. — Titelblatt.

Anrechnungstag: 7. Juli 1917.

Zahlstelle: Stationskasse in Guben	Angewiesen laut Anweisungzusammenstellung Nr. 48 lfd. Nr. 9

Kgl. Eisenb.-Werkstättenamt Guben. Heft 4c.

Etatsjahr 1917

Verrechnungstellen:

Titel 9	Pos. 1	des Etats	2490 Mk.	59 Pfg.
"	"	" "	...... "	...... "
"	"	" "	...... "	...... "
"	"	" "	...... "	...... "
		Zusammen	2490 Mk.	59 Pfg.

Lohnrechnung

für die Zeit vom 25. Mai bis 24. Juni 1917.

Die Richtigkeit bescheinigt und mit dem bar zu zahlenden Betrage (Spalte 12) von . . . . 1689 Mk. 88 Pfg.
und dem Betrage der Abschlagzahlungen (Spalte 17) von . . . 490 „ — „
zusammen mit 2179 Mk. 88 Pfg.
buchstäblich: zweitausendeinhundertneunundsiebenzig Mark 88 Pfg.
zur Zahlung angewiesen.

Guben, den 1. Juli 1917. Der Vorstand des Werkstättenamtes.
Dr. Schwarze.

Festgestellt.

(Name) Bojanus. (Dienstbezeichnung) Eisenbahn-Betriebssekretär.

Daß die für die einzelnen Arbeiter ausgeworfenen Barbeträge richtig in die für jeden einzelnen bestimmte Büchse (Papierkapsel) eingelegt und auf dem Abrechnungzettel vermerkt worden sind, bescheinigen

Guben, den 30. Juni 1917.

(Name) N.	(Name) N.	(Name) Müller,
(Dienstbez.) Oberbahnassistent (Kassenbeamter).	(Dienstbez.) Betriebssekretär (Bürobeamter).	(Dienstbez.) Werkmeister.

Daß die Büchsen (Papierkapseln) den Arbeitern (mit Ausnahme der unter den Kontroll-Nr. .... aufgeführten, die zur Abhebung nicht erschienen waren) ausgehändigt sind, und daß die Arbeiter gegen die Richtigkeit des bar gezahlten Betrags und der auf dem Abrechnungzettel verzeichneten, bei der Lohnzahlung zu ihren Gunsten gemachten Abzüge an Pensions- und Krankenkassenbeiträgen usw. sowie an Abschlagzahlungen innerhalb der bestimmten Frist Einspruch nicht erhoben haben, bescheinigen

Guben, den 30. Juni 1917.

(Name) N.	(Name) Müller,
(Dienstbezeichnung) Oberbahnassistent (Kassenbeamter).	(Dienstbezeichnung) Werkmeister.

Haupt-Ausg.-Nr. ....
Handbuch Seite .... Nr. ....

Tafel

Anweisung des Lohnes für

1	2	3	4	5	6	7	8		9		10		11	12	
							Lohnbetrag								
Arbeiter-Kontroll-Nr.	Dienstbezeichnung und Name der Bediensteten	Tagewerke im Betriebsdienst	Tagelohnsatz	Arbeitsstunden im Tagelohn	Arbeitsstunden im Stücklohn	Stundenlohnsatz	Tagelohn		Stücklohn		im ganzen		Quittung über den Gesamtbetrag in Spalte 10 durch Namensgegenschrift oder Handzeichen	Nach Abrechnung der Abzüge (Spalte 18) sind bar zu zahlen	
			₰			₰	ℳ	₰	ℳ	₰	ℳ	₰		ℳ	₰
	Lehrlinge														
912	Eyth . . .	—	—	225		17	38	25	—	—	38	25		24	13
913	Lippert . .	—	—	225		17	38	25	—	—	38	25		24	13
914	Imme . . .	—	—	220		8	17	60	—	—	17	60		15	06
915	Schwab . .	—	—	225		8	18	—	—	—	18	—		15	46
916	Andra . . .	—	—	225		8	18	—	—	—	18	—		15	46
917	Berns . . .	—	—	221		6	13	26	—	—	13	26		11	88
918	Egedi . . .	—	—	225		6	13	50	—	—	13	50		12	12
919	Thiel . . .	—	—	225		6	13	50	—	—	13	50		12	12
920	Hoppe . . .	—	—	225		6	13	50	—	—	13	50		12	12

in das Arbeitsheft eingetragen. Der Vordruck hierfür mit den Eintragungen für einen Löhnungszeitraum sind vorstehend S. 365/66 gegeben[1]).

Dies Arbeitsheft gelangt wie alle übrigen jeden Tag zunächst zur Prüfung zum Werkmeister und alsdann zu dem Rechnungsbeamten im Werkstättenbüro, der es rechnerisch prüft und etwa notwendig werdende Auszüge macht z. B. bei Arbeiten zu Lasten Dritter. Läuft der Löhnungsabschnitt vom 25. des einen bis zum 24. des folgenden Monats, so überschlägt der Rechnungsbeamte am 10. des Monats, ob und wieviel Geld als Abschlag bei der allgemeinen Abschlagzahlung am 15. des Monats für die Zeit bis zum 9. einschließlich gewährt werden kann. Beträgt der Verdienst bis dahin nicht mindestens etwa 15 ℳ, so wird in der Regel kein Abschlag gewährt, weil es sich nicht empfiehlt, hierbei noch unter 10 ℳ zu gehen. Für so kleine Summen lohnt sich die für das Anweisen, Einbüchsen und Auszahlen aufzuwendende Mühe kaum noch. In unserem Beispiel hat der Lehrling Eyth bis zum 10. Juni 117 Stunden geleistet, also $117 \times 0{,}17 = 19{,}89$ ℳ verdient. Es ist daher eine Abschlagzahlung von 10 ℳ gewährt worden.

---

[1]) Die in Spalte 5 Tafel 25 anzugebende „Buchungsnummer" dient zur Verrechnungsstelle für die durch Arbeiten in den Werkstätten entstehenden Ausgaben, während die „Bestellnummer" in Spalte 6 andeutet, daß die für eine Arbeit entstehenden Kosten zum Zwecke der Kosteneinziehung oder für wirtschaftliche und sonstige Zwecke besonders zu ermitteln sind (FO Teil IV Werkst.-Ordnung § 9[1]). — Es sind 9 Buchungsnummern vorgesehen. Nr. 3 betrifft z. B. Lokomotiven und Tender nebst Zubehör, Nr. 8 Insgemein (Ausgaben der Werkstätten, die sich nicht auf eine bestimmte Arbeit verrechnen lassen). Bei den Bestellnummern sind 1—199 den feststehenden Jahresbestellungen vorbehalten (z. B. Nr. 4 Ersatz ganzer Lokomotivkessel). Die Nummern über 200 dienen für sonstige Bestellungen.

27.

die Lehrlinge. — Einlegeblatt.

13												14		15		16		17		18		19
Von den Tagewerken (Spalte 3) und Lohnbeträgen (Spalte 10) entfallen auf:												Abzüge										Bemerkungen
Tagewerke	Betrag		Tagewerke	Betrag		Tagewerke	Betrag		Tagewerke	Betrag		Beiträge zur Betriebs- u. Verbandskrankenkasse sowie zur Arbeiterpensionskasse laut Beitragsliste				Spargroschen der Lehrlinge		Abschlagzahlungen		im ganzen		
	ℳ	₰		ℳ	₰		ℳ	₰		ℳ	₰	ℳ	₰	ℳ	₰	ℳ	₰	ℳ	₰	ℳ	₰	
												1	12			3	10	10	—	14	12	
												1	12			3	10	10	—	14	12	
												—	54			2	—	—	—	2	54	
												—	54			2	—	—	—	2	54	
												—	54			2	—	—	—	2	54	
												—	38			1	—	—	—	1	38	
												—	38			1	—	—	—	1	38	
												—	38			1	—	—	—	1	38	
												—	38			1	—	—	—	1	38	

Am 25. des Monats werden die bis zum 24. gearbeiteten Stunden zusammengerechnet. In dem Beispiel sind es 225 Stunden entsprechend einem Verdienst von 38,25 ℳ. Hiervon sind abzusetzen der Krankenkassenbeitrag mit 1,12 ℳ und rund 10 v. H. von dem hiernach verbleibenden Reinverdienst von 37,13 ℳ als Spargroschen, nämlich 3 ℳ[1]). Diese Angaben werden in die Lohnrechnung eingetragen. Der Vordruck hierfür mit Titel- und Innenblatt ist vorstehend in Tafel 26 und 27 gegeben.

Für die Lehrlinge, z. B. für Eyth, sind in Spalte 5 nochmals die Arbeitsstunden, in Spalte 7 der Stundenlohnsatz und in Spalten 8 und 10 der ganze sich hiernach ergebende Lohnbetrag vermerkt. Eine rechnerische Nachprüfung des Lohnbetrages ist also auch aus dieser Lohnrechnung möglich. In den Spalten 14—18 sind die Abzüge angegeben und Spalte 12 weist schließlich den verbleibenden, ihm also in bar auszuzahlenden Betrag auf, hier 24,13 ℳ.

Hiernach schreibt der Rechnungsbeamte den Abrechnungszettel aus.

Das Geld wird bei Büchsenzahlung am Morgen des Lohnzahlungstages zusammen mit dem Abrechnungszettel in die mit der Kontrollnummer 912 des Lehrlings Eyth versehene Büchse oder Tüte getan und ihm bei der allgemeinen Zahlung gegen Abgabe seiner Kontrollmarke ausgehändigt.

Die Abrechnungszettel für die Abschlagzahlung und für die Schlußzahlung haben nachstehenden Vordruck.

[1]) Es ist hier nach unten abgerundet. Vorzuziehen ist es, bei Zahlen über 5 nach oben abzurunden.

Tafel 28.

Lohnzettel für die Abschlagzahlung (Zwischenzahlung).

Abrechnungzettel über die Abschlagzahlung

vom 25./5. bis 9./6. 1917

Kontroll-Nr.: 912.
Name: Eyth, Lehrling.
Betrag: 10,— Mk.

Für die Richtigkeit

des Auszugs: Hm. (Name.)

der Einzählung: B. (Anfangsbuchstabe des Namens.)

Tafel 29.

Lohnzettel für die monatliche Schlußzahlung.

Abrechnungszettel

für den 25./5. bis 26./6. 1917.

Kontr.-Nr.: 912 Name: Eyth, Lehrling
Arbeitsstunden im Stundenlohn: 225. Stücklohn ....
Tagewerke im Betriebsdienste: ....

		Mk.	Pfg.	Mk.	Pfg.
Streckenzulage:					
Übernachtungen:					
Geldbetrag				38	25
Abzüge:					
a) Zur Betriebskrankenkasse	Eintrittsgeld				
	Beitrag	1	12		
	Arzneikosten				
	Strafen				
b) Zur Verbandskrankenkasse	Eintrittsgeld				
	Beitrag				
	Strafen				
c) Zur Pensionskasse	Eintrittsgeld				
	Beitrag Abt. A.				
	Beitrag Abt. B.				
	Nachzahlung zur Abt. B.				
d) Sonstige:	Abschlagzahlung	10	—		
	Sterbekasse				
	Töchterhort				
	Spareinlagen der Lehrlinge	3	—		
	....				
	Abzüge im ganzen			14	12
	Barzahlung			24	13

Für die Richtigkeit { des Auszugs: Hm. (Name) / der Einzählung: B. (Anfangsbuchstabe des Namens.)

§ 2. Spargroschen.

Nach LV. 15 und 16 S. 49 wird der zehnte Teil — unter Abrundung auf volle Mark — als Spargroschen einbehalten. Der einbehaltene Betrag wird in einem auf den Namen des Lehrlings lautenden Sparkassenbuch angelegt.

Diese Einrichtung ist überwiegend eine Wohlfahrtsmaßnahme und bezweckt einmal die Erziehung der Sparsamkeit in einem Alter, in dem ein junger Mensch oft noch nicht einsichtig genug ist, um den Wert des Geldes richtig zu schätzen und aus eigenem Antriebe zu sparen. Sodann soll aber auch am Schluß der Lehrzeit ein kleines Kapital zur Verfügung stehen, das den jungen Gesellen in dieser Übergangszeit unabhängiger macht. Treibt es ihn, sich erst einmal in der Welt umzusehen, andere Betriebe, andere Menschen und Gegenden kennen zu lernen, so wird ihm die Ausführung durch die Spargelder erleichtert. Die zwar bescheidenen, aber für die erste Zeit ausreichenden Mittel erlauben ihm, auf die Wanderschaft zu gehen und sich in Ruhe nach einer zusagenden Stelle umzusehen. Auch für Bücher und Geräte, deren er zu seiner Fortbildung bedarf, als Zuschuß bei dem sich etwa an die Lehrzeit anschließenden Militärdienst oder bei dem Besuch einer Fachschule ist der Besitz eines kleineren Kapitals gerade zu diesem Zeitpunkt besonders wertvoll.

Neben diesen Wohlfahrtszwecken für den Lehrling dient der Spargroschen als Haftgeld für alle Schäden, die der Staatseisenbahnverwaltung durch grobes Verschulden des Lehrlings entstehen. Als Sicherheit gegen Vertragsbruch dient er nur in der nach GO. § 119 a zulässigen Höhe.

Hiernach darf bei Schaden, der der Verwaltung aus der widerrechtlichen Auflösung des Lehrverhältnisses erwächst, oder zur Sicherung des Ersatzes einer für diesen Fall verabredeten Strafe[1]) der einzubehaltende Betrag ein Viertel des fälligen Lohnes und im Gesamtbetrag die Höhe eines durchschnittlichen Wochenlohnes nicht übersteigen. Bei dem Lehrling Eyth (s. Tafel 27) dürften also nicht mehr als 38,25:4, rund 9,50 Mk. einbehalten werden.

In vieljähriger Praxis ist uns indes nicht ein einziger Fall bekannt geworden, daß die Eisenbahnverwaltung von diesem Recht Gebrauch gemacht hätte.

§ 3. Belohnungen und Preise.

Nach LV. 41 S. 53 kann Lehrlingen, die die Gesellenprüfung mit gut bestanden und sich auch sonst durch gute Führung und tüchtige Leistungen ausgezeichnet haben, eine Belohnung in der Form von Büchern fachwissenschaftlichen Inhalts oder eines anderen nützlichen Gegenstandes bis zum Preise von 25 Mk. zuerkannt werden. Außerdem kann bei hervorragenden Leistungen die Allerhöchsten Orts gestiftete Lehrlingsmedaille bei dem Minister der öffentlichen Arbeiten beantragt werden, und zwar die Medaille in Kupfer,

---

[1]) Bei der Eisenbahnverwaltung ist bislang eine solche Strafzahlung im Lehrvertrag nicht vorgesehen.

in ganz besonderen Ausnahmefällen auch die Medaille in Silber. — Hiernach ist nicht schon das Bestehen der Prüfung mit gut allein eine ausreichende Vorbedingung für eine Belohnung, es sind vielmehr auch die sonstigen Leistungen und die Führung zu berücksichtigen. Ein Anrecht auf eine Belohnung ist aber in keinem Falle vorhanden. Es empfiehlt sich jedoch, bei einer mit gut bestandenen Prüfung die übrigen Vorbedingungen wohlwollend zu beurteilen, um bei Leistungen, die sich etwa über den Durchschnitt erheben, jährlich möglichst wenigstens einen Lehrling durch eine Belohnung auszeichnen zu können. Dies ist, wie die Erfahrung gezeigt hat, ein ungemein großer Ansporn und wirkt erzieherisch besser als Strafen.

Vielfach ist es Brauch, daß der einer Belohnung für würdig befundene Lehrling hierfür einen Wunsch aussprechen darf. Bevorzugt wurden in Guben dann bekannte Bücher über die Ausbildung der Lokomotivbeamten und vereinzelt auch über Elektrotechnik und Dreherei. Neben Büchern können auch in Frage kommen Reißzeuge, Handwerksgeräte wie Hammer, Meißel, Hobel oder dergl. für den Gebrauch zu Hause, ein einfacher photographischer Apparat mit Zubehör oder, wenn der junge Geselle etwa auf die Wanderschaft zu gehen beabsichtigt, Ausrüstungsteile hierfür. Es bleibt jedoch immer zu beachten, daß die Belohnung in Gestalt eines wirklichen Erinnerungsgegenstandes gewährt wird, also nicht eines Verbrauchsgegenstandes von kurzer Dauer.

Zu empfehlen ist, an dem Gegenstand eine Widmung anzubringen, also etwa bei einem Buche mit Zierschrift einzutragen:

Dem Lehrling N. als Belohnung für die mit „gut" bestandene Gesellenprüfung.

............, den ....

Kgl. Eisenbahn-Werkstätten-Amt.
(Name des Vorstandes.)

Handelt es sich um einen ausnahmsweise tüchtigen Lehrling, so kann außer der Belohnung noch die Verleihung der Lehrlingsmedaille beantragt werden.

Über Stiftung und besonderen Zweck gibt Auskunft der nachfolgende an die Königlichen Eisenbahn-Direktionen gerichtete Erlaß des Ministers der öffentlichen Arbeiten vom 31. Januar 1889 (Gesch. Nr. II a **P** 660; Elberfelder Sammlung Bd. III_2 1894 S. 1024). Der Erlaß lautet:

„Um den in den Werkstätten der Staatseisenbahn-Verwaltung beschäftigten Lehrlingen, welche sich durch besonderen Fleiß und tüchtige Leistungen bei guter Führung auszeichnen, ein passendes Zeugnis öffentlicher Anerkennung zuteil werden zu lassen, bin ich von Seiner Majestät dem Kaiser und Könige auf meinen Antrag Allerhöchst ermächtigt worden, in geeigneten Fällen Preise in Form silberner und kupferner Medaillen zu verleihen. Die silberne Medaille soll zur Auszeichnung besonders hervorragender Leistungen dienen, während die Medaille in bronziertem Kupfer dazu bestimmt ist, auch anerkennenswerte geringere Leistungen in angemessener Form auszuzeichnen.

Die Stiftung der Medaille ist zu dem Zwecke erfolgt, daß die Staatseisenbahn-Verwaltung bei dem Anerkenntnis der Leistungen einzelner Werkstattslehrlinge nicht auf die bisher üblichen Geldpreise und Belobigungsschreiben beschränkt bleibt, sondern in der Gestalt von Medaillen auch Ehrenpreise verleihen kann, welche mit Rücksicht auf ihren bleibenden Wert und ihre künstlerische Ausstattung den Inhabern ein dauerndes Erinnerungszeichen an bewiesene und anerkannte Tüchtigkeit gewähren. Die Staatseisenbahn-Verwaltung wird hierdurch in den Stand gesetzt, den in den eigenen Werkstätten beschäftigten Lehrlingen eine Würdigung besonderer Leistungen zuteil werden zu lassen, ähnlich wie solches bei den von den Gewerbevereinen und anderen Verbänden veranstalteten Ausstellungen von Lehrlingsarbeiten durch Verleihung von Medaillen und Ehrenpreisen zu geschehen pflegt.

Hiernach bestimme ich, daß die Verleihung der Medaillen unter den angegebenen Voraussetzungen zur Auszeichnung solcher Leistungen von Werkstattslehrlingen in Aussicht zu nehmen ist, welche bei öffentlichen Ausstellungen von Lehrlingsarbeiten dieser besonderen Anerkennung für würdig erachtet werden. Bezüglichen Anträgen sehe ich in geeigneten Fällen entgegen.

Die Medaillen sind, wie ich nachträglich bemerke, bei einem Durchmesser von sieben Zentimetern auf der Vorderseite mit Emblemen geschmückt, welche auf die Tätigkeit der Lehrlinge in den Eisenbahn-Werkstätten und die dabei bewiesene Tüchtigkeit hinweisen. Auf der Kehrseite deutet ein von einem Eichenkranze umgebener Adler den öffentlichen Charakter der Auszeichnung an, während die Umschrift: „Dem fleißigen und tüchtigen Lehrlinge" die Bestimmung der Medaille kennzeichnet."

Hiernach ist diese Ehrenmünze zunächst nur für solche Lehrlinge bestimmt gewesen, die bei öffentlichen Ausstellungen von Lehrlingsarbeiten dieser Anerkennung für würdig erachtet sind. In den Lehrlingsvorschriften ist diese Beschränkung aber fallen gelassen, sodaß die Münze auch ohne gleichzeitige Ausstellung bei hervorragenden Leistungen und guter Führung jederzeit beantragt werden kann.

Die Voraussetzungen werden indes nicht so häufig vorhanden sein. Dagegen ist die Verleihung bei Gelegenheit von Ausstellungen wiederholt vorgekommen, besonders dann, wenn bei allgemeinen Handwerkerausstellungen die Arbeiten der Staatsbahnlehrlinge außer Wettbewerb standen[1]) und bei der Zuteilung der allgemeinen Preise daher nicht berücksichtigt werden konnten.

Die Lehrlinge erfahren in den ersten Jahren nur durch Zufall davon, daß sie für gute Leistungen in der Gesellenprüfung eine Belohnung und Ehrenmünze erhalten können. Zur Anspornung dient es, wenn ein Hinweis hierauf eingerahmt in der Lehrlingswerkstätte oder im Unterrichtsraum ausgehängt wird, vielleicht unter Angabe der Namen derjenigen Lehrlinge, die bisher solche Auszeichnungen erhalten haben. Eine ähnliche Einrichtung ist schon in einigen Staats- und Privatbetrieben zu finden. Dort werden dann auch noch die Namen derjenigen Lehrlinge in dieser Weise zur Nacheiferung angegeben, die später im Leben eine besonders gute Stellung bekleidet haben.

---

[1]) Weil sie von der Innung infolge der gründlicheren Ausbildung den Lehrlingen der Handwerksmeister als zu sehr überlegen angesehen wurden.

§ 4. Die Gesundheitsverhältnisse der Lehrlinge.

Als Anhalt dafür, in welchem Umfange die Krankenkassen durch die Eisenbahnlehrlinge in Anspruch genommen werden, können nachstehende Angaben dienen. Sie sind als Mittelwerte von Aufzeichnungen bei einer Hauptwerkstätte in einer mittelgroßen Stadt mit ländlicher Umgebung und nicht besonders ungünstigen Kleinwohnungen erhalten. Sie geben auch Aufschluß über die Gesundheitsverhältnisse der Lehrlinge im allgemeinen und im Vergleich zu den erwachsenen Arbeitern.

Tafel 30.

Häufigkeit und Dauer der Dienstbehinderung bei Lehrlingen und Verhältnis der Zahl der Erkrankungen zu den Unfällen vom 1. Februar 1914 bis 31. Januar 1917 in der Hauptwerkstätte Guben.

Dauer der Dienstbehinderung in Tagen	Von zusammen 100 Erkrankungs- und Unfällen waren verursacht durch Erkrankung allein (Anzahl v. H.)	durch Unfall allein (Anzahl v. H.)
1— 3	3	1
4— 7	24	8
8—14	25	8
15—21	9	2
22—28	6	2
29—42	5	5
43—56	1	1
Zusammen	73	27
	zusammen 100	

Man ersieht hieraus zunächst, daß die Unfallzahl U = 27 viel niedriger als die Erkrankungszahl K = 73 v. H. ist. Sie stehen im Verhältnis von 1 : 2,7. Ferner ergibt sich, daß die Erkrankungen von 4 bis 14 Tagen bei weitem überwiegen. Auch bei den Unfällen werden hier die Höchstzahlen erreicht. Über 56 Tage war keiner der Lehrlinge arbeitsbehindert.

Es sind vorgekommen

im ersten Berichtsjahr mit im Durchschnitt	35 Lehrl.	16 Erkrankungen u.	6 Unfälle
im zweiten „ „ „ „	35 „	9 „ „	4 „
im dritten „ „ „ „	40 „	21 „ „	7 „
also im Jahresmittel mit im Durchschnitt	37 Lehrl.	15 Erkrankungen u.	6 Unfälle,

mithin sind in den drei Jahren auf je 100 Lehrlinge rund 41 Erkrankungen und 16 Unfälle gekommen oder auf einen Lehrling 0,42 Krankheitsfälle und 0,17 Unfälle in einem Jahr[1]). Dies bedeutet aber nicht, daß nun auch 41 + 16 = 57 Lehrlinge erkrankt oder unfallverletzt gewesen sind. Die Zahlen

[1]) Bei den erwachsenen Arbeitern kamen in derselben Zeit auf eine Person 0,25 Krankheitsfälle und 0,11 Unfälle.

sind in Wirklichkeit viel günstiger, denn bei diesen Zahlen sind vielfach dieselben Lehrlinge, solche von schwächerer Gesundheit, wiederholt vertreten, und zwar bis zu viermal. In wie hohem Maße dies der Fall ist, geht aus den folgenden sich über drei Jahre erstreckenden Angaben hervor.

Tafel 31.

Häufigkeit der Erkrankungen und Unfälle bei demselben Lehrling in drei Jahren.

Nr.	Name des Lehrlings	Erkrankt (Anzahl Tage)				Unfallverletzt (Anzahl Tage)	
		z. 1. mal	z. 2. mal	z. 3. mal	z. 4. mal	z. 1. mal	z. 2. mal
1	Bartoczek	6	2	—	—	—	—
2	Blau	8	—	—	—	—	—
3	Böhlert	—	—	—	—	7	—
4	Fichtner	—	—	—	—	56	—
5	Güntzel	14	16	—	—	—	—
6	Hentschke	13	—	—	—	—	—
7	Hentze	15	6	—	—	—	—
8	Herrmann	—	—	—	—	5	—
9	Heyne	—	—	—	—	24	—
10	Hoffmann I	6	5	—	—	—	—
11	Hoffmann II	27	—	—	—	—	—
12	Jagott	6	12	—	—	—	—
13	Johanni	32	9	—	—	—	—
14	Jurrmann	8	—	—	—	12	—
15	Kühne	7	—	—	—	—	—
16	Laste	—	—	—	—	9	—
17	Lenz	—	—	—	—	40	—
18	Liebelt	6	53	—	—	—	—
19	Löwenberg	9	13	20	—	—	—
20	Mühlmann	4	—	—	—	—	—
21	Müller	3	7	5	—	14	—
22	Pannwitz	28	—	—	—	—	—
23	Pöthe	7	—	—	—	14	—
24	Pusch	3	—	—	—	—	—
25	Rackwitz	4	—	—	—	33	7
26	Roder	10	—	—	—	20	—
27	Schulz I	13	—	—	—	—	—
28	Schulz II	12	5	37	18	—	—
29	Schiesler	30	—	—	—	—	—
30	Semmler	24	4	—	—	13	—
31	Stephan	—	—	—	—	4	—
32	Tietze	11	—	—	—	—	—
33	Türke	5	9	—	—	—	—
34	Ullrich	9	—	—	—	15	—
35	Unger	—	—	—	—	11	—
36	Voigt	25	10	—	—	—	—
37	Wirstorf	—	—	—	—	38	—
38	Zeschke I	—	—	—	—	5	—
39	Zeschke II	—	—	—	—	15	—

Hiernach sind in drei Jahren nur 39 Lehrlinge erkrankt oder unfallverletzt gewesen, und zwar waren 21 erkrankt, 11 unfallverletzt, 7 beides.

Die Zusammenstellung läßt deutlich erkennen, wie sich bei manchen

Lehrlingen die Erkrankungen wiederholen, in dem einen Falle sogar bis zu viermal, in einem anderen Falle dreimal und außerdem noch Unfallverletzung. Rund die Hälfte der erkrankten Lehrlinge ist in dem dreijährigen Beobachtungszeitraum überhaupt nur ein einziges Mal krank gewesen.

Zur Beurteilung der Gesundheitsverhältnisse der Lehrlinge ist ein Vergleich mit den entsprechenden Angaben für erwachsene männliche Arbeiter von Wert. Es sind hier ebenfalls die Aufzeichnungen für den gleichen Dreijahre-Zeitraum zugrunde gelegt, und zwar für eine Arbeiterschaft von im Mittel 600 Köpfen.

Tafel 32.

Häufigkeit der Dienstbehinderungsfälle durch Krankheit oder Unfall (auf je 100 berechnet und nach der Zeitdauer unterschieden) bei erwachsenen Arbeitern und bei Lehrlingen vom 1. Februar 1914 bis 31. Januar 1917 in der Hauptwerkstätte Guben.

Lfd. Nr.	Dauer der Dienstbehinderung	Anzahl der Krankheitsfälle berechnet auf je 100 Erkrankungen		Anzahl der Unfälle berechnet auf je 100 Unfälle	
		von erwachsenen Arbeitern	von Lehrlingen	von erwachsenen Arbeitern	von Lehrlingen
1	1 bis 3 Tage	2	5	1	—
2	4 „ 7 „	13	34	8	26
3	8 „ 14 „	28	34	29	32
4	15 „ 21 „	23	9	19	16
5	22 „ 28 „	10	9	13	5
6	29 „ 35 „	6	5	8	5
7	36 „ 42 „	5	2	7	11
8	43 „ 49 „	3	—	4	—
9	50 „ 56 „	2	2	2	5
10	57 „ 63 „	2	—	2	—
11	64 „ 70 „	1	—	3	—
12	71 „ 77 „	—	—	1	—
13	78 „ 84 „	—	—	—	—
14	85 „ 91 „	1	—	—	—
15	92 „ 98 „	1	—	2	—
16	99 „ 105 „	—	—	—	—
17	106 „ 119 „	1	—	—	—
18	120 „ 140 „	1	—	1	—
19	141 „ 168 „	1	—	—	—
	Zusammen	100	100	100	100

Die Angaben sind in mehrfacher Beziehung lehrreich. Zunächst zeigt es sich, daß auch bei den erwachsenen Arbeitern die Höchstzahl der Dienstbehinderungen auf den Abschnitt von 8 bis 14 Tagen entfällt, sowohl bei den Erkrankungen als auch bei den Unfällen. Sodann ist bei den Lehrlingen die Zahl der kleineren Erkrankungen mit 34 v. H. erheblich größer und umgekehrt die Zahl der länger währenden Erkrankungen viel kleiner als bei den erwachsenen Arbeitern. 15—21 Tage dauerten bei letzteren 23 v. H., bei ersteren dagegen nur 9 v. H. aller Krankheiten. Über 56 Tage war überhaupt kein Lehrling krank, während bei den erwachsenen Arbeitern bis zu 168 Tage vorkommen. Dann handelt es sich meist um Lungenleidende.

Ähnlich liegen die Verhältnisse auch bezüglich der Unfälle. Auch hier finden wir bei beiden Gruppen wieder die Höchstzahlen für 8—14 Tage mit 29 und 32 v. H. und ebenfalls bei den Lehrlingen wieder mehr kürzere und eine geringe Zahl länger währender Dienstbehinderungen im Vergleich zu den Arbeitern. Hier liegt der Grund wohl darin, daß sich der noch nicht so gewandte Anfänger schon eher beim Meißeln einmal auf den Finger schlägt und sich dadurch leichter einmal eine Verletzung zuzieht. Bei erwachsenen Arbeitern ist das weniger häufig. Kommen hier Verletzungen vor, so sind sie vielfach schon ernsterer Art. Wir sehen das auch aus den Angaben zu Nr. 9 und 10 der vorhergehenden Tafel. Unfallbehinderungen über 56 Tage sind bei Lehrlingen gar nicht, bei den erwachsenen Arbeitern aber noch mit insgesamt 9 v. H. der Fälle zu verzeichnen.

Nach der Art der Unfälle sind bei den Lehrlingen in einem dreijährigen Zeitraum vorgekommen

60 v. H.	Fingerverletzungen,
20 v. H.	Augenverletzungen,
15 v. H.	Fußverletzungen,
5 v. H.	Verbrennungen u. dgl.
Zus. 100	

Von den durch **Krankheit** verursachten Dienstbehinderungen betrafen:

1.	Influenza	25	v. H. der Erkrankungsfälle
2.	Hals- und Atmungsorgane	18	" " "
3.	Finger, Hand	13	" " "
4.	Darm, Magen	7	" " "
5.	Haut	7	" " "
6.	Fuß	6	" " "
7.	Augen	5	" " "
8.	Ohren, Nase	5	" " "
9.	Mund, Zähne	5	" " "
10.	Rheumatismus	5	" " "
11.	Herz	2	" " "
12.	Blutarmut	2	" " "
	Zusammen	100	

Auffallend ist die große Zahl der als Influenza bezeichneten Erkrankungen; auch Hals- und Atmungsorgane sind mit hohen Zahlen vertreten. Bei den Angaben zu 3 (Finger, Hand) handelt es sich vielfach um Panaritium und Geschwürbildungen. Zu berücksichtigen ist bei dieser Zusammenstellung, daß sie, wenn sie auch einen dreijährigen Zeitraum umfaßt — weitergehende Angaben standen leider nicht zur Verfügung — doch zunächst nur örtliche Bedeutung hat. In einer anderen Gegend, bei einer anderen Bevölkerung ergeben sich vielleicht abweichende Zahlen. Immerhin geben sie als Beispiel eine gute Vorstellung der einschlägigen Verhältnisse.

§ 5. Allgemeine gesetzliche und dienstliche Bestimmungen über die Kranken-, Unfall- und Altersversorgung.

Die Versorgung der Arbeiter bei Dienstbehinderung durch Krankheit und Unfall oder bei Erreichung einer bestimmten Altersgrenze wird geregelt durch die Reichsversicherungsordnung vom 19. Juli 1911[1]) (Reichs-Gesetzblatt 1911 Nr. 42 S. 509—860).

Nach § 1 umfaßt die Reichsversicherung

die Krankenversicherung,

die Unfallversicherung,

die Invaliden- und Hinterbliebenenversicherung.

Nach § 2 gelten die besonderen Vorschriften

der §§ 165 bis 536 für die Krankenversicherung,

der §§ 537 bis 1225 für die Unfallversicherung, und zwar

der §§ 537 bis 914 für die gewerbliche Unfallversicherung,

der §§ 915 bis 1045 für die landwirtschaftliche Unfallversicherung,

der §§ 1046 bis 1225 für die See-Unfallversicherung,

der §§ 1226 bis 1500 für die Invaliden- und Hinterbliebenenversicherung.

Eine Ausnahme für den Gewerbebetrieb der Eisenbahnunternehmungen wie etwa GO. § 6 sieht die Reichsversicherungsordnung nicht vor, sie gilt mithin auch für die Eisenbahnwerkstättenarbeiter und nach § 165 Abs. 1 ausdrücklich auch für Lehrlinge.

Die Eisenbahnverwaltung hat eigene Versorgungskassen geschaffen. Diese gehen in ihren Leistungen zum Teil erheblich über das gesetzlich geforderte Mindestmaß hinaus.

Für die Krankenversorgung ist in jedem Direktionsbezirk eine Allgemeine Betriebs-Krankenkasse[2]) eingerichtet.

Daneben ist am 1. Oktober 1904 mit staatlicher Unterstützung die Kranken- und Hinterbliebenenkasse des allgemeinen Verbandes der Eisenbahnvereine der Preußisch-Hessischen Staatsbahnen und der Reichseisenbahnen (Eisenbahn-Verbandskrankenkasse und Hinterbliebenenkasse gegründet worden.

Sie gewährt unter bestimmten Bedingungen einen Zuschuß zum Krankengeld, Sterbegeld und für Beamte auch freie Arznei, Witwen- und Waisenrenten.

Der Alters-, Invaliden- und Hinterbliebenenversorgung dient sodann die Pensionskasse für die Arbeiter der Preußisch-Hessischen Eisenbahngemeinschaft. Von den beiden Abteilungen A und B ist A als Sonderanstalt im Sinne der Reichsversicherungsordnung zur Gewährung

---

1) Abgekürzt: RVO.

2) Dem Vorstand gehören an ein Vertreter der Eisenbahnverwaltung als Vorsitzender — in der Regel der Wohlfahrtsdezernent — und eine Anzahl, meist sechs Mitglieder, die von den Krankenkassenangehörigen gewählt werden (vergl. S. 418).

von Invaliden- und Altersrenten (auch Zusatzrenten aus der freiwilligen Zusatzversicherung); ferner von Renten, Witwengeld und Waisenaussteuer für Hinterbliebene nach Maßgabe dieses Gesetzes bestimmt und hat auch alle übrigen Aufgaben der reichsgesetzlichen Invaliden- und Hinterbliebenenversicherung zu erfüllen. Die Beteiligung bei dieser Abteilung gilt der Versicherung bei einer Versicherungsanstalt gleich.

Die Ahteilung B trifft eine weitergehende Fürsorge durch Gewährung von Zusatzrenten zu den reichsgesetzlichen Invaliden-, Witwen- und Waisenrenten, sowie von Sterbegeldern.

§ 6. Die Betriebskrankenkasse.

Nach RVO. § 165 Abs. 1 werden für den Fall der Krankheit versichert: Arbeiter, Gehilfen, Gesellen, Lehrlinge, Dienstboten. Träger der Versicherung sind zufolge RVO. § 225 neben den Orts-, Land- und Innungskrankenkassen auch die Betriebskrankenkassen.

Über ihre Errichtung bestimmt RVO. § 245:

> Ein Arbeitgeber kann eine Betriebskrankenkasse errichten für jeden Betrieb, in dem er für die Dauer mindestens 150 Versicherungspflichtige und für jeden landwirtschaftlichen Betrieb oder Binnenschiffahrtsbetrieb, in dem er für die Dauer mindestens 50 Versicherungspflichtige beschäftigt. Er kann auch eine gemeinsame Betriebskrankenkasse für mehrere Betriebe errichten, in denen er für die Dauer mindestens 150 oder bei landwirtschaftlichen Betrieben mindestens 50 Versicherungspflichtige beschäftigt.

In die Betriebskrankenkasse gehören sodann nach Abs. 3 alle im Betriebe beschäftigten Versicherungspflichtigen. Versicherungsberechtigte, die im Betriebe tätig sind, können der Kasse nach Abs. 4 beitreten. Das gleiche Recht, Betriebskrankenkassen auf Grund von § 245 zu errichten, ist in § 248 auch den Verwaltungen des Reichs und der Bundesstaaten für ihre Dienstbetriebe zuerkannt. Für die dort Beschäftigten gilt ebenfalls § 245 Abs. 3, 4.

Auf Grund dieser gesetzlichen Bestimmungen ist für jeden Eisenbahndirektionsbezirk eine Betriebskrankenkasse eingerichtet. Die Satzungen für die einzelnen Bezirke sind an der Hand einheitlicher Mustersatzungen aufgestellt und weichen daher nicht sehr voneinander ab. Um für die Besprechung der einschlägigen Verhältnisse eine Grundlage zu haben, seien hier die Satzungen, Zahlen und Leistungen einer einzelnen Kasse zugrunde gelegt. Die geringen Abweichungen gegenüber den entsprechenden Angaben für andere Bezirke sind hier für unsere Zwecke unwesentlich.

Die Kasse führt die Bezeichnung: Allgemeine Betriebs-Krankenkasse für den Eisenbahndirektionsbezirk N. - Sie ist rechtsfähig und eine selbständige Anstalt. — Wird daneben noch eine Krankenkasse für Neubauausführungen geschaffen, so führt sie die Bezeichnung Besondere Betriebskrankenkasse.

Nach RVO. § 179 gelten als Regelleistung: Krankenhilfe, Wochengeld und Sterbegeld. Nach RVO. § 205 kann die Satzung außerdem zubilligen:

1. Krankenpflege an versicherungsfreie Familienmitglieder der Versicherten,

2. Wochenhilfe an versicherungsfreie Ehefrauen der Versicherten,

3. Sterbegeld beim Tode des Ehegatten oder eines Kindes eines Versicherten[1]).

Die Eisenbahn-Betriebskrankenkasse hat ihre Leistungen auch hierauf ausgedehnt und gewährt demnach[1])

1. den Kassenmitgliedern in Krankheitsfällen Krankenhilfe (Krankenpflege, Krankengeld),

2. Wochenhilfe,

3. Sterbegeld,

4. Familienhilfe, d. h. die Kasse gewährt erkrankten Familienangehörigen vom Beginn der Krankheit auf die Dauer von 26 Wochen ärztliche Behandlung sowie Versorgung mit Arznei und kleinen Heilmitteln.

In RVO. § 180 heißt es:

„Die baren Leistungen der Kassen werden nach einem Grundlohn bemessen. Als solchen setzt die Satzung den durchschnittlichen Tagesentgelt derjenigen Klassen Versicherter, für welche die Kasse errichtet ist, bis fünf Mark für den Arbeitstag fest. Die Satzung kann den durchschnittlichen Tagesentgelt auch nach der Lohnhöhe der Versicherten stufenweise bis sechs Mark festsetzen. Die Satzung kann statt des durchschnittlichen Tagesentgelts den wirklichen Arbeitsverdienst der einzelnen Versicherten bis sechs Mark für den Arbeitstag als Grundlohn bestimmen."

Hierzu bestimmen die Satzungen der genannten Kasse zu N. in § 5:

„Als Grundlohn gilt das wirkliche Lohn- oder Diensteinkommen des einzelnen Versicherten, soweit es sechs Mark für den Arbeitstag nicht übersteigt."

Und weiter: „Für Kassenmitglieder, die zeitweise gegen Stücklohn beschäftigt werden, ist der Beitrag von dem Lohnbetrage zu bemessen, den sie im Tagelohn erhalten."

Die Lehrlinge werden nur im Tagelohn beschäftigt. Als Grundlohn kommt daher der mit 9 zu vervielfachende Stundenverdienst in Betracht. In einer der Hauptwerkstätten war er vor dem Kriege im ersten Jahre $9 \times 0{,}08 = 0{,}72$ Mk. und im letzten Lehrjahre $9 \times 0{,}19 = 1{,}71$ Mk.

Nach RVO. § 381 haben die Versicherungspflichtigen zwei Drittel, ihre Arbeitgeber ein Drittel der Beiträge zu zahlen. An weiteren Bestimmungen über die Aufbringung der Mittel kommen aus der RVO. in Betracht:

Bei Arbeitsunfähigkeit sind für die Dauer der Krankenhilfe keine Beiträge zu zahlen (§ 383 Abs. 1).

Die Beiträge sind in Hundertstel des Grundlohnes so zu bemessen, daß sie, die anderen Einnahmen eingerechnet, für die zulässigen Ausgaben der Kasse ausreichen. Zu anderen Zwecken darf die Kasse keine Beiträge erheben (§ 385 Abs. 1 und 2).

---

[1]) Zu beachten ist, daß nach RVO. § 179 nicht nur eine Mindestgrenze, sondern auch eine Höchstgrenze der Leistungen besteht, über die nicht hinausgegangen werden darf.

Die Beiträge dürfen bei Errichtung der Kasse nur dann höher als viereinhalb vom Hundert des Grundlohnes festgesetzt werden, wenn es zur Deckung der Regelleistung erforderlich ist. (§ 386.)

Decken die Einnahmen der Kasse ihre Ausgaben einschließlich der Beträge die Rücklage nicht, so sind durch Satzungsänderung entweder die Leistungen bis auf die Regelleistungen zu mindern oder die Beiträge zu erhöhen. (§ 387.)

Decken bei einer Ortskrankenkasse auch sechs vom Hundert des Grundlohnes als Beiträge die Regelleistungen nicht, so können die Beiträge nur auf übereinstimmenden Beschluß der Arbeitgeber und Versicherten im Ausschuß noch weiter erhöht werden. (§ 389.)

Hierzu bestimmen die Satzungen der Kasse zu N. in § 5 Ziffer 1:

„Für jedes Kassenmitglied ist ein laufender Beitrag von 3,6 vom Hundert des Grundlohnes zu zahlen."

Ferner unter Ziffer 3:

„Der laufende Beitrag wird für jeden Tag des Erhebungszeitraumes mit Einschluß der Sonntage berechnet.

Die ermittelte Beitragssumme wird für jeden Erhebungszeitraum in der Weise auf volle Pfennige aufwärts abgerundet, daß sie durch die Zahl drei teilbar ist."

Für einen Lehrling im ersten Jahre mit 8 Pfg. Stundenverdienst sind demnach für einen Lohnabschnitt, z. B. vom 25. Mai bis 24. Juni, an Krankenversicherungsgeld insgesamt zu zahlen $9 \times 0{,}08 \times 31 \times 0{,}36 = 0{,}804$ rd. 0,81 Mk.

Hiervon entfallen zu Lasten

der Eisenbahnverwaltung: $\frac{0{,}81}{3} = 0{,}27$ Mk.

des Lehrlings: $0{,}81 \times {}^{2}/_{3} = 0{,}54$ „

Bei einem Lehrling im letzten halben Jahr mit 19 Pfg. Stundenverdienst sind die Beträge entsprechend insgesamt 1,92 und im einzelnen 0,64 Mk. bzw. 1,28 Mk.

Die Mitgliedschaft bei der Kasse beginnt mit dem Tage des Eintritts in die versicherungspflichtige Beschäftigung, hier also mit dem Beginn der Lehrzeit.

Nach § 4 der Dienstanweisung für die Betriebskrankenkassen[1]) sind die Lehrlinge innerhalb von drei Tagen bei der Betriebskrankenkasse anzumelden. Dies geschieht mittels des folgendes Vordruckes Nr. 546.

---

[1]) Ausführliche Benennung: „Dienstanweisung für die Dienstvorsteher, Kassen- und Rechnungsbeamten, sowie die Vorstände der Ämter und Bauabteilungen betreffend die Eisenbahn-Krankenkassen" — Nr. 17 des Verzeichnisses der Dienstanweisung und Dienstvorschriften. Gültig vom 1. Januar 1914.

Tafel 33. Vordruck für die Anmeldung des Lehrlings zur Eisenbahn-Betriebskrankenkasse und für die Aufnahmeverfügung der Kasse.

a) Vorderseite.

Pensionskasse für die Arbeiter der Preußisch-Hessischen Eisenbahngesellschaft.

Betriebskrankenkasse .... Guben, den 25. April 1918.

1. Dem Lohnrechnungsprüfer zur Ergänzung der Lohnkontrolle.
2. an den Vorstand der Betriebskrankenkasse............zu N.

Die in der anliegenden Standesliste.. bezeichnete.. umstehend aufgeführte.. Person.. ist (sind) angenommen und in die Beschäftigung eingetreten.

Diese Beschäftigung ist weder durch die Natur ihres Gegenstandes, noch im Voraus durch den Arbeitsvertrag auf einen Zeitraum von weniger als einer Woche beschränkt.

Für die angemeldeten Personen sind ...... Stück Krankenkassensatzungen beizufügen, — [nicht beizufügen], weil ein Bestand an Satzungen nicht vorhanden ist [— vorhanden ist].

Dienststelle: Königliches Eisenbahn-Werkstättenamt.

Unterschrift des Dienstvorstehers: N. N.

..................den.....ten......19..

Zu 1 erledigt. 1. Die umstehend aufgeführten Personen sind:
a) in das alphabetische Namensverzeichnis, b) in die Bestandsliste, c) (in die Kurbezirksliste) einzutragen.

Zu 2 entnommen. 2. Die Standeslisten sind zu entnehmen und die Mitteilungen zu Ziffer 5a der Standesliste an die Versicherungsanstalten abzusenden.

Zu 3 und 4 erledigt. 3. Für lfd. Nr........ sind Aufnahmescheine der Krankenkasse, für lfd. Nr........ sind Aufnahmescheine der Pensionskasse Abteilung A und B auszufertigen.

4. (Meldung an den Kassenarzt ist zu erstatten.)
5. Die umstehenden Eintragungen werden (hinsichtlich der Personen unter lfd. Nr........) als richtig anerkannt.
6. G. R. dem .... zu ....
zur Vervollständigung der Arbeiterliste sowie der Krankenkassensatzungen und der anliegenden Aufnahmeschein.
7. Zur Sammlung.

Der Bezirksausschuß Nr............. der Arbeiterpensionskasse und Vorstand der Betriebskrankenkasse.

b) Rückseite.

Laufende Nr.	Standeslisten-Nummer (Wird vom Bezirksausschuß ausgefüllt)	Name und Rufname	Geburtstag	Krankenkasse: Eintrittstag	Krankenkasse: Lohnsatz ℳ	Krankenkasse: Lohnsatz ₰	Krankenkasse: Veranlagter Tagesverdienst, falls er von dem Lohnsatz in Spalte 6 abweicht ℳ	₰	Krankenkasse: Eintrittsgeld ℳ	₰	Pensionskasse (Abt. A): Lohnklasse	Pensionskasse (Abt. A): Wöchentlicher Beitrag	Pensionskasse (Abt. A): Von welchem Tage ab	Bemerkungen. (Insbesondere ob der Angemeldete in der Eintrittswoche bereits in einer anderen Beschäftigung gestanden hat)
1	2	3	4	5	6		7		8		9	10	11	12
1		Müller, Paul	6. 4. 1904	25. 4. 1918	—	54	—	50	—	—	—	—	—	

Tafel 34. Standesliste für die Eisenbahn-Betriebskrankenkasse.

Pensionskasse für die Arbeiter
der Preußisch-Hessischen Eisenbahn-Gemeinschaft
Bezirksausschuß Nr.
Eisenbahn-Betriebskrankenkasse N.

Nr. 91233 (Nicht vom Dienstvorsteher auszufüllen.)

Ist versicherungsberechtigtes Mitglied seit ....

Kassenarzt: Dr. Ayrer.

Gehört im Sinne des § 517 RVO. der Ersatzkasse .... an

mit einem Krankengeld von........ täglich / wöchentlich

Standesliste

für den Paul Wilhelm Karl Müller

(Zu- und sämtliche Vornamen)
(Rufname zu unterstreichen)

Geburtstag: 6. April 1904.

Geburtsort: Schlagsdorf.

Art der Beschäftigung: Schlosserlehrling.

(Kreis, Provinz, Staat): Kreis Guben, Provinz Brandenburg, Preußen.

1	Dienststelle und Nr. der Arbeiterliste des Dienstvorstehers.	Werkstättenamt Guben, Kontr.-Nr. 909.
2	a) Stationsort (Ort der Kasse, durch welche die Lohnzahlung erfolgt), b) Wohnort, auch Wohnung.	a) Guben. b) Guben, Wilkestraße 40.
3	Tag des Eintritts in die Beschäftigung unter gleichzeitiger Angabe des Wochentages.	25. April 1918. Donnerstag.
4	a) Hat der Angemeldete bisher zu einer anderen Krankenkasse, und zwar zu welcher, oder zur Gemeinde-Krankenversicherung Beiträge geleistet und bis wann? b) Wird er auch ferner zu dieser Krankenkasse Beiträge leisten? (Sollte der Angemeldete beantragen, von der Teilnahme an der Eisenbahnbetriebskrankenkasse befreit zu werden, weil er einer den Anforderungen des § 75 des Krankenversicherungsgesetzes genügenden Hilfskasse angehört (§ 2 Abs. 2 der Satzungen der Eisenbahnbetriebskrankenkasse), so ist dies hierneben anzugeben. In diesem Falle sind von dem Angemeldeten eine Bescheinigung über die Mitgliedschaft bei jener Kasse und deren Satzungen einzufordern und beizufügen. Die Mitgliedschaft bei einer sonstigen Krankenkasse [abgesehen von den vorerwähnten Hilfskassen] befreit nicht von dem Beitritt zur Eisenbahnbetriebskasse.) c) Wird er Mitglied der Eisenbahnverbandskrankenkasse?	a) nein. b) nein. c)

Es ist hier nur Seite 1 wiedergegeben. Seite 2 enthält unter 5 und 6 Angaben über die Mitgliedschaft bei anderen Kassen sowie unter Nr. 7 über eine etwa schon bezogene Unfallrente. Unter 8 hat der Angemeldete die Richtigkeit der von ihm gemachten Angaben zu bescheinigen. Der Dienststellenvorsteher, bei den Lehrlingen der Vorstand des Werkstättenamts, unterschreibt dann die Standesliste. Seite 3 dient für die Eintragungen des Bezirksausschusses, besonders über die gezahlten Beiträge, und auf Seite 4 sind 64 Zeilen vorgesehen für Angabe der Anzahl Wochen, die das Kassenmitglied etwa durch Krankheit oder militärische Dienstleistung an der Beitragsleistung verhindert gewesen ist.

Der Vorstand der Betriebskrankenkasse prüft die Anmeldung und verfügt die Aufnahme des Lehrlings, sofern keine Hinderungsgründe vorliegen. Die Benachrichtigung hierüber geht dem Werkstättenamt unter Punkt 6 des Vordruckes Tafel 33 S. 382 unter Übersendung einer gelben Karte als Aufnahmeschein nach der folgenden Tafel 35 zu.

Tafel 35. Aufnahme- und Ausweisschein für die Eisenbahn-Betriebskrankenkasse.

a) Vorderseite.

Allgemeine Betriebs-Krankenkasse für den Eisenbahn-Direktionsbezirk N.

Dienststelle: Werkstättenamt Guben.

Aufnahmeschein.

Standesliste Nr. 91 233.

Der bei der Preußisch-Hessischen Eisenbahngemeinschaft beschäftigte

Lehrling Paul Müller.

geboren am 6. April 1904,
wohnhaft in Guben,
gehört seit dem 25. April 1918
der obenbezeichneten Krankenkasse als Mitglied an.

(Stempel.)

**Vorstand
der Allgem. Betriebs-Krankenkasse
für den Eisenbahn-Direktionsbezirk N.**

b) Rückseite.

Dieser Aufnahmeschein ist aufzubewahren, dem Kassenarzt bei Inanspruchnahme durch das Kassenmitglied oder seine Angehörigen vorzuzeigen und beim Austritt aus der Beschäftigung bei der Eisenbahnverwaltung dem Dienstvorsteher zurückzugeben. Für Scheine, die infolge Abhandenkommens durch neue ersetzt werden, ist die im § 3 Absatz 2 der Satzung festgesetzte Gebühr zu entrichten.

Die Bestellung des Arztes zu Tagesbesuchen ist, abgesehen von ganz dringenden Fällen, bis zum Schluß der Morgenstunde abzugeben.

Beim Wechsel des Kassenarztes ist der Aufnahmeschein sofort dem Dienstvorsteher zur Berichtigung vorzulegen.

Name des Kassenarztes: Dr. Ayrer.

Dem Lehrling wird außer diesem Aufnahmeschein noch ein Abdruck der Satzungen der Allgemeinen Betriebskrankenkasse für den betreffenden Direktionsbezirk ausgehändigt.

Muß der Lehrling bei einer Erkrankung den Kassenarzt in Anspruch nehmen, so ist hierbei die vorerwähnte gelbe Karte als Ausweis vorzulegen. Der Arzt stellt in allen Krankheitsfällen, in denen Krankengeld in Anspruch genommen wird, eine Erkrankungsanzeige auf dem Vordruck Tafel 36 aus und übergibt ihn dem Lehrling oder dessen Angehörigen zur Weiterbeförderung an das Werkstättenamt. Die Rückseite wird in der Regel bis auf Punkt 1 von dem Werkmeister ausgefüllt.

Tafel 36. Erkrankungsanzeige.

a) Vorderseite.

Allgemeine Betriebskrankenkasse für den

Eisenbahndirektionsbezirk ....

Nr. .... des Krankenbuchs. (Wird vom Kassenvorstand ausgefüllt.)

Erkrankungsanzeige[1])

für Mitglieder, die das Krankengeld in Anspruch nehmen.

Vom Kassenarzt zu beantworten.

1. Vor- und Zuname: ....
2. Dienstbezeichnung: ....
3. Tag, an dem sich derselbe gemeldet hat: ....
4. Art der Krankheit (tunlichst deutscher Name): ....
....
....
5. Ist die Krankheit als die Fortsetzung einer früheren anzusehen? ....
6. Der Kranke wird vermutlich arbeitsunfähig sein bis ....
Er hat sich wieder vorzustellen am ....
7. Ausgehzeit: ....
8. Bemerkungen[2]): ....
....

Der Kassenarzt:

....

[1]) Die Anzeige ist vom Arzt (erforderlichenfalls in einem verschlossenen Briefumschlag, der vom Kassenvorstand geliefert wird) dem Erkrankten bzw. seinen Angehörigen zur Beförderung an den Dienstvorsteher zu übergeben und von diesem sofort an den Kassenvorstand weiterzugeben.

[2]) Ob Verdacht auf Täuschung vorliegt, von wann ab Krankenhauspflege usw.

b) Rückseite.

Von der Dienststelle zu beantworten.

1. Standeslisten-Nr. .... der Betriebskrankenkasse.
Mitglieds-Nr. .... der Verbandskranken- und Hinterbliebenenkasse.
2. Wohnort und Wohnung des Kassenmitgliedes ....
....
3. Ist die Krankheit die Folge eines am .... erlittenen Betriebsunfalles? ....
4. An welchem Tage hat der Erkrankte zuletzt gearbeitet und Lohn verdient? ...
....
5. Bemerkungen ....
....

Weitergereicht am ....
(Dienstort) ...., den ....19.....
(Dienststelle) ....
(Unterschrift) ....

Das Werkstättenamt trägt die Angaben über die Krankmeldung und voraussichtliche Dauer der Krankheit in nachstehenden Vordruck ein.

Tafel 37. Erkrankungsnachweis und Genesungsanzeige für die Eisenbahn-Betriebskrankenkasse. — a) Vorderseite.

Zur Beachtung für das Kassenmitglied: Der Erkrankungsnachweis bleibt bis zum Wiedereintritt der Arbeitsfähigkeit, bis zur Beendigung der Kassenleistungen oder bis zum Tode in den Händen des Erkrankten und ist am Schluß jedes Löhnungszeitraumes und bei den angeordneten Wiedervorstellungen dem Arzt zur Bescheinigung der Fortdauer der Krankheit vorzulegen und dem Dienstvorsteher vorzuzeigen, dem letzteren auch, wenn der Arzt erst im Laufe der Krankheit eine Ausgehzeit bewilligt oder sie ändert.

Allgemeine Betriebskrankenkasse für den Eisenbahndirektionsbezirk N.

Standeslisten-Nr. 84215 der Betriebskrankenkasse.
Mitglieds-Nr. ______ der Verbandskranken- und Hinterbliebenenkasse.
Nr. ______ des Krankenbuchs.
} Von der Dienststelle auszufüllen.

Erkrankungsnachweis und Genesungsanzeige.

(Von der Dienststelle auszufüllen:) Der (Dienststellung, Vor- und Zuname) Lehrling Alfred Münke in (Dienstort) Guben, geboren am 14. 1. 1902, der sich am 11. 1. 18 krank gemeldet hat, voraussichtlich bis zum 18. 1. 18 krank sein sollte und sich am 14. 1. 18 dem Arzte vorzustellen hat, leidet an Mandelentzündung. — Er

(Vom Kassenarzt auszufüllen:)

ist noch krank und arbeitsunfähig befunden	hat sich dem Arzte wieder vorzustellen	Name des Arztes
am 14. 1.	am 16. 1.	Dr. Funk, Sanitätsrat.
"	"	....
"	"	....
gesund und arbeitsfähig befunden von 17. 1. 18 ab.		....

Ausgehzeit:

a) vom 14. 1. 18 bis 16. 1. 18 von 3 nachm. bis 6 nachm.
b) " .... " .... " .... " " .... "
c) " .... " .... " .... " " .... "

(Bei Werkstättenarbeitern nicht ausfüllen.) Nach Augen- und Ohrenkrankheiten, Kopfverletzungen, Gehirnerkrankungen, Erschütterungen, nach anderen schweren Erkrankungen (Typhus, Herz und Nierenleiden usw.). Das Seh-, Farbenunterscheidungs- und Gehörvermögen geben zu Bedenken oder Bemerkungen ..... Anlaß. (Kann die Lücke mit dem Worte „keinen" nicht ausgefüllt werden, ist besonderer Bericht vom Arzt an den Krankenkassenvorstand zu erstatten.

Nach erlittenen Verletzungen: ....
Nachteilige Folgen sind — nicht — insofern zurückgeblieben als ....
....
....

Krankenkontrolle ist ausgeübt am 12. 1. 18 von Kr.-Kontr. Grunert.

Angaben des Krankenkontrolleurs: ________

Gesehen und nach Vermerk in der Krankheitsnachweisung (Vordruck Nr. 432) weitergereicht.

Vermerk: M. hat heute die Arbeit wieder aufgenommen.
Schönfisch, Werkmeister. 18. 1. 18.

Guben, den 18. Januar 1918.
Dienststelle und Unterschrift.
N. N.

Anleitung für die Dienststelle: Die von der Dienststelle zu machenden Angaben über Krankmeldung und voraussichtliche Dauer der Krankheit sind aus der Erkrankungsanzeige zu übernehmen. Nach Ausfüllung des Vordrucks ist der Erkrankungsnachweis dem Erkrankten zu behändigen.

Anleitung für den Arzt: Nach Eintritt der Arbeitsfähigkeit ist auf der Rückseite die Krankheitsgruppe anzugeben, zu der die Erkrankung gehörte. Gegebenenfalls ist die Anzeige in einem verschlossenen Briefumschlage, der vom Vorstande der Krankenkasse geliefert wird, dem Genesenen zur Beförderung an die Dienststelle zu übergeben.

Auf der Rückseite sind die nach Gruppen geordneten häufigsten Krankheiten angegeben. Die Krankheitsgruppen, zu der die Erkrankung gehört, ist für statistische Zwecke zu unterstreichen. Die Einteilung ist wie folgt:

Gruppe I. Entwicklungskrankheiten. Gruppe IIa. Infektions- und parasitäre Krankheiten (ausschließlich akuter Gelenkrheumatismus). Gruppe IIb. Tuberkulose aller Organe. Gruppe IIc. Lues (Syphilis). Gruppe III. Sonstige allgemeine Krankheiten. Gruppe IVa. Krankheiten des Nervensystems. Gruppe IVb. Unfallneurose. Gruppe V. Krankheiten der Atmungsorgane. Gruppe VI. Krankheiten der Kreislauforgane. Gruppe VII. Krankheiten der Verdauungsorgane. Gruppe VIII. Krankheiten der Harn- und Geschlechtsorgane (ausschl. der unter Gruppe IIa genannten). Gruppe IXa. Krankheiten der äußeren Bedeckungen und der Bewegungsorgane. Gruppe IXb. Gelenk- und Muskelrheumatismus. Gruppe X. Krankheiten des Ohres. Gruppe XI. Krankheiten des Auges. Gruppe XII. Verletzungen. Gruppe XIII. Anderweitige Krankheiten und unbestimmte Diagnosen.

Neben den Satzungen und als Anhang hierzu bestehen in der Regel noch besondere Krankenordnungen. Der Wortlaut einer solchen sei nachstehend als Beispiel gegeben.

Krankenordnung

zur Überwachung der Kranken, sowie ihr Verhalten.

(Gemäß § 25 Ziffer 7 der Satzungen der Allgemeinen Betriebs-Krankenkasse für den Eisenbahndirektionsbezirk N.)

Auf Grund des § 347 der Reichsversicherungsordnung und des § 7 Abs. 5 der Satzung in der Ausschußsitzung vom 9. Mai 1914 beschlossen.

I. Krankmeldung und Inanspruchnahme des Arztes.

1. Erkrankte Kassenmitglieder, die arbeitsunfähig sind, haben sich sofort, nicht erst nach einigen Tagen, unter Vorzeigung des Aufnahmescheins von dem zuständigen Kassenarzt eine Erkrankungsanzeige ausstellen zu lassen und ohne Verzug dem Dienstvorsteher abzugeben. Ihm ist hierbei die Höhe der Bezüge mitzuteilen, die sie gleichzeitig aus einer anderen Krankenversicherung oder auf Grund sonstiger Entschädigungsansprüche von Armenverbänden, der Eisenbahnverwaltung oder sonstigen Dritten erhalten.

Der Dienstvorsteher übergibt dem Kranken einen Erkrankungsnachweis, der bis zum Wiedereintritt der Arbeitsfähigkeit, bis zur Beendigung der Kassenleistungen oder bis zum Tode in den Händen des Erkrankten bleibt. Der Erkrankungsnachweis ist bei den vom Arzt angeordneten Wiedervorstellungen und vor Zahlung des Krankengeldes dem Arzte zur Bescheinigung der Fortdauer der Krankheit, sowie wegen des Krankengeldes dem Dienstvorsteher vorzulegen. Nach Beendigung der ärztlichen Behandlung ist der vom Arzt mit der Genesungsanzeige versehene Erkrankungsnachweis dem Dienstvorsteher zurückzugeben.

2. Die von der Kasse zugelassenen Spezialärzte (Zahnärzte) können, abgesehen von Fällen dringender Gefahr, nur auf Grund eines vom zuständigen Kassenarzt ausgestellten Überweisungsscheins in Anspruch genommen werden. Während der Dauer der spezialärztlichen Behandlung werden die Bescheinigungen der Arbeitsunfähigkeit von dem Kassenarzt — von dem Spezialarzt — ausgestellt. Nach Abschluß

der spezialärztlichen Behandlung hat sich das Mitglied sofort bei seinem zuständigen Kassenarzte wieder vorzustellen, der die weitere Behandlung übernimmt oder die Genesungsanzeige ausstellt.

3. Nicht von der Kasse zugelassene Spezialärzte (Zahnärzte) können nur auf Grund eines Überweisungsscheins des zuständigen Kassenarztes und nach vorheriger Genehmigung des Kassenvorstandes in Anspruch genommen werden.

4. Der Arzt darf nicht mehr in Anspruch genommen werden als unbedingt geboten ist. Kassenmitglieder, deren Zustand das Ausgehen gestattet, haben den Arzt in der Sprechstunde aufzusuchen, der Besuch des Arztes in der Wohnung des Kranken darf in solchem Falle nicht gefordert werden.

5. Ist das Aufsuchen des Arztes nicht möglich, so ist der Besuch bis zum Schluß der Morgensprechstunde des Tages, für den er gewünscht wird, vom Arzt zu erbitten. Nur in Fällen dringender Gefahr kann der Arzt jederzeit in Anspruch genommen werden. Ist der Besuch aus irgend einem Grund unnötig geworden, so ist der Arzt sofort zu benachrichtigen.

Wenn der Besuch schriftlich, telegraphisch, durch Fernsprecher oder durch Boten erbeten wird, sind, auch bei schon laufender Behandlung, die Krankheitserscheinungen kurz, aber erschöpfend zu bezeichnen, damit der Arzt übersehen kann, in welcher Weise und Zeit er am besten im Rahmen seiner sonstigen Geschäfte dem Ruf nachkommen kann. Besonders Boten müssen zu solcher Auskunft imstande sein. Allgemeine Redensarten, wie z. B. „es sei etwas passiert", genügen nicht, es sind vielmehr bestimmte Angaben zu machen, z. B. Armbruch, Überfahren eines Beines, Entbindung, Scharlach, heftiges Erbrechen, sehr hohes Fieber usw.

Nachtbesuche und Nachtkonsultationen dürfen nur beansprucht werden, wenn dringende Gefahr besteht.

II. Verhalten den Ärzten gegenüber.

Bei Inanspruchnahme des Arztes sollen die Mitglieder auf Sauberkeit an Körper und Kleidung achten. Sie sind verpflichtet, sich dem Arzt gegenüber angemessen zu verhalten.

III. Sonstiges Verhalten der Kranken.

1. Die Mitglieder haben die Vorschriften des Arztes gewissenhaft zu beobachten und den Anordnungen des Kassenvorstandes Folge zu leisten, sich auch auf Verlangen des Kassenvorstandes einer ärztlichen Nachuntersuchung zu unterziehen.

2. Hat der Arzt Bettruhe angeordnet, so ist sie streng innezuhalten.

3. Die Kranken dürfen keinerlei Arbeiten verrichten, sofern nicht der Arzt eine bestimmte Arbeit gestattet oder vorgeschrieben hat. Eine Beschäftigung ist auch dann nicht erlaubt, wenn sie vom Arzt nicht ausdrücklich untersagt oder nachträglich als nicht schädlich bezeichnet ist. Sind dem Kranken Arbeiten hauswirtschaftlicher Art in der Wohnung gestattet, so darf er sich nicht anderweit, beispielsweise im Garten oder im Feld, beschäftigen.

4. Die Kranken dürfen ihre Wohnung nur mit Erlaubnis des Arztes verlassen, die schriftlich und nur für bestimmte Stunden erteilt wird. Die Ausgehzeiten sollen der Regel vor- und nachmittags je 2 Stunden nicht überschreiten. Sie sollen in den Monaten April bis September in der Regel zwischen 8—10 Uhr morgens und von 4—6 Uhr abends und in den Monaten Oktober bis März von 9—11 Uhr morgens und von 2—4 Uhr nachmittags liegen.

Außerhalb der Ausgehstunden, sowie wenn Ausgang nicht gestattet ist, darf die Wohnung auch nicht zum Kirchenbesuch, zum Aufsuchen der Apotheke, zur Beschaffung von Lebensmitteln usw. verlassen werden.

Auch im Falle der Ausgeherlaubnis ist der Besuch von Versammlungen, Schankstätten, Speisewirtschaften oder anderen öffentlichen Lokalen untersagt. Nur ist es den Mitgliedern, die ein Mittagessen in ihrem Haushalt aus besonderen Gründen nicht erhalten können, gestattet, innerhalb der Zeit von 12 bis 2 Uhr ihr Mittagessen in Wirtschaften einzunehmen. Doch ist jeder unnötige Aufenthalt daselbst verboten. Eßwaren zum Abendessen haben sie sich bei dieser Gelegenheit oder während der sonst zugelassenen Ausgehzeit zu besorgen.

Als Ausgang im Sinne dieser Bestimmungen ist der Besuch beim Arzt nicht anzusehen.

5. Arznei und Heilmittel sind genau nach den Anordnungen des Arztes zu gebrauchen.

6. Arzneiflaschen, Krüge und andere Gefäße sind bei wiederholter Anfertigung in gut gereinigtem Zustand zurückzugeben, oder ihr Wert ist zu ersetzen.

7. Jeder Wohnungswechsel ist dem Dienstvorsteher unverzüglich, spätestens am Tage nach dem Wohnungswechsel, zu melden. Dabei ist die Wohnung genau nach Straße, Hausnummer und Stockwerk anzugeben, in großen Orten auch, ob die Wohnung im Vorderhause, Hinterhause, Seitenflügel oder Quergebäude gelegen ist. Ledige Mitglieder haben auch den Vermieter namhaft zu machen.

8. Zum vorübergehenden Verlassen des Wohnortes während der Krankheit ist die Genehmigung des Kassenarztes und des Kassenvorstandes erforderlich. Die Mitglieder sind auch während ihrer Abwesenheit der Krankenordnung unterworfen und haben auf Verlangen des Kassenvorstandes jederzeit zurückzukehren.

Es kann unter keinen Umständen geduldet werden, daß Kranke eigenmächtig anderwärts vorübergehenden Aufenthalt nehmen.

Beurlaubungen erkrankter Kassenmitglieder durch den Kassenarzt oder den Dienstvorsteher sind unzulässig.

IV. Behandlung im Krankenhause.

1. Bei Krankenhausbehandlung müssen die Kranken den Aufnahme- und Entlassungstag sofort ihrem Dienstvorsteher mündlich oder schriftlich mitteilen lassen. Ebenso müssen Personen, für die ein Heilverfahren in einer Heilstätte oder in einem Kurorte eingeleitet ist, verfahren.

2. Nach der Entlassung aus dem Krankenhause oder nach der Rückkehr von einer Kur hat sich das Mitglied sofort unter Vorzeigung des Entlassungsscheins bei seinem Kassenarzt vorzustellen. Der Entlassungsschein des Krankenhauses ist alsbald dem Dienstvorsteher auszuhändigen.

3. Weigert sich ein Mitglied, einer angeordneten Einweisung ins Krankenhaus Folge zu leisten, oder verläßt es unberechtigt das Krankenhaus oder ist es wegen Verstoßes gegen die Krankenhausordnung aus dem Krankenhaus entlassen worden, so verliert es für den Zeitraum, während dessen es sich der Krankenhauspflege entzieht, den Anspruch auf Krankenpflege, Krankengeld und Hausgeld.

V. Erkrankung außerhalb des Kassenbezirks.

Erkrankt ein Kassenmitglied außerhalb seines Kassenbezirks in einem anderen Arztbezirk der Preußisch-Hessischen Staatseisenbahnverwaltung, so hat es sich behufs freier ärztlicher Behandlung an den zuständigen Kassenarzt dieses Bezirks zu wenden.

VI. Überwachung durch Krankenbesucher.

Um die Gesamtheit der Kassenmitglieder vor mißbräuchlicher Ausnutzung Einzelner zu schützen und um die Kasse in die Lage zu setzen, ihre Aufgaben in möglichst weitgehendem Umfang zu erfüllen, werden die Kranken kontrolliert.

Den Krankenbesuchern (Vorstandsmitgliedern, beauftragten Kassenmitgliedern, Krankenkontrolleuren usw.) darf der Zutritt zu der Wohnung des Kranken unter keinen Umständen verweigert werden. Die Wohnung des Kranken muß den Krankenbesuchern im Sommer von 7 Uhr vorm. ab und im Winter von 8 Uhr vorm. ab bis 8 Uhr abends stets zugänglich sein. Der Kranke hat dafür zu sorgen, daß die Krankenbesucher die Wohnung betreten und sich von seiner Anwesenheit überzeugen können. Angaben, daß Klopfen, Rufen, Klingeln (Schellen) nicht gehört sei, daß der Kranke geschlafen oder in einem abseits gelegenen Raum bei Mitbewohnern oder an anderer Stelle des Hauses sich aufgehalten habe, können nicht ohne weiteres als Entschuldigungsgrund gelten.

Auch sind die Kranken verpflichtet, den Krankenbesuchern jede gewünschte Auskunft zu erteilen, die sich auf ihre Krankheit, ihr Verhalten und auf die ärztlichen Vorschriften bezieht.

VII. Familienangehörige.

Für Familienangehörige gelten die vorstehenden Bestimmungen entsprechend.

VIII. Strafverfügungen.

Zuwiderhandlungen der Kassenmitglieder gegen vorstehende Vorschriften werden nach § 7 Abs. 5 der Satzung (§ 529 RVO.) mit Strafe bis zum dreifachen Betrage des täglichen Krankengeldes für jeden Übertretungsfall geahndet. Gegen eine Strafverfügung ist binnen 1 Monat nach der Zustellung Beschwerde an die Königliche Eisenbahndirektion zulässig. Deren Entscheidung ist endgültig.

IX. Anspruch auf freiwillige Leistungen.

Die über die gesetzlichen Regelleistungen hinausgehenden freiwilligen Leistungen der Kasse werden in dem einzelnen Krankheitsfalle nur dann und so lange gewährt, als das Kassenmitglied und seine Angehörigen der Krankenordnung, den Anordnungen des Arztes oder des Kassenvorstandes Folge leisten und den Arzt nicht wiederholt ohne genügende Veranlassung in Anspruch nehmen (§ 15a der Satzung).

N., den 15. Mai 1914.

Königliche Eisenbahndirektion.

Ist der Lehrling aus irgend welchen Gründen gleich zu Beginn der Lehrzeit wieder ausgeschieden, ehe er noch zur Krankenkasse angemeldet war, so muß diese gleichwohl benachrichtigt werden. Es dient hierzu nachstehender Vordruck:

Tafel 38.

An- und Abmeldung bei der Eisenbahn-Betriebskrankenkasse beim Ausscheiden aus dem Dienst vor Aufnahme in die Kasse.

a) Vorderseite.

Pensionskasse für die Arbeiter der Preußisch-Hessischen Eisenbahngemeinschaft.

Betriebs-Krankenkasse N.

Guben, 26ten April 1918.

Sofort!

Verfügung.

.........................., den ......ten ....19....

Zu 1 erledigt. 1. Zur Ausstellung und Absendung der Bescheinigungen.

Zu 2 erledigt. 2. Dem Rechnungsbureau (.........) zur Eintragung in die Lohnkontrolle.

3. Zur Sammlung.

Der Bezirksausschuß Nr. 18 der Arbeiterpensionskasse und Vorstand der Betriebs-Krankenkasse.

An
den Vorstand der Betriebs-Krankenkasse
zu
N.

Die umstehend aufgeführten Arbeiter sind in der dort angegebenen Zeit bei der Verwaltung beschäftigt gewesen und vor erfolgter Anmeldung zur Krankenkasse bzw. Pensionskasse Abteilung A für die Arbeiter der Preußisch-Hessischen-Eisenbahngemeinschaft aus der Beschäftigung wieder ausgeschieden.

Die Richtigkeit der umstehenden Angaben wird hierdurch bescheinigt.

(Dienststelle):
Königliches Eisenbahn-Werkstättenamt.

(Unterschrift):
N. N.

b) Rückseite

Des Arbeiters a. Vor- u. Zuname (Rufname zu unterstreichen) b. Beschäftigung c. Wohnort	Geburts- a. Tag b. Ort c. Kreis	War in der Eintrittswoche bereits anderweit gegen Lohn beschäftigt?	Dauer der Beschäftigung		Täglicher Lohnsatz	An Beiträgen zur Pensionskasse Abteilung A werden einbehalten		Sind Beiträge zur diesseitigen Eisenbahn-Kranfenkasse erhoben worden? (wenn nicht) Gehört derselbe einer Krankenkasse an und welcher?	Der Arbeiter befindet sich im Besitze der Quittungskarte	
			von	bis		in Lohnklasse	f. Beitragswochen		Nr.	der Versicherungsanstalt
1.	2.	3.	4.		5.	6.		7.	8.	
Bruno Karl Wilhelm Schulz	a. 31.7.1903 b. Crossen c. Crossen	—	25. 4.	26. 4. 1918	0,54	—	—	für 2 Tage	—	—

Scheidet dagegen der Lehrling während der übrigen Lehrzeit aus, so wird er auf nachstehendem Vordruck abgemeldet.

Tafel 39. Abmeldung bei der Eisenbahn-Betriebskrankenkasse.

a) Vorderseite.

Pensionskasse für die Arbeiter der Preußisch-Hessischen Eisenbahngemeinschaft. Arbeiterpensions-Kasse: Standesliste Nr. —
Verbandskranken- und Hinterbliebenenkasse: Mitglied Nr. —

Abmeldung

des Lehrlings Hans Otto Müller
zu Guben, Wilhelm-Straße Nr. 1
aus der

[1]) Betriebskrankenkasse [Pensionskasse A und B, Eisenbahnverbandskranken- und Hinterbliebenenkasse.]

Zur Beachtung.

1. Der Abmeldung sind beizufügen:
   a) Der Aufnahmeschein zur Krankenkasse. (Die Aufnahmescheine zur Pensionskasse sowie die Satzung und die Krankenordnung der Betriebskrankenkasse sind dem Ausscheidenden zu belassen.)
   b) Die letzte, aus etwaiger früherer Beschäftigung bei der Eisenbahnverwaltung erteilte Bescheinigung über die Mitgliedschaft bei Abteilung A der Pensionskasse.
   c) Das Mitgliedbuch — der Aufnahmeschein — der Verbandskranken- und und Hinterbliebenenkasse.
2. [1]) Im Falle das Mitgliedbuch / der Aufnahmeschein und die Satzungen der Verbandskranken- und Hinterbliebenenkasse nicht abgeliefert wird, / werden, ist für das nichtabgelieferte Mitgliedbuch 50 Pfg. / sind für den nichtabgelieferten Aufnahmeschein 20 Pfg. und für die Satzungen 30 Pfg. zu erheben. Den Witwen verstorbener Kassenmitglieder ist jedoch eine Gebühr nicht abzufordern (§ 11 Abs. 3 der Dienstanw.)

---

[1]) Unzutreffendes ist zu durchstreichen.

b) Rückseite.

1. An welchem Tage ist / wird das Mitglied: a) aus der Beschäftigung bei der Eisenbahnverwaltung ausgeschieden? b) ins Beamtenverhältnis übernommen und in welcher Dienststellung?	 a) 15. Januar 1918. b) —
2. Erfolgt der Austritt a) ordnungsmäßig? z. B. nach Kündigung oder im gegenseitigen Einverständnis (§ 34 Abs. 4 und 5 der Satzungen), b) oder aus welchen anderen Gründen? z. B. Kontraktbruch, sofortige strafweise Entlassung (§ 34 Abs. 6 der Satzungen), c) wegen Ableistung der aktiven Militärpflicht?	a) } am 15. Januar 1918 verstorben. b) } c)
3. Ist der Austritt wegen nicht mehr ausreichender Leistungsfähigkeit erfolgt? Zutreffendenfalls ist der Antrag auf Festsetzung der Invalidenrente beizufügen. (Sofern Unfähigkeit für den Eisenbahndienst — § 34 Abs. 5 der Satzungen — vorliegt, ist dies zu erläutern.)	—

b) **Rückseite** (Fortsetzung).

4. Will das Mitglied freiwillige Beiträge fortentrichten? a) zur Betriebskrankenkasse, b) zur Pensionskasse Abteilung A, c) zur Pensionskasse Abteilung B. (Anträge sind beizufügen.) d) Will das Mitglied — vgl. Spalte 1b — die Mitgliedschaft bei der Verbandskranken- und Hinterbliebenenkasse nach Tarif II fortsetzen? (Vgl. § 7[1] der Satzungen.) (Antrag liegt bei).	a) — b) — c) — d) —
5. a) Ist das Mitglied gestorben und an welchem Tage? (Sterbeurkunde ist beizufügen.) b) Ist eine Witwe oder sind Kinder unter 15 Jahren hinterblieben? Bejahendenfalls sind die Geburtsdaten anzugeben und die Geburts- und Heiratsurkunden sowie der etwaige Antrag der Witwe auf Witwen- und Waisenrente aus Abteilung A beizufügen. c) Ist die Witwe gegen Invalidität selbst versichert und wo? Bejahendenfalls sind etwaige Quittungskarten und Aufrechnungsbescheinigungen der Witwe beizufügen. d) Sind sonstige Anspruchsberechtigte nach § 12 Abs. 8 bis 10 der Dienstanweisung vorhanden? Bejahendenfalls sind sie näher zu bezeichnen.	a) am 15. Januar 1918. b) — c) — d) —
6. Ist die Annahme gerechtfertigt, daß der Tod (Frage 5) die Folge einer Krankheit, Verwundung oder sonstigen Beschädigung ist, welche das Mitglied sich infolge eines Betriebsunfalles zugezogen hat? Wann und wohin ist die Anzeige erstattet?	nein.
7. Das Mitglied war zuletzt veranlagt 1,50 Mk. (Geboren am 10 Januar 1901)	zur Lohnklasse 1) Abteilung A II 2) Abteilung B —

Zur Arbeiterpensionskasse sind Beiträge erhoben:

	für den zuletzt abgeschlossenen Löhnungszeitraum	für den noch nicht abgeschlossenen Löhnungszeitraum
a) zur Abteil. A, Lohnklasse	für ..... Wochen mit je ..... Pfg.	für 3 Wochen mit je 13 Pfg.
b) " " B, "	" ..... " " " ..... Pfg.	" — " " " — Pfg.
Hierzu c) Krankheitswochen	" ..... " vom ..... bis	" — " vom — bis —
d) militärische Übungen ...	" ..... " " ..... "	" — " " — " —

[1]) Für das nicht abgelieferte Mitgliedsbuch sind 50 Pfg., für den Aufnahmeschein 20 Pfg. und für die Satzungen der Verbandskranken- und Hinterbliebenenkasse 30 Pfg. erhoben und an die Stationskasse abgeliefert.

Guben, den 15. Januar 1918.

(Dienststelle) Königliches Eisenbahn-Werkstättenamt.

(Unterschrift) N. N.

---

[1]) Unzutreffendes ist zu durchstreichen.

§ 7. Die Verbandskrankenkasse.

Neben der gesetzlichen Versicherung besteht für die über 15 Jahre alten Lehrlinge gleich den übrigen Eisenbahnbediensteten noch die Möglichkeit zu einer freiwilligen Krankenversicherung, und zwar bei der Kranken- und Hinterbliebenenkasse des allgemeinen Verbandes der Eisenbahnvereine der Preußisch-Hessischen Staatsbahnen und der Reichsbahnen[1]).

Die Eisenbahnvereine sind seit 1897 entstanden als Vereinigungen der bei der Staatseisenbahnverwaltung beschäftigten Beamten und Arbeiter zu gemeinnützigen und geselligen Zwecken. Derartige Vereine bestehen jetzt an allen größeren und an vielen kleinen Orten. Alle Vereine zusammen haben sich am 20. Februar 1904 zu dem Casseler Verband zusammengeschlossen. Die Eisenbahnverwaltung unterstützt diese Einrichtungen in weitgehendem Maße. Die Wohlfahrtseinrichtungen des Verbandes haben halbamtliche Eigenschaft. Die Schriftstücke der Vereine werden als Dienstsachen befördert, den Bediensteten wird Urlaub und Tagegelder für die Teilnahme an den Verbandsversammlungen gewährt, zu den Ausflügen werden unentgeltlich Sonderzüge gestellt u. a. m.

Von dem Verband ist am 1. Oktober 1904 die obenerwähnte Kranken- und Hinterbliebenenkasse ins Leben gerufen. Hierzu wurde eine einmalige Staatsbeihilfe von 3 Mill. Mk. gewährt[2]). Durch gemeinsamen Erlaß des Justizministers, des Ministers des Innern und des Ministers der öffentlichen Arbeiten vom 4. Juli 1904 ist der Eisenbahn-Verbandskrankenkasse Rechtsfähigkeit verliehen und sind die Satzungen genehmigt worden.

Nach § 1 soll die Kasse den Eisenbahnbediensteten in erster Linie den Mitgliedern der am Verbande beteiligten Eisenbahnvereine Gelegenheit zu einer freiwilligen, über das gesetzliche Mindestmaß hinausgehenden Versicherung geben. Diejenigen Bediensteten, bei denen nach der Reichsversicherungsordnung eine Pflicht zur Versicherung besteht, also Arbeiter und Lehrlinge, können sich dadurch Anrecht auf einen Zuschuß zum Krankengeld und ein Sterbegeld nach Tarif I § 7 der Satzungen erwerben[3]).

Die Hauptaufnahmebedingungen lauten nach § 2 der Satzung:

---

[1]) Abgekürzte Bezeichnung: Eisenbahn-Verbandskranken- und Hinterbliebenenkasse, oder auch kurz Verbandskrankenkasse.

[2]) Siehe v. Budde, Berlin 1916 Mittler & Sohn, S. 62—64.

[3]) Die der Versicherungspflicht nicht unterliegenden Eisenbahnbediensteten können sich, gleichzeitig auch für die Familienangehörigen, sichern:

1. freie Arznei und ein Sterbegeld für den Todesfall des Mitgliedes und der Ehefrau nach Tarif II § 7 der Satzung und, soweit sie im Beamtenverhältnis stehen,
2. Witwen- und Waisenrenten nach Tarif III § 14 der Satzungen für den Todesfall des Mitgliedes.

„Mitglieder der Kasse dürfen in der Regel nur Mitglieder eines an dem Staatseisenbahnverbande beteiligten Eisenbahnvereins werden. Ausnahmsweise können auch andere Eisenbahnbedienstete durch den Hauptvorstand (§ 20) zugelassen werden, insbesondere dann, wenn sie an Orten wohnen, wo solche Eisenbahnvereine nicht bestehen. Die Aufzunehmenden müssen:

a) im Dienste der preußisch-hessischen Staatsbahnen oder der Reichsbahnen nicht nur vorübergehend beschäftigt sein,

b) bei Beginn der Mitgliedschaft das 15. Lebensjahr vollendet und dürfen das 40. Lebensjahr noch nicht überschritten haben — bei der Versicherung nach Tarif III ist der Eintritt auch nach Vollendung des 40. Lebensjahres gestattet —,

c) körperlich und geistig gesund sowie vollständig dienst- und arbeitsfähig sein und dürfen innerhalb der letzten zwei Jahre vor der Beitrittserklärung keine Krankheiten überstanden haben, die auf eine gesteigerte Krankheits- oder Sterblichkeitsgefahr schließen lassen.

Bei der Krankengeldversicherung (Tarif I) ist der Nachweis der unter Absatz (2) c dieses Paragraphen aufgeführten Voraussetzungen zu erbringen durch eine pflichtmäßige Erklärung des Aufzunehmenden über seinen Gesundheitszustand und durch eine gutachtliche Äußerung eines Mitglieds der Kasse oder eines am Verbande beteiligten Eisenbahnvereins und des Dienstvorgesetzten nach dem Wortlaut der Anlage A (s. Tafel 40).

In zweifelhaften Fällen ist der Bezirksvorstand berechtigt, die Vorlage eines ärztlichen Gutachtens zu verlangen.

Die Wochenbeiträge sind zur Zeit auf 5 Pfg. für jede 25 Pfg. tägliches Krankengeld und jede 15 Mk. Sterbegeld festgesetzt. Die höchste Versicherung ist auf 3 Mk. bzw. 180 Mk., die niedrigste Versicherung auf 0,50 Mk. bzw. 30 Mk. Sterbegeld begrenzt. Im Höchstfalle ist also wöchentlich an Beitrag $\frac{300}{25} \times 5$ bzw. $\frac{180}{15} \times 5 = 60$ Pfg. zu entrichten. An Eintrittsgeld ist 1 Mk. zu zahlen, das bei der ersten Lohnzahlung einbehalten wird. Die laufenden Beträge werden in der Folge zusammen mit den Beiträgen zur Betriebskrankenkasse bei den einzelnen Lohnzahlungen mit einbehalten[1]).

Der Antrag zur Aufnahme in die Verbandskrankenkasse wird auf folgendem Vordruck gestellt:

[1]) An Mitgliedern waren vor dem Kriege 285000 (nach Tarif I) vorhanden. Hierzu kommen noch rund 53000 Mitglieder nach Tarif II (Arznei und Sterbegeld für Beamte und ihre Ehefrauen) und rund 1700 Mitglieder (Witwen- und Waisenrente) nach Tarif III. Siehe Mitteilungen des Hauptvorstandes der Eisenbahn-Verbandskranken- und Hinterbliebenenkasse über das Rechnungsjahr 1915. (Anlage zu den „Mitteilungen“ des Königl. Eisenbahnzentralamts Berlin und der Amtsblätter der Eisenbahndirektionen).

Tafel 40.

Aufnahmeantrag und Aufnahmeverfügung der Eisenbahn-Verbandskrankenkasse.

a) Vorderseite.

Eisenbahn-Verbandskranken- und Hinterbliebenenkasse.

Bezirksvorstand Nr.

Mitglied Nr. ....
Aufnahmetag .... 19...
Wöchentlicher Beitrag ... Pfg.
Antragsteller ist .... Jahre alt.
(Vom Bezirksvorstand auszufüllen.)

Antrag

auf Kranken- und Sterbegeldversicherung (Tarif I)

des ....

(Zu- und sämtliche Vornamen; Rufname ist zu unterstreichen.)

Wohnort ....

An
den Bezirksvorstand
in
....

Auf Grund der Satzungen der Kranken- und Hinterbliebenenkasse des allgemeinen Verbandes der Eisenbahnvereine der Preußisch-Hessischen Staatsbahnen und der Reichsbahnen (Eisenbahn-Verbandskranken- und Hinterbliebenenkasse) beantrage ich meine Aufnahme als Mitglied in die Kasse und die Versicherung eines Krankengeldes in Höhe von ...... Mk. täglich sowie des zugehörigen Sterbegeldes von .... Mk. nach Tarif I.

Mit der Erhebung der Beiträge gemäß § 7 der Satzungen erkläre ich mich ausdrücklich einverstanden.

Ich bin geboren am ...., bin im Eisenbahndienste als .... seit .... beschäftigt und bin Mitglied der Betriebskrankenkasse mit der Standeslistennummer .... sowie des am allgemeinen Verbande beteiligten Eisenbahnvereins in ....
— Mitglied eines an dem allgemeinen Verbande beteiligten Vereins bin ich nicht, weil an meinem Wohnsitz ein solcher Verein nicht besteht —
....

Neben / An Stelle der Betriebskrankenkasse gehöre ich der ....
.... an
(Name der Kasse.)

Ich bin zurzeit körperlich und geistig gesund, sowie vollständig dienst- und arbeitsfähig. In den letzten zwei Jahren habe ich an keiner / folgende.. Krankheit.. gelitten ....
....
....
....

V.

1. Die Aufnahme wird genehmigt.
2. Der Aufnahmeschein ist auszufertigen.
3. N. N. An ....
   in
   ....

zur sofortigen Aushändigung des Aufnahmescheins und der Satzungen gegen Empfangsbescheinigung (umstehend). Arbeiterliste ist zu vervollständigen.

Es sind bei der Lohnzahlung zu erheben und durch Beitragsliste I nachzuweisen (§§ 6 und 7 der Satzungen)
a) Eintrittsgeld ... 1 Mk. ... Pfg.
b) laufende Beiträge für jede Woche ..... Pfg. vom .... 19... ab.

4. Nach Rückkunft zu S.

.........., den .... 19...

Der Bezirksvorstand Nr.....

b) Rückseite.

Empfangsbescheinigung.

Den auf meinen Namen unter Nr. .... ausgestellten Aufnahmeschein der Eisenbahn-Verbandskranken- und Hinterbliebenenkasse und ein Druckheft der Satzungen habe ich heute erhalten.

..........., den....... 19...

(Unterschrift).................

(Dienstellung) ....

Zu 3 erledigt.

(Dienststelle) ....

(Unterschrift) ....
(Tag.)

Vermerk des Dienstvorstehers:

(Beim Wiedereintritt nach Ableistung der Militärpflicht, von Unfallverletzten und von Invalidenrentenempfängern — § 4 Absatz (5) der Satzungen —.)

Ich versichere, daß ich vorstehende Angaben der Wahrheit gemäß angeführt, auch keine mir anhaftende oder innerhalb der letzten zwei Jahre überstandene Krankheit oder der Gesundheit nachteilige sonstige körperliche Fehler und Gebrechen wissentlich verheimlicht habe.

Zum Nachweis meiner Gesundheit berufe ich mich auf das nachfolgende Gesundheitszeugnis.

(Zusatz für Personen, die das 21. Lebensjahr noch nicht vollendet haben.)

Die untenstehende Einverständniserklärung hat mein $\frac{\text{Vater, Mutter}}{\text{Vormund}}$ unterschrieben.......

....

(Wohnort, Datum) ...., den....19...

(Vor- und Zuname) ....

(Dienststellung)...................

Zu dem Antrage meines $\frac{\text{Sohnes}}{\text{Mündels}}$ gebe ich meine Zustimmung.

.................den ....19..

....

Nach meinem Dafürhalten ist der mir persönlich bekannte Antragsteller körperlich und geistig gesund, sowie vollständig dienst- und arbeitsfähig und leidet nicht an einer Krankheit oder Krankheitsanlage, die ein häufiges Kranksein oder vorzeitiges Ableben befürchten läßt, so daß seine Aufnahme in die Kasse empfohlen werden kann.

Dies bescheinigt nach Kenntnis vorstehender Erklärung des Antragstellers der Wahrheit gemäß.

(Ort, Datum)..........., den .... 19..

(Name) .... (Name) ....

(Mitglied {der Eisenbahn-Verbandskranken- und Hinterbliebenenkasse des Eisenbahn-Vereins in ....)

....
(Stellung des Dienstvorgesetzten.)

....
(Dienststelle.)

Stehen der Aufnahme Bedenken nicht entgegen, so wird ein Aufnahmeschein nach folgendem Vordruck ausgefertigt:

Tafel 41.

Aufnahmeschein der Eisenbahn-Verbandskrankenkasse.

Eisenbahn-Verbandskrankenkasse.

Tarif I. Krankengeldversicherung.

Aufnahmeschein

für

....

(Name und Stand)

Geboren am ....

Aufnahmetag ....

Mitgliedsnummer: ________

Der Wochenbeitrag beträgt .... **Pfg.**

Es ist versichert:

Ein Zuschuß zum **Krankengeld** in Höhe von täglich .... **Mk.** .... **Pfg.**

sowie das zugehörige **Sterbegeld**

in Höhe von .... **Mk.**

Posen, den ....ten .... 19......

Bezirksvorstand Nr. ....

der Krankenkasse des allgemeinen Verbandes der Eisenbahnvereine der Preuß.-Hess. Staatsbahnen und der Reichsbahnen. (Eisenbahn-Verbandskrankenkasse).

Die Rückseite trägt den Vermerk:

„Der Aufnahmeschein ist aufzubewahren."

In vier Feldern findet sich sodann je der Vordruck:

Die Versicherung ist vom

1. .... 19............ ab

auf ein Krankengeld von

.... Mk. .... Pfg.

sowie auf ein Sterbegeld von

.... Mk. erhöht. / ermäßigt.

Der Wochenbeitrag beträgt

.... Pfg.

......................................, den ......ten .... 19.......

Bezirks-Vorstand Nr. ....

der Eisenbahn-Verbandskrankenkasse.

Scheidet der Lehrling infolge Entlassung oder Tod aus, so wird die Abmeldung mit auf dem bereits wiedergegebenen Vordruck Tafel 39 S. 392 der Betriebskrankenkasse bewirkt. Meldet sich der Lehrling dagegen freiwillig wieder aus der Verbandskrankenkasse ab, was ihm ja jederzeit freisteht, so hat dies mit folgendem Vordruck zu geschehen:

Tafel 42.

Abmeldung aus der Eisenbahn-Verbandskrankenkasse bei freiwilligem Austritt.

V.

.... den .... 19...

1. Das Mitgliedsbuch ist zu entnehmen und zu entwerten.

2. G. N. an die Hauptkasse zur Kenntnisnahme.

3. Zum Aufnahmeantrag.

Der Bezirksvorstand Nr......

Abmeldung

(bei freiwilligem Austritt).

Ich scheide aus der Eisenbahn-Verbandskrankenkasse (Tarif I, II, III) [1]) freiwillig aus. Mitgliedbuch füge ich bei.

....

....

Mitglied Nr. ....

.... den .... 19..

Urschriftlich dem Bezirksvorstand Nr...... der Eisenbahn-Verbandskrankenkasse

in ....

vorgelegt.

Da das Mitgliedbuch nicht abgegeben wurde, ist die Gebühr mit 50 Pfg. erhoben und an die .... Kasse .... abgeführt. Beiträge sind bis .... erhoben. Die .... Kasse ist benachrichtigt. Der (Bahn-) Kassenarzt hat Mitteilung erhalten.[2])

(Dienststelle) ....

(Unterschrift) ....

[1]) Das nicht Zutreffende ist zu streichen.

[2]) Nur bei den nach Tarif II und III Versicherten erforderlich.

Über das Krankengeld der Verbandskrankenkasse ist in § 9 der Satzungen gesagt:

Abs. 1. Durch Krankheit oder Verletzung erwerbsunfähig gewordenen Kassenmitgliedern gewährt die Kasse vom dritten Tage nach dem Tage der Erkrankung ab auf die Dauer von 45 Wochen für jeden Tag der Erkrankung einschließlich der Sonn- und Feiertage ein der Höhe der gezahlten Wochenbeiträge entsprechendes Krankengeld. Im Laufe eines Zeitraums von zwei Jahren wird jedoch das Krankengeld nur auf die Dauer von 65 Wochen gewährt.

Abs. 2. Tritt die Erwerbsunfähigkeit nicht gleichzeitig mit der Erkrankung ein, so rechnet die Zeit des Anspruchs auf den Krankengeldbezug erst vom Tage des Eintritts der Erwerbsunfähigkeit ab.

Abs. 3. Mitglieder, die gleichzeitig aus anderen Kassen Krankengeld beziehen, gleichviel ob hierauf ein Rechtsanspruch eingeräumt ist oder nicht, erwerben für die Zeit des Bezuges mehrfachen Krankengeldes nur insoweit Anspruch auf Krankengeld, als es zusammen mit dem anderweit bezogenen Krankengeld den während der Zeit des Bezuges mehrfachen Krankengeldes ausgefallenen Gesamtverdienst nicht übersteigt; doch sind die in die Woche fallenden Feiertage als Arbeitstage anzusehen.

Von der Verbandskrankenkasse machen die Lehrlinge im allgemeinen wenig Gebrauch, trotzdem sie schon mit 15 Jahren, also in der Regel nach dem ersten Lehrjahr, eintreten können. Der Grund liegt wohl darin, daß die jungen Leute das Beitragsgeld sparen wollen, zumal sie ja noch für keine Familie zu sorgen haben, und daß sie andererseits in den ersten Jahren auch noch wenig Nutzen von der Versicherung haben.

§ 8. **Die Unfallversicherung.**

Bei der preußischen Staatseisenbahnverwaltung wurde die Unfallversicherung am 1. Oktober 1885 auf Grund des Unfallversicherungsgesetzes vom 6. Juli 1884 und des Gesetzes über die Ausdehnung der Unfall- und Krankenversicherung vom 28. Mai 1885 eingeführt. Ein Teil der Entschädigungen wurde durch das Gesetz vom 30. Juni 1900 mit Wirkung vom 1. Oktober 1900 ab[1]) erhöht.

An Stelle dieser Gesetze ist vom 1. Januar 1913 ab die Reichsversicherungsordnung vom 19. Juli 1911 getreten. Die gewerbliche Unfallversicherung wird im ersten Teil des dritten Buches geregelt, und zwar in den Paragraphen 537—914.

Der Versicherung unterliegen nach § 537 u. a. die Fabriken sowie der gesamte Betrieb der Eisenbahnen. Gegenstand der Versicherung ist nach § 555 der Ersatz des Schadens, der durch Körperverletzung oder Tötung entsteht. Als ausdrücklich versichert sind in § 544 neben den Arbeitern, Gehilfen, Gesellen auch die Lehrlinge genannt. Nach § 624 ist das Reich oder der Bundesstaat bei den für seine Rechnung gehenden Eisenbahnen Träger der Versicherung. An Stelle der Berufsgenossenschaften, die sonst als Träger der Versicherung die Unternehmer der versicherten Betriebe umfassen, tritt bei der Eisenbahnverwaltung die Eisenbahndirektion, und zwar ist der Schadenersatz von derjenigen Direktion zu leisten, in deren Bereich der Unfall sich ereignet hat. An ihre Stelle tritt das Eisenbahnzentralamt für die in seinem Bezirk erfolgten Unfälle.

[1]) s. Gemeinverständliche Darstellung der für die Hilfsbediensteten und Arbeiter der preußisch-hessischen Eisenbahn-Gemeinschaft wichtigsten Bestimmungen der Reichsversicherungsordnung vom 19. Juli 1911 über die Gewerbe-Unfallversicherung. Gültig vom 1. Januar 1913. Druck von Carl Marschner in Berlin SW. S. 5 u. f.

Bei Verletzung sind nach § 558—560 vom Beginn der vierzehnten Woche nach dem Unfall zu gewähren:

1. Krankenbehandlung. Sie umfaßt ärztliche Behandlung und Versorgung mit Arznei, anderen Heilmitteln sowie mit den Hilfsmitteln, die erforderlich sind, um den Ersatz des Heilverfahrens zu sichern oder die Folgen der Verletzung zu erleichtern (Krücken, Stützvorrichtungen u. dgl.);

2. eine Rente für die Dauer der Erwerbsunfähigkeit.

Die Rente beträgt, solange der Verletzte infolge des Unfalls

1. völlig erwerbsunfähig ist, zwei Drittel des während des letzten Jahres im Betriebe bezogenen Entgeltes[1]);

2. teilweise erwerbsunfähig ist, den Teil der Vollrente, der dem Maße der Einbuße an Erwerbsfähigkeit entspricht (Teilrente).

Solange der Verletzte infolge des Unfalls so hilflos ist, daß er nicht ohne fremde Wartung und Pflege bestehen kann, ist die Rente entsprechend, jedoch höchstens bis zum vollen Jahresarbeitsverdienste zu erhöhen.

Wenn der Verletzte auf Grund der Reichsversicherungsordnung gegen Krankheit versichert ist, so sind ihm mindestens die Regelleistungen der Krankenkasse an Krankenhilfe zu gewähren (RVO. § 573). Bei Tötung ist als Sterbegeld der fünfzehnte Teil des Jahresarbeitsverdienstes, jedoch mindestens 50 Mk. zu gewähren. Hinterläßt der Verstorbene Verwandte der aufsteigenden Linie, die er wesentlich aus seinem Arbeitsverdienst unterhalten hat, so ist ihnen für die Dauer der Bedürftigkeit eine Rente von zusammen einem Fünftel des Jahresarbeitsverdienstes zu gewähren (RVO. § 593). Bei Lehrlingen wird dies aber kaum eintreten.

Nach RVO. § 1552 ist von dem Betriebsunternehmer jeder Unfall in seinem Betriebe anzuzeigen, wenn durch den Unfall ein im Betriebe Beschäftigter getötet oder so verletzt ist, daß er stirbt oder für mehr als drei Tage völlig oder teilweise arbeitsunfähig wird. Der Unfall ist binnen drei Tagen anzuzeigen, nachdem der Betriebsunternehmer ihn erfahren hat. Bei der Eisenbahnverwaltung hat der dem Verletzten unmittelbar vorgesetzte Beamte — in den Werkstätten also der Werkmeister — mit nachstehendem Vordruck auf gelbem Papier eine Unfallanzeige dem Amt vorzulegen, in dessen Bereich sich der Unfall ereignet hat.

---

[1]) Soweit er 1800 Mk. übersteigt, wird er nur mit einem Drittel angerechnet. Dies kommt für Lehrlinge aber nicht in Betracht.

Tafel 43.

Unfallanzeige.

a) Erste Seite.

Ausführungsbehörde: **Eisenbahndirektion zu N.**

Unfallanzeige

an den Vorstand des Königlichen Eisenbahnwerkstätten-Amtes in Guben.

Zur Beachtung.

Bei Vermeidung der gesetzlichen Strafe ist über jeden bei Ausübung von Dienstleistungen für die Eisenbahnverwaltung oder deren Beauftragte vorkommenden Unfall, durch den ein Eisenbahnbediensteter getötet wird oder eine Körperverletzung erleidet, die eine völlige oder teilweise Arbeitsunfähigkeit von mehr als 3 Tagen oder den Tod zur Folge hat, von dem dem Verunglückten unmittelbar vorgesetzten Beamten an den Vorstand des Betriebs-, Maschinen- oder Werkstättenamts oder -nebenamts, des Verkehrs- oder Abnahmeamts oder der Bauabteilung, in deren Bereich der Unfall sich ereignet hat, Anzeige zu erstatten. Erleidet ein Bediensteter, der dem Eisenbahn-Zentralamt oder einer Eisenbahndirektion unmittelbar unterstellt ist, nicht innerhalb des Dienstbereichs eines Amts oder einer Bauabteilung einen Betriebsunfall, so ist die Unfallanzeige dem Vorstand des dem Unfallorte am nächsten gelegenen, oder des hierfür von der Eisenbahndirektion oder im Benehmen mit dieser von dem Eisenbahn-Zentralamt von vornherein bestimmten Betriebsamts zu erstatten.

Diese muß binnen 3 Tagen nach dem Tage erfolgen, an welchem der Dienstvorsteher von dem Unfalle Kenntnis erlangt hat.

Für jede verletzte oder getötete Person ist eine besondere Unfallanzeige zu erstatten.

1. Wochentag, Datum, Jahr, Tageszeit und Stunde des Unfalls.	Dienstag, den 15. Januar 1918, 10 Uhr vormittags.
2. a) Bezeichnung des Betriebes, in dem der Verletzte den Unfall erlitten hat. Eisenbahnbetrieb? Werkstättenbetrieb? Gasanstaltsbetrieb? Baubetrieb?	zu a) Werkstättenbetrieb.
b) Unfälle. (Genaue Bezeichnung und Ortsangabe.)	zu b) Werkstättenhof der Hauptwerkstätte Guben.
3. a) Vor- und Zuname (Rufname zu unterstreichen), Wohnort, Wohnung der getöteten oder verletzten Person (bei minderjährigen Personen auch des Vaters oder gesetzlichen Vertreters [Mutter, Vormund]).	zu a) Franz Paul Noack. Guben, Bahnhofstr. 10. Vater: Dreher Otto Noack.
b) Im Betrieb beschäftigt als? (Dienst- oder Amtsbezeichnung.)	zu b) Lehrling.
c) Seit wann im Eisenbahndienst beschäftigt?	zu c) 25. April 1915.
d) Tag, Monat, Jahr und Ort der Geburt.	zu d) 3. Januar 1901.
e) Ledig, verheiratet, verwitwet? Zahl der Kinder unter 15 Jahre.	zu e) ledig.

b) Zweite Seite.

(Wenn möglich, nach dem Krankenschein od. den Angaben d. Arztes.)

4. a) Ist der vom Unfall Betroffene getötet?	zu a) nein.
b) I. Welche Körperteile sind verletzt (rechts und links zu unterscheiden)?	zu b) I. linker Fuß.
II. Welcher Art ist die Verletzung (z. B.) Knochenbruch, Verrenkung, Gliedverlust)?	zu II) Verrenkung.
III Ist die Verletzung eine schwere (entzündete Wunden, Knochenbrüche, Ausrenkungen, Verstauchungen und Quetschungen großer Gelenke, innere Verletzungen, ausgedehnte Brandwunden, Augenverletzungen, Milzbrand u. dgl.?)	zu III) nein.
IV. War der Unfall verbunden mit Schreck, mit Erschütterung, Quetschung oder Verletzung des Kopfes oder des Rumpfes, mit Bewußtlosigkeit, mit Erbrechen, mit Blutungen aus Mund, Nase oder Ohren?	zu IV) nein.
c) Wird die Verletzung voraussichtlich den Tod zur Folge haben!	zu c) nein.
d) Hat der Verletzte die Arbeit sofort eingestellt oder wann (Tag und Stunde)?	zu d) ja.
5. a) Ist der Verletzte in einem Krankenhaus untergebracht? in welchem? oder wo befindet er sich? zu Hause?	zu a) er befindet sich zu Hause.
b) Name, Wohnort, Wohnung I. des zuerst zugezogenen Arztes.	zu I) Dr. Ayrer, Guben, Alte Poststraße.
II. des jetzt behandelnden Arztes.	zu II) Dr. Ayrer, Guben, Alte Poststraße.
III. der in der ersten Hilfeleistung besonders ausgebildeten Laien, welche die erste Hilfe geleistet haben (geprüfte Betriebshelfer, Sanitätskolonnenmitglieder, Heilgehilfen u. a.).	zu b III) Werkmeister Richter, Guben, Wilkestraße.
6. a) Gehört der Verletzte einer Kranken-Krankenkasse an? (Genaue Bezeichnung und Sitz der Kasse und Angabe der Standeslisten-Nummer der Eisenbahn-Betriebskrankenkasse.)	zu a) der Allgemeinen Eisenbahn-Betriebskrankenkasse zu N.
b) Betrag des zur Eisenbahn-Betriebskrankenkasse veranlagten Lohnsatzes.	zu b) 1,50 Mk.
c) Gehört der Verletzte noch einer zweiten Krankenkasse an? Bejahendenfalls ist diese zu bezeichnen und anzugeben, wo (Ort, Straße, Hausnummer) sich ihre Geschäftsstelle befindet.	zu c) nein.

d) Besaß der Verletzte vor dem Unfall seine volle Arbeitskraft? Verneinendenfalls, weshalb nicht?	zu d) ja.
e) Besaß der Verletzte schon Unfall-, Invaliden- oder Altersrente? von welcher Stelle?	zu e) nein.

c) Dritte Seite.

7. Veranlassung und Hergang des Unfalls. (Hier ist der Unfall möglichst genau zu schildern. Insbesondere sind die Arbeitsstellen, wo der Unfall geschah, sowie die Arbeit, bei der er sich ereignet hat, genau zu bezeichnen; geeignetenfalls unter Beifügung einer erläuternden Zeichnung.)		Noack war beauftragt, ein Achslager von der Dreherei zur Wagenhalle zu tragen. Beim Überschreiten des Hofes glitt er infolge eigener Unvorsichtigkeit aus und verrenkte sich den linken Fuß.
8. a) Sämtliche Augenzeugen des Unfalls.	Vor- und Zuname, Stand, Wohnort, Wohnung.	zu a) Müller, Paul, Arbeiter, Guben, Gasstr. 10. Arndt, Karl, Schlosser, Guben, Markt 6.
b) Andere Personen, die zuerst von dem Unfall Kenntnis erhalten haben.		zu b) Werkmeister Oskar Richter, Guben, Wilkestr. 6.
9. Etwaige Bemerkungen. (Z. B. Angabe von Vorkehrungen zur Verhütung ähnlicher Unfälle. Grund verspäteter Erstattung der Anzeige.)		—

(Name und Dienstbezeichnung des Anzeigenden.)

(Ort) Guben, den 15. Januar 1918.

Schönfisch,
Werkmeister.

Ist die Verletzung derartig, daß mit Rentenansprüchen zu rechnen ist, so hat das Werkstättenamt unter Verwendung des nachstehenden Vordruckes ein Gutachten einzuholen.

Tafel 44.

Erstes ärztliches Gutachten

über den Zustand des am .... 191..... verletzten ....

.... in ....

1. Tag der Meldung beim Arzte.	....
2. **Beschreibung der Verletzung.** (Unter möglichster Vermeidung technisch-medizinischer Ausdrücke und Fremdwörter.)	....
a) **Angabe und Klage des Verletzten.**	....
b) **Objektiver Befund.**	
1. Wie ist der Ernährungszustand?	....
2. Körpergröße in cm?	....
3. Gewicht?	....
4. War das Bewußtsein auch nur vorübergehend getrübt?	....
5. Bestand Erbrechen?	....
6. „ Schwindel?	....
7. „ Schwanken bei Fußaugenschluß?	....
8. „ Bluthusten?	....
9. „ Bluterbrechen?	....
10. „ Blutung aus dem Ohre?	....
11. „ ein Knochenbruch?	....
12. „ Verletzung eines Gelenkes?	....
13. „ Verletzung einer Blutader?	....
14. „ Verletzung einer Schlagader?	....
15. „ Harnverhaltung?	....
16. „ Inkontinenz?	....
17. Enthielt der Urin Blut?	....
18. „ „ „ Eiweiß?	....
19. „ „ „ Zucker?	....
20. War der Puls unregelmäßig? hart?	....
21. Reagierten die Pupillen normal?	....
22. Waren die Reflexe normal?	....
23. Sind Zungennarben vorhanden?	....
24. Sind Zeichen von Lues vorhanden?	....
25. Sind Zeichen von Alkoholismus vorhanden?	....
26. Sind beide Leistenringe für den Zeigefinger durchgängig?	....

Vermerk: Die Fragen zu 2 b) 4 bis 26 sind mit „**ja**" oder „**nein**" zu beantworten.

Auf der folgenden Seite sind dann unter 3a bis 6b Fragen über die äußere Veranlassung der Verletzung nach Angabe des Verletzten zu beantworten, ferner über die Glaubwürdigkeit seiner Angaben, über etwa notwendige Krankheitsbehandlung, Zuziehung eines Spezialarztes, über die Möglichkeit des Eintritts gänzlicher oder teilweiser Erwerbsunfähigkeit, über etwa bereits vorher vorhandene Gebrechen oder Krankheitserscheinungen und ihre Verschlimmerung durch die Folgen des Unfalles.

Wenn der Verletzte Anspruch auf eine Rente hat, so ist vorher von dem Bahnkassenarzt ein „Ergänzungsgutachten zur Rentenfestsetzung" einzuholen. Es enthält folgende Punkte:

1. Ist das Heilverfahren beendigt? oder wann wird es voraussichtlich beendigt sein?

2. a) Beeinträchtigung der Erwerbsfähigkeit aus Anlaß des erlittenen Betriebsunfalles und b) gegenwärtiger Befund?

3. Ist der Verletzte derart hilflos, daß er ohne fremde Wartung und Pflege nicht bestehen kann? (d. h. daß er durch die Art und die Folgezustände seines Leidens schon für die gewöhnlichen Leibesverrichtungen auf die Handreichungen Anderer angewiesen ist.)

4. Ist begründete Annahme vorhanden, daß durch die Behandlung in einer Heilanstalt (zutreffendenfalls in welcher?) eine Erhöhung der Erwerbsfähigkeit erzielt werden wird?

5. a) Verlangt die Art der Verletzung eine Behandlung oder Pflege, die in der Familie des Verletzten nicht möglich ist? b) Ist die Krankheit ansteckend? c) Hat der Verletzte wiederholt den Anordnungen des Arztes zuwidergehandelt? d) Erfordert der Zustand oder das Verhalten des Verletzten eine fortgesetzte Beobachtung?

6. Innerhalb welcher Zeitdauer wird voraussichtlich eine weitere wesentliche Besserung zu erwarten sein?

Das Amt hat die Unfalluntersuchung zu führen und die Verhandlungen der vorgesetzten Eisenbahndirektion bzw. dem Eisenbahnzentralamt vorzulegen, die als Ausführungsbehörde, für ihren Bereich die Bestimmungen der Unfallversicherungen durchführen. An der Untersuchung, deren Zeitpunkt rechtzeitig mitzuteilen ist, können der Verletzte oder seine Hinterbliebenen teilnehmen oder sich vertreten lassen. Auf Antrag des Berechtigten sollen auch Sachverständige zugezogen werden. Die Kosten trägt der Antragsteller. (RVO. § 1562 u. 1563).

Für die Verhandlungsniederschrift dient der nachfolgende Vordruck.

Tafel 45.

Niederschrift über die Verhandlung bei der ortspolizeilichen Untersuchung über einen Betriebsunfall bei Lehrlingen (und anderen Arbeitern).

Eisenbahndirektionsbezirk ...., den .... 191....

Wegen des dem/der ....

angeblich zugestoßenen Betriebsunfalles ist gemäß den **Bestimmungen** der Reichsversicherungsordnung vom **11. Juli 1911** (§ 1559 bis **1567**) heute die ortspolizeiliche Untersuchung vorgenommen worden.

Von dem anberaumten Termine ist zum Zwecke der etwaigen Teilnahme an den Verhandlungen rechtzeitig Kenntnis gegeben worden (§ 1562 des Gesetzes):

I. Der Königlichen Eisenbahndirektion zu ....

II. Den Vorständen der Krankenkassen, denen der/die Verletzte — Getötete — zur Zeit des Unfalles angehört hat, nämlich

a) der Betriebskrankenkasse für den Eisenbahndirektionsbezirk ....

b) der ....

Anwesend waren (Dienstbezeichnung bzw. Stand und Namen sind anzugeben):

1. als **Leiter der Verhandlung** und zur Anfertigung der Verhandlungsschrift:
2. der/die **Verletzte** (Dienstbezeichnung und Name):
3. als **Zeugen und Sachverständige** (wegen der letzteren vgl. § 65 Abs. 2 des Gesetzes):
4. als **sonstige Beteiligte** (das sind die an der Unfalluntersuchung interessierten Entschädigungsberechtigten — § 1563 des Gesetzes —):
5. als **Teilnehmer** gemäß § 1562 des Gesetzes, nämlich:
   als Abgesandter der Königl. Eisenbahndirektion:
   als Krankenkassenbevollmächtigte:

Verhandlungspunkte	Ergebnis der Verhandlung (kurz aber erschöpfend niederzuschreiben. Soweit dazu der Raum nicht ausreicht, sind die Angaben an anderen leer bleibenden Stellen oder auf besonderem Bogen zu machen, auf dem dann ebenfalls zu unterschreiben ist):
1. Die getötete oder verletzte Person, Name, Geburtstag, letzter Dienstort, ledig, verheiratet, verwitwet: Falls minderjährig auch Vor- und Zuname, Stand und Wohnort des Vaters oder des Vormundes:	Zu 1:
2. Die Veranlassung und Art des Unfalles. Gedrängte Angabe über Zeit, Ort und Hergang. Hier ist zunächst festzustellen, ob ein Unfall überhaupt vorliegt, und zutreffendenfalls, ob dieser im Betriebe geschehen ist, denn nur unter dieser Voraussetzung kommt das Gesetz zur Anwen-	Zu 2:

dung. Unter Betrieb ist der Inbegriff aller Tätigkeiten und Verrichtungen zu verstehen, welche die Zwecke des Betriebes unmittelbar oder mittelbar zu fördern bestimmt sind. Als Betriebsunfall ist somit jedes für das Leben oder die Gesundheit des Betroffenen schädliche Ereignis im Eisenbahndienst (Bahnunterhaltungs-, Bahnaufsichts-, Bahnhofs-, Abfertigungs-, Werkstätten-, Gasanstalts-, Neubau-Betrieb im weitesten Sinne) anzusehen, ohne Rücksicht darauf, ob das Ereignis durch höhere Gewalt, Zufall oder Verschulden (selbst grobes Verschulden) des Verletzten oder eines Dritten veranlaßt wird. (Das bereits vorhandene Untersuchungsmaterial — die vom Dienststellenvorsteher am Tage des Unfalles aufgenommenen Untersuchungsverhandlungen — ist den Anwesenden durch Verlesen zur Kenntnis zu bringen. Falls dies für ausreichend erachtet wird, genügt hierneben der einfache Hinweis auf diese näher zu bezeichnenden und vorzuheftenden Stücke.)	
3. Art der Verletzungen.	Zu 3:
4. Liegt Vorsatz der getöteten oder verletzten Person vor? Welche Gründe sprechen hierfür? (Wenn der Unfall vorsätzlich herbeigeführt worden ist, entfällt jeder Schadenersatzanspruch — § 8 Abs. 2 des Gesetzes —.)	Zu 4:
5. Ist Verschulden eines Dritten anzunehmen? Aus welchen Gründen? (Die Feststellung ist wegen etwaigen Rückgriffs erforderlich — §§ 135 bis 140 des Gesetzes —.)	Zu 5:
6. Verbleib der verletzten Person. Ist sie in ihrer Wohnung, im Krankenhause oder wo sonst untergebracht?	Zu 6:
7. Höhe der Renten, welche die verletzte Person etwa auf Grund der Unfallversicherungsgesetze oder des Invalidenversicherungsgesetzes bezieht. Die betreffenden Ausweispapiere sind eventl. einzufordern und beizufügen.	Zu 7:
8. Die Hinterbliebenen- bzw. die Angehörigen-Angaben sind nur in den Fällen zu machen, in denen sie bestimmt gebraucht werden, nämlich: a) bei Todesfällen, b) wenn die verletzte Person nach Ablauf von 13 Wochen nach dem Unfall noch in einer Heilanstalt untergebracht sein wird,	Zu 8:

	und zwar über diejenigen **Hinterbliebenen** der getöteten oder diejenigen **Angehörigen** der verletzten Person, die einen Entschädigungsanspruch erheben können. Es kommen eventl. in Betracht: die Witwe, die Ehefrau, Kinder unter 15 Jahren, Eltern, Großeltern, elternlose Enkel, der hilfsbedürftige Witwer und Ehemann. Verwandtschaftsverhältnis, Vor- und Zuname — bei Witwen und Ehefrauen auch der Geburtsname — Geburtstag, Tag und Ort der Eheschließung, Stand- Wohnort — einschl. Straße und Hausnummer — sind genau anzugeben.	
9.	Betrag des den Hinterbliebenen gezahlten Sterbegeldes. Welche Kasse hat es gezahlt?	Zu 9:
10.	Unterschrift aller bei der Untersuchungsverhandlung anwesend gewesener Personen: Vor- und Zunamen, Dienstbezeichnung bzw. Stand, Dienst- bzw. Wohnort.	Zu 10:

Auf Grund des Ergebnisses dieser ortspolizeilichen Untersuchung, die von dem Vorstand des Werkstättenamtes vorgenommen wird, beantragt dann das Amt die Festsetzung einer Rente für den verunglückten Lehrling. Hierfür dient nachstehender Vordruck:

Tafel 46.

Beantragung der Unfallrente.

............., den .....ten .... 191..

Betrifft

die Zahlung von Unfallrente für den verunglückten ....

....

(Dienstbezeichnung, Vor- und Zunamen sowie Beschäftigungsort.)

Anlagen:

1. Ein Aktenheft ....
   ....
2. ......Stück ärztliche Gutachten,
3. ......Stück Auszug aus den Beschäftigungs-Nachweisen, Dienstbüchern usw.
4.

Die Königliche Eisenbahndirektion ersuchen wir, für den oben bezeichneten Verunglückten Unfall-Rente festzusetzen.

An
die Königliche Eisenbahndirektion

E. D. S.
mit Zug
d. Boten ....

1. Gegenwärtiger Wohnort bzw. Wohnung des Verletzten — Kreis — Regierungsbezirk — Straße — Hausnummer.

2. War der Verunglückte zur Zeit der Verunglückung verheiratet, zutreffendenfalls, besitzt er Kinder unter 15 Jahren bzw. wie viele?

3. Sind bedürftige Aszendenten vorhanden, deren alleiniger Ernährer der Verletzte war, zutreffendenfalls, wer?
(Vor- u. Zunamen, Stand und Wohnort.)
Bezügliche Bescheinigung des Gemeinde- bzw. Amtsvorstehers ist beizufügen.

4. Sind bei der Annahme des Verletzten als Arbeiter bei ihm körperliche Schäden usw. festgestellt worden?

5. Ist der Verletzte nach der Verunglückung in einem Krankenhause verpflegt und behandelt worden, zutreffendenfalls, in welchem und wie lange (von — bis einschl.)? Sofern er über 13 Wochen nach Eintritt des Unfalls in einem Krankenhause verblieben ist bzw. verbleiben muß, sind im Falle der Bejahung der Frage 2 die Eheschließungs-Urkunde und die Geburts-Urkunden der Kinder unter 15 Jahren beizufügen.

6. Wieviel beträgt das vom Beginn der 14. Woche nach Eintritt des Unfalls bis zum Schluß gezahlte Krankengeld? — von — bis einschl. —

7. Ist der Verletzte nach der Verunglückung beschäftigt worden, zutreffendenfalls, in welcher Zeit (von — bis — einschl.) und gegen welchen Lohn?

8. In welchem Grade — in Prozenten ausgedrückt — ist der Verletzte
a) nach ärztlichem Gutachten,
b) nach Ansicht des Amts-Vorstandes
gegenwärtig infolge der Verunglückung erwerbsunfähig?
(Das ärztliche Gutachten ist in Urschrift beizufügen.)

9. Für den Fall, daß die letzte ärztliche Untersuchung später als nach Verlauf von 13 Wochen nach Eintritt des Unfalls stattgefunden hat, ist anzugeben, in welchem Grade — in Prozenten ausgedrückt —

nach ärztlichem Gutachten der Verletzte in der Zeit vom Beginn der 14. Woche nach Eintritt des Unfalls bis zur letzten Untersuchung infolge der Verunglückung erwerbsunfähig war.

(Das bezügliche ärztliche Gutachten ist in Urschrift beizufügen.)

10. War der Verletzte zur Zeit der Verunglückung bereits ein volles Jahr beim Eisenbahnbetriebe beschäftigt, zutreffendenfalls, an wieviel Tagen hat er im letzten Jahre vor der Verunglückung vom Tage des Unfalls zurückgerechnet, gearbeitet und wieviel Lohn hat er für dieselben im ganzen erhalten?

(Ein Auszug aus den Beschäftigungsnachweisen, dessen Richtigkeit zu bescheinigen ist, ist beizufügen.)

11. Bezog der Verletzte neben dem Lohne Neben-Emolumente (Fahrgeld, Stundengeld, Ersparnisprämien, Kommandozulage), zutreffendenfalls, wieviel haben dieselben im letzten Jahre vor der Verunglückung betragen?

(Ein Auszug aus den Beschäftigungsnachweisen, Dienstbüchern usw., dessen Richtigkeit zu bescheinigen ist, ist beizufügen.)

12. Hat der Verletzte im letzten Jahre vor der Verunglückung von den Nachtgeldern Ausgaben für auswärtiges Nachtlager zu bestreiten gehabt, zutreffendenfalls, in welchem Betrage?

13. Wurde der Verletzte nach der üblichen Betriebsweise in der Regel nicht nur für die Wochentage, sondern auch für die Sonntage und Feiertage, oder nur für die Wochentage und nur einzelne Sonntage und Feiertage im letzten Jahre vor der Verunglückung gelöhnt?

14. War der Verletzte zur Zeit der Verunglückung kein volles Jahr beim Eisenbahnbetriebe beschäftigt, so ist der Arbeitsverdienst — Fragen 10 bis einschl. 13 — eines dem Verletzten gleichwertigen Arbeiters beim Eisenbahnbetriebe in dem vor der Verunglückung liegenden Jahre anzugeben.

(Ein Auszug aus den Beschäftigungsnachweisen, Dienstbüchern usw., dessen Richtigkeit zu bescheinigen ist, ist beizufügen.)

15. Ist anzunehmen, daß der Verletzte den Unfall vorsätzlich herbeigeführt hat, zutreffendenfalls, welche Umstände sprechen für diese Annahme?

16. Ist der Unfall durch die Schuld eines Beamten, Arbeiters oder sonstigen Dritten herbeigeführt und hat die Staatsanwaltschaft das gerichtliche Strafverfahren beantragt?

17. Ist der Verletzte Mitglied der Pensionskasse für die Arbeiter der Preußischen Staatseisenbahn-Verwaltung (Abteilung A und B)?

18. Hat der Verletzte die Zahlung von Unfallrente beantragt?

19. Sonstige Bemerkungen.

Ist der Verletzte infolge des Unfalls verstorben und haben etwaige Hinterbliebene Anspruch auf eine Rente, so wird diese auf einem ganz ähnlichen Vordruck wie dem vorhergehenden beantragt. Die Fragen 2, 3, 5, 10—17 und 19 von Tafel 46 sind sogar wörtlich ebenfalls vorhanden, außerdem dann noch Fragen über die Hinterbliebenen u. dgl.

Nach RVO. § 593 ist, wenn der Verstorbene Verwandte der aufsteigenden Linie (Eltern, Großeltern usw.) hinterläßt, die er wesentlich aus seinem Arbeitsverdienst unterhalten hat, diesen für die Dauer der Bedürftigkeit eine Rente von zusammen einem Fünftel des Jahresarbeitsverdienstes zu gewähren. — Bei dem verhältnismäßig geringen Verdienst der Lehrlinge wird es aber kaum je vorkommen, daß er daraus auch noch Angehörige wesentlich unterhalten kann. Die Voraussetzung von RVO. § 593 wird kaum jemals vorliegen, also auch keine Hinterbliebenenrente in Frage kommen.

Über die Zulässigkeit einer Rente bei kleineren Beschädigungen ist in dem Amtsblatt einer Königlichen Eisenbahn-Direktion (Posen 1905, S. 389 Nr. 765) folgendes ausgeführt:

„Das Reichsversicherungsamt hat wiederholt Anlaß genommen, auszusprechen, daß in der Regel Renten unter 10% der Vollrente — insbesondere solche von nur 5 oder 7½% — überhaupt nicht gewährt werden sollen, denn die Erfahrung lehrt, daß Grade der Erwerbsunfähigkeit, die auf weniger als 10% geschätzt werden müßten, im wirtschaftlichen Leben als meßbarer Schaden nicht zum Ausdruck kommen. Um so sorgfältiger muß aber geprüft werden, ob in der Tat eine nennenswerte (also eine solche von 10%) Störung des Verletzten in seinen wirtschaftlichen Verhältnissen in Abrede gestellt werden kann. Muß eine solche Störung überhaupt anerkannt werden, so wird ebenso regelmäßig keine geringere Rente als 10% als angemessener Ersatz der bestehenden Beschränkung der Erwerbsfähigkeit angesehen werden dürfen."

Wenn nur ein geringer Unfall, vielleicht eine Quetschung oder Verstauchung vorliegt und wenn der Arzt nach der innerhalb von 13 Wochen erfolgten Wiederherstellung bescheinigt, daß nachteilige Folgen nicht zurückgeblieben sind oder daß die Verminderung in der Erwerbsfähigkeit unter 10% bleibt, so wird von der Abhaltung einer ortspolizeilichen Untersuchung abgesehen.

Bei dem geringen Lohn der Lehrlinge würde auch eine Vollrente noch ganz unzureichende Beträge ergeben; bei täglich selbst 1,20 Mk. Verdienst betrüge die Rente bei vollständiger Erwerbsunfähigkeit dann nur 360 Mk. und bei geringeren Verletzungen herab bis zu 36 Mk. jährlich. Da diese Beträge keine genügende Entschädigung darstellen, greift hier RVO. § 570 Platz. Es gilt dann, wenn der Jahresarbeitsverdienst nicht das Dreihundertfache des Ortslohnes für Erwachsene über einundzwanzig Jahre erreicht, dieses Dreihundertfache als Jahresarbeitsverdienst. — Beträgt z. B. in einer Stadt der amtlich als solcher bekanntgegebene ortsübliche Tagelohn für erwachsene Arbeiter 4 Mk., so ist für den Lehrling bei der Rentenfestsetzung ein Jahresarbeitsverdienst von $4 \times 300 = 1200$ Mk. zugrunde zu legen. Die Vollrente beläuft sich dann auf 800 Mk. und die geringste Rente auf 80 Mk. jährlich.

Beträgt die Rente eines Verletzten ein Fünftel der Vollrente oder weniger, so kann er mit seiner Zustimmung mit einem dem Werte seiner Jahresrente entsprechenden Kapital abgefunden werden. Durch eine solche Kapitalabfindung wird der Anspruch auf Rente endgültig aufgehoben. Eine Neubewilligug von Rente oder eine Erhöhung der Abfindung ist also ausgeschlossen, und zwar auch dann, wenn sich der Zustand des Verletzten erheblich verschlechtert. Gegen den Bescheid, der die Kapitalabfindung festsetzt, ist Berufung an das für den Eisenbahndirektionsbezirk errichtete besondere Oberversicherungsamt zulässig. Bis zur Entscheidung des Oberversicherungsamts kann der Antrag auf Abfindung zurückgezogen werden.

Die Eisenbahndirektion erteilt einen mit Gründen versehenen Bescheid,

a) wenn eine Entschädigung gewährt oder abgelehnt werden soll,

b) wenn eine Rente wegen Änderung der Verhältnisse neu festgestellt werden soll,

c) wenn es sich handelt um Krankenbehandlung oder Hauspflege, Heilanstaltspflege und Angehörigenrente, Feststellung der Leistungen nach Beendigung von Heilanstaltspflege, Sterbegeld, Einstellung einer Unfallrente wegen Ruhens der Rente, Abfindung eines Berechtigten mit einem Kapital. (RVO. § 1583.)

Wird eine Entschädigung gewährt, so muß der Bescheid ihre Höhe und die Art der Berechnung ersehen lassen. Bei Entschädigung an Verletzte, denen eine Rente gewährt wird, ist insbesondere anzugeben, welcher Grad der Erwerbsunfähigkeit angenommen wird. (RVO. § 1538.)

Der Bescheid wird rechtskräftig, wenn der Berechtigte nicht binnen einem Monat nach Zustellung schriftlich Einspruch erhebt. (RVO. § 1590 und 1591.)

Die rechtzeitige Erhebung des Einspruchs begründet das Recht auf persönliches Gehör des Berechtigten. Die Vernehmung erfolgt vor dem Vorsitzenden des zuständigen Bezirksausschusses der Pensionskasse für die Arbeiter der Preußisch-Hessischen Eisenbahngemeinschaft. (RVO. § 1592.)

Ist nicht schon ein Arzt gehört worden, dem der Versicherte nach eigner

Wahl seine Behandlung übertragen hat, so hat der Vorsitzende des Bezirksausschusses auf den bei der Vernehmung zu stellenden Antrag des Versicherten das Gutachten eines bisher noch nicht gehörten Arztes einzuholen, wenn das Gutachten nach Ansicht des Vorsitzenden des Bezirksausschusses für die Entscheidung von Bedeutung sein kann. (RVO. § 1595.)

Als Beispiel eines Rentenfestsetzungsbescheides bei Lehrlingen diene folgende der Praxis entnommene Verfügung. Die in dem Vordruck handschriftlich eingetragenen Stellen sind hierbei durch Sperrdruck gekennzeichnet.

Tafel 47.

Beispiel eines Rentenfestsetzungsbescheides.

Königliche Eisenbahndirektion. N., den 12. Dezember 1916.
G.-Nr. 13 Re 57/155.

An
den Schlosser Herrn Otto W. als Vater des minderjährigen Schlosserlehrlings Richard W.
in
G.
Germersdorferstraße 30.

Am 14. September 1916 hat sich Ihr Sohn, der Schlosserlehrling Richard W., das linke Auge beim Schmieden in der Lehrlingswerkstatt der Hauptwerkstatt G. verletzt.

Infolge dieses Betriebsunfalles ist Ihr Sohn nach dem ärztlichen Gutachten, dem wir uns anschließen, vom 30. Oktober 1916 ab in seiner Erwerbsfähigkeit noch um 20 Hundertteile beschränkt.

Wir gewähren Ihrem Sohne deshalb nach den §§ 558, 559 und 582 der Reichsversicherungsordnung von dem Tage ab, von dem der Anspruch auf Krankengeld weggefallen ist, d. i. vom 30. Oktober 1916 ab eine seiner Erwerbsunfähigkeit entsprechende Rente.

Im letzten Jahre vor dem Unfall, d. i. vom 25. April 1916 bis 30. September 1916 hat Ihr Sohn als Schlosserlehrling an 120 Tagen gearbeitet und dafür einen Entgelt von 68 Mk. 76 Pfg. bezogen.

Da er noch kein volles Jahr vor dem Unfalle im Eisenbahnbetriebe beschäftigt gewesen war, so wird nach § 565 RVO. seinem Verdienst für die übrigen $186^7/_9$ Arbeitstage des Jahres der durchschnittliche Verdienst, den während dieser Zeit ein Versicherter der gleichen Art und Erwerbsfähigkeit für den vollen Arbeitstag bezogen hat, d. i. 70,314 Pfg. für den Tag, insgesamt 131 Mk. 33 Pfg. zugezählt, außerdem war der Genannte noch an 2 Arbeitsstunden ohne Lohn beurlaubt.

Der durchschnittliche Verdienst für den vollen Arbeitstag beträgt demnach 65,223 Pfg. und der Jahresarbeitsverdienst für die betriebsübliche Zahl von 307 Arbeitstagen 200 Mk. 23 Pfg.

Der Ortslohn des Beschäftigungsorts Ihres Sohnes G. Stadt ist für Erwachsene über 21 Jahre auf 3 Mk. festgestellt. Der von diesem Lohnsatz nach § 570 RVO. berechnete Jahresarbeitsverdienst (300 × 3 Mk.) beträgt 900 Mk.

Da nach gesetzlicher Vorschrift das Dreihundertfache des Ortslohnes mit 900 Mk. der Rentenberechnung zugrunde zu legen ist, so wird Ihrem Sohn vom 30. Oktober 1916 ab eine in monatlichen Teilbeträgen von 10 Mk. zahlbare — vorläufige — Jahresrente von 120 Mk. gewährt. $\left(\frac{20}{100} \times 66^2/_3\right.$ Hundertteile von 900 Mk.$\left.\right)$

Es wird Ihnen gezahlt werden:

1. Erstmalig:

Vom 30. Oktober 1916 bis 31. Dezember 1916:

$\frac{2 \times 10 \text{ Mk.}}{31} + 2 \times 10 \text{ Mk.} =$ 20 Mk. 65 Pfg.

2. Vom 1. Januar 1917 ab bis auf weiters monatlich im voraus 10 Mk.

Gegen diesen Bescheid können Sie binnen einem Monat nach seiner Zustellung schriftlich bei uns Einspruch erheben. Die rechtzeitige Erhebung des Einspruchs begründet für Sie die Rechte aus den unten abgedruckten §§ 1592, 1595 und 1596 RVO. Wird nicht rechtzeitig Einspruch erhoben, so wird dieser Bescheid rechtskräftig (§ 1590 RVO.).

Am 30. Oktober 1916 hat Ihr Sohn die Arbeit wieder aufgenommen und ist von da ab gegen den vollen vor dem Unfall bezogenen Lohn beschäftigt worden. Da jedoch der Lohn bestimmungsgemäß um den Betrag der täglichen Rente zu kürzen ist, so wird der überzahlte Lohnbetrag durch die nächste Lohnrechnung wieder eingezogen werden.

Anbei übersenden wir eine Anzahl Quittungsvordrucke. Mehrbedarf ist erforderlichenfalls im Dezember jeden Jahres, das erstemal im Dezember 1917, bei der Stationskasse Ihres Wohnortes anzufordern.

Die Rente wird durch die Postanstalt Ihres Wohnorts gezahlt. Falls Sie in einem Landbestellbezirk wohnen, können Ihnen auf Antrag die Beträge durch den Briefträger (Zustellungspersonal) zugestellt werden Sie wollen alsdann die Quittungen ausgefüllt und beglaubigt bereit halten.

Verlegen Sie Ihren Wohnsitz, so ist uns Anzeige zu erstatten, damit wir die Auszahlung der Rente durch die Postanstalt Ihres neuen Wohnorts veranlassen können.

Sofern die Folgen des Unfalles ein weiteres Heilverfahren notwendig machen, hat Ihr Sohn Anspruch auf freie ärztliche Behandlung und freie Arznei usw. Ihr Sohn hat sich in solchen Fällen unter Vorzeigung dieses Bescheides an den zuständigen Bahnarzt zu wenden, der ihm die erforderliche Hilfe auf unsere Kosten angedeihen lassen wird. Rezepte wird der Arzt mit dem Vermerk „Unfall" versehen, worauf Ihr Sohn zu achten hat, da wir ohne einen Nachweis diese Kosten nicht tragen können.

gez. Unterschrift.

Auf der Rückseite des Schreibens ist folgendes abgedruckt:

Gesetzliche Vorschriften über die aus der Erhebung des Einspruchs sich ergebenden Berechtigungen.

§ 1592.

Die rechtzeitige Erhebung des Einspruchs begründet das Recht auf persönliches Gehör des Berechtigten. Die für den Erlaß des Bescheides zuständige Stelle bestimmt, ob der Berechtigte vor ihr oder vor dem Versicherungsamt[1]) vernommen werden soll. Für die Zuständigkeit des Versicherungsamts[1]) gelten die §§ 1637 bis

[1]) An die Stelle des Versicherungsamtes tritt der Bezirksausschuß der Pensionskasse für die Arbeiter der Preußisch-Hessischen Eisenbahngemeinschaft am Sitze der die Rente festsetzenden Eisenbahndirektion.

1639 entsprechend. Solange der Berechtigte vor der zuständigen Stelle noch nicht vernommen ist, kann er jedoch verlangen, daß er vor dem Versicherungsamt[1]) vernommen wird, in dessen Bezirk er zur Zeit der Vernehmung wohnt oder beschäftigt ist. Wird der Berechtigte vor dem Genossenschaftsorgan vernommen, so werden ihm bare Auslagen und Versäumnis vergütet. Auf Beschwerde gegen die Kostenfestsetzung entscheidet das Oberversicherungsamt endgültig.

Der Stelle, die den Berechtigten vernehmen soll, sind die Vorverhandlungen vorzulegen.

§ 1595.

Ist nicht schon durch den Versicherungsträger ein Arzt gehört worden, dem der Versicherte nach eigener Wahl seine Behandlung übertragen hat, so hat das Versicherungsamt[1]) auf den bei der Vernehmung zu stellenden Antrag des Versicherten das Gutachten eines bisher noch nicht gehörten Arztes einzuholen, wenn das Gutachten nach Ansicht des Versicherungsamts[1]) für die Entscheidung von Bedeutung sein kann.

Lehnt der vom Versicherungsamt[1]) um sein Gutachten ersuchte Arzt die Erstattung des Gutachtens ab, so entscheidet das Versicherungsamt[1]), ob und von welchem anderen Arzt ein Gutachten einzuholen ist.

§ 1596.

Auf Verlangen des Berechtigten ist in allen Fällen, wenn er die Kosten im voraus entrichtet, ein von ihm bezeichneter Arzt als Gutachter zu vernehmen. Lassen sich diese Kosten im voraus nicht bestimmen, so kann das Versicherungsamt[1]) einen Pauschbetrag als Sicherheitsleistung für diese Kosten erfordern.

Ist bei der endgültigen Feststellung auf Grund des neuen Gutachtens eine Rente, die im Bescheid abgewiesen war, gewährt oder die im Bescheide festgestellte Teilrente erhöht worden, so sind dem Berechtigten die Kosten zu erstatten, soweit es angemessen ist. Bei Streit über die Erstattung entscheidet auf Beschwerde das Oberversicherungsamt endgültig.

Die Renten werden von dem Postamt ausgezahlt gegen die nachfolgende Quittung Tafel 48 (s. Seite 417).

§ 9. Die Invalidenversicherung.

Ein in dem üblichen Alter von 14 Jahren in den Lohn getretener Lehrling kann bis Schluß der Lehrzeit die Vorbedingungen für eine Invalidenrente bei Erwerbsunfähigkeit noch nicht erfüllt haben. Dies ist nur in dem Ausnahmefall möglich, daß der Lehrling erst mit 16 Jahren die Lehre begonnen hat und dann auch erst in den letzten beiden Monaten der Lehrzeit, nämlich frühstens 200 Wochen nach dem 16. Geburtstag. Wenn es auch höchst selten vorkommen wird, daß ein junger Mensch gerade in dieser kurzen Spanne Zeit dann noch durch Krankheit erwerbsunfähig wird, so ist die Versicherung immerhin zu erörtern, zumal die nach Vollendung des 16. Lebensjahres einsetzende Versicherungspflicht verschiedene geschäftliche Maßnahmen erforderlich macht.

---

[1]) Vgl. hierzu die Fußnote auf Seite 415.

Tafel 48.

Rentenquittung. a) Vorderseite.

Königliche Eisenbahndirektion N.

Post-Aufgabe-stempel

Rentenquittung.†)

Postvermerk. U-Nummer ....

10 Mark — Pfg.,

in Worten zehn Mark — Pfg.,

habe ich für den Monat Februar 1918 aus der Postkasse erhalten.

(Vom Empfänger eigenhändig zu unterschreiben.)

(Des Empfängers Wohnort:) Guben, den 1. Februar 1918

*) (Des Empfängers Vor- und Zuname.) (Bei Frauen auch der Geburtsname.) Otto W., als Vater des minderjährigen Richard W.

(Des Empfängers Stand:) Schlosser.

Es wird hierdurch unter Beidrückung des Dienstsiegels bescheinigt**),

1. daß vorstehende Unterschrift von dem in dem vorbezeichneten Orte wohnhaften Empfänger selbst vollzogen worden ist,

2.***) daß Richard W. ....

....

....

....

am 1. Februar 1918 am Leben gewesen ist,

3.****) daß diejenige Person, von der vorstehende Unterschrift vollzogen ist, sich seit dem Tode ihres Ehegatten nicht wieder verheiratet hat.

Guben, den 1. Februar 1918.

(Unterschrift des Bescheinigenden.)

(Dienstsiegel.) Der Vorstand des Königlichen Eisenbahn-Werkstättenamtes:

N. N.

Anmerkungen auf der Rückseite beachten.

b) Rückseite.

Anmerkungen.

†) Der Beglaubigung der Unterschrift bedarf es nicht, wenn die Quittung selbst von einer öffentlichen Behörde oder einer zur Führung eines öffentlichen Siegels berechtigten Person unter Beidrückung des Dienstsiegels vollzogen ist.

*) Zu vollziehen von dem Rentenberechtigten, sofern zu seinen Händen zu zahlen ist, andernfalls von derjenigen Person, zu deren Händen an seiner Statt zu zahlen ist (Vormund, Pfleger usw.).

**) Es genügt die Bescheinigung einer bei der Zahlung nicht beteiligten, zur Führung eines öffentlichen Siegels berechtigten Person (Bezirksvorsteher, Beamte der Armenpflege, Schiedsmann, Geistliche, Standesbeamte, Steuereinnehmer, Gemeinde- (Guts-) Vorsteher, Polizeibeamte, Kontrollbeamte der Versicherungsanstalt usw.) unter Beidrückung des Dienstsiegels.

***) Auszufüllen mit dem Namen des Rentenberechtigten, soweit an seiner Statt zu Händen einer anderen Person (Vormund, Pfleger usw.) zu zahlen ist, andernfalls zu durchstreichen.

****) Die Bescheinigung 3 ist nur abzugeben, wenn Witwen (Witwer-) rente gezahlt wird, andernfalls zu durchstreichen.

Sofern die Quittung nicht von dem Rentenberechtigten, sondern von einer anderen Person (Vormund, Pfleger usw.) vollzogen ist, ist anstatt der Worte „daß diejenige Person, von welcher vorstehende Unterschrift vollzogen ist“, anzugeben, „daß die Witwe (der Witwer) N. N.“ (namentlich zu bezeichnen).

Die Invaliden- und Hinterbliebenenversicherung ist im vierten Buch § 1226—1500 der Reichsversicherungsordnung geregelt. In § 1226 sind unter 1 neben Arbeitern, Gehilfen, Gesellen und Dienstboten ausdrücklich auch Lehrlinge genannt als Personen, die für den Fall der Invalidität und des Alters sowie zugunsten der Hinterbliebenen vom vollendeten sechzehnten Lebensjahre an versichert werden.

Im allgemeinen sind Träger der Invalidenversicherung nach RVO. § 1326 u. f. die Landesversicherungsanstalten und öffentlichen Behörden der Reichsversicherung, die Versicherungsämter, die Oberversicherungsämter und das Reichsversicherungsamt. Bei der Eisenbahnverwaltung tritt an die Stelle der Landesversicherungsanstalten für den ganzen Staatsbahnbereich die „Pensionskasse für die Arbeiter der Preußisch-Hessischen Eisenbahngemeinschaft". Diese Pensionskasse wird verwaltet durch 21 Bezirksausschüsse, je einer für jeden Direktionsbezirk, durch den Vorstand zu Berlin und durch die Hauptversammlung. Der Vorstand der Betriebskrankenkasse bildet gleichzeitig den Bezirksausschuß[1]) der Pensionskasse. Für die Fälle, in denen der Bezirksausschuß mit den Aufgaben des Versicherungsamts (Beschlußausschusses) betraut ist, bildet er aus seiner Mitte einen Beschlußausschuß, bestehend aus dem Vorsitzenden oder dessen Stellvertreter und zwei Mitgliedern. Ferner sind an Stelle der früheren Schiedsgerichte für die Arbeiterversicherung seit dem 1. Juli 1912 besondere Oberversicherungsämter für jeden Eisenbahndirektionsbezirk errichtet worden[2]). Sie sind an die Stelle der nach dem Unfallversicherungsgesetz vom 6. Juli 1884 gebildeten früheren Schiedsgerichte getreten. Dasselbe bestand nach § 47 dieses Gesetzes aus einem ständigen Vorsitzenden und aus vier Beisitzern. Der Vorsitzende war aus der Zahl der öffentlichen Beamten mit Ausschluß der Beamten derjenigen Betriebe, die unter das Gesetz fielen, von der Zentralbehörde des Landes ernannt, in dem der Sitz des Schiedsgerichtes war. Zwei der Beisitzer wurden von der Genossenschaft und zwei von den Vertretern der Arbeiter ernannt.

Auch nach Einführung der Reichsversicherungsordnung ist bei der Eisenbahnverwaltung diese Zusammensetzung zumeist beibehalten. So besteht z. B. in dem einen Direktionsbezirk das Oberversicherungsamt aus einem Oberregierungsrat oder Regierungsrat der Königlichen Regierung als Vorsitzenden, aus einem juristischen und einem technischen Dezernenten der Eisenbahndirektion als zwei Beisitzern und aus zwei weiteren Beisitzern, die von den Arbeitervertretern gewählt sind.

Die Pensionskasse gliedert sich in die beiden Abteilungen A und B. Die

---

[1]) Er besteht also ebenfalls aus einem Vertreter der Eisenbahnverwaltung und 6 von den Krankenkassenmitgliedern gewählten Vertretern (vergl. Anm. 2 S. 378).

[2]) s. hierzu und zu dem folgenden die Schrift: Gemeinverständliche Darstellung der wichtigsten Bestimmungen der Satzungen der Pensionskasse für die Arbeiter der Preußisch-Hessischen Eisenbahngemeinschaft (zugleich für die Arbeiter der Kgl. Preußischen Wasserbauverwaltung). Ausgabe 1914, gedruckt bei H. S. Hermann in Berlin. — Seite 110 sowie besonders S. 14, 15, 31 u. f.

Abteilung A ist ein Glied der Verwaltung der Invaliden- und Hinterbliebenenversicherung, und zwar eine durch Beschluß des Bundesrats genehmigte Sonderanstalt. Durch die Mitgliedschaft zur Abteilung A der Pensionskasse wird der durch die Reichsversicherungsordnung begründeten Versicherungspflicht in gleicher Weise genügt, wie durch die Teilnahme (Markenkleben) an einer Landesversicherungsanstalt oder durch die Mitgliedschaft bei einer anderen Sonderanstalt. Bei der Feststellung und Berechnung der Renten wird die gesamte Zeit der Beteiligung bei Versicherungsanstalten und den Sonderanstalten angerechnet.

Die Abteilung A erfüllt alle Aufgaben der reichsgesetzlichen Invaliden- und Hinterbliebenenversicherung gemäß der Reichsversicherungsordnung. Sie erhebt die Beiträge und gewährt die Leistungen, die von der Reichsversicherungsordnung vorgeschrieben sind. Die Leistungen sind am 1. Januar 1912 wesentlich verbessert worden durch die gesetzliche Hinterbliebenenversicherung, mit der Waisenrenten und Witwenrenten für die arbeitsunfähigen (invaliden) Witwen eingeführt sind. Einzelheiten werden später näher erörtert werden.

Die Abteilung B ist nicht auf das Reichsgesetz begründet, sie schafft eine über die gesetzliche Verpflichtung hinausgehende Fürsorge für die ständigen Eisenbahnbediensteten durch Gewährung von Zusatzrenten, Witwen-, Waisenzusatzrenten und Sterbegeldern. Die für die Leistungen der Abteilung A erforderlichen Mittel werden durch Beiträge aufgebracht, die ursprünglich zur Hälfte von den Mitgliedern und zur Hälfte von der Staatseisenbahnverwaltung entrichtet wurden. Seit dem 1. April 1906 leistet die arbeitgebende Verwaltung außer der auf sie entfallenden Hälfte jährlich noch einen Zuschuß in Höhe eines Sechstels sämtlicher Beiträge. Ferner unterstützen die arbeitgebenden Verwaltungen die Pensionskasse durch die kostenlose Geschäftsführung und dadurch sehr erheblich, daß sie die von ihr gezahlten Beitragsteile für ausscheidende Mitglieder voll der Kasse belassen.

Nach der Höhe des Jahresarbeitsverdienstes[1]) sind für die Versicherten der Abteilung A folgende Lohnklassen gebildet. Die Wochenbeiträge sind mit den am 1. April 1918 gültigen Sätzen angegeben worden.

	Jahresverdienst		Täglicher Verdienst		Wochenbeitrag des Versicherten
	über	bis	über	bis	
Lohnklasse I	—	350 ℳ	—	1,16 ℳ	0,09 ℳ
„ II	350 ℳ	550 ℳ	1,17 ℳ	1,83 ℳ	0,13 ℳ
„ III	550 ℳ	850 ℳ	1,84 ℳ	2,83 ℳ	0,17 ℳ
„ IV	850 ℳ	1150 ℳ	2,84 ℳ	3,83 ℳ	0,21 ℳ
„ V	1150 ℳ	—	3,84 ℳ	—	0,25 ℳ

[1]) Als Jahresarbeitsverdienst gilt zufolge RVO. § 1246 für Mitglieder einer Krankenkasse das Dreihundertfache des Grundlohnes, d. h. das wirkliche Lohneinkommen des Versicherten, soweit es sechs Mark für den Arbeitstag nicht übersteigt; s. Teil VIII § 6 S. 380.

Für die Zugehörigkeit der Mitglieder zu den Lohnklassen ist nicht die Höhe des tatsächlichen Jahresarbeitsverdienstes sondern, weil die Zeiten etwaiger Krankheit, Arbeitsunterbrechung usw. den zu veranlagenden Betrag nicht schmälern sollen, ein Durchschnittsbetrag maßgebend, und zwar für die Mitglieder einer Krankenkasse der 300fache Betrag des für ihre Krankenkassenbeiträge maßgebenden täglichen Arbeitsverdienstes [1]).

Bei den Eisenbahnlehrlingen kommen im allgemeinen nur die beiden ersten Klassen, seltener auch Klasse III in Frage. Die gleich hohen Beiträge wie diese Pflichtbeiträge des Versicherten zahlt auch die Eisenbahnverwaltung als Arbeitgeber für jedes Mitglied. Wünscht sich der Lehrling in einer höheren Lohnklasse zu versichern, als der nach seinem Tagesverdienst maßgebenden, so hat er auch den auf die Verwaltung entfallenden Mehrbetrag zu tragen. Die Beiträge werden durch Kürzung bei der Lohnzahlung erhoben. Von der Verwaltung werden für die Beiträge nicht Marken in die Quittungskarte geklebt, es wird vielmehr dem Versicherten beim Ausscheiden aus der Beschäftigung eine Bescheinigung erteilt, die bei der Festsetzung von Renten ebenso berücksichtigt wird, wie die Aufrechnungsbescheinigungen über die Quittungskarten, und zwar auch dann, wenn die Rente von einer Versicherungsanstalt oder einer andern Sonderanstalt festgesetzt wird.

Der Antrag zur Aufnahme in die Betriebskrankenkasse (s. Tafel 33, S. 382) gilt auch gleichzeitig als Antrag für die Aufnahme in die Pensionskasse. Die hierbei von dem Werkstättenamt einzureichende Standesliste Tafel 34 S. 383 dient ebenfalls für beide Kassen gleichzeitig. Über die Aufnahme wird eine Bescheinigung erteilt. Sie ist kartenförmig dreiteilig zusammenlegbar auf starkem grauen Papier. Der Vordruck der ersten Seite ist wie folgt:

(Vergleiche hierzu Tafel 49, Seite 421.)

Auf den übrigen 5 Seiten sind Auszüge aus den Satzungen abgedruckt, insbesondere die Lohnklassen und die Beiträge.

Die Lehrlinge sind verpflichtet, nach Erreichung des sechzehnten Lebensjahres auch der Abteilung B der Pensionskasse beizutreten, sofern sie bis dahin die allgemeine Vorbedingung für den Beitritt erfüllt haben, nämlich eine einjährige Beschäftigung bei der Staatseisenbahnverwaltung. Für die Beiträge bestehen ebenfalls wieder Lohnklassen. Die unterste ist mit II, die höchste mit X bezeichnet.

Die Lehrlinge haben gleich den übrigen Mitgliedern die folgenden Wochenbeiträge zu zahlen. Es sind ebenfalls die am 1. April 1918 gültigen Sätze zugrunde gelegt:

---

[1]) Für Mitglieder, die zu einer Krankenkasse nicht gehören, der 300fache Betrag des Ortslohns.

Angabe der Lohnklasse	Tagesverdienst von	Tagesverdienst bis	Wöchentlicher Beitrag
II	—	1,83 ℳ	0,21 ℳ
III	1,84 ℳ	2,83 ℳ	0,31 ℳ
IV	2,84 ℳ	3,50 ℳ	0,42 ℳ
V	3,51 ℳ	4,00 ℳ	0,48 ℳ

Tafel 49.

Aufnahmeschein der Pensionskasse.

Pensionskasse
für die Arbeiter der Preußisch-Hessischen Eisenbahngemeinschaft.

Aufnahmeschein Nr. ......

für Ewald Elich
(Zu- und Vorname)

Geburtsort: Neiße. Geburtstag: 6. April 1893.

Firmastempel: Eisenbahn-Werkstättenamt Guben.

(Kreis, Provinz, Staat) Neiße, Schlesien, Preußen.

Art der Beschäftigung: Schlosserlehrling.

Eintragungen über die Mitgliedschaft und Beitragsleistung.						
Abteilung A.			Abteilung B.			
Seit	Lohnklasse	Unterschrift des eintragenden Beamten	Seit	Lohnklasse	Unterschrift des eintragenden Beamten	Bemerkungen
5.4.09	II	N. N.	5.4.09	II	N. N.	

Bei der Aufnahme in die Abteilung B ist dieser Aufnahmeschein zur Ergänzung dem Bezirksausschuß vorzulegen, desgleichen beim Übertritt in eine andere Lohnklasse.

Die übrigen Klassen sind hier nicht mitgeteilt, da sie für die Eisenbahnlehrlinge nicht mehr in Frage kommen. In der Regel werden sie nur zur Lohnklasse II gehören. Ein älterer Lehrling mit einem Stundenlohn von z. B. 20 Pfg. gehört demnach sowohl bei der Abteilung A als auch B zur Lohnklasse II und es sind zu entrichten

für Abteilung A: 0,13 ℳ wöchentlich
„ „ B: 0,21 ℳ „
zusammen 0,34 ℳ wöchentlich.

Für den monatlichen Löhnungszeitraum sind dem Lehrling dann für die Pensionskasse also $4 \times 0{,}34 = 1{,}36$ Mk. vom Lohn einzubehalten.

Die Krankenkasse leistet nur für 26 Wochen Krankengeld. Nach Ablauf dieser Zeit muß der Lehrling, wenn er dann noch nicht wieder erwerbsfähig geworden ist, einen Antrag auf Gewährung einer Invalidenrente stellen. Hierzu wird das nachstehende Muster verwendet.

Tafel 50. Antrag auf Gewährung einer Invalidenrente.

Pensionskasse für die Arbeiter der Preußisch-Hessischen Eisenbahngemeinschaft (Zugleich für die Arbeiter der Wasserbauverwaltung.)

Antrag

auf Gewährung einer Invalidenrente (nebst Zusatzrente) aus Abteilung $\frac{A}{B}$

§§ 11, 12, 15 und 39 der Satzungen.

Guben, den 6. April 1918.

Dem Bezirksausschuß Nr. 18 der Arbeiter-Pensionskasse

in

Posen

(Kgl. Eisenbahndirektion)

vorgelegt. Standesliste Nr. 77 963. Der Antrag ist mir am 6. April 1918 übergeben worden.

Schiesler ist geboren am 12. Mai 1898 und in den Eisenbahndienst eingetreten am 25. April 1914. Die Leistungen der Krankenkasse laufen ab am 7. April 1918.

Werkstättenamt.

........................, den .... 19 ....

Zu 1. Erledigt. — 1. Die Fragebogen an den Kassenarzt und Dienstvorsteher sind abzusenden.

Zu 2. Kenntnis genommen. — 2. Vorzulegen

der Königl. Eisenbahndirektion

hier

gemäß Ministerialerlaß vom 10. 2. 1913 — IV 41 133/16 / R. A. 559/13 —.

.... d. .... 191....

K. E. D.

3. Nach Rückkehr zum Weiteren. ....

Der Bezirksausschuß Nr. ....

Guben, 5. April 1918.

Da ich nach Wegfall des Krankengeldes noch invalide bin [1]), beantrage ich die Gewährung der Invalidenrente aus Abteilung A.

Unterschr.: Karl Schiesler.

Dienststellung:

Schlosserlehrling.

Wohnung:
(Straße.)

Guben, Triftstr. 56.

[1]) Unzutreffendes ist zu durchstreichen.

Nr. 561. Antrag auf Gewährung einer Invalidenrente.
(Anlage 22 zur Dienstanweisung für Dienstvorsteher.)
(Anlage 20 zur Allgem. Verfg. Nr. 12.)

§ 10. Die Leistungen der Pensionskasse.

Es werden die Leistungen hier nur soweit besprochen, als sie den Lehrlingen während der Lehrzeit zugute kommen können. Abteilung B scheidet hierbei ganz aus, denn einen Anspruch auf solche Zusatzrenten haben nur diejenigen Mitglieder, die der Abteilung mindestens 5 Jahre lang angehört haben. Bei der höchstens vierjährigen Lehrzeit tritt dieser Fall nicht ein.

Für Ansprüche an die Abteilung A ist zunächst Vorbedingung, daß eine Wartezeit von mindestens 200 Wochen erfüllt ist. Daß dies bei Lehrlingen nur in den Ausnahmefällen eines Lehrzeitbeginnes im Alter von fast 16 Jahren und mehr zutreffen kann, ist bereits S. 416 erörtert worden.

Unter Berücksichtigung dieser Umstände wird eine Rente dann gewährt, wenn der Versicherte dauernd invalide geworden ist. Es haben jedoch auch die Versicherten, die 26 Wochen ununterbrochen invalide gewesen sind, für die weitere Dauer der Invalidität einen Anspruch auf eine Rente, die dann als Krankenrente gewährt wird.

Nach RVO. § 1255 gilt als invalide, wer nicht mehr imstande ist, durch eine Tätigkeit, die seinen Kräften und Fähigkeiten entspricht und ihm unter billiger Berücksichtigung seiner Ausbildung und seines bisherigen Berufs zugemutet werden kann, ein Drittel dessen zu erwerben, was körperlich und geistig gesunde Personen derselben Art mit ähnlicher Ausbildung in derselben Gegend durch Arbeit zu verdienen pflegen.

Die Invalidenrente wird in der Weise berechnet, daß zu dem vom Reich für jede Rente zu gewährenden Zuschuß von jährlich 50 Mk. ein Grundbetrag und die der Zahl der Beitragswochen entsprechenden Steigerungssätze hinzugerechnet werden.

Der Grundbetrag der Invalidenrente wird stets nach 500 Beitragswochen berechnet. Sind weniger nachzuweisen, so gilt für die fehlenden die Lohnklasse I, sind es mehr, so scheiden die überzähligen Beiträge der niedrigsten Lohnklasse aus. (RVO. § 1288.)

Für jede Lohnklasse werden angesetzt:

in der Lohnklasse I = 12 Pf.
" " " II = 14 "
" " " III = 16 "
" " " IV = 18 "
" " " V = 20 "

Zu dem Reichszuschuß und dem hiernach berechneten Grundbetrage wird für jeden geleisteten Wochenbeitrag ein bestimmter Betrag zugerechnet. Diese Erhöhung der Invalidenrente wird Rentensteigerung genannt.

Der Steigerungssatz beträgt für jede Beitragswoche:

in der Lohnklasse I = 3 Pf.
" " " II = 6 "
" " " III = 8 "
" " " IV = 10 "
" " " V = 12 "

Krankheitszeiten und militärische Dienstleistungen werden, obschon dafür keine Beiträge entrichtet worden sind, gleichwohl wie Beitragswochen der Lohnklasse II mit je 6 Pf. bei der Steigerung der Invalidenrenten angerechnet. Die bei anderen Sonderanstalten und bei Versicherungsanstalten zurückgelegte Beitragszeit wird bei der Berechnung der Rente ebenfalls angerechnet.

Hiernach setzt sich die Invalidenrente zusammen aus:

1. dem Reichszuschuß,
2. dem Grundbetrag,
3. der Rentensteigerung.

Der zu zahlende Monatsbetrag wird auf volle 5 Pfennig nach oben abgerundet.

Nachstehend sei ein Beispiel gegeben.

Angenommen, ein Lehrling werde kurz vor Schluß der Lehrzeit vom Arzt für invalide erklärt, vielleicht infolge eines schweren Lungenleidens. Geleistet seien 205 Beitragswochen, und zwar in Lohnklasse I 120 Wochen, in Lohnklasse II 70 Wochen und in Lohnklasse III 15 Wochen.

Die Invalidenrente berechnet sich wie folgt:

1. Reichszuschuß ...... 50,00 ℳ
2. Grundbetrag:

Da weniger als 500 Beitragswochen nachgewiesen sind, so gilt für die folgenden 295 Wochen die Lohnklasse I. Als Grundbetrag ergibt sich dann

120 + 295 = 415	Beitragswochen	in Klasse	I	zu je 12 Pf.
70	"	" "	II	" " 14 "
15	"	" "	III	" " 16 "

Mithin ist der Grundbetrag

$$\frac{(415 \times 12) + (70 \times 14) + (15 \times 16)}{100} = 62{,}00 \text{ ℳ}$$

3. Rentensteigerung

$$\frac{(415 \times 3) + (70 \times 6) + (15 \times 8)}{100} = 17{,}85 \text{ ℳ}$$

Die Invalidenrente für den Lehrling würde als Summe von 1, 2 und 3 demnach betragen

$$50 + 62 + 17{,}85 \text{ Mk.} = 129{,}85 \text{ ℳ}$$

Dies entspricht einem Monatsbetrage von 10,82 ℳ, der vorschriftsmäßig nach oben auf 10,85 ℳ als zu zahlende Monatsrente abzurunden ist.

Ist die Invalidität durch einen Unfall herbeigeführt, so erhält der Versicherte aus der Pensionskasse nur denjenigen Betrag, um den etwa die Invalidenrente die Unfallrente übersteigen würde. Es kommen aber auch leichtere Betriebsunfälle vor, die zwar die Arbeitsfähigkeit des Verletzten herabsetzen, ihn aber noch nicht vollkommen erwerbsunfähig machen. Der

Verletzte wird vielleicht geheilt und bezieht wegen verminderter Erwerbsfähigkeit eine geringe Unfallrente, arbeitet aber jahrelang weiter, bis er schließlich nicht wegen des Unfalls, sondern aus anderen Ursachen, z. B. wegen Rheumatismus, Altersschwäche od. dgl. dauernd erwerbsunfähig wird. In diesem Falle wird die Invalidenrente insoweit nicht gezahlt, als die Summe der Invaliden- und Unfallrente den 7½fachen Grundbetrag der Invalidenrente übersteigt[1]).

Die Invalidenrente wird in der Regel auf Lebenszeit gewährt. Ist aber der Empfänger infolge einer wesentlichen Änderung in seinen Verhältnissen nicht mehr invalide im Sinne der Reichsversicherungsordnung, so wird ihm die Rente entzogen. Ist zu erwarten, daß ein Heilverfahren den Empfänger einer Invalidenrente wieder erwerbsfähig macht, so kann es die Versicherungsanstalt einleiten (RVO. § 1305).

Die Pensionskasse ist berechtigt, aber nicht verpflichtet, auf ihre Kosten ein Heilverfahren eintreten zu lassen, sowohl bei erkrankten Mitgliedern wie bei Invaliden- und Witwenrentenempfängern.

Bei erkrankten Mitgliedern kann ein Heilverfahren übernommen werden, wenn folgende Voraussetzungen sämtlich vorliegen:

1. daß ohne das Heilverfahren der alsbaldige Eintritt der dauernden Invalidität zu befürchten ist,

2. daß durch ein Heilverfahren mit Wahrscheinlichkeit die dauernde Erwerbsfähigkeit hergestellt oder wenigstens der Eintritt der dauernden Invalidität auf Jahre hinaus verschoben wird,

3. daß für den Erkrankten im Fall der Invalidität ein Anspruch auf Invalidenrente begründet, daß also insbesondere die Wartezeit erfüllt ist oder doch beinahe, z. B. durch Hinzurechnung der für ein Heilverfahren erforderlichen Zeit erfüllt wäre.

Ein Heilverfahren kann insbesondere übernommen werden bei allen sich allmählich entwickelnden chronischen Krankheiten, z. B. Lungentuberkulose. Auch können chirurgische Operationen sowie die Genesungs- (Rekonvaleszenten-) Pflege unter obigen Voraussetzungen übernommen werden.

Für die Übernahme eines Heilverfahrens bei Mitgliedern ist Voraussetzung nicht die bereits eingetretene Invalidität. Es genügt, wenn eine Krankheit vorliegt. Ein Heilverfahren kann daher auch bei solchen erkrankten Mitgliedern eingeleitet werden, die trotz ihrer Krankheit noch weiter Dienst verrichten. Dies trifft besonders bei Lungenkranken zu.

Für die an Lungentuberkulose erkrankten Mitglieder sind von der Arbeiterpensionskasse im Jahre 1904 die inzwischen schon wieder vergrößerten Heilstätten „Stadtwald" bei Melsungen (Reg.-Bez. Cassel) und „Moltkefels" bei Schreiberhau im Riesengebirge errichtet worden. Die an anderen Krank-

---

[1]) Siehe die S. 418 Anm. 2 bereits angeführte „Gemeinverständliche Darstellung", Ausgabe 1914 S. 95 u. f. mit Beispielen für die Berechnung.

heiten leidenden Mitglieder werden in Krankenhäusern, Kliniken, Wasserheilanstalten, Bädern, in Genesungsheimen und in Walderholungsstätten verpflegt. Im Jahre 1912 ist für 4301 kranke Mitglieder ein Heilverfahren eingeleitet worden. 1380 Mitglieder wurden in den eigenen Lungenheilstätten und 2921 in fremden Anstalten usw. verpflegt.

Der Vorstand der Pensionskasse entscheidet nach Begutachtung des Falles durch den Kassenarzt, Bezirksausschuß und den Vertrauensarzt der Pensionskasse darüber, ob ein Heilverfahren von der Pensionskasse übernommen werden soll.

Wenn ein Erkrankter, der unverheiratet und ohne eigenen Hausstand ist, sich dem ärztlich angeordneten Heilverfahren entzieht, so kann ihm die Invalidenrente ganz oder teilweise versagt werden, sofern er auf diese Folge seiner Weigerung hingewiesen ist.

Ist der Erkrankte oder Rentenempfänger bereit, sich dem Heilverfahren zu unterziehen, so wird ihm ein Ausweis für die betreffende Anstalt und ein Freischein für die Hinfahrt behändigt, Rat über den günstigsten Reiseweg erteilt, ein Zehrgeld von einigen Mark für den Reisetag und, sofern eine Übernachtung erforderlich ist, ein Übernachtungsgeld von etwa 3 Mk. ausgezahlt.

Es sind tunlichst 2 vollständige Anzüge, 1 Mantel oder Überzieher, 1 Paar Stiefel oder Schuhe, 1 Paar feste Morgenschuhe, 6 Hemden, 3—4 Unterbeinkleider, 4 Paar wollene Strümpfe und 10 Taschentücher in die Heilstätte mitzunehmen.

Wenn dem dort untergebrachten Kranken, der von ihm unterhaltene Angehörige nicht hat, wie z. B. ein Lehrling, nach den Krankenkassensatzungen ein Krankengeld für die Zeit der Krankenhausbehandlung zusteht, so wird es von der Krankenkasse unmittelbar an ihn gezahlt.

Taschengeld wird an die in geschlossenen Heilanstalten untergebrachten Kranken nicht gezahlt. Diese Heilanstalten sorgen für die kleineren Bedürfnisse der Aufgenommenen, insbesondere für Rasieren, Haarschneiden, Wäschereinigen u. dgl. Den nicht in geschlossenen Heilanstalten und in Bädern untergebrachten Kranken, verheirateten wie unverheirateten, wird ein Taschengeld von 2 Mk. wöchentlich zur Bestreitung der kleineren Bedürfnisse gezahlt.

Gegen den Bescheid, durch den der Anspruch auf Invalidenrente[1]) aus Abteilung A abgelehnt wird, sowie gegen den Bescheid, durch den die Höhe und der Beginn der Rente festgestellt wird, kann innerhalb eines Monats nach der Zustellung des Bescheides bei dem im Bescheide angegebenen Eisenbahn-Oberversicherungsamt Berufung eingelegt werden. Gegen die Entscheidung des Oberversicherungsamts kann wiederum innerhalb eines Monats nach der Zustellung der Entscheidung des Oberversicherungsamts beim Reichsversicherungsamt in Berlin Berufung eingelegt werden. Sie ist aber nicht

[1]) sowie auch auf Alters- oder Witwen- und Waisenrente.

zulässig, wenn es sich handelt um Höhe, Beginn und Ende der Rente, Kapitalabfindung oder Kosten des Verfahrens.

Wird also z. B. durch Entscheidung des Oberversicherungsamts anerkannt, daß die Rente in richtiger Höhe festgesetzt worden ist, so kann gegen diese Entscheidung beim Reichsversicherungsamt kein Rechtsmittel mehr eingelegt werden.

§ 11. Wohlfahrtseinrichtungen in Eisenbahnwerkstätten.

Die Wohlfahrtseinrichtungen in den Eisenbahnwerkstätten sind zum Teil nicht nur für die Lehrlinge allein bestimmt, kommen ihnen aber mit zugute.

a) Badeeinrichtungen.

Hier kommen zunächst die jetzt überall vorhandenen Werkstättenbadeanstalten in Betracht. Sie sind in der Regel für Wannen- und Brausebäder eingerichtet. Die letzteren werden unentgeltlich abgegeben, die Wannenbäder vielfach ebenfalls. Ebenso wie jede andere Werkstattabteilung haben auch die Lehrlinge an einem bestimmten Wochentage ihre festen Badestunden. Für ein Brausebad werden etwa 20 Minuten, für ein Wannenbad 30 Minuten Zeit gewährt. In der Hauptwerkstätte Guben stehen 4 Wannenbäder und 6 Brausezellen zur Verfügung. Dies hat sich als vollkommen ausreichend erwiesen. Rechnet man bei jeder Brausezelle während der neunstündigen Arbeitszeit nur auf eine Benutzung durch 22 Personen, so können bei 5 Zellen in der Woche 660 Personen ein Brausebad nehmen. Das ist für eine Belegschaft von rund 640 Köpfen sehr reichlich, da immer eine Anzahl Nichtbadende infolge eigener Badegelegenheit zu Hause, Krankheit od. dgl. darunter sind und außerdem mancher der Bediensteten auch ein Wannenbad vorzieht. Von diesen sind dann ja auch noch 4 vorhanden.

Abb. 23 S. 428 zeigt Grund- und Aufriß der Badeanstalt in Guben. Die Zellen sind durch 2,4 m hohe Zwischenwände abgeteilt und haben 4,5 qm Grundfläche. Die Beleuchtung geschieht wegen der örtlichen Verhältnisse — die Badeanstalt ist an ein anderes Gebäude angebaut — bis auf die Stirnfenster durch Oberlicht. Der Wärterraum ist ziemlich groß gehalten und dient gleichzeitig als Kaffeeküche. Dort stellt der Wärter in den öfter am Tage vorkommenden Arbeitspausen den Kaffee für die Arbeiterschaft her.

Das Wasser für die Badeanstalt wird in einem erhöht angebrachten Behälter von 1000 l Inhalt durch eingeführten Dampf vom Kesselhaus erwärmt, nachdem die Spannung vorher durch ein Druckminderungsventil verringert worden ist. In den Zellen sind die Hähne eingerichtet, daß ein Verbrühen unmöglich ist. Wäsche und Seife wird in der Badeanstalt meist nicht besonders geliefert. Es wird oft das für das Abtrocknen beim täglichen Waschen dienende Handtuch und die hierfür von der Verwaltung gelieferte Seife benutzt.

Die Badeanstalt ist im Jahre 1911 gebaut und hat rund 22000 Mk. gekostet.

Eine zweckmäßig angeordnete, nur für Lehrlinge bestimmte Badeeinrichtung ist in Tempelhof vorhanden. Hier liegen an der Schmalseite des Wasch- und Ankleideraumes für Lehrlinge fünf Brausezellen und ein Wannenbad (s. Abb. 24). Nach vorn sind die Zellen durch Vorhänge abgeschlossen. Die Anlage, deren Innenansicht Abb. 27 S. 432 zeigt, macht mit den sauberen weißen Kacheln einen sehr freundlichen Eindruck und kann in ihrer Art vorbildlich genannt werden.

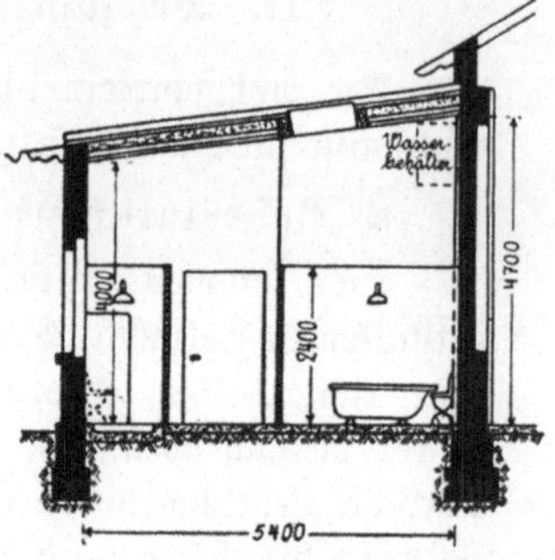

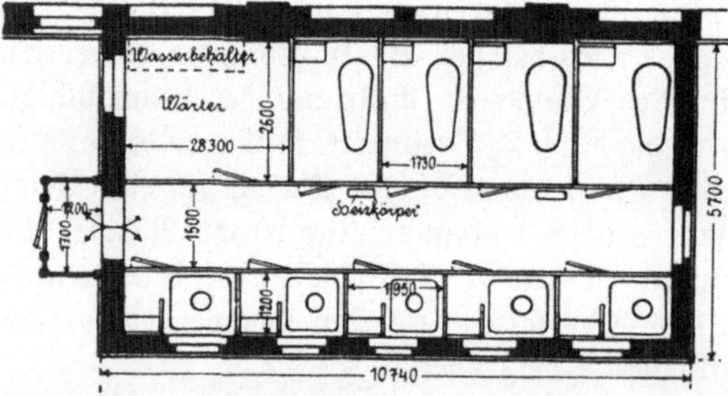

Abb. 23.
Badeanstalt der Hauptwerkstätte Guben.

Liegt die Werkstätte in der Nähe eines Flusses, der Badegelegenheit bietet, so empfiehlt es sich für größere Werkstätten, wie es auch bereits der Fall ist, eine eigene Flußbadeanstalt zu schaffen und hier den Lehrlingen in reichem Maße Gelegenheit zur Benutzung zu geben, vielleicht unter teilweiser Verwendung der Turnstunden im Sommer.

b) Wasch- und Ankleideräume.

Diese sind in allen neueren Eisenbahnwerkstätten vortrefflich eingerichtet. Es empfiehlt sich, hierfür zum mindesten in den ersten beiden Jahren für Lehrlinge besondere Räume vorzusehen, die von denen für erwachsene Arbeiter abgetrennt sind. Man kann so die Lehrlinge besser beaufsichtigen und unerwünschte Beeinflussungen fernhalten. Außerdem lassen sich hierdurch Wege über den Hof, besonders bei schlechtem Wetter, ersparen[1]).

[1]) Dieselben Gründe sprechen auch für die Einrichtung getrennter Aborte nahe der Lehrlingswerkstätte, wie dies z. B. in Tempelhof (Abb. 24) und in Leinhausen (Abb. 28 S. 446) ausgeführt ist. Man rechnet im Mittel auf je 25 Benutzer einen Sitz.

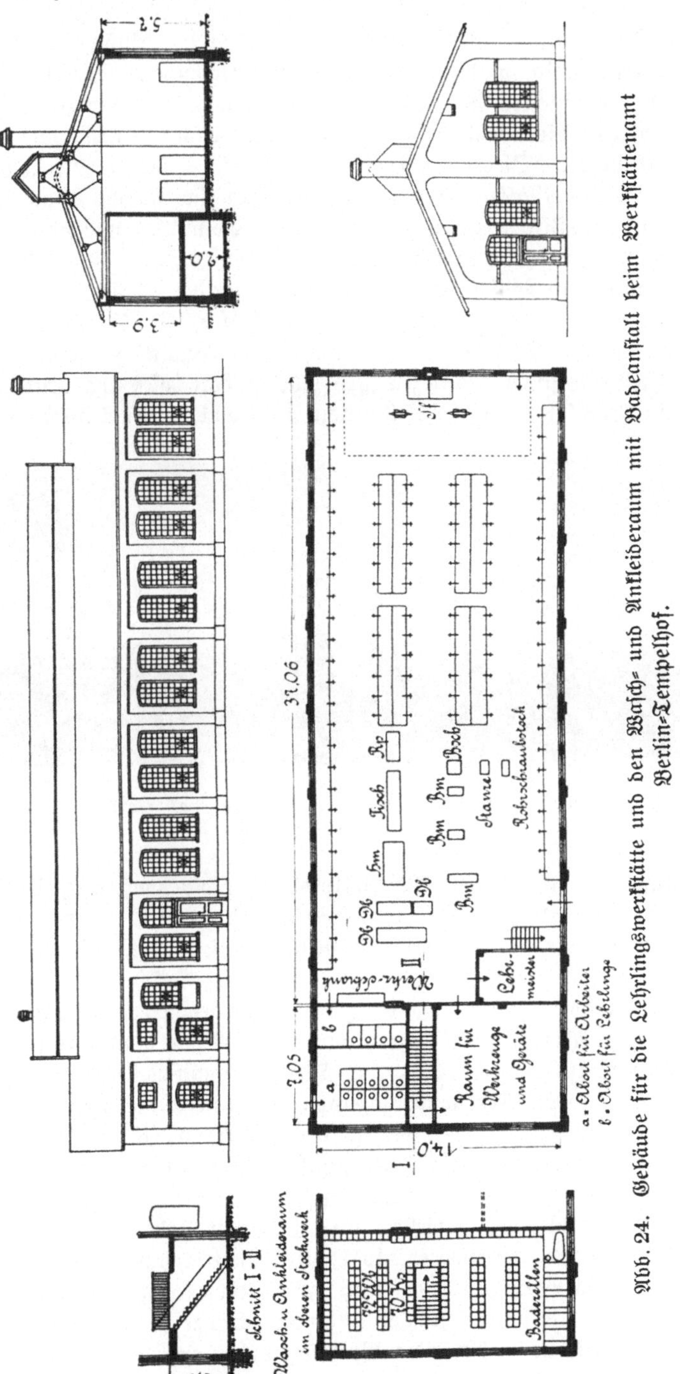

Abb. 24. Gebäude für die Lehrlingswerkstätte und den Wasch- und Ankleideraum mit Badeanstalt beim Werkstättenamt Berlin-Tempelhof.

Die Wasch- und Ankleideräume finden sich häufig, die Abortanlagen zuweilen, gleich an die Lehrlingswerkstätte angebaut. Steht für Lehrlingszwecke ein eigenes Gebäude zur Verfügung, so kann man zur besseren Platzausnutzung die Wasch- und Ankleideräume auch in einem oberen Stockwerk unterbringen. Dies ist in Tempelhof, Berlin 2 und Guben geschehen.

Bei Werkstätten, in denen regelmäßig eine Anzahl Zöglinge und Maschinenbaubeflissene zur Vorbereitung auf die mittlere und höhere maschinentechnische Laufbahn praktisch arbeiten, kann es zweckmäßig sein, in Verbindung mit dem Wasch- und Ankleideraum für die Lehrlinge einen solchen für die oben genannten jungen Leute zu schaffen. Sie können dann nicht nur während der Tätigkeit in der Lehrlingswerkstätte, sondern während der ganzen praktischen Arbeitszeit ihre Sachen dort lassen und brauchen bei dem vielen Wechsel mit den Abteilungen nicht auch jedesmal dort einen Schrank

Abb. 25. Außenansicht des Lehrlingsgebäudes des Werkstättenamts Berlin-Tempelhof.

in Anspruch zu nehmen. Als Beispiel möge die Anordnung in Meiningen, Abb. 31 S. 449, dienen. Voraussetzung ist natürlich, daß die Lehrlingswerkstätte nicht den anderen Abteilungen so fern liegt, daß zu viel Zeit mit den Wegen verloren wird.

Für jeden der Lehrlinge oder der zuvor genannten jungen Leute ist ein besonderer Kleiderschrank zu rechnen. Die Breite nimmt man zweckmäßig nicht unter 400 mm. Zwecks guter Durchlüftung sind in den Schrankwänden oben und unten Ausschnitte anzubringen, von denen aber mindestens die unteren zum Schutz gegen Mäuse und Ratten vergittert sein müssen. Angenehm wird es von der Arbeiterschaft meist empfunden, wenn Bänke vorhanden sind zum Sitzen beim Stiefelausziehen usw. Man kann die Schränke auch 30—40 cm hoch aufstellen und in dieser Höhe, vor der Schrankreihe entlang laufend, ein etwa ebenso breites Brett anbringen.

Aus Sauberkeitsgründen und zur Erschwerung von Krankheitsübertragung sind die großen gemeinsamen Waschtröge zu verwerfen und Einzelbecken vorzuziehen. Wenn die Becken kippbar angeordnet sind, so läßt sich eine schnellere Wiederbenutzung ermöglichen, als wenn der Inhalt erst durch ein Bodenventil abfließen muß. Bei der Kippeinrichtung ist auch eine bessere Reinigung der Behälter möglich. Man rechnet auf je zwei bis drei Lehrlinge ein Waschbecken[1]).

Grundrisse von Wasch- und Ankleideräumen sind in den Abb. 25, 31, 33, 39 und 45 enthalten[2]).

Es empfiehlt sich, die Lehrlinge mindestens eine Zeit lang mit zur Reinigung des Raumes heranzuziehen, um sie an Ordnung und Sauberkeit

Abb. 26. Lehrlingswerkstätte des Werkstättenamts Berlin-Tempelhof.

---

[1]) Für die Bauart derartiger Anlagen und aller übrigen Wohlfahrtseinrichtungen gibt die Ständige Ausstellung für Arbeiterwohlfahrt in Charlottenburg, Frauenhoferstr. 11/12, wertvolle Anregungen. In ausgezeichneter Weise kann man sich in diesem staatlich unterhaltenen Museum an der Hand der vielen ausgestellten Gegenstände, der gedruckten Beschreibungen und der Bücherei über die Leistungen und Fortschritte auf dem Gebiete der Arbeiterwohlfahrt unterrichten.

[2]) Ein Modell des Wasch- und Ankleideraums einer großen Eisenbahnwerkstätte findet sich im Königlichen Verkehrs- und Baumuseum in Berlin. — Es soll nicht unterlassen werden, bei dieser Gelegenheit darauf hinzuweisen, daß auch manche andere für das Lehrlingswesen in Betracht kommenden und hier besprochenen Einrichtungen und Gegenstände in diesem reichhaltigen Museum vorhanden sind. Dies gilt besonders für die Werkstätten- und Wohlfahrtseinrichtungen. Ein Bild von den Fertigkeiten der Lehrlinge geben u. a. Arbeitsstücke aus jedem der vier Lehrjahre sowie eine Anzahl Probestücke. Eine wiederholte Besichtigung der Sammlungen unter Führung des Lehrers und des Lehrmeisters kann für die Lehrlinge eine wertvolle Ergänzung des Unterrichts in Eisenbahnkunde und Eisenbahnmaschinenwesen bilden. In manchen Fällen ist die Erklärung an solchen Modellen sogar der ersten Unterweisung an dem Urstück in der Werkstätte vorzuziehen.

zu gewöhnen. Soll es schon in den Wasch- und Ankleideräumen für die erwachsenen Arbeiter peinlich sauber aussehen, so muß dies bei den Lehrlingen wenn möglich in noch höherem Grade der Fall sein. Auf den Schränken herumliegende Gegenstände, unsaubere Stellen an Wasserhähnen und Waschbecken sprechen eine beredte Sprache und lassen dann auch Zweifel an der nötigen Sorgfalt bei der Erziehung und Ausbildung der Lehrlinge aufkommen. Es ist zweckmäßig, daß die Schränke auch im Innern etwa alle Monate einmal von dem Lehrmeister nachgesehen werden, sonst sammelt sich bei unordentlichen Lehrlingen leicht allerlei Gerümpel darin an, alte Putzwolle, Brotreste u. dgl.

Abb. 27. Wasch- und Ankleideraum mit anschließenden Badezellen für die Lehrlinge des Werkstättenamts Berlin-Tempelhof.

c) Getränke und Essen.

In den Eisenbahnwerkstätten ist Gelegenheit vorhanden, alkoholfreie Getränke zu erhalten. In der Regel werden sie in den Werkschenken (Kantinen) vorrätig gehalten. Diese tragen meist die amtliche Bezeichnung Gemeinschaftsanstalt, weil sie unter Aufsicht und Unterstützung der Verwaltung gemeinsam von Arbeitern und Beamten geführt werden. Überschüsse sollen nicht gemacht werden, sondern dazu dienen, die Preise für die abzugebenden Waren zu ermäßigen.

Vertrieben werden in der Hauptsache Kaffee, kohlensaures Wasser und Limonade, Getränke, die meist selbst hergestellt werden[1]), daneben aber auch

[1]) In Guben betrug der die Selbstkosten übrigens nicht ganz deckende Preis für 1 l Kaffee im Frühjahr 1914 rund 3 Pfg. (gegen Zahlung von 40 Pfg. für den

vielfach Bier und Milch. Die Verabfolgung von Bier an Lehrlinge sollte überall streng verboten sein, dagegen ist die Verbreitung und Erleichterung des Milchbezuges nach Kräften zu fördern[1]). Da unter den Lehrlingen die bedürftigsten vielfach auch schlechter ernährt sind, kann in Frage kommen, ihnen eine Geldunterstützung bei der Eisenbahndirektion auszuwirken, den Geldbetrag ihnen dann jedoch nicht auszuhändigen, sondern dafür täglich 1 Flasche gute Milch zum Frühstück zu liefern. Mit nur 30 bis 35 Mk. ist dies schon ein ganzes Jahr lang möglich. Zuweilen wird es auch möglich sein, von dem Eisenbahnverein oder einer Stiftung Mittel für diese Zwecke zu erhalten. Der gesundheitliche Erfolg wird fast immer viel größer sein, als wenn etwa dem Vater eines schwächlichen jungen Menschen unmittelbar Geld für Stärkungsmittel ausgehändigt wird. Es ist sonst bei den verschiedenen häuslichen Verhältnissen recht unsicher, ob das Geld auch wirklich für den beabsichtigten Zweck verwandt wird und dem Lehrling ungekürzt zugute kommt.

In der Lehrlingswerkstätte oder in ihrer Nähe muß eine Wärmplatte vorhanden sein, auf der sich die Lehrlinge etwa mitgebrachten Kaffee wärmen können. An Stelle einer solchen Platte dient zuweilen auch ein eiserner Schrank mit wärmeisolierten Wänden, durch den in Windungen ein kleines Abzweigrohr der Heizdampfleitung geführt ist. Solche Einrichtungen können ohne Schwierigkeiten in der Lehrlingswerkstätte selbst hergestellt werden.

In manchen Eisenbahnwerkstätten wird für diejenigen Bediensteten, die mittags nicht nach Hause gehen, zu mäßigen Preisen warmes Essen abgegeben. Hiervon machen auch Lehrlinge Gebrauch. Bringen sie sich ihr Essen selbst mit, so ist auch hierfür die Wärmvorrichtung erforderlich. Es empfiehlt sich, in dem allgemeinen Speisesaal einen etwas abseits stehenden Tisch nur für die Lehrlinge zu bestimmen. Noch besser ist es, wenn ein besonderer Raum zur Verfügung steht (s. Abb. 45 S. 463 Frankfurt a. M.).

In einigen Werkstätten, bei denen viele Arbeiter wegen der großen Entfernungen über Mittag nicht nach Hause gehen, sind neben dem Speisesaal in einem ruhig gelegenen Raum Pritschen aufgestellt, manchmal zu mehreren übereinander, damit die Leute etwas ruhen können und dadurch wieder frischer zur Arbeit werden. Dies kommt besonders für schwächliche Lehrlinge in den ersten Jahren in Betracht. Liegt, wie es oft der Fall ist, bei dem Speisesaal Garten- oder Hofland, so empfiehlt es sich, an schattigen Stellen reichlich Bänke aufzustellen. Im Speiseraum ausliegende gute Zeitschriften werden stets willkommen sein.

Wert ist darauf zu legen, daß alle solche Räume trotz aller Einfachheit einen freundlichen und auch künstlerisch nicht unbefriedigenden Eindruck

Monat wird täglich $^1/_2$ l zum Frühstück geliefert). Kohlensaures Wasser wurde zu 2 Pfg. und Limonade aus Himbeersirup zu 4 Pfg. für die Flasche abgegeben.

[1]) Dies gelang in Guben dadurch, daß mit dem Gemeinnützigen Verein für Milchausschank (E. V.) in Berlin ein Übereinkommen auf Lieferung durch seine Gubener Ausgabestelle getroffen wurde. Es wurde eine sehr gute rohe Vollmilch in verschlossenen Flaschen von etwa $^4/_{10}$ l Inhalt für nur 10 Pfg. abgegeben.

machen. Durch richtige Farbenauswahl, ein paar Bilder, durch Blumenkasten mit blühenden Blumen vor den Fenstern, etwas Rankgewächse außen am Hause läßt sich mit sehr geringen Mitteln schon viel erreichen. Es ist gar nicht zu sagen, in wie hohem Maße dies ganz im stillen, aber nachhaltig auf die in solchen Räumen weilenden Menschen wirkt, am meisten auf die eindrucksfähige Jugend, und wie sehr dies zur Pflege und Veredlung des guten Geistes einer ganzen Arbeiterschaft beitragen kann.

d) Ledigenheim.

In Orten, an denen es für unverheiratete Bedienstete schwierig ist, zu mäßigen Preisen angemessene Unterkunft zu erhalten, werden von der Eisenbahnverwaltung Ledigenheime errichtet. Meist wird es sich um solche Orte handeln, die sonst noch wenig Industrie haben und an denen nun etwa durch Errichtung einer großen Hauptwerkstätte plötzlich ein großer Bedarf an Unterkunft für unverheiratete Arbeiter auftritt.

Als Beispiel kann das Eisenbahn-Ledigenheim in Opladen dienen. Es ist für 78 Personen bestimmt, und zwar sind vorgesehen:

4 Räume mit je 1 Bett
24 „ „ „ 2 Betten
2 „ „ „ 3 „
5 „ „ „ 4 „

Der tägliche Mietpreis für ein Bett schwankt zwischen 20 und 40 Pfg., je nachdem ein einzelnes oder gemeinsames Zimmer gewählt wird. Heizung, Beleuchtung, Handtücher und Bettzeug werden dabei frei mitgeliefert. In dem Heim wird von einer gemeinnützigen Gasthausgesellschaft auf Wunsch auch für Verpflegung gesorgt. Die Preise sind mäßig gehalten und unterliegen der Genehmigung der Eisenbahndirektion.

Für die Benutzung der Einrichtungen gilt nachstehende

Hausordnung für das Eisenbahn-Ledigenheim in Opladen.

§ 1. Die Aufnahme in das Ledigenheim ist auf dem Dienstwege bei dem Vorstande des Werkstättenamtes a zu beantragen und kann, soweit Platz vorhanden ist, jederzeit erfolgen. Die unterschriftlich vollzogene Hausordnung gilt als Aufnahmevertrag, dessen Stempel von beiden vertragschließenden Teilen nach Maßgabe der gesetzlichen Bestimmungen zu tragen ist.

§ 2. Die Anweisung der Zimmer geschieht unter tunlichster Berücksichtigung etwaiger Wünsche durch den Verwalter. Änderung in der Besetzung der einzelnen Zimmer können im Interesse der Wirtschaftlichkeit oder aus sonstigen Gründen durch den Vorstand des Werkstättenamtes a angeordnet werden, ohne daß es einer Kündigung des Mietvertrages bedarf.

§ 3. Der tägliche Mietpreis für ein Bett beträgt bei einem Zimmer

mit 4 Betten . . . . = 20 Pfg.
„ 3 „ . . . . = 25 „
„ 2 „ . . . . = 30 „
„ 1 Bett . . . . = 40 „

und wird halbmonatlich bei der Löhnung einbehalten.

§ 4. Für den Mietpreis werden geliefert: eine eiserne Bettstelle mit Seegrasmatratze, ein Keilkissen, ein Federkissen, zwei wollene Decken (im Sommer eine Decke), ein Kopfkissenbezug, ein Deckenbezug, ein Leinenbezug, ein Handtuch, ein Stuhl, ein verschließbarer Schrank.

§ 5. In dem Mietpreis ist die Entschädigung für Heizung und Beleuchtung, Waschen der Handtücher und der Bettzeuge einbegriffen.

§ 6. Zum allseitigen Gebrauch dienen außer dem Garten die Wasch-, Putz- und Trockenräume, deren häufige Benutzung im Interesse eines jeden liegt.

Besonderes Waschgeschirr zur Benutzung in dem überwiesenen Wohnraum wird nur auf Wunsch gegen eine besondere, neben dem Mietpreis (§ 3) zu zahlende angemessene Entschädigung zur Verfügung gestellt.

§ 7. Die Reinigung der Zimmer geschieht kostenlos verwaltungsseitig, jedoch wird erwartet, daß die Reinigung durch Unsauberkeit, Mangel an Ordnung usw. nicht unnötig erschwert wird.

§ 8. Der Aufenthalt im Speisesaal, das Lesen der ausliegenden Zeitschriften und Tageblätter, sowie auch die Unterhaltung durch Spiel ist den Bewohnern des Ledigenheims ohne Trinkzwang gestattet, soweit nicht der Saal durch die gemeinsame Mittags- und Abendmahlzeiten oder durch Versammlungen und Festlichkeiten besetzt ist.

Trunkenen oder sich ungebührlich verhaltenden Personen ist der Zutritt zum Speisesaal sowie der Aufenthalt darin nicht gestattet.

§ 9. Für Beköstigung sind die von der Königlichen Eisenbahndirektion genehmigten und durch Aushang bekannt gegebenen Preise zu zahlen. Anspruch auf Verpflegung zu außergewöhnlichen Zeiten kann nicht erhoben werden.

§ 10. Ledigenheim und Speisesaal werden im Sommer um 11 Uhr und im Winter wochentags um 10 Uhr und Sonntags um 11 Uhr geschlossen. Wer in besonderen Fällen später zu kommen gedenkt, kann für diesen Tag vom Verwalter einen Hausschlüssel geliehen bekommen. Im Falle des Verlustes eines Hausschlüssels kann die Änderung aller vorhandenen Hausschlösser und Schlüssel auf Kosten des Verlierers angeordnet werden.

Muß die Haustür während der Nachtzeit durch den Hausburschen geöffnet werden, so ist dieser angemessen zu entschädigen.

§ 11. Jede mißbräuchliche Benutzung der Wohnräume und des Inventars ist untersagt. Beim Besuch von weiblichen Personen ist dem Verwalter Mitteilung zu machen.

§ 12. Wünsche und Beschwerden, soweit sie nicht schon vom Verwalter geregelt werden können, sind auf dem Dienstwege zur Kenntnis des Vorstandes des Werkstättenamtes a zu bringen.

§ 13. Glückspiele und Trinken von Branntwein im Ledigenheim ist untersagt.

§ 14. Für etwaige, nicht durch ordnungsmäßigen Verbrauch entstandene Beschädigungen und Verluste der zur Benutzung übergebenen und der eigenen Gegenstände haftet ein jeder selbst. Für Beschädigungen, deren Täter nicht zu ermitteln ist, haben die Mieter eines Zimmers gemeinsam aufzukommen. Mit Feuer und Licht ist besonders vorsichtig umzugehen.

§ 15. Bei Verstößen gegen die Hausordnung oder berechtigten Klagen über ungeziemendes Benehmen, Unsauberkeit usw. steht dem Vorstande des Werkstättenamtes a das Recht der Verwarnung bzw. Kündigung und in schwerwiegenden Fällen das Recht der sofortigen Ausweisung aus dem Heim zu.

§ 16. Die Kündigung wird mit 14tägiger Frist nur am 1. oder 15. jeden Monats angenommen. Bei Versetzung oder Entlassung aus dem Staatseisenbahndienst endet das Mietsverhältnis ohne Kündigung.

§ 17. Das Ausschmücken der Zimmer mit Bildern und kleineren Dekorationsstücken ist bei möglichster Schonung des Wandputzes gestattet.

Elberfeld im November 1909.

Königliche Eisenbahndirektion.

Mit obigen Aufnahme-Bedingungen erkläre ich mich einverstanden und beantrage Aufnahme in ein Zimmer mit ..... Betten.

Opladen, den .... 19 ...

....

Opladen, den .... 19 ...

Der Vorstand des Werkstättenamtes a.

In dem Heim können auch Lehrlinge Aufnahme finden. In solchen Fällen sind sie jedoch unter die persönliche Obhut des Verwalters zu stellen und sollen, wenn irgend möglich, bei ihm Familienanschluß erhalten.

Über Lehrlingsheime außerhalb der Staatseisenbahnverwaltung finden sich in dem folgenden Paragraph S. 442 einige Angaben.

e) Sonstige Wohlfahrtsmaßnahmen.

Hier ist die bereits in Teil V § 14 und 15 besprochene Förderung von Turnen, Schwimmen, Wandern, sowie der Musikriegen zu nennen.

Durch Beitritt zu dem Eisenbahnverein[1]) ist der Lehrling auch in der Lage, sich mancherlei Vorteile wie Preisermäßigung bei dem Bezug von Waren, bei dem Besuch von geselligen und belehrenden Veranstaltungen u. dgl. zu sichern. Er kann ferner an dem in Friedenszeiten alljährlich stattfindenden großen Ausflug teilnehmen, zu dem die Eisenbahnverwaltung kostenlos die Sonderzüge stellt, und hat die Berechtigung, die bei den größeren Vereinen vorhandenen Büchereien zu benutzen.

§ 12. Wohlfahrtseinrichtungen außerhalb der Eisenbahnverwaltung für Eisenbahnlehrlinge.

Es können hier nur die wichtigsten derjenigen Einrichtungen besprochen werden, die zwar nicht nur für Eisenbahnlehrlinge bestimmt, ihnen jedoch auch zugänglich sind und für sie von Nutzen sein können.

a) Stiftungen.

Fast in jeder Stadt bestehen für Handwerker eine Anzahl Stiftungen. Hierüber erteilen das Wohnungsbuch der betreffenden Stadt, besondere Nachschlagewerke, die Handwerkskammer oder die Stadtverwaltung Auskunft. Ein Verzeichnis der für Lehrlinge in Betracht kommenden Stiftungen mit kurzer Angabe der Bedingungen sollte in jeder Lehrlingsausbildungs-

[1]) S. Teil VIII § 7 S. 394.

werkstätte sowohl im Verwaltungsbüro als auch bei dem Lehrmeister vorhanden sein. Es ist oft verhältnismäßig leicht möglich, durch eine solche Stiftung einem tüchtigen Lehrling die Mittel zu seiner weiteren Ausbildung oder einem Erholungsbedürftigen die Aufnahme in eine geeignete Anstalt zu verschaffen. Von derartigen Einrichtungen machen aus Mangel an Kenntnis oft nur wenige Personen Gebrauch[1]).

An Stiftungen für Groß-Berlin und gleichzeitig als Beispiele für solche Stiftungen überhaupt seien genannt:

a) Die Julius-Mappes-Stiftung. U. a. Beihilfen an Schüler der Handwerkerschule. Kapital 311400 Mk. Verwalter: Städtische Gewerbedeputation, Berlin.

b) Das Friedrichs-Gewerbestipendium. Gewährung von Beihilfen in Höhen von 150—300 Mk. an Gewerbegehilfen zur weiteren Ausbildung.

c) Die Justizrat-Heidenfeld-Stiftung. Beihilfen an Arbeitersöhne, die ihre Lehrzeit durchgemacht haben und sich fortbilden wollen. Kapital 120000 Mk. und 405 000 Mk.

d) Der Gewerks-Ausstellungsfonds von 1840. Unterstützung junger Handwerker. Kuratorium: zwei Magistratsmitglieder und drei Innungsobermeister.

e) Die Emil-Zeitlers-Fachschulen-Stiftung. Unterstützung von bedürftigen und fleißigen Handwerkern zum Besuch Berliner gewerblicher Unterrichtsanstalten oder Kunstschulen. Kapital 200000 Mk., außerdem ein Grundstück. Zuständig ist die städtische Stiftungsdeputation.

f) Die Götze-Stiftung. Zweck: Unterstützung bedürftiger junger Leute der technischen Gewerbe zur theoretischen Weiterbildung als Werkmeister, Techniker u. dgl. Verwaltung: Städtische Stiftungsdeputation.

g) Weber-Rathenau- und Jubiläumsstiftungen. Ausbildung von Handwerkern und jungen Technikern. Verwaltung: Verein zur Beförderung des Gewerbefleißes.

h) Die Rudolf-Knebel-Stiftung. Unterstützung befähigter Waisenkinder für eine bessere Ausbildung, insbesondere durch Besuch von Fortbildungsschulen und technischen Lehranstalten. Kapital 198 100 Mk. Verwaltung: Städtische Stiftungsdeputation.

Diese Beispiele, nur einige von vielen, mögen hier genügen[2]). Man sieht indes schon, daß zum Teil ganz bedeutende Mittel zur Verfügung stehen, die sicherlich in manchen Fällen einem begabten, aber unbemittelten Eisenbahnlehrling, einem Waisenknaben oder Sohn einer Witwe die Möglichkeit

---

[1]) So wurde in einer Berliner Zeitung unter der Überschrift: „Eine Stiftung, die nicht benutzt wird" mitgeteilt, daß dies bei der über 490000 Mk. betragenden Simon Bladschen Stiftung der Fall sei. Es können alljährlich Beträge von je 150 bis 250 Mk. bis zu drei Jahren an tüchtige Handwerker und Kleingewerbetreibende in Berlin oder in den Vororten zur Unterstützung aufstrebender Talente vergeben werden. (Deutsche Tageszeitung Nr. 633 vom 15. Dezember 1916.)

[2]) Sie sind dem Buch entnommen: „Die Wohlfahrtseinrichtungen von Groß-Berlin nebst einem Wegweiser für die praktische Ausübung der Armenpflege in Berlin" herausgegeben von der Zentrale für private Fürsorge in Berlin. — Verlag von Julius Springer, Berlin 1910. Vierte Auflage. Seite 145—149 „Unterstützung für Fortbildungs- und Fachschüler, für Seminaristen und für technische und gewerbliche Ausbildung".

zu einer tüchtigen Ausbildung geben können. Ist etwa eine Beschäftigung in Berlin Vorbedingung, so kann auch die Versetzung des Lehrlings in eine Berliner Eisenbahnwerkstätte in Frage kommen.

Handelt es sich um einen Lehrling, der schwächlich ist oder nach einer Erkrankung einer besonderen Fürsorge bedarf, so gibt es verschiedene Wege, um ihm eine solche auch außerdienstlich zu vermitteln. In manchen Anstalten wird man gern bereit sein, auf Fürsprache der Eisenbahnverwaltung einen solchen Lehrling zu günstigen Bedingungen aufzunehmen oder ihm gar eine Freistelle einzuräumen. Um hiervon gegebenenfalls das Nötige veranlassen zu können, ist es allerdings erforderlich, zu wissen, wo derartige Wohlfahrtseinrichtungen vorhanden und welche Bedingungen etwa zu erfüllen sind. Gute Hilfe können hier geeignete Nachschlagewerke leisten[1]), auch erteilen die Wohlfahrtsabteilungen der Stadtverwaltungen sowie insbesondere auch die Zentrale für private Fürsorge in Berlin[2]) in solchen Fällen Rat und Auskunft.

b) Allgemeine Jugendpflegeeinrichtungen.

Eine andere nicht minder wichtige Gruppe von Wohlfahrtsunternehmungen außerhalb der Eisenbahnverwaltung sind diejenigen, die sich mit der Fürsorge für die schulentlassene männliche Jugend befassen. Sie sind jetzt in allen Städten mit Hauptwerkstätten vorhanden, entweder vom Staat, von der Stadt oder von einer gemeinnützigen Gesellschaft eingerichtet. Der Zweck ist, den jungen Leuten Gelegenheit zu geben, ihre Freizeit nützlich und anregend zuzubringen. Dabei kann gleichzeitig unmerklich ein nicht geringer erzieherischer Einfluß ausgeübt werden.

Ein hohes Verdienst um die Ausgestaltung der Jugendpflege hat die Zentralstelle für Volkswohlfahrt in Berlin[3]). In einer eigenen Abteilung

---

[1]) Als solches ist z. B. zu nennen das vom Stadtrat Münsterberg herausgegebene, von Hedwig Kieschke und Dora Hirschfeld bearbeitete Buch: „Die Anstaltsfürsorge in Deutschland". Verlag von Duncker und Humblot.

[2]) Berlin W, Flottwellstraße Nr. 4, Fernspr. Amt Kurfürst Nr. 6373. Die Zentrale verfügt auch über einen reichhaltigen, sorgfältig auf dem laufenden gehaltenen Nachweis über alle wesentlichen Buch-, Zeitschriften und Zeitungsveröffentlichungen auf sozialem Gebiet.

[3]) Die Zentralstelle für Volkswohlfahrt, früher Zentralstelle für Arbeiter-Wohlfahrtseinrichtungen (Berlin W 50, Augsburger Str. 61), ist ein öffentlich-rechtlicher Verein mit dem Sitz in Berlin. Er wird regierungsseitig weitgehend unterstützt. In der Generalversammlung steht denjenigen Reichs- und Staatsbehörden, die Beiträge an die Zentralstelle leisten, eine Stimme zu. Den Vorstand bilden außer 24 zu wählenden Mitglieder und dem Geschäftsführer drei vom Deutschen Reich und fünf von Preußen zu ernennende Mitglieder und Vertreter anderer Beitrag zahlenden Regierungen. Dem Beirat gehören 18 vom Reich und 18 von Preußen zu ernennende Mitglieder an. Der Ausweis des Geschäftsführers und seiner Stellvertreter erfolgt durch eine von den Ministern des Innern, für Handel und Gewerbe und der geistlichen und Unterrichtsangelegenheiten auszustellende Bescheinigung Als Zweck der Zentralstelle ist in den Satzungen angegeben 1. durch Herstellung einer Verbindung zwischen den mannigfachen freien Organisationen auf dem Ge-

werden alle die Jugendpflege betreffenden Fragen bearbeitet und es werden hier Unterlagen über alle wichtigen Maßnahmen und Einrichtungen in den verschiedenen Orten gesammelt. Ferner sind Kurse für Leiter konfessioneller Jugendvereine in einer Reihe von Städten veranstaltet, und es ist auf mehreren Konferenzen eingehend über die Fürsorge für die schulentlassene gewerbliche männliche Jugend verhandelt worden[1]), weiter ist ein Leitfaden für die Begründer und Leiter von Jugendvereinigungen: „Der Jugendverein" erschienen und seit 1907 wird der bekannte „Ratgeber für Jugendvereinigungen" herausgegeben. Vielseitiger, als der Name vermuten läßt, wird hier fortlaufend über die ganze Entwicklung, über Erfahrungen, Neuerteilungen einschlägiger Literatur u. dgl. berichtet. Daneben sind von der Zentralstelle die Gebiete der Berufsberatung der Lehrlingsausbildung und der Lehrstellenvermittlung behandelt worden[2]). Neuerdings ist auch, wie in Teil III, S. 88 bereits ausgeführt, ein kleines Laboratorium eingerichtet, in dem durch psychologische Versuche die für die einzelnen Berufe erforderlichen Eigenschaften und die individuelle Eignung von Schülern und Schülerinnen für die verschiedenen Berufe in Zusammenhang mit anderweiter Beobachtung und Erkundung der Berufseignung festgestellt werden sollen[3]).

Es ist hier auf die Arbeiten der Zentralstelle etwas näher eingegangen, weil uns die Erfahrung gezeigt hat, daß bei den Leitern großer gewerblicher Betriebe, viele Eisenbahnwerkstätten nicht ausgeschlossen, noch zu wenig bekannt ist, wieviel Vorarbeiten bei mancher wichtigen Frage dienstlicher oder außerdienstlicher Fürsorge für Arbeiter und Lehrlinge hier schon geleistet sind. Die hierüber gesammelten Unterlagen, Veröffentlichungen und Angaben über die Bewährung stellen ein wertvolles Hilfsmittel dar, wenn

---

biete der Wohlfahrtsbestrebungen dieselben in ihrer Entwicklung zu unterstützen, notwendig erscheinende Verbesserungen anzuregen, einer nachteiligen Zersplitterung der Kräfte entgegenzuwirken und die Begründung einer Einrichtung im Falle des Bedürfnisses herbeizuführen; 2. die Entwicklung der Volkswohlfahrtspflege im Inland und Auslande zu verfolgen und die darauf bezüglichen Schriften, Berichte, Statuten usw. zu sammeln; 3. über Wohlfahrtseinrichtungen auf Anfragen Auskunft und Ratschläge zu erteilen; 4. über die Entwicklung der Volkswohlfahrtspflege im Inland und Auslande den beteiligten, einen Beitrag leistenden Regierungen fortlaufend zu berichten; 5. auf Erfordern einer Regierung Gutachten zu erstatten, Vorschläge auszuarbeiten und bei der Vorbereitung von Gesetzentwürfen und Verwaltungsanordnungen mitzuwirken; 6. in Zeitschriften, in Buchform, durch Vorträge, durch Veranstaltung von Konferenzen, Informationskursen usw. für die Verbreitung der Volkswohlfahrtspflege Sorge zu tragen und zu ihrer Ausgestaltung anzuregen; 7. zur Ausbildung zweckmäßiger Methoden sich auf dem Gebiete der Volkswohlfahrtspflege praktisch zu betätigen. S. auch D. v. Erdberg: Der Zentralstelle für Volkswohlfahrt zu ihrem fünfundzwanzigjährigem Bestehen. Berlin 1917.

[1]) Hierüber liegen eingehende Berichte vor, besonders das Buch: „Fürsorge für die schulentlassene männliche Jugend, namentlich im Anschluß an die Fortbildungsschule. (Berlin 1909, Carl Heymanns Verlag)" mit reicher Literaturangabe.

[2]) Auf die Schrift: Das Lehrlingswesen und die Berufserziehung des gewerblichen Nachwuchses ist in den vorhergehenden Abschnitten wiederholt Bezug genommen.

[3]) S. Bericht über die Tätigkeit der Zentralstelle während des Jahres vom 1. April 1915 bis dahin 1916 Seite 11.

es sich um die Planung und Durchführung neuer Maßnahmen handelt. Umgekehrt wird natürlich eine der sozialen Arbeit dienende Zentralstelle sicherlich auch gern auf die langjährigen Erfahrungen zurückgreifen, die in den vielen großen Eisenbahnwerkstätten gemacht sind. Aus solcher wechselseitigen Förderung und Unterstützung können nicht nur im Lehrlingswesen, sondern auch auf verwandten Gebieten manche Anregungen und Fortschritte hervorgehen.

Einige über das Wesen der Jugendpflege unterrichtende Bücher dürfen in der Bücherei keines Werkstättenamtes fehlen; ohne Kenntnis der Grundzüge ist eine verständnisvolle Mitarbeit, eine Einwirkung auf die Lehrlinge ganz unmöglich[1]).

Und wieviel tut bei ihnen nicht unter Umständen ein kurzer amtlicher Hinweis, eine erläuternde Besprechung, ganz zu schweigen davon, wenn gelegentlich abends ein Jugendheim oder eine Vereinszusammenkunft unter Führung des Lehrmeisters besucht oder zunächst auch nur einmal eine Turnstunde geopfert wird, um die äußeren Einrichtungen, Lesezimmer, Spielplätze, Bastelstuben, Büchereien und anderes solcher Vereinigungen zu besichtigen. Wissen die jungen Leute nur erst, daß derartiges vorhanden ist, haben sie die meist freundlich und zweckmäßig ausgestatteten Räume auch noch selbst gesehen und durch einen gemeinsamen Abendbesuch die Anfangsscheu überwunden, dann läßt sich in der Regel aus ihnen leichter als aus den meisten anderen jugendlichen Fabrikarbeitern ein fester Stamm für die Jugendvereinigung bilden. Diese kann hierdurch oft lebensfähig gemacht und damit die ganze Jugendbewegung an dem betreffenden Orte gefördert werden. Die Eisenbahnlehrlinge sind zu solcher Mitarbeit besonders geeignet, da sie im allgemeinen schon eine gehobenere Stellung unter der Arbeiterjugend einnehmen infolge des strengeren Maßstabes, der bei ihnen dienstlich in bezug auf Schulbildung, Leistung, Verhalten und Herkunft aus ordentlichen Familien angelegt wird.

Nur kurz sei hier noch erwähnt, daß man zwischen Jugendheimen und

---

[1]) Zu nennen sind hier außer den bereits erwähnten Schriften nur als einige Beispiele unter vielen:

Bohnstedt, H., Regierungs- u. Schulrat: Jugendpflegearbeit, ihre praktischen Anfänge und geistigen Werte. Leipzig 1914. Verlag von B. G. Teubner.

Classen, Walter: Zucht und Freiheit, ein Wegweiser für die Deutsche Jugendpflege. München 1914, Verlag von C. H. Beck.

Weicker, Hans: Fürsorge für die schulentlassene männliche Jugend, namentlich im Anschluß an die Fortbildungsschule (Heft 3 der Flugschriften der Zentralstelle für Volkswohlfahrt), Berlin 1911, Carl Heymanns Verlag. Preis 30 Pfg.

Mancherlei Anregung geben gelegentlich auch Aufsätze in der Zeitschrift „Die Jugendfürsorge" (Mitteilungen der Deutschen Zentrale für Jugendfürsorge, Berlin N. 24, Monbijouplatz 3), in der „Concordia" (Zeitschrift der Zentralstelle für Volkswohlfahrt. Carl Heymanns Verlag), die Schriften der Gesellschaft für Soziale Reform, Berlin. Verlag von Gustav Fischer in Jena und besonders die Zeitschrift: Ratgeber für Jugendvereinigungen, herausgegeben von der Zentralstelle für Volkswohlfahrt, Berlin, Carl Heymann.

Jugendvereinen zu unterscheiden hat. Erstere bieten in der Regel jedem Jugendlichen ohne weiteres zugängliche Räume zu zwanglosem Aufenthalt, meist ein Schreibzimmer, ein Lesezimmer mit einer kleineren Handbücherei und vielleicht noch einen Turnplatz sowie ein Zimmer, in dem Gelegenheit zu Unterhaltungsspielen wie Schach, Dame, Domino gegeben ist. In den Jugendvereinen sind die jungen Leute dagegen durch Satzungen fester zusammengeschlossen. Leiter ist in der Regel der Jugendpfleger. Neben den vorgenannten Einrichtungen ist meist auch eine besonders um die Weihnachtszeit gern benutzte Bastelstube vorhanden, es finden Vorträge aus den verschiedensten Gebieten statt, im Sommer werden Ausflüge veranstaltet, in besonderen Gruppen wird abends Musik getrieben, Stenographie geübt und werden Schriftsteller gelesen[1]). Als Beispiel einer derartig gutgeleiteten Vereinigung, der auch Eisenbahnlehrlinge angehören, sei der Jugendklub in Guben genannt[2]). Er verfügt über ein eigenes Haus mit Garten und reichhaltiger vielseitiger Ausstattung.

Für die Lehrlinge kommen weiter die evangelischen oder katholischen Jünglingsvereine, Pfadfinder- und Wandervogelvereine, Jugendwehr und ähnliche Vereinigungen in Frage.

Es ist durchaus erforderlich, daß der Amtsvorstand und der Lehrmeister über die wichtigsten am Orte für die Jugendpflege getroffenen Maßnahmen wenigstens soweit unterrichtet sind, um den einzelnen Lehrling beraten und ihn unter verständnisvoller Berücksichtigung seiner Anlagen und Neigungen auf eine im gegebenen Falle besonders geeignete Vereinigung hinweisen zu können.

Eine Zusammenstellung der wichtigsten Bestimmungen und Erlasse und ein Verzeichnis der Jugendpflege in Preußen gibt das im Ministerium der geistlichen und Unterrichtsangelegenheiten bearbeitete Buch „Jugendpflege" (Verlag der Schriften-Vertriebsanstalt G. m. b. H. Berlin). Hier ist insbesondere der ausführliche, in vieler Beziehung grundlegende Erlaß über die Jugendpflege vom 19. Januar 1911 U. III B 6088 wiedergegeben.

Neben anderen Mitteilungen finden sich hier auch Angaben über die militärische Unterstützung der nationalen Jugendpflege, über die Unfallversicherung der Mitglieder von Jugendvereinigungen usw. Nach dem erwähnten Erlaß sind innerhalb jedes Regierungsbezirkes geeignete Organisationen zu bilden. Es heißt hierüber:

Die Grundlage und die erste Vorbedingung für den gedeihlichen Fortgang des Werkes bildet die sorgsame Tätigkeit der örtlichen Organe mit ihrer unmittelbaren Arbeit von Person zu Person. Es empfiehlt sich, sie in Stadt- bzw. Ortsausschüssen für Jugendpflege zusammenzufassen. Ich bemerke dabei, daß der Aus-

[1]) Classen, a.a.O. S. 80—85 Bastelabende, S. 63 Beispiele von Vorträgen für die schulentlassene Jugend und S. 159—170 Angabe über Turnen, Spiele und Ausflüge.

[2]) Dem Verf. s. Z. als Mitglied der städtischen Deputation für den Jugendklub näher bekannt.

druck Jugendfürsorge besser zu vermeiden ist, da unter dieser im Volk vielfach irrtümlich nur Zwangserziehung verstanden wird. Den örtlichen Organisationen und — soweit es angezeigt erscheint — auch den Schulvorständen und Schuldeputationen liegt die erste Sorge für die erforderlichen Mittel, Pflege und Räumlichkeiten sowie deren Ausstattungen ob. Vor allem haben sie die Männer und Frauen ausfindig zu machen und zu gewinnen, welche fähig und bereit sind, der eigentlichen Hauptarbeit, dem persönlichen Dienst an der Jugend sich zu widmen. Die richtige Wahl ist hier für den Erfolg entscheidend. Bei dem Vorhandensein von mehreren der Jugendpflege dienenden Vereinigungen an einem Orte haben sie diese tunlichst zusammenzufassen, Reibungen vorzubeugen, ihr Zusammenwirken bei Vorträgen, festlichen Veranstaltungen u. dgl. zu erstreben.

Um die Leistungsfähigkeit der in ländlichen Orten und nicht kreisfreien Städten einzurichtenden Organisationen zu erhöhen, können Kreisausschüsse für Jugendpflege gebildet werden, welchen einflußreiche oder besonders erfahrene und tatkräftige Privatleute, Gewerbetreibende, Landwirte, Geistliche, Lehrer, Turnlehrer, Kreisärzte, Richter, Offiziere usw. als Mitglieder angehören und in denen es besonders Sache der Landräte und Kreisschulinspektoren sein wird, die Sammlung der geeigneten Kräfte, die Aufbringung der erforderlichen Mittel und die Bereitstellung der nötigen Einrichtungen zu fördern.

Außerdem sieht der Erlaß dann noch einen Bezirksausschuß als einheitliche Stelle unter Leitung des Regierungspräsidenten vor. Innerhalb der Stadt- (Orts-) Kreis- und Bezirksausschüsse können besondere Arbeitsausschüsse für bestimmte Aufgaben gebildet werden. Es sollen je nach Bedürfnis nebenamtliche Bezirks- usw. Jugendpfleger bestellt werden[1]), wobei es oftmals nicht nötig sein wird, für jeden Kreis einen besonderen oder wie in den Großstädten mehrere Jugendpfleger zu bestellen. In dem Buche Jugendpflege ist das Verzeichnis der Ausschüsse für Jugendpflege abgedruckt (S. 114—295) und sind die Vorsitzenden sämtlicher Ausschüsse namentlich aufgeführt.

Es ist zu empfehlen, daß Werkstättenämter, bei denen eine größere Anzahl von Lehrlingen ausgebildet werden, in dem betreffenden Ortsausschuß für Jugendpflege vertreten sind. Dahingehenden Wünschen dürfte stets gern entsprochen werden, und für das betreffende Amt können sich aus der praktischen Mitarbeit wertvolle Anregungen für die ihm anvertraute Jugend ergeben. Es sei auch auf die bereits ausführlicher in diesem Abschnitt erwähnte Zentralstelle für Volkswohlfahrt hingewiesen, die über alle Fragen der Jugendpflege bereitwilligst Rat und Auskunft erteilt.

c) Lehrlingsheime.

Jauch weist darauf hin, daß die Zahl der meist unerfahrenen vom Lande stammenden Lehrlinge, die weder bei Angehörigen noch bei dem Meister wohnen können, bedeutend größer ist, als es der niedrige Prozentsatz bei den Erhebungen des Reiches und des Verbandes deutscher Gewerbevereine vermuten läßt. Der genannte Verfasser macht auch auf die großen Gefahren für

---

[1]) Über die Aufgaben der nebenamtlichen Bezirks- (Kreis-) Jugendpfleger s. Erl. KM. vom 12. März 1909 und 28. März 1912, U III B 541 I und 6666 (S. 17ff. in dem oben genannten Buche Jugendpflege)

Gesundheit, Rechtschaffenheit und Sittlichkeit aufmerksam, denen die Lehrlinge als selbständige Zimmermieter oder Schlafstellenburschen ausgesetzt sind[1]). Diesen Übelständen können die Ledigenheime mildern. Einige sind ausschließlich für Lehrlinge bestimmt. Die Gründer solcher Heime sind zu einem Teil große gewerbliche Betriebe für ihre Arbeiter[2]), zum anderen gemeinnützige Körperschaften oder Vereine, und zwar vielfach auf religiöser Grundlage. Die von den gewerblichen Betrieben eingerichteten Veranstaltungen scheiden als den Eisenbahnlehrlingen nicht zugänglich hier aus. Es kommt für uns nur die zweite Art in Betracht.

Als Beispiel sei das Berliner Lehrlingsheim Schönhauser Allee 140 (Vorsitzender Prof. Dr. K. Brunner) genannt. Es bezweckt, „einheimischen oder von außerhalb kommenden Lehrlingen, die weder bei Angehörigen oder beim Lehrherrn wohnen und verpflegt werden können, durch Gewährung von Wohnung, Beköstigung und Erziehung das Elternhaus zu ersetzen".

In den Aufnahmebedingungen heißt es:

Der Pensionspreis beträgt monatlich 45 Mk. Ausnahmen können auf Grund besonderer Verhältnisse auf Antrag an den Vorstand durch diesen gemacht werden. Die von den Lehrherren gezahlten Kostgelder werden bei dem Pensionspreis berechnet. Die Zahlung erfolgt an den Monatsersten im voraus an den Hausvater. Außerdem gewährt das Heim für den Pensionspreis ein vollständiges Bett, Bettwäsche, Kleiderschrank, Handtuch und gute Hausmannskost, bestehend aus Frühkaffee mit Zubrot, belegtem Butterbrot zum Frühstück, Mittagessen, Vesper- und Abendbrot. Für Kleidung und Reinigung der Leibwäsche hat der Lehrling selbst zu sorgen. Auf Wunsch der Angehörigen vermittelt die Leitung des Heimes Einkäufe und Reinigung der Leibwäsche zu Vorzugspreisen. Kleine Auslagen sind besonders zu erstatten (Taschengeld, Seife usw.). Die Lehrlinge wohnen in ansprechend eingerichteten Räumen. Die Zimmer werden nur mit je zwei und drei jungen Leuten belegt. Jedes Zimmer hat einen Balkon und Dampfheizung und entspricht allen Anforderungen neuzeitlicher Hygiene. Ebenso stehen Wannen- und Brausebäder dem Heim zur Verfügung.

Die Leitung des Heimes hat der Vorstand einem „Hausvater" übertragen. Er vollzieht die Aufnahmen und pflegt die Beziehungen zwischen den Eltern, Lehrherren und den Lehrlingen. Die Leitung ist darauf bedacht, den Lehrlingen das Familienleben möglichst zu ersetzen. In den Abendstunden unterhält der Hausvater unter möglichster aktiver Beteiligung der Heimlinge durch Erzählungen, Lesen

---

[1]) „Das gewerbliche Lehrlingswesen in Deutschland" S. 172.

[2]) Z. B. Lehrlings- und Gesellenheim der Aktiengesellschaft Lauchhammer zu Lauchhammer, Kreis Liebenwerda; Lehrlingsheim des Eisenhütten- und Emaillierwerks Tangerhütte, Franz Wagenführ zu Tangerhütte. In Lauchhammer erhalten die Lehrlinge Wohnung, volle Beköstigung, Heizung und Beleuchtung. Zur Wohnung gehören je ein vollständiges Bett, Handtücher und ein verschließbarer Schrank zur Aufbewahrung der Wäsche, Kleidung und der sonstigen Gegenstände. Als Gegenleistung haben die Lehrlinge in den ersten beiden Lehrjahren nur 75 Pfg., in den letzten beiden Jahren 1 Mk. für den Arbeitstag von ihrem Verdienst zu entrichten. — Ferner sei das Lehrlingsheim des Eisenhütten- und Emaillierwerks Tangerhütte von Franz Wagenführ in Tangerhütte genannt. — Ausführliche Beschreibungen, Grundrisse, Abbildungen und Verwaltungseinrichtungen solcher Heime im In- und Ausland gibt die Schrift 26 der Zentralstelle für Volkswohlfahrt: Schlafstellenwesen und Ledigenheim. Berlin 1904, Carl Heymanns Verlag.

mit verteilten Rollen, Musik und Spiele die jungen Leute. Sonntags finden oft Halbtags- und Tageswanderungen statt, oder es werden Besichtigungen von Museen, industriellen Anlagen und sonstigen Sehenswürdigkeiten unternommen. Der ganze Hausgeist beruht auf einer sittlich religiösen Grundlage, der aber den jugendlichen Frohsinn in keiner Weise einengt.

Die Aufnahme von Lehrlingen kann jederzeit erfolgen. Der Antrag um Aufnahme ist persönlich oder schriftlich an das Lehrlingsheim zu richten und muß eine Zahlungsverpflichtung des Pflegegeldes für den anzumeldenden Lehrling enthalten. Bei der Aufnahme in das Heim braucht der Lehrling:

2 Arbeitsanzüge, 1 Sonntagsanzug, ausreichende Leibwäsche, Kamm, Zahnbürste, Kleider- und Schuhbürsten[1]).

Sollte es die künftige wirtschaftliche Entwicklung etwa mit sich bringen, daß namentlich bei neu angelegten Werkstätten ohne festen Arbeiterstamm in einer Gegend dauernd ein Mangel an Lehrlingen aufträte, so würde sich dem durch Einrichtung bahneigener Lehrlingsheime abhelfen lassen.

An zahlreichen Meldungen für solche Stellen würde es mit Sicherheit nicht fehlen, besonders aus Orten ohne Eisenbahnwerkstätten, wo nicht nur manchem Eisenbahnersohn, sondern auch Außerhalbstehenden sonst die ersehnte Gelegenheit fehlt, Handwerkslehrling bei der Eisenbahnverwaltung werden zu können. Bei vielen Eltern spräche auch die Aussicht, zu einem wesentlichen Teil von den Kosten des Unterhalts für ihren Sohn entlastet zu werden, ein entscheidendes Wort mit.

---

[1]) Von außerpreußischen Anstalten seien u. a. genannt:
Das Lehrlingsheim des Süddeutschen Jünglingsbundes in Ulm a. D., Sterngasse 10a.
Die Lehrlingsheime des Jugendvereins in Stuttgart, Torstraße 6 und Hahnstraße 11.
Ferner das bekannte große katholische Lehrlingsheim in Freiburg i. Br., dessen Leiter der Diozesanpräses Dr. Jauch gewesen ist.

Teil IX.

Bauliche und Maschinenanlagen.

§ 1. Allgemeine Anordnung.

Es werden im folgenden nur solche Anlagen und insoweit berücksichtigt, als sie ausschließlich oder überwiegend für Lehrlinge bestimmt sind.

Je nach dem Zweck kann man drei Gruppen unterscheiden, nämlich: 1. Räume für die praktische Ausbildung: Lehrlingswerkstätte mit Nebenräumen. 2. Räume für die theoretische Ausbildung: Schulzimmer mit etwaigen Nebenräumen, wie Lehrerzimmer, Raum für die Lehrmittel und Geräte, Gelaß für Zeichenbretter usw. 3. Räume für Wohlfahrtszwecke: Wasch- und Ankleideräume, Abort- und Badeanlagen, Turnanlagen, Speiseraum, Fahrradstand usw.

Wenn die Anzahl der Lehrlinge in dem ganzen Werkstättenbetriebe nicht gar zu gering ist, etwa nicht unter 30 bis 40, so empfiehlt es sich, die ausschließlich für Lehrlinge bestimmten baulichen Anlagen zu einer geschlossenen Gruppe innerhalb des Werkstättengeländes zu verbinden. Es handelt sich hier besonders um die Räume für die praktische Ausbildung in den ersten beiden Jahren, für die theoretische Ausbildung während der ganzen Lehrzeit, um Wasch- und Ankleideräume, Abort und vielleicht auch noch um Anlagen für Turnzwecke und zur Aufbewahrung der Fahrräder.

Ein solches Zusammenlegen hat mancherlei Vorteile. Die Beaufsichtigung der Räume und der Lehrlinge ist erleichtert, die Lehrlinge verlieren mit den Wegen zwischen Unterrichtsraum und Werkstätte keine Zeit, wie dies sonst zuweilen noch der Fall ist; sie sind auch den Witterungseinflüssen dabei nicht unnötig ausgesetzt und brauchen bei starkem Regen und hohem Schnee nicht mit feuchtem Schuhwerk ein paar Stunden im Unterricht stillzusitzen. Auch daß die Wasch- und Ankleideräume und die Aborte möglichst geschützt vor den Unbilden der Witterung erreicht werden können, ist ebenfalls aus Gesundheitsrücksichten recht erwünscht.

Dies ist zum Teil bei der Anlage in Leinhausen der Fall, wie Abb. 28 zeigt. In dem unteren Stockwerk liegt die Werkstätte, an die sich in einem kleinen Anbau mit niedrigem Pultdach die Aborte schließen. Die Räume für den Unterricht sind in dem oberen Stockwerk untergebracht. Es sind hier außer dem geräumigen Schulzimmer noch ein Lehrerzimmer sowie drei schmale Seitenräume für Geräte und Zeichenbretter vorhanden. In Fällen, wo der Unterricht nicht nur von Beamten der Werkstätte, sondern auch von berufsmäßigen Lehrkräften erteilt wird, ist ein besonderes Lehrerzimmer zweck-

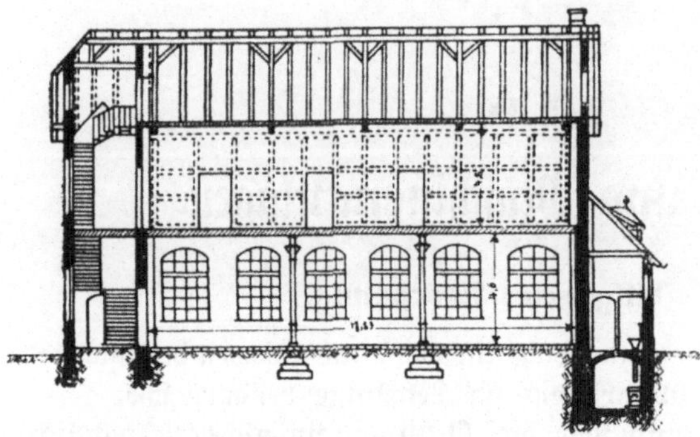

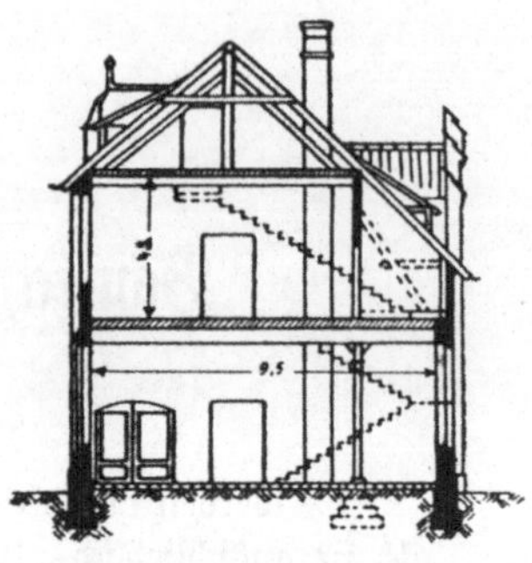

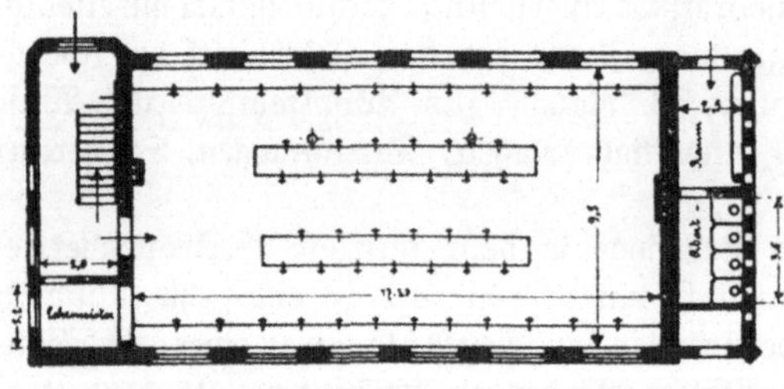

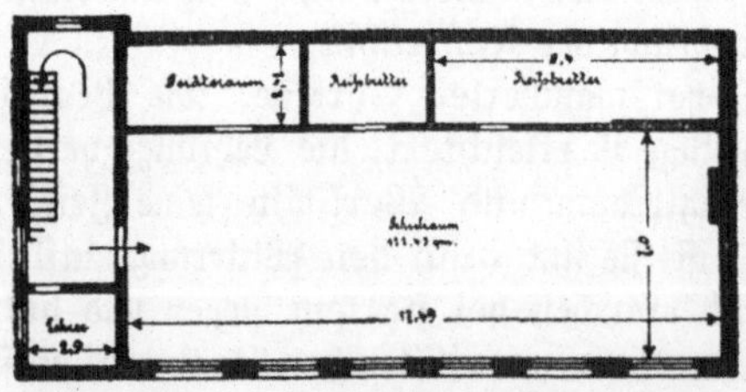

Abb. 28. Lehrlingsgebäude mit Werkstätten- und Schulräumen beim Werkstättenamt Leinhausen.

mäßig, wie es hier vorgesehen ist. Der Lehrer kann dort ablegen, seine Handbücher und Schriftsachen für den Unterricht aufbewahren und vor und nach der Stunde zur Vorbereitung oder zu Abschlußarbeiten noch darin verweilen. Bei Beamten der eigenen Verwaltung ist dies im allgemeinen weniger nötig, da sie ja ihren Büroplatz hierfür haben. Leinhausen ist infolge dieses Raumbedarfes eine der wenigen Werkstätten, bei der das Lehrlingsgebäude mit einem zweiten voll ausgebauten Stockwerk versehen ist. Ein guter Behelf ist es schon, wenn wenigstens ein Teil des Gebäudes erhöht ausgeführt wird. Als Beispiel kann die Anlage in Opladen dienen, Abb. 29 und 30. Hier sind die Wasch- und Ankleideräume recht zweckmäßig in den überhöhten Flügel gelegt; da für erstere gegenüber den Werkstatträumen eine geringe lichte Höhe genügt, kann das zweite Stockwerk schon tiefer beginnen. Man erreicht eine gute Raumausnutzung und einen insgesamt nur mäßig hohen Endflügel.

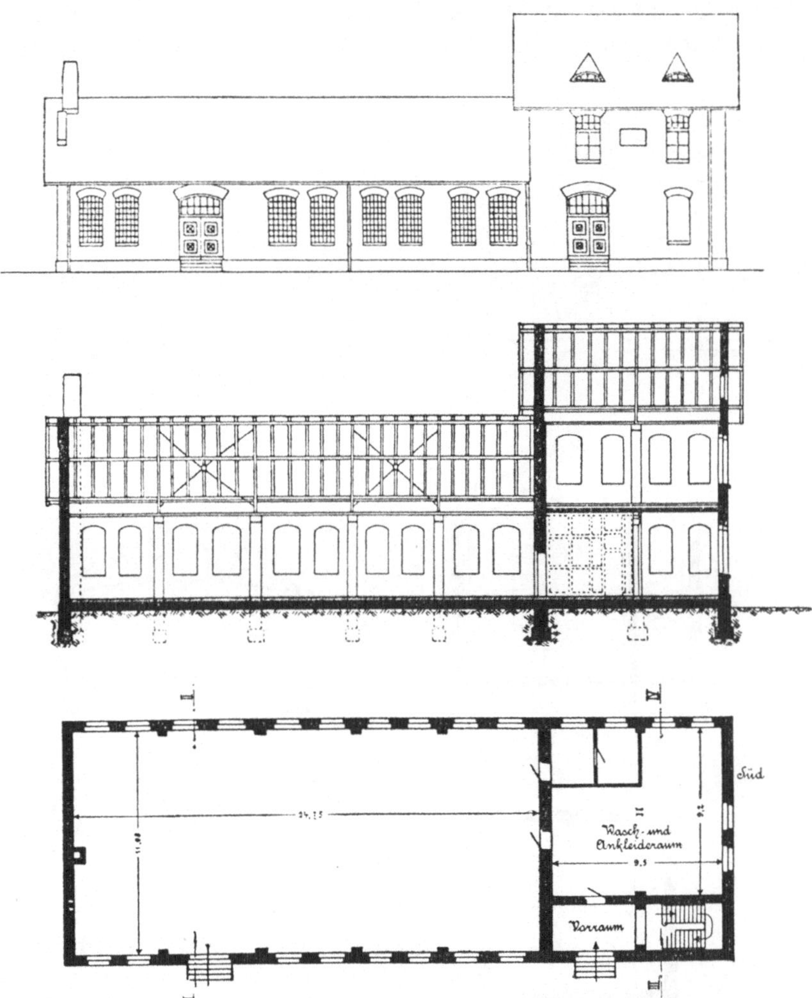

Abb. 29. Lehrlingsgebäude mit Werkstätte, Schul- u. Wasch- und Ankleideräumen beim Werkstättenamt Opladen. — Längsrisse.

Entscheidend für die Wahl dieser Anordnung ist es, ob hierbei das Schulzimmer noch genügend groß im Verhältnis zur Zahl der vorhandenen Lehrlinge wird. Ist dies jedoch der Fall, dann möchten wir dieser Bauart den Vorzug von jener mit zwei vollen Stockwerken geben. Die Erfahrung in einer anderen Werkstätte, wo das Schulzimmer unmittelbar über der Lehrlingswerkstätte liegt, hat gezeigt, daß die Stöße der Werkzeugmaschinen, das Zittern durch die Vorgelegewellen und Riementriebe und das Geräusch des surrenden Elektromotors oder die Schmiede- und Blecharbeiten doch recht störend für ruhiges Arbeiten oder Zeichnen in dem darüberliegenden Schulraum werden können, im Sommer, wenn die Fenster geöffnet sind und im

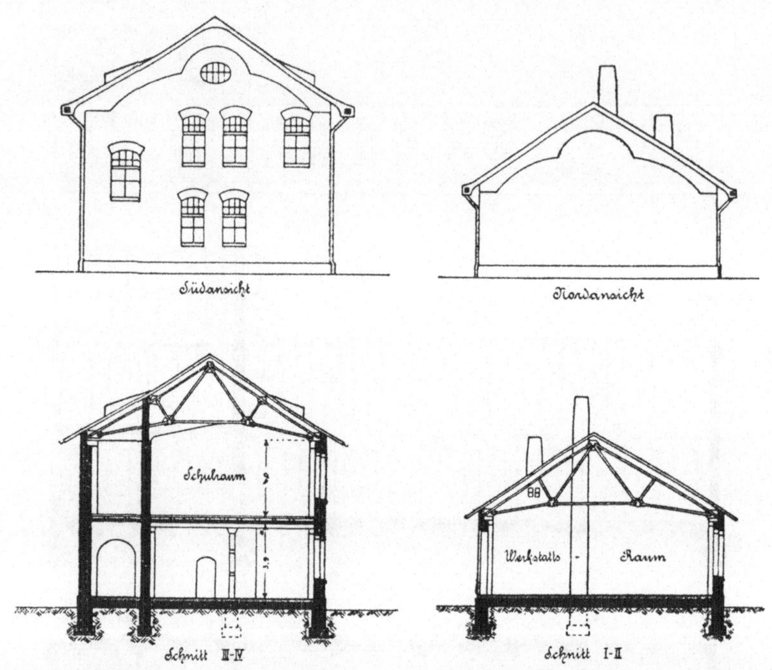

Abb. 30. Lehrlingsgebäude mit Werkstätte, Schul- und Wasch- und Ankleideräume beim Werkstättenamt Opladen. — Seitenrisse.

Winter, wenn der gefrorene Boden die Erschütterungen leichter überträgt. Es mußte während der Unterrichtsstunden zeitweise sogar der Werkstättenbetrieb etwas eingeschränkt werden. Solche Störungen fallen fast ganz fort, wenn man den Schulraum in einen angebauten Flügel verlegt.

Durch die Vereinigung der wichtigsten Räume für Lehrlingszwecke in einem einzigen Gebäude läßt es sich erreichen, daß die Lehrlinge in den ersten beiden Jahren vollständig von den übrigen Werkstättenbetrieben getrennt sind. Gerade diese ersten beiden Jahre sind für die Erziehung der jungen, fast noch im Knabenalter stehenden Lehrlinge besonders wichtig; da muß und kann oft manch wichtiger Grundstein für die künftige ganze weitere Entwicklung gelegt werden. Es ist deshalb erwünscht, daß diese sorgfältige Arbeit an der Jugend nicht durch schädliche Einflüsse erwachsener anderer Arbeiter beeinträchtigt oder aufgehoben wird.

Werden für die vorgenannten Haupträume eigene Gebäude vorgesehen, so ist man in der Regel auch in der Gestaltung und Verteilung im Grundriß und Aufriß freier, als wenn ein Gebäude daneben noch anderen Zwecken dienen soll. Dann kommt es sonst leicht, daß die Rücksicht auf die Lehrlinge nicht in erster Linie ausschlaggebend ist.

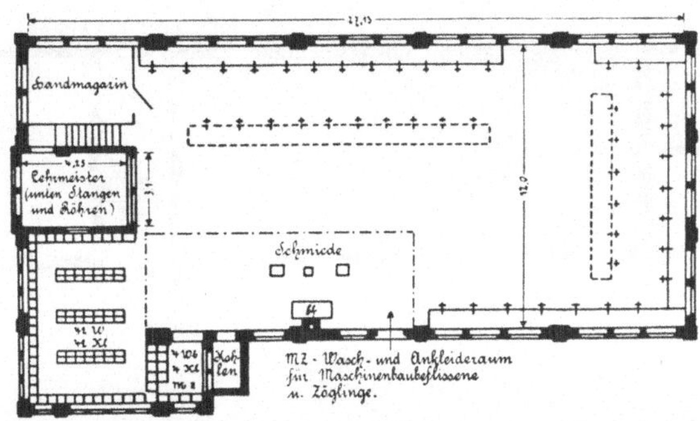

Abb. 31. Lehrlingswerkstätte in Meiningen mit getrennten Wasch- und Ankleideräumen für Lehrlinge und für Maschinenbaubeflissene und Zöglinge.

Liegt neben einem freundlich ausgeführten Lehrlingsgebäude noch eine vielleicht von grünem Laubwerk berankte Halle für Aufenthalt bei schlechtem Wetter und für Fahrräder und schließt sich an die Gebäude ein mit einer gut gehaltenen Hecke abgegrenzter Turn- und Spielplatz mit einigen schattenspendenden Bäumen an, so wird ein geschickter Ingenieur oder Architekt bei dem Entwurf durch derartige Zusammenfassungen innerhalb des ganzen Werkstättenbildes eine abgeschlossene Gruppe von nicht geringer künstlerischer Wirkung schaffen können. Auf die Ausnutzung solcher Möglichkeiten sei nur nebenbei hingewiesen.

Ist eine Vereinigung sämtlicher Räume in demselben Gebäude jedoch nicht angängig, so kann es meist schon zweckmäßig sein, wenigstens der Werkstätte mit einigen Nebenräumen ein eigenes Gebäude zuzuweisen. Dies geschieht zuweilen auch dann, wenn ein derartiges bereits vorhandenes Gebäude nachträglich als Lehrlingswerkstätte eingerichtet wird.

In der Regel sind es nur die neueren Werkstätten, bei denen sich die baulichen Anlagen für Lehrlinge an der gleich im Entwurf vorgesehenen Stelle befinden. Bei alten Anlagen, von denen manche noch aus der Zeit der Privatbahnen vor Entwicklung eines sorgfältigen Lehrlingswesens nach heutiger Art stammen, konnten die Lehrlingswerkstätten nachträglich nicht an die sonst günstigsten Stellen gelegt und so vollkommen untergebracht werden, wie das neuerdings geschieht. Dies darf bei der Beurteilung mancher Anlagen nicht übersehen werden.

Die zur Zeit vorhandenen Bauten für Lehrlingszwecke lassen sich auf Grund der zuvor besprochenen Gesichtspunkte einteilen 1. in Anlagen mit Werkstätten- und Schulraum in einem besonderen Gebäude vereinigt, 2. in Anlagen mit eigenem Gebäude für die Werkstätte allein und getrennt davon an anderer Stelle liegendem Schulraum, 3. in Anlagen, bei denen die Lehrlingswerkstätte mit in einem andern Gebäude untergebracht oder in eine der Hauptwerkstättenhallen eingebaut ist.

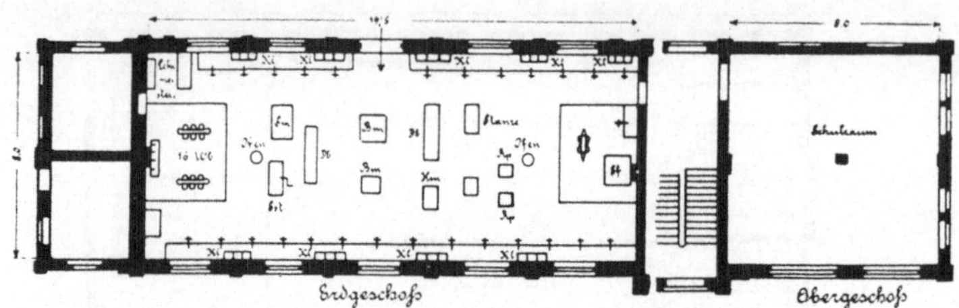

Abb. 32. Lehrlingsgebäude mit Werkstätten- und Schulraum des Werkstättenamts Limburg.

Lehrlingswerkstätten- und Schulraum unter demselben Dach in eigenem Gebäude finden sich in Leinhausen (Abb. 28 S. 446), Opladen (Abb. 29 und 30), Guben (Abb. 39, 40, 49 und 50 S. 457 und 469). Beispiele von Anlagen mit eigenem Gebäude nur für die Werkstätte sind: Tempelhof (Abb. 24 bis 27 S. 429), Meiningen (Abb. 31), Frankfurt a. O. (Abb. 35), Saarbrücken (Abb. 36 S. 454), Frankfurt a. M. (Abb. 45 S. 463) und Berlin 2 (Abb. 46 bis 48 S. 466). — Teile eines anderen Gebäudes endlich bilden die Lehrlingswerkstätten in Trier, Arnsberg, Posen, Schneidemühl (Abb. 33), Bromberg.

Faßt man die Lehrlingswerkstätte lediglich als eine sich von dem übrigen Werkstättenbetriebe grundsätzlich nicht unterscheidende Abteilung desselben auf und wird sie etwa noch stark zur Mitarbeit bei der Herstellung von Gegenständen für Betriebsmittel herangezogen, dann ist es natürlich bequem, wenn sie sich möglichst nahe den übrigen Abteilungen befindet. Die Beförderungswege für Rohstoffe und fertige Gegenstände fallen kürzer aus und die Verständigung über die Arbeitsausführungen wird erleichtert. Ohne diese Gesichtspunkte zu vernachlässigen, sollten sie gegenüber den anderen Gründen zurücktreten; hier muß zunächst der Nutzen für die Lehrlinge und erst dann die Erreichung von Höchstwerten in bezug auf Arbeitsmenge und Wirtschaftlichkeit maßgebend sein. Die sich manchmal widersprechenden Gründe klug gegeneinander abzuwägen und die Vorteile möglichst zu vereinigen, ist mit eine der Aufgaben des Fachmannes beim Entwurf neuer Anlagen. Allgemeine Regeln lassen sich hier wegen der verschiedenen örtlichen Verhältnisse schwer aufstellen.

§ 2. Der Werkstättenraum.

Der Grundriß ist so zu wählen, daß sich die Arbeitsplätze übersichtlich und zweckmäßig anordnen lassen und daß an jeder Stelle ausreichendes Tageslicht vorhanden ist. Fast ausschließlich kommen als Grundrißformen das Quadrat und mehr oder weniger langgestreckte Rechtecke in Frage. Welche Form man wählt, wird beeinflußt von den örtlichen Verhältnissen. Steht Oberlicht zur Verfügung, so ist es wegen der gleichmäßigen Beleuchtung ziemlich gleich, für welche Form man sich entscheidet. Als Beispiel diene der in Abb. 33 gegebene Grundriß der Lehrlingswerkstätte Schneidemühl[1]). Sie bildet einen abgegrenzten Teil der Hauptwerkstättenhalle. — Wenn der Raum etwa das ganze Geschoß eines Gebäudes einnimmt und auf allen vier, mindestens aber auf drei Seiten Fenster hat, ist man in der Wahl der Grundrißform ebenfalls unbehindert.

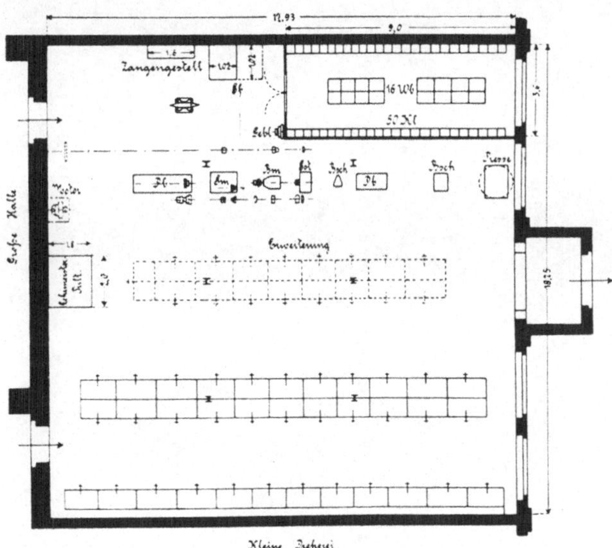

Abb. 33. Lehrlingswerkstätte mit Wasch- und Ankleideraum beim Werkstättenamt Schneidemühl.

Recht gute Beleuchtung durch Oberlicht hat die Lehrlingswerkstätte der Allgemeinen Elektrizitätsgesellschaft, Abteilung Apparatefabrik, Abb. 34 S. 452; auch sonst ist diese Werkstätte wegen der Anordnung der Maschinen auf der einen Seite und der Werkbänke gegenüber bemerkenswert. Die zweckmäßige Bauart der letzteren ist aus der Abbildung ebenfalls ersichtlich.

[1]) Bei dieser und den folgenden Abbildungen sind einheitlich folgende Abkürzungen angewendet: Bm = Bohrmaschine, Bsch = Blechscheere, Db = Drehbank, Gebl. = Gebläse, Hk = Heizkörper, Hm = Hobelmaschine, Ks = Kleiderschrank, Sf = Schmiedefeuer, Sst = Schleifstein, W = Wendeltreppe.

Abb. 34. Lehrlingswerkstätte der Allgemeinen Elektrizitäts-Gesellschaft Berlin, Abteilung Apparatefabrik.

Sind Fenster nur an der einen Seite möglich, so erweist sich ein langgestrecktes Rechteck zweckmäßig. Die Breite soll dann jedoch möglichst nicht größer als 4—5 m sein, sofern die Fenster an der Längsseite angeordnet sind. Günstiger ist es aber, wenn bei einem solchen schmalen Raum die **beiden** Längsseiten Fenster erhalten können. Stellt man dann die Werkbänke an den Fensterseiten und die Maschinen in der Mitte auf, so erhält man eine gute Platzausnutzung und günstige Beleuchtung.

Die Nachprüfung der Grundrisse ausgeführter Lehrlingswerkstätten ergibt, daß bei der preußisch-hessischen Staatseisenbahnverwaltung zur Zeit vorhanden ist:

Ein quadratischer oder nahezu quadratischer Grundriß bei rund 33 v. H. der Werkstätten,

ein rechteckiger Grundriß mit dem Seitenverhältnis von ungefähr 1:2 bei rund 33 v. H. der Werkstätten,

ein rechteckiger Grundriß mit dem Seitenverhältnis von ungefähr 1:3 bei rund 20 v. H. der Werkstätten,

ein rechteckiger Grundriß mit dem Seitenverhältnis von 1:4 bis 1:8 bei rund 14 v. H. der Werkstätten.

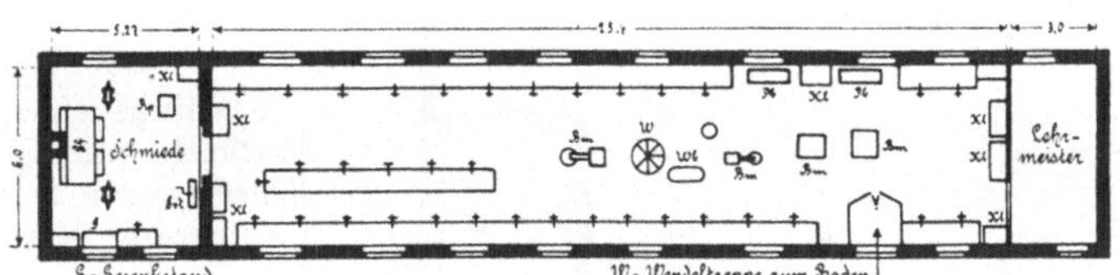

Abb. 35. Lehrlingswerkstätte mit abgeteilter Schmiede beim Werkstättenamt Frankfurt a. d. O.

Als Beispiel für einen nahezu quadratischen Grundriß seien die Lehrlingswerkstätten in Schneidemühl und Guben (Abb. 33, 49 und 50 genannt.

Ein Beispiel für den rechteckigen Grundriß ist die in Abb. 31 S. 449 dargestellte Lehrlingswerkstätte in Meiningen. Die Werkbänke sind an den Fensterseiten aufgestellt; weitere Werkbänke können bei der Erweiterung aber auch mehr nach der Mitte des Raumes Platz finden, ohne daß die Beleuchtung unzureichend würde. Die vierte Fensterseite des Gebäudes ist eingenommen durch ein Handmagazin, durch das Büro für den Lehrmeister und durch den Wasch- und Ankleideraum.

Ein sehr lang gestrecktes Rechteck mit dem Seitenverhältnis von fast 1:4 zeigt der Grundriß der schon älteren Lehrlingswerkstätte in Frankfurt (Oder), Abb. 35. Die Beleuchtung ist hier besonders gut, da die beiden Längsseiten Fenster haben. An dem einen Ende des Raumes ist ein abgegrenzter Teil für die Schmiede, an dem anderen Ende ein Büro für den Lehrmeister angeordnet. Die Lage des letzten Raumes ist hier nicht gerade günstig; bei der schmalen Werkstätte kann der Aufsichtsbeamte die am anderen Ende arbeitenden Lehrlinge schlecht übersehen. Dies wird noch erschwert durch die Abgrenzung des Schmiederaumes, so zweckmäßig sie anderseits wegen der größeren Fernhaltung von Rauch und Lärm aus dem Hauptraum auch ist.

Fenster an den beiden Längsseiten des rechteckigen Grundrisses haben außer den schon besprochenen Lehrlingswerkstätten in Leinhausen und Opladen auch die in Limburg (Abb. 32) und Saarbrücken (Abb. 36). An den Schmalseiten des Rechteckes liegen meist die Wasch- und Ankleideräume, das Lehrmeisterbüro und manchmal auch die Aborte und ein Vorratsraum. Besonders zweckmäßig scheint in dieser Beziehung der Grundriß in Opladen (S. 447).

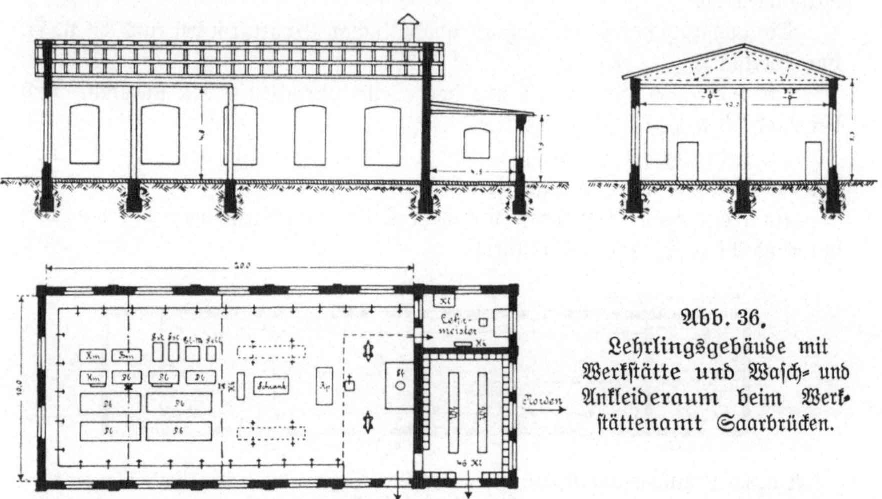

Abb. 36. Lehrlingsgebäude mit Werkstätte und Wasch- und Ankleideraum beim Werkstättenamt Saarbrücken.

An der Hand der vorgeführten Beispiele und anderer guten Ausführungen der Praxis wird es nicht schwer sein, für neue Entwürfe selbst etwas Geeignetes auszuwählen.

Bei der Grundrißwahl hat man sich auch zu entscheiden, ob man ein besonderes Lehrmeisterzimmer vorsehen will. Im allgemeinen haben die Aufsichtsbeamten in den staatlichen Eisenbahnwerkstätten einen abgetrennten Raum zur Verfügung, in dem sie ungestört schriftliche Arbeiten erledigen und Besprechungen und Vernehmungen abhalten können. In Privatfabriken, besonders in Amerika, wo die schriftlichen Arbeiten allerdings auch geringer sind, legt man oft wegen der schärferen Aufsicht Wert darauf, daß der Meister seinen Platz mitten unter den Arbeitern an einem freistehenden Pulte hat. In den Lehrlingswerkstätten sind ebenfalls nur wenige schriftliche Arbeiten auszuführen und eine ständige sorgfältige Aufsicht und Unterweisung ist hier mehr noch als bei erwachsenen Arbeitern am Platze. Ein abgeteiltes Lehrmeisterzimmer erscheint daher weder erforderlich noch zweckmäßig; es genügt vollkommen ein am besten etwas erhöht aufgestelltes Pult. Als

Beispiel hierfür können die Werkstätten in Guben, Limburg und Scheidemühl dienen. Besonders in letzterer hat der Lehrmeister von seinem Platze eine vortreffliche Übersicht über den ganzen Raum Eine solche Anordnung zeigt auch die Abb. 38, Lehrlingswerkstätte der Firma Ludw. Loewe & Co., Berlin.

Abb. 37. Lehrlingswerkstätte der A.-G. Siemens & Halske, Berlin-Siemensstadt, Wernerwerk.

Die Lehrlingswerkstätten unterscheiden sich in der allgemeinen Bauart, sowie in bezug auf Heizung, Lüftung und Beleuchtung nicht von anderen entsprechenden Werkstattbauten. Für die lichte Höhe haben sich in Guben $3\frac{3}{4}$ m auch für die Anbringung der Wellenleitung als ausreichend erwiesen.

Steht genügend Raum zur Verfügung, so gehe man besser bis auf 4—4½ m. Opladen hat 3,9, Leinhausen 4½ m. In Saarbrücken liegt schon die Unterkante des Gerüstes für die Wellenleitung 4,8 vom Erdboden entfernt, dies ist aber unnötig hoch. Als warmhaltender Fußboden hat sich Holzdielenbelag oder besser Holzklotzpflaster[1]) bewährt. Nur für den Platz am Schmiedefeuer ist Kopfstein oder Lehmbeschlag vorzuziehen.

Abb. 38. Lehrlingswerkstätte mit frei stehendem Lehrmeisterpult der A.-G. Ludw. Loewe & Co., Berlin.

In Guben ist in der Hauptschmiede Zementmörtelboden vorhanden und auch für den Schmiedeplatz der Lehrlingswerkstätte geeignet. Auf einer Sandunterlage von etwa 100 mm Stärke liegt eine Schicht zerkleinerter alter Ziegelsteine etwa 150 mm hoch und auf diesen eine Schicht Zementmörtel von 50 mm Stärke. Der Zementmörtel besteht aus einem Teil Zement und 4—5 Teilen Sand.

Wenn für die Lehrlinge ein eigenes zweistöckiges Haus errichtet wird, kann man die Kosten für 1 qm Grundfläche nach den Preisen vor dem Kriege im Mittel zu 110 Mk. veranschlagen, bei einem einstöckigen Werkstattbau zu rd. 60 Mk. Die Kosten für die im Jaher 1914 fertig gewordene Lehrlingswerkstätte Tempelhof, Abb. 24—27, haben 78000 ℳ betragen einschließlich Feilbänke, Wasch-, Bade-, Brause- und Aborteinrichtungen und Abbruch der alten Werkstätte (6500 ℳ). Die Werkzeugmaschinen sind alt. Die schon ältere Lehrlingswerkstätte Berlin 2, Revalerstraße, Abb. 46—48, hat 51000 ℳ einschließlich Wascheinrichtungen gekostet. Die Maschinen und die übrigen Einrichtungen sind alt.

[1]) Betr. Herstellung s. Eisenbahntechnik der Gegenwart, Band Werkstätten, zweiter Abschnitt, S. 773.

§ 3. Der Schulraum.

Erforderlich ist vor allem, daß der Schulraum so reichlich Licht erhält, daß die Schüler auch auf den vom Fenster am weitesten entfernt liegenden Plätzen noch gut sehen können. Hiernach ist, wenn nur an der einen Längsseite Fenster möglich sind, unter Berücksichtigung ihrer Größe und Anzahl die Breite des Raumes zu wählen. Bei mittelhohen Fenstern mit inneren Nischen von etwa 1¾ m in Mittenabständen von 2½ bis 3 m nehme man die Raumbreite nicht über 5 bis 6 m. Sind die Fenster größer und zahlreich, so kann man wohl auch bis 7 m gehen, wie dies in Leinhausen (S. 446) der Fall ist. Günstiger wird die Lichtverteilung schon, wenn wie in Opladen (S. 447) und Limburg (S. 450) zwei angrenzende Wände Fenster haben. Da ist man in der Breite dann auch bis auf 9½ und 8 m gegangen. Noch mehr Freiheit hat man hierin, wenn die Plätze von allen beiden Längsseiten oder gar auch noch von einer dritten Seite her Tageslicht erhalten. Diese günstigen Verhältnisse liegen in Guben vor. Abb. 39 und 40 zeigen Grundriß und Schaubild des Schulraumes. Bei 11 m Breite hat man hier eine ausgezeichnete Beleuchtung, selbst noch auf den Plätzen in der Mitte des Raumes.

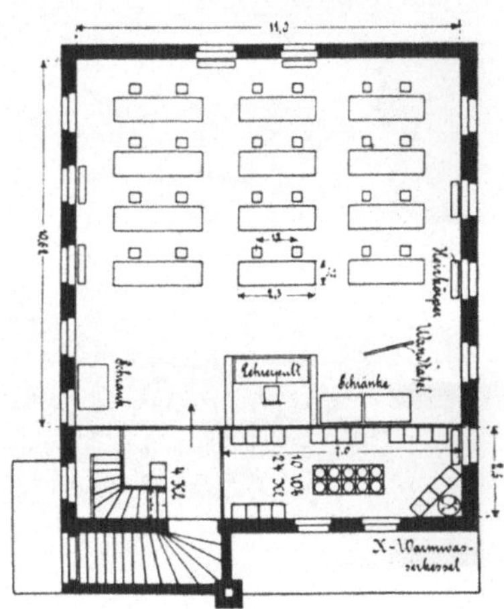

Abb. 39. Schul- und Wasch- und Ankleideraum für Lehrlinge beim Werkstättenamt Guben.

Sobald man bei einem neuen Entwurf die Breite ermittelt hat, ergibt sich hiermit und aus der Zahl der erforderlichen Plätze die Länge des Schulraumes.

Hierbei ist jedoch auf den besonderen Zweck Rücksicht zu nehmen. Ist die Anzahl der Lehrlinge so groß, daß sie in mehr als etwa vier Klassen eingeteilt werden müssen und kommt Vollunterricht[1]) in Frage, dann werden auch mindestens zwei Schulzimmer erforderlich sein. Eines derselben richtet man dann zweckmäßig als Zeichensaal, das andere als Vortragsraum ein. In ersterem Falle ist der Platzbedarf wegen der großen Reißbretter bedeutend größer, auch sind höhere Anforderungen in bezug auf gute Tagesbeleuchtung zu stellen. Ferner erweisen sich zum Sitzen hier die Hocker oder Schemel bequemer als Bänke mit Lehnen, die wieder für den Vortragsraum vorzuziehen sind. Darstellungen von getrennten Vortrags- und Zeichenräumen für Lehrlinge in zwei großen Werken geben die Abb. 41—44. Auf die Beleuchtung in den Zeichenräumen und die Unterbringung der Zeichenbretter

[1]) S. Teil VI § 1 und 5.

sei noch besonders aufmerksam gemacht. In Abb. 42 sieht man auch ein Schaltbrett mit Stromanschluß zur Vorführung von Versuchen.

In den meisten Fällen ist indes nur ein einziger und beiden Zwecken dienender Schulraum vorhanden, der dann für den größten, also beim Zeichnen nötigen Platzbedarf genügen muß. Als Anhalt mögen folgende Angaben aus der Praxis dienen. In Guben sind bei Zeichenbrettern von 0,8 × 0,59 m, die Tische je 2,3 m lang und 0,7 m breit und, wie dies auch aus den Abb. 39 und 40 ersichtlich ist, für je zwei Lehrlinge bestimmt[1]). Dies erlaubt ein sehr ungehindertes Arbeiten, um so mehr als der Betreffende auch seitlich an das

Abb. 40. Innenansicht des Schulraumes mit den Schränken für Lehrmittel und Zeichenbretter beim Werkstättenamt Guben.

Zeichenbrett treten kann. Für die Hocker bleibt ein Platz von 0,85 m zwischen den Tischreihen. Die Gänge zwischen den drei Gruppen sind je 1 m breit. Der Schulraum hat 116,82 qm Grundfläche; es entfallen also unter Einrechnung der aus den Abbildungen ersichtlichen drei Schränke, des Lehrerpultes und der Tafel auf jeden Lehrlingsplatz rd. 4,9 qm. Man kann hiernach 5 qm Bodenfläche für jeden Platz als obere Grenze rechnen, wobei jedoch noch nicht auf eine spätere Erweiterung Rücksicht genommen ist. Je nachdem man diese auf 50 v. H. oder mehr bemessen will, muß man die entsprechenden Zuschläge machen.

Es bleibt noch ein kurzes Wort über die Ausstattung des Raumes zu sagen. Außer den Tischen und Hockern oder Schemeln für die Lehrlinge

[1]) Das Sitzbrett (300 × 300 mm) des Hockers liegt 555 mm und die Tischoberkante 785 mm über dem Fußboden.

ist ein etwas erhöht anzuordnendes Lehrerpult erforderlich. Der Tisch soll nicht zu klein sein, damit darauf beim Unterricht die Modelle bequem aufgestellt werden können. Die Wandtafel etwa von der Größe 1,5 × 0,95 m

Abb. 41. Schulraum für Lehrlinge der A.-G. Ludw. Loewe & Co., Berlin.

ist auf der einen Seite durch senkrechte und wagerechte rote Linien in Quadrate von vielleicht 20 bis 30 cm Seitenlänge geteilt. Sie erleichtern dem Lehrer das Aufzeichnen von Maschinenteilen und sind auch beim Unterricht in Rechnen, Mathematik und Buchführung nützlich. Zur Wandtafel gehören noch eine **Reißschiene**, ein **Kreidezirkel** und mehrere **Winkel** für 30°, 45°, 60° und 90° (s. auch S. 315).

Als **Fußboden** hat sich in **Guben Holz** mit **Linoleumbelag** bewährt.

Abb. 42. Schulraum mit Einrichtung für physikalische und elektrische Versuche für Lehrlinge der A.-G. Siemens & Halske, Berlin-Siemensstadt, Wernerwerk.

Ein Wasserleitungsanschluß erweist sich im Schulraum wie auch in der Lehrlingswerkstätte angenehm. Die **Decken** sind wegen der besseren Beleuchtung möglichst weiß zu streichen, die **Wände** bis auf einen dunkeln Sockel ebenfalls.

Auf bescheidenen Schmuck möge nicht ganz verzichtet werden. In Guben sind an den Wänden farbige Sinnbildzeichnungen verschiedener Handwerke gemalt. Es sind die Holzbearbeitung, die Schmiede, Schlosserei und der

Abb. 43. Zeichensaal der Lehrlingsschule der A.-G. Ludw. Loewe & Co., Berlin.

Weichenbau vertreten. In Abb. 16 (S. 315) und 40 ist einiges hiervon zu erkennen. Anspornend wirkt es, wenn die Bestimmungen über Belohnungen für die gut bestandene Gesellenprüfung und über die Verleihung der Allerhöchsten Orts gestifteten Lehrlingsmedaille aushängen; es genügt auch ein kurzer in Zierschrift hergestellter Hinweis, der am besten dann unter Glas einzurahmen ist. Da die Lehrlingsvorschriften nicht in die Hand der Lehrlinge kommen, erfahren sie gar nicht oder nur durch Zufall von diesen ihnen erreichbaren

Abb. 44. Zeichensaal der Lehrlingsschule der A.-G. Siemens & Halske in Berlin-Siemensstadt, Wernerwerk.

Auszeichnungen. Geeignet für den Unterrichtsraum, in dem in der Regel auch die Gesellenprüfungen abgehalten werden, ist ferner der eine oder andere Handwerkerkernspruch oder ein einen Vorgang aus dem Gesichtskreis des Eisenbahners künstlerisch verklärendes Bild, etwa einer der schönen Künstlersteindrucke. Ein Privatwerk hängt zum Ansporn Bilder und Angaben über solche ehemaligen Lehrlinge aus, die es später durch Tüchtigkeit zu einer bevorzugten Lebensstellung gebracht haben. Den Bildern derjenigen Lehrlinge, die in dem Kampfe für das Vaterland ihr Leben dahingegeben haben, dürfte ebenfalls ein Platz einzuräumen sein. Einen freundlichen Eindruck macht es, wenn an den Fenstern außen oder innen einige Kästen mit blühenden Blumen stehen, die von den Lehrlingen gepflegt werden. In bezug auf Schmuck in einem solchen Raum darf im übrigen keinerlei Überladung auftreten, lieber weniger; was aber vorhanden ist, soll bei aller Einfachheit würdig und gediegen sein und auch in seiner Anordnung zeigen, daß hier Überlegung und guter Geschmack gewaltet haben. Hiergegen kommen zuweilen noch arge Verstöße vor, kennzeichnend nicht selten für den Geist in dem betreffenden ganzen Werkstättenbetriebe.

§ 4. Die Nebenräume.

a) Geräte- und Lagerräume für die Lehrlingswerkstätte. In einem größeren Betriebe ist es zweckmäßig, neben der Lehrlingswerkstätte einen Raum zu haben, in dem seltener gebrauchte Geräte, Schmiedegesenke,

Abb. 45. Lehrlingswerkstätte mit Wasch- und Ankleideraum und Speiseraum für Lehrlinge beim Werkstättenamt Frankfurt a. Main.

etwas Rund- und Formeisen, Bleche, wertvolle Stoffe oder Abfallstücke aller Art untergebracht werden können. Für diese ist zum Üben und zu Ausbesserungsarbeiten in der Lehrlingswerkstätte ja mehr als in anderen Abteilungen immer Verwendung. Beispiele bieten die Anlagen in Tempelhof (Abb. 24 S. 429) und in Meiningen (Abb. 31 S. 449). In Guben wird hierzu der durch eine Tür abgeschlossene Raum unter der Treppe benutzt. Ganz zu entbehren wird ein solches Gelaß doch nicht sein; man sieht es daher zweckmäßig gleich mit beim Entwurf in genügender Größe vor.

b) Speiseraum. Ob ein besonderer Speiseraum für die Lehrlinge erforderlich ist, hängt von ihrer Anzahl und den besonderen örtlichen Verhältnissen ab. Es dürfte indes nicht so sehr viele Eisenbahnwerkstätten geben, in denen mittags eine größere Anzahl Lehrlinge nicht nach Hause geht. Abb. 45 zeigt den mit der Lehrlingswerkstätte in Verbindung stehenden Speiseraum in Frankfurt a. Main. Ein solcher Raum kann daneben auch als Aufenthaltsraum bei schlechtem Wetter dienen. — Diese zuvor noch nicht besprochene Werkstätte zeigt im übrigen die langgestreckte Bauart mit einem Verhältnis der Rechteckseiten von rd. 1 : 2,7. Die Beleuchtung ist infolge des von den beiden Längsseiten einfallenden Lichtes ausgezeichnet.

c) Nebenräume für Schulzwecke. In Teil VI S. 315 ist bereits auf den Nutzen kleiner Sammlungen von Holz-, Mineral- und Stoffproben sowie von Modellen für den Unterricht hingewiesen. Wenn diese Gegenstände nicht im Schulraum untergebracht werden können, stellt man sie zweckmäßig in einem besonderen Zimmer auf. Es kann dann gleichzeitig für die Aufbewahrungen von Zeichnungen, der Handbücherei und der Geräte für die Trommler- und Pfeiferriege der Lehrlinge dienen, unter Umständen auch für die Zeichenbrettschränke oder -gestelle. Vorzuziehen ist hierfür jedoch ein besonderer Raum, damit die Lehrlinge nicht Zutritt zu den Sammlungen und Modellen haben. Als Beispiel diene die Anordnung in Leinhausen (Abb. 28 S. 446). — In manchen Fällen werden sich auch Lehrer- und Sammlungszimmer vereinigen lassen.

§ 5. Platzbedarf der Lehrlingswerkstätten.

Es soll im folgenden untersucht werden, wieviel Platz bei neuen Entwürfen im Durchschnitt auf je einen der in die Lehrlingswerkstätte aufzunehmenden Lehrlinge entfallen muß. Hierbei ist der für die Werkbänke, Maschinen

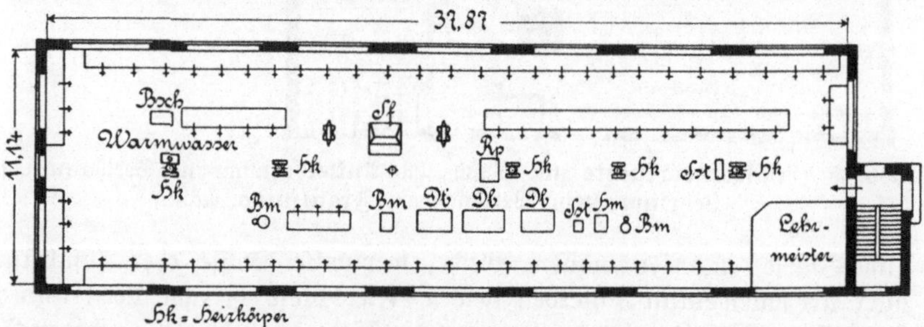

Abb. 46. Grundriß der Lehrlingswerkstätte beim Werkstättenamt Berlin 2, Revalerstraße.

und alle übrigen Geräte und Ausrüstungsgegenstände erforderliche Platz der Einfachheit halber in die Durchschnittszahl mit eingerechnet. Dies hat keine Bedenken, da die Größe und Anzahl solcher Gegenstände im allgemeinen nicht so sehr verschieden sind. Unberücksichtigt sind sie nur geblieben, soweit hierfür etwa getrennte besondere Räume benutzt werden. Für jede der zur Zeit vorhandenen Lehrlingswerkstätten haben wir dann die obige Durchschnittszahl ermittelt und die gesamten Werte in 9 Gruppen geordnet Die erste Gruppe umfaßt diejenigen Werkstätten, bei denen im Mittel auf einen Lehrling 4 bis 5 qm Platz entfallen. Von solchen Lehrlingswerkstätten sind im Verhältnis 11 v. H. der Gesamtzahl derselben vorhanden. Die Angaben sind nachstehend zusammengestellt.

Tafel 51.

Platzbedarf der Lehrlingswerkstätten (ohne Nebenräume) berechnet auf je einen aufzunehmenden Lehrling.

Vorhandener Platz in qm für je 1 Lehrling einschl. Maschinen- und Werkstättenausrüstung.	Anzahl derartiger Werkstätten, in Teilen v. H. der Gesamtzahl der Lehrlingswerkstätten.	Anführung von Beispielen (Ort der Lehrlingswerkstätten):
4— 5 (ausschl.) qm	11 v. H.	Dortmund, Leinhausen, Paderborn.
5— 6 " "	24 v. H.	Berlin 2 (Ostbahnhof), Frankfurt a. M. 1 und 2, Guben, Halle a. S., Tempelhof.
6— 7 " "	28 v. H.	Cassel, Grunewald, Oberhausen.
7— 8 " "	10 v. H.	Breslau 1, Saarbrücken, Schneidemühl.
8— 9 " "	8 v. H.	Halberstadt, Oppum, Witten.
9—10 " "	8 v. H.	Braunschweig, Delitzsch, Trier.
10—12 " "	3 v. H.	Cöln-Nippes, Neumünster.
12—14 " "	3 v. H.	Meiningen, Posen.
14—18 " "	5 v. H.	Darmstadt, Fulda, Potsdam.
Zusammen:	100	

Diese Zahlen gelten für 1914. Im Kriege sind die Lehrlingswerkstätten erheblich stärker belegt worden, sodaß die ersten Gruppen dann stärker, die letzten schwächer vertreten sind.

Die Zusammenstellung zeigt, wie außerordentlich verschieden der in den verschiedenen Werkstätten zur Verfügung stehende Einheitsplatz ist. Am häufigsten, in 28 v. H. Fällen, sind 6—7 qm vorhanden. Die kleineren Zahlen gehören zum Teil älteren Werkstätten an, bei denen früher offenbar nicht mit einer so hohen Belegung gerechnet wurde. Die größeren Zahlen hingegen kommen hauptsächlich in den neueren Werkstätten vor, die gleich so geräumig eingerichtet sind, daß sie auch noch bei einer späteren Erhöhung der Lehrlingszahl ausreichen. Ganz einwandfrei sind daher diese Zahlen noch nicht, weil nicht in jedem einzelnen Falle bekannt ist, auf welche künftige Vermehrung schon jetzt Rücksicht genommen ist. Es empfiehlt sich daher, die Angaben an einem Beispiel in der Praxis nachzuprüfen.

In Guben (S. 469) hat sich gezeigt, daß mit 5,7 qm bei einer keineswegs reichlichen Ausrüstung mit Werkzeugmaschinen der Platz schon fast ganz beansprucht ist. Für Blecharbeiten und zum Aufstellen auszubessernder Teile blieb kaum noch Raum. Bei der durch den Krieg bedingten Vermehrung der Lehrlinge entfielen schließlich auf jeden derselben nur noch 4,9 qm. Dies erwies sich aber schon fast zu eng und verursachte bei manchen Arbeiten schon eine gegenseitige Behinderung der Lehrlinge. Man gehe daher für neue Lehrlings-

Abb. 47. Außenansicht des Lehrlingsgebäudes beim Werkstättenamt 2, Berlin, Revalerstraße.

Abb. 48. Innenansicht der Lehrlingswerkstätte des Werkstättenamts 2, Berlin, Revalerstraße.

werkstätten, auch bei stärkster Besetzung, möglichst nicht unter 7 qm. Steht für später noch eine Erhöhung der Lehrlingszahl in Aussicht, so rechne man zu Anfang mit 12—14 qm.

Es müssen stets eine Anzahl Schraubstöcke mehr als Lehrlinge vorhanden sein, einmal für die Lehrgesellen und sodann für Zöglinge und Maschinenbaubeflissene. Die Gesamtzahl der Schraubstockplätze vervielfacht mit dem nach vorstehenden Gesichtspunkten ermittelten Einheitssatz ergibt dann die Größe der Lehrlingswerkstätte.

§ 6. Die Ausrüstung der Lehrlingswerkstätte mit Werkzeugen und Werkzeugmaschinen.

a) Werkzeuge.

Die Werkzeuge sind zu unterscheiden in solche zum ständigen persönlichen Gebrauch und in Werkzeuge zum allgemeinen Gebrauch. Als Beispiel für erstere ist hier ein Verzeichnis derjenigen 33 Teile gegeben, die der Lehrling in einer mittelgroßen Lehrlingswerkstätte im allgemeinen erhält.

Es sind dies:

1 Handhammer, 1 Strohfeile, 1 dreikantige Sägenfeile, 1 vierkantige Bastardfeile, 2 halbrunde Bastardfeilen, 2 Flachmeißel, 3 Durchschläge, 1 Schraubenzieher, 1 Reibahle (rechtwinklig gebogen), 1 Feilkloben, 1 Spitzzirkel, 1 Paar Messingspannbacken, 1 Feilendrahtbürste, 1 Ölnapf, 1 Niethammer, 1 flache Schlichtfeile, 1 dreikantige Bastardfeile, 1 runde Bastardfeile, 2 flache Bastardfeilen, 2 Kreuzmeißel, 1 Körner, 1 Schaber, 1 Reißnadel, 1 eiserner Winkel 90°, 1 Taster, 1 Handfeger, 1 Blechbüchse für Seife.

Die ihm zu persönlichem Gebrauch überwiesenen Werkzeuge und Geräte hat der Lehrling unter eigenem Verschluß in seinem Werkzeugkasten zu verwahren, der sich an der Werkbank bei dem Schraubstock befindet. Die Gegenstände erhält der Lehrling bei Beginn der Lehrzeit ausgehändigt. Sie sind in dem Gerätenachweis vermerkt, der ihm gleichzeitig in Form eines Oktavheftes in blauem Umschlag übergeben wird. Das Schild lautet:

Eisenbahndirektionsbezirk ....

Gerätenachweis
für
Werkstättenarbeiter.

Der Vordruck für die erste Seite hat folgenden Wortlaut:

Tafel 52.

Gerätenachweis

für den .... } Kontrollnummer ....
.... } Werkzeugnummer ....
....

Anmerkungen.

1. Bei Geräten, die aus mehreren einzelnen Teilen bestehen, sind die vollständigen Stücke als Einheit zu führen, jedoch die sämtlichen dazu gehörenden Teile in

Spalte 2 mit anzugeben. Die unter einer Gerätenummer (Sammelbezeichnung) vereinigten Gegenstände sind einzeln aufzuführen.

2. In dem Gebrauchsmuster für die gleichmäßig mit Geräten ausgerüsteten Arbeiter kann die Nummer und Benennung der Gegenstände vorgedruckt werden.
3. Die Einklammerungen ( ) bezeichnen die im Gerätenachweise durchstrichenen Angaben.

Die folgenden Seiten haben nachstehenden Vordruck:

Tafel 53.

1	2	3						4
Der Geräte		Bestand						Bemerkungen
Nr.	Benennung							

Diese Nachweise werden auf Grund der Finanzordnung Teil VII § 6 geführt. Die Eintragungen hat der Geräteverwalter zu bewirken. Als solcher ist in der Regel der Werkmeister oder der Lehrmeister bestellt.

Zum allgemeinen Gebrauch dienen in derselben Lehrlingswerkstätte folgende Stücke:

α) Schlosser- und Drehergeräte: 1 Bleihammer, 2 Kneifzangen, 1 Rohrzange, 2 Reifkloben, 2 Drillbohrer, 30 Metallbohrer, 10 Döpper (Nietkopfformer), 3 Schneidkluppen, 9 Windeisen, 2 Polierstähle, 1 verstellbarer Schraubenschlüssel, 3 Lochlehren, 1 kleine Tischrichtplatte, 1 großer Winkel 90°, 1 Senklot, 1 Lochtaster, 1 Federzirkel, 2 Schlagstempel, 5 Holzhämmer, 2 Drahtzangen, 15 Raum- und Schlichtfeilen, 4 Eisensägen, 2 Brustleiern (Bohrdraufen), 4 Versenker, 4 Nietenzieher (Blechandrücker), 3 Paar Schneidbacken, 55 Gewindebohrer, 18 Schraubenschlüssel, 1 Holzschneidmesser (Ziehmesser), 1 große Richtplatte, 3 eiserne Lineale, 1 Wasserwage, 1 Parallelreißer, 1 Federtaster, 6 Satz Buchstaben und Zahlen, 2 Handlampen.

β) Schmiedegeräte: 2 Bankambosse, 1 Amboßhorn, 16 Schmiedezangen, 6 Dorne, 2 Schmiedeambosse, 15 Schmiedehammer, 2 Kehl- und Abschroter, 15 Gesenke.

Die Werkzeuge und Geräte zum allgemeinen Gebrauch sind nach der Finanzordnung einem Arbeiter (Werkzeugschlosser) zur verantwortlichen Verwaltung zu übergeben und unter dessen Kontrollnummer zu führen. Es kommt hierfür der Lehrgeselle in Betracht. Die Gegenstände sind tunlichst nur in einem Raume aufzubewahren und übersichtlich zu lagern. An der Lagerstelle ist der Bestand, der mit dem in dem Gerätenachweis angegebenen übereinstimmen muß, sowie die Benennung der Werkzeuge und Geräte anzuschreiben. Die leihweise Verausgabung der Gegenstände an die Arbeiter, also auch an die Lehrlinge, hat gegen Abgabe von Blechmarken mit der Kontrollnummer des Lehrlings zu erfolgen. Die Marken werden an der Lagerstelle der ausgeliehenen Werkzeuge aufbewahrt und bei Rückgabe der Werkzeuge den Arbeitern wieder ausgehändigt. Die etwa einzelnen Gruppen zum gemeinschaftlichen Gebrauch überwiesenen Gegenstände, wie Brechstangen, Leitern, Winden usw. werden von dem Vormann der Gruppe verwaltet und in seinem Gerätenachweis geführt.

Änderungen im Bestande der in den Gerätenachweisen angegebenen Geräte sind von Fall zu Fall in einfachster Weise unter kurzer Erläuterung in Spalte 3 der Tafel 53 derart vorzunehmen, daß die unrichtige Zahl durchstrichen und die richtige Zahl daneben gesetzt wird. Solche Änderungen darf nur der Geräteverwalter unter Beifügung seines Namens vornehmen. Rasuren in den Gerätenachweisen sind unbedingt verboten.

Preßluftwerkzeuge sind für die Lehrlinge in den ersten beiden Jahren noch ungeeignet und daher in dem angeführten Beispiel in der Lehrlingswerkstätte nicht vorhanden. Elektrische Handbohrmaschinen können im allgemeinen hier auch entbehrt werden, da sich die hier vorkommenden Arbeiten fast alle an einer großen Bohrmaschine ausführen lassen.

b) Werkzeugmaschinen.

Die Lehrlingsvorschriften fordern im vierten Halbjahr das Arbeiten an den in der Lehrlingswerkstätte befindlichen Werkzeugmaschinen mit mechanischem Antrieb, und zwar werden Dreh-, Bohr- und Hobelarbeiten genannt. Demnach müssen zunächst Maschinen dieser Art vorhanden sein, also mindestens eine Drehbank, eine Bohrmaschine und eine Hobelmaschine. Darüber hinaus sind die Lehrlingswerkstätten vielfach noch mit einem Schleifstein, einer Fräsmaschine und einer von Hand bewegten Blechschere ausgerüstet. — Abb. 49 und 50 zeigen die Maschinen in Guben[1]). Der Raum hat an drei Seiten Fenster, die Werkzeugbänke stehen an den Seiten, die Maschinen in der Mitte. Die fensterlose Seite empfängt auch durch die mit Glasscheiben versehenen Windfangtüren Licht. Mechanischen Antrieb von dem Deckenvorgelege her haben Drehbank, Hobelmaschine, Schleifstein und Bohrmaschine. Die Erfahrung hat hier gezeigt, daß für 20 bis 24 Lehrlinge eine einzige Drehbank nicht mehr ganz ausreicht. Besser ist es, man rechnet auf

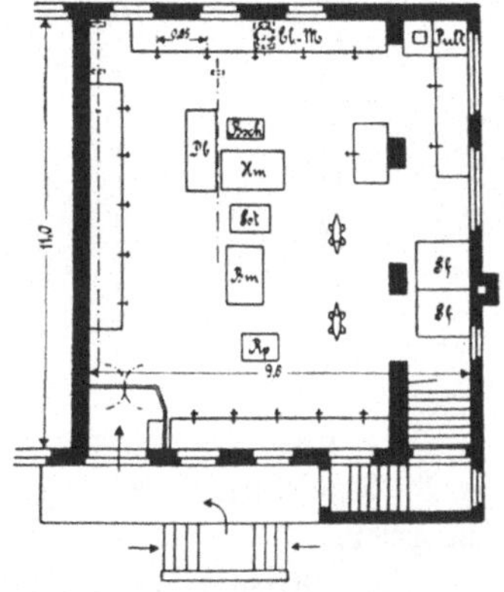

Abb. 49. Grundriß der Lehrlingswerkstätte beim Werkstättenamt Guben.

---

[1]) Über die Bedeutung der Abkürzungen s. die Anmerkung 1 S. 451.

nur je 15 Köpfe eine Drehbank und eine Bohrmaschine. An Hobelmaschinen wird in der Regel wegen der kürzeren und leichteren Ausbildung hieran nur eine für 25—30 Lehrlinge genügen.

Eine Anzahl Beispiele aus anderen Eisenbahnwerkstätten mögen zeigen, welche Maschinen und wie viele von jeder Art im Verhältnis zur Anzahl der Lehrlinge in der Praxis gebräuchlich sind.

Tafel 54.

Verzeichnis der in Lehrwerkstätten vorhandenen Werkzeugmaschinen nach Art und Zahl.

Der Lehrlingswerkstätte		Anzahl der									
Bezeichnung	Lehrlingszahl	Drehbänke	Bohr-maschinen	Hobel-maschinen	Fräs-maschinen	Schleifsteine	Blechschere	Kaltsäge	Blechbiege-maschine	Lochstange	Spindelpresse
A	24	1	2	1	—	1	1	1	—	—	—
B	38	6	4	1	—	—	—	1	—	—	—
C	23	6	3	2	—	—	—	—	—	—	1
D	48	5	3	1	1	—	1	—	—	—	3
E	40	7	1	—	—	—	1	—	—	—	—
F	34	2	2	1	—	—	—	—	—	1	—
G	42	2	3	—	—	—	—	—	—	—	—
H	30	3	4	1	—	2	2	—	1	2	—
J	18	1	1	—	—	—	1	—	—	2	—
K	16	1	2	1	—	—	—	—	—	—	—
L	14	2	3	1	—	2	—	—	—	—	—
M	52	4	3	1	—	1	1	—	—	—	—
N	22	1	1	—	—	1	—	—	1	—	—
O	18	2	2	1	—	—	1	—	—	1	—
P	41	2	2	2	—	—	—	—	—	—	—
Q	20	3	2	1	—	—	1	—	—	—	—
R	26	2	2	—	—	—	1	—	—	—	—
S	29	3	3	2	—	2	1	—	—	1	—
T	18	1	2	1	—	—	1	—	1	1	—
U	18	1	1	1	—	—	1	—	—	—	—

Es sind überwiegend hier neuere Lehrlingswerkstätten herausgesucht, z. B. bezeichnet L die Lehrlingswerkstätte Meiningen, S ist Posen und T ist Trier.

Die Anzahl der Drehbänke im Verhältnis zur Lehrlingszahl ist recht ungleich. In einigen Fällen sollen offenbar die Maschinen auch schon für künftige Erweiterungen mit genügen. Allgemeine Gesichtspunkte lassen sich hieraus nicht entnehmen. Man wird aber nicht fehl gehen, wenn man die auf Grund der Erfahrungen in Guben zuvor angegebenen Zahlen wählt.

Die Drehbank muß für Gewindeschneiden benutzbar und mit Leitspindel versehen sein. Als Anhalt für die etwa in Frage kommenden Abmessungen können folgende Zahlen dienen: Spitzenhöhe über dem Bett 155 mm,

Abb. 50. Innenansicht der Lehrlingswerkstätte beim Werkstättenamt Guben.

Abb. 51. Drehbank für die Lehrlingswerkstätte der Allgemeinen Elektrizitäts-Gesellschaft Berlin, Abteilung Apparatefabrik.

Drehlänge 1000 mm, Bettlänge 1705 mm, Durchmesser der Planscheibe 260 mm, Breite des Bettes 240 mm, Anzahl der Gewindegänge der Leitspindel auf 1″ vier, Länge des Spindelkastens 320 mm, Länge des Reitstockes 175 mm, Länge des Stahlschlittens 360 mm, Durchmesser der Stufenscheiben am Spindelkasten 100, 135 und 170 mm, Breite der einzelnen Stufen 38 mm; Deckenvorgelege: Durchmesser der Antriebscheibe 170 mm, Breite

Abb. 52. Stoß- (Shaping-) Maschine für die Lehrlingswerkstätte der Allgemeinen Elektrizitäts-Gesellschaft Berlin, Abteilung Apparatefabrik.

der Antriebscheibe 90 mm, Umläufe in der Mitte 200, Kraftbedarf ½ bis 3 PS, Gewicht 320 kg. An Bodenfläche sind 1800 × 630 mm erforderlich. Eine Leitspindeldrehbank für die Ausbildung von Lehrlingen der Allgemeinen Elektrizitätsgesellschaft ist in Abb. 51 S. 471 dargestellt.

Als weiteres Beispiel für Anordnung und Art der Maschinen und gleichzeitig auch als Beispiel für die Bauart einer der neuesten Lehrlingswerkstätten folge hier die in Tempelhof. Abb. 25 S. 430 zeigt das Äußere, Abb. 24 den Grundriß und Abb. 26 die innere Ansicht. — Außer den üblichen Maschinen und Geräten sind in dem Grundriß noch eine Stanze und ein Bohrschraubstock angegeben. Beide kommen für besondere Arbeiten in der Lehrlingswerkstätte in Betracht. Die Anordnung der Maschinen in den Lehrlingswerkstätten der Allgemeinen Elektrizitätsgesellschaft, der A.-G. Siemens & Halske und der A.-G. Ludw. Loewe & Co. ist aus den Abb. 34, 37 und 38 erkennbar.

Bei den Hobelmaschinen können folgende Hauptabmessungen gewählt werden: Hobelbreite 500 mm, Hobellänge 1250 mm, Hobelhöhe 500 mm, Tischbreite 400 mm, Bahnbreite 270 mm; Tischgeschwindigkeit: Arbeitsweg i. 1 M. (Höchstgrenze) 12 mm, Rücklauf i. 1 M. 30 mm, Treibriemenbreite 45 mm, Deckenvorgelege: Riemenscheibendurchmesser 250 mm, Riemenscheiben-Gesamtbreite 160 mm, Riemenscheiben-Umläufe i. 1 M. 290; erforderliche Bodenfläche: Länge etwa 3500 mm, Breite etwa 1200 mm, Gewicht 1500 kg. In Abb. 52 ist ein an der Shapingmaschine arbeitender Lehrling der Allgemeinen Elektrizitätsgesellschaft dargestellt.

Nur vereinzelt findet man in den Lehrlingswerkstätten bisher Fräsmaschinen. Bei der zunehmenden Bedeutung dieser Bearbeitungsweise, die das Hobeln zum Teil verdrängt hat, empfiehlt es sich, auch eine derartige Maschine mit vorzusehen. Sie hat hier dieselbe Berechtigung wie eine Hobelmaschine. Es genügt eine einfache Bauart etwa von folgenden Hauptabmessungen: Arbeitsfläche: Länge 450 mm, Breite 145 mm, ganze Tischlänge 550 mm, Längsbewegung selbsttätig 360 mm, Senkrechtbewegung von Hand 275 mm, Querbewegung von Hand 125 mm, Frässdorn-Durchmesser 16 mm, Frässpindel-Durchmesser im vorderen Lager 45 mm, Stufenzahl der Antriebscheibe 3 mm, Treibriemenbreite 50 mm, Anzahl der Spindelumläufe bei einfachen Deckenvorgelegen 3, Umläufe der Spindel 105—380, Vorschubwechsel-Anzahl 6, Größe des Vorschubes für einen Spindelumlauf 0,06—0,07 mm, Gegenhalter-Durchmesser 50 mm; Deckenvorgelege: Breite der Fest- und Losscheiben 10 mm, Durchmesser der Fest- und Losscheiben 175 mm, Umläufe i. 1 M. 200, Kraftbedarf 0,75 PS, erforderliche Bodenfläche Länge etwa 1050 mm, Breite etwa 850 mm, Gewicht (mit Deckenvorgelege) 300 kg. Die Lehrlingswerkstätten in der Privatindustrie sind in der Regel mit solchen Maschinen ausgerüstet. Abb. 53 zeigt die Fräsmaschine in der Werkstätte der Allgemeinen Elektrizitätsgesellschaft.

Bohrmaschinen werden entweder als Wandmaschinen oder freistehend ausgeführt. Die erstere Bauart eignet sich im allgemeinen nur für einfache Betriebsverhältnisse und geringe Lochdurchmesser. Der Antrieb geschieht dann von Hand unter Verwendung eines großen Schwungrades. In den Lehrlingswerkstätten findet sich am häufigsten die freistehende Bohrmaschine mit Antrieb unmittelbar von einem eigenen Motor oder von der Vorgelegewelle der Werkstätte aus. Die Vor- und Nachteile dieser beiden Anordnungen sind weiter unten noch besprochen.

Einige Hauptabmessungen einer mittelgroßen Maschine sind: Größter Bohrlochdurchmesser 35 mm, größte Entfernung zwischen Tisch und Grundplatte 1075 mm, Bohrtiefe 210 mm, Tischdurchmesser 435 mm, senkrechte Verstellbarkeit des Tisches 420 mm; Arbeitsfläche der Grundplatte: Länge 520 mm, Arbeitsfläche der Grundplatte: Breite 550 mm, das Übersetzungsverhältnis der Kegelräder beträgt 1:2; Stufenscheiben: größter Durchmesser 235 mm, kleinster Durchmesser 100 mm, Stufenbreite 62 mm, Stufen-

Abb. 53. Fräsmaschine für die Lehrlingswerkstätte der Allgemeinen Elektrizitäts-Gesellschaft Berlin, Abteilung Apparatefabrik.

zahl 4; Vorgelege: Fest- und Losscheiben-Durchmesser 235 mm, Fest- und Losscheiben-Breite 73 mm, Fest- und Losscheiben-Umläufe i. 1 M. 350; der Kraftbedarf ist 1,5 PS und die erforderliche Bodenfläche in der Länge etwa 1320 mm und in der Breite 550 mm, Höhe der Maschine 2050 mm, Gewicht der Maschine 500 kg[1]).

[1]) Einzelabbildungen von Werkzeugmaschinen der Lehrlingswerkstätte finden sich in einem in Glasers Annalen Band 83 1918 erschienenen Vortrag des Verf. über

Für die Lehrlingswerkstätte sind schon bei 20 bis 25 Lehrlingen zwei Schmiedefeuer erforderlich. Eines derselben ist fast dauernd mit einem Lehrling des zweiten Jahrganges besetzt, das andere Feuer dient dann für gelegentlich vorkommende Arbeiten von kürzerer Dauer. Nach den in Guben gemachten Erfahrungen rechnet man zweckmäßig auf je 15 Lehrlinge ein Schmiedefeuer. — Das Gebläse wird nur vereinzelt von Hand betätigt durch Ziehen eines großen an der Decke befestigten Blasebalges. Vielfach sind bei nicht zu großen Entfernungen die Schmiedefeuer an die Hauptwindleitung

Abb. 54. Schmiede- und Löteinrichtung in der Lehrlingswerkstätte der Allgemeinen Elektrizitäts-Gesellschaft Berlin, Abteilung Apparatefabrik.

der allgemeinen Werkstätte angeschlossen. Erforderlich ist ein Winddruck von etwa 140—180 mm Wassersäule. Liegt die Lehrlingswerkstätte indes von der Hauptwindleitung zu weit ab, so wird die Verlegung der Rohre zu teuer und es entstehen zu große Druckverluste durch Reibung und Undichtigkeit. Dann kommt eine eigene Gebläseanlage für die Lehrlingswerkstätte in Betracht mit besonderem Elektromotor. Ein Motorgebläse, das für zwei Doppelfeuer bei je 30 mm Düsendurchmesser genügt, erfordert nur etwa ¼ PS. In der Minute werden hiermit 6 cbm Gebläsewind von 180 mm Wassersäulen-

die Ausbildung von Schlosserlehrlingen bei der preußisch-hessischen Staatseisenbahnverwaltung.

druck erzeugt. Für Gleichstrom von 220 V und 2500 Umdrehungen kostete eine solche Anlage vor dem Kriege mit Anlasser nur 300 bis 350 Mk.

Die Einrichtung zum Schmieden und Löten in der Lehrlingswerkstätte der Allgemeinen Elektrizitäts-Gesellschaft ist in Abb. 54 S. 475 dargestellt.

Nicht überall ist ein Schleifstein in den Lehrlingswerkstätten vorhanden. Es empfiehlt sich jedoch, ihn mit vorzusehen, da die Lehrlinge auch die gebrauchsfertige Herstellung einfacher Dreh-, Bohr- und Hobelstähle kennen lernen sollen. Überdies ist es auch störend und zeitraubend, wenn wegen jedes Meißels oder Körners erst Wege nach der Dreherei nötig werden. Zuweilen wird ein dort schon abgenutzter, älterer Stein noch in der Lehrlingswerkstätte aufgebraucht, selbst wenn er nur noch etwa 500 mm Durchmesser hat. Die Umdrehungszahl beträgt 80 bis 120 in der Minute.

Entbehrlich dürften in Eisenbahn-Lehrlingswerkstätten im allgemeinen Lochstanze, Spindelpresse, Kaltsäge, Spiralbohrschleifmaschine, Teilmaschine und Poliermaschine sein, die sich vereinzelt noch vorfinden. In älteren Werkstätten ist dies zum Teil darauf zurückzuführen, daß früher die Lehrlinge mehr zur Herstellung von Massengegenständen herangezogen wurden.

Welche Werkzeugmaschinen in den Lehrlingswerkstätten großer Privatbetriebe vorhanden sind und vorhanden sein müssen, ergibt sich größtenteils schon aus den dort ausgeführten Arbeiten, wie sie in Teil V besprochen sind. In der bereits mehrfach erwähnten, in Abb. 34 S. 452 dargestellten Lehrlingswerkstätte der Apparatefabrik der Allgemeinen Elektrizitätsgesellschaft sind an Werkzeugmaschinen u. a. vorhanden: Leitspindeldrehbänke, Mechanikerdrehbänke, Revolverdrehbänke, große Bohrmaschinen, kleine elektrische Bohrmaschinen, Handhebelfräsmaschine, Stoßmaschine, Spiralbohrschleifmaschine, Feil- und Sägemaschine, außerdem Feldschmiede und sonstige Werkstätteneinrichtungen. Die Anordnung der Maschinen und der Werktische mit den Schraubstöcken und den Werkzeugkasten ist aus der Abbildung ebenfalls ersichtlich. Die Werkstätte macht einen geräumigen und zweckmäßigen Eindruck.

Zwei andere Lehrlingswerkstätten, und zwar des Wernerwerkes der Firma Siemens & Halske, A.-G. und der Firma Ludw. Loewe & Co. A.-G. Berlin, zeigen die Abb. 37 und 38 S. 455 und 456.

Es bleibt noch zu erörtern, in welcher Weise am zweckmäßigsten Anordnung und Antrieb der Werkzeugmaschinen in den Lehrlingswerkstätten der Eisenbahnverwaltung erfolgen. Einen Anhalt hierfür geben schon die Innenansichten der Werkstätten in Guben, Tempelhof und Berlin 2 (Revalerstraße). Die mechanisch angetriebenen Werkzugmaschinen werden in der Regel in Gruppen zusammengestellt, wie dies auch aus den vorgeführten Grundrissen ersichtlich ist. — Es kommt Gruppen- oder Einzelantrieb in Frage. Ersterer ist sehr verbreitet; in der Regel ist ein besonderer die Hauptvorgelegewelle antreibender Elektromotor vorhanden. Er braucht in kleinen Werkstätten nur für etwa 75 v. H. der Pferdestärken aller Maschinen zusammen zu genügen, da nicht immer alle Maschinen gleichzeitig in Betrieb sind.

In großen Werkstätten mit viel Maschinen kann man bis auf 60 v. H. gehen. Bei Versuchen des Verfassers über den Kraftbedarf ergab sich, daß für eine ganze Hauptwerkstätte das Verhältnis des wirklichen Kraftbedarfs zum Summenkraftbedarf aus allen einzelnen Maschinen sogar nur 41 v. H. betrug[1]). So schwach, wie die Rechnung ergibt, wird man wenigstens bei mittleren Lehrlingswerkstätten den Motor indes doch selten nehmen, sondern hier nicht unter 5 bis 8 PS gehen. — Der Vorgelegewelle, von der die Werkzeugmaschinen angetrieben werden, gibt man 120 bis 150 Umdrehungen in der Minute. Je nach der Umdrehungszahl des Motors, die etwa zwischen 800 bis 1500 schwankt, ist die entsprechende Übersetzung für die Riemenscheiben zu wählen.

Sehr angenehm gerade in der Lehrlingswerkstätte ist der elektrische Einzelantrieb. Der Raum wird nicht durch Vorgelege-Riementriebe verdunkelt und es ist die Gefahr geringer, daß ungewandte Lehrlinge durch Riementriebe Unfälle erleiden. Wie man im übrigen auch zu der Frage der Wirtschaftlichkeit des Einzelantriebes steht, für die Lehrlingswerkstätte kommt dieser Gesichtspunkt bei der doch nur geringen Anzahl der Maschinen weniger in Frage und außerdem bleiben manche derselben wie Dreh- und Hobelbänke in bestimmten Ausbildungsabschnitten ganz unbenutzt, so daß bei Einzelantrieb die Kosten für Riemenabnutzung und Leerlauf von Vorgelegen dann gespart werden. Für neue Lehrlingswerkstätten möchten wir daher stets den Einzelantrieb vorziehen.

---

[1]) „Beiträge zur Berechnung des Kraftwerkes für eine Eisenbahnwerkstätte: Versuche über Größe und Wechsel des Kraftbedarfs“ vom Verf. — Elektrische Kraftbetriebe und Bahnen 1910, S. 653—660.

Anhang.

Die handwerksmäßige Ausbildung von Frauen.

I. Die Ausbildung in den Werkstätten der preußisch-hessischen Staatseisenbahnverwaltung.

Die Beschäftigung von Frauen in den Werkstätten der preußisch-hessischen Staatseisenbahnverwaltung hat im Kriege eine große Bedeutung gewonnen. Trotzdem bei sehr vielen der Arbeiten an Lokomotiven und Wagen weibliche Arbeitskräfte entweder wegen der Schwere der Arbeiten oder wegen der erforderlichen Fachkenntnisse und Fertigkeiten überhaupt nicht in Betracht kommen, macht doch die Anzahl der beschäftigten Frauen in den Werkstätten 20 bis 30 v. H. der Belegschaft aus, vereinzelt sogar noch mehr.

Es überwog naturgemäß zuerst die Beschäftigung als einfache Handarbeiterinnen. Daneben werden die Frauen aber in immer steigendem Maße zur Bedienung einfacher Maschinen oder zur Ausführung handwerksmäßiger Arbeiten herangezogen. Gerade in letzterer Richtung sind zur Zeit aussichtsvolle Bestrebungen zu einer Vertiefung der praktischen Ausbildung und zur Vermittlung theoretischer Kenntnisse im Gange.

Von der zweckmäßigen Gestaltung der Ausbildung hängt es ja hauptsächlich ab, welchen Wert die betreffende Frauenarbeit später haben wird. In verschiedener Beziehung handelt es sich dabei um ähnliche Aufgaben wie bei der Ausbildung der männlichen Lehrlinge.

Es wird sich zweifellos eine bedeutende Steigerung der Leistungen weiblicher Hilfskräfte erreichen lassen, wenn man die im Eisenbahnlehrlingswesen schon seit Jahrzehnten gesammelten Erfahrungen für das neue Gebiet verständnisvoll verwertet. Dies gilt besonders von der Art und Reihenfolge der Übungsarbeiten bei der praktischen Ausbildung und von der Auswahl des Lehrstoffes bei der theoretischen Unterweisung. Man wird den Ausbildungsplan der Frauen zum großen Teil aus dem in vorliegendem Buch erörterten Lehrgang der männlichen Lehrlinge herstellen können, oft schon durch einfaches Fortstreichen des Entbehrlichen.

Welches ist nun das Ausbildungsziel, das wir bei der handwerksmäßigen Ausbildung der Frauen erreichen wollen? Es wird nach den örtlichen Verhältnissen in den verschiedenen Gegenden etwas verschieden sein, je nach Begabung, Geschicklichkeit, Herkunft und Volksstamm der weiblichen Hilfskräfte sowie nach Anzahl und Art der daneben noch zur Verfügung stehenden männlichen Arbeiter.

Wir legen hier mittlere Verhältnisse zugrunde und nehmen an, daß zunächst nur das Schlosserhandwerk in Frage kommt. Etwaige Erweiterungen und Einschränkungen können hiernach ohne Mühe vorgenommen werden.

a) Die Ausbildung im Schlosserhandwerk.

Für die Werkstätte werde gefordert, daß die Frauen in den Gruppen bei der Ausbesserung der Betriebsmittel den Schlossern Hilfe leisten, etwa in dem Anbringen, Entfernen oder Ausbessern von Splinten, Keilen, Schraubenverbindungen, Türschlössern, in dem Abfeilen von Grat, Anwärmen von Nieten, Anschleifen von Werkzeugen usw. Derartige Arbeiten soll die Frau auch selbständig als Einzelarbeiten ausführen können.

Hierzu ist es notwendig, daß sie mit Hammer, Zange, Meißel, Feile und sonstigen einfachen Schlosserhandwerkszeugen umzugehen weiß und möglichst auch in der einfachsten Warmbearbeitung des Eisens etwas Geschicklichkeit besitzt. Es kommt also ein Teil der für Lehrlinge in den ersten beiden Jahren vorgesehenen Arbeiten in Betracht. Diese kann man sich aus den vorstehend auf S. 165—173 gegebenen Beispielen nach eigener Wahl ohne Mühe selbst heraussuchen. Nicht für erforderlich halten wir bei den für reine Schlosserarbeiten vorgesehenen Frauen die Ausbildung im Löten oder an der Drehbank. Man wird überhaupt bei den Frauen die Ausbildung viel einseitiger und mehr auf eine ganz bestimmte Verwendung zugeschnitten halten können als bei den Lehrlingen. An Zeit sind nach den bisherigen Erfahrungen zwei bis drei Monate erforderlich.

Man teilt am besten die Frauen in derselben Weise, wie es auch bei den Lehrlingen geschieht, in Gruppen unter je einem tüchtigen Lehrschlosser. Zweckmäßig wählt man die Anzahl in jeder dieser Gruppen wegen der Notwendigkeit einer raschen und gründlichen Unterweisung aber nicht zu groß, etwa nur zu 10 anstatt sonst bis zu 15 Köpfen. Am günstigsten ist es, wenn ein abgetrennter Raum, vielleicht die Lehrlingswerkstätte, für die Ausbildung zur Verfügung steht.

Die Unterweisung ist etwas anders als bei den Lehrlingen zu halten, schon mit Rücksicht darauf, daß die Frauen erheblich älter als jene sind. Stehen die meisten doch schon im Alter von 20 bis 30 Jahren. Wichtig ist auch, daß eine sorgfältige Auswahl getroffen wird. Unter den vielen weiblichen Hilfskräften besitzt immer nur ein nicht großer Teil die nötige geistige Gewecktheit, Geschicklichkeit und Lernfreudigkeit. Es ist aber für den Erfolg der ganzen Maßnahme ausschlaggebend, daß alle ungeeigneten Kräfte von vornherein ausgeschlossen werden.

Zuerst möge man die Namen der Werkzeuge fest einprägen und den allgemeinen Verwendungszweck unter Vorführung der Werkzeuge in Tätigkeit auseinandersetzen. Dann beginnen die ersten Feilübungen etwa nach den Vorlagen auf Seite 171. Zwischen die einzelnen Arbeiten können kurze Erläuterungen eingeschoben werden. Sind die Frauen nicht gar zu ungeschickt, so läßt es sich auf diese Weise wohl erreichen, sie in zwei bis drei Monaten soweit handwerksmäßig auszubilden, daß sie bei Lokomotiv- und Wagenausbesserungen schon einige Hilfe leisten können. Die auf die Ausbildung verwendete Zeit und Mühe macht sich dann reichlich bezahlt, für die Frauen in des Wortes wahrster Bedeutung, indem die größeren Leistungen nun auch Aussicht auf eine höhere Entlohnung geben.

In der Lokomotivhauptwerkstätte Oels erfolgt die Ausbildung der Frauen wie folgt:

Sie werden zunächst ein bis zwei Monate in der Lehrlingswerkstätte mit Schlosserarbeiten in nachstehender Reihenfolge beschäftigt:

1. Kennenlernen der Kaltbearbeitung der Metalle und der erforderlichen Werkzeuge. 2. Feilen kleiner Eisenstücke, grader Flächen, von Flächen im Winkel von 90 bis 120°, Befeilen von Hämmern, Rundstücken, Spitzen, Ringen usw. 3. Schleifen, Schmirgeln und Löten. 4. Abhauen von Stab- und Formeisen und Eisenblech, Biegen, Bördeln und Falzen von Eisenblech. 5. Anfertigen einfacher Teile nach Musterstück (Schloßteile usw.), Bearbeitung von Scharnieren. 6. Bohren, Versenken, Gewindeschneiden mit Bohrer und Kluppe, Kaltnieten, besonders von Eisenblechsachen. 7. Herrichten von Meißeln, Körnern, Durchschlägen; Härten derselben. 8. Herstellung eines einfachen Kastenschlosses. Dieser Kursus, der die Frau zu der Bedienung der Werkzeugmaschinen vorbilden soll, wird gleichzeitig zur Unterweisung als Helferinnen in den Schlossergruppen benutzt[1]). Hier werden sie dann als Hilfsschlosserinnen bei der Lokomotivausbesserung hauptsächlich für Arbeiten verwandt an Aschkastengittern, Aschkasten, Bremsgestängen, Federspannschrauben, Schmierkissengestellen, Achslagerkastenführungen, Steuerungsböcken und Steuerungsstangen, ferner an Handrädern, Ölgefäßen, Lukendeckeln u. dgl. Daneben wird auch noch das Vorzeichnen einfacher Bohrarbeiten ausgeführt.

b) Die Ausbildung in der Dreherei.

Zweckmäßig, aber nicht durchaus erforderlich ist es, die Frauen zunächst zwei bis vier Wochen wie vorstehend geschildert im Gebrauch der Schlosserwerkzeuge zu üben und erst dann mit den Arbeiten an der Drehbank zu beginnen. Die Reihenfolge kann etwa, wie auf Seite 172 unter IV B und C angegeben, gewählt werden; auch die Pläne Seite 161 bis 165 liefern Beispiele. Ist nach vier bis sechs Wochen einige Fertigkeit in einfachen Dreharbeiten er-

[1]) „Beschäftigung von Frauen in der Lokomotiv-Hauptwerkstätte Oels.“ Zeitung des Vereins deutscher Eisenbahnverwaltungen 1918, S. 36.

reicht, so geht man zu der Sonderausbildung über, d. h. an derjenigen Maschine und in denjenigen Arbeiten, die später vorzugsweise für die Frau in Aussicht genommen sind. Nicht in Betracht kommen hierbei im allgemeinen die Radsatzbänke, weil für die Handhabung der schweren Radsätze beim Auf- und Umspannen die Kräfte der Frau nicht ausreichen. Besser sind kleinere Drehbänke geeignet, und hier erreichen denn auch die Frauen in den Eisenbahnwerkstätten nicht selten eine erstaunliche Geschicklichkeit. Selbst Gewindeschneiden und Genauigkeitsarbeiten in Rotguß und Eisen werden sauber und gut ausgeführt.

In der Hauptwerkstätte Oels führen die Frauen u. a. folgende Arbeiten aus: Drehen von Muttern, Mutterschrauben, Unterlagsscheiben kleinen Bolzen zu Hahnzügen und Bremsen, Vordrehen von Ventilspindeln und Stiftschrauben, Nachdrehen von Linsen, Abstechen und Anschärfen von Heizrohrstutzen.

c) **Die Ausbildung in sonstigen Handwerken.**

Aus naheliegenden Gründen scheidet die Grobschmiede fast ganz aus, dagegen geben Kupferschmiede, Lagerausgießerei, Kernmacherei, die sog. Armaturengruppe, die elektrotechnische Werkstätte, Autogenschweißerei u. dgl. Gelegenheit zu einer zweckmäßigen Verwendung weiblicher Arbeitskräfte. Soweit Metallbearbeitung in Frage kommt, empfiehlt es sich, auf eine Ausbildung von einigen Wochen in der Lehrlingswerkstätte nicht zu verzichten. Die weitere Ausbildung kann dann durch Zuteilung der Anzulernenden zu einem tüchtigen Gesellen des betreffenden Handwerks erfolgen. Nur wo eine größere Anzahl von Frauen für denselben Handwerkszweig in Frage kommt, wird man auch hier besondere Lehrgruppen mit einem Lehrhandwerker an der Spitze einrichten.

d) **Die Ausbildung an Stoß-, Hobel-, Fräs-, Bohr- und Holzbearbeitungsmaschinen, Schraubenschneide- und ähnlichen Maschinen.**

Eine zwei bis vier Wochen dauernde Vorübung im Gebrauch von Hammer, Meißel und Feile ist hier ebenfalls nicht unbedingt nötig, aber recht vorteilhaft. Alsdann wird die Frau bereits einem Arbeiter an einer der obengenannten Maschinen zugeteilt und hilft ihm ein bis zwei Wochen bei der Arbeit. Hierauf ist sie dann meist schon imstande, eine solche Maschine selbstständig zu bedienen, da die Vorrichtungen nur einfacher Art sind und weder viel Übung noch besondere Geschicklichkeit erfordern. Selbst die männlichen Kräfte sind hier fast überall keine Handwerker, sondern nur angelernte Handarbeiter, sogenannte Werkhelfer[1]). Die Ausbildung ist bislang in der Regel auch keine andere als hier für die Frauen angegeben. In dieser Werkhelfertätigkeit leisten sie ebenfalls recht gutes.

[1]) s. S. 39.

Als Beispiel für die Beschäftigung im einzelnen mögen wieder Angaben über die hierbei in Oels von Frauen ausgeführten Arbeiten dienen.

1. Arbeiten an den Hobelmaschinen: Zusammenpassen von Grund- und Stopfbüchsen, Scharnierbändern, Anhobeln von Flächen und Vierkanten an Federstiften, Regulatorwellen u. dgl., Hobeln von Beilagen und graden Flächen an allerhand Werkstücken.

2. Arbeiten an den Fräsmaschinen: Fräsen von Paßstücken (Beilagen) zu Exzentern, Kolbenstangenkeilen, Sechskanten an Hähnen und Ventilen, Kulissensteinen, kleinen Hebeln zu Hähnen, Zahnrädern, Reibahlen, Gewindebohrern, sowie Fräsbacken zu Siederohrreinigungsmaschinen. (Die letzten fünf Arbeiten werden auf Sondermaschinen ausgeführt.)

3. Arbeiten an den Schleifmaschinen: Schleifen von Bolzen zu Gewerken, Kuppelstangen und Kreuzköpfen, Schleifen von Spiralbohrern und Werkzeugstählen. (Die letzten zwei Arbeiten werden an Sondermaschinen ausgeführt.)

4. In der Heizrohrwerkstätte werden von den Frauen die Heizrohrreinigungsmaschinen, -abschneidemaschinen, -prüfmaschinen, -stutzendrehbänke (gleichzeitig mit Abstechen und Abfräsen), -zunderreinigungsmaschinen und gelegentlich auch eine Heizrohr-Universalmaschine bedient.

Zur Bedienung von Kränen, Dampfhämmern, Schiebebühnen, Drehscheiben und ähnlichen Anlagen werden Frauen schon seit längerer Zeit in Grunewald, Oels, Guben, Gotha und vielen anderen Haupt- und Nebenwerkstätten mit Erfolg verwandt.

e) Die theoretische Ausbildung.

Sie ist zwar auf ein geringes Maß zu beschränken, indes vielfach auch nicht zu entbehren. Es ist erforderlich, daß die Frau über die von ihr bearbeiteten Werkstoffe nicht ganz in Unkenntnis ist, daß sie weiß, wofür diese verwendet werden und welches die Haupteigenschaften sind. Sodann muß sie auch eine einfache Zeichnung verstehen und besonders in der Dreherei nach einer Maßzeichnung arbeiten können. Hierzu sind die Anfangsgründe zeichnerischer Darstellung auseinanderzusetzen. Je nachdem nur an eine vorübergehende oder eine dauernde Beschäftigung der Frau auch noch jahrelang nach dem Kriege gedacht wird, wird man die theoretische Unterweisung mehr oder weniger ausführlich halten. Für ständige Arbeitskräfte sind vielleicht auch einfache Rechenübungen zweckmäßig, damit sie kleineren Aufgaben, wie sie sich namentlich an der Drehbank ergeben, nicht zu hilflos gegenüberstehen. Mehrfach werden Frauen in den Eisenbahnwerkstätten auch mit Nutzen bei Ausbesserungen an elektrischen Anlagen, Apparaten und elektrischen Maschinen verwendet. Dann ist es erwünscht und kommt einer besseren Arbeitsausführung zustatten, wenn Verständnis wenigstens für einige elektrotechnische Begriffe vorhanden ist.

Es dürfte genügen, wenn man für den theoretischen Unterricht zwei bis drei Monate lang höchstens vier Wochenstunden ansetzt. In einer großen Hauptwerkstätte kommt man vorläufig sogar noch mit der Hälfte der Stunden aus. Die Stunden fallen in die Arbeitszeit und werden als solche bezahlt.

II. Die Ausbildung in privaten Betrieben.

Wir wollen zum Schluß noch einen Blick auf die Ausbildung weiblicher Hilfskräfte in der Metallindustrie außerhalb der Eisenbahnverwaltung werfen. Dort werden Frauen je nach der Art des Betriebes zum Teil in noch größerer Anzahl beschäftigt. Sie werden hier vielfach ebenfalls für die zu leistenden Arbeiten in einem besonderen Lehrgang sorgfältig vorbereitet; das Verfahren ist dann ähnlich dem zuvor für Eisenbahnzwecke erörterten.

Einige Beispiele aus der Praxis mögen das Nähere erläutern. Die A.-G. Siemens-Schuckert hat in ihrem Elektromotorenwerk eine besondere Lehrwerkstätte für Frauen eingerichtet. Diese werden hierfür aus der Gesamtbelegschaft ausgewählt und nun sechs bis acht Wochen lang in ähnlicher Weise wie die Lehrlinge ausgebildet, zunächst für das Schlosser- und Dreherhandwerk, da es hier besonders an gelernten Kräften fehlt; sodann auch als Hilfseinrichterinnen für Revolverbänke und Bohrmaschinen. Abb. 55 zeigt die weiblichen Hilfskräfte in der Lehrwerkstätte bei der Arbeit[1]).

Es sind der Reihe nach etwa auszuführen: 1. Fläche feilen, 2. Blech anreißen, ausschneiden, feilen nach Gradwinkel. 3. Meißelversuche. 4. Spitzbohrer ausschmieden, feilen, härten und bohren. 5. Meißel ausschmieden, feilen und härten. 6. Körner feilen und härten. 7. Nietversuche. 8. Lötversuche (Kabelschuhe löten usw.). 9. Schraubenziehen. 10. Winkel und Rohre aus Blech anfertigen. 11. Messingrohre und Eisenrohre biegen. 12. Meißel und Bohrer schleifen. 13. Bleche und Drähte richten. 14. Eisen und Stahlteile Farben anlaufen lassen. 15. Ausschneiden von Spitzen und Haken. 16. Zwei Flacheisen bohren, Gewinde schneiden und zusammenschrauben. 17. Rundeisen mit Gewinde versehen (Schneideisen und Kluppe). Gleichzeitig werden die Frauen auch schon an der Bearbeitung geeigneter Massengegenstände beteiligt und leisten so schon nützliche Arbeit.

Die künftigen Dreherinnen haben ebenfalls ganz kurz verschiedene Lehrgegenstände methodisch zu bearbeiten, wobei besonders die später zu verwendenden Hilfsmittel wie Drehstähle u. dgl. berücksichtigt werden.

„Nach einer kurzen Ausbildungszeit in der Lehrlingswerkstätte werden die Hilfsdreherinnen dann der Hilfsdreherei[2]), überwiesen, die ebenfalls dem Lehrlingsmeister untersteht und die insbesondere noch von einem älteren geschickten Dreher (Vorarbeiter) beaufsichtigt wird. Die Ausbildungszeit in der Hilfsdreherei beträgt etwa 14 Tage bis 3 Wochen; in dieser Zeit werden den Hilfsdreherinnen die einfachsten Grundarbeiten der Dreherei, wie Stähle schleifen und einstellen, Messen, Zentrieren, Ausrichten usw. beigebracht. Nach dieser Ausbildung kommen sie in die Dreherei und nehmen hier an allgemeinen Akkordarbeiten teil.

Die bisherigen Erfolge haben gezeigt, daß sich die Frau ganz vorzüglich als Dreherin eignet und daß sie sich in kurzer Zeit mit einer ganzen Reihe von Kunst-

---

[1]) Ludwig: „Zur Ausbildung von weiblichen Hilfskräften in der Industrie". Zeitschrift des Vereins deutscher Ingenieure 1917, S. 411—414. Hiernach Abb. 55 und 56.

[2]) Abb. 56.

Abb. 55. Lehrwerkstätte für Frauen. — Siemens-Schuckertwerke.

Abb. 56. Lehrdreherei für Frauen. — Siemens-Schuckertwerke.

griffen vertraut macht, die sie in die Lage setzen, auch schwierige Arbeiten — Gewindeschneiden usw. — mit der nötigen Genauigkeit auszuführen. — Die Hilfsdreherinnen erhalten ebenso wie die Hilfsschlosserinnen einen Stundenlohn von etwa 50 Pf. während der Ausbildungszeit. Ebenfalls ist ihnen die Prämie von 30 M. nach halbjähriger Tätigkeit in Aussicht gestellt."[1])

Eine eigene Anlernwerkstätte besteht auch bei einem anderen Berliner Werk von mittlerer Größe. Die Unterweisung in der mit allen Maschinen für Schlosser-, Dreher-, Werkzeugmacher- und Mechanikerarbeiten ausgerüsteten Werkstätte dauert 10—12 Wochen. Dies genügt aber noch nicht für die Ausbildung, die Frauen müssen auch nachher noch im Betriebe weiter lernen. Sie unterstehen auch später der Aufsicht des Leiters der Anlernwerkstätte. Nach Abschluß der Zeit sollen sie ein Lehrzeugnis erhalten und für das Durchhalten der Lehrzeit sind Prämien und Urlaubsbewilligungen in Aussicht gestellt. Das Einstellalter liegt zwischen 16 und 26 Jahren; die besten Erfahrungen sind aber mit Frauen über 18 Jahren gemacht worden. Sie haben u. a. in der Werkzeugmacherei bereits derart Tüchtiges geleistet, daß die eigentlichen Werkzeugmacher nur noch das letzte Fertigmachen der Stücke zu besorgen brauchen. In der Woche erhalten die Frauen zwei Stunden theoretischen Unterricht; er geht mit der praktischen Arbeit Hand in Hand. — Eine ähnliche gründliche Ausbildung von Frauen haben sich viele große Werke angelegen sein lassen. Bei der Kaiserlichen Werft in Danzig werden die Frauen durch Vorarbeiter angelernt. Die Leistungsfähigkeit wird dort bei Wechselarbeit mit etwa 50 v. H. und bei Schablonenarbeit zu 100 v. H. der männlichen Facharbeiter eingeschätzt[2]).

Einen sorgfältig durchgearbeiteten Ausbildungsgang in einer besonderen Anlernwerkstätte hat die Firma Robert Bosch A.-G. eingerichtet[3]). Er dauert acht Wochen. Hiervon dienen fünf Wochen für die gemeinsame Ausbildung aller Schülerinnen in den allgemeinen Grundfächern, nämlich Schraubstockarbeiten, Lesen der Werkstattzeichnung, Messen und einfachstes Anreißen, Anfänge des Drehens und Bohrens, Weichlöten, Härten einfacher Teile, Schleifen der Werkzeuge, Bedienung des Vorgeleges. Die letzten drei Wochen entfallen auf die Ausbildung in den Sonderfächern, wie Dreherei, Fräsen, Bohrerei und Zusammensetzungsarbeiten. Für jede Woche ist ein ausführlicher Lehrplan aufgestellt, der in großer Schrift eingerahmt in der Lehrlingswerkstätte angebracht ist. An Werkzeugmaschinen sind vorhanden: 6 Handdrehbänke, 1 Handdrehbank mit Doppelschlitten und Hebelbewegung, 1 Zugspindeldrehbank, Leitspindeldrehbänke, 1 Planfräsmaschine, 1 Uni-

[1]) a.a.O. S. 414.

[2]) S. Versammlungsniederschrift vom 20. April 1918 des Verbandes für handwerksmäßige und fachgewerbliche Ausbildung der Frau (Berlin, Eichhornstr. 1). — In der Versammlung ist auch auf die vorbildlich für die Einrichtung von Anlernwerkstätten arbeitende Kriegsamtsstelle Altona hingewiesen.

[3]) Wohlfahrt: „Die Heranbildung gelernter Arbeiterinnen bei der Firma Robert Bosch A.-G., Stuttgart". Zeitschrift des Vereins deutscher Ingenieure 1917, S. 779—782 und S. 824—825.

versalfräsmaschine, 2 Handhebelfräsmaschinen, 6 ein-, zwei- und mehrspindlige Senkrechtbohrmaschinen, 1 Senkrecht-Gewindeschneidemaschine, 1 Rundschleifmaschine, 1 Werkzeug-Naßschleifmaschine, 3 doppelte Werkzeug-Trockenschleifmaschinen, 1 Riemenverbindmaschine. Bemerkenswert ist, daß die Hauptteile der aufgestellten Werkzeugmaschinen mit Metallschildern versehen sind, die die Benennung des Teiles tragen. „Dadurch soll die Arbeiterin möglichst der Mühe des Lernens überhoben werden, denn was sie lernen soll, drängt sich ihr durch den häufigen Anblick gewissermaßen ungewollt auf." Es ist ferner eine Sammlung von Lehrmitteln vorhanden. Hierzu gehören z. B. hölzerne Tafeln, auf denen die wichtigsten Feilen zusammengestellt sind mit Angabe der Namen und der Verwendungsart, ferner in entsprechender Weise für Drehstähle, Fräser, Fräserdorne, Schraubenschlüssel usw. An Holzmodellen wird das Festspannen von Treibscheiben geübt, das Schmieren der Lager, das Einstellen des Riemenrückers. Weiter sind Tafeln mit Grundregeln in großer Schrift für verschiedene Arbeitsvorgänge ausgehängt, z. B. für Weichlöten, Drehen usw.

Den Schülerinnen wird auch ein „Handbuch für die Anlernwerkstätte" überlassen, das in einfacher volkstümlicher Ausdrucksweise eine übersichtliche Zusammenstellung der vermittelten Kenntnisse gibt. Nach den Erfahrungen auch dieser Firma ist es erwünscht, daß die Frauen nicht zu jung und möglichst 20 Jahre alt sind.

Der Verein deutscher Ingenieure hat der Ausbildung angelernter Arbeitskräfte seine Aufmerksamkeit zugewandt und gibt in einer Reihe von Heften fortlaufend eine Zusammenstellung der auf diesem Gebiete gesammelten Erfahrungen. Nach Volk[1]) ist bei allen oft oder immer wiederkehrenden Arbeiten, die eine gewisse Schnelligkeit und Geschicklichkeit und eine feinfühlige Hand verlangen, die Frau dem Mann ebenbürtig, oft sogar überlegen. Für Arbeiten, die eine gewisse Umsicht und Überlegung erfordern, bei denen Störungen und Abweichungen von der Regel vorkommen, sei die Frau weniger geeignet, und selbstverständlich auch nicht für Arbeiten, die große Kraft und Ausdauer verlangen. Nach genanntem Verfasser werden in der Metallindustrie Frauen u. a. zu folgenden Arbeiten verwandt: Bedienen von Stanzen, Pressen, Bohrmaschinen, Revolverdrehbänken, Fräsmaschinen, Gewindefräsmaschinen, Schneiden von Spitz- und Flachgewinden, Schneiden von Stehbolzengewinde mit dem Gewindestrehler, Anfertigen von Gewindebohrern, Reibahlen, Schleifen von Werkzeugen, Schaben von Führungen und Grundplatten, Bedienen von hydraulischen Pressen, Dampfhämmern, Lauf- und Drehkranen, Motoren, Schalttafeln, Pumpen usw. Arbeiten an Kupolöfen und Kettenrostfeuerungen, Anreißen nach Schablonen, Nieten, Löten, Schweißen, Gewindeschneiden, Schraubeneinziehen,

---

[1]) Nr. 1 S. 8 der Heftfolge: „Erfahrungsaustausch über Ausbildung und Verwendung angelernter Arbeitskräfte", auf Anregung und mit Unterstützung des Kriegsamts herausgegeben vom Verein deutscher Ingenieure, Berlin.

Anbringen von Beschlägen, Kernmachen, Gußputzen, Anstreichen, Spachteln, Tätigkeit in der Lohnschreiberei, Werkzeugausgabe, Transportarbeit, Putzen, Schmieren usw.

Über den theoretischen Unterricht spricht sich Volk wie nachstehend aus: „Sind Lehrwerkstätten oder Lehrlingsschulen in der Fabrik vorhanden, so läßt sich die Fortbildung oft in einfachster Weise durchführen. Aber auch manche Firmen, die über diese Einrichtung nicht verfügen, sind dazu übergegangen, die für die Weiterbildung in Betracht kommenden Arbeitskräfte ein- oder zweimal wöchentlich eine halbe oder ganze Stunde lang zu unterrichten, ihr Verständnis für die Tätigkeit, die sie ausüben, zu wecken, die praktische Unterweisung vor der Maschine zu ergänzen, ihnen den Zusammenhang ihrer Teilarbeit mit der Gesamtarbeit zu erklären usw. Namentlich für die Frauen, welche der mechanischen Industrie meist fremder gegenüberstehen als die Männer, sind derartige Einführungen sehr wertvoll; sie sind ein Mittel, die Frauen in den Betrieben, denen sie angehören, heimischer zu machen, und sie können vielleicht dazu beitragen, eine größere Stetigkeit herbeizuführen."

Viel Verdienste hat sich der „Verband für handwerksmäßige und fachgewerbliche Ausbildung der Frau" in Berlin erworben. Es ist von ihm u. a. ein Lehrplan aufgestellt worden, der mancherlei Anregung gibt. Er ist für ungelernte, insbesondere weibliche Arbeitskräfte bestimmt und bezweckt die Unterstützung des praktischen Anlernens durch mündliche Unterweisungen. Die Arbeitskräfte sollen durch eine erhöhte Sachkenntnis zur Ausführung fachlicher Teilarbeiten befähigt werden. Es heißt in dem Lehrplan:

„Erfahrungsgemäß erwachsen der Einführung von Frauenunterricht in Anlehnung an den Betrieb mancherlei Schwierigkeiten. Diese zu überwinden, bedarf es neben einer energischen Leitung auch eines geschickten Aufbaues der neuen Einrichtung.

In den meisten Fällen wird es zweckmäßig sein, den Unterricht nicht sogleich mit eingehender Behandlung technischer Einzelgebiete zu beginnen, sondern zur Einführung allgemeine Bildungsthemata zu wählen. Man erreicht damit folgendes:

1. die verschiedenen Organe des Betriebes gewöhnen sich an die neue Einrichtung;
2. es wird allgemeine Bildung vermittelt, die jedem Ungelernten not tut;
3. für intelligente Personen ergibt sich eine Grundlage von Kenntnissen, die ihnen bei Unterweisungen spezieller Art zustatten kommt;
4. solche Vorträge bieten daneben die Möglichkeit, Personen zu erkennen und auszuwählen, deren Bildung und geistige Fähigkeiten weitere Fortbildung erfolgreich erscheinen lassen.

Allgemeine Bildungsthemata.

A. Verhalten des ungelernten Arbeiters im Werkstattsbetriebe.

B. Die Arbeit des Einzelnen und die Fabrikationsarten; Fortbildung und Verständnis für richtiges Arbeiten als Grundlage erhöhter Leistungen und erhöhten Nutzens.

C. Die Entstehung des Werkstücks; Bedeutung von Material, Werkzeug und Meßverfahren.

D. Handarbeit und Maschinenarbeit; die wichtigsten Arbeitsvorgänge.

E. Behandlung von Maschinen und Werkzeug.

Fachliche Einzelthemata für die Fortbildung ausgewählter Personen.

1. Die verschiedenen Meßverfahren.
2. Das Verständnis für die Werkzeichnung.
3. Dreharbeit.
   Die Drehstähle; Zweck, Form und Behandlung.
   Das Einspannen des Drehstahls.
   Das Einspannen des Werkstückes.
   Umdrehungsgeschwindigkeit und Vorschub. Die maschinellen Einrichtungen.
4. Bohrarbeit.
   Die Bohrer; Formen, Anwendung und Behandlung. Bohrmaschine und Bohrvorgang.
5. Fräsarbeit.
   Fräser und Säge; Werkzeugformen und Behandlung. Fräsmaschine und Arbeitsregeln.
6. Die Gewinde und ihre Herstellungsarten.
   Gewindebohrer, Schneideisen und Kluppe.
   Gewindeschneiden auf der Drehbank.
7. Schleifen von Werkzeugen und Arbeitsstücken.
8. Blechbearbeitung.
   Material und Werkzeuge.
   Schneiden, Ausbohren, Meißeln, Verbindung von Teilen.
9. Feilarbeiten.
   Handwerkszeuge und Hilfsmittel; Regeln und Anwendungen.

Hilfsmittel für den Fortbildungsunterricht.

Anschauungsmaterial. Anschauliche Darstellungen unterstützen den Unterricht Ungelernter in hohem Maße. Das Vorgetragene wird verständlicher und belebt die Aufmerksamkeit der Schüler. Wo keine Werkschule oder ständige Sammlung von Unterrichtsmaterial vorhanden ist, muß es für die vorliegenden Zwecke in einfacher Form geschaffen werden. Die mannigfachen Unterrichtsmittel einer Schule (Projektion, Kreideskizze u. dgl.) sind für die gekürzte Lehrform in der Hauptsache durch passende Bildtafeln zu ersetzen. Die „schwarze Tafel" wird daneben für kleine Skizzen und Zahlenschreiben gute Dienste leisten. Die Bildtafeln haben den Vorzug, daß die Darstellung vollkommener und dauerhafter ist als die Kreidezeichnung, und daß der Vortragende mit seinen Ausführungen dem Dargestellten folgen kann[1]).

Das ausgearbeitete Bildmaterial für fachlichen Unterricht sucht durch perspektivische Darstellungen in Verbindung mit Flachzeichnungen das Verständnis für die Werkzeichnung zu erleichtern. Es macht richtige und falsche Anwendung von Werkzeugen klar und zeigt Fehler bei der Arbeit. Werkzeuge werden möglichst in Verbindung mit ihrer Anwendung erklärt.

Modelle. Außer den nötigen Werkzeugen und Materialien für Anschauungszwecke sind Stücke in fehlerhafter oder ungenauer Ausführung wichtig für das Verständnis; unregelmäßige Formen dienen zur Übung des Auges und des Gefühls.

Merkblätter, als Mittel zum Festhalten des Vorgetragenen, können öfteres Wiederholen ersparen. Schriftliche Notizen oder Diktat sind bei weniger gebildeten Personen nicht anwendbar und würden auch später kaum beachtet werden. Vorteilhaft erschien es daher, Merkblätter mit Darstellung der wichtigsten im Vortrage behandelten Dinge herzustellen. Es entstanden Abbildungen der Anschauungstafeln

---

[1]) In Eisenbahnwerkstätten lassen sich die in Teil VI § 17 S. 312—317 besprochenen Lehrmittel des Lehrlingsunterrichts mit Nutzen verwenden.

in kleinem Format mit kurzen Erläuterungen auf der Rückseite. Sie sollen nur an Personen abgegeben werden, die Interesse im Unterricht zeigen.

Vortragsform.

Das Verständnis für den Lehrstoff hängt wesentlich von der Vortragsform ab. Einige kurze Hinweise darauf dürften daher nicht unangebracht sein.

Zu Anfang der Unterweisungen mögen einige Worte über die Notwendigkeit des Heranziehens der Frauen zu Arbeiten, die bisher hauptsächlich von Männern ausgeführt wurden, gesagt werden.

Den Unterweisungen wohnen in der Regel Personen bei, die bereits praktische Tätigkeit in der Werkstatt ausgeübt haben, daher ist Fragestellung und Wiederholung bzw. Richtigstellung der Antworten fortlaufendem Vortrag unbedingt vorzuziehen. Dies hält zugleich die Aufmerksamkeit wach.

Denkbar einfachste Erklärungsweise ist wichtig; insbesondere Heranziehung von Vergleichen und Beispielen, die dem Fassungsvermögen der Zuhörerinnen naheliegen.

Öfteres Wiederholen des Stoffes ist zu zeitraubend, ein gelegentliches Bezugnehmen auf bereits Vorgetragenes, zumal wenn auf im Gedächtnis leicht haftende Beispiele Bezug genommen werden kann, erfolgreich.

Je besser es dem Vortragenden glückt, alles in anregende Unterhaltungsform zu kleiden, auf desto leichteres Verstehen und desto größeren Eifer im Festhalten und Wiedergeben des Gelernten kann er rechnen. —

Über Zeitaufwand für die Unterweisungen läßt sich allgemein Gültiges nicht sagen. Eine im Wechsel von Vortrags- und Frageform gehaltene Unterweisung dürfte die Dauer einer Stunde nicht überschreiten, um die Aufmerksamkeit nicht erlahmen zu lassen. Ebenso unzweckmäßig wie das oft naheliegende Hineinziehen stets neuer Begriffe in den Rahmen des gestellten Themas ist das allzu lange Verharren bei demselben Stoff. Allgemeine Unterweisungen lassen sich in fünf getrennten Stunden durchführen, während sich die Dauer fachlicher Fortbildung zum Teil nach dem Ausbildungszweck des Betriebes, zum Teil nach der Vereinigung der mündlichen Behandlung des Stoffes mit den praktischen Vorführungen, wenn möglich Übungen in einer Anlernwerkstatt, richten wird."

Für die Unterweisungen sind von dem Verband eine Anzahl Bildtafeln herausgegeben worden[1]), und zwar bislang 9 Gruppen.

Es umfaßt:

Gruppe I Meßverfahren: Tafel 1 Taster- und Tiefenmaß. 2. Schublehre, mit beweglichem Schieber und beweglichem vergrößerten Nonius. 3. Feinmeßschraublehre mit zwei Modellen zur Erklärung der Ablesung. 4. Normal- und Grenzlehren. 5a. Anwendung von Kontrollehren. 5b. Fabrikationsteil dazu. 6. Winkel und Winkelmessung.

Gruppe II. Zeichnungslehre: Tafel 1 Schaubild und Flachzeichnung. 2a. Werkzeichnung geradliniger Körper. 2b. Werkzeichnung runder Körper. 3a. Übungstafel, perspektivische Darstellung. 3b. Übungstafel, Werkstattzeichnung.

Gruppe III. Dreharbeit: Tafel 1 Drehformen, Entstehung des Schneidwinkels. 2. Schrubb- und Schlichtstahl. 3. Winkel der Drehstähle, mit beweg-

---

[1]) Sie eignen sich auch vortrefflich für den Lehrlingsunterricht (s. S. 313).

lichen Schablonen auf Pappe. 4. Höhenstellung der Drehstähle mit beweglichen Schablonen auf Pappe. 5. Ausdreh-, Form- und Abstechstahl. 6. Einspannen des Drehstahls. 7. Anstellen beim Außendrehen. 8. Anstellen beim Innendrehen. 9. Drehen zwischen Spitzen, Vorrichten. 10. Drehen zwischen Spitzen, Fehler. 11. Einspannen in Futtern. 12. Übersetzungsverhältnisse. 13. Tabelle zur Schnittgeschwindigkeit. 14. Spindel und Support.

Gruppe IV. Bohrarbeit: Tafel 1 Bohrerformen, 2. Bohrvorgang, Fehler. 3. Aufreiben.

Gruppe V. Fräsarbeit: Tafel 1 Sägenform. 2. Fräserformen. 3. Fräsvorgang.

Gruppe VI. Gewindeschneiden: Tafel 1 Gewindeformen. 2. Gewindefehler. 3. Gewindebohren. 4. Gewindeschneiden auf der Drehbank. 5. Schneideisen und Kluppe.

Gruppe VII. Schleifvorgang: Tafel 1 Schleifvorgang.

Gruppe VIII. Handarbeit: Tafel 1 Blechbearbeitung und Feilarbeit. 2. Schrauben und Nieten.

Gruppe IX. Werkzeugmaschinen: Tafel 1 Deckenvorgelege. 2. Handdrehbank. 3. Leitspindelbank. 4. Bohrmaschine. 5. Fräsmaschine. 6. Schleifmaschine.

Zu den einzelnen Tafeln sind die bereits erwähnten Merkblätter verfaßt, außerdem ist eine Anleitung für die Unterweisungen ausgearbeitet.

Zweckmäßige Maßnahmen für die handwerksmäßige Ausbildung der Frauen finden sich neben den zuvor besprochenen Einrichtungen noch in einer großen Anzahl von Eisenbahnwerkstätten und andern staatlichen und Privatbetrieben. Wir müssen es uns versagen, hierauf näher einzugehen. Immerhin werden die angeführten Beispiele genügen, um das Grundsätzliche der einschlägigen Fragen zu zeigen und erkennen lassen, mit welchen großen Vorteilen hierfür ein gut ausgebildetes Lehrlingswesen noch über das bislang Geschaffene hinaus nutzbar gemacht werden kann.

Wir möchten die vorliegende Arbeit nicht schließen, ohne der Überzeugung Ausdruck zu geben, daß die Gründlichkeit und Sorgfalt, ja man möchte sagen der freudige Eifer, mit denen besonders in einem so großen Kriege an der Heranbildung der Jugend und des Handwerkernachwuchses gearbeitet wird, eine der sichersten Bürgschaften für die Stärke und die Zukunft unseres Vaterlandes darstellen.

Schriftennachweis.

Akademischer Verein „Hütte": Des Ingenieurs Taschenbuch. 2 Bände. Achtzehnte Auflage. Berlin 1902, Wilhelm Ernst & Sohn.

Albrecht: Handbuch der sozialen Wohlfahrtspflege in Deutschland. Berlin 1902.

Altenrath: Berufswahl und Lehrstellenvermittlung. M.-Gladbach 1911, Volksvereins-Verlags-Gesellschaft m. b. H.

Annalen für Gewerbe und Bauwesen. Berlin, F. C. Glaser.

Appelius, s. Kommentar zur Reichsversicherungsordnung.

Archiv für Eisenbahnwesen: Herausgegeben im Königlich Preußischen Ministerium der öffentlichen Arbeiten. Berlin, Julius Springer.

Atchison, Topeka and Santa Fe Railway Company: Industrial Education Training Apprentices. Mit 12 Abbildungen. Herausgegeben vom Motive Power Department der Gesellschaft. 1907—1908.

Barkhausen, s. v. Borries, Blum und Barkhausen.

Baumgarten: Erziehungsaufgaben des neuen Deutschland. Tübingen 1917, J. C. B. Mohr.

Bericht über die Ergebnisse des Betriebes der vereinigten preußischen und hessischen Staatseisenbahnen im Rechnungsjahre 1915.[1]) Berlin 1917, Preußische Verlagsanstalt G. m. b. H.

Blum, s. v. Borries, Blum und Barkhausen.

Budde, v.: Hermann v. Budde. Berlin 1916, Mittler & Sohn.

Bohnstedt: Jugendpflegearbeit, ihre praktischen Anfänge und geistigen Werte. Leipzig 1914, B. G. Teubner.

v. Borries, Blum und Barkhausen: Die Eisenbahntechnik der Gegenwart. Die Eisenbahnwerkstätten. Zweite Auflage. Wiesbaden 1916, C. W. Kreidel.

Brauchitsch, von: Verwaltungsgesetze. 5. Band, bearbeitet von Hoffmann. Neunte Auflage, fünfte Bearbeitung. Berlin 1913, Carl Heymann.

Brunn, s. Kommentar zur Reichsversicherungsordnung.

Classen, Zucht und Freiheit. Ein Wegweiser für die deutsche Jugendpflege. München 1914, C. H. Beck.

Concordia: Zeitschrift der Zentralstelle für Volkswohlfahrt, Berlin, Carl Heymann.

Das deutsche Eisenbahnwesen der Gegenwart: Herausgegeben unter Förderung des preußischen Ministers der öffentlichen Arbeiten, des bayrischen Staatsministers für Verkehrsangelegenheiten und der Eisenbahnzentralbehörden anderer deutscher Bundesstaaten. Mit einer Einführung von Hoff. 2 Bände. Berlin 1911, Reimar Hobbing.

Deutscher Ausschuß für technisches Schulwesen: Abhandlungen und Berichte über technisches Schulwesen. 1. Band. Arbeiten auf dem Gebiete des technischen Mittelschulwesens. Leipzig und Berlin 1910, B. G. Teubner.

— 3. Band. Arbeiten auf dem Gebiete des technischen niederen Schulwesens. Leipzig und Berlin 1912, B. G. Teubner.

[1]) Der Bericht erscheint jährlich und gilt bis Ende 1876 je für das Kalenderjahr, von 1877 ab je für die Zeit vom 1. April des einen bis 31. März des folgenden Jahres.

Deutsche Turn-Zeitung: Amtliche Zeitschrift der deutschen Turnerschaft. Leipzig, Paul Eberhardt.

Deutscher Verein für das Fortbildungsschulwesen: Jahrbuch 1913. Magdeburg 1913, Creutz.

Die Deutsche Fortbildungsschule: Organ des Deutschen Vereins für das Fortbildungsschulwesen. Berlin und Leipzig, Hermann Hillger.

Die Jugendfürsorge: Mitteilungen der deutschen Zentrale für Jugendfürsorge. Berlin, Fr. Zillessen.

Die Rechts- und Dienst-Verhältnisse der Beamten und Arbeiter im Bereich der Preußischen Staatseisenbahnverwaltung: Zusammengestellt bei der Königlichen Eisenbahndirektion zu Elberfeld. („Elberfelder Sammlung".) Elberfeld.

Duttmann, s. Kommentar zur Reichsversicherungsordnung.

Eisenbahn-Verordnungsblatt: Herausgegeben im Königlich Preußischen Ministerium der öffentlichen Arbeiten. Berlin, Carl Heymann.

Elsters Handwörterbuch der Staatswissenschaften.

Erdberg, von: Der Zentralstelle für Volkswohlfahrt zu ihrem fünfundzwanzigjährigen Bestehen. Berlin 1917, Carl Heymann.

Frankenberg, von: s. Kommentar zur Reichsversicherungsordnung.

Free: Die Werkschulen der deutschen Industrie. (In Band III der Abhandlungen und Berichte über technisches Schulwesen S. 129—192.)

Fritsch: Handbuch der Eisenbahngesetzgebung in Preußen und dem Deutschen Reich. Zweite Auflage. Berlin 1912, Julius Springer.

Garbe: Der zeitgemäße Ausbau des gesamten Lehrlingswesens für Industrie und Gewerbe. Berlin 1888, Dierig & Siemens.

Geschäftliche Nachrichten für den Bereich der vereinigten preußischen und hessischen Staatseisenbahnen. Berlin, jährlich erscheinend.

Gesellschaft für Soziale Reform: Schriften. Jena, Gustav Fischer.

Hartnacke: Das Problem der Auslese der Tüchtigen. Einige Gedanken und Vorschläge zur Organisation des Schulwesens nach dem Kriege. Zweite Auflage. Leipzig 1916, Quelle & Meyer.

Hoff, s. Das Deutsche Eisenbahnwesen der Gegenwart.

Hoff und Schwabach: Nordamerikanische Eisenbahnen. Berlin 1906, Julius Springer.

Hoffmann: Die Gewerbeordnung mit allen Ausführungsbestimmungen für das Deutsche Reich und Preußen. Sechzehnte Auflage. Berlin 1914, Carl Heymann — s. von Brauchitsch, Verwaltungsgesetze.

Hue de Grais: Handbuch der Verfassung und Verwaltung in Preußen und dem Deutschen Reich. Fünfzehnte Auflage. Berlin 1902, Julius Springer.

Jahrbücher für Nationalökonomie und Statistik: Herausgegeben von Hildebrand. Neunter Band. Schönberg: Zur wirtschaftlichen Bedeutung des deutschen Zunftwesens im Mittelalter. Jena 1867, Friedrich Mauke.

Jahresberichte der Gewerbeaufsichtsbeamten und Bergbehörden.

Jauch: Das gewerbliche Lehrlingswesen in Deutschland seit dem Inkrafttreten des Handwerkergesetzes; mit besonderer Berücksichtigung Badens. Freiburg i. B. 1911, Herdersche Verlagshandlung.

Jungnickel: Albert v. Maybach. Stuttgart u. Berlin 1910, Cotta.

Kerschensteiner: Wesen und Wert des naturwissenschaftlichen Unterrichts. Leipzig und Berlin 1914, B. G. Teubner.

Kohlmann: Fabrikschulen, Anleitung zur Gründung, Einrichtung und Verwaltung von Fortbildungsschulen für Lehrlinge und jugendliche Arbeiter. Berlin 1911, Julius Springer.

Kommentar zur Reichsversicherungsordnung: Herausgegeben von Duttmann, Appelius, Brunn, v. Frankenberg, Lange, Meinel, Saucke, Seelmann. Zweiter Band: Krankenversicherung. Erläutert von v. Frankenberg. Altenburg S.-A. 1912, Stephan Geibel.

Kühne: Die Fortbildungsschule. Schriften der Gesellschaft für soziale Reform. Jena 1912, Fischer.

Landesgewerbeamt, Königlich Preußisches: Verwaltungsberichte Nr. IV vom 1. Okt. 1909 bis 30. Sept. 1911 und Nr. V vom 1. Okt. 1911 bis 30. Sept. 1913. Berlin, Carl Heymann.

Landmann, von: Die Gewerbeordnung für das Deutsche Reich unter Berücksichtigung der Gesetzgebungsmaterialien, der Praxis und der Literatur erläutert und mit den Vollzugsvorschriften herausgegeben. 1. und 2. Band. Dritte Auflage, bearbeitet von Rohmer. München 1897, C. H. Beck.

— Desgl. 3. Ergänzungsband: Die Handwerkernovelle. München 1898, C. H. Beck.

Lange, s. Kommentar zur Reichsversicherungsordnung.

Lilienthal: Fabrikorganisation, Fabrikbuchführung und Selbstkostenberechnung der Firma Ludw. Loewe & Co., Aktiengesellschaft. Zweite Auflage. Berlin 1914, Julius Springer.

Lipmann: Psychologische Berufsberatung. Heft 12 der Flugschriften der Zentralstelle für Volkswohlfahrt. Berlin 1917, Carl Heymann.

Lippart: Die Ausbildung des Lehrlings in der Werkstätte, s. Verein deutscher Maschinenbauanstalten.

Ludw. Loewe & Co. A.-G.: Unsere Lehrlingsausbildung. Berlin o. J.

Mascher: Das deutsche Gewerbewesen von der frühesten Zeit bis auf die Gegenwart. Potsdam 1866, Eduard Döring.

Matschoß, Conrad: Die geistigen Mittel des technischen Fortschrittes in den Vereinigten Staaten von Nordamerika. Durch Anlagen erweiterter Sonderabdruck aus der Zeitschrift des Vereins deutscher Ingenieure 1913, S. 1529.

Meinel, s. Kommentar zur Reichsversicherungsordnung.

Micke: Die Bestimmungen über Verfassung der Preußischen Staatseisenbahn-Verwaltungs- und Eisenbahnaufsichtsbehörden. Zweite Auflage. Berlin 1887, Julius Sittenfeld.

Ministerial-Blatt der Handels- und Gewerbe-Verwaltung: Herausgegeben im Königlich Preußischen Ministerium für Handel und Gewerbe. Verlag von Carl Heymann, Berlin.

Ministerial-Blatt für die preußische innere Verwaltung: Herausgegeben im Ministerium des Innern. Verlag von Wilhelm Greve, Berlin.

Ministerium der geistlichen und Unterrichts-Angelegenheiten: Jugendpflege. Zusammenstellung der wichtigeren Bestimmungen und Erlasse und Verzeichnis der Ausschüsse für Jugendpflege in Preußen. Berlin 1914, Schriftenvertriebsanstalt, G. m. b. H.

Ministerium der öffentlichen Arbeiten: Ergebnisse des Betriebes der vereinigten preußischen und hessischen Staatseisenbahnen. Berlin, jährlich.

Modrze: Der praktische Eisenbahnwerkstättenbeamte. Zweite Auflage. Berlin 1915, Kurt Amthor.

Moede, Piorkowski, Wolff: Die Berliner Begabtenschulen, ihre Organisation und die experimentellen Methoden der Schülerauswahl. Langensalza 1918, Hermann Beyer & Söhne.

Mühlmann, Oberregierungsrat: Die praktische Ausbildung der Techniker und der Fabriklehrlinge in Nordamerika. Sonderabdruck aus „Technik und Wirtschaft", Monatsschrift des Vereines deutscher Ingenieure 1912, Heft 10.

Münsterberg, Hugo, Professor: Grundzüge der Psychotechnik. Leipzig 1914, Johann Ambrosius Barth.

Münsterberg, Stadtrat: Die Anstaltsfürsorge in Deutschland. Bearbeitet von Hedwig Kieschke und Dora Hirschfeld. Leipzig 1911, Duncker & Humblot.

Neukamp: Die rechtliche Regelung der Verhältnisse der Fabriklehrlinge und ihre wirtschaftliche Bedeutung, s. Verein deutscher Maschinenbauanstalten.

Olshausen: Reichsversicherungsordnung mit Einführungsgesetz. Mit einer Einführung in die RVO. von Rat Dr. Olshausen. Berlin 1911, Carl Heymann.

Piorkowski, s. Moede, Piorkowski, Wolff.

Ratgeber für Jugendvereinigungen: Zeitschrift, herausgegeben von der Zentralstelle für Volkswohlfahrt. Berlin, Carl Heymann.

Rieppel, von: Die Erziehung des Industriearbeiters. Sonderabdruck aus „Technik und Wirtschaft", Monatsschrift des Vereines deutscher Ingenieure. 1913, Heft 7.

Roehl: Beiträge zur preußischen Handwerkerpolitik vom Allgemeinen Landrecht bis zur Allgemeinen Gewerbeordnung von 1845, s. Staats- und sozialwirtschaftliche Forschungen.

Röll: Enzyklopädie des gesamten Eisenbahnwesens in alphabetischer Anordnung. Dritter Band. Wien 1891, Carl Gerold's Sohn.

Rohmer, s. v. Landmann, Die Gewerbeordnung.

Rohrscheidt, von: Die Gewerbeordnung für das Deutsche Reich, für den Gebrauch in Preußen erläutert. Leipzig 1901, C. L. Hirschfeld.

Roesler, s. Taylor.

Schanz: Zur Geschichte der deutschen Gesellenverbände. Leipzig 1877, Duncker & Humblot.

Schönberg: Zur wirtschaftlichen Bedeutung des deutschen Zunftwesens, s. Jahrbücher für Nationalökonomie und Statistik.

Schumann: Verordnungen über das Volksschulwesen im Regierungsbezirk Frankfurt a. d. O. Dritte Auflage. Frankfurt a. d. O. 1905, Trowitzsch & Sohn.

Schwarze: Nordamerikanische Eisenbahnen; Studienreisebericht. Halle a. S. 1909, C. A. Kaemmerer & Co.

— Das Lohnwesen in amerikanischen Eisenbahnwerkstätten unter besonderer Berücksichtigung des Bonus-Lohnsystems der Santa Fe-Bahn. Glasers Annalen 1910.

— Versuche über Größe und Wechsel des Kraftbedarfs für eine Eisenbahnhauptwerkstätte. Zeitschrift Elektrische Kraftbetriebe und Bahnen 1910.

— Die Ausbildung der Schlosserlehrlinge in den Werkstätten der preußisch-hessischen Staatseisenbahnverwaltung. Glasers Annalen Heft 1 S. 1—6, Heft 2, Heft 3 u. ff, Band 82 S. 34—37 und Band 83.

Saucke, s. Kommentar zur Reichsversicherungsordnung.

Seefeld, von: Fortbildungs- und Fachschulen, s. Elsters Handwörterbuch der Staatswissenschaften.

Seelmann, s. Kommentar zur Reichsversicherungsordnung.

Siemens & Halske: Die Lehrlingsausbildung bei der Firma Siemens & Halske A.-G. Wernerwerk. Berlin 1913.

Siemering, Hertha, Dr.: Fortschritte der deutschen Jugendpflege von 1913 bis 1916. Heft 1, zweiter Jahrgang der Vierteljahrshefte: Fortschritte des Kinderschutzes und der Jugendfürsorge. Herausgegeben von Prof. Dr. Klumker, Wilhelmsbad. Berlin 1916, Julius Springer.

Staats- und sozialwissenschaftliche Forschungen: Herausgegeben von

Gustav Schmoller. 17. Band, 4. Heft: Roehl: Beiträge zur preußischen Handwerkerpolitik vom Allgemeinen Landrecht bis zur Allgemeinen Gewerbeordnung von 1845. Leipzig 1900, Duncker & Humblot.

Stern: Die Jugendkunde als Kulturforderung. Mit besonderer Berücksichtigung des Begabungsproblems. Leipzig 1916, Quelle & Meyer.

— Die Intelligenzprüfung an Kindern und Jugendlichen. Zweite Auflage. Leipzig 1916, J. A. Barth.

Sulzer, s. Technik und Wirtschaft.

Taylor: Die Grundsätze wissenschaftlicher Betriebsführung. (The principles of scientific management, deutsche Ausgabe von Dr. Roesler.) München und Berlin 1913, R. Oldenbourg.

Technik und Wirtschaft, Beiblatt zur Zeitschrift des Vereins deutscher Ingenieure. Berlin, Julius Springer.

— Ausbildung von Lehrlingen bei Gebrüder Sulzer in Winterthur und Ludwigshafen a. Rh. 1911, Heft 4. Rieppel, v.: Die Erziehung des Industriearbeiters (bes. Abschnitt Lehrlingswesen). 1913, Heft 7. Waldschmidt: Erfahrungen aus der Werkschule der Firma Ludw. Loewe & Co., A.-G., 1913, Heft 12.

Thomae: Die Bedeutung und Organisation der Berufsberatung. Hamburg, C. Meißel Nachfl. Langen & Schröter.

Verband für handwerksmäßige und fachgewerbliche Ausbildung der Frau. Berlin, Veröffentlichungen Heft 2: Bericht über die erste Hauptversammlung des Verbandes.

Verein deutscher Maschinenbau-Anstalten: Niederschrift der ordentlichen Hauptversammlung am 29. März 1912, u. a. Vortrag von Reichsgerichtsrat Dr. Neukamp: Die rechtliche Regelung der Verhältnisse der Fabriklehrlinge und ihre wirtschaftliche Bedeutung. Vortrag von Direktor Lippart: Die Ausbildung des Lehrlings in der Werkstätte. Aussprache über das Lehrlingswesen. Düsseldorf 1912, Verlag des Vereins.

Waldschmidt: Erfahrungen aus der Werkschule der Firma Ludw. Loewe & Co. A.-G., s. Technik und Wirtschaft.

Wehrmann: Die Verwaltung der Eisenbahnen. Berlin 1913, Julius Springer.

— Aus dem Leben des Wirklichen Geheimen Rats Otto Wehrmann. Stuttgart und Berlin 1910, Cotta

Weicker: Fürsorge für die schulentlassene männliche Jugend, namentlich im Anschluß an die Fortbildungsschule. Heft 3 der Flugschriften der Zentralstelle für Volkswohlfahrt. Berlin 1911, Carl Heymann.

Werkstattstechnik: Zeitschrift für Fabrikbetrieb und Herstellungsverfahren. Berlin, Julius Springer.

Wolff, s. Moede, Piorkowski, Wolff.

Zeitschrift für angewandte Psychologie: Herausgegeben von William Stern und Otto Lipmann. Leipzig, Johann Ambrosius Barth.

Zeitschrift für gewerblichen Unterricht: Zentralblatt für das deutsche Fach- und Fortbildungsschulwesen. Organ des deutschen Gewerbeschulverbandes. Leipzig, Seemann & Co.

Zeitschrift für Jugendwohlfahrt, Jugendbildung und Jugendkunde: Der Säemann. Herausgegeben von der Deutschen Zentrale für Jugendfürsorge, Berlin, von dem Bund für Schulreform und von der Lehrervereinigung für die Pflege der künstlerischen Bildung in Hamburg. — Leipzig und Berlin, B. G. Teubner.

Zeitschrift für Kleinbahnen: Herausgegeben im Ministerium der öffentlichen Arbeiten. Berlin, Julius Springer.

Zeitschrift für Werkzeugmaschinen und Werkzeuge. Berlin.

Zeitung des Vereins deutscher Eisenbahnverwaltungen. Berlin, Julius Springer.

Zentrale für private Fürsorge: Die Wohlfahrtseinrichtungen von Groß-Berlin nebst einem Wegweiser für die praktische Ausübung der Armenpflege in Berlin. Berlin 1910, Julius Springer.

Zentralstelle für Volkswohlfahrt: Schlafstellenwesen und Ledigenheime. Vorbericht und Verhandlungen der Konferenz am 9. und 10. Mai 1904 in Leipzig. Berlin 1904, Carl Heymann.

— Fürsorge für die schulentlassene männliche Jugend, namentlich im Anschluß an die Fortbildungsschule. Vorbericht und Verhandlungen der dritten Konferenz der Zentralstelle für Volkswohlfahrt vom 24.—26. Mai 1909 in Darmstadt. Berlin 1909, Carl Heymann.

— Das Lehrlingswesen und die Berufserziehung des gewerblichen Nachwuchses. Verhandlungen der 5. Konferenz am 19. und 20. Juni 1911. Berlin 1912, Carl Heymann.

Namen- und Sachverzeichnis.

Bemerkung: Die römischen und deutschen Zahlen geben die Seitenzahlen im Vorwort bzw. Text an. Bei mehreren Stellen ist eine Hauptstelle durch Fettdruck gekennzeichnet.

Ein Stern (*) bei der Seitenzahl bedeutet eine Abbildung, ein Kreuz (†) einen Mustervordruck oder Vordruckwortlaut.